高等学校教材

现代控制理论

主　编　郑恩让

副主编　亢　洁　王素娥　李　艳

西北工業大學出版社

西　安

【内容简介】 本书以现代控制理论的状态空间法为主线，主要阐述状态空间分析和综合方法的基本内容，包括线性控制系统的状态空间模型的建立、线性控制系统的定量分析（状态方程的解）和定性分析（可控性、可观测性及李雅普诺夫稳定性方法），以及线性控制系统的综合（状态反馈与状态观测器设计）等主要内容。为了让读者掌握用 MATLAB 软件来分析和设计控制系统，本书将 MATLAB 的控制系统分析和设计方法贯穿于每个章节中。同时为了培养学生的工程实践能力，每章加入了工程应用案例，每章附有一定的例题和习题。

本书可作为高等学校自动化、电气工程及其自动化、机器人工程、智能制造等相关专业的“现代控制理论”课程教材，也可作为非控制类硕士研究生教材和相关专业的工程技术人员的参考书。

图书在版编目(CIP)数据

现代控制理论 / 郑恩让主编. —西安 ：西北工业大学出版社，2022.11
ISBN 978-7-5612-7962-5

Ⅰ. ①现… Ⅱ. ①郑… Ⅲ. ①现代控制理论 Ⅳ. ①O231

中国版本图书馆 CIP 数据核字(2021)第 189647 号

XIANDAI KONGZHI LILUN
现 代 控 制 理 论
郑恩让 主编

责任编辑：卢颖慧 **策划编辑：**李 萌
责任校对：张 潼 **装帧设计：**李 飞
出版发行：西北工业大学出版社
通信地址：西安市友谊西路 127 号 邮编：710072
电 话：(029)88491757，88493844
网 址：www.nwpup.com
印 刷 者：西安五星印刷有限公司
开 本：787 mm×1 092 mm 1/16
印 张：19.25
字 数：505 千字
版 次：2022 年 11 月第 1 版 2022 年 11 月第 1 次印刷
书 号：ISBN 978-7-5612-7962-5
定 价：58.00 元

前　言

在现代工业和宇航控制技术需求的不断推动下，控制理论取得了显著进步。为了适应控制技术和控制理论发展形势的需要，笔者编写了这本《现代控制理论》教材。本书结合自动化类及相关专业本科生的知识结构和今后科学研究、工程设计的需要，介绍了现代控制理论的一些基本内容和方法。本书以现代控制理论的状态空间法为主线，主要阐述状态空间分析和综合方法的基本内容，包括动态系统的状态空间模型的建立、动态系统的定量分析（状态方程的解）和定性分析（可控性、可观测性及李雅普诺夫稳定性方法），以及动态系统的综合（状态反馈与状态观测器设计）等主要内容。

为了让读者掌握用 MATLAB 软件来分析和设计控制系统，本书将 MATLAB 的控制系统分析和设计方法贯穿于每个章节中。同时，为了培养学生的工程实践能力，每章加入了大量的工程应用案例。本书力求内容完整、深入浅出、理论严谨、概念清晰。读者通过对本书的学习，既能打下坚实的理论基础，又能掌握现代控制相关理论和应用技术，以及控制系统分析和设计的技能。此外，为了加深巩固基本理论知识，每章附有大量的例题和习题。

本书由郑恩让教授担任主编并负责统稿。全书编写分工如下：亢洁编写第 2 章、第 3 章，王素娥编写第 1 章、第 4 章，李艳编写第 5 章和附录。

在编写本书时，笔者总结了既有的教学经验，并在此基础上参考了国内外有关现代控制理论方面的优秀教材。

由于水平有限，书中难免存在不足之处，恳请广大读者批评指正。

编者

2022 年 6 月

目　　录

第1章 控制系统的状态空间描述

经典控制理论中，控制对象主要是线性定常的单输入-单输出系统，数学模型是用微分方程、传递函数、动态结构图等来描述的，这种描述称为系统的“外部描述”，分析与综合方法主要是时域分析法、根轨迹分析法以及频域分析法。这种描述的缺点是只能反映系统的输入输出特性，不能揭示系统的内部结构及特性，不能有效处理多输入-多输出系统、非线性系统、时变系统等复杂系统的控制问题。

随着科学和计算机技术的发展，对系统性能要求、适应能力要求越来越高，经典控制理论已经不能满足系统要求。1960年前后，开始了从经典控制理论到现代控制理论的过渡，其中一个重要标志就是卡尔曼将状态空间的概念引入控制理论中来。现代控制理论中，系统的数学模型用状态空间法描述“输入量-状态变量-输出量”间的因果关系，常用的有状态空间表达式或状态变量图描述，这种描述称为“内部描述”，既适用于单输入-单输出系统，又适用于多输入-多输出系统，既适用于线性系统，又适用于非线性系统，既适用于定常系统，又适用于时变系统。

1.1 控制系统状态空间描述的基本概念

一、系统数学描述的两种基本方法

所谓的系统是指由一些互相联系、互相制约的若干部分组成的具有特定功能的整体。对控制系统而言，它可能是一个具有反馈的闭环系统的整体，也可能是控制装置或被控对象。例如，“嫦娥五号”是由“轨道器、返回器、着陆器、上升器”四部分组成的一个大系统，每部分各自均是一个小系统。

系统的数学描述是反映系统变量间因果关系和变换关系的一种数学模型。假定系统具有若干个输入端和输出端，如图1-1所示。图中方块以外的部分为系统环境，环境对系统的作用为系统输入，系统对环境的作用为系统输出，分别用向量 $\boldsymbol{u}=[u_1 \quad u_2 \quad \cdots \quad u_p]^{\mathrm{T}}$ 和 $\boldsymbol{y}=[y_1 \quad y_2 \quad \cdots \quad y_q]^{\mathrm{T}}$ 表示，描述系统各个时刻状态的变量为系统的内部变量，用向量 $\boldsymbol{x}=[x_1 \quad x_2 \quad \cdots \quad x_n]^{\mathrm{T}}$ 表示。

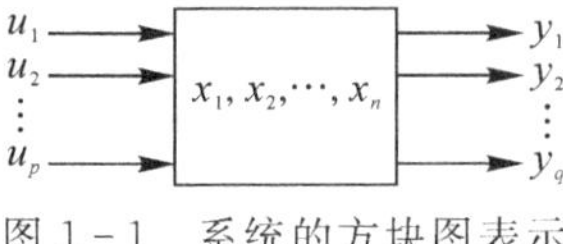

图1-1 系统的方块图表示

系统数学描述通常有两种基本方法：一种是系统的外部描述，即将系统看成“黑箱”，只反映系统输入与输出之间的关系，而不去描述系统的内部结构及内部变量；另一种是系统的内部描述，即状态空间描述，它是基于系统内部结构的一种数学模型，由状态方程和输出方程组成，状态方程反映内部变量与输入变量之间的关系，具有一阶微分方程组或一阶差分方程组的形式，输出方程是输出量与内部变量及输入变量之间的关系，具有代数方程组的形式。外部描述只描述系统的外部特性，不能反映系统的内部结构特性，而具有完全不同内部结构的两个系统，其外部描述可能是相同的，如直流 RLC 网络与弹簧-质量-阻尼器系统。因此，外部描述只是系统的一种不完全描述，而内部描述能全面、完整地描述系统的动力学特征。

二、状态空间描述常用的基本概念

1. 状态、状态变量

能够完全描述或唯一确定系统时域行为的一组独立（数量最小）的变量，称为系统的状态。该变量组中的每个变量称为状态变量。

所谓完全描述或唯一确定，是指如果给定了 $t=t_0$ 时刻这组变量的值以及 $t\geqslant t_0$ 时的输入 $u(t)$，系统在 $t\geqslant t_0$ 的任何瞬时的行为就完全确定了。例如，对于 n 阶微分方程描述的系统，当 n 个初始条件 $x(t_0),\dot{x}(t_0),\cdots,x^{(n-1)}(t_0)$ 及 $t\geqslant t_0$ 时的输入 $u(t)$ 给定时，微分方程的解是唯一的，或者说，该系统的时域行为是完全确定的。于是，可以取 n 个变量 $x(t),\dot{x}(t),\cdots,x^{(n-1)}(t)$ 作为状态变量。

状态变量对于确定系统的行为既是必要的，也是充分的，n 阶系统独立状态变量的个数为 n。在同一个系统中，究竟选取哪些变量作为状态变量并不是唯一的，即状态变量具有非唯一性。状态变量在物理上并不一定是可以测量的，有时只具有数学意义。但在具体工程问题中，为了便于构成状态反馈等系统设计要求，在选取状态变量时应尽可能选容易测量的物理量为状态变量。

2. 状态向量

若一个系统有 n 个状态变量 $x_1(t),x_2(t),\cdots,x_n(t)$，用这 n 个状态变量作为分量所构成的向量 $\boldsymbol{x}(t)$，就称为该系统的状态向量，即 $\boldsymbol{x}(t)=[x_1(t)\quad x_2(t)\quad \cdots\quad x_n(t)]^{\mathrm{T}}$。

3. 状态空间

以状态变量 $x_1(t),x_2(t),\cdots,x_n(t)$ 为坐标轴所组成的 n 维空间，称为状态空间。

4. 状态轨线

状态空间中的每一点，代表了状态变量特定的一组值，即系统某个特定的状态。如果随着时间的推移，状态不断地变化，那么 $t\geqslant t_0$ 各瞬时的状态在状态空间构成一条轨迹，称为状态轨线。显然，状态轨线的形状完全由系统在 t_0 时刻的初始状态和 $t\geqslant t_0$ 时的输入以及系统动力学特性所唯一决定。在经典控制理论中讨论的相平面，就是一个特殊的二维状态空间，相轨迹就是一条特殊的状态轨线。

5. 状态方程

描述系统状态变量与输入变量之间关系的一阶微分方程组或一阶差分方程组，称为状态方程。方程的左端是每一个状态变量的一阶导数，右端是状态向量 $\boldsymbol{x}(t)$ 和输入向量 $\boldsymbol{u}(t)$ 所组成的代数多项式，表征了系统输入所引起的状态的变化。一般情况下，连续系统可表示为

$$\dot{\boldsymbol{x}}(t)=\boldsymbol{f}[\boldsymbol{x}(t),\boldsymbol{u}(t),t]$$

离散系统可表示为

$$\boldsymbol{x}(k+1)=\boldsymbol{f}[\boldsymbol{x}(k),\boldsymbol{u}(k),k]$$

即连续系统可表示为

$$\begin{cases}\dot{x}_1(t)=f_1[x_1(t),x_2(t),\cdots,x_n(t),u_1(t),u_2(t),\cdots,u_p(t),t]\\ \dot{x}_2(t)=f_2[x_1(t),x_2(t),\cdots,x_n(t),u_1(t),u_2(t),\cdots,u_p(t),t]\\ \cdots\cdots\\ \dot{x}_n(t)=f_n[x_1(t),x_2(t),\cdots,x_n(t),u_1(t),u_2(t),\cdots,u_p(t),t]\end{cases}$$

离散系统可表示为

$$\begin{cases}x_1(k+1)=f_1[x_1(k),x_2(k),\cdots,x_n(k),u_1(k),u_2(k),\cdots,u_p(k),k]\\ x_2(k+1)=f_2[x_1(k),x_2(k),\cdots,x_n(k),u_1(k),u_2(k),\cdots,u_p(k),k]\\ \cdots\cdots\\ x_n(k+1)=f_n[x_1(k),x_2(k),\cdots,x_n(k),u_1(k),u_2(k),\cdots,u_p(k),k]\end{cases}$$

6. 输出方程

在指定输出变量的情况下，描述该输出变量与状态变量以及输入变量之间关系的代数方程组，称为输出方程。一般情况下，连续系统可表示为

$$\boldsymbol{y}(t)=\boldsymbol{g}[\boldsymbol{x}(t),\boldsymbol{u}(t),t]$$

离散系统可表示为

$$\boldsymbol{y}(k)=\boldsymbol{g}[\boldsymbol{x}(k),\boldsymbol{u}(k),k]$$

即连续系统可表示为

$$\begin{cases}y_1(t)=g_1[x_1(t),x_2(t),\cdots,x_n(t),u_1(t),u_2(t),\cdots,u_p(t),t]\\ y_2(t)=g_2[x_1(t),x_2(t),\cdots,x_n(t),u_1(t),u_2(t),\cdots,u_p(t),t]\\ \cdots\cdots\\ y_q(t)=g_q[x_1(t),x_2(t),\cdots,x_n(t),u_1(t),u_2(t),\cdots,u_p(t),t]\end{cases}$$

离散系统可表示为

$$\begin{cases}y_1(k)=g_1[x_1(k),x_2(k),\cdots,x_n(k),u_1(k),u_2(k),\cdots,u_p(k),k]\\ y_2(k)=g_2[x_1(k),x_2(k),\cdots,x_n(k),u_1(k),u_2(k),\cdots,u_p(k),k]\\ \cdots\cdots\\ y_q(k)=g_q[x_1(k),x_2(k),\cdots,x_n(k),u_1(k),u_2(k),\cdots,u_p(k),k]\end{cases}$$

7. 状态空间表达式（动态方程）

状态方程与输出方程的组合，称为系统的状态空间表达式，也称为动力学方程。

连续系统的状态空间模型一般形式为

$$\begin{cases}\dot{\boldsymbol{x}}(t)=\boldsymbol{f}[\boldsymbol{x}(t),\boldsymbol{u}(t),t]\\ \boldsymbol{y}(t)=\boldsymbol{g}[\boldsymbol{x}(t),\boldsymbol{u}(t),t]\end{cases}$$

该模型由状态方程和输出方程两部分组成，如图 1-2 所示。

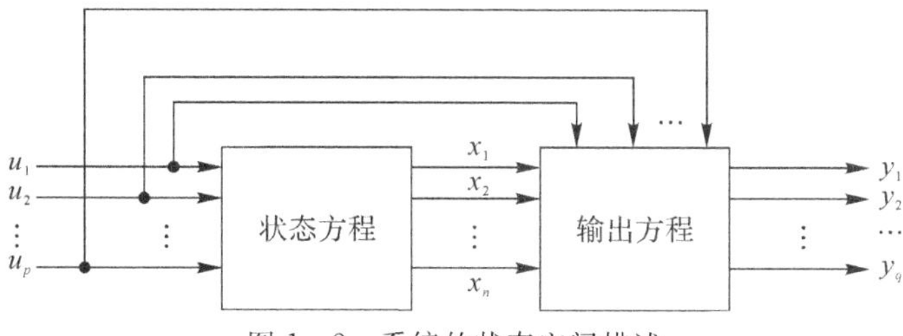

图 1-2　系统的状态空间描述

离散系统的一般形式为

$$\begin{cases}\boldsymbol{x}(k+1)=\boldsymbol{f}[\boldsymbol{x}(k),\boldsymbol{u}(k),k]\\ \boldsymbol{y}(k)=\boldsymbol{g}[\boldsymbol{x}(k),\boldsymbol{u}(k),k]\end{cases}$$

以上两类系统的状态空间表达式均适用于线性系统、非线性系统、定常系统以及时变系统。当且仅当向量函数 $\boldsymbol{f}[\boldsymbol{x}(t),\boldsymbol{u}(t),t]$ 和 $\boldsymbol{g}[\boldsymbol{x}(t),\boldsymbol{u}(t),t]$ 中所有组成元素均不显含 t 或 k 时，系统为定常系统，若有一个元素显含 t 或 k，则系统为时变系统；当且仅当向量函数 $\boldsymbol{f}[\boldsymbol{x}(t),\boldsymbol{u}(t),t]$ 和 $\boldsymbol{g}[\boldsymbol{x}(t),\boldsymbol{u}(t),t]$ 中所有组成元素均为状态变量 $x_1,x_2,\cdots,x_n$ 和输入量 $u_1,u_2,\cdots,u_p$ 的线性函数时，系统为线性系统，若有一个元素为状态变量 $x_1,x_2,\cdots,x_n$ 和/或输入量 $u_1,u_2,\cdots,u_p$ 的非线性函数，则系统为非线性系统。

8. 线性系统的状态空间表达式(动态方程)

线性系统的状态方程是一阶线性微分方程组或一阶线性差分方程组，输出方程是代数方程组。

线性连续系统的状态空间表达式可表示为

$$\begin{cases}\dot{\boldsymbol{x}}(t)=\boldsymbol{A}(t)\boldsymbol{x}(t)+\boldsymbol{B}(t)\boldsymbol{u}(t)\\ \boldsymbol{y}(t)=\boldsymbol{C}(t)\boldsymbol{x}(t)+\boldsymbol{D}(t)\boldsymbol{u}(t)\end{cases}$$

其中

$$\boldsymbol{x}(t)=[x_1(t)\quad x_2(t)\quad \cdots\quad x_n(t)]^{\mathrm{T}}$$

$$\boldsymbol{y}(t)=[y_1(t)\quad y_2(t)\quad \cdots\quad y_q(t)]^{\mathrm{T}}$$

$$\boldsymbol{u}(t)=[u_1(t)\quad u_2(t)\quad \cdots\quad u_p(t)]^{\mathrm{T}}$$

$$\boldsymbol{A}(t)=\begin{bmatrix}a_{11}(t) & a_{12}(t) & \cdots & a_{1n}(t)\\ a_{21}(t) & a_{22}(t) & \cdots & a_{2n}(t)\\ \vdots & \vdots & & \vdots\\ a_{n1}(t) & a_{n2}(t) & \cdots & a_{nn}(t)\end{bmatrix},\quad \boldsymbol{B}(t)=\begin{bmatrix}b_{11}(t) & b_{12}(t) & \cdots & b_{1p}(t)\\ b_{21}(t) & b_{22}(t) & \cdots & b_{2p}(t)\\ \vdots & \vdots & & \vdots\\ b_{n1}(t) & b_{n2}(t) & \cdots & b_{np}(t)\end{bmatrix}$$

$$\boldsymbol{C}(t)=\begin{bmatrix}c_{11}(t) & c_{12}(t) & \cdots & c_{1n}(t)\\ c_{21}(t) & c_{22}(t) & \cdots & c_{2n}(t)\\ \vdots & \vdots & & \vdots\\ c_{q1}(t) & c_{q2}(t) & \cdots & c_{qn}(t)\end{bmatrix},\quad \boldsymbol{D}(t)=\begin{bmatrix}d_{11}(t) & d_{12}(t) & \cdots & d_{1p}(t)\\ d_{21}(t) & d_{22}(t) & \cdots & d_{2p}(t)\\ \vdots & \vdots & & \vdots\\ d_{q1}(t) & d_{q2}(t) & \cdots & d_{qp}(t)\end{bmatrix}$$

设系统的状态 $\boldsymbol{x}(t)$、输入 $\boldsymbol{u}(t)$、输出 $\boldsymbol{y}(t)$ 的维数分别为 n,p,q，则称 $n\times n$ 维矩阵 $\boldsymbol{A}(t)$ 为系统矩阵或状态矩阵，$n\times p$ 维矩阵 $\boldsymbol{B}(t)$ 为输入矩阵或控制矩阵，$q\times n$ 维矩阵 $\boldsymbol{C}(t)$ 为观测矩阵或输出矩阵，$q\times p$ 维矩阵 $\boldsymbol{D}(t)$ 为前馈矩阵或输入输出矩阵。

同理，线性离散系统的状态空间表达式可表示为

$$\begin{cases}\boldsymbol{x}(k+1)=\boldsymbol{G}(k)\boldsymbol{x}(k)+\boldsymbol{H}(k)\boldsymbol{u}(k)\\ \boldsymbol{y}(k)=\boldsymbol{C}(k)\boldsymbol{x}(k)+\boldsymbol{D}(k)\boldsymbol{u}(k)\end{cases}$$

其中

$$\boldsymbol{x}(k)=[x_1(k)\quad x_2(k)\quad \cdots\quad x_n(k)]^{\mathrm{T}}$$

$$\boldsymbol{y}(k)=[y_1(k)\quad y_2(k)\quad \cdots\quad y_q(k)]^{\mathrm{T}}$$

$$\boldsymbol{u}(k)=[u_1(k)\quad u_2(k)\quad \cdots\quad u_p(k)]^{\mathrm{T}}$$

$$
\boldsymbol{G}(k)=\begin{bmatrix} g_{11}(k) & g_{12}(k) & \cdots & g_{1n}(k) \\ g_{21}(k) & g_{22}(k) & \cdots & g_{2n}(k) \\ \vdots & \vdots & & \vdots \\ g_{n1}(k) & g_{n2}(k) & \cdots & g_{nn}(k) \end{bmatrix},\quad \boldsymbol{H}(k)=\begin{bmatrix} h_{11}(k) & h_{12}(k) & \cdots & h_{1p}(k) \\ h_{21}(k) & h_{22}(k) & \cdots & h_{2p}(k) \\ \vdots & \vdots & & \vdots \\ h_{n1}(k) & h_{n2}(k) & \cdots & h_{np}(k) \end{bmatrix}
$$

$$
\boldsymbol{C}(k)=\begin{bmatrix} c_{11}(k) & c_{12}(k) & \cdots & c_{1n}(k) \\ c_{21}(k) & c_{22}(k) & \cdots & c_{2n}(k) \\ \vdots & \vdots & & \vdots \\ c_{q1}(k) & c_{q2}(k) & \cdots & c_{qn}(k) \end{bmatrix},\quad \boldsymbol{D}(k)=\begin{bmatrix} d_{11}(k) & d_{12}(k) & \cdots & d_{1p}(k) \\ d_{21}(k) & d_{22}(k) & \cdots & d_{2p}(k) \\ \vdots & \vdots & & \vdots \\ d_{q1}(k) & d_{q2}(k) & \cdots & d_{qp}(k) \end{bmatrix}
$$

设系统的状态 $\boldsymbol{x}(k)$、输入 $\boldsymbol{u}(k)$、输出 $\boldsymbol{y}(k)$的维数分别为 n,p,q,则称 $n\times n$ 维矩阵$\boldsymbol{G}(k)$为系统矩阵或状态矩阵,称 $n\times p$ 维矩阵 $\boldsymbol{H}(k)$为输入矩阵或控制矩阵,称 $q\times n$ 维矩阵 $\boldsymbol{C}(k)$为观测矩阵或输出矩阵,称 $q\times p$ 维矩阵 $\boldsymbol{D}(k)$为前馈矩阵或输入输出矩阵。

9. 线性定常系统的状态空间表达式(动态方程)

当线性连续系统状态空间模型中的 $\boldsymbol{A}(t)$,$\boldsymbol{B}(t)$,$\boldsymbol{C}(t)$,$\boldsymbol{D}(t)$矩阵或线性离散系统状态空间模型中的 $\boldsymbol{G}(k)$,$\boldsymbol{H}(k)$,$\boldsymbol{C}(k)$,$\boldsymbol{D}(k)$矩阵的各元素均为不随时间变化的常数时,$\boldsymbol{A}$,$\boldsymbol{B}$,$\boldsymbol{C}$,$\boldsymbol{D}$ 或 $\boldsymbol{G}$,$\boldsymbol{H}$,$\boldsymbol{C}$,$\boldsymbol{D}$ 四个矩阵中的元素全部为常数,该系统就为线性定常系统。

线性定常连续系统的状态空间表达式可表示为

$$
\begin{cases} \dot{\boldsymbol{x}}(t)=\boldsymbol{A}\boldsymbol{x}(t)+\boldsymbol{B}\boldsymbol{u}(t) \\ \boldsymbol{y}(t)=\boldsymbol{C}\boldsymbol{x}(t)+\boldsymbol{D}\boldsymbol{u}(t) \end{cases}
$$

线性定常离散系统的状态空间表达式可表示为

$$
\begin{cases} \boldsymbol{x}(k+1)=\boldsymbol{G}\boldsymbol{x}(k)+\boldsymbol{H}\boldsymbol{u}(k) \\ \boldsymbol{y}(k)=\boldsymbol{C}\boldsymbol{x}(k)+\boldsymbol{D}\boldsymbol{u}(k) \end{cases}
$$

为书写方便,常把系统简记为$\sum(\boldsymbol{A},\boldsymbol{B},\boldsymbol{C},\boldsymbol{D})$或$\sum(\boldsymbol{G},\boldsymbol{H},\boldsymbol{C},\boldsymbol{D})$。

10. 线性定常系统的结构图(状态变量图)

线性定常连续系统的结构图如图 1-3 所示,线性定常离散系统的结构图如图 1-4 所示。

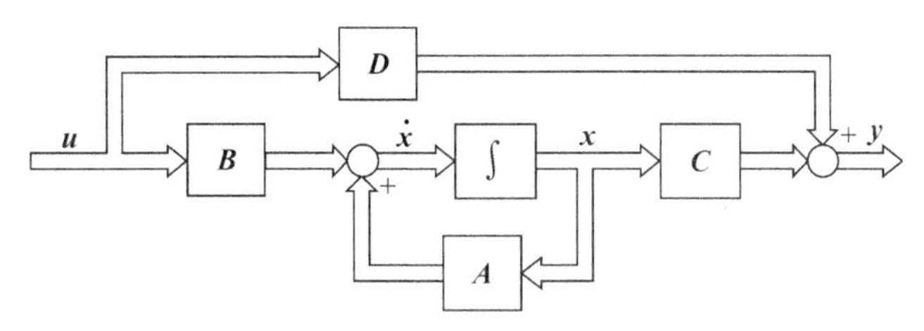

图 1-3　线性定常连续系统的结构图

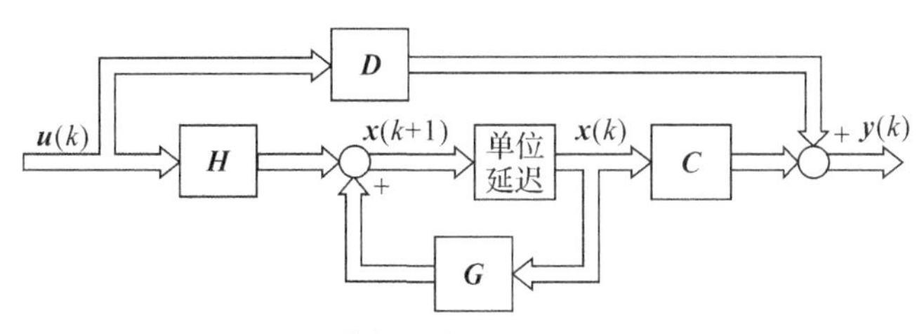

图 1-4　线性定常离散系统的结构图

由于系统状态变量的选取具有非唯一性，所以状态方程、输出方程、状态空间表达式、结构图也都不是唯一的。但是，用独立状态变量描述的系统状态向量的维数是唯一的，与状态变量的选取无关。

特别说明：为了表述简单，状态变量 $x_i(t)$ 可以用 x_i 表示，状态向量 $\boldsymbol{x}(t)$ 可以用 $\boldsymbol{x}$ 表示，输入向量 $\boldsymbol{u}(t)$ 可以用 $\boldsymbol{u}$ 表示，输出向量 $\boldsymbol{y}(t)$ 可以用 $\boldsymbol{y}$ 表示。

11. 系统的传递函数矩阵

初始条件为零时，输出向量的拉氏变换式与输入向量的拉氏变换式之间的传递关系称为系统的传递函数矩阵，用 $\boldsymbol{G}(s)$ 表示，即 $\boldsymbol{Y}(s)=\boldsymbol{G}(s)\boldsymbol{U}(s)$。

设系统动态方程为

$$\begin{cases}\dot{\boldsymbol{x}}(t)=\boldsymbol{Ax}(t)+\boldsymbol{Bu}(t)\\ \boldsymbol{y}(t)=\boldsymbol{Cx}(t)+\boldsymbol{Du}(t)\end{cases}$$

令初始条件为零，对动态方程进行拉氏变换，得

$$\begin{cases}s\boldsymbol{X}(s)=\boldsymbol{AX}(s)+\boldsymbol{BU}(s)\\ \boldsymbol{Y}(s)=\boldsymbol{CX}(s)+\boldsymbol{DU}(s)\end{cases}$$

由上式可得

$$\begin{cases}\boldsymbol{X}(s)=(s\boldsymbol{I}-\boldsymbol{A})^{-1}\boldsymbol{BU}(s)\\ \boldsymbol{Y}(s)=[\boldsymbol{C}(s\boldsymbol{I}-\boldsymbol{A})^{-1}\boldsymbol{B}+\boldsymbol{D}]\boldsymbol{U}(s)=\boldsymbol{G}(s)\boldsymbol{U}(s)\end{cases}$$

系统的传递函数矩阵表达式为

$$\boldsymbol{G}(s)=\boldsymbol{C}(s\boldsymbol{I}-\boldsymbol{A})^{-1}\boldsymbol{B}+\boldsymbol{D}$$

若系统输入量的个数为 p，输出量的个数为 q，则 $\boldsymbol{G}(s)$ 为 $q\times p$ 维矩阵，其展开式为

$$\boldsymbol{G}(s)=\begin{bmatrix}G_{11}(s) & G_{12}(s) & \cdots & G_{1p}(s)\\ G_{21}(s) & G_{22}(s) & \cdots & G_{2p}(s)\\ \vdots & \vdots & & \vdots\\ G_{q1}(s) & G_{q2}(s) & \cdots & G_{qp}(s)\end{bmatrix}$$

其中，$G_{ij}(s)(i=1,2,\cdots,q;j=1,2,\cdots,p)$ 为关于 s 的有理真分式函数，它表示假设其他输入为零时，第 i 个输出量与第 j 个输入量之间的传递函数，即 $G_{ij}(s)=\dfrac{Y_i(s)}{U_j(s)}$。

输入输出关系可表示为

$$\begin{bmatrix}Y_1(s)\\ Y_2(s)\\ \vdots\\ Y_q(s)\end{bmatrix}=\begin{bmatrix}G_{11}(s) & G_{12}(s) & \cdots & G_{1p}(s)\\ G_{21}(s) & G_{22}(s) & \cdots & G_{2p}(s)\\ \vdots & \vdots & & \vdots\\ G_{q1}(s) & G_{q2}(s) & \cdots & G_{qp}(s)\end{bmatrix}\begin{bmatrix}U_1(s)\\ U_2(s)\\ \vdots\\ U_p(s)\end{bmatrix}$$

例 1-1 已知某系统的状态空间表达式为

$$\begin{cases}\begin{bmatrix}\dot{x}_1\\ \dot{x}_2\\ \dot{x}_3\end{bmatrix}=\begin{bmatrix}0 & 0 & -6\\ 1 & 0 & -11\\ 0 & 1 & -6\end{bmatrix}\begin{bmatrix}x_1\\ x_2\\ x_3\end{bmatrix}+\begin{bmatrix}3 & 1\\ 1 & 1\\ 0 & 0\end{bmatrix}\boldsymbol{u}\\ y=\begin{bmatrix}0 & 0 & 1\end{bmatrix}\begin{bmatrix}x_1\\ x_2\\ x_3\end{bmatrix}\end{cases}$$

试求系统的传递函数矩阵 $\boldsymbol{G}(s)$。

解：根据传递函数矩阵的定义式 $\boldsymbol{G}(s)=\boldsymbol{C}(s\boldsymbol{I}-\boldsymbol{A})^{-1}\boldsymbol{B}+\boldsymbol{D}$ 可得

$$\boldsymbol{G}(s)=\begin{bmatrix}0 & 0 & 1\end{bmatrix}\begin{bmatrix}s & 0 & 6\\ -1 & s & 11\\ 0 & -1 & s+6\end{bmatrix}^{-1}\begin{bmatrix}3 & 1\\ 1 & 1\\ 0 & 0\end{bmatrix}=\begin{bmatrix}\dfrac{1}{(s+1)(s+2)} & \dfrac{1}{(s+2)(s+3)}\end{bmatrix}=$$

$$\frac{\begin{bmatrix}s+3 & s+1\end{bmatrix}}{s^3+6s^2+11s+6}=\frac{\begin{bmatrix}1 & 1\end{bmatrix}s+\begin{bmatrix}3 & 1\end{bmatrix}}{s^3+6s^2+11s+6}$$

1.2　非线性系统状态空间表达式的线性化

严格地说，大多数物理系统都是非线性的。设非线性系统的状态空间表达式为

$$\left.\begin{aligned}\dot{\boldsymbol{x}}(t)&=\boldsymbol{f}[\boldsymbol{x}(t),\boldsymbol{u}(t),t]\\ \boldsymbol{y}(t)&=\boldsymbol{g}[\boldsymbol{x}(t),\boldsymbol{u}(t),t]\end{aligned}\right\}\tag{1.2-1}$$

设 $\boldsymbol{x}_0$，$\boldsymbol{u}_0$ 和 $\boldsymbol{y}_0$ 是满足非线性方程式(1.2-1)的一组解，即

$$\begin{cases}\dot{\boldsymbol{x}}_0=\boldsymbol{f}(\boldsymbol{x}_0,\boldsymbol{u}_0,t_0)\\ \boldsymbol{y}_0=\boldsymbol{g}(\boldsymbol{x}_0,\boldsymbol{u}_0,t_0)\end{cases}$$

假设输入 $\boldsymbol{u}(t)$ 偏离 $\boldsymbol{u}_0$ 为 $\delta\boldsymbol{u}_0$ 时，对应的 $\boldsymbol{x}(t)$ 也偏离 $\boldsymbol{x}_0$ 为 $\delta\boldsymbol{x}_0$，$\boldsymbol{y}(t)$ 也偏离 $\boldsymbol{y}_0$ 为 $\delta\boldsymbol{y}_0$ 的情况。将 $\boldsymbol{f}$ 和 $\boldsymbol{g}$ 在 $\boldsymbol{x}_0$ 和 $\boldsymbol{y}_0$ 附近作泰勒级数展开，有

$$\begin{cases}\boldsymbol{f}(\boldsymbol{x},\boldsymbol{u},t)=\boldsymbol{f}(\boldsymbol{x}_0,\boldsymbol{u}_0)+\left.\dfrac{\partial\boldsymbol{f}}{\partial\boldsymbol{x}^{\mathrm{T}}}\right|_{\boldsymbol{x}_0,\boldsymbol{u}_0}\delta\boldsymbol{x}+\left.\dfrac{\partial\boldsymbol{f}}{\partial\boldsymbol{u}^{\mathrm{T}}}\right|_{\boldsymbol{x}_0,\boldsymbol{u}_0}\delta\boldsymbol{u}+\boldsymbol{\alpha}(\delta\boldsymbol{x},\delta\boldsymbol{u})\\ \boldsymbol{g}(\boldsymbol{x},\boldsymbol{u},t)=\boldsymbol{g}(\boldsymbol{x}_0,\boldsymbol{u}_0)+\left.\dfrac{\partial\boldsymbol{g}}{\partial\boldsymbol{x}^{\mathrm{T}}}\right|_{\boldsymbol{x}_0,\boldsymbol{u}_0}\delta\boldsymbol{x}+\left.\dfrac{\partial\boldsymbol{g}}{\partial\boldsymbol{u}^{\mathrm{T}}}\right|_{\boldsymbol{x}_0,\boldsymbol{u}_0}\delta\boldsymbol{u}+\boldsymbol{\beta}(\delta\boldsymbol{x},\delta\boldsymbol{u})\end{cases}$$

式中：$\boldsymbol{\alpha}(\delta\boldsymbol{x},\delta\boldsymbol{u})$，$\boldsymbol{\beta}(\delta\boldsymbol{x},\delta\boldsymbol{u})$ 是关于 $\delta\boldsymbol{x}$，$\delta\boldsymbol{u}$ 的高次项；$\dfrac{\partial\boldsymbol{f}}{\partial\boldsymbol{x}^{\mathrm{T}}}$，$\dfrac{\partial\boldsymbol{f}}{\partial\boldsymbol{u}^{\mathrm{T}}}$ 分别是向量 $\boldsymbol{f}[\boldsymbol{x}(t),\boldsymbol{u}(t),t]$ 对向量 $\boldsymbol{x}^{\mathrm{T}}(t)$，$\boldsymbol{u}^{\mathrm{T}}(t)$ 的偏导数；$\dfrac{\partial\boldsymbol{g}}{\partial\boldsymbol{x}^{\mathrm{T}}}$，$\dfrac{\partial\boldsymbol{g}}{\partial\boldsymbol{u}^{\mathrm{T}}}$ 分别是向量 $\boldsymbol{g}[\boldsymbol{x}(t),\boldsymbol{u}(t),t]$ 对向量 $\boldsymbol{x}^{\mathrm{T}}(t)$，$\boldsymbol{u}^{\mathrm{T}}(t)$ 的偏导数。它们分别是 $n\times n$，$n\times p$，$q\times n$，$q\times p$ 维矩阵，其定义式如下：

$$\frac{\partial\boldsymbol{f}}{\partial\boldsymbol{x}^{\mathrm{T}}}\overset{\text{def}}{=\!=}\begin{bmatrix}\dfrac{\partial f_1}{\partial x_1} & \dfrac{\partial f_1}{\partial x_2} & \cdots & \dfrac{\partial f_1}{\partial x_n}\\ \dfrac{\partial f_2}{\partial x_1} & \dfrac{\partial f_2}{\partial x_2} & \cdots & \dfrac{\partial f_2}{\partial x_n}\\ \vdots & \vdots & & \vdots\\ \dfrac{\partial f_n}{\partial x_1} & \dfrac{\partial f_n}{\partial x_2} & \cdots & \dfrac{\partial f_n}{\partial x_n}\end{bmatrix},\quad \frac{\partial\boldsymbol{f}}{\partial\boldsymbol{u}^{\mathrm{T}}}\overset{\text{def}}{=\!=}\begin{bmatrix}\dfrac{\partial f_1}{\partial u_1} & \dfrac{\partial f_1}{\partial u_2} & \cdots & \dfrac{\partial f_1}{\partial u_p}\\ \dfrac{\partial f_2}{\partial u_1} & \dfrac{\partial f_2}{\partial u_2} & \cdots & \dfrac{\partial f_2}{\partial u_p}\\ \vdots & \vdots & & \vdots\\ \dfrac{\partial f_n}{\partial u_1} & \dfrac{\partial f_n}{\partial u_2} & \cdots & \dfrac{\partial f_n}{\partial u_p}\end{bmatrix}$$

$$\frac{\partial\boldsymbol{g}}{\partial\boldsymbol{x}^{\mathrm{T}}}\overset{\text{def}}{=\!=}\begin{bmatrix}\dfrac{\partial g_1}{\partial x_1} & \dfrac{\partial g_1}{\partial x_2} & \cdots & \dfrac{\partial g_1}{\partial x_n}\\ \dfrac{\partial g_2}{\partial x_1} & \dfrac{\partial g_2}{\partial x_2} & \cdots & \dfrac{\partial g_2}{\partial x_n}\\ \vdots & \vdots & & \vdots\\ \dfrac{\partial g_q}{\partial x_1} & \dfrac{\partial g_q}{\partial x_2} & \cdots & \dfrac{\partial g_q}{\partial x_n}\end{bmatrix},\quad \frac{\partial\boldsymbol{g}}{\partial\boldsymbol{u}^{\mathrm{T}}}\overset{\text{def}}{=\!=}\begin{bmatrix}\dfrac{\partial g_1}{\partial u_1} & \dfrac{\partial g_1}{\partial u_2} & \cdots & \dfrac{\partial g_1}{\partial u_p}\\ \dfrac{\partial g_2}{\partial u_1} & \dfrac{\partial g_2}{\partial u_2} & \cdots & \dfrac{\partial g_2}{\partial u_p}\\ \vdots & \vdots & & \vdots\\ \dfrac{\partial g_q}{\partial u_1} & \dfrac{\partial g_q}{\partial u_2} & \cdots & \dfrac{\partial g_q}{\partial u_p}\end{bmatrix}$$

由于只考察 $\boldsymbol{x}_0,\boldsymbol{y}_0$ 附近的行为，则可得 $\delta\boldsymbol{x}=\boldsymbol{x}-\boldsymbol{x}_0,\delta\boldsymbol{y}=\boldsymbol{y}-\boldsymbol{y}_0$ 的状态空间表达式：

$$\delta\dot{\boldsymbol{x}}=\dot{\boldsymbol{x}}-\dot{\boldsymbol{x}}_0=\boldsymbol{f}[\boldsymbol{x}(t),\boldsymbol{u}(t),t]-\boldsymbol{f}(\boldsymbol{x}_0,\boldsymbol{u}_0)=\left.\frac{\partial\boldsymbol{f}}{\partial\boldsymbol{x}^{\mathrm{T}}}\right|_{\boldsymbol{x}_0,\boldsymbol{u}_0}\delta\boldsymbol{x}+\left.\frac{\partial\boldsymbol{f}}{\partial\boldsymbol{u}^{\mathrm{T}}}\right|_{\boldsymbol{x}_0,\boldsymbol{u}_0}\delta\boldsymbol{u}+\boldsymbol{\alpha}(\delta\boldsymbol{x},\delta\boldsymbol{u})$$

$$\delta\boldsymbol{y}=\boldsymbol{y}-\boldsymbol{y}_0=\boldsymbol{g}[\boldsymbol{x}(t),\boldsymbol{u}(t),t]-\boldsymbol{g}(\boldsymbol{x}_0,\boldsymbol{u}_0)=\left.\frac{\partial\boldsymbol{g}}{\partial\boldsymbol{x}^{\mathrm{T}}}\right|_{\boldsymbol{x}_0,\boldsymbol{u}_0}\delta\boldsymbol{x}+\left.\frac{\partial\boldsymbol{g}}{\partial\boldsymbol{u}^{\mathrm{T}}}\right|_{\boldsymbol{x}_0,\boldsymbol{u}_0}\delta\boldsymbol{u}+\boldsymbol{\beta}(\delta\boldsymbol{x},\delta\boldsymbol{u})$$

省略泰勒级数展开式的高次项，令

$$\boldsymbol{x}\overset{\text{def}}{=\!=}\delta\boldsymbol{x},\quad \boldsymbol{u}\overset{\text{def}}{=\!=}\delta\boldsymbol{u},\quad \boldsymbol{y}\overset{\text{def}}{=\!=}\delta\boldsymbol{y}$$

$$\boldsymbol{A}(t)\overset{\text{def}}{=\!=}\left.\frac{\partial\boldsymbol{f}}{\partial\boldsymbol{x}^{\mathrm{T}}}\right|_{\boldsymbol{x}_0,\boldsymbol{u}_0},\quad \boldsymbol{B}(t)\overset{\text{def}}{=\!=}\left.\frac{\partial\boldsymbol{f}}{\partial\boldsymbol{u}^{\mathrm{T}}}\right|_{\boldsymbol{x}_0,\boldsymbol{u}_0},\quad \boldsymbol{C}(t)\overset{\text{def}}{=\!=}\left.\frac{\partial\boldsymbol{g}}{\partial\boldsymbol{x}^{\mathrm{T}}}\right|_{\boldsymbol{x}_0,\boldsymbol{u}_0},\quad \boldsymbol{D}(t)\overset{\text{def}}{=\!=}\left.\frac{\partial\boldsymbol{g}}{\partial\boldsymbol{u}^{\mathrm{T}}}\right|_{\boldsymbol{x}_0,\boldsymbol{u}_0}$$

则线性化后系统的状态空间表达式为

$$\begin{cases}\dot{\boldsymbol{x}}=\boldsymbol{A}(t)\boldsymbol{x}+\boldsymbol{B}(t)\boldsymbol{u}\\ \boldsymbol{y}=\boldsymbol{C}(t)\boldsymbol{x}+\boldsymbol{D}(t)\boldsymbol{u}\end{cases}$$

例 1-2 试求下列非线性系统在 $\boldsymbol{x}_0=\boldsymbol{0}$ 处的线性化方程：

$$\begin{cases}\dot{x}_1=x_2\\ \dot{x}_2=x_1+x_2+x_2^3+2u\\ y=x_1+x_2^2\end{cases}$$

解：由非线性系统的状态方程和输出方程可知

$$\begin{cases}f_1(x_1,x_2,u)=\dot{x}_1=x_2\\ f_2(x_1,x_2,u)=\dot{x}_2=x_1+x_2+x_2^3+2u\\ g(x_1,x_2,u)=y=x_1+x_2^2\end{cases}$$

$$\left.\frac{\partial f_1}{\partial x_1}\right|_{x_0,u_0}=0,\quad \left.\frac{\partial f_1}{\partial x_2}\right|_{x_0,u_0}=1$$

$$\left.\frac{\partial f_2}{\partial x_1}\right|_{x_0,u_0}=1,\quad \left.\frac{\partial f_2}{\partial x_2}\right|_{x_0,u_0}=(1+3x_2^2)|_{x_0}=1$$

$$\left.\frac{\partial f_1}{\partial u}\right|_{x_0,u_0}=0,\quad \left.\frac{\partial f_2}{\partial u}\right|_{x_0,u_0}=2$$

$$\left.\frac{\partial g}{\partial x_1}\right|_{x_0,u_0}=1,\quad \left.\frac{\partial g}{\partial x_2}\right|_{x_0,u_0}=2x_2|_{x_0}=0$$

则

$$\begin{cases}\boldsymbol{A}=\left.\dfrac{\partial f}{\partial\boldsymbol{x}^{\mathrm{T}}}\right|_{x_0,u_0}=\begin{bmatrix}0&1\\1&1\end{bmatrix}\\ \boldsymbol{B}=\left.\dfrac{\partial f}{\partial u^{\mathrm{T}}}\right|_{x_0,u_0}=\begin{bmatrix}0\\2\end{bmatrix}\\ \boldsymbol{C}=\left.\dfrac{\partial g}{\partial\boldsymbol{x}^{\mathrm{T}}}\right|_{x_0,u_0}=[1\quad 0]\\ \boldsymbol{D}=\boldsymbol{0}\end{cases}$$

即线性化后系统的状态空间表达式为
$$\begin{cases}\begin{bmatrix}\dot{x}_1\\ \dot{x}_2\end{bmatrix}=\begin{bmatrix}0&1\\1&1\end{bmatrix}\begin{bmatrix}x_1\\x_2\end{bmatrix}+\begin{bmatrix}0\\2\end{bmatrix}u\\ y=[1\quad 0]\begin{bmatrix}x_1\\x_2\end{bmatrix}\end{cases}$$

1.3　根据系统物理机理建立状态空间表达式

建立状态空间表达式的方法通常有两种：一种是根据系统机理建立相应的微分方程或差分方程，然后选择状态变量建立状态空间表达式；另一种是由其他形式的数学模型转化而得到。根据系统机理建立状态空间表达式，一般选择储能元件的输出量作为状态变量。常见储能元件对应的状态变量选择见表 1-1。

表 1-1　常见储能元件对应的状态变量

储能元件	能量方程	物理变量
电容(C)	$\frac{1}{2}CU^2$	电压 U
电感(L)	$\frac{1}{2}Li^2$	电流 i
质量(m)	$\frac{1}{2}mv^2$	位移速度 v
转动惯量(J)	$\frac{1}{2}J\omega^2$	转动速度 ω
弹簧(K)	$\frac{1}{2}Kx^2$	位移 x

例 1-3　RLC 电路图如图 1-5 所示，以 u 为输入量，u_C 为输出量，试选择几组不同的状态变量，建立相应的状态空间表达式。

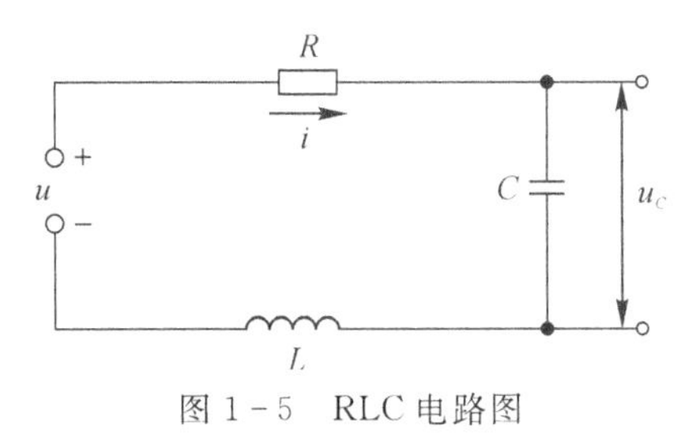

图 1-5　RLC 电路图

解：根据电路定律列写的关系式为

$$\begin{cases} u = Ri + L\dfrac{\mathrm{d}i}{\mathrm{d}t} + u_C \\ i = C\dfrac{\mathrm{d}u_C}{\mathrm{d}t} \end{cases}$$

(1)选择状态变量 $x_1 = i$，$x_2 = u_C$，则

$$\begin{cases} \dot{x}_1 = -\dfrac{R}{L}x_1 - \dfrac{1}{L}x_2 + \dfrac{1}{L}u \\ \dot{x}_2 = \dfrac{1}{C}x_1 \\ y = u_C = x_2 \end{cases}$$

写成矩阵形式为

$$\begin{cases}\begin{bmatrix}\dot{x}_1\\ \dot{x}_2\end{bmatrix}=\begin{bmatrix}-\dfrac{R}{L} & -\dfrac{1}{L}\\ \dfrac{1}{C} & 0\end{bmatrix}\begin{bmatrix}x_1\\ x_2\end{bmatrix}+\begin{bmatrix}\dfrac{1}{L}\\ 0\end{bmatrix}u\\ y=\begin{bmatrix}0 & 1\end{bmatrix}\begin{bmatrix}x_1\\ x_2\end{bmatrix}\end{cases}$$

(2)选择状态变量 $\overline{x}_1=i,\overline{x}_2=Cu_C$,则

$$\begin{cases}\begin{bmatrix}\dot{\overline{x}}_1\\ \dot{\overline{x}}_2\end{bmatrix}=\begin{bmatrix}-\dfrac{R}{L} & -\dfrac{1}{LC}\\ 1 & 0\end{bmatrix}\begin{bmatrix}\overline{x}_1\\ \overline{x}_2\end{bmatrix}+\begin{bmatrix}\dfrac{1}{L}\\ 0\end{bmatrix}u\\ y=\begin{bmatrix}0 & \dfrac{1}{C}\end{bmatrix}\begin{bmatrix}\overline{x}_1\\ \overline{x}_2\end{bmatrix}\end{cases}$$

(3)选择状态变量 $\hat{x}_1=Ri+u_C,\hat{x}_2=u_C$,则

$$\begin{cases}\begin{bmatrix}\dot{\hat{x}}_1\\ \dot{\hat{x}}_2\end{bmatrix}=\begin{bmatrix}\dfrac{1}{RC}-\dfrac{R}{L} & -\dfrac{1}{RC}\\ \dfrac{1}{RC} & -\dfrac{1}{RC}\end{bmatrix}\begin{bmatrix}\hat{x}_1\\ \hat{x}_2\end{bmatrix}+\begin{bmatrix}\dfrac{R}{L}\\ 0\end{bmatrix}u\\ y=\begin{bmatrix}0 & 1\end{bmatrix}\begin{bmatrix}\hat{x}_1\\ \hat{x}_2\end{bmatrix}\end{cases}$$

由例 1-3 可知,对于同一个系统,状态变量的选取是非唯一的,状态空间表达式也是非唯一的。描述同一系统的不同状态空间表达式之间存在着某种线性变换关系$\overline{\boldsymbol{x}}=\boldsymbol{P}^{-1}\boldsymbol{x}$,其中$\boldsymbol{P}^{-1}$为非奇异变换矩阵,若取任意的非奇异变换矩阵,则可变换出无穷多组状态变量,从而得到无穷多组形式的状态空间表达式。例 1-3 中第一组状态变量 $\boldsymbol{x}=\begin{bmatrix}x_1\\ x_2\end{bmatrix}=\begin{bmatrix}i\\ u_C\end{bmatrix}$与第二组状态变量 $\overline{\boldsymbol{x}}=\begin{bmatrix}\overline{x}_1\\ \overline{x}_2\end{bmatrix}=\begin{bmatrix}i\\ Cu_C\end{bmatrix}$之间的变换矩阵 $\boldsymbol{P}^{-1}=\begin{bmatrix}1 & 0\\ 0 & C\end{bmatrix}$。

例 1-4 两级 RC 网络如图 1-6 所示,图中 $u_i(t)$为输入,$u_o(t)$为输出,电路初始储能为零,试列写该网络的状态空间表达式。

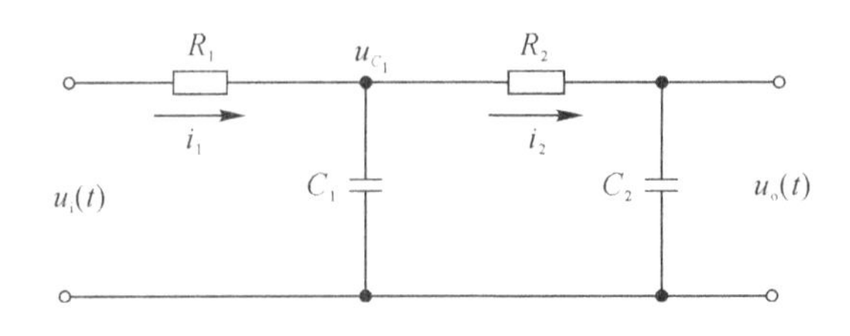

图 1-6 两级 RC 网络

解:设 C_1 上的电压为 u_{C_1},回路 1 的电流为 i_1,回路 2 的电流为 i_2。由电路定律可列写如下方程:

$$\begin{cases} u_i = R_1 i_1 + u_{C_1} \\ u_{C_1} = \dfrac{1}{C_1}\displaystyle\int (i_1 - i_2)\mathrm{d}t \\ u_{C_1} = R_2 i_2 + u_o \\ u_o = \dfrac{1}{C_2}\displaystyle\int i_2 \mathrm{d}t \end{cases}$$

则

$$\begin{cases} i_1 = \dfrac{1}{R_1}(u_i - u_{C_1}) \\ \dot{u}_{C_1} = \dfrac{1}{C_1}(i_1 - i_2) \\ i_2 = \dfrac{1}{R_2}(u_{C_1} - u_o) \\ \dot{u}_o = \dfrac{1}{C_2} i_2 \end{cases}$$

选择电容 C_1,C_2 两端电压为状态变量。令 $x_1 = u_{C_1}$,$x_2 = u_o$,消去中间变量 $i_1(t)$,$i_2(t)$,整理得

$$\begin{cases} \dot{u}_{C_1} = -\left(\dfrac{1}{R_1 C_1} + \dfrac{1}{R_2 C_1}\right)u_{C_1} + \dfrac{1}{R_2 C_1}u_o + \dfrac{1}{R_1 C_1}u_i \\ \dot{u}_o = \dfrac{1}{R_2 C_2}u_{C_1} - \dfrac{1}{R_2 C_2}u_o \end{cases}$$

状态空间表达式为

$$\begin{cases} \begin{bmatrix} \dot{u}_{C_1} \\ \dot{u}_o \end{bmatrix} = \begin{bmatrix} -\dfrac{R_2 + R_1}{R_1 R_2 C_1} & \dfrac{1}{R_2 C_1} \\ \dfrac{1}{R_2 C_2} & -\dfrac{1}{R_2 C_2} \end{bmatrix} \begin{bmatrix} u_{C_1} \\ u_o \end{bmatrix} + \begin{bmatrix} \dfrac{1}{R_1 C_1} \\ 0 \end{bmatrix} u_i \\ y = u_o = \begin{bmatrix} 0 & 1 \end{bmatrix} \begin{bmatrix} u_{C_1} \\ u_o \end{bmatrix} \end{cases}$$

即

$$\begin{cases} \begin{bmatrix} \dot{x}_1 \\ \dot{x}_2 \end{bmatrix} = \begin{bmatrix} -\dfrac{R_2 + R_1}{R_1 R_2 C_1} & \dfrac{1}{R_2 C_1} \\ \dfrac{1}{R_2 C_2} & -\dfrac{1}{R_2 C_2} \end{bmatrix} \begin{bmatrix} x_1 \\ x_2 \end{bmatrix} + \begin{bmatrix} \dfrac{1}{R_1 C_1} \\ 0 \end{bmatrix} u_i \\ y = \begin{bmatrix} 0 & 1 \end{bmatrix} \begin{bmatrix} x_1 \\ x_2 \end{bmatrix} \end{cases}$$

例 1-5　弹簧-质量-阻尼器系统如图 1-7 所示,以外力 $\boldsymbol{F}$ 为输入量,质量块 M 的位移 y 为输出量,试列写系统的状态空间表达式。

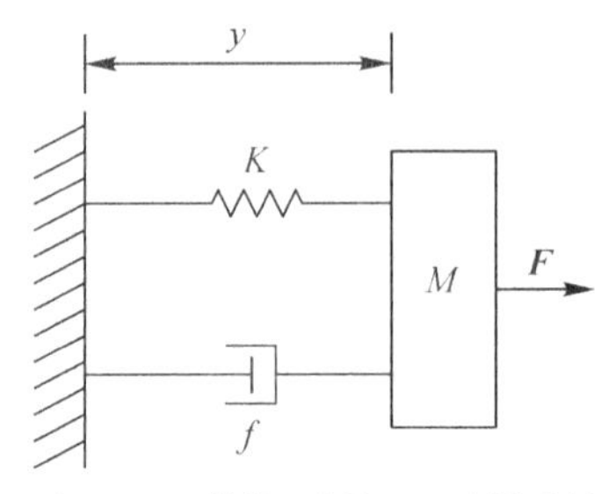

图 1-7 弹簧-质量-阻尼器系统

分析：系统中弹簧 K 和质量块 M 是储能元件，因此，其相应物理变量，即弹簧的位移 y 和质量块速度 v 可选为状态变量，且因为它们是相互独立的，所以 y 和 v 可以确定为系统的状态变量。

解：根据牛顿运动定律，系统的运动方程为

$$F - fv - Ky = M\frac{\mathrm{d}v}{\mathrm{d}t}$$

选择状态变量 $x_1 = y, x_2 = v = \dot{y}$，则

$$\begin{cases} \dot{x}_1 = x_2 \\ \dot{x}_2 = -\dfrac{K}{M}x_1 - \dfrac{f}{M}x_2 + \dfrac{1}{M}F \end{cases}$$

状态空间表达式为

$$\begin{cases} \begin{bmatrix} \dot{x}_1 \\ \dot{x}_2 \end{bmatrix} = \begin{bmatrix} 0 & 1 \\ -\dfrac{K}{M} & -\dfrac{f}{M} \end{bmatrix} \begin{bmatrix} x_1 \\ x_2 \end{bmatrix} + \begin{bmatrix} 0 \\ \dfrac{1}{M} \end{bmatrix} F \\ y = \begin{bmatrix} 1 & 0 \end{bmatrix} \begin{bmatrix} x_1 \\ x_2 \end{bmatrix} \end{cases}$$

例 1-6 图 1-8 所示是一个倒立摆装置，该装置包含一个小车和一个安装在小车上的倒立摆杆。由于小车在水平方向可适当移动，试控制小车的移动使摆杆维持直立不倒。以作用在小车的动力 $\boldsymbol{u}$ 为输入量，以小车的位移 Z 为输出量，试列写系统的状态空间表达式。

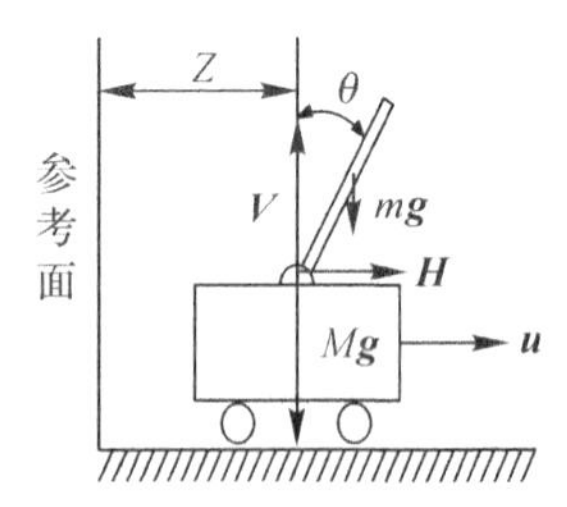

图 1-8 倒立摆装置示意图

分析：本例和手支木棒使之直立不倒的现象很相像。研究这个系统是很有实际意义的，因为在火箭发射时，火箭必须靠开动发动机来维持它沿其推力方向飞行。容易看出，若对小车不加控制，摆杆的倒立状态是不稳定的平衡状态。若稍有扰动，摆杆必然倒下。这里暂不讨论如何控制小车才能使摆杆维持不倒。现在根据有关物理定律来建立倒立摆的状态空间表达式。

解：设小车和摆杆的质量分别为 M 和 m，摆杆长为 $2l$，且重心位于几何中心 l 处。由图 1-8又知，小车距参考坐标的位置为 Z，摆杆的倾角为 θ，摆杆重心的水平位置为 $Z + l\sin\theta$，垂

直方向的位置为 $l\cos\theta$。

按照物理定律，可得摆杆和小车如下运动方程式。

(1)在摆杆的转动方向：

$$J\frac{\mathrm{d}^2\theta}{\mathrm{d}t^2}+B_1\frac{\mathrm{d}\theta}{\mathrm{d}t}=Vl\sin\theta-Hl\cos\theta$$

(2)在摆杆的垂直方向：

$$m\frac{\mathrm{d}^2}{\mathrm{d}t^2}(l\cos\theta)=V-mg$$

(3)在摆杆的水平方向：

$$m\frac{\mathrm{d}^2}{\mathrm{d}t^2}(Z+l\sin\theta)=H$$

(4)在小车的水平方向：

$$M\frac{\mathrm{d}^2Z}{\mathrm{d}t^2}+B_2\frac{\mathrm{d}Z}{\mathrm{d}t}=u-H$$

式中：J 是长为 $2l$ 的摆杆的转动惯量，$J=ml^2/3$；H 和 V 分别是摆杆和小车接合部的水平反力和垂直反力；B_1，B_2 分别是摆杆和小车的摩擦因数；u 是作用在小车上的力，作为控制输入。

消去上面 4 个方程中的 V 和 H，得

$$\begin{cases}(J+ml^2)\ddot{\theta}+ml\cos\theta\ddot{Z}=-B_1\dot{\theta}+mlg\sin\theta\\(M+m)\ddot{Z}+(ml\cos\theta)\ddot{\theta}=-B_2\dot{Z}+ml\sin\theta\cdot\dot{\theta}^2+u\end{cases}$$

由于上面两个方程式中含有 $\sin\theta$，$\cos\theta$，所以方程是关于 θ 的非线性微分方程。为了便于控制器的设计，需要进行线性化处理。选取控制目标工作点为系统线性化工作点，摆杆在工作点处摆动很小，可以将模型在平衡点 $\theta=0$ 附近进行线性化，则线性化方程为

$$\begin{cases}(J+ml^2)\ddot{\theta}+ml\ddot{Z}=-B_1\dot{\theta}+mlg\theta\\(M+m)\ddot{Z}+ml\ddot{\theta}=-B_2\dot{Z}+u\end{cases}$$

注意，上式中 θ 和 Z 实际上应表示为 $\delta\theta$ 和 δZ，这样表示只是为了书写清晰。

选取摆杆偏角 θ 以及角速度 $\dot{\theta}$，小车位移 Z，小车速度 $\dot{Z}$ 为状态变量：

$$x_1\overset{\text{def}}{=}\theta,\quad x_2\overset{\text{def}}{=}\dot{\theta},\quad x_3\overset{\text{def}}{=}Z,\quad x_4\overset{\text{def}}{=}\dot{Z}$$

则得系统状态方程

$$\begin{bmatrix}\dot{x}_1\\\dot{x}_2\\\dot{x}_3\\\dot{x}_4\end{bmatrix}=\begin{bmatrix}0&1&0&0\\ml(M+m)g/\Delta&-B_1(M+m)/\Delta&0&mlB_2/\Delta\\0&0&0&1\\-m^2l^2g/\Delta&mlB_1/\Delta&0&-B_2(J+ml^2)/\Delta\end{bmatrix}\begin{bmatrix}x_1\\x_2\\x_3\\x_4\end{bmatrix}+\begin{bmatrix}0\\-ml/\Delta\\0\\(J+ml^2)/\Delta\end{bmatrix}u$$

其中

$$\Delta=(M+m)J+Mml^2$$

若把位移 Z 作为输出 y，则输出方程为

$$y=Z=\begin{bmatrix}0&0&1&0\end{bmatrix}\begin{bmatrix}x_1\\x_2\\x_3\\x_4\end{bmatrix}$$

为简化问题，忽略 J，B_1 及 B_2，得

$$\begin{bmatrix}\dot{x}_1\\\dot{x}_2\\\dot{x}_3\\\dot{x}_4\end{bmatrix}=\begin{bmatrix}0&1&0&0\\\dfrac{(M+m)g}{Ml}&0&0&0\\0&0&0&1\\-\dfrac{mg}{M}&0&0&0\end{bmatrix}\begin{bmatrix}x_1\\x_2\\x_3\\x_4\end{bmatrix}+\begin{bmatrix}0\\-\dfrac{1}{Ml}\\0\\\dfrac{1}{M}\end{bmatrix}u$$

设系统参数为

$$M=2\ \text{kg},\quad m=0.1\ \text{kg},\quad l=0.5\ \text{m},\quad g=9.81\ \text{m/s}^2$$

则系统的状态方程和输出方程为

$$\begin{cases}\begin{bmatrix}\dot{x}_1\\\dot{x}_2\\\dot{x}_3\\\dot{x}_4\end{bmatrix}=\begin{bmatrix}0&1&0&0\\20.601&0&0&0\\0&0&0&1\\-0.4905&0&0&0\end{bmatrix}\begin{bmatrix}x_1\\x_2\\x_3\\x_4\end{bmatrix}+\begin{bmatrix}0\\-1\\0\\0.5\end{bmatrix}u\\ y=\begin{bmatrix}0&0&1&0\end{bmatrix}\begin{bmatrix}x_1\\x_2\\x_3\\x_4\end{bmatrix}\end{cases}$$

例 1－7　磁悬浮试验系统如图 1－9 所示，在系统上方装有一个电磁铁，产生电磁吸力 $\boldsymbol{F}$，以便将铁球悬浮于空中，系统下方装有一个间隙测量传感器，以测量铁球的悬浮间隙，由于没有引入反馈，所以该磁悬浮试验系统不能稳定工作。假定电磁铁电感 $L=0.508$ H，电阻 $R=23.2\ \Omega$，电流为 $i_1=I_0+i$，其中 $I_0=1.06$ A 是系统的标称工作电流。再假定铁球质量 $m=1.75$ kg，铁球悬浮间隙 $x_g=X_0+x$，其中 $X_0=4.36$ mm 为标称磁悬浮间隙。若电磁力满足 $F=k\left(\dfrac{i_1}{x_g}\right)^2$，式中 $k=2.9\times10^{-4}\ \text{N}\cdot\text{m}^2/\text{A}^2$。选择电压 u 为输入量，x 为输出量，$x_1=x$，$x_2=\dot{x}$，$x_3=i$ 为状态变量，试利用 F 的泰勒级数展开式，列写系统的线性化状态空间表达式。

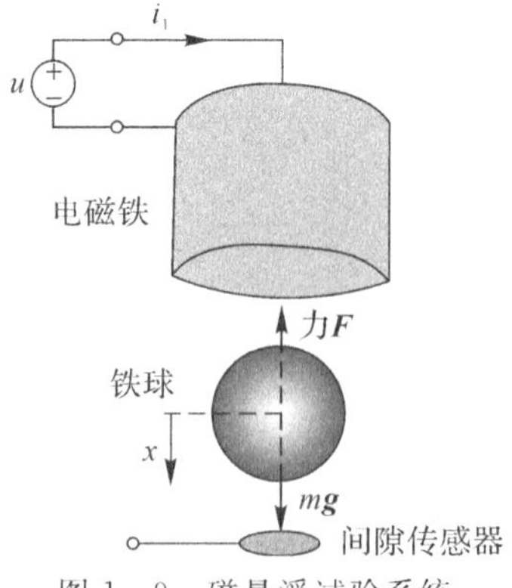

图 1－9　磁悬浮试验系统

分析：本题应从力平衡方程和电压平衡方程入手。

解：选择状态变量

$$x_1=x,\quad x_2=\dot{x},\quad x_3=i$$

故有

$$\dot{x}_1 = x_2,\quad \dot{x}_2 = \ddot{x},\quad \dot{x}_3 = \frac{\mathrm{d}i}{\mathrm{d}t}$$

由力平衡方程

$$m\ddot{x} = mg - F = mg - k\left(\frac{i_1}{x_g}\right)^2 = mg - k\left(\frac{I_0 + i}{X_0 + x}\right)^2$$

可得

$$\dot{x}_2 = g - \frac{k}{m}\frac{(I_0 + x_3)^2}{(X_0 + x_1)^2}$$

由电压平衡方程

$$u = Ri_1 + L\frac{\mathrm{d}i_1}{\mathrm{d}t} = R(I_0 + i) + L\frac{\mathrm{d}(I_0 + i)}{\mathrm{d}t} = RI_0 + Ri + L\frac{\mathrm{d}i}{\mathrm{d}t}$$

可得

$$\dot{x}_3 = \frac{\mathrm{d}i}{\mathrm{d}t} = \frac{1}{L}(u - Rx_3 - RI_0)$$

将上述一阶微分方程组写成矩阵形式，有

$$\begin{bmatrix} \dot{x}_1 \\ \dot{x}_2 \\ \dot{x}_3 \end{bmatrix} = \begin{bmatrix} x_2 \\ g - \dfrac{k}{m}\dfrac{(I_0 + x_3)^2}{(X_0 + x_1)^2} \\ \dfrac{1}{L}(u - Rx_3 - RI_0) \end{bmatrix}$$

这是非线性形式的状态方程。

对电磁吸力 F 进行泰勒级数展开，得

$$F = ki_1^2 x_g^{-2},\quad i_1 = I_0 + i,\quad x_g = X_0 + x$$

$$\Delta F = 2kx_g^{-2} i_1 \Delta i_1 - 2ki_1^2 x_g^{-3}\Delta x_g = \left.\frac{2k(I_0 + i)}{(X_0 + x)^2}\right|_0 \Delta i - \left.\frac{2k(I_0 + i)^2}{(X_0 + x)^3}\right|_0 \Delta x = \frac{2kI_0}{X_0^2}\Delta i - \frac{2kI_0^2}{X_0^3}\Delta x$$

考虑增量方程，并略去“Δ”符号，有

$$\begin{cases} \dot{x}_1 = x_2 \\ \dot{x}_2 = \dfrac{2kI_0^2}{mX_0^3}x_1 - \dfrac{2kI_0}{mX_0^2}x_3 \\ \dot{x}_3 = -\dfrac{R}{L}x_3 + \dfrac{1}{L}u \\ y = x_1 \end{cases}$$

令 $\boldsymbol{x} = [x_1 \quad x_2 \quad x_3]^{\mathrm{T}}$，可得线性化状态空间表达式：

$$\dot{\boldsymbol{x}} = \begin{bmatrix} 0 & 1 & 0 \\ \dfrac{2kI_0^2}{mX_0^3} & 0 & -\dfrac{2kI_0}{mX_0^2} \\ 0 & 0 & -\dfrac{R}{L} \end{bmatrix}\boldsymbol{x} + \begin{bmatrix} 0 \\ 0 \\ \dfrac{1}{L} \end{bmatrix}u = \boldsymbol{A}\boldsymbol{x} + \boldsymbol{b}u$$

$$y=\begin{bmatrix}1 & 0 & 0\end{bmatrix}\boldsymbol{x}=\boldsymbol{cx}$$

代入 $R=23.2\ \Omega$,$L=0.508\ \mathrm{H}$,$m=1.75\ \mathrm{kg}$,$k=2.9\times10^{-4}\ \mathrm{N\cdot m^2/A^2}$,$I_0=1.06\ \mathrm{A}$,$X_0=4.36\times10^{-3}\ \mathrm{m}$,得线性化状态空间表达式:

$$\begin{cases}\begin{bmatrix}\dot{x}_1\\ \dot{x}_2\\ \dot{x}_3\end{bmatrix}=\begin{bmatrix}0 & 1 & 0\\ 4493.1 & 0 & -18.48\\ 0 & 0 & -45.67\end{bmatrix}\begin{bmatrix}x_1\\ x_2\\ x_3\end{bmatrix}+\begin{bmatrix}0\\ 0\\ 1.97\end{bmatrix}\boldsymbol{u}\\ y=\begin{bmatrix}1 & 0 & 0\end{bmatrix}\begin{bmatrix}x_1\\ x_2\\ x_3\end{bmatrix}\end{cases}$$

例 1-8 (打印机皮带驱动器)在计算机外围设备中,常用的低价位打印机都配有皮带驱动器,用于驱动打印头沿打印页面横向移动,打印头可能是喷墨式或针式的。图 1-10(a)所示是一个装有直流电机的皮带驱动式打印机,其光传感器用来测定打印头的位置,皮带张力变化用于调节皮带的实际弹性状态。试建立系统的状态空间模型。

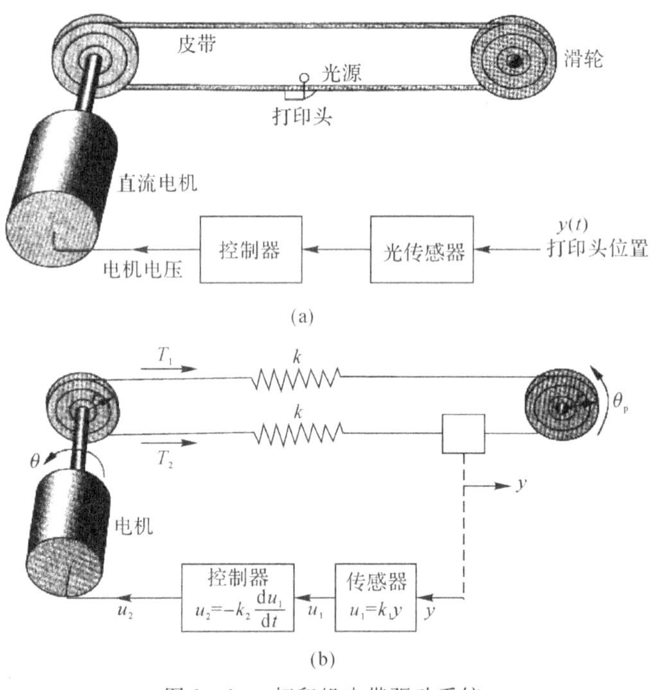

图 1-10 打印机皮带驱动系统

(a)打印机皮带驱动系统;(b)打印机皮带驱动模型

分析:该系统需要从系统的运动方程及电机旋转的运动方程两方面列写变量间的关系。

解:图 1-10(b)所示为打印机皮带驱动器的基本模型。模型中,记皮带弹性系数为 k,滑轮半径为 r,电机轴转角为 θ,右滑轮转角为 θ_{p},打印头质量为 m,打印头位移为 $y(t)$,光传感器用来测量 $y(t)$,光传感器的输出电压为 u_1,且 $u_1=k_1y$。控制器输出电压为 u_2,对系统进行速度反馈,即有 $u_2=-k_2\dfrac{\mathrm{d}u_1}{\mathrm{d}t}$。系统参数取值见表 1-2。

表1-2　打印装置的参数

项　目		参　数
整体	质量 m	0.2 kg
	光传感器 k_1	1 V/m
	滑轮半径 r	0.015 m
电机	电感 L	0
	电机和滑轮的摩擦因数 f	0.25 N·m·s
	电枢电阻 R	2 Ω
	电机传递系数 K_m	2 kg·m/A
	电机和滑轮的转动惯量 $J_{电机}+J_{滑轮}$	0.01 kg·m^2

第一步，建立系统的运动方程。因为 $y=r\theta_p$，所以皮带张力 T_1 和 T_2 分别为

$$\begin{cases} T_1 = k(r\theta - r\theta_{\mathrm{p}}) = k(r\theta - y) \\ T_2 = k(y - r\theta) \end{cases}$$

式中，k 为皮带弹性系数。则作用在质量 m 上的皮带净张力为

$$T_1 - T_2 = 2k(r\theta - y) = 2kx_1$$

其中，$x_1=r\theta-y$ 为第一个状态变量，表示打印头实际位移 y 与预期位移 $r\theta$ 之间的位移差。显然，质量 m 的运动方程为

$$m\frac{\mathrm{d}^2 y}{\mathrm{d}t^2} = T_1 - T_2 = 2kx_1$$

取第二个状态变量为 $x_2=\frac{\mathrm{d}y}{\mathrm{d}t}$，于是有

$$\frac{\mathrm{d}x_2}{\mathrm{d}t} = \frac{2k}{m}x_1 \tag{1.3-1}$$

定义第三个状态变量为 $x_3=\frac{\mathrm{d}\theta}{\mathrm{d}t}$，则可知 x_1 的导数为

$$\frac{\mathrm{d}x_1}{\mathrm{d}t} = r\frac{\mathrm{d}\theta}{\mathrm{d}t} - \frac{\mathrm{d}y}{\mathrm{d}t} = -x_2 + rx_3 \tag{1.3-2}$$

第二步，建立电机旋转的运动方程。当 $L=0$ 时，电机电枢电流 $i=\frac{u_2}{R}$，而电机转矩为

$$M_{\mathrm{m}} = K_{\mathrm{m}} i$$

于是有

$$M_{\mathrm{m}} = \frac{K_{\mathrm{m}}}{R}u_2 \tag{1.3-3}$$

设作用在驱动皮带上的扰动转矩为 M_{d}，则电机驱动皮带的有效转矩为 $M=M_{\mathrm{m}}-M_{\mathrm{d}}$。显然，只有有效转矩驱动电机轴带动滑轮驱动，则

$$M = J\frac{\mathrm{d}^2\theta}{\mathrm{d}t^2} + f\frac{\mathrm{d}\theta}{\mathrm{d}t} + r(T_1 - T_2)$$

由于
$$\frac{\mathrm{d}x_3}{\mathrm{d}t} = \frac{\mathrm{d}^2\theta}{\mathrm{d}t^2},\quad T_1 - T_2 = 2kx_1$$

因此
$$\frac{\mathrm{d}x_3}{\mathrm{d}t}=\frac{M_\mathrm{m}-M_\mathrm{d}}{J}-\frac{f}{J}x_3-\frac{2kr}{J}x_1$$

在上式中，代入式(1.3-3)以及

$$u_2=-k_2\frac{\mathrm{d}u_1}{\mathrm{d}t}$$

$$u_1=k_1y,\quad x_2=\frac{\mathrm{d}y}{\mathrm{d}t}$$

得到

$$\frac{M_\mathrm{m}}{J}=\frac{K_\mathrm{m}}{RJ}u_2=-\frac{K_\mathrm{m}k_2}{RJ}\frac{\mathrm{d}u_1}{\mathrm{d}t}=-\frac{K_\mathrm{m}k_1k_2}{RJ}x_2$$

最终解得

$$\frac{\mathrm{d}x_3}{\mathrm{d}t}=-\frac{2kr}{J}x_1-\frac{K_\mathrm{m}k_1k_2}{RJ}x_2-\frac{f}{J}x_3-\frac{M_\mathrm{d}}{J}$$

则状态空间模型为

$$\begin{cases}\begin{bmatrix}\dot{x}_1\\\dot{x}_2\\\dot{x}_3\end{bmatrix}=\begin{bmatrix}0&-1&r\\\frac{2k}{m}&0&0\\-\frac{2kr}{J}&-\frac{K_\mathrm{m}k_1k_2}{RJ}&-\frac{f}{J}\end{bmatrix}\begin{bmatrix}x_1\\x_2\\x_3\end{bmatrix}+\begin{bmatrix}0\\0\\-\frac{1}{J}\end{bmatrix}M_\mathrm{d}\\y=\begin{bmatrix}1&0&0\end{bmatrix}\begin{bmatrix}x_1\\x_2\\x_3\end{bmatrix}\end{cases}$$

1.4 根据系统的微分方程建立状态空间表达式

在经典控制理论中，描述系统输入输出关系的微分方程或传递函数是可以用实验方法得到的。那么，应当如何从微分方程或传递函数建立状态空间表达式呢？这一问题在线性系统理论中称为实现问题。根据输入输出关系求得的状态空间表达式并不是唯一的，将有无穷多个内部结构不同，但输入输出关系相同的实现。本节只讨论单输入单输出系统建立状态空间表达式的方法。

一、微分方程右边不含输入量导数项的情况

设系统的运动方程为

$$y^{(n)}+a_{n-1}y^{(n-1)}+\cdots+a_1\dot{y}+a_0y=b_0u \tag{1.4-1}$$

若给定初始条件 $y(0),\dot{y}(0),\cdots,y^{(n-1)}(0)$ 及 $t\geqslant0$ 的输入 $u(t)$，则上述微分方程的解是唯一的，或者说，该系统的时域行为是完全确定的。于是，可以取 $y(t),\dot{y}(t),\cdots,y^{(n-1)}(t)$ 等 n 个变量为状态变量，记为

$$\left.\begin{aligned}x_1&=y\\x_2&=\dot{y}\\&\cdots\cdots\\x_n&=y^{(n-1)}\end{aligned}\right\} \tag{1.4-2}$$

将式(1.4－2)两边对时间 t 求导，得状态方程为

$$\left.\begin{aligned}&\dot{x}_1=\dot{y}=x_2\\&\dot{x}_2=\ddot{y}=x_3\\&\quad\cdots\cdots\\&\dot{x}_n-y^{(n)}=-a_0y-a_1\dot{y}-\cdots-a_{n-1}y^{(n-1)}+b_0u=\\&\qquad-a_0x_1-a_1x_2-\cdots-a_{n-1}x_n+b_0u\end{aligned}\right\}\tag{1.4－3}$$

输出方程为

$$y=x_1\tag{1.4－4}$$

将式(1.4－3)和式(1.4－4)写成向量矩阵形式：

$$\left.\begin{aligned}\dot{\boldsymbol{x}}&=\boldsymbol{Ax}+\boldsymbol{b}u\\y&=\boldsymbol{cx}\end{aligned}\right\}\tag{1.4－5}$$

式中

$$\boldsymbol{x}=\begin{bmatrix}x_1\\x_2\\\vdots\\x_n\end{bmatrix},\quad\boldsymbol{A}=\begin{bmatrix}0&1&0&\cdots&0\\0&0&1&\cdots&0\\\vdots&\vdots&\vdots&&\vdots\\0&0&0&\cdots&1\\-a_0&-a_1&-a_2&\cdots&-a_{n-1}\end{bmatrix}$$

$$\boldsymbol{b}=\begin{bmatrix}0\\0\\\vdots\\0\\b_0\end{bmatrix},\quad\boldsymbol{c}=\begin{bmatrix}1&0&0&\cdots&0\end{bmatrix}$$

其状态变量图如图 1－11 所示。

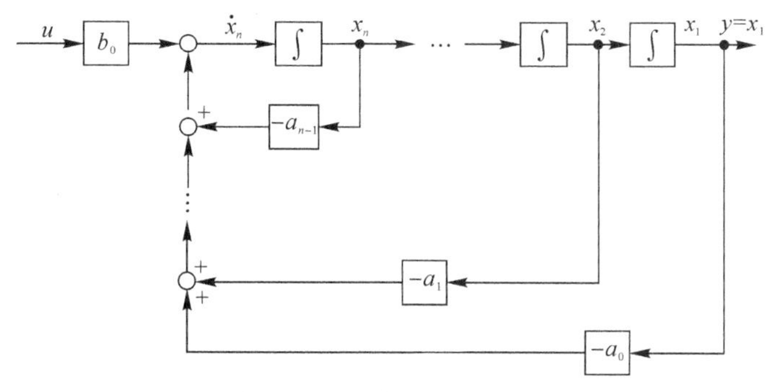

图 1－11　系统的状态变量图

例 1－9　设系统的微分方程为 $\dddot{y}+6\ddot{y}+11\dot{y}+6y=2u$，试写出其状态空间表达式。

解：选取 $y,\dot{y},\ddot{y}$ 为状态变量，即

$$\begin{cases}x_1=y\\x_2=\dot{y}\\x_3=\ddot{y}\end{cases}$$

将上式两边对时间 t 求导，得到状态方程为

$$\begin{cases}\dot{x}_1 = \dot{y} = x_2 \\ \dot{x}_2 = \ddot{y} = x_3 \\ \dot{x}_3 = \dddot{y} = -6y - 11\dot{y} - 6\ddot{y} + 2u = -6x_1 - 11x_2 - 6x_3 + 2u\end{cases}$$

输出方程为

$$y = x_1$$

将状态方程和输出方程写成矩阵形式：

$$\begin{cases}\begin{bmatrix}\dot{x}_1 \\ \dot{x}_2 \\ \dot{x}_3\end{bmatrix} = \begin{bmatrix}0 & 1 & 0 \\ 0 & 0 & 1 \\ -6 & -11 & -6\end{bmatrix}\begin{bmatrix}x_1 \\ x_2 \\ x_3\end{bmatrix} + \begin{bmatrix}0 \\ 0 \\ 2\end{bmatrix}u \\ y = \begin{bmatrix}1 & 0 & 0\end{bmatrix}\begin{bmatrix}x_1 \\ x_2 \\ x_3\end{bmatrix}\end{cases}$$

该状态空间表达式的状态变量图如图 1－12 所示。

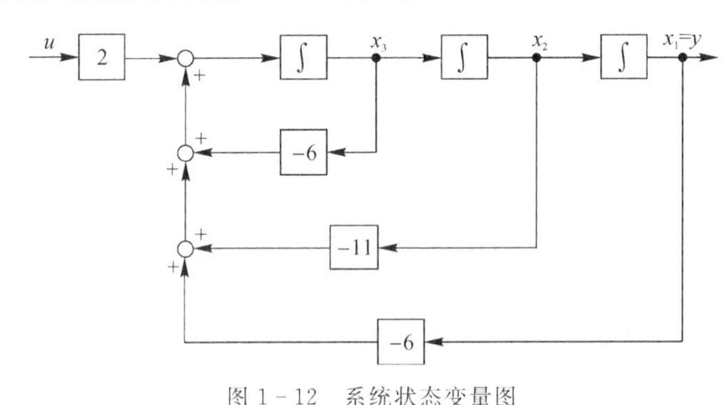

图 1－12　系统状态变量图

二、微分方程右边含有输入量导数项的情况

设微分方程为

$$y^{(n)} + a_{n-1}y^{(n-1)} + \cdots + a_1\dot{y} + a_0 y = b_n u^{(n)} + b_{n-1}u^{(n-1)} + \cdots + b_1\dot{u} + b_0 u \tag{1.4-6}$$

一般输入量导数项的次数小于或等于系统的阶数 n。这种形式的微分方程如果取 $y(t)$，$\dot{y}(t)$，…，$y^{(n-1)}(t)$作为状态变量，状态方程将为

$$\begin{bmatrix}\dot{x}_1 \\ \dot{x}_2 \\ \vdots \\ \dot{x}_{n-1} \\ \dot{x}_n\end{bmatrix} = \begin{bmatrix}0 & 1 & 0 & \cdots & 0 \\ 0 & 0 & 1 & \cdots & 0 \\ \vdots & \vdots & \vdots & & \vdots \\ 0 & 0 & 0 & \cdots & 1 \\ -a_0 & -a_1 & -a_2 & \cdots & -a_{n-1}\end{bmatrix}\begin{bmatrix}x_1 \\ x_2 \\ \vdots \\ x_{n-1} \\ x_n\end{bmatrix} + \begin{bmatrix}0 & 0 & \cdots & 0 \\ 0 & 0 & \cdots & 0 \\ \vdots & \vdots & & \vdots \\ b_n & b_{n-1} & \cdots & b_0\end{bmatrix}\begin{bmatrix}u^{(n)} \\ u^{(n-1)} \\ \vdots \\ u\end{bmatrix}$$

状态方程中包含了输入量导数项。因此，不能选取 $y(t)$，$\dot{y}(t)$，…，$y^{(n-1)}(t)$为状态变量。为了避免状态方程中出现输入量导数项，可按如下规则选取状态变量：

$$\left.\begin{aligned} x_1 &= y - \beta_0 u \\ x_i &= \dot{x}_{i-1} - \beta_{i-1} u \quad (i = 2,3,\cdots,n) \end{aligned}\right\} \tag{1.4-7}$$

式中，$\beta_0,\beta_1,\cdots,\beta_{n-1}$ 为待定系数。

展开式为

$$\begin{cases} x_1 = y - \beta_0 u \\ x_2 = \dot{x}_1 - \beta_1 u = \dot{y} - \beta_0 \dot{u} - \beta_1 u \\ \quad \cdots\cdots \\ x_{n-1} = \dot{x}_{n-2} - \beta_{n-2} u = y^{(n-2)} - \beta_0 u^{(n-2)} - \cdots - \beta_{n-2} u \\ x_n = \dot{x}_{n-1} - \beta_{n-1} u = y^{(n-1)} - \beta_0 u^{(n-1)} - \beta_1 u^{(n-2)} \cdots - \beta_{n-1} u \end{cases}$$

将上式两边对时间 t 求导，得

$$\begin{cases} \dot{x}_1 = \dot{y} - \beta_0 \dot{u} = x_2 + \beta_1 u \\ \dot{x}_2 = \ddot{y} - \beta_0 \ddot{u} - \beta_1 \dot{u} = x_3 - \beta_2 u \\ \quad \cdots\cdots \\ \dot{x}_n = y^{(n)} - \beta_0 u^{(n)} - \beta_1 u^{(n-1)} - \cdots - \beta_{n-1} \dot{u} = \\ \quad (-a_0 y - a_1 \dot{y} - \cdots - a_{n-1} y^{(n-1)} + b_n u^{(n)} + b_{n-1} u^{(n-1)} + \cdots + b_1 \dot{u} + b_0 u) - \\ \quad \beta_0 u^{(n)} - \beta_1 u^{(n-1)} - \cdots - \beta_{n-1} \dot{u} = \\ \quad (-a_0 x_1 - a_1 x_2 - \cdots - a_{n-1} x_n) + (b_n - \beta_0) u^{(n)} + (b_{n-1} - \beta_1 - a_{n-1}\beta_0) u^{(n-1)} + \cdots + \\ \quad (b_0 - a_{n-1}\beta_{n-1} - \cdots - a_1\beta_1 - a_0\beta_0) u \end{cases}$$

令上式中 u 的各阶导数的系数为零，则

$$\begin{bmatrix} b_n \\ b_{n-1} \\ \vdots \\ b_1 \\ b_0 \end{bmatrix} = \begin{bmatrix} 1 & & & & \\ a_{n-1} & 1 & & & \\ \vdots & \vdots & \ddots & & \\ a_1 & a_2 & \cdots & 1 & \\ a_0 & a_1 & \cdots & a_{n-1} & 1 \end{bmatrix} \begin{bmatrix} \beta_0 \\ \beta_1 \\ \vdots \\ \beta_{n-1} \\ \beta_n \end{bmatrix} \tag{1.4-8}$$

输出方程为

$$y = x_1 + \beta_0 u = x_1 + b_n u$$

写成矩阵的形式可得

$$\left.\begin{aligned} \begin{bmatrix} \dot{x}_1 \\ \dot{x}_2 \\ \vdots \\ \dot{x}_{n-1} \\ \dot{x}_n \end{bmatrix} &= \begin{bmatrix} 0 & 1 & & & \\ 0 & 0 & 1 & & \\ \vdots & \vdots & \vdots & \ddots & \\ 0 & 0 & 0 & \cdots & 1 \\ -a_0 & -a_1 & -a_2 & \cdots & -a_{n-1} \end{bmatrix} \begin{bmatrix} x_1 \\ x_2 \\ \vdots \\ x_{n-1} \\ x_n \end{bmatrix} + \begin{bmatrix} \beta_1 \\ \beta_2 \\ \vdots \\ \beta_{n-1} \\ \beta_n \end{bmatrix} u \\ y &= \begin{bmatrix} 1 & 0 & 0 & \cdots & 0 \end{bmatrix} \begin{bmatrix} x_1 \\ x_2 \\ \vdots \\ x_n \end{bmatrix} + b_n u \end{aligned}\right\} \tag{1.4-9}$$

系统的状态变量图如图 1-13 所示。

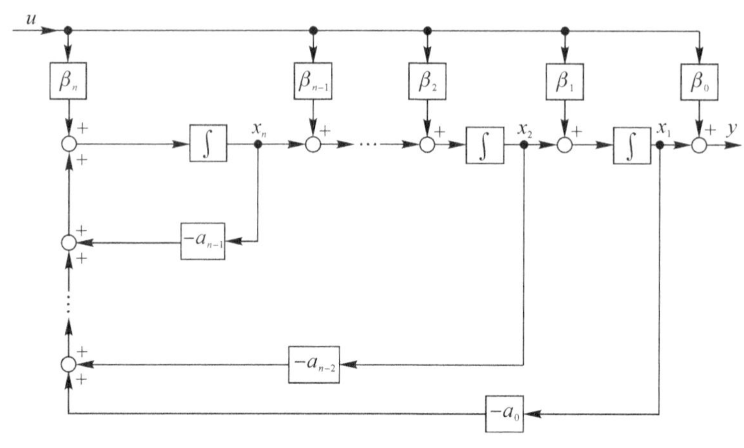

图 1-13　系统的状态变量图

若 $b_n=0$,可以令上述式子中的 $\beta_0=0$ 得到所需结果,也可以按如下规则选择另一组状态变量。设

$$\left.\begin{aligned}\bar{x}_n &= y\\ \bar{x}_i &= \dot{\bar{x}}_{i+1}+a_i y-b_i u \quad (i=1,2,\cdots,n-1)\end{aligned}\right\} \tag{1.4-10}$$

则状态空间表达式可写为

$$\left.\begin{aligned}\begin{bmatrix}\dot{\bar{x}}_1\\ \dot{\bar{x}}_2\\ \dot{\bar{x}}_3\\ \vdots\\ \dot{\bar{x}}_{n-1}\\ \dot{\bar{x}}_n\end{bmatrix} &= \begin{bmatrix}0&0&0&\cdots&0&0&-a_0\\ 1&0&0&\cdots&0&0&-a_1\\ 0&1&0&\cdots&0&0&-a_2\\ \vdots&\vdots&\vdots&&\vdots&\vdots&\vdots\\ 0&0&0&\cdots&1&0&-a_{n-2}\\ 0&0&0&\cdots&0&1&-a_{n-1}\end{bmatrix}\begin{bmatrix}\bar{x}_1\\ \bar{x}_2\\ \bar{x}_3\\ \vdots\\ \bar{x}_{n-1}\\ \bar{x}_n\end{bmatrix}+\begin{bmatrix}b_0\\ b_1\\ b_2\\ \vdots\\ b_{n-2}\\ b_{n-1}\end{bmatrix}u\\ y &= \begin{bmatrix}0&0&0&\cdots&0&1\end{bmatrix}\begin{bmatrix}\bar{x}_1\\ \bar{x}_2\\ \bar{x}_3\\ \vdots\\ \bar{x}_{n-1}\\ \bar{x}_n\end{bmatrix}\end{aligned}\right\} \tag{1.4-11}$$

例 1-10　已知系统的输入输出微分方程为

$$\dddot{y}+28\ddot{y}+196\dot{y}+740y=360\dot{u}+440u$$

试列写其状态空间表达式。

解:将 $a_2=28,a_1=196,a_0=740,b_3=0,b_2=0,b_1=360,b_0=440$ 代入式(1.4-8),则有

$$\begin{cases}\beta_0=b_3=0\\ \beta_1=b_2-a_2\beta_0=0\\ \beta_2=b_1-a_2\beta_1-a_1\beta_0=360\\ \beta_3=b_0-a_2\beta_2-a_1\beta_1-a_0\beta_0=-9640\end{cases}$$

写出如下状态空间表达式：

$$
\begin{cases}
\begin{bmatrix}\dot{x}_1\\ \dot{x}_2\\ \dot{x}_3\end{bmatrix}=\begin{bmatrix}0 & 1 & 0\\ 0 & 0 & 1\\ -740 & -196 & -28\end{bmatrix}\begin{bmatrix}x_1\\ x_2\\ x_3\end{bmatrix}+\begin{bmatrix}0\\ 360\\ -9640\end{bmatrix}u\\
y=\begin{bmatrix}1 & 0 & 0\end{bmatrix}\begin{bmatrix}x_1\\ x_2\\ x_3\end{bmatrix}
\end{cases}
$$

也可以按$\begin{cases}x_n=y\\ x_i=\dot{x}_{i+1}+a_i y-b_i u\quad (i=1,2,\cdots,n-1)\end{cases}$选择状态变量，则状态空间表达式为

$$
\begin{cases}
\begin{bmatrix}\dot{\bar{x}}_1\\ \dot{\bar{x}}_2\\ \dot{\bar{x}}_3\end{bmatrix}=\begin{bmatrix}0 & 0 & -740\\ 1 & 0 & -196\\ 0 & 1 & -28\end{bmatrix}\begin{bmatrix}\bar{x}_1\\ \bar{x}_2\\ \bar{x}_3\end{bmatrix}+\begin{bmatrix}440\\ 360\\ 0\end{bmatrix}u\\
y=\begin{bmatrix}0 & 0 & 1\end{bmatrix}\begin{bmatrix}\bar{x}_1\\ \bar{x}_2\\ \bar{x}_3\end{bmatrix}
\end{cases}
$$

1.5　根据传递函数建立状态空间表达式

设系统传递函数为

$$
G(s)=\frac{b_n s^n+b_{n-1}s^{n-1}+\cdots+b_1 s+b_0}{s^n+a_{n-1}s^{n-1}+\cdots+a_1 s+a_0}=b_n+\frac{\beta_{n-1}s^{n-1}+\cdots+\beta_1 s+\beta_0}{s^n+a_{n-1}s^{n-1}+\cdots+a_1 s+a_0}=b_n+G'(s)
$$

（1.5-1）

其中 $\beta_i=b_i-a_i b_n, i=0,1,\cdots,n-1$，由综合除法得到。

由式（1.4-9）可知，b_n 就是系统的前馈矩阵 d（输入输出系统的前馈矩阵），与选择的状态变量无关，即 $d=b_n$。为了后面表述方便，只针对 $G'(s)$ 建立状态空间表达式。令

$$
G'(s)=\frac{Y(s)}{U(s)}=\frac{\beta_{n-1}s^{n-1}+\cdots+\beta_1 s+\beta_0}{s^n+a_{n-1}s^{n-1}+\cdots+a_1 s+a_0}\tag{1.5-2}
$$

下面介绍由 $G'(s)$ 导出几种标准形式的状态空间表达式的方法。

1. 串联分解

将 $G'(s)$ 分解成两部分相串联，如图 1-14 所示，z 为中间变量，因此满足

$$
\begin{cases}
z^{(n)}+a_{n-1}z^{(n-1)}+\cdots+a_1\dot{z}+a_0 z=u\\
y=\beta_{n-1}z^{(n-1)}+\beta_{n-2}z^{(n-2)}+\cdots+\beta_1\dot{z}+\beta_0 z
\end{cases}
$$

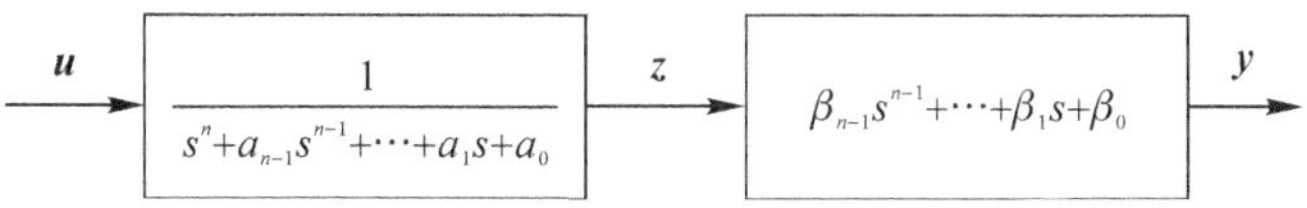

u → $\dfrac{1}{s^n+a_{n-1}s^{n-1}+\cdots+a_1 s+a_0}$ → z → $\beta_{n-1}s^{n-1}+\cdots+\beta_1 s+\beta_0$ → y

图 1-14　$G'(s)$串联分解

选取状态变量

$$\begin{cases} x_1 = z \\ x_2 = \dot{z} \\ \quad \cdots\cdots \\ x_n = z^{(n-1)} \end{cases}$$

将上式两边对时间 t 求导，得状态方程：

$$\begin{cases} \dot{x}_1 = \dot{z} = x_2 \\ \dot{x}_2 = \ddot{z} = x_3 \\ \quad \cdots\cdots \\ \dot{x}_n = z^{(n)} = -a_0 z - a_1 \dot{z} \cdots - a_{n-1} z^{(n-1)} + u = \\ \qquad -a_0 x_1 - a_1 x_2 \cdots - a_{n-1} x_n + u \end{cases}$$

输出方程为

$$y = \beta_0 z + \beta_1 \dot{z} + \cdots + \beta_{n-1} z^{(n-1)} = \beta_0 x_1 + \beta_1 x_2 + \cdots + \beta_{n-1} x_n$$

将上式写成向量矩阵形式：

$$\begin{cases} \dot{\boldsymbol{x}} = \boldsymbol{A}_C \boldsymbol{x} + \boldsymbol{b}_C u \\ y = \boldsymbol{c}_C \boldsymbol{x} \end{cases}$$

式中

$$\boldsymbol{x} = \begin{bmatrix} x_1 \\ x_2 \\ \vdots \\ x_{n-1} \\ x_n \end{bmatrix}, \quad \boldsymbol{A}_C = \begin{bmatrix} 0 & 1 & 0 & \cdots & 0 \\ 0 & 0 & 1 & \cdots & 0 \\ \vdots & \vdots & \vdots & & \vdots \\ 0 & 0 & 0 & \cdots & 1 \\ -a_0 & -a_1 & -a_2 & \cdots & -a_{n-1} \end{bmatrix}$$

$$\boldsymbol{b}_C = \begin{bmatrix} 0 \\ 0 \\ \vdots \\ 0 \\ 1 \end{bmatrix}, \quad \boldsymbol{c}_C = [\beta_0 \quad \beta_1 \quad \cdots \quad \beta_{n-2} \quad \beta_{n-1}]$$

若 $\boldsymbol{A}$ 和 $\boldsymbol{b}$ 具有以上形式，则相应的状态空间表达式称为可控标准形，$\boldsymbol{A}_C$ 称为友矩阵，也称为相伴矩阵。当 $\boldsymbol{b}_n \neq \boldsymbol{0}$ 时，前馈矩阵 $\boldsymbol{d} = \boldsymbol{b}_n$。

若 $\boldsymbol{b}_n = \boldsymbol{0}$，则可以按 $\begin{cases} x_n = y \\ x_i = \dot{x}_{i+1} + a_i y - b_i u \quad (i = 1, 2, \cdots, n-1) \end{cases}$ 选择状态变量。状态空间表达式写为

$$\begin{cases} \dot{\overline{\boldsymbol{x}}} = \boldsymbol{A}_O \overline{\boldsymbol{x}} + \boldsymbol{b}_O u \\ y = \boldsymbol{c}_O \overline{\boldsymbol{x}} \end{cases}$$

$$\bar{\boldsymbol{x}}=\begin{bmatrix}\bar{x}_1\\ \bar{x}_2\\ \bar{x}_3\\ \vdots\\ \bar{x}_{n-1}\\ \bar{x}_n\end{bmatrix},\quad \boldsymbol{A}_{\mathrm{O}}=\begin{bmatrix}0 & 0 & \cdots & 0 & -a_0\\ 1 & 0 & \cdots & 0 & -a_1\\ 0 & 1 & \cdots & 0 & -a_2\\ \vdots & \vdots & & \vdots & \vdots\\ 0 & 0 & \cdots & 0 & -a_{n-2}\\ 0 & 0 & \cdots & 1 & -a_{n-1}\end{bmatrix}$$

$$\boldsymbol{b}_{\mathrm{O}}=\begin{bmatrix}\beta_0\\ \beta_1\\ \beta_2\\ \vdots\\ \beta_{n-2}\\ \beta_{n-1}\end{bmatrix},\quad \boldsymbol{c}_{\mathrm{O}}=[0\quad 0\quad 0\quad \cdots\quad 0\quad 1]$$

当 $\boldsymbol{A}$ 和 $\boldsymbol{c}$ 具有以上形式时，相应的状态空间表达式称为可观测标准形。

可控标准形与可观测标准形的各矩阵之间满足如下关系：

$$\boldsymbol{A}_{\mathrm{C}}=\boldsymbol{A}_{\mathrm{O}}^{\mathrm{T}},\quad \boldsymbol{b}_{\mathrm{C}}=\boldsymbol{c}_{\mathrm{O}}^{\mathrm{T}},\quad \boldsymbol{c}_{\mathrm{C}}=\boldsymbol{b}_{\mathrm{O}}^{\mathrm{T}}$$

式中，下标 C 表示可控标准形，下标 O 表示可观测标准形，上标 T 表示矩阵的转置。

2. 并联分解

(1)$G'(s)$只含单实极点。状态空间表达式除了可以写成可控标准形或可观测标准形之外，还可化为对角线标准形，即 $\boldsymbol{A}$ 是一个对角矩阵。传递函数 $G'(s)$可表示为

$$G'(s)=\frac{Y(s)}{U(s)}=\frac{\beta_{n-1}s^{n-1}+\cdots+\beta_1 s+\beta_0}{(s-\lambda_1)(s-\lambda_2)\cdots(s-\lambda_n)} \tag{1.5-3}$$

传递函数 $G'(s)$可展开成部分分式之和的形式：

$$G'(s)=\frac{Y(s)}{U(s)}=\frac{c_1}{s-\lambda_1}+\frac{c_2}{s-\lambda_2}+\cdots+\frac{c_n}{s-\lambda_n}=\sum_{i=1}^{n}\frac{c_i}{s-\lambda_i} \tag{1.5-4}$$

式中，$c_i=\lim\limits_{s\to\lambda_i}[G'(s)(s-\lambda_i)]$$(i=1,2,\cdots,n)$为 $G'(s)$在极点 λ_i 处的留数。

且有

$$Y(s)=\sum_{i=1}^{n}\frac{c_i}{s-\lambda_i}U(s)=\sum_{i=1}^{n}\frac{k_i f_i}{s-\lambda_i}U(s)$$

式中，$c_i=k_i f_i$，k_i，f_i 为实常数。

令状态变量

$$X_i(s)=\frac{k_i}{s-\lambda_i}U(s)\quad (i=1,2,\cdots,n;k_i f_i=c_i)$$

则

$$\dot{x}_i=\lambda_i x_i+k_i u\quad (i=1,2,\cdots,n)$$

展开得状态方程：

$$\begin{cases}\dot{x}_1=\lambda_1 x_1+k_1 u\\ \dot{x}_2=\lambda_2 x_2+k_2 u\\ \quad\cdots\cdots\\ \dot{x}_n=\lambda_n x_n+k_n u\end{cases}$$

输出方程为

$$y=\sum_{i=1}^{n}f_i x_i=\sum_{i=1}^{n}\frac{c_i}{k_i}x_i=\frac{c_1}{k_1}x_1+\frac{c_2}{k_2}x_2+\cdots+\frac{c_n}{k_n}x_n$$

写成矩阵形式为

$$\begin{cases}\begin{bmatrix}\dot{x}_1\\ \dot{x}_2\\ \vdots\\ \dot{x}_n\end{bmatrix}=\begin{bmatrix}\lambda_1 & & & \\ & \lambda_2 & & \\ & & \ddots & \\ & & & \lambda_n\end{bmatrix}\begin{bmatrix}x_1\\ x_2\\ \vdots\\ x_n\end{bmatrix}+\begin{bmatrix}k_1\\ k_2\\ \vdots\\ k_n\end{bmatrix}u\\ y=\begin{bmatrix}f_1 & f_2 & \cdots & f_n\end{bmatrix}\begin{bmatrix}x_1\\ x_2\\ \vdots\\ x_n\end{bmatrix}=\begin{bmatrix}\frac{c_1}{k_1} & \frac{c_2}{k_2} & \cdots & \frac{c_n}{k_n}\end{bmatrix}\begin{bmatrix}x_1\\ x_2\\ \vdots\\ x_n\end{bmatrix}\end{cases}$$

状态变量图如图 1-15 所示。

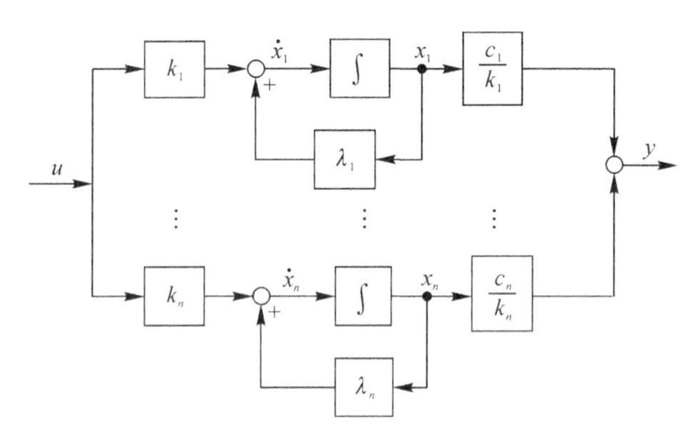

图 1-15 对角线标准形状态空间表达式的状态变量图

从状态空间表达式的形式可以看出，对角线标准形实现了状态变量间的完全解耦，也就是说状态变量之间不存在耦合关系，这时系统可以看成是 n 个独立一阶系统的并联结构，为系统分析和综合带来了方便。

当取 $k_i=1$ 时，状态空间表达式可写为

$$\begin{cases}\begin{bmatrix}\dot{x}_1\\ \dot{x}_2\\ \vdots\\ \dot{x}_n\end{bmatrix}=\begin{bmatrix}\lambda_1 & & & \\ & \lambda_2 & & \\ & & \ddots & \\ & & & \lambda_n\end{bmatrix}\begin{bmatrix}x_1\\ x_2\\ \vdots\\ x_n\end{bmatrix}+\begin{bmatrix}1\\ 1\\ \vdots\\ 1\end{bmatrix}u\\ y=\begin{bmatrix}c_1 & c_2 & \cdots & c_n\end{bmatrix}\begin{bmatrix}x_1\\ x_2\\ \vdots\\ x_n\end{bmatrix}\end{cases}$$

当取 $k_i=c_i$ 时，状态空间表达式可写为

$$\begin{cases}\begin{bmatrix}\dot{x}_1\\ \dot{x}_2\\ \vdots\\ \dot{x}_n\end{bmatrix}=\begin{bmatrix}\lambda_1 & & & \\ & \lambda_2 & & \\ & & \ddots & \\ & & & \lambda_n\end{bmatrix}\begin{bmatrix}x_1\\ x_2\\ \vdots\\ x_n\end{bmatrix}+\begin{bmatrix}c_1\\ c_2\\ \vdots\\ c_n\end{bmatrix}u\\ y=[1\quad 1\quad \cdots\quad 1]\begin{bmatrix}x_1\\ x_2\\ \vdots\\ x_n\end{bmatrix}\end{cases}$$

(2)$G'(s)$含重实极点。状态空间表达式除了可以写成可控标准形或可观测标准形之外，还可化为约当标准形，即 **A** 是一个约当矩阵。传递函数 $G'(s)$可表示为

$$G'(s)=\frac{Y(s)}{U(s)}=\frac{\beta_{n-1}s^{n-1}+\cdots+\beta_1 s+\beta_0}{(s-\lambda_1)^r(s-\lambda_{r+1})\cdots(s-\lambda_n)}\tag{1.5-5}$$

传递函数 $G'(s)$可展开成部分分式的形式，即

$$G'(s)=\frac{Y(s)}{U(s)}=\frac{c_1}{(s-\lambda_1)^r}+\frac{c_2}{(s-\lambda_1)^{r-1}}+\cdots+\frac{c_r}{s-\lambda_1}+\sum_{i=r+1}^{n}\frac{c_i}{s-\lambda_i}\tag{1.5-6}$$

且

$$Y(s)=\left[\frac{c_1}{(s-\lambda_1)^r}+\frac{c_2}{(s-\lambda_1)^{r-1}}+\cdots+\frac{c_r}{s-\lambda_1}+\sum_{j=r+1}^{n}\frac{c_j}{s-\lambda_j}\right]U(s)$$

式中，$c_i=\lim\limits_{s\to\lambda_1}\frac{1}{(i-1)!}\frac{\mathrm{d}^{i-1}}{\mathrm{d}s^{i-1}}\left[G'(s)(s-\lambda_1)^r\right]$ $(i=1,2,\cdots,r)$为 $G'(s)$在重极点 λ_1 处的留数，$c_j=\lim\limits_{s\to\lambda_j}\left[G'(s)(s-\lambda_j)\right]$ $(j=r+1,\cdots,n)$为 $G'(s)$在单极点 λ_j 处的留数。

令状态变量为

$$\begin{cases}X_1(s)=\dfrac{1}{(s-\lambda_1)^r}U(s)\\ X_2(s)=\dfrac{1}{(s-\lambda_1)^{r-1}}U(s)\\ \quad\cdots\cdots\\ X_{r-1}(s)=\dfrac{1}{(s-\lambda_1)^2}U(s)\\ X_r(s)=\dfrac{1}{s-\lambda_1}U(s)\\ X_{r+1}(s)=\dfrac{1}{s-\lambda_{r+1}}U(s)\\ \quad\cdots\cdots\\ X_n(s)=\dfrac{1}{s-\lambda_n}U(s)\end{cases}$$

则

$$
\begin{cases}
X_1(s) = \dfrac{1}{s-\lambda_1}X_2(s) \\
X_2(s) = \dfrac{1}{s-\lambda_1}X_3(s) \\
\quad\cdots\cdots \\
X_{r-1}(s) = \dfrac{1}{s-\lambda_1}X_r(s) \\
X_r(s) = \dfrac{1}{s-\lambda_1}U(s) \\
X_{r+1}(s) = \dfrac{1}{s-\lambda_{r+1}}U(s) \\
\quad\cdots\cdots \\
X_n(s) = \dfrac{1}{s-\lambda_n}U(s)
\end{cases}
$$

则状态方程为

$$
\begin{cases}
\dot{x}_1 = \lambda_1 x_1 + x_2 \\
\dot{x}_2 = \lambda_1 x_2 + x_3 \\
\quad\cdots\cdots \\
\dot{x}_{r-1} = \lambda_1 x_{r-1} + x_r \\
\dot{x}_r = \lambda_1 x_r + u \\
\dot{x}_{r+1} = \lambda_{r+1} x_{r+1} + u \\
\quad\cdots\cdots \\
\dot{x}_n = \lambda_n x_n + u
\end{cases}
$$

输出方程为

$$
y = c_1 x_1 + c_2 x_2 + \cdots + c_r x_r + c_{r+1} x_{r+1} + \cdots + c_n x_n
$$

写成矩阵形式为

$$
\begin{cases}
\begin{bmatrix} \dot{x}_1 \\ \dot{x}_2 \\ \vdots \\ \dot{x}_{r-1} \\ \dot{x}_r \\ \hdashline \dot{x}_{r+1} \\ \vdots \\ \dot{x}_n \end{bmatrix} = \left[\begin{array}{ccccc:ccc} \lambda_1 & 1 & & & & & & \\ & \lambda_1 & 1 & & & & & \\ & & \ddots & \ddots & & & & \\ & & & \lambda_1 & 1 & & & \\ & & & & \lambda_1 & & & \\ \hdashline & & & & & \lambda_{r+1} & & \\ & & & & & & \ddots & \\ & & & & & & & \lambda_n \end{array}\right] \begin{bmatrix} x_1 \\ x_2 \\ \vdots \\ x_{r-1} \\ x_r \\ \hdashline x_{r+1} \\ \vdots \\ x_n \end{bmatrix} + \begin{bmatrix} 0 \\ 0 \\ \vdots \\ 0 \\ 1 \\ \hdashline 1 \\ \vdots \\ 1 \end{bmatrix} u \\
y = \left[\begin{array}{ccccc:ccc} c_1 & c_2 & \cdots & c_{r-1} & c_r & c_{r+1} & \cdots & c_n \end{array}\right] \begin{bmatrix} x_1 \\ x_2 \\ \vdots \\ x_{r-1} \\ x_r \\ \hdashline x_{r+1} \\ \vdots \\ x_n \end{bmatrix}
\end{cases}
$$

以 $r=3$ 为例，其状态变量图如图 1-16(a)所示。

若状态变量选择为

$$\begin{cases} X_1(s)=\dfrac{c_1}{s-\lambda_1}U(s) \\ X_2(s)=\dfrac{c_1}{(s-\lambda_1)^2}U(s)+\dfrac{c_2}{s-\lambda_1}U(s)=\dfrac{1}{s-\lambda_1}X_1(s)+\dfrac{c_2}{s-\lambda_1}U(s) \\ \qquad\cdots\cdots \\ X_r(s)=\dfrac{c_1}{(s-\lambda_1)^r}U(s)+\dfrac{c_2}{(s-\lambda_1)^{r-1}}U(s)+\cdots+\dfrac{c_r}{s-\lambda_1}U(s)=\dfrac{1}{s-\lambda_1}X_{r-1}(s)+\dfrac{c_r}{s-\lambda_1}U(s) \\ X_{r+1}(s)=\dfrac{c_{r+1}}{s-\lambda_{r+1}}U(s) \\ \qquad\cdots\cdots \\ X_n(s)=\dfrac{c_n}{s-\lambda_n}U(s) \end{cases}$$

则状态方程为

$$\begin{cases} \dot{x}_1=\lambda_1x_1+c_1u \\ \dot{x}_2=\lambda_1x_2+x_1+c_2u \\ \qquad\cdots\cdots \\ \dot{x}_r=\lambda_rx_r+x_{r-1}+c_ru \\ \dot{x}_{r+1}=\lambda_{r+1}x_{r+1}+c_{r+1}u \\ \qquad\cdots\cdots \\ \dot{x}_n=\lambda_nx_n+c_nu \end{cases}$$

输出方程为

$$y=c_rx_r+c_{r+1}x_{r+1}+\cdots+c_nx_n$$

写成矩阵形式为

$$\begin{cases} \begin{bmatrix} \dot{x}_1 \\ \dot{x}_2 \\ \vdots \\ \dot{x}_r \\ \hline \dot{x}_{r+1} \\ \vdots \\ \dot{x}_n \end{bmatrix}=\left[\begin{array}{cccc|ccc} \lambda_1 & & & & & & \\ 1 & \lambda_1 & & & & & \\ & \ddots & \ddots & & & & \\ & & 1 & \lambda_1 & & & \\ \hline & & & & \lambda_{r+1} & & \\ & & & & & \ddots & \\ & & & & & & \lambda_n \end{array}\right]\begin{bmatrix} x_1 \\ x_2 \\ \vdots \\ x_r \\ \hline x_{r+1} \\ \vdots \\ x_n \end{bmatrix}+\begin{bmatrix} c_1 \\ c_2 \\ \vdots \\ c_r \\ \hline c_{r+1} \\ \vdots \\ c_n \end{bmatrix}u \\ y=\left[\begin{array}{cccc|ccc} 0 & 0 & \cdots & 1 & 1 & \cdots & 1 \end{array}\right]\begin{bmatrix} x_1 \\ x_2 \\ \vdots \\ x_r \\ \hline x_{r+1} \\ \vdots \\ x_n \end{bmatrix} \end{cases}$$

以 $r=3$ 为例，其状态变量图如图 1-16(b)所示。

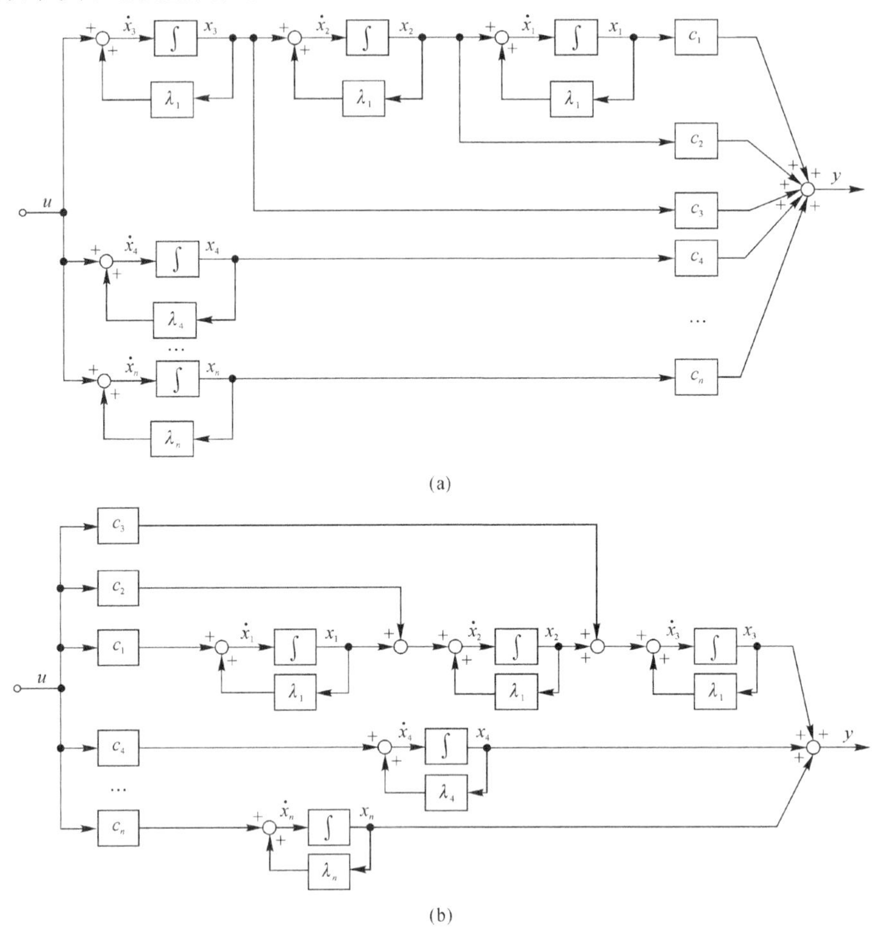

(a)

(b)

图 1-16　约当标准形状态空间表达式的状态变量图

(a)系统的状态变量图(1)；(b)系统的状态变量图(2)

从状态空间表达式的形式可以看出，约当标准形实现了状态变量间的最简耦合形式，也就是说除了重根所对应的状态变量间存在耦合关系外，其他状态变量之间不存在耦合关系。

例 1-11　设系统的传递函数为 $G(s)=\dfrac{s^2+6s+8}{s^2+4s+3}$，试写出状态空间表达式的可控标准形、可观测标准形以及对角线标准形。

解：(1)当 $G(s)$ 的分子阶次等于分母阶次时，根据式(1.5-1)，得

$$G(s)=\frac{s^2+6s+8}{s^2+4s+3}=1+\frac{2s+5}{s^2+4s+3}$$

首先建立上式右端第二项的可控标准形。设

$$G'(s)=\frac{Y(s)}{U(s)}=\frac{2s+5}{s^2+4s+3}$$

对其进行串联分解，并引入中间变量 z，得

$$\frac{Y(s)}{Z(s)}\frac{Z(s)}{U(s)}=\frac{2s+5}{s^2+4s+3}$$

令$\dfrac{Z(s)}{U(s)}=\dfrac{1}{s^2+4s+3}$，$\dfrac{Y(s)}{Z(s)}=2s+5$，可得微分方程：

$$\begin{cases}\ddot{z}+4\dot{z}+3z=u\\ y=2\dot{z}+5z\end{cases}$$

然后选取状态变量 $x_1=z$，$x_2=\dot{z}$，则状态方程和输出方程为

$$\begin{cases}\dot{x}_1=x_2\\ \dot{x}_2=-3x_1-4x_2+u\\ y=5x_1+2x_2\end{cases}$$

又因为

$$G(s)=\frac{s^2+6s+8}{s^2+4s+3}=1+\frac{2s+5}{s^2+4s+3}$$

所以系统状态空间表达式的可控标准形为

$$\begin{cases}\begin{bmatrix}\dot{x}_1\\ \dot{x}_2\end{bmatrix}=\begin{bmatrix}0 & 1\\ -3 & -4\end{bmatrix}\begin{bmatrix}x_1\\ x_2\end{bmatrix}+\begin{bmatrix}0\\ 1\end{bmatrix}u\\ y=\begin{bmatrix}5 & 2\end{bmatrix}\begin{bmatrix}x_1\\ x_2\end{bmatrix}+u\end{cases}$$

也可以直接根据状态空间表达式的可控标准形与传递函数各项系数之间的关系直接写出。

(2)根据可观测标准形与可控标准形的对偶关系，状态空间表达式的可观测标准形为

$$\begin{cases}\begin{bmatrix}\dot{x}_1\\ \dot{x}_2\end{bmatrix}=\begin{bmatrix}0 & -3\\ 1 & -4\end{bmatrix}\begin{bmatrix}x_1\\ x_2\end{bmatrix}+\begin{bmatrix}5\\ 2\end{bmatrix}u\\ y=\begin{bmatrix}0 & 1\end{bmatrix}\begin{bmatrix}x_1\\ x_2\end{bmatrix}+u\end{cases}$$

(3)对传递函数进行部分分式分解：

$$G(s)=\frac{s^2+6s+8}{s^2+4s+3}=1+\frac{\frac{3}{2}}{s+1}+\frac{\frac{1}{2}}{s+3}$$

令状态变量为

$$X_1(s)=\frac{1}{s+1}U(s),\quad X_2(s)=\frac{1}{s+3}U(s)$$

则状态方程和输出方程为

$$\begin{cases}\dot{x}_1=-x_1+u\\ \dot{x}_2=-3x_2+u\\ y=\dfrac{3}{2}x_1+\dfrac{1}{2}x_2+u\end{cases}$$

写成矩阵形式为

$$\begin{cases}\begin{bmatrix}\dot{x}_1\\ \dot{x}_2\end{bmatrix}=\begin{bmatrix}-1 & 0\\ 0 & -3\end{bmatrix}\begin{bmatrix}x_1\\ x_2\end{bmatrix}+\begin{bmatrix}1\\ 1\end{bmatrix}u\\ y=\begin{bmatrix}\frac{3}{2} & \frac{1}{2}\end{bmatrix}\begin{bmatrix}x_1\\ x_2\end{bmatrix}+u\end{cases}$$

或令状态变量为

$$X_1(s)=\frac{\frac{3}{2}}{s+1}U(s),\quad X_2(s)=\frac{\frac{1}{2}}{s+3}U(s)$$

则状态方程和输出方程为

$$\begin{cases}\dot{x}_1=-x_1+\dfrac{3}{2}u\\ \dot{x}_2=-3x_2+\dfrac{1}{2}u\\ y=x_1+x_2+u\end{cases}$$

写成矩阵形式为

$$\begin{cases}\begin{bmatrix}\dot{x}_1\\ \dot{x}_2\end{bmatrix}=\begin{bmatrix}-1 & 0\\ 0 & -3\end{bmatrix}\begin{bmatrix}x_1\\ x_2\end{bmatrix}+\begin{bmatrix}\dfrac{3}{2}\\ \dfrac{1}{2}\end{bmatrix}u\\ y=\begin{bmatrix}1 & 1\end{bmatrix}\begin{bmatrix}x_1\\ x_2\end{bmatrix}+u\end{cases}$$

例 1-12 设系统的传递函数为

$$G(s)=\frac{10}{(s+2)^2(s+3)}$$

试写出系统状态空间表达式的约当标准形。

解:极点 $s=-2$ 为二重根,$G(s)$写成部分分式为

$$G(s)=\frac{10}{(s+2)^2}-\frac{10}{s+2}+\frac{10}{s+3}$$

状态方程和输出方程可写成

$$\begin{cases}\begin{bmatrix}\dot{x}_1\\ \dot{x}_2\\ \dot{x}_3\end{bmatrix}=\begin{bmatrix}-2 & 1 & 0\\ 0 & -2 & 0\\ 0 & 0 & -3\end{bmatrix}\begin{bmatrix}x_1\\ x_2\\ x_3\end{bmatrix}+\begin{bmatrix}0\\ 1\\ 1\end{bmatrix}u\\ y=\begin{bmatrix}10 & -10 & 10\end{bmatrix}\begin{bmatrix}x_1\\ x_2\\ x_3\end{bmatrix}\end{cases}$$

或写为

$$\begin{cases}\begin{bmatrix}\dot{x}_1\\ \dot{x}_2\\ \dot{x}_3\end{bmatrix}=\begin{bmatrix}-2 & 0 & 0\\ 1 & -2 & 0\\ 0 & 0 & -3\end{bmatrix}\begin{bmatrix}x_1\\ x_2\\ x_3\end{bmatrix}+\begin{bmatrix}10\\ -10\\ 10\end{bmatrix}u\\ y=\begin{bmatrix}0 & 1 & 1\end{bmatrix}\begin{bmatrix}x_1\\ x_2\\ x_3\end{bmatrix}\end{cases}$$

对应的状态变量图分别如图 1-17(a)和(b)所示。

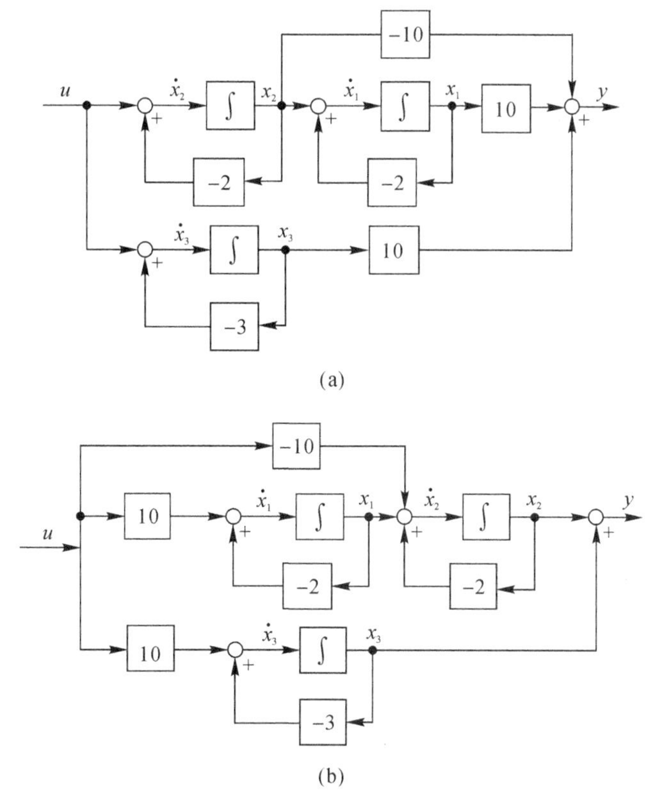

图1－17　系统状态变量图

1.6　根据结构图求状态空间表达式

由结构图建立状态空间表达式，常用的方法有两种：一种是由结构图先求出系统的传递函数，然后由传递函数建立状态空间表达式，但这种方法失去了状态变量与物理环节中实际变量之间的关系；另一种是直接从结构图求状态空间表达式，这种方法对系统分析更具有针对性和实用意义。由结构图建立状态空间表达式的一般步骤如下：

(1)将系统结构图各环节分解成由积分器、比例器及加法器组成。

(2)将每个积分器的输出作为一个独立的状态变量，则积分器的输入就是状态变量的一阶导数。

(3)根据结构图中各信号之间的关系，写出各状态变量的一阶微分方程，并据此写出状态方程；根据指定的输出变量，写出系统的输出方程。

例1－13　已知系统的结构图如图1－18所示，试建立系统的状态空间表达式。

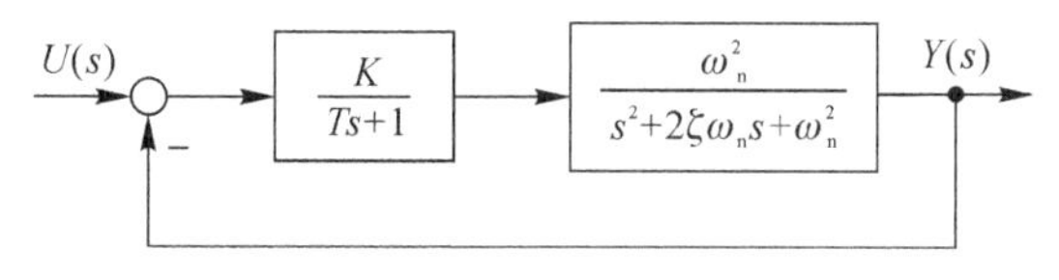

图1－18　系统结构图

解：将系统结构图分解成如图1－19所示的形式。

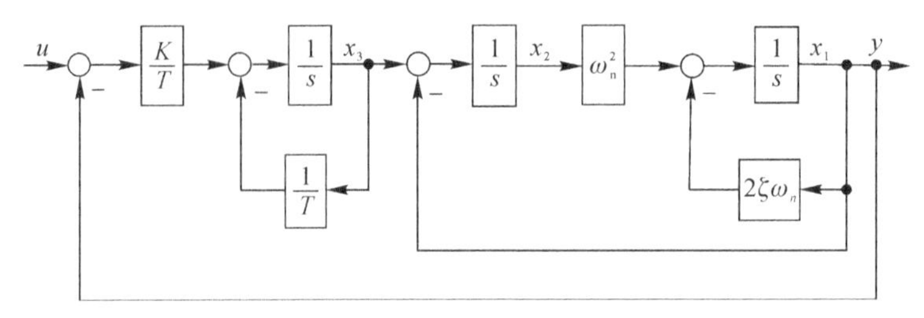

图 1-19　系统分解后的结构图

由图 1-19 可得状态空间表达式为

$$
\begin{cases}
\begin{bmatrix} \dot{x}_1 \\ \dot{x}_2 \\ \dot{x}_3 \end{bmatrix} = \begin{bmatrix} -2\zeta\omega_{\mathrm{n}} & \omega_{\mathrm{n}}^2 & 0 \\ -1 & 0 & 1 \\ -\dfrac{K}{T} & 0 & -\dfrac{1}{T} \end{bmatrix} \begin{bmatrix} x_1 \\ x_2 \\ x_3 \end{bmatrix} + \begin{bmatrix} 0 \\ 0 \\ \dfrac{K}{T} \end{bmatrix} u \\
y = \begin{bmatrix} 1 & 0 & 0 \end{bmatrix} \begin{bmatrix} x_1 \\ x_2 \\ x_3 \end{bmatrix}
\end{cases}
$$

当系统中包含的环节不多且比较简单时，也可以将结构图变换成由比例环节、积分环节或惯性环节组成的形式，直接令各环节的输出量作为状态变量。

例 1-14　已知系统结构图如图 1-20 所示，其状态变量分别为 x_1，x_2，x_3。试求系统的状态空间表达式，并画出状态变量图。

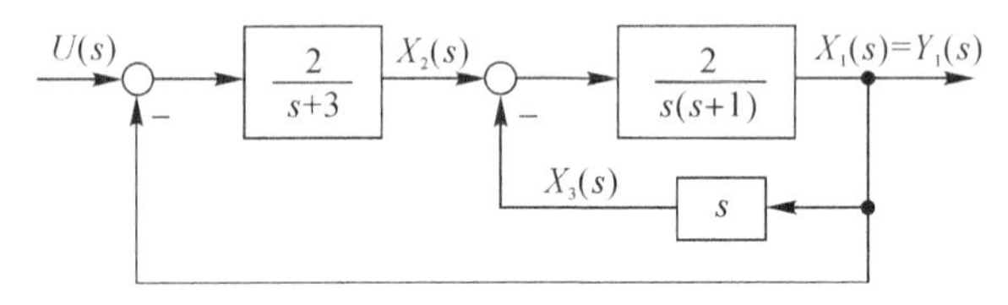

图 1-20　系统结构图

解：首先根据结构图列写变量间的关系式，然后求出状态方程和输出方程，最后写成矩阵形式。

由系统结构图可得

$$
\begin{cases}
X_1(s) = \dfrac{2}{s(s+1)}[X_2(s) - X_3(s)] \\
X_2(s) = \dfrac{2}{s+3}[U(s) - X_1(s)] \\
X_3(s) = sX_1(s) \\
Y(s) = X_1(s)
\end{cases}
$$

对上式整理，得

$$
\begin{cases}
s(s+1)X_1(s) = 2[X_2(s) - X_3(s)] \\
(s+3)X_2(s) = 2[U(s) - X_1(s)] \\
X_3(s) = sX_1(s) \\
Y(s) = X_1(s)
\end{cases}
$$

对上式两端取拉氏反变换并整理，可得状态方程和输出方程：

$$
\begin{cases}
\dot{x}_1 = x_3 \\
\dot{x}_2 = -2x_1 - 3x_2 + 2u \\
\dot{x}_3 = 2x_2 - 3x_3 \\
y = x_1
\end{cases}
$$

写成矩阵形式为

$$
\begin{cases}
\begin{bmatrix}\dot{x}_1 \\ \dot{x}_2 \\ \dot{x}_3\end{bmatrix} = \begin{bmatrix}0 & 0 & 1 \\ -2 & -3 & 0 \\ 0 & 2 & -3\end{bmatrix}\begin{bmatrix}x_1 \\ x_2 \\ x_3\end{bmatrix} + \begin{bmatrix}0 \\ 2 \\ 0\end{bmatrix}u \\
y = \begin{bmatrix}1 & 0 & 0\end{bmatrix}\begin{bmatrix}x_1 \\ x_2 \\ x_3\end{bmatrix}
\end{cases}
$$

状态变量图如图 1-21 所示。

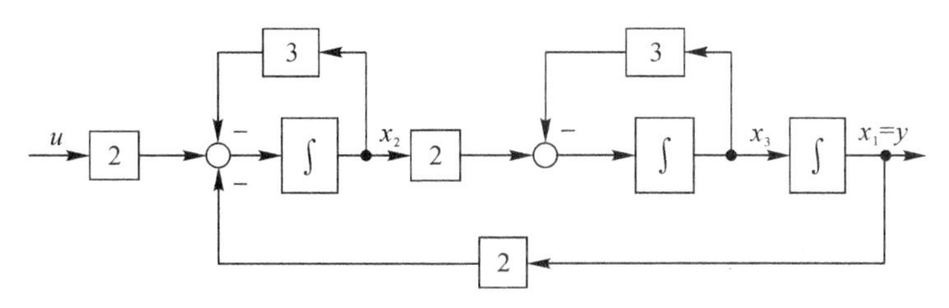

图 1-21　系统状态变量图

例 1-15　系统结构图如图 1-22 所示，试列写系统的状态空间表达式。

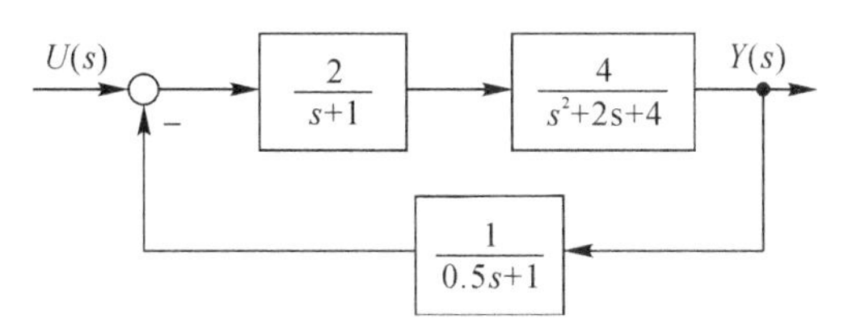

图 1-22　系统结构图

解：系统的结构图可等效为图 1-23，并设系统的状态变量为 x_1，x_2，x_3，x_4。

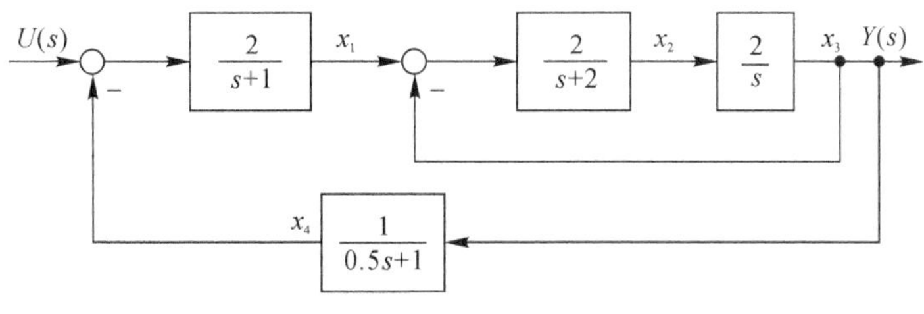

图 1-23　等效结构图

根据结构图中各变量之间的关系，得

$$\begin{cases} X_1(s) = \dfrac{2}{s+1}[U(s) - X_4(s)] \\ X_2(s) = \dfrac{2}{s+2}[X_1(s) - X_3(s)] \\ X_3(s) = \dfrac{2}{s}X_2(s) \\ X_4(s) = \dfrac{1}{0.5s+1}X_3(s) \\ Y(s) = X_3(s) \end{cases}$$

对上式进行整理，得

$$\begin{cases} sX_1(s) + X_1(s) = 2U(s) - 2X_4(s) \\ sX_2(s) + 2X_2(s) = 2X_1(s) - 2X_3(s) \\ sX_3(s) = 2X_2(s) \\ 0.5sX_4(s) + X_4(s) = X_3(s) \\ Y(s) = X_3(s) \end{cases}$$

对上式两端取拉氏反变换并整理，得状态方程和输出方程：

$$\begin{cases} \dot{x}_1 = -x_1 - 2x_4 + 2u(t) \\ \dot{x}_2 = 2x_1 - 2x_2 - 2x_3 \\ \dot{x}_3 = 2x_2 \\ \dot{x}_4 = 2x_3 - 2x_4 \\ y = x_3 \end{cases}$$

写成矩阵形式为

$$\begin{cases} \begin{bmatrix} \dot{x}_1 \\ \dot{x}_2 \\ \dot{x}_3 \\ \dot{x}_4 \end{bmatrix} = \begin{bmatrix} -1 & 0 & 0 & -2 \\ 2 & -2 & -2 & 0 \\ 0 & 2 & 0 & 0 \\ 0 & 0 & 2 & -2 \end{bmatrix} \begin{bmatrix} x_1 \\ x_2 \\ x_3 \\ x_4 \end{bmatrix} + \begin{bmatrix} 2 \\ 0 \\ 0 \\ 0 \end{bmatrix} u \\ y = \begin{bmatrix} 0 & 0 & 1 & 0 \end{bmatrix} \begin{bmatrix} x_1 \\ x_2 \\ x_3 \\ x_4 \end{bmatrix} \end{cases}$$

1.7 状态空间表达式的对角线标准形和约当标准形

在 1.5 节已经讨论：若传递函数的极点是两两互异的，则可通过并联分解获得对角线标准形；若传递函数的极点中有重极点，则通过并联分解获得一种近似于对角线标准形的约当标准形。一旦建立这种标准形，无疑对于状态方程的求解和系统性质的分析是方便的。那么如何把某一种形式的状态空间表达式化成对角线标准形或约当标准形呢？

根据线性代数的知识，解决上述任务的途径是通过寻找某个非奇异矩阵 $\boldsymbol{P}$，将原有状态向量 $\boldsymbol{x}$ 做线性变换 $\hat{\boldsymbol{x}} = \boldsymbol{P}^{-1}\boldsymbol{x}$，得到另一状态向量 $\hat{\boldsymbol{x}}$，使其在新状态向量下的状态方程成为对角线标准形或约当标准形。

本节的问题就是对给定状态方程，如何寻求使其化为对角线标准形或约当标准形的非奇异线性变换矩阵 $\boldsymbol{P}$。

一、状态空间表达式的非唯一性

前文已指出，对于一个给定系统，有多种选取状态变量的方法，故同一系统可以有多种状态空间表达式。

对于状态向量 $\boldsymbol{x}=[x_1 \quad x_2 \quad \cdots \quad x_n]^{\mathrm{T}}$，总可以找到某个非奇异矩阵 $\boldsymbol{P}$，将原状态向量 $\boldsymbol{x}$ 做线性变换，得到另一个新的状态向量 $\hat{\boldsymbol{x}}$，其变换关系为

$$\hat{\boldsymbol{x}} = \boldsymbol{P}^{-1}\boldsymbol{x} \tag{1.7-1}$$

显然，$\boldsymbol{x}$ 和 $\hat{\boldsymbol{x}}$ 虽然是两个不同的状态向量，但它们都能对同一系统的时域行为进行完全描述。

设状态向量为 $\boldsymbol{x}$ 时，系统的状态空间表达式为

$$\left.\begin{aligned} \dot{\boldsymbol{x}} &= \boldsymbol{A}\boldsymbol{x} + \boldsymbol{B}\boldsymbol{u} \\ \boldsymbol{y} &= \boldsymbol{C}\boldsymbol{x} + \boldsymbol{D}\boldsymbol{u} \end{aligned}\right\} \tag{1.7-2}$$

为获得在状态向量为 $\hat{\boldsymbol{x}}$ 时，新的状态空间表达式，只需把式(1.7－1)代入式(1.7－2)，得到新的状态空间表达式为

$$\left.\begin{aligned} \boldsymbol{P}\dot{\hat{\boldsymbol{x}}} &= \boldsymbol{A}\boldsymbol{P}\hat{\boldsymbol{x}} + \boldsymbol{B}\boldsymbol{u} \\ \boldsymbol{y} &= \boldsymbol{C}\boldsymbol{P}\hat{\boldsymbol{x}} + \boldsymbol{D}\boldsymbol{u} \end{aligned}\right\} \tag{1.7-3}$$

对上式进行整理，得

$$\left.\begin{aligned} \dot{\hat{\boldsymbol{x}}} &= \boldsymbol{P}^{-1}\boldsymbol{A}\boldsymbol{P}\hat{\boldsymbol{x}} + \boldsymbol{P}^{-1}\boldsymbol{B}\boldsymbol{u} = \hat{\boldsymbol{A}}\hat{\boldsymbol{x}} + \hat{\boldsymbol{B}}\boldsymbol{u} \\ \boldsymbol{y} &= \boldsymbol{C}\boldsymbol{P}\hat{\boldsymbol{x}} + \boldsymbol{D}\boldsymbol{u} = \hat{\boldsymbol{C}}\hat{\boldsymbol{x}} + \boldsymbol{D}\boldsymbol{u} \end{aligned}\right\} \tag{1.7-4}$$

其中

$$\begin{cases} \hat{\boldsymbol{A}} = \boldsymbol{P}^{-1}\boldsymbol{A}\boldsymbol{P} \\ \hat{\boldsymbol{B}} = \boldsymbol{P}^{-1}\boldsymbol{B} \\ \hat{\boldsymbol{C}} = \boldsymbol{C}\boldsymbol{P} \end{cases}$$

二、系统的特征值和特征向量

1. 定义

设 $\boldsymbol{A}$ 是一个 $n\times n$ 的矩阵，若在向量空间中存在一非零向量 $\boldsymbol{v}$，使

$$\boldsymbol{A}\boldsymbol{v} = \lambda\boldsymbol{v} \tag{1.7-5}$$

则称 λ 为 $\boldsymbol{A}$ 的特征值，任何满足式(1.7－5)的非零向量 $\boldsymbol{v}$ 称为 $\boldsymbol{A}$ 的对应于特征值 λ 的特征向量。

根据上述定义可以求出 $\boldsymbol{A}$ 的特征值，为此将式(1.7－5)改写为

$$(\lambda\boldsymbol{I} - \boldsymbol{A})\boldsymbol{v} = \boldsymbol{0} \tag{1.7-6}$$

式中，$\boldsymbol{I}$ 是 $n\times n$ 阶的单位矩阵。式(1.7－6)是一个齐次线性方程组，要使这个齐次线性方程组有非零解，其充要条件是

$$\det(\lambda\boldsymbol{I} - \boldsymbol{A}) = 0 \tag{1.7-7}$$

即系统的特征值 λ 是 $\det(\lambda\boldsymbol{I}-\boldsymbol{A})=0$ 的根。式(1.7－7)称为 $\boldsymbol{A}$ 阵的特征方程。

$\det(\lambda \boldsymbol{I}-\boldsymbol{A})$的展开式为

$$\det(\lambda \boldsymbol{I}-\boldsymbol{A})=\lambda^n+a_{n-1}\lambda^{n-1}+\cdots+a_1\lambda+a_0 \tag{1.7-8}$$

式(1.7-8)称为矩阵$\boldsymbol{A}$的特征多项式。

2.特征向量的计算

根据$\boldsymbol{A}\boldsymbol{v}_i=\lambda \boldsymbol{v}_i, i=1,2,\cdots,n$计算特征向量，此处不再赘述具体过程式。

3.凯莱-哈密尔顿(Caley-Hamilton)定理

设$\boldsymbol{A}$是$n\times n$阶的矩阵，则$\boldsymbol{A}$必满足如下特征方程式：

$$f(\lambda)=|\lambda \boldsymbol{I}-\boldsymbol{A}|=\lambda^n+a_{n-1}\lambda^{n-1}+\cdots+a_1\lambda+a_0=0$$

凯莱-哈密尔顿(Caley-Hamilton)指出，系统矩阵$\boldsymbol{A}$必是其特征方程的一个“矩阵根”，即

$$f(\boldsymbol{A})=\boldsymbol{A}^n+a_{n-1}\boldsymbol{A}^{n-1}+\cdots+a_1\boldsymbol{A}+a_0\boldsymbol{I}=\boldsymbol{0} \tag{1.7-9}$$

则$\boldsymbol{A}^n$可表示为

$$\boldsymbol{A}^n=-a_{n-1}\boldsymbol{A}^{n-1}-\cdots-a_1\boldsymbol{A}-a_0\boldsymbol{I}$$

同理可知

$$\begin{aligned}\boldsymbol{A}^{n+1}&=\boldsymbol{A}\boldsymbol{A}^n=\boldsymbol{A}(-a_{n-1}\boldsymbol{A}^{n-1}-\cdots-a_1\boldsymbol{A}-a_0\boldsymbol{I})=-a_{n-1}\boldsymbol{A}^n-\cdots-a_1\boldsymbol{A}^2-a_0\boldsymbol{A}=\\&(a_{n-1}^2\boldsymbol{A}^{n-1}+\cdots+a_{n-1}a_1\boldsymbol{A}+a_{n-1}a_0\boldsymbol{I})-a_{n-2}\boldsymbol{A}^{n-1}-\cdots-a_1\boldsymbol{A}^2-a_0\boldsymbol{A}=\\&(a_{n-1}^2-a_{n-2})\boldsymbol{A}^{n-1}+\cdots+(a_{n-1}a_1-a_0)\boldsymbol{A}+a_{n-1}a_0\boldsymbol{I}\end{aligned}$$

以此类推，$\boldsymbol{A}^k=\sum_{m=0}^{n-1}\alpha_m\boldsymbol{A}^m, k\geqslant n$，$\alpha_m$与矩阵$\boldsymbol{A}$的元素有关，当$k<n$时，有部分系数为零。由此可以看出$\boldsymbol{I},\boldsymbol{A},\boldsymbol{A}^2,\cdots,\boldsymbol{A}^{n-1}$是线性无关的，当$k\geqslant n$时，$\boldsymbol{A}^k$可以用$\boldsymbol{I},\boldsymbol{A},\boldsymbol{A}^2,\cdots,\boldsymbol{A}^{n-1}$线性表示。

三、状态空间表达式变换为对角线标准形

定理1.1 对于线性系统

$$\begin{cases}\dot{\boldsymbol{x}}=\boldsymbol{A}\boldsymbol{x}+\boldsymbol{B}\boldsymbol{u}\\ \boldsymbol{y}=\boldsymbol{C}\boldsymbol{x}\end{cases}$$

若矩阵$\boldsymbol{A}$的特征值是两两互异的，则必存在非奇异变换矩阵$\boldsymbol{P}$，对系统做$\hat{\boldsymbol{x}}=\boldsymbol{P}^{-1}\boldsymbol{x}$线性变换，可将原状态空间表达式变换为对角线标准形：

$$\begin{cases}\dot{\hat{\boldsymbol{x}}}=\hat{\boldsymbol{A}}\hat{\boldsymbol{x}}+\hat{\boldsymbol{B}}\boldsymbol{u}\\ \boldsymbol{y}=\hat{\boldsymbol{C}}\hat{\boldsymbol{x}}\end{cases}$$

其中

$$\left.\begin{aligned}&\hat{\boldsymbol{A}}=\boldsymbol{P}^{-1}\boldsymbol{A}\boldsymbol{P}=\begin{bmatrix}\lambda_1&&&\\&\lambda_2&&\\&&\ddots&\\&&&\lambda_n\end{bmatrix}\\&\hat{\boldsymbol{B}}=\boldsymbol{P}^{-1}\boldsymbol{B}\\&\hat{\boldsymbol{C}}=\boldsymbol{C}\boldsymbol{P}\end{aligned}\right\} \tag{1.7-10}$$

式中，$\lambda_1,\lambda_2,\cdots,\lambda_n$是矩阵$\boldsymbol{A}$的特征值。

变换矩阵$\boldsymbol{P}$由矩阵$\boldsymbol{A}$的对应于特征值$\lambda_1,\lambda_2,\cdots,\lambda_n$的特征向量$\boldsymbol{v}_1,\boldsymbol{v}_2,\cdots,\boldsymbol{v}_n$构造，即

$$\boldsymbol{P}=[\boldsymbol{v}_1 \quad \boldsymbol{v}_2 \quad \cdots \quad \boldsymbol{v}_n] \tag{1.7-11}$$

证明:(1)由于特征值 $\lambda_1,\lambda_2,\cdots,\lambda_n$ 两两互异,故特征向量 $\boldsymbol{v}_1,\boldsymbol{v}_2,\cdots,\boldsymbol{v}_n$ 线性无关,从而可知 $\boldsymbol{P}=[\boldsymbol{v}_1 \quad \boldsymbol{v}_2 \quad \cdots \quad \boldsymbol{v}_n]$必为非奇异矩阵,即 $\boldsymbol{P}^{-1}$存在,从而有

$$\dot{\hat{\boldsymbol{x}}}=\boldsymbol{P}^{-1}\boldsymbol{A}\boldsymbol{P}\hat{\boldsymbol{x}}+\boldsymbol{P}^{-1}\boldsymbol{B}\boldsymbol{u}=\hat{\boldsymbol{A}}\hat{\boldsymbol{x}}+\hat{\boldsymbol{B}}\boldsymbol{u}$$

(2)如变换矩阵 $\boldsymbol{P}=[\boldsymbol{v}_1 \quad \boldsymbol{v}_2 \quad \cdots \quad \boldsymbol{v}_n]$,则有

$$\boldsymbol{A}\boldsymbol{P}=\boldsymbol{A}[\boldsymbol{v}_1 \quad \boldsymbol{v}_2 \quad \cdots \quad \boldsymbol{v}_n]=[\boldsymbol{A}\boldsymbol{v}_1 \quad \boldsymbol{A}\boldsymbol{v}_2 \quad \cdots \quad \boldsymbol{A}\boldsymbol{v}_n]$$

由特征向量的定义

$$\boldsymbol{A}\boldsymbol{v}_i=\lambda_i\boldsymbol{v}_i \quad (i=1,2,\cdots,n)$$

可得

$$\boldsymbol{A}\boldsymbol{P}=[\lambda_1\boldsymbol{v}_1 \quad \lambda_2\boldsymbol{v}_2 \quad \cdots \quad \lambda_n\boldsymbol{v}_n]=$$

$$[\boldsymbol{v}_1 \quad \boldsymbol{v}_2 \quad \cdots \quad \boldsymbol{v}_n]\begin{bmatrix}\lambda_1 & & & \\ & \lambda_2 & & \\ & & \ddots & \\ & & & \lambda_n\end{bmatrix}=P\begin{bmatrix}\lambda_1 & & & \\ & \lambda_2 & & \\ & & \ddots & \\ & & & \lambda_n\end{bmatrix}$$

等式两边左乘 $\boldsymbol{P}^{-1}$,得

$$\boldsymbol{P}^{-1}\boldsymbol{A}\boldsymbol{P}=\begin{bmatrix}\lambda_1 & & & \\ & \lambda_2 & & \\ & & \ddots & \\ & & & \lambda_n\end{bmatrix}$$

可以证明,使特征值两两互异的相伴矩阵

$$\boldsymbol{A}=\begin{bmatrix}0 & 1 & 0 & \cdots & 0\\ 0 & 0 & 1 & \cdots & 0\\ \vdots & \vdots & \vdots & & \vdots\\ 0 & 0 & 0 & \cdots & 1\\ -a_0 & -a_1 & -a_2 & \cdots & -a_{n-1}\end{bmatrix}$$

变换为对角线矩阵的变换阵 $\boldsymbol{P}$ 是一个范德蒙(Vandermonde)矩阵。

$$\boldsymbol{P}=\begin{bmatrix}1 & 1 & \cdots & 1\\ \lambda_1 & \lambda_2 & \cdots & \lambda_n\\ \lambda_1^2 & \lambda_2^2 & \cdots & \lambda_n^2\\ \vdots & \vdots & & \vdots\\ \lambda_1^{n-1} & \lambda_2^{n-1} & \cdots & \lambda_n^{n-1}\end{bmatrix}$$

其中,$\lambda_1,\lambda_2,\cdots,\lambda_n$ 是矩阵 $\boldsymbol{A}$ 的互异特征值。

例 1-16　试将下列状态空间表达式变换为对角线标准形:

$$\begin{cases}\dot{\boldsymbol{x}}=\begin{bmatrix}0 & 1 & 0\\ 0 & 0 & 1\\ -6 & -11 & -6\end{bmatrix}\boldsymbol{x}+\begin{bmatrix}0\\ 0\\ 1\end{bmatrix}u\\ y=[2 \quad 1 \quad 1]\boldsymbol{x}\end{cases}$$

解:(1)计算特征值,即

$$\det\begin{bmatrix}\lambda & -1 & 0\\ 0 & \lambda & -1\\ 6 & 11 & \lambda+6\end{bmatrix}=\lambda^3+6\lambda^2+11\lambda+6=0$$

解得

$$\lambda_1=-1,\quad \lambda_2=-2,\quad \lambda_3=-3$$

(2)根据

$$(\lambda_i\boldsymbol{I}-\boldsymbol{A})\boldsymbol{v}_i=\begin{bmatrix}\lambda_i & -1 & 0\\ 0 & \lambda_i & -1\\ 6 & 11 & \lambda_i+6\end{bmatrix}\begin{bmatrix}v_{1i}\\ v_{2i}\\ v_{3i}\end{bmatrix}=\boldsymbol{0}$$

计算对应于各个特征值的特征向量。

$\lambda_1=-1$ 的特征向量 $\boldsymbol{v}_1$ 满足下式：

$$(\lambda_1\boldsymbol{I}-\boldsymbol{A})\boldsymbol{v}_1=\begin{bmatrix}-1 & -1 & 0\\ 0 & -1 & -1\\ 6 & 11 & 5\end{bmatrix}\begin{bmatrix}v_{11}\\ v_{21}\\ v_{31}\end{bmatrix}=\boldsymbol{0}$$

解得

$$\boldsymbol{v}_1=\begin{bmatrix}v_{11}\\ v_{21}\\ v_{31}\end{bmatrix}=\begin{bmatrix}1\\ -1\\ 1\end{bmatrix}$$

同理，可算出对应于 $\lambda_2=-2$ 和 $\lambda_3=-3$ 的特征向量：

$$\boldsymbol{v}_2=\begin{bmatrix}1\\ -2\\ 4\end{bmatrix},\quad \boldsymbol{v}_3=\begin{bmatrix}1\\ -3\\ 9\end{bmatrix}$$

(3)计算变换矩阵 $\boldsymbol{P}$ 及 $\boldsymbol{P}^{-1}$，则有

$$\boldsymbol{P}=[\boldsymbol{v}_1\quad \boldsymbol{v}_2\quad \boldsymbol{v}_3]=\begin{bmatrix}1 & 1 & 1\\ -1 & -2 & -3\\ 1 & 4 & 9\end{bmatrix}$$

$$\boldsymbol{P}^{-1}=\frac{\operatorname{adj}\boldsymbol{P}}{|\boldsymbol{P}|}=\frac{-1}{2}\begin{bmatrix}-6 & -5 & -1\\ 6 & 8 & 2\\ -2 & -3 & -1\end{bmatrix}=\begin{bmatrix}3 & \frac{5}{2} & \frac{1}{2}\\ -3 & -4 & -1\\ 1 & \frac{3}{2} & \frac{1}{2}\end{bmatrix}$$

(4)计算 $\hat{\boldsymbol{A}}$、$\hat{\boldsymbol{B}}$ 和 $\hat{\boldsymbol{C}}$，则有

$$\hat{\boldsymbol{A}}=\boldsymbol{P}^{-1}\boldsymbol{A}\boldsymbol{P}=\begin{bmatrix}\lambda_1 & 0 & 0\\ 0 & \lambda_2 & 0\\ 0 & 0 & \lambda_3\end{bmatrix}=\begin{bmatrix}-1 & 0 & 0\\ 0 & -2 & 0\\ 0 & 0 & -3\end{bmatrix}$$

$$\hat{\boldsymbol{B}}=\boldsymbol{P}^{-1}\boldsymbol{B}=\begin{bmatrix}3 & \frac{5}{2} & \frac{1}{2}\\ -3 & -4 & -1\\ 1 & \frac{3}{2} & \frac{1}{2}\end{bmatrix}\begin{bmatrix}0\\ 0\\ 1\end{bmatrix}=\begin{bmatrix}\frac{1}{2}\\ -1\\ \frac{1}{2}\end{bmatrix}$$

$$\hat{C}=CP=\begin{bmatrix}2 & 1 & 1\end{bmatrix}\begin{bmatrix}1 & 1 & 1\\ -1 & -2 & -3\\ 1 & 4 & 9\end{bmatrix}=\begin{bmatrix}2 & 4 & 8\end{bmatrix}$$

变换后的状态空间表达式为

$$\begin{cases}\begin{bmatrix}\dot{\hat{x}}_1\\ \dot{\hat{x}}_2\\ \dot{\hat{x}}_3\end{bmatrix}=\begin{bmatrix}-1 & 0 & 0\\ 0 & -2 & 0\\ 0 & 0 & -3\end{bmatrix}\begin{bmatrix}\hat{x}_1\\ \hat{x}_2\\ \hat{x}_3\end{bmatrix}+\begin{bmatrix}\frac{1}{2}\\ -1\\ \frac{1}{2}\end{bmatrix}u\\ y=\begin{bmatrix}2 & 4 & 8\end{bmatrix}\begin{bmatrix}\hat{x}_1\\ \hat{x}_2\\ \hat{x}_3\end{bmatrix}\end{cases}$$

由于状态空间表达式为可控标准形，因此在构造变换矩阵 $\boldsymbol{P}$ 时，可以按照范德蒙矩阵的方法，即

$$\boldsymbol{P}=\begin{bmatrix}1 & 1 & 1\\ \lambda_1 & \lambda_2 & \lambda_3\\ \lambda_1^2 & \lambda_2^2 & \lambda_3^2\end{bmatrix}=\begin{bmatrix}1 & 1 & 1\\ -1 & -2 & -3\\ 1 & 4 & 9\end{bmatrix}$$

系统的状态变量图如图1-24所示。

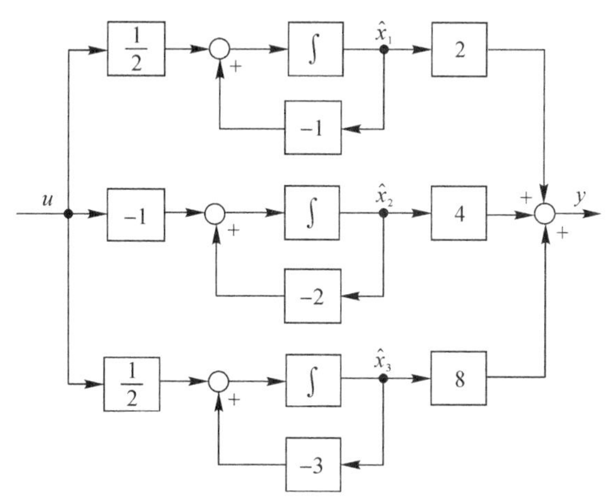

图1-24　系统状态变量图

四、约当标准形

1. 重特征值时的两种情况

对于系统矩阵 $\boldsymbol{A}$ 具有重特征值，又可分为两种情况来讨论。一种情况是矩阵 $\boldsymbol{A}$ 虽有重特征值，但矩阵 $\boldsymbol{A}$ 仍然有 n 个独立的特征向量，对于这种情况就同特征值互异时一样，仍可把矩阵 $\boldsymbol{A}$ 化为对角线标准形；另一种情况是矩阵 $\boldsymbol{A}$ 不但具有重特征值，而且其独立特征向量的个数低于 n，对于这种情况，矩阵 $\boldsymbol{A}$ 虽不能变换为对角线标准形，但是可以证明它能变换为约当

标准形。例如对于如下矩阵：

$$\boldsymbol{A} = \begin{bmatrix} 1 & 0 & -1 \\ 0 & 1 & 0 \\ 0 & 0 & 2 \end{bmatrix}$$

其特征值为 $\lambda_1 = 1, \lambda_2 = 1, \lambda_3 = 2$。对应于 λ_1 的特征向量由下列方程求得：

$$(\lambda_1 \boldsymbol{I} - \boldsymbol{A})\boldsymbol{v} = \begin{bmatrix} 0 & 0 & 1 \\ 0 & 0 & 0 \\ 0 & 0 & -1 \end{bmatrix} \begin{bmatrix} v_{11} \\ v_{21} \\ v_{31} \end{bmatrix} = \boldsymbol{0}$$

易见，$(\lambda_1 \boldsymbol{I} - \boldsymbol{A})$的秩是 1，$\boldsymbol{v}$ 有两个独立解。因此，对应于 $\lambda_1 = \lambda_2 = 1$ 的独立特征向量有 2 个，即

$$\boldsymbol{v}_1 = \begin{bmatrix} 1 \\ 0 \\ 0 \end{bmatrix}, \quad \boldsymbol{v}_2 = \begin{bmatrix} 0 \\ 1 \\ 0 \end{bmatrix}$$

对应于 $\lambda_3 = 2$ 的特征向量：

$$\boldsymbol{v}_3 = \begin{bmatrix} -1 \\ 0 \\ 1 \end{bmatrix}$$

故可构成如下变换矩阵：

$$\boldsymbol{P} = [\boldsymbol{v}_1 \quad \boldsymbol{v}_3 \quad \boldsymbol{v}_3] = \begin{bmatrix} 1 & 0 & -1 \\ 0 & 1 & 0 \\ 0 & 0 & 1 \end{bmatrix}$$

变换后的矩阵为

$$\hat{\boldsymbol{A}} = \boldsymbol{P}^{-1}\boldsymbol{A}\boldsymbol{P} = \begin{bmatrix} 1 & 0 & 0 \\ 0 & 1 & 0 \\ 0 & 0 & 2 \end{bmatrix}$$

显然，对于这种情况，矩阵 $\boldsymbol{A}$ 虽有重特征值，但仍能变换为对角线标准形。不过这只是一种特殊情况，通常并非如此。例如对于如下矩阵：

$$\boldsymbol{A}' = \begin{bmatrix} 1 & 1 & 2 \\ 0 & 1 & 3 \\ 0 & 0 & 2 \end{bmatrix}$$

其特征值 $\lambda_1' = \lambda_2' = 1, \lambda_3' = 2$。但是由于

$$\mathrm{rank}(\lambda_1' \boldsymbol{I} - \boldsymbol{A}') = 2$$

所以对应于特征值为 1 的独立特征向量只有一个。这样，该系统只有两个独立特征向量。倘若要构成变换矩阵 $\boldsymbol{P}$，还得另外再添加一个称为“广义特征向量”的向量。显然，用这个变换矩阵进行变换，所得到的矩阵不会再是一个对角线矩阵，而是一种和对角线矩阵十分相近似的矩阵——约当矩阵。

2. 约当矩阵的定义

形如

$$\begin{bmatrix} \lambda & 1 & 0 & \cdots & 0 & 0 \\ 0 & \lambda & 1 & \cdots & 0 & 0 \\ \vdots & \vdots & \vdots & & \vdots & \vdots \\ 0 & 0 & 0 & \cdots & \lambda & 1 \\ 0 & 0 & 0 & \cdots & 0 & \lambda \end{bmatrix}$$

的矩阵块称为约当块，由若干个约当块组成的准对角线矩阵称为约当矩阵。将其写成标准的分块形式为

$$\widetilde{\mathbf{A}} = \begin{bmatrix} \widetilde{\mathbf{A}}_1 & & & \\ & \widetilde{\mathbf{A}}_2 & & \\ & & \ddots & \\ & & & \widetilde{\mathbf{A}}_l \end{bmatrix}$$

其中

$$\widetilde{\mathbf{A}}_i = \underbrace{\begin{bmatrix} \lambda_i & 1 & & \\ & \lambda_i & \ddots & \\ & & \ddots & 1 \\ & & & \lambda_i \end{bmatrix}}_{m_i}$$

式中：l 是约当块的块数，它等于 $\widetilde{\mathbf{A}}$ 的独立特征向量数，也就是说，每一个约当块有且只有一个线性独立的特征向量；$m_i(i=1,2,\cdots,l)$是每个约当块的阶数，显然有

$$m_1 + m_2 + \cdots + m_l = n$$

这里应当指出：每个约当块的阶数 m_i 并非一定等于该特征值的重数，只有当对应于重特征值的独立特征向量个数为 1 时，其约当块的阶数才等于特征值的重数。例如，当某特征值 λ_i 的重数等于 3，而对应于该特征值的独立特征向量数为 2 时，对于该特征值将有两个约当块，即 $l=2$，则有

$$m_1 + m_2 = 3$$

这意味着 $m_1=2,m_2=1$，或者 $m_1=1,m_2=2$。因此，对应于该特征值的约当矩阵为 $\begin{bmatrix} \lambda_i & 1 & 0 \\ 0 & \lambda_i & 0 \\ 0 & 0 & \lambda_i \end{bmatrix}$ 或 $\begin{bmatrix} \lambda_i & 0 & 0 \\ 0 & \lambda_i & 1 \\ 0 & 0 & \lambda_i \end{bmatrix}$。

容易看出，当 $m_1=m_2=\cdots=m_l=1$ 且 $l=n$ 时，约当矩阵将成为对角线矩阵。因此，对角线矩阵是约当矩阵的一种特殊情况。由此也可以说明，约当矩阵是系统具有重特征值情况下状态变量间可能的最简耦合形式，在这种形式下，各状态变量最多和下一序号的状态变量发生关系。

3. 变换矩阵 $\boldsymbol{Q}$ 的确定

由线性代数中的有关定理知，每一个 n 阶矩阵都与一个约当矩阵相似，即必存在一个变换矩阵 $\boldsymbol{Q}$，使得 $\widetilde{\mathbf{A}}=\boldsymbol{Q}^{-1}\mathbf{A}\boldsymbol{Q}$ 为约当矩阵。这个约当矩阵除了其中的约当块的排列次序可能不同外，是由矩阵 $\mathbf{A}$ 唯一决定的。

一般来说，确定变换矩阵 Q 不是一件容易的事，这里只讨论一种最简单的情况，即每个 m 重特征值只对应有一个独立的特征向量，也就是每个约当块的阶数等于特征值重数的情况。

对于上述情况，一旦求出了每个重特征值，即可组成约当标准形 $\widetilde{\boldsymbol{A}}$：

$$\widetilde{\boldsymbol{A}}=\begin{bmatrix}\widetilde{\boldsymbol{A}}_1 & & & \\ & \widetilde{\boldsymbol{A}}_2 & & \\ & & \ddots & \\ & & & \widetilde{\boldsymbol{A}}_l\end{bmatrix}$$

$$\widetilde{\boldsymbol{A}}_i=\underbrace{\begin{bmatrix}\lambda_i & 1 & & \\ & \lambda_i & \ddots & \\ & & \ddots & 1 \\ & & & \lambda_i\end{bmatrix}}_{m_i}\quad(i=1,2,\cdots,l)$$

于是变换矩阵 Q 可以通过解下式求得：

$$\boldsymbol{Q}\widetilde{\boldsymbol{A}}=\boldsymbol{A}\boldsymbol{Q}$$

解得

$$\boldsymbol{Q}=[\boldsymbol{Q}_1\quad \boldsymbol{Q}_2\quad \cdots\quad \boldsymbol{Q}_l]$$

式中，$\boldsymbol{Q}_i(i=1,2,\cdots,l)$ 为对应于 $\widetilde{\boldsymbol{A}}_i$ 的变换阵。则有

$$[\boldsymbol{Q}_1\quad \boldsymbol{Q}_2\quad \cdots\quad \boldsymbol{Q}_l]\begin{bmatrix}\widetilde{\boldsymbol{A}}_1 & & & \\ & \widetilde{\boldsymbol{A}}_2 & & \\ & & \ddots & \\ & & & \widetilde{\boldsymbol{A}}_l\end{bmatrix}=\boldsymbol{A}[\boldsymbol{Q}_1\quad \boldsymbol{Q}_2\quad \cdots\quad \boldsymbol{Q}_l]$$

即

$$[\boldsymbol{Q}_1\widetilde{\boldsymbol{A}}_1\quad \boldsymbol{Q}_2\widetilde{\boldsymbol{A}}_2\quad \cdots\quad \boldsymbol{Q}_l\widetilde{\boldsymbol{A}}_l]=[\boldsymbol{A}\boldsymbol{Q}_1\quad \boldsymbol{A}\boldsymbol{Q}_2\quad \cdots\quad \boldsymbol{A}\boldsymbol{Q}_l]$$

从而得到下列 l 个矩阵方程：

$$\begin{cases}\boldsymbol{Q}_1\widetilde{\boldsymbol{A}}_1=\boldsymbol{A}\boldsymbol{Q}_1\\ \boldsymbol{Q}_2\widetilde{\boldsymbol{A}}_2=\boldsymbol{A}\boldsymbol{Q}_2\\ \quad\cdots\cdots\\ \boldsymbol{Q}_l\widetilde{\boldsymbol{A}}_l=\boldsymbol{A}\boldsymbol{Q}_l\end{cases}$$

解上述 l 个矩阵方程，便可得到 $\boldsymbol{Q}_1,\boldsymbol{Q}_2,\cdots,\boldsymbol{Q}_l$。前已假设 $\boldsymbol{A}_i(i=1,2,\cdots,l)$ 的阶数等于特征值的重数，因此上述矩阵方程的求解又可以用同样的方式进行。

设 $\widetilde{\boldsymbol{A}}$ 的第 i 个约当块的阶数 m_i 等于特征值 λ_i 的重数，即

$$\boldsymbol{A}_i=\left.\begin{bmatrix}\lambda_i & 1 & & \\ & \lambda_i & \ddots & \\ & & \ddots & 1 \\ & & & \lambda_i\end{bmatrix}\right\}m_i\quad(i=1,2,\cdots,l)$$

$$\boldsymbol{Q}_i=[\boldsymbol{v}_{1i}\quad \boldsymbol{v}_{2i}\quad \cdots\quad \boldsymbol{v}_{m_i i}]$$

根据 $\boldsymbol{Q}_i\widetilde{\boldsymbol{A}}_i=\boldsymbol{A}\boldsymbol{Q}_i$，有

$$\begin{bmatrix} \boldsymbol{v}_{1i} & \boldsymbol{v}_{2i} & \cdots & \boldsymbol{v}_{m_i i} \end{bmatrix} \begin{bmatrix} \lambda_i & 1 & & \\ & \lambda_i & \ddots & \\ & & \ddots & 1 \\ & & & \lambda_i \end{bmatrix} = \boldsymbol{A}\begin{bmatrix} \boldsymbol{v}_{1i} & \boldsymbol{v}_{2i} & \cdots & \boldsymbol{v}_{m_i i} \end{bmatrix}$$

即

$$\begin{cases} \lambda_i \boldsymbol{v}_{1i} = \boldsymbol{A}\boldsymbol{v}_{1i} \\ \boldsymbol{v}_{1i} + \lambda_i \boldsymbol{v}_{2i} = \boldsymbol{A}\boldsymbol{v}_{2i} \\ \qquad \cdots\cdots \\ \boldsymbol{v}_{(m_i-1)i} + \lambda_i \boldsymbol{v}_{m_i i} = \boldsymbol{A}\boldsymbol{v}_{m_i i} \end{cases}$$

上式可写成

$$\begin{cases} (\lambda_i \boldsymbol{I} - \boldsymbol{A})\boldsymbol{v}_{1i} = \boldsymbol{0} \\ (\lambda_i \boldsymbol{I} - \boldsymbol{A})\boldsymbol{v}_{2i} = -\boldsymbol{v}_{1i} \\ \qquad \cdots\cdots \\ (\lambda_i \boldsymbol{I} - \boldsymbol{A})\boldsymbol{v}_{m_i i} = -\boldsymbol{v}_{(m_i-1)i} \end{cases}$$

由上式得到的向量 $\boldsymbol{v}_{1i},\boldsymbol{v}_{2i},\cdots,\boldsymbol{v}_{m_i i}$ 中只有 $\boldsymbol{v}_{1i}$ 是对应于 λ_i 的特征向量，其余向量 $\boldsymbol{v}_{2i},\boldsymbol{v}_{3i},\cdots,\boldsymbol{v}_{m_i i}$ 称为广义特征向量，则有

$$\boldsymbol{Q}_i = \begin{bmatrix} \boldsymbol{v}_{1i} & \boldsymbol{v}_{2i} & \cdots & \boldsymbol{v}_{m_i i} \end{bmatrix}$$

按同样的方法可确定 $\boldsymbol{Q}_1,\boldsymbol{Q}_2,\cdots,\boldsymbol{Q}_l$，于是可得变换矩阵：

$$\boldsymbol{Q} = \begin{bmatrix} \boldsymbol{Q}_1 & \boldsymbol{Q}_2 & \cdots & \boldsymbol{Q}_l \end{bmatrix} = \begin{bmatrix} v_{11} & v_{21} & \cdots & v_{m_1 1} & \vdots & v_{12} & v_{22} & \cdots & v_{m_2 2} & \vdots & \cdots & \vdots & v_{1l} & v_{2l} & \cdots & v_{m_l l} \end{bmatrix}$$

从而便可对状态空间表达式进行线性变换：

$$\widetilde{\boldsymbol{A}} = \boldsymbol{Q}^{-1}\boldsymbol{A}\boldsymbol{Q}, \quad \widetilde{\boldsymbol{B}} = \boldsymbol{Q}^{-1}\boldsymbol{B}, \quad \widetilde{\boldsymbol{C}} = \boldsymbol{C}\boldsymbol{Q}$$

当然，和计算对角标准形一样，由于变换阵 $\boldsymbol{Q}$ 是在 $\widetilde{\boldsymbol{A}}$ 为已知的条件下求得的，因此，实际上不必再计算 $\widetilde{\boldsymbol{A}}$，只需计算 $\widetilde{\boldsymbol{B}}$ 和 $\widetilde{\boldsymbol{C}}$。

例 1-17　将下列状态空间表达式化为约当标准形：

$$\begin{cases} \dot{\boldsymbol{x}} = \begin{bmatrix} 0 & 0 & -12 \\ 1 & 0 & -16 \\ 0 & 1 & -7 \end{bmatrix}\boldsymbol{x} + \begin{bmatrix} 10 \\ 0 \\ 0 \end{bmatrix}u \\ y = \begin{bmatrix} 0 & 0 & 1 \end{bmatrix}\boldsymbol{x} \end{cases}$$

解：先求 $\boldsymbol{A}$ 阵的特征值，则有

$$\det(\lambda \boldsymbol{I} - \boldsymbol{A}) = \lambda^3 + 7\lambda^2 + 16\lambda + 12 = (\lambda+2)^2(\lambda+3) = 0$$

$$\lambda_1 = \lambda_2 = -2, \quad \lambda_3 = -3$$

对应于 $\lambda_1 = -2$ 的特征向量 $\boldsymbol{v}_1$ 由式求得：

$$(\lambda_1 \boldsymbol{I} - \boldsymbol{A})\boldsymbol{v}_1 = \begin{bmatrix} -2 & 0 & 12 \\ -1 & -2 & 16 \\ 0 & -1 & 5 \end{bmatrix}\begin{bmatrix} v_{11} \\ v_{21} \\ v_{31} \end{bmatrix} = \boldsymbol{0}$$

解得

$$\boldsymbol{v}_1 = \begin{bmatrix} 6 \\ 5 \\ 1 \end{bmatrix}$$

对应于 $\lambda_1=-2$ 的广义特征向量 $\boldsymbol{v}_2$ 满足：

$$(\lambda_1\boldsymbol{I}-\boldsymbol{A})\boldsymbol{v}_2=-\boldsymbol{v}_1$$

即

$$\begin{bmatrix}-2 & 0 & 12\\ -1 & -2 & 16\\ 0 & -1 & 5\end{bmatrix}\begin{bmatrix}v_{12}\\ v_{22}\\ v_{32}\end{bmatrix}=\begin{bmatrix}-6\\ -5\\ -1\end{bmatrix}$$

解得

$$\boldsymbol{v}_2=\begin{bmatrix}9\\ 6\\ 1\end{bmatrix}$$

同理，对应于 $\lambda_3=-3$ 的特征向量 $\boldsymbol{v}_3$，满足

$$(\lambda_3\boldsymbol{I}-\boldsymbol{A})\boldsymbol{v}_3=\begin{bmatrix}-3 & 0 & 12\\ -1 & -3 & 16\\ 0 & -1 & 4\end{bmatrix}\begin{bmatrix}v_{13}\\ v_{23}\\ v_{33}\end{bmatrix}=\boldsymbol{0}$$

解得

$$\boldsymbol{v}_3=\begin{bmatrix}4\\ 4\\ 1\end{bmatrix}$$

于是

$$\boldsymbol{Q}=[\boldsymbol{v}_1\quad \boldsymbol{v}_2\quad \boldsymbol{v}_3]=\begin{bmatrix}6 & 9 & 4\\ 5 & 6 & 4\\ 1 & 1 & 1\end{bmatrix},\quad \boldsymbol{Q}^{-1}=\begin{bmatrix}-2 & 5 & -12\\ 1 & -2 & 4\\ 1 & -3 & 9\end{bmatrix}$$

从而有

$$\widetilde{\boldsymbol{A}}=\boldsymbol{Q}^{-1}\boldsymbol{A}\boldsymbol{Q}=\begin{bmatrix}-2 & 1 & 0\\ 0 & -2 & 0\\ 0 & 0 & -3\end{bmatrix},\quad \widetilde{\boldsymbol{B}}=\boldsymbol{Q}^{-1}\boldsymbol{B}=\begin{bmatrix}-20\\ 10\\ 10\end{bmatrix},\quad \widetilde{\boldsymbol{C}}=\boldsymbol{C}\boldsymbol{Q}=[1\quad 1\quad 1]$$

系统状态变量图如图 1-25 所示。

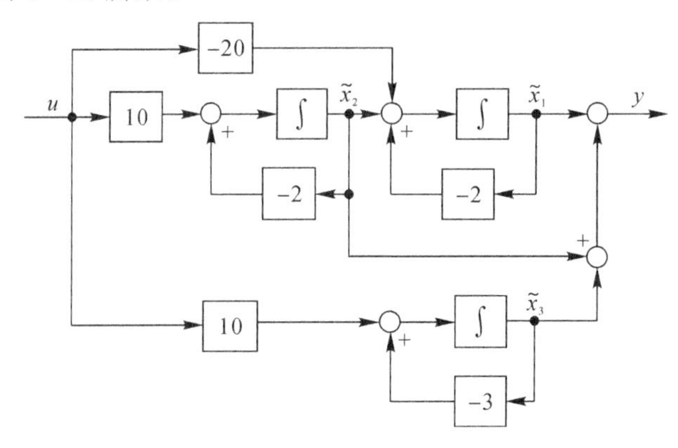

图 1-25　系统状态变量图

1.8　线性系统线性变换的不变特性

根据1.7节得到的将状态向量 $\boldsymbol{x}$ 做线性非奇异变换 $\hat{\boldsymbol{x}}=\boldsymbol{P}^{-1}\boldsymbol{x}$，得到一个新的状态向量 $\hat{\boldsymbol{x}}$。状态空间表达式分别为

$$\begin{cases}\dot{\boldsymbol{x}}=\boldsymbol{A}\boldsymbol{x}+\boldsymbol{B}\boldsymbol{u}\\ \boldsymbol{y}=\boldsymbol{C}\boldsymbol{x}+\boldsymbol{D}\boldsymbol{u}\end{cases}\quad 和 \quad \begin{cases}\dot{\hat{\boldsymbol{x}}}=\hat{\boldsymbol{A}}\hat{\boldsymbol{x}}+\hat{\boldsymbol{B}}\boldsymbol{u}\\ \boldsymbol{y}=\hat{\boldsymbol{C}}\hat{\boldsymbol{x}}+\boldsymbol{D}\boldsymbol{u}\end{cases}$$

其中

$$\begin{cases}\hat{\boldsymbol{A}}=\boldsymbol{P}^{-1}\boldsymbol{A}\boldsymbol{P}\\ \hat{\boldsymbol{B}}=\boldsymbol{P}^{-1}\boldsymbol{B}\\ \hat{\boldsymbol{C}}=\boldsymbol{C}\boldsymbol{P}\end{cases}$$

一、系统的不变量与特征值的不变性

系统经线性非奇异变换后，其特征多项式是不变的，即

$$\det(\lambda\boldsymbol{I}-\hat{\boldsymbol{A}})=\det(\lambda\boldsymbol{I}-\boldsymbol{A})$$

在下面证明中为书写方便，把 $\det(\lambda\boldsymbol{I}-\hat{\boldsymbol{A}})$ 用 $|\lambda\boldsymbol{I}-\hat{\boldsymbol{A}}|$ 表示，则有

$$\begin{aligned}|\lambda\boldsymbol{I}-\hat{\boldsymbol{A}}|&=|\lambda\boldsymbol{I}-\boldsymbol{P}^{-1}\boldsymbol{A}\boldsymbol{P}|=|\lambda\boldsymbol{P}^{-1}\boldsymbol{P}-\boldsymbol{P}^{-1}\boldsymbol{A}\boldsymbol{P}|=|\boldsymbol{P}^{-1}(\lambda\boldsymbol{I}-\boldsymbol{A})\boldsymbol{P}|=\\ &|\boldsymbol{P}^{-1}|\,|\lambda\boldsymbol{I}-\boldsymbol{A}|\,|\boldsymbol{P}|=|\lambda\boldsymbol{I}-\boldsymbol{A}|=\lambda^n+a_{n-1}\lambda^{n-1}+\cdots+a_1\lambda+a_0\end{aligned}$$

因此称特征多项式的系数 $a_0,a_1,\cdots,a_{n-1}$ 为系统的不变量。特征值完全由特征多项式的系数 $a_0,a_1,\cdots,a_{n-1}$ 唯一确定，因此特征值也是不变的。

二、传递函数矩阵的不变性

根据传递函数矩阵表达式 $\boldsymbol{G}(s)=\boldsymbol{C}(s\boldsymbol{I}-\boldsymbol{A})^{-1}\boldsymbol{B}+\boldsymbol{D}$，可得线性非奇异变换后的传递函数矩阵为 $\hat{\boldsymbol{G}}(s)=\hat{\boldsymbol{C}}(s\boldsymbol{I}-\hat{\boldsymbol{A}})^{-1}\hat{\boldsymbol{B}}+\hat{\boldsymbol{D}}$。根据线性变换前后各系数矩阵之间的关系，可证明系统的传递函数矩阵是不变的。

$$\begin{aligned}\hat{\boldsymbol{G}}(s)&=\hat{\boldsymbol{C}}(s\boldsymbol{I}-\hat{\boldsymbol{A}})^{-1}\hat{\boldsymbol{B}}+\hat{\boldsymbol{D}}=\boldsymbol{C}\boldsymbol{P}(s\boldsymbol{I}-\boldsymbol{P}^{-1}\boldsymbol{A}\boldsymbol{P})^{-1}\boldsymbol{P}^{-1}\boldsymbol{B}+\boldsymbol{D}=\\ &\boldsymbol{C}[\boldsymbol{P}(s\boldsymbol{I}-\boldsymbol{P}^{-1}\boldsymbol{A}\boldsymbol{P})\boldsymbol{P}^{-1}]^{-1}\boldsymbol{B}+\boldsymbol{D}=\boldsymbol{C}[s\boldsymbol{P}\boldsymbol{P}^{-1}-\boldsymbol{P}\boldsymbol{P}^{-1}\boldsymbol{A}\boldsymbol{P}\boldsymbol{P}^{-1}]^{-1}\boldsymbol{B}+\boldsymbol{D}=\\ &\boldsymbol{C}(s\boldsymbol{I}-\boldsymbol{A})^{-1}\boldsymbol{B}+\boldsymbol{D}=\boldsymbol{G}(s)\end{aligned}$$

1.9　组合系统的状态空间表达式及其传递函数矩阵

由一些子系统按一定规律联结构成的系统称为组合系统。实际上一个真实的系统往往就是一个组合系统，或者可以表示为组合系统。对于一个组合系统，其状态空间表达式可以按照前面所介绍的方法列写。本节介绍另一种方法，即从子系统的状态空间表达式出发，按照子系统的联结特点直接建立状态空间表达式。

一、子系统的并联联结

设子系统 Σ_1，Σ_2 分别为 n_1 维和 n_2 维，其状态空间表达式分别为

$$\Sigma_1:\begin{cases}\dot{\boldsymbol{x}}_1 = \boldsymbol{A}_1\boldsymbol{x}_1 + \boldsymbol{B}_1\boldsymbol{u}_1\\ \boldsymbol{y}_1 = \boldsymbol{C}_1\boldsymbol{x}_1 + \boldsymbol{D}_1\boldsymbol{u}_1\end{cases} \tag{1.9-1}$$

$$\Sigma_2:\begin{cases}\dot{\boldsymbol{x}}_2 = \boldsymbol{A}_2\boldsymbol{x}_2 + \boldsymbol{B}_2\boldsymbol{u}_2\\ \boldsymbol{y}_2 = \boldsymbol{C}_2\boldsymbol{x}_2 + \boldsymbol{D}_2\boldsymbol{u}_2\end{cases} \tag{1.9-2}$$

并联联结所构成的组合系统 Σ 如图 1-26 所示。

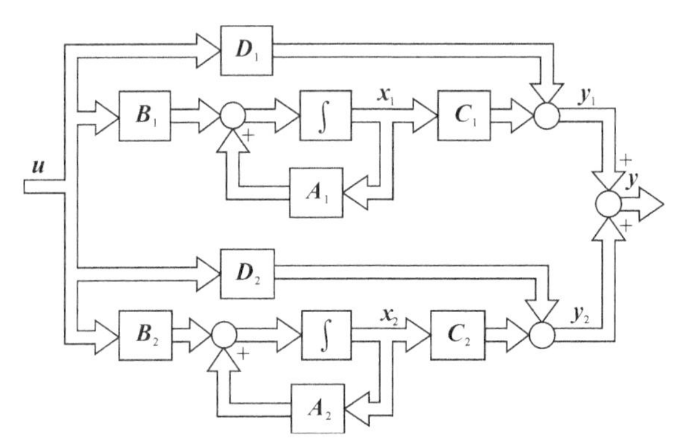

图 1-26　并联组合系统的示意图

从图 1-26 可知，$\boldsymbol{u}_1=\boldsymbol{u}_2=\boldsymbol{u}$，$\boldsymbol{y}=\boldsymbol{y}_1+\boldsymbol{y}_2$，则组合系统的状态空间表达式为

$$\left.\begin{aligned}\begin{bmatrix}\dot{\boldsymbol{x}}_1\\ \dot{\boldsymbol{x}}_2\end{bmatrix}&=\begin{bmatrix}\boldsymbol{A}_1 & \boldsymbol{O}\\ \boldsymbol{O} & \boldsymbol{A}_2\end{bmatrix}\begin{bmatrix}\boldsymbol{x}_1\\ \boldsymbol{x}_2\end{bmatrix}+\begin{bmatrix}\boldsymbol{B}_1\\ \boldsymbol{B}_2\end{bmatrix}\boldsymbol{u}\\ \boldsymbol{y} = \boldsymbol{C}_1\boldsymbol{x}_1 + \boldsymbol{D}_1\boldsymbol{u} + \boldsymbol{C}_2\boldsymbol{x}_2 + \boldsymbol{D}_2\boldsymbol{u} &= [\boldsymbol{C}_1\quad \boldsymbol{C}_2]\begin{bmatrix}\boldsymbol{x}_1\\ \boldsymbol{x}_2\end{bmatrix}+[\boldsymbol{D}_1+\boldsymbol{D}_2]\boldsymbol{u}\end{aligned}\right\} \tag{1.9-3}$$

显然，组合系统的状态 $\boldsymbol{x}$ 为 n_1+n_2 维，在数学上称 $\boldsymbol{x}$ 是 $\boldsymbol{x}_1$ 和 $\boldsymbol{x}_2$ 的直接和，记为 $\boldsymbol{x}=\boldsymbol{x}_1\oplus\boldsymbol{x}_2$。

设两个子系统的传递函数矩阵为

$$\boldsymbol{G}_1(s) = \boldsymbol{C}_1(s\boldsymbol{I}-\boldsymbol{A}_1)^{-1}\boldsymbol{B}_1 + \boldsymbol{D}_1 \tag{1.9-4}$$

$$\boldsymbol{G}_2(s) = \boldsymbol{C}_2(s\boldsymbol{I}-\boldsymbol{A}_2)^{-1}\boldsymbol{B}_2 + \boldsymbol{D}_2 \tag{1.9-5}$$

则其并联组合系统的传递函数矩阵等于各并联子系统传递函数矩阵之和，即

$$\boldsymbol{G}(s) = \boldsymbol{G}_1(s) + \boldsymbol{G}_2(s) \tag{1.9-6}$$

上述结论是很容易证明的。由组合系统的状态空间表达式可求得

$$\boldsymbol{G}(s) = [\boldsymbol{C}_1\quad \boldsymbol{C}_2]\begin{bmatrix}(s\boldsymbol{I}-\boldsymbol{A}_1) & \boldsymbol{O}\\ \boldsymbol{O} & (s\boldsymbol{I}-\boldsymbol{A}_2)\end{bmatrix}^{-1}\begin{bmatrix}\boldsymbol{B}_1\\ \boldsymbol{B}_2\end{bmatrix}+(\boldsymbol{D}_1+\boldsymbol{D}_2) =$$

$$[\boldsymbol{C}_1\quad \boldsymbol{C}_2]\begin{bmatrix}(s\boldsymbol{I}-\boldsymbol{A}_1)^{-1} & \boldsymbol{O}\\ \boldsymbol{O} & (s\boldsymbol{I}-\boldsymbol{A}_2)^{-1}\end{bmatrix}\begin{bmatrix}\boldsymbol{B}_1\\ \boldsymbol{B}_2\end{bmatrix}+(\boldsymbol{D}_1+\boldsymbol{D}_2) =$$

$$[\boldsymbol{C}_1(s\boldsymbol{I}-\boldsymbol{A}_1)^{-1}\boldsymbol{B}_1+\boldsymbol{D}_1]+[\boldsymbol{C}_2(s\boldsymbol{I}-\boldsymbol{A}_2)^{-1}\boldsymbol{B}_2+\boldsymbol{D}_2] =$$

$$\boldsymbol{G}_1(s)+\boldsymbol{G}_2(s)$$

组合系统的传递函数矩阵也可以按系统变量之间满足的关系证明如下：

$$\boldsymbol{Y}(s) = \boldsymbol{Y}_1(s)+\boldsymbol{Y}_2(s) = \boldsymbol{G}_1(s)\boldsymbol{U}_1(s)+\boldsymbol{G}_2(s)\boldsymbol{U}_2(s) =$$

$$\boldsymbol{G}_1(s)\boldsymbol{U}(s)+\boldsymbol{G}_2(s)\boldsymbol{U}(s) = [\boldsymbol{G}_1(s)+\boldsymbol{G}_2(s)]\boldsymbol{U}(s)$$

即

$$\boldsymbol{G}(s) = \boldsymbol{G}_1(s)+\boldsymbol{G}_2(s)$$

例 1-18　已知子系统 Σ_1，Σ_2 的状态空间表达式分别为

$$\Sigma_1:\begin{cases}\begin{bmatrix}\dot{x}_1\\ \dot{x}_2\end{bmatrix}=\begin{bmatrix}-1 & 1\\ 2 & 3\end{bmatrix}\begin{bmatrix}x_1\\ x_2\end{bmatrix}+\begin{bmatrix}2\\ 1\end{bmatrix}u\\ y_1=[1\quad 2]\begin{bmatrix}x_1\\ x_2\end{bmatrix}\end{cases}$$

$$\Sigma_2:\begin{cases}\begin{bmatrix}\dot{\bar{x}}_1\\ \dot{\bar{x}}_2\end{bmatrix}=\begin{bmatrix}0 & 1\\ -2 & -1\end{bmatrix}\begin{bmatrix}\bar{x}_1\\ \bar{x}_2\end{bmatrix}+\begin{bmatrix}2\\ 5\end{bmatrix}u\\ y_2=[2\quad 1]\begin{bmatrix}\bar{x}_1\\ \bar{x}_2\end{bmatrix}\end{cases}$$

试求并联组合系统的状态空间表达式。

解：根据式(1.9-3)，并联组合系统的状态空间表达式为

$$\begin{cases}\begin{bmatrix}\dot{x}_1\\ \dot{x}_2\\ \dot{\bar{x}}_1\\ \dot{\bar{x}}_2\end{bmatrix}=\begin{bmatrix}-1 & 1 & 0 & 0\\ 2 & 3 & 0 & 0\\ 0 & 0 & 0 & 1\\ 0 & 0 & -2 & -1\end{bmatrix}\begin{bmatrix}x_1\\ x_2\\ \bar{x}_1\\ \bar{x}_2\end{bmatrix}+\begin{bmatrix}2\\ 1\\ 2\\ 5\end{bmatrix}u\\ y=[1\quad 2\quad 2\quad 1]\begin{bmatrix}x_1\\ x_2\\ \bar{x}_1\\ \bar{x}_2\end{bmatrix}\end{cases}$$

二、串联联结

设子系统 Σ_1 和 Σ_2，其状态空间表达式为式(1.9-1)和式(1.9-2)，经串联联结构成组合系统 Σ，如图1-27所示。注意：Σ_2 不能对 Σ_1 产生负载效应。

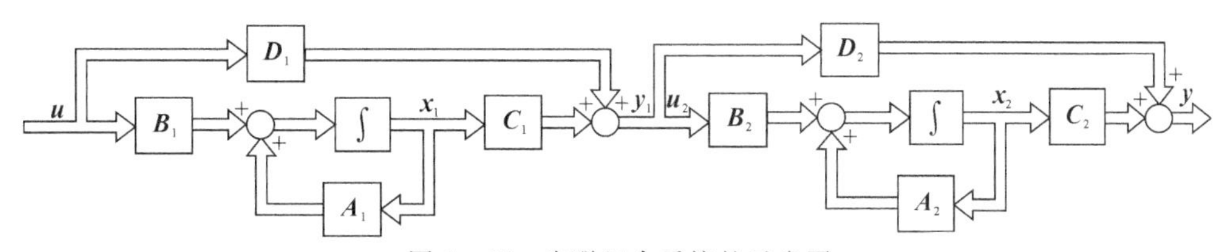

图1-27 串联组合系统的示意图

从图1-27可知，$\boldsymbol{u}_1=\boldsymbol{u}$，$\boldsymbol{u}_2=\boldsymbol{y}_1$，$\boldsymbol{y}=\boldsymbol{y}_2$，因此，组合系统 Σ 的状态空间表达式为

$$\dot{\boldsymbol{x}}_1=\boldsymbol{A}_1\boldsymbol{x}_1+\boldsymbol{B}_1\boldsymbol{u}_1=\boldsymbol{A}_1\boldsymbol{x}_1+\boldsymbol{B}_1\boldsymbol{u}$$

$$\dot{\boldsymbol{x}}_2=\boldsymbol{A}_2\boldsymbol{x}_2+\boldsymbol{B}_2\boldsymbol{u}_2=\boldsymbol{A}_2\boldsymbol{x}_2+\boldsymbol{B}_2\boldsymbol{y}_1=\boldsymbol{A}_2\boldsymbol{x}_2+\boldsymbol{B}_2(\boldsymbol{C}_1\boldsymbol{x}_1+\boldsymbol{D}_1u)=\boldsymbol{B}_2\boldsymbol{C}_1\boldsymbol{x}_1+\boldsymbol{A}_2\boldsymbol{x}_2+\boldsymbol{B}_2\boldsymbol{D}_1\boldsymbol{u}$$

$$\begin{aligned}\boldsymbol{y}=\boldsymbol{y}_2&=\boldsymbol{C}_2\boldsymbol{x}_2+\boldsymbol{D}_2\boldsymbol{u}_2=\boldsymbol{C}_2\boldsymbol{x}_2+\boldsymbol{D}_2\boldsymbol{y}_1=\\ &\boldsymbol{C}_2\boldsymbol{x}_2+\boldsymbol{D}_2(\boldsymbol{C}_1\boldsymbol{x}_1+\boldsymbol{D}_1\boldsymbol{u})=\boldsymbol{D}_2\boldsymbol{C}_1\boldsymbol{x}_1+\boldsymbol{C}_2\boldsymbol{x}_2+\boldsymbol{D}_2\boldsymbol{D}_1\boldsymbol{u}\end{aligned}$$

写成

$$\left.\begin{aligned}\begin{bmatrix}\dot{\boldsymbol{x}}_1\\ \dot{\boldsymbol{x}}_2\end{bmatrix}&=\begin{bmatrix}\boldsymbol{A}_1 & \boldsymbol{O}\\ \boldsymbol{B}_2\boldsymbol{C}_1 & \boldsymbol{A}_2\end{bmatrix}\begin{bmatrix}\boldsymbol{x}_1\\ \boldsymbol{x}_2\end{bmatrix}+\begin{bmatrix}\boldsymbol{B}_1\\ \boldsymbol{B}_2\boldsymbol{D}_1\end{bmatrix}\boldsymbol{u}\\ \boldsymbol{y}&=[\boldsymbol{D}_2\boldsymbol{C}_1\quad \boldsymbol{C}_2]\begin{bmatrix}\boldsymbol{x}_1\\ \boldsymbol{x}_2\end{bmatrix}+\boldsymbol{D}_2\boldsymbol{D}_1\boldsymbol{u}\end{aligned}\right\}\qquad(1.9-7)$$

设两个子系统的传递函数矩阵为

$$G_1(s)=C_1(sI-A_1)^{-1}B_1+D_1$$

$$G_2(s)=C_2(sI-A_2)^{-1}B_2+D_2$$

则其串联组合系统的传递函数阵为

$$G(s)=G_2(s)G_1(s) \tag{1.9-8}$$

证明:由串联组合系统的状态空间表达式,可求得

$$G(s)=\begin{bmatrix}D_2C_1 & C_2\end{bmatrix}\begin{bmatrix}sI-A_1 & O\\ -B_2C_1 & sI-A_2\end{bmatrix}^{-1}\begin{bmatrix}B_1\\ B_2D_1\end{bmatrix}+D_2D_1 \tag{1.9-9}$$

已知分块矩阵的求逆公式为

$$\begin{bmatrix}sI-A_1 & O\\ -B_2C_1 & sI-A_2\end{bmatrix}^{-1}=\begin{bmatrix}(sI-A_1)^{-1} & O\\ (sI-A_2)^{-1}B_2C_1(sI-A_1)^{-1} & (sI-A_2)^{-1}\end{bmatrix}$$

将其代入式(1.9-9),有

$$G(s)=\begin{bmatrix}D_2C_1 & C_2\end{bmatrix}\begin{bmatrix}(sI-A_1)^{-1} & O\\ (sI-A_2)^{-1}B_2C_1(sI-A_1)^{-1} & (sI-A_2)^{-1}\end{bmatrix}\begin{bmatrix}B_1\\ B_2D_1\end{bmatrix}+D_2D_1$$

展开后,即得

$$G(s)=D_2C_1(sI-A_1)^{-1}B_1+C_2(sI-A_2)^{-1}B_2C_1(sI-A_1)^{-1}B_1+C_2(sI-A_2)^{-1}B_2D_1+D_2D_1=$$
$$[C_2(sI-A_2)^{-1}B_2+D_2][C_1(sI-A_1)^{-1}B_1+D_1]=G_2(s)G_1(s)$$

组合系统的传递函数矩阵也可以按系统变量之间满足的关系,证明如下:

$$Y(s)=Y_2(s)=G_2(s)U_2(s)=G_2(s)Y_1(s)=G_2(s)G_1(s)U_1(s)=G_2(s)G_1(s)U(s)$$

即
$$G(s)=G_2(s)G_1(s)$$

应当注意,在上式中子系统传递函数阵的排列顺序和它们在系统中的连接顺序恰恰相反,不能颠倒。这一点和单输入单输出系统不同。

三、反馈联结

为简化起见,设子系统 Σ'_1 和 Σ'_2,其状态空间表达式为式(1.9-10)和式(1.9-11),经反馈联结构成组合系统 Σ',如图 1-28 所示。

$$\Sigma'_1:\begin{cases}\dot{x}_1=A_1x_1+B_1u_1\\ y_1=C_1x_1\end{cases} \tag{1.9-10}$$

$$\Sigma'_2:\begin{cases}\dot{x}_2=A_2x_2+B_2u_2\\ y_2=C_2x_2\end{cases} \tag{1.9-11}$$

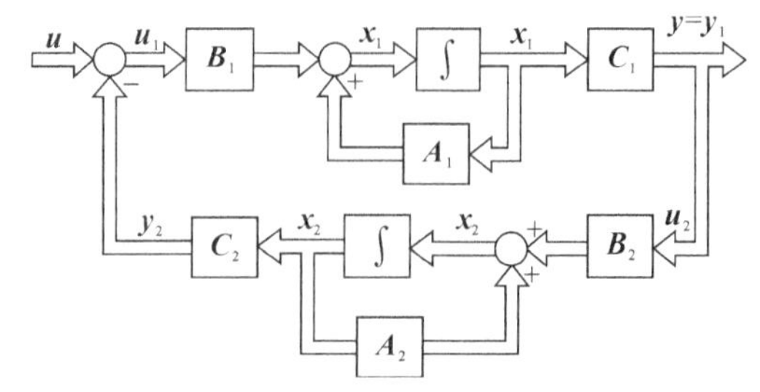

图 1-28　反馈联结组合系统结构图

由图 1-28 可知,$u_1=u-y_2$,$u_2=y_1$,$y=y_1$,由此导出反馈联结组合系统的状态空间表达

式为

$$\begin{cases} \dot{\boldsymbol{x}}_1 = \boldsymbol{A}_1\boldsymbol{x}_1 + \boldsymbol{B}_1(\boldsymbol{u} - \boldsymbol{y}_2) = \boldsymbol{A}_1\boldsymbol{x}_1 - \boldsymbol{B}_1\boldsymbol{C}_2\boldsymbol{x}_2 + \boldsymbol{B}_1\boldsymbol{u} \\ \dot{\boldsymbol{x}}_2 = \boldsymbol{A}_2\boldsymbol{x}_2 + \boldsymbol{B}_2\boldsymbol{y}_1 = \boldsymbol{A}_2\boldsymbol{x}_2 + \boldsymbol{B}_2\boldsymbol{C}_1\boldsymbol{x}_1 \\ \boldsymbol{y} = \boldsymbol{C}_1\boldsymbol{x}_1 \end{cases}$$

写成

$$\left.\begin{aligned} \begin{bmatrix} \dot{\boldsymbol{x}}_1 \\ \dot{\boldsymbol{x}}_2 \end{bmatrix} &= \begin{bmatrix} \boldsymbol{A}_1 & -\boldsymbol{B}_1\boldsymbol{C}_2 \\ \boldsymbol{B}_2\boldsymbol{C}_1 & \boldsymbol{A}_2 \end{bmatrix}\begin{bmatrix} \boldsymbol{x}_1 \\ \boldsymbol{x}_2 \end{bmatrix} + \begin{bmatrix} \boldsymbol{B}_1 \\ \boldsymbol{O} \end{bmatrix} \\ \boldsymbol{y} &= \begin{bmatrix} \boldsymbol{C}_1 & \boldsymbol{O} \end{bmatrix}\begin{bmatrix} \boldsymbol{x}_1 \\ \boldsymbol{x}_2 \end{bmatrix} \end{aligned}\right\} \tag{1.9-12}$$

设子系统 Σ'_1 和 Σ'_2 的传递函数矩阵分别为 $\boldsymbol{G}_0(s)$ 和 $\boldsymbol{H}(s)$，则其组合系统的传递函数矩阵为

$$\boldsymbol{\Phi}(s) = [\boldsymbol{I} + \boldsymbol{G}_0(s)\boldsymbol{H}(s)]^{-1}\boldsymbol{G}_0(s) \tag{1.9-13}$$

或者

$$\boldsymbol{\Phi}(s) = \boldsymbol{G}_0(s)[\boldsymbol{I} + \boldsymbol{H}(s)\boldsymbol{G}_0(s)]^{-1} \tag{1.9-14}$$

组合系统的传递函数矩阵式(1.9-13)证明如下：

$$\begin{aligned} \boldsymbol{Y}(s) &= \boldsymbol{G}_0(s)\boldsymbol{U}_1(s) = \boldsymbol{G}_0(s)[\boldsymbol{U}(s) - \boldsymbol{Y}_2(s)] = \boldsymbol{G}_0(s)[\boldsymbol{U}(s) - \boldsymbol{H}(s)\boldsymbol{Y}(s)] = \\ &\boldsymbol{G}_0(s)\boldsymbol{U}(s) - \boldsymbol{G}_0(s)\boldsymbol{H}(s)\boldsymbol{Y}(s) \end{aligned}$$

则
$$[\boldsymbol{I} + \boldsymbol{G}_0(s)\boldsymbol{H}(s)]\boldsymbol{Y}(s) = \boldsymbol{G}_0(s)\boldsymbol{U}(s)$$

上式两边都左乘 $[\boldsymbol{I}+\boldsymbol{G}_0(s)\boldsymbol{H}(s)]^{-1}$，得

$$\boldsymbol{Y}(s) = [\boldsymbol{I} + \boldsymbol{G}_0(s)\boldsymbol{H}(s)]^{-1}\boldsymbol{G}_0(s)\boldsymbol{U}(s)$$

定义输入向量至输出向量之间的传递函数矩阵为闭环传递函数矩阵，记为 $\boldsymbol{\Phi}(s)$，即

$$\boldsymbol{\Phi}(s) = [\boldsymbol{I} + \boldsymbol{G}_0(s)\boldsymbol{H}(s)]^{-1}\boldsymbol{G}_0(s)$$

证毕。

组合系统的传递函数矩阵式(1.9-14)证明如下：

由
$$\boldsymbol{U}_1(s) = \boldsymbol{U}(s) - \boldsymbol{Y}_2(s)$$

则
$$\boldsymbol{U}(s) = \boldsymbol{Y}_2(s) + \boldsymbol{U}_1(s) = \boldsymbol{H}(s)\boldsymbol{G}_0(s)\boldsymbol{U}_1(s) + \boldsymbol{U}_1(s) = [\boldsymbol{I} + \boldsymbol{H}(s)\boldsymbol{G}_0(s)]\boldsymbol{U}_1(s)$$

方程两边左乘 $[\boldsymbol{H}(s)\boldsymbol{G}_0(s)+\boldsymbol{I}]^{-1}$，则有

$$[\boldsymbol{I} + \boldsymbol{H}(s)\boldsymbol{G}_0(s)]^{-1}\boldsymbol{U}(s) = \boldsymbol{U}_1(s)$$

$$\boldsymbol{Y}(s) = \boldsymbol{G}_0(s)\boldsymbol{U}_1(s) = \boldsymbol{G}_0(s)[\boldsymbol{I} + \boldsymbol{H}(s)\boldsymbol{G}_0(s)]^{-1}\boldsymbol{U}(s)$$

组合系统的传递函数矩阵可表示为

$$\boldsymbol{\Phi}(s) = \boldsymbol{G}_0(s)[\boldsymbol{I} + \boldsymbol{H}(s)\boldsymbol{G}_0(s)]^{-1}$$

证毕。

习　　题

1-1　图 1-29 所示为电枢控制的他励直流电动机。选择 3 个状态变量：电机转轴角 $x_1=\theta$，转速 $x_2=\dot{\theta}=\omega_m$，电枢电流 $x_3=i_a$。输出变量：电机转轴角 $\theta=y$。试建立其状态空间表达式。

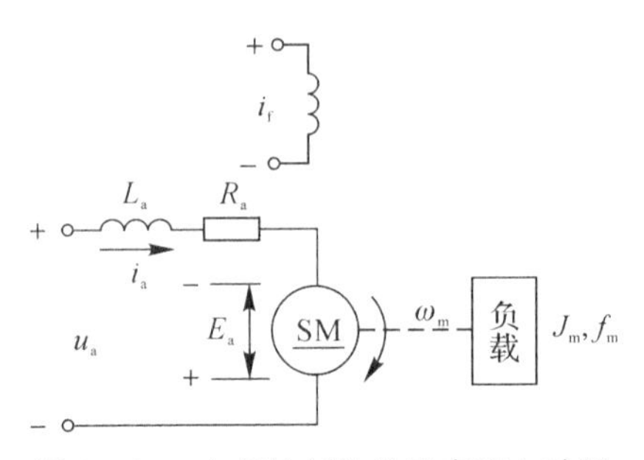

图 1－29　电枢控制的他励直流电动机

1－2　已知系统的微分方程为 $\ddot{y}+2\zeta\omega\dot{y}+\omega^2 y=T\dot{u}+u$，试写出系统的状态空间表达式。

1－3　设系统的传递函数为 $G(s)=\dfrac{1}{s(s+1)(s+2)}$，试写出其可控标准形、可观测标准形、对角线标准形的状态空间表达式。

1－4　试将下列状态方程变换为对角线标准形：

$$\dot{\boldsymbol{x}}=\begin{bmatrix}0 & 1 & -1\\ -6 & -11 & 6\\ -6 & -11 & 5\end{bmatrix}\boldsymbol{x}+\begin{bmatrix}0\\0\\1\end{bmatrix}u$$

1－5　试将下列状态空间表达式变换为约当标准形：

$$\begin{cases}\dot{\boldsymbol{x}}=\begin{bmatrix}0 & 1 & 0\\ 0 & 0 & 1\\ 2 & 3 & 0\end{bmatrix}\boldsymbol{x}+\begin{bmatrix}0\\0\\1\end{bmatrix}u\\ y=\begin{bmatrix}1 & 0 & 0\end{bmatrix}\boldsymbol{x}\end{cases}$$

1－6　登月舱的软着陆控制模型如图 1－30 所示，定义了 3 个状态变量，分别为 $x_1=y$，$x_2=\dfrac{\mathrm{d}y}{\mathrm{d}t}$和 $x_3=m$，输入信号为 $u=k\dfrac{\mathrm{d}m}{\mathrm{d}t}$，$g$ 为月球上的引力常数。试推导该着陆过程的状态空间模型。该模型是一个线性模型吗？

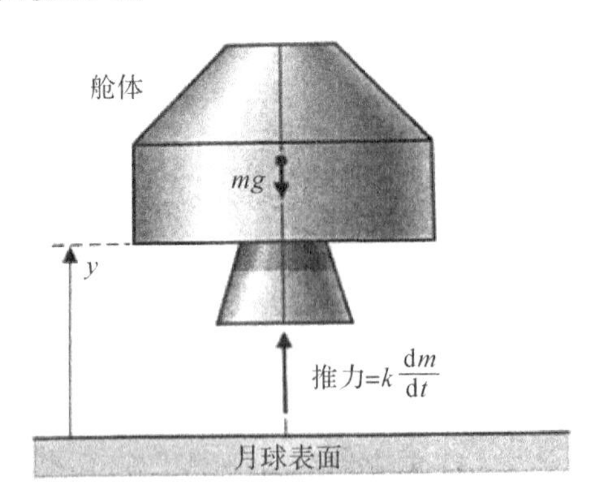

图 1－30　登月舱的软着陆控制模型

1－7　考虑图 1－31 所示的系统，其中质量块 M 通过一根细杆悬挂在另一质量块 m 上，质量块 m 放置在小车上，细杆的长度为 L。细杆自身的质量可忽略不计。在摆角非常小的前提下，以摆角 θ 为输出，试推导系统的一种线性化状态变量模型。

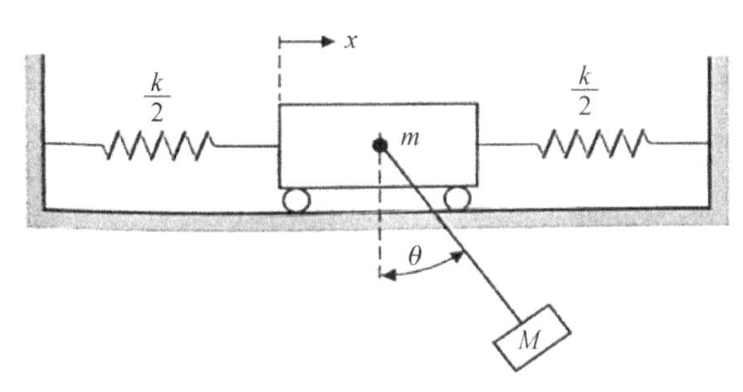

图1-31　悬挂在小车上的质量块

1-8　如图1-32所示，起重机滑车在吊臂上沿着x轴方向运动，质量为m的负载沿z轴上下运动。假设相对于滑车、钢缆和负载的质量而言，滑车电机和升降电机的功率足够大，因此可以直接将距离D和R作为系统的输入控制变量。试在$\theta<50°$时，推导出系统线性化状态微分方程。

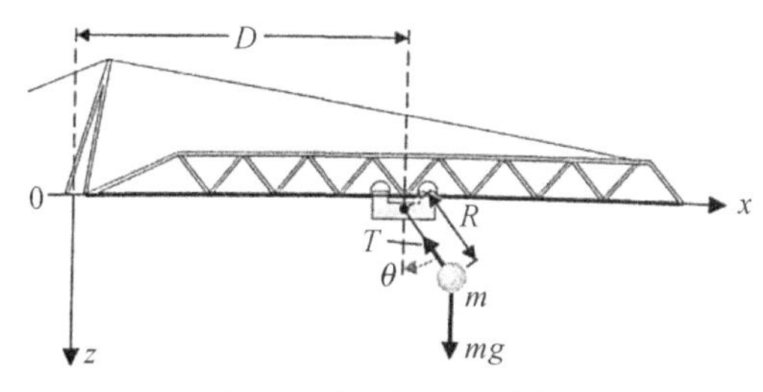

图1-32　起重机系统

第 2 章　线性系统分析

本章讨论系统状态方程的求解问题。求解一个一阶线性定常微分方程组通常是很容易的，可是求解时变的一阶线性方程组并非易事。由于引入了状态转移矩阵的概念，所以定常系统和时变系统的求解公式具有一个统一形式。本章将重点讨论状态转移矩阵的定义、性质和计算方法，并在此基础上导出状态方程解的表达式。

本章讨论的另一个中心问题是连续时间系统状态方程的离散化。随着计算机的广泛应用，这个问题显得愈来愈重要。无论对连续受控对象实行计算机在线控制，或者采用计算机对连续时间状态方程求解会遇到这个问题。一旦建立了离散化的状态方程，其求解步骤是很方便的。

2.1　线性定常齐次状态方程的解

齐次状态方程是指输入为零的状态方程，即

$$\dot{\boldsymbol{x}}(t) = \boldsymbol{A}\boldsymbol{x}(t) \tag{2.1-1}$$

其满足初始状态

$$\boldsymbol{x}(t)\big|_{t=0} = \boldsymbol{x}_0 \tag{2.1-2}$$

的解，就是由该初始状态所引起的自由运动。其中，$\boldsymbol{x}(t)$ 为 n 维列向量；$\boldsymbol{A}$ 为 $n \times n$ 维常数矩阵。

在讨论齐次状态方程的解法前，有必要先复习一下齐次标量微分方程的解法。对齐次标量微分方程，有

$$\dot{x}(t) = ax(t) \tag{2.1-3}$$

$$x(t)\big|_{t=0} = x_0 \tag{2.1-4}$$

设其解为

$$x(t) = b_0 + b_1 t + b_2 t^2 + \cdots + b_k t^k + \cdots \tag{2.1-5}$$

其中，$b_0, b_1, b_2, \cdots, b_k, \cdots$为待定系数，为确定这些待定系数，将式(2.1-5)代入式(2.1-3)，可得

$$b_1 + 2b_2 t + \cdots + kb_k t^{k-1} + \cdots = ab_0 + ab_1 t + ab_2 t^2 + \cdots + ab_k t^k + \cdots \tag{2.1-6}$$

使 t 的同幂次项的系数相等，得

$$b_1 = ab_0$$

$$b_2 = \frac{1}{2}ab_1 = \frac{1}{2}a^2b_0$$

$$b_3 = \frac{1}{3}ab_2 = \frac{1}{3\times 2}a^3b_0$$

$$\cdots\cdots$$

$$b_k = \frac{1}{k!}a^kb_0$$

$$\cdots\cdots$$

为求得 b_0，将 $t=0$ 代入式(2.1-5)，则有

$$x_0 = b_0$$

因此

$$x(t) = \left(1 + at + \frac{1}{2!}a^2t^2 + \cdots + \frac{1}{k!}a^kt^k + \cdots\right)x_0 = \mathrm{e}^{at}x_0 \tag{2.1-7}$$

现在来求矩阵微分方程

$$\dot{\boldsymbol{x}}(t) = \boldsymbol{A}\boldsymbol{x}(t) \tag{2.1-8}$$

满足初始状态

$$\boldsymbol{x}(t)\big|_{t=0} = \boldsymbol{x}_0 \tag{2.1-9}$$

的解。仿照标量微分方程的解法，设式(2.1-8)的解为

$$\boldsymbol{x}(t) = \boldsymbol{b}_0 + \boldsymbol{b}_1t + \boldsymbol{b}_2t^2 + \cdots + \boldsymbol{b}_kt^k + \cdots \tag{2.1-10}$$

代入式(2.1-8)，可得

$$\boldsymbol{b}_1 + 2\boldsymbol{b}_2t + 3\boldsymbol{b}_3t^2 + \cdots + k\boldsymbol{b}_kt^{k-1} + \cdots = \boldsymbol{A}(\boldsymbol{b}_0 + \boldsymbol{b}_1t + \boldsymbol{b}_2t^2 + \cdots + \boldsymbol{b}_kt^k + \cdots)$$

从而有

$$\left.\begin{aligned} \boldsymbol{b}_1 &= \boldsymbol{A}\boldsymbol{b}_0 \\ \boldsymbol{b}_2 &= \frac{1}{2}\boldsymbol{A}\boldsymbol{b}_1 = \frac{1}{2!}\boldsymbol{A}^2\boldsymbol{b}_0 \\ \boldsymbol{b}_3 &= \frac{1}{3}\boldsymbol{A}\boldsymbol{b}_2 = \frac{1}{3!}\boldsymbol{A}^3\boldsymbol{b}_0 \\ &\cdots\cdots \\ \boldsymbol{b}_k &= \frac{1}{k!}\boldsymbol{A}^k\boldsymbol{b}_0 \\ &\cdots\cdots \end{aligned}\right\} \tag{2.1-11}$$

在式(2.1-10)中，令 $t=0$，则有

$$\boldsymbol{x}_0 = \boldsymbol{b}_0$$

将 $\boldsymbol{b}_0$ 代入式(2.1-11)，最后得方程式(2.1-8)的解为

$$\boldsymbol{x}(t) = \left(\boldsymbol{I} + \boldsymbol{A}t + \frac{1}{2!}\boldsymbol{A}^2t^2 + \cdots + \frac{1}{k!}\boldsymbol{A}^kt^k + \cdots\right)\boldsymbol{x}_0 \tag{2.1-12}$$

式(2.1-12)右边括号内的展开式是一个 $n\times n$ 维矩阵，由于它类似于标量指数函数的级数展开式，所以称此展开式为矩阵指数函数，记为 $\mathrm{e}^{\boldsymbol{A}t}$，即

$$\boldsymbol{I} + \boldsymbol{A}t + \frac{1}{2!}\boldsymbol{A}^2t^2 + \cdots + \frac{1}{k!}\boldsymbol{A}^kt^k + \cdots = \mathrm{e}^{\boldsymbol{A}t} \tag{2.1-13}$$

于是式(2.1-12)可表示为

$$\boldsymbol{x}(t)=\mathrm{e}^{\boldsymbol{A}t}\boldsymbol{x}_0 \tag{2.1-14}$$

零输入响应式(2.1-14)是由偏离系统平衡状态的初始状态 $\boldsymbol{x}_0$ 引起的自由运动。一个典型的例子是,嫦娥五号返回舱在与轨道器分离后,运动轨迹就属于以分离时刻运行状态为初始状态的自由运动,即零输入响应。

齐次状态方程也可用拉普拉斯变换法求解。对式(2.1-8)两边取拉氏变换,可得

$$s\boldsymbol{x}(s)-\boldsymbol{x}_0=\boldsymbol{A}\boldsymbol{x}(s) \tag{2.1-15}$$

式中

$$\boldsymbol{x}(s)=\mathscr{L}[\boldsymbol{x}(t)] \tag{2.1-16}$$

即

$$(s\boldsymbol{I}-\boldsymbol{A})\boldsymbol{x}(s)=\boldsymbol{x}_0$$

式中,矩阵$(s\boldsymbol{I}-\boldsymbol{A})$称为特征矩阵,由于特征矩阵是非奇异矩阵,所以有

$$\boldsymbol{x}(s)=(s\boldsymbol{I}-\boldsymbol{A})^{-1}\boldsymbol{x}_0$$

式中,矩阵$(s\boldsymbol{I}-\boldsymbol{A})^{-1}$称为预解矩阵,由上式可得

$$\boldsymbol{x}(t)=\mathscr{L}^{-1}(s\boldsymbol{I}-\boldsymbol{A})^{-1}\boldsymbol{x}_0 \tag{2.1-17}$$

考虑到

$$(s\boldsymbol{I}-\boldsymbol{A})^{-1}=\frac{\boldsymbol{I}}{s}+\frac{\boldsymbol{A}}{s^2}+\frac{\boldsymbol{A}^2}{s^3}+\cdots$$

$$\mathscr{L}^{-1}(s\boldsymbol{I}-\boldsymbol{A})^{-1}=\boldsymbol{I}+\boldsymbol{A}t+\frac{1}{2!}\boldsymbol{A}^2t^2+\frac{1}{3!}\boldsymbol{A}^3t^3+\cdots=\mathrm{e}^{\boldsymbol{A}t} \tag{2.1-18}$$

因此式(2.1-12)和式(2.1-17)都是状态方程式(2.1-8)的自由解,且有

$$\boldsymbol{x}(t)=\mathrm{e}^{\boldsymbol{A}t}\boldsymbol{x}_0$$

$$\mathrm{e}^{\boldsymbol{A}t}=\mathscr{L}^{-1}[(s\boldsymbol{I}-\boldsymbol{A})^{-1}] \tag{2.1-19}$$

这也是计算矩阵指数函数的方法。

2.2 矩阵指数函数和状态转移矩阵

鉴于矩阵指数函数和状态转移矩阵在线性系统状态空间分析中的重要性,本节将详细讨论其性质及计算方法。

一、矩阵指数函数和状态转移矩阵的定义

1. 矩阵指数函数

定义 2.1 设 $\boldsymbol{A}$ 为 $n\times n$ 维常数矩阵,则下述无穷幂级数:

$$\mathrm{e}^{\boldsymbol{A}t}=\boldsymbol{I}+\boldsymbol{A}t+\frac{1}{2!}\boldsymbol{A}^2t^2+\cdots=\sum_{k=0}^{\infty}\frac{1}{k!}\boldsymbol{A}^kt^k \tag{2.2-1}$$

称为矩阵指数函数,用符号 $\mathrm{e}^{\boldsymbol{A}t}$ 表示。

显然,$\mathrm{e}^{\boldsymbol{A}t}$ 和矩阵 $\boldsymbol{A}$ 一样,也是一个 $n\times n$ 维方阵,并且该幂级数对所有有限时间 t 是绝对收敛的,因此 $\mathrm{e}^{\boldsymbol{A}t}$ 的每一个元素都很容易通过计算机算出。

2. 状态转移矩阵

齐次状态方程

$$\dot{\boldsymbol{x}}(t)=\boldsymbol{A}\boldsymbol{x}(t) \tag{2.2-2}$$

的解是

$$\boldsymbol{x}(t)=\mathrm{e}^{\boldsymbol{A}t}\boldsymbol{x}(0) \tag{2.2-3}$$

或者

$$\boldsymbol{x}(t)=\mathrm{e}^{\boldsymbol{A}(t-t_0)}\boldsymbol{x}(t_0) \tag{2.2-4}$$

式中：$\boldsymbol{x}(t)$是系统在t时刻的状态向量；$\boldsymbol{x}(0)$是系统在$t=0$时刻的初始状态向量；$\boldsymbol{x}(t_0)$是系统在$t=t_0$时刻的初始状态向量。故$\mathrm{e}^{\boldsymbol{A}t}$就是一个变换矩阵，它把初始状态向量$\boldsymbol{x}(0)$变换为另一状态向量$\boldsymbol{x}(t)$。由于$\mathrm{e}^{\boldsymbol{A}t}$是一个时间函数矩阵，于是随着时间的推移，将不断地把初始状态变换为一系列的状态向量，从而在状态空间形成一条轨迹。从这个意义上说，矩阵指数函数$\mathrm{e}^{\boldsymbol{A}t}$起着一种状态转移的作用，因此把它称为状态转移矩阵，并用符号$\boldsymbol{\Phi}(t)$或者$\boldsymbol{\Phi}(t-t_0)$表示。

这样，齐次状态方程的解可以表示为

$$\boldsymbol{x}(t)=\boldsymbol{\Phi}(t)\boldsymbol{x}(0) \tag{2.2-5}$$

或者

$$\boldsymbol{x}(t)=\boldsymbol{\Phi}(t-t_0)\boldsymbol{x}(t_0) \tag{2.2-6}$$

把式(2.2-6)代入状态方程式(2.2-2)，有

$$\frac{\mathrm{d}}{\mathrm{d}t}\boldsymbol{\Phi}(t-t_0)=\boldsymbol{A}\boldsymbol{\Phi}(t-t_0) \tag{2.2-7}$$

其中

$$\boldsymbol{\Phi}(t_0-t_0)=\boldsymbol{I} \tag{2.2-8}$$

因此状态转移矩阵又可以定义为满足式(2.2-7)矩阵微分方程和式(2.2-8)初始条件的基本解矩阵。

在状态空间分析中，状态转移矩阵是一个十分重要的概念。采用状态转移矩阵可以对线性系统的运动给出一个清晰的描述，更重要的是，只有采用状态转移矩阵才能使时变系统状态方程的解得以写成解析形式，从而有可能建立一种对定常系统和时变系统都适用的统一的求解公式。

进一步考查齐次状态方程式(2.1-8)的解$\boldsymbol{x}(t)$。这里，$\boldsymbol{x}(t)$是一个函数列向量。因为是线性系统，所以满足叠加原理，可得任意两个这样的解之和仍是式(2.1-8)的一个解；用任意实常数乘以任意一个这样的解，得到的仍是式(2.1-8)的一个解。因此，一个齐次状态方程的解的全体在实数域上构成一个向量空间，其中每个向量都是满足这个齐次状态方程的一个函数列向量$\boldsymbol{x}(t)$，这个向量空间就是齐次状态方程的解空间。

现在，把$\boldsymbol{\Phi}(t)$的第i列$(i=1,2,\cdots,n)$记作$\boldsymbol{\Phi}_i(t)$，即

$$\boldsymbol{\Phi}(t)=[\boldsymbol{\Phi}_1(t)\quad \boldsymbol{\Phi}_2(t)\quad \cdots\quad \boldsymbol{\Phi}_n(t)]$$

并设初值$\boldsymbol{x}(0)$为

$$\boldsymbol{x}(0)=\begin{bmatrix} x_1(0)\\ x_2(0)\\ \vdots\\ x_n(0)\end{bmatrix}$$

代入式(2.2-5)可得

$$\boldsymbol{x}(t)=x_1(0)\boldsymbol{\Phi}_1(t)+x_2(0)\boldsymbol{\Phi}_2(t)+\cdots+x_n(0)\boldsymbol{\Phi}_n(t) \tag{2.2-9}$$

这表明，齐次状态方程在任意初值条件下的解 $\boldsymbol{x}(t)$，总是状态转移矩阵 $\boldsymbol{\Phi}(t)$ 的各个列向量 $\boldsymbol{\Phi}_i(t)$ 的线性组合。另外，既然 $\boldsymbol{\Phi}(t)$ 是非奇异矩阵，诸如 $\boldsymbol{\Phi}_i(t)$ 就是线性无关的。由此知道，$\boldsymbol{\Phi}(t)$ 的各个列向量 $\boldsymbol{\Phi}_1(t),\boldsymbol{\Phi}_2(t),\cdots,\boldsymbol{\Phi}_n(t)$ 构成齐次状态方程式(2.2-2)的一个基本解组。事实上，从式(2.2-9)不难看出，$\boldsymbol{\Phi}_1(t)$ 就是当初始条件为 $\boldsymbol{x}(0)=[1\quad 0\quad 0\quad \cdots\quad 0]^{\mathrm{T}}$ 时齐次微分方程式(2.2-2)的解；$\boldsymbol{\Phi}_2(t)$ 就是当初始条件为 $\boldsymbol{x}(0)=[0\quad 1\quad 0\quad \cdots\quad 0]^{\mathrm{T}}$ 时的解；依此类推。正因为如此，矩阵 $\boldsymbol{\Phi}(t)$ 也可以称为式(2.2-2)的一个基本解矩阵。

从另一个角度也可以说，矩阵 $\boldsymbol{\Phi}(t)$ 的各列 $\boldsymbol{\Phi}_1(t),\boldsymbol{\Phi}_2(t),\cdots,\boldsymbol{\Phi}_n(t)$ 构成的函数列向量 $\boldsymbol{x}(t)$ 的向量空间的一组基。

值得注意的是，基本解矩阵 $\mathrm{e}^{\boldsymbol{A}t}$ 既然只取决于矩阵 $\boldsymbol{A}$，而与矩阵 $\boldsymbol{B},\boldsymbol{C},\boldsymbol{D}$ 无关，可见它就与系统的输入量与输出量无关。不论输入量作用于系统的哪一点，也不论以哪些变量或哪些变量的线性组合作为输出量，都不会影响到基本解矩阵，从而也不影响系统中各个变量的自由运动。

例 2-1 设齐次状态方程为

$$\begin{cases}\dot{x}_1=-3x_1+x_2\\ \dot{x}_2=x_1-3x_2\end{cases}$$

试求当 $\boldsymbol{x}(0)=\begin{bmatrix}3\\-1\end{bmatrix}$ 时状态方程的解。

解：由已知得

$$\boldsymbol{A}=\begin{bmatrix}-3 & 1\\ 1 & -3\end{bmatrix}$$

根据式(2.1-19)求得

$$(s\boldsymbol{I}-\boldsymbol{A})^{-1}=\frac{1}{|s\boldsymbol{I}-\boldsymbol{A}|}\mathrm{adj}(s\boldsymbol{I}-\boldsymbol{A})=\frac{1}{(s+2)(s+4)}\begin{bmatrix}s+3 & 1\\ 1 & s+3\end{bmatrix}=$$

$$\begin{bmatrix}\dfrac{(s+3)}{(s+2)(s+4)} & \dfrac{1}{(s+2)(s+4)}\\ \dfrac{1}{(s+2)(s+4)} & \dfrac{(s+3)}{(s+2)(s+4)}\end{bmatrix}=\frac{1}{2}\begin{bmatrix}\dfrac{1}{s+2}+\dfrac{1}{s+4} & \dfrac{1}{s+2}-\dfrac{1}{s+4}\\ \dfrac{1}{s+2}-\dfrac{1}{s+4} & \dfrac{1}{s+2}+\dfrac{1}{s+4}\end{bmatrix}$$

$$\boldsymbol{\Phi}(t)=\mathrm{e}^{\boldsymbol{A}t}=\mathscr{L}^{-1}[(s\boldsymbol{I}-\boldsymbol{A})^{-1}]=\frac{1}{2}\begin{bmatrix}\mathrm{e}^{-2t}+\mathrm{e}^{-4t} & \mathrm{e}^{-2t}-\mathrm{e}^{-4t}\\ \mathrm{e}^{-2t}-\mathrm{e}^{-4t} & \mathrm{e}^{-2t}+\mathrm{e}^{-4t}\end{bmatrix}$$

该状态方程就有一个基本解组是

$$\boldsymbol{\Phi}_1(t)=\frac{1}{2}\begin{bmatrix}\mathrm{e}^{-2t}+\mathrm{e}^{-4t}\\ \mathrm{e}^{-2t}-\mathrm{e}^{-4t}\end{bmatrix},\quad \boldsymbol{\Phi}_2(t)=\frac{1}{2}\begin{bmatrix}\mathrm{e}^{-2t}-\mathrm{e}^{-4t}\\ \mathrm{e}^{-2t}+\mathrm{e}^{-4t}\end{bmatrix}$$

当初始条件为

$$\boldsymbol{x}(0)=\begin{bmatrix}3\\-1\end{bmatrix}$$

时的解为

$$\boldsymbol{x}(t)=\frac{3}{2}\begin{bmatrix}\mathrm{e}^{-2t}+\mathrm{e}^{-4t}\\ \mathrm{e}^{-2t}-\mathrm{e}^{-4t}\end{bmatrix}-\frac{1}{2}\begin{bmatrix}\mathrm{e}^{-2t}-\mathrm{e}^{-4t}\\ \mathrm{e}^{-2t}+\mathrm{e}^{-4t}\end{bmatrix}$$

即

$$\begin{cases} x_1(t) = e^{-2t} + 2e^{-4t} \\ x_2(t) = e^{-2t} - 2e^{-4t} \end{cases}$$

例 2-2　已知某二阶系统齐次状态方程 $\dot{\boldsymbol{x}}=\boldsymbol{A}\boldsymbol{x}$，其解如下：

当 $\boldsymbol{x}_1(0)=\begin{bmatrix}2\\1\end{bmatrix}$时，解为

$$\boldsymbol{x}_1(t) = \begin{bmatrix}2e^{-t}\\ e^{-t}\end{bmatrix}$$

当 $\boldsymbol{x}_2(0)=\begin{bmatrix}1\\1\end{bmatrix}$时，解为

$$\boldsymbol{x}_2(t) = \begin{bmatrix}e^{-t}+2te^{-t}\\ e^{-t}+te^{-t}\end{bmatrix}$$

试求该系统的状态转移矩阵。

解：设 $\boldsymbol{\Phi}(t)=[\boldsymbol{\Phi}_1(t)\quad \boldsymbol{\Phi}_2(t)]$由式(2.2-9)可得

$$\boldsymbol{x}_1(t) = \begin{bmatrix}2e^{-t}\\ e^{-t}\end{bmatrix} = 2\boldsymbol{\Phi}_1(t)+\boldsymbol{\Phi}_2(t)$$

$$\boldsymbol{x}_2(t) = \begin{bmatrix}e^{-t}+2te^{-t}\\ e^{-t}+te^{-t}\end{bmatrix} = \boldsymbol{\Phi}_1(t)+\boldsymbol{\Phi}_2(t)$$

则可以将两式写为 $\boldsymbol{x}(t)=\boldsymbol{\Phi}(t)\boldsymbol{x}(0)$，可以写出下列方程：

$$\begin{bmatrix}2e^{-t} & e^{-t}+2te^{-t}\\ e^{-t} & e^{-t}+te^{-t}\end{bmatrix} = [\boldsymbol{x}_1\quad \boldsymbol{x}_2] = [\boldsymbol{\Phi}_1\quad \boldsymbol{\Phi}_2]\begin{bmatrix}2 & 1\\ 1 & 1\end{bmatrix}$$

$$\boldsymbol{\Phi}(t) = [\boldsymbol{\Phi}_1\quad \boldsymbol{\Phi}_2] = \begin{bmatrix}2e^{-t} & e^{-t}+2te^{-t}\\ e^{-t} & e^{-t}+te^{-t}\end{bmatrix}\begin{bmatrix}2 & 1\\ 1 & 1\end{bmatrix}^{-1} = \begin{bmatrix}e^{-t}-2te^{-t} & 4te^{-t}\\ -te^{-t} & e^{-t}+2te^{-t}\end{bmatrix}$$

二、状态转移矩阵和矩阵指数函数的性质

状态转移矩阵和矩阵指数函数有以下性质。

(1)性质 1：

$$\boldsymbol{\Phi}(0) = e^{\boldsymbol{A}\cdot 0} = \boldsymbol{I} \tag{2.2-10}$$

证明：根据矩阵指数函数的定义式 $e^{\boldsymbol{A}t}=\boldsymbol{I}+\boldsymbol{A}t+\frac{1}{2!}\boldsymbol{A}^2t^2+\cdots$，令式中的 $t=0$，即可得证。

(2)性质 2：

$$\boldsymbol{\Phi}(t_2-t_1)\boldsymbol{\Phi}(t_1-t_0) = \boldsymbol{\Phi}(t_2-t_0) \tag{2.2-11}$$

证明：由状态转移矩阵的定义有

$$\boldsymbol{x}(t_2) = \boldsymbol{\Phi}(t_2-t_1)\boldsymbol{x}(t_1) \tag{2.2-12}$$

$$\boldsymbol{x}(t_1) = \boldsymbol{\Phi}(t_1-t_0)\boldsymbol{x}(t_0) \tag{2.2-13}$$

$$\boldsymbol{x}(t_2) = \boldsymbol{\Phi}(t_2-t_0)\boldsymbol{x}(t_0) \tag{2.2-14}$$

把式(2.2-13)代入式(2.2-12)，可得

$$\boldsymbol{x}(t_2) = \boldsymbol{\Phi}(t_2-t_1)\boldsymbol{x}(t_1) = \boldsymbol{\Phi}(t_2-t_1)\boldsymbol{\Phi}(t_1-t_0)\boldsymbol{x}(t_0) \tag{2.2-15}$$

比较式(2.2-14)和式(2.2-15)，由解的唯一性，可知

$$\boldsymbol{\Phi}(t_2-t_1)\boldsymbol{\Phi}(t_1-t_0) = \boldsymbol{\Phi}(t_2-t_0) \tag{2.2-16}$$

根据状态转移矩阵的这一性质，可把一个转移过程分为若干个小的转移过程来研究，如图 2－1 所示。

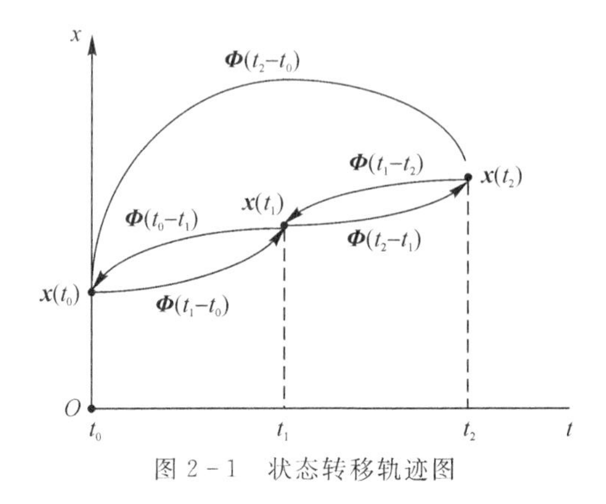

图 2－1　状态转移轨迹图

（3）性质 3：$\boldsymbol{\Phi}(t-t_0)$必有逆，且逆为 $\boldsymbol{\Phi}(t_0-t)$，即

$$\boldsymbol{\Phi}^{-1}(t-t_0)=\boldsymbol{\Phi}(t_0-t) \tag{2.2-17}$$

证明：$\boldsymbol{\Phi}(t-t_0)$右乘 $\boldsymbol{\Phi}(t_0-t)$，并应用性质 2 和性质 1，则有

$$\boldsymbol{\Phi}(t-t_0)\boldsymbol{\Phi}(t_0-t)=\boldsymbol{\Phi}(t-t)=\boldsymbol{\Phi}(0)=\boldsymbol{I}$$

$\boldsymbol{\Phi}(t-t_0)$左乘 $\boldsymbol{\Phi}(t_0-t)$，并应用性质 2 和性质 1，则有

$$\boldsymbol{\Phi}(t_0-t)\boldsymbol{\Phi}(t-t_0)=\boldsymbol{\Phi}(t_0-t_0)=\boldsymbol{\Phi}(0)=\boldsymbol{I}$$

于是式(2.2－17)得证。

特别地，当 $t_0=0$ 时，$\boldsymbol{\Phi}^{-1}(t)=\boldsymbol{\Phi}(-t)$。根据这个性质，可以进一步导出

$$\boldsymbol{x}(t_0)=\boldsymbol{\Phi}^{-1}(t-t_0)\boldsymbol{x}(t)$$

即

$$\boldsymbol{x}(t_0)=\boldsymbol{\Phi}(t_0-t)\boldsymbol{x}(t) \tag{2.2-18}$$

这意味着可以把状态转移过程看作在时间上是可以逆转的。

（4）性质 4：

$$\boldsymbol{\Phi}(t_1+t_2)=\boldsymbol{\Phi}(t_1)\boldsymbol{\Phi}(t_2)=\boldsymbol{\Phi}(t_2)\boldsymbol{\Phi}(t_1) \tag{2.2-19}$$

证明：

$$\begin{aligned}
\boldsymbol{\Phi}(t_1+t_2)=&\ \mathrm{e}^{\boldsymbol{A}(t_1+t_2)}=\mathrm{e}^{\boldsymbol{A}t_1}\mathrm{e}^{\boldsymbol{A}t_2}=\\
&\left(\boldsymbol{I}+\boldsymbol{A}t_1+\frac{1}{2!}\boldsymbol{A}^2t_1^{\ 2}+\cdots\right)\left(\boldsymbol{I}+\boldsymbol{A}t_2+\frac{1}{2!}\boldsymbol{A}^2t_2^{\ 2}+\cdots\right)=\\
&\boldsymbol{I}+\boldsymbol{A}(t_1+t_2)+\boldsymbol{A}^2\left(\frac{1}{2!}t_1^2+t_1t_2+\frac{1}{2!}t_2^{\ 2}\right)+\boldsymbol{A}^3\left(\frac{t_1^{\ 3}}{3!}+\frac{1}{2!}t_1^{\ 2}t_2+\frac{1}{2!}t_1t_2^{\ 2}+\frac{t_2^{\ 3}}{3!}\right)+\cdots=\\
&\boldsymbol{I}+\boldsymbol{A}(t_1+t_2)+\boldsymbol{A}^2\frac{(t_1+t_2)^2}{2!}+\boldsymbol{A}^3\frac{(t_1+t_2)^3}{3!}+\cdots=\mathrm{e}^{\boldsymbol{A}(t_1+t_2)}=\boldsymbol{\Phi}(t_1)\boldsymbol{\Phi}(t_2)
\end{aligned}$$

$$\begin{aligned}
\boldsymbol{\Phi}(t_1+t_2)=&\ \mathrm{e}^{\boldsymbol{A}(t_2+t_1)}=\mathrm{e}^{\boldsymbol{A}t_2}\mathrm{e}^{\boldsymbol{A}t_1}=\\
&(\boldsymbol{I}+\boldsymbol{A}t_2+\frac{1}{2!}\boldsymbol{A}^2t_2^{\ 2}+\cdots)(\boldsymbol{I}+\boldsymbol{A}t_1+\frac{1}{2!}\boldsymbol{A}^2t_1^{\ 2}+\cdots)=\\
&\boldsymbol{I}+\boldsymbol{A}(t_2+t_1)+\boldsymbol{A}^2\left(\frac{1}{2!}t_2^{\ 2}+t_2t_1+\frac{1}{2!}t_1^{\ 2}\right)+\boldsymbol{A}^3\left(\frac{t_2^{\ 3}}{3!}+\frac{1}{2!}t_2^{\ 2}t_1+\frac{1}{2!}t_2t_1^{\ 2}+\frac{t_1^{\ 3}}{3!}\right)+\cdots=\\
&\boldsymbol{I}+\boldsymbol{A}(t_2+t_1)+\boldsymbol{A}^2\frac{(t_2+t_1)^2}{2!}+\boldsymbol{A}^3\frac{(t_2+t_1)^3}{3!}+\cdots=\mathrm{e}^{\boldsymbol{A}(t_2+t_1)}=\boldsymbol{\Phi}(t_2)\boldsymbol{\Phi}(t_1)
\end{aligned}$$

由这个性质可以很自然地推出下面一个性质：

$$[\boldsymbol{\Phi}(t)]^n = \boldsymbol{\Phi}(nt) \tag{2.2-20}$$

(5)性质 5：

$$\dot{\boldsymbol{\Phi}}(t)=\boldsymbol{A}\boldsymbol{\Phi}(t)=\boldsymbol{\Phi}(t)\boldsymbol{A}$$

证明：

$$\dot{\boldsymbol{\Phi}}(t) = \frac{\mathrm{d}}{\mathrm{d}t}\mathrm{e}^{\boldsymbol{A}t} = \boldsymbol{A}+\boldsymbol{A}^2 t+\frac{1}{2!}\boldsymbol{A}^3 t^2+\cdots = \boldsymbol{A}\left(\boldsymbol{I}+\boldsymbol{A}t+\frac{1}{2!}\boldsymbol{A}^2 t^2+\cdots\right)=$$

$$\left(\boldsymbol{I}+\boldsymbol{A}t+\frac{1}{2!}\boldsymbol{A}^2 t^2+\cdots\right)\boldsymbol{A} = \boldsymbol{A}\mathrm{e}^{\boldsymbol{A}t} = \mathrm{e}^{\boldsymbol{A}t}\boldsymbol{A} = \boldsymbol{A}\boldsymbol{\Phi}(t) = \boldsymbol{\Phi}(t)\boldsymbol{A}$$

(6)性质 6：对于 $n\times n$ 维方阵 $\boldsymbol{A}$ 和 $\boldsymbol{B}$，如果

$$\boldsymbol{AB} = \boldsymbol{BA} \tag{2.2-21}$$

则有

$$\mathrm{e}^{(\boldsymbol{A}+\boldsymbol{B})t} = \mathrm{e}^{\boldsymbol{A}t}\mathrm{e}^{\boldsymbol{B}t} \tag{2.2-22}$$

如果

$$\boldsymbol{AB} \neq \boldsymbol{BA} \tag{2.2-23}$$

则有

$$\mathrm{e}^{(\boldsymbol{A}+\boldsymbol{B})t} \neq \mathrm{e}^{\boldsymbol{A}t}\mathrm{e}^{\boldsymbol{B}t} \tag{2.2-24}$$

证明：根据定义式

$$\begin{aligned}
\mathrm{e}^{(\boldsymbol{A}+\boldsymbol{B})t} &= \boldsymbol{I}+(\boldsymbol{A}+\boldsymbol{B})t+\frac{1}{2!}(\boldsymbol{A}+\boldsymbol{B})^2 t^2+\frac{1}{3!}(\boldsymbol{A}+\boldsymbol{B})^3 t^3+\cdots = \\
&\boldsymbol{I}+(\boldsymbol{A}+\boldsymbol{B})t+\frac{1}{2!}(\boldsymbol{A}+\boldsymbol{B})(\boldsymbol{A}+\boldsymbol{B})t^2+\frac{1}{3!}(\boldsymbol{A}+\boldsymbol{B})(\boldsymbol{A}+\boldsymbol{B})(\boldsymbol{A}+\boldsymbol{B})t^3+\cdots = \\
&\boldsymbol{I}+(\boldsymbol{A}+\boldsymbol{B})t+\frac{1}{2!}(\boldsymbol{A}^2+\boldsymbol{AB}+\boldsymbol{BA}+\boldsymbol{B}^2)t^2+\frac{1}{3!}(\boldsymbol{A}^3+\boldsymbol{A}^2\boldsymbol{B}+ \\
&\boldsymbol{ABA}+\boldsymbol{AB}^2+\boldsymbol{BA}^2+\boldsymbol{BAB}+\boldsymbol{B}^2\boldsymbol{A}+\boldsymbol{B}^3)t^3+\cdots
\end{aligned}$$

$$\begin{aligned}
\mathrm{e}^{\boldsymbol{A}t}\mathrm{e}^{\boldsymbol{B}t} &= \left(\boldsymbol{I}+\boldsymbol{A}t+\frac{1}{2!}\boldsymbol{A}^2 t^2+\frac{1}{3!}\boldsymbol{A}^3 t^3\cdots\right)\left(\boldsymbol{I}+\boldsymbol{B}t+\frac{1}{2!}\boldsymbol{B}^2 t^2+\frac{1}{3!}\boldsymbol{B}^3 t^3\cdots\right)= \\
&\boldsymbol{I}+(\boldsymbol{A}+\boldsymbol{B})t+\frac{1}{2!}(\boldsymbol{A}^2+2\boldsymbol{AB}+\boldsymbol{B}^2)t^2+\left(\frac{1}{3!}\boldsymbol{A}^3+\frac{1}{2!}\boldsymbol{A}^2\boldsymbol{B}+\frac{1}{2!}\boldsymbol{AB}^2+\frac{1}{3!}\boldsymbol{B}^3\right)t^3+\cdots
\end{aligned}$$

将上述两式相减，可得

$$\mathrm{e}^{(\boldsymbol{A}+\boldsymbol{B})t}-\mathrm{e}^{\boldsymbol{A}t}\mathrm{e}^{\boldsymbol{B}t} = \frac{1}{2!}(\boldsymbol{BA}-\boldsymbol{AB})t^2+\frac{1}{3!}(\boldsymbol{BA}^2+\boldsymbol{ABA}+\boldsymbol{B}^2\boldsymbol{A}+\boldsymbol{BAB}-2\boldsymbol{A}^2\boldsymbol{B}-2\boldsymbol{AB}^2)t^3+\cdots$$

显然，只有 $\boldsymbol{AB}=\boldsymbol{BA}$，才有

$$\mathrm{e}^{(\boldsymbol{A}+\boldsymbol{B})t}-\mathrm{e}^{\boldsymbol{A}t}\mathrm{e}^{\boldsymbol{B}t} = \boldsymbol{0}$$

即

$$\mathrm{e}^{(\boldsymbol{A}+\boldsymbol{B})t} = \mathrm{e}^{\boldsymbol{A}t}\mathrm{e}^{\boldsymbol{B}t}$$

否则

$$\boldsymbol{e}^{(\boldsymbol{A}+\boldsymbol{B})t}-\mathrm{e}^{\boldsymbol{A}t}\mathrm{e}^{\boldsymbol{B}t} \neq \boldsymbol{0}$$

即

$$\mathrm{e}^{(\boldsymbol{A}+\boldsymbol{B})t} \neq \mathrm{e}^{\boldsymbol{A}t}\mathrm{e}^{\boldsymbol{B}t}$$

例 2－3　矩阵 $\boldsymbol{\Phi}(t)$ 如下所示：

(1)$\boldsymbol{\Phi}(t)=\begin{bmatrix} 6e^{-t}-5e^{-2t} & 4e^{-t}-4e^{-2t} \\ -5e^{-t}+3e^{-2t} & -2e^{-t}+3e^{-2t} \end{bmatrix}$;

(2)$\boldsymbol{\Phi}(t)=\begin{bmatrix} 2e^{-t}-e^{-2t} & e^{-t}-e^{-2t} \\ -2e^{-t}+2e^{-2t} & -e^{-t}+2e^{-2t} \end{bmatrix}$。

试分析 $\boldsymbol{\Phi}(t)$是否是系统的状态转移矩阵,说明理由;若是,求系统矩阵 $\boldsymbol{A}$。

解:(1)$\boldsymbol{\Phi}(0)=\begin{bmatrix} 1 & 0 \\ -2 & 1 \end{bmatrix}$,因不满足 $\boldsymbol{\Phi}(0)=\boldsymbol{I}$,所以 $\boldsymbol{\Phi}(t)$不是系统的状态转移矩阵。

(2)由已知可得

$$\boldsymbol{\Phi}(0)=\begin{bmatrix} 1 & 0 \\ 0 & 1 \end{bmatrix}$$

$$\dot{\boldsymbol{\Phi}}(t)=\begin{bmatrix} -2e^{-t}+2e^{-2t} & -e^{-t}+2e^{-2t} \\ 2e^{-t}-4e^{-2t} & e^{-t}-4e^{-2t} \end{bmatrix}$$

$$\boldsymbol{A}=\dot{\boldsymbol{\Phi}}(t)\big|_{t=0}=\begin{bmatrix} -2e^{-t}+2e^{-2t} & -e^{-t}+2e^{-2t} \\ 2e^{-t}-4e^{-2t} & e^{-t}-4e^{-2t} \end{bmatrix}_{t=0}=\begin{bmatrix} 0 & 1 \\ -2 & -3 \end{bmatrix}$$

$$\boldsymbol{A\Phi}(t)=\begin{bmatrix} -2e^{-t}+2e^{-2t} & -e^{-t}+2e^{-2t} \\ 2e^{-t}-4e^{-2t} & e^{-t}-4e^{-2t} \end{bmatrix}=\dot{\boldsymbol{\Phi}}(t)$$

因满足 $\boldsymbol{\Phi}(0)=\boldsymbol{I}$,$\dot{\boldsymbol{\Phi}}(t)=\boldsymbol{A\Phi}(t)$,所以 $\boldsymbol{\Phi}(t)$是系统的状态转移矩阵,可解得 $\boldsymbol{A}=\begin{bmatrix} 0 & 1 \\ -2 & -3 \end{bmatrix}$。

注意:$\boldsymbol{\Phi}(t)$必须满足 $\boldsymbol{\Phi}(0)=\boldsymbol{I}$ 和 $\dot{\boldsymbol{\Phi}}(t)=\boldsymbol{A\Phi}(t)=\boldsymbol{\Phi}(t)\boldsymbol{A}$。

例 2-4 已知齐次状态方程 $\dot{\boldsymbol{x}}=\boldsymbol{Ax}$ 的状态转移矩阵为

$$\boldsymbol{\Phi}(t)=\frac{1}{2}\begin{bmatrix} e^{-2t}+e^{-4t} & e^{-2t}-e^{-4t} \\ e^{-2t}-e^{-4t} & e^{-2t}+e^{-4t} \end{bmatrix}$$

试求其逆矩阵 $\boldsymbol{\Phi}^{-1}(t)$。

解:由性质(3),可解得

$$\boldsymbol{\Phi}^{-1}(t)=\boldsymbol{\Phi}(-t)=\boldsymbol{\Phi}(t)\big|_{t=-t}=\frac{1}{2}\begin{bmatrix} e^{2t}+e^{4t} & e^{2t}-e^{4t} \\ e^{2t}-e^{4t} & e^{2t}+e^{4t} \end{bmatrix}$$

三、对角线矩阵和约当矩阵的状态转移矩阵

(1)若 $\boldsymbol{A}$ 为 $n\times n$ 维对角线矩阵,即

$$\boldsymbol{A}=\begin{bmatrix} \lambda_1 & & & \\ & \lambda_2 & & \\ & & \ddots & \\ & & & \lambda_n \end{bmatrix} \tag{2.2-25}$$

则 $\boldsymbol{\Phi}(t)$也为对角线矩阵,且有

$$\boldsymbol{\Phi}(t)=e^{\boldsymbol{A}t}=\begin{bmatrix} e^{\lambda_1 t} & & & \\ & e^{\lambda_2 t} & & \\ & & \ddots & \\ & & & e^{\lambda_n t} \end{bmatrix} \tag{2.2-26}$$

(2)若 $\boldsymbol{A}_i$ 是一个 $m\times m$ 维的约当块,即

$$\boldsymbol{A}_i=\begin{bmatrix}\lambda_i & 1 & 0 & \cdots & 0 & 0\\0 & \lambda_i & 1 & \cdots & 0 & 0\\\vdots & \vdots & \vdots & & \vdots & \vdots\\0 & 0 & 0 & \cdots & \lambda_i & 1\\0 & 0 & 0 & \cdots & 0 & \lambda_i\end{bmatrix}\tag{2.2-27}$$

则

$$\mathrm{e}^{\boldsymbol{A}_i t}=\mathrm{e}^{\lambda_i t}\begin{bmatrix}1 & t & \frac{1}{2!}t^2 & \cdots & \frac{1}{(m-2)!}t^{(m-2)} & \frac{1}{(m-1)!}t^{(m-1)}\\0 & 1 & t & \cdots & \frac{1}{(m-3)!}t^{(m-3)} & \frac{1}{(m-2)!}t^{(m-2)}\\\vdots & \vdots & \vdots & & \vdots & \vdots\\0 & 0 & 0 & \cdots & 1 & t\\0 & 0 & 0 & \cdots & 0 & 1\end{bmatrix}\tag{2.2-28}$$

式中，$\mathrm{e}^{\boldsymbol{A}_i t}$表示第 i 个约当块的矩阵指数函数。一旦得到了每个约当块的矩阵指数函数，便可立即写出约当矩阵的状态转移矩阵。

设矩阵 $\boldsymbol{A}$ 是一个约当矩阵：

$$\boldsymbol{A}=\begin{bmatrix}\boldsymbol{A}_1 & 0 & \cdots & 0\\0 & \boldsymbol{A}_2 & \cdots & 0\\\vdots & \vdots & & \vdots\\0 & 0 & \cdots & \boldsymbol{A}_l\end{bmatrix}\tag{2.2-29}$$

式中，$\boldsymbol{A}_1,\boldsymbol{A}_2,\cdots,\boldsymbol{A}_l$ 代表约当块，则

$$\boldsymbol{\Phi}(t)=\mathrm{e}^{\boldsymbol{A}t}=\begin{bmatrix}\mathrm{e}^{\boldsymbol{A}_1 t} & & & \\ & \mathrm{e}^{\boldsymbol{A}_2 t} & & \\ & & \ddots & \\ & & & \mathrm{e}^{\boldsymbol{A}_l t}\end{bmatrix}\tag{2.2-30}$$

式中，$\mathrm{e}^{\boldsymbol{A}_1 t},\mathrm{e}^{\boldsymbol{A}_2 t},\cdots,\mathrm{e}^{\boldsymbol{A}_l t}$是由式(2.2-28)所表示的矩阵。

如果

$$\boldsymbol{A}=\begin{bmatrix}-1 & 1 & & & & \\ & -1 & & & & \\ & & -2 & & & \\ & & & -3 & 1 & \\ & & & & -3 & 1\\ & & & & & -3\end{bmatrix}$$

根据式(2.2-30)，则可得

$$\boldsymbol{\Phi}(t)=\begin{bmatrix}\mathrm{e}^{-t} & t\mathrm{e}^{-t} & & & & \\ & \mathrm{e}^{-t} & & & & \\ & & \mathrm{e}^{-2t} & & & \\ & & & \mathrm{e}^{-3t} & t\mathrm{e}^{-3t} & \frac{t^2}{2}\mathrm{e}^{-3t}\\ & & & & \mathrm{e}^{-3t} & t\mathrm{e}^{-3t}\\ & & & & & \mathrm{e}^{-3t}\end{bmatrix}$$

四、计算状态转移矩阵的几种方法

1. 根据状态转移矩阵定义的计算方法

$$\boldsymbol{\Phi}(t)=\mathrm{e}^{\boldsymbol{A}t}=\boldsymbol{I}+\boldsymbol{A}t+\frac{1}{2!}\boldsymbol{A}^2t^2+\frac{1}{3!}\boldsymbol{A}^3t^3+\cdots \tag{2.2-31}$$

例 2-5 设

$$\boldsymbol{A}=\begin{bmatrix}0 & 1\\0 & -2\end{bmatrix}$$

则

$$\mathrm{e}^{\boldsymbol{A}t}=\begin{bmatrix}1 & 0\\0 & 1\end{bmatrix}+\begin{bmatrix}0 & 1\\0 & -2\end{bmatrix}t+\begin{bmatrix}0 & -2\\0 & 4\end{bmatrix}\frac{t^2}{2!}+\cdots=\begin{bmatrix}1+0+0+\cdots & 0+t-t^2+\cdots\\0+0+0+\cdots & 1-2t+2t^2+\cdots\end{bmatrix}$$

该方法又称级数展开法，具有编程简单，适合于计算机数值求解的优点，但若采用手工计算，因需对无穷级数求和，难以获得解析表达式。

2. 拉氏反变换法

$$\mathrm{e}^{\boldsymbol{A}t}=\mathscr{L}^{-1}[(s\boldsymbol{I}-\boldsymbol{A})^{-1}] \tag{2.2-32}$$

例 2-6 试用式(2.2-32)计算例 2-5 中 $\boldsymbol{A}$ 的 $\mathrm{e}^{\boldsymbol{A}t}$。

解：由已知可得

$$s\boldsymbol{I}-\boldsymbol{A}=\begin{bmatrix}s & -1\\0 & s+2\end{bmatrix}$$

则

$$|s\boldsymbol{I}-\boldsymbol{A}|=s^2+2s=s(s+2)$$

$$(s\boldsymbol{I}-\boldsymbol{A})^{-1}=\begin{bmatrix}\dfrac{1}{s} & \dfrac{1}{s(s+2)}\\0 & \dfrac{1}{(s+2)}\end{bmatrix}$$

$$\mathrm{e}^{\boldsymbol{A}t}=\mathscr{L}^{-1}[(s\boldsymbol{I}-\boldsymbol{A})^{-1}]=\mathscr{L}^{-1}\begin{bmatrix}\dfrac{1}{s} & \dfrac{1}{s(s+2)}\\0 & \dfrac{1}{(s+2)}\end{bmatrix}=\begin{bmatrix}1 & \dfrac{1}{2}(1-\mathrm{e}^{-2t})\\0 & \mathrm{e}^{-2t}\end{bmatrix}$$

3. 将 $\boldsymbol{A}$ 化为对角矩阵计算状态转移矩阵的方法

(1)若 $\boldsymbol{A}$ 的特征值互异，$\lambda=\lambda_1,\lambda_2,\cdots,\lambda_n$，则

$$\mathrm{e}^{\boldsymbol{A}t}=\boldsymbol{P}\begin{bmatrix}\mathrm{e}^{\lambda_1 t} & & & \\ & \mathrm{e}^{\lambda_2 t} & & \\ & & \ddots & \\ & & & \mathrm{e}^{\lambda_n t}\end{bmatrix}\boldsymbol{P}^{-1} \tag{2.2-33}$$

式中，$\boldsymbol{P}$ 是使 $\boldsymbol{A}$ 变换为对角矩阵的变换阵。

上述结论是很容易推导的，因为 $\boldsymbol{A}$ 的特征值互异，故可经非奇异变换化为对角矩阵 $\bar{\boldsymbol{A}}$：

$$\bar{\boldsymbol{A}}=\boldsymbol{P}^{-1}\boldsymbol{A}\boldsymbol{P}$$

对于对角矩阵的矩阵指数函数，已求得：

$$e^{\bar{A}t}=\begin{bmatrix} e^{\lambda_1 t} & & & \\ & e^{\lambda_2 t} & & \\ & & \ddots & \\ & & & e^{\lambda_n t} \end{bmatrix}$$

且

$$e^{\bar{A}t}=\boldsymbol{I}+\bar{A}t+\frac{1}{2!}\bar{A}t^2+\cdots=\boldsymbol{I}+\boldsymbol{P}^{-1}\boldsymbol{A}\boldsymbol{P}t+\frac{1}{2!}\boldsymbol{P}^{-1}\boldsymbol{A}^2\boldsymbol{P}t^2+\cdots=$$

$$\boldsymbol{P}^{-1}\left(\boldsymbol{I}+\boldsymbol{A}t+\frac{1}{2!}\boldsymbol{A}^2t^2+\cdots\right)\boldsymbol{P}=\boldsymbol{P}^{-1}e^{\boldsymbol{A}t}\boldsymbol{P}$$

于是有

$$\boldsymbol{P}^{-1}e^{\boldsymbol{A}t}\boldsymbol{P}=\begin{bmatrix} e^{\lambda_1 t} & & & \\ & e^{\lambda_2 t} & & \\ & & \ddots & \\ & & & e^{\lambda_n t} \end{bmatrix} \tag{2.2-34}$$

因此可得

$$e^{\boldsymbol{A}t}=\boldsymbol{P}\begin{bmatrix} e^{\lambda_1 t} & & & \\ & e^{\lambda_2 t} & & \\ & & \ddots & \\ & & & e^{\lambda_n t} \end{bmatrix}\boldsymbol{P}^{-1}$$

例 2－7　试用式(2.2－33)计算例 2－5 中 $\boldsymbol{A}$ 的 $e^{\boldsymbol{A}t}$。

解:由已知求 $\boldsymbol{A}$ 的特征值,即

$$|s\boldsymbol{I}-\boldsymbol{A}|=s^2+2s=s(s+2)=0$$

可解得特征值为

$$\lambda_1=0,\quad \lambda_2=-2$$

特征值对应的特征向量为

$$\boldsymbol{p}_1=\begin{bmatrix}1\\0\end{bmatrix},\quad \boldsymbol{p}_2=\begin{bmatrix}1\\-2\end{bmatrix}$$

可求得所需的变换矩阵为

$$\boldsymbol{P}=\begin{bmatrix}1 & 1\\0 & -2\end{bmatrix},\quad \boldsymbol{P}^{-1}=\begin{bmatrix}1 & \frac{1}{2}\\0 & -\frac{1}{2}\end{bmatrix}$$

由式(2.2－33)可得

$$e^{\boldsymbol{A}t}=\boldsymbol{P}\begin{bmatrix}e^{0t} & 0\\0 & e^{-2t}\end{bmatrix}\boldsymbol{P}^{-1}=\begin{bmatrix}1 & 1\\0 & -2\end{bmatrix}\begin{bmatrix}e^{0t} & 0\\0 & e^{-2t}\end{bmatrix}\begin{bmatrix}1 & \frac{1}{2}\\0 & -\frac{1}{2}\end{bmatrix}=\begin{bmatrix}1 & \frac{1}{2}(1-e^{-2t})\\0 & e^{-2t}\end{bmatrix}$$

(2)若矩阵 $\boldsymbol{A}_i$ 具有 n 重特征值 λ_i,则

$$e^{\boldsymbol{A}_i t} = \boldsymbol{Q}\begin{bmatrix} e^{\lambda_i t} & t e^{\lambda_i t} & \cdots & \frac{1}{(n-1)!}t^{(n-1)} e^{\lambda_i t} \\ & e^{\lambda_i t} & \ddots & \vdots \\ & & \ddots & t e^{\lambda_i t} \\ & & & e^{\lambda_i t} \end{bmatrix}\boldsymbol{Q}^{-1} \tag{2.2-35}$$

式中,$\boldsymbol{Q}$ 是化 $\boldsymbol{A}$ 为约当矩阵的变换阵。

例 2-8 试求矩阵 $\boldsymbol{A}$ 的矩阵指数函数:

$$\boldsymbol{A} = \begin{bmatrix} 0 & 1 & 0 \\ 0 & 0 & 1 \\ 1 & -3 & 3 \end{bmatrix}$$

解:矩阵 $\boldsymbol{A}$ 的特征方程为

$$|\lambda \boldsymbol{I} - \boldsymbol{A}| = \lambda^3 - 3\lambda^2 - 1 = (\lambda - 1)^3 = 0$$

解之得矩阵 $\boldsymbol{A}$ 有三重根 $\lambda_1 = \lambda_2 = \lambda_3 = 1$。

化 $\boldsymbol{A}$ 为约当标准型的变换阵 $\boldsymbol{Q}$,按第 1 章的计算步骤算得

$$\boldsymbol{Q} = \begin{bmatrix} 1 & 0 & 0 \\ 1 & 1 & 0 \\ 1 & 2 & 1 \end{bmatrix},\quad \boldsymbol{Q}^{-1} = \begin{bmatrix} 1 & 0 & 0 \\ -1 & 1 & 0 \\ 1 & -2 & 1 \end{bmatrix}$$

于是可得变换后的约当矩阵为

$$\boldsymbol{J} = \boldsymbol{Q}^{-1}\boldsymbol{A}\boldsymbol{Q} = \boldsymbol{Q}^{-1}\begin{bmatrix} 0 & 1 & 0 \\ 0 & 0 & 1 \\ 1 & -3 & 3 \end{bmatrix}\boldsymbol{Q} = \begin{bmatrix} 1 & 0 & 0 \\ -1 & 1 & 0 \\ 1 & -2 & 1 \end{bmatrix}\begin{bmatrix} 0 & 1 & 0 \\ 0 & 0 & 1 \\ 1 & -3 & 3 \end{bmatrix}\begin{bmatrix} 1 & 0 & 0 \\ 1 & 1 & 0 \\ 1 & 2 & 1 \end{bmatrix} = \begin{bmatrix} 1 & 1 & 0 \\ 0 & 1 & 1 \\ 0 & 0 & 1 \end{bmatrix}$$

又因为

$$e^{\boldsymbol{J}t} = \begin{bmatrix} e^t & t e^t & \frac{1}{2}t^2 e^t \\ 0 & e^t & t e^t \\ 0 & 0 & e^t \end{bmatrix}$$

可得

$$e^{\boldsymbol{A}t} = \boldsymbol{Q}e^{\boldsymbol{J}t}\boldsymbol{Q}^{-1} = \begin{bmatrix} 1 & 0 & 0 \\ 1 & 1 & 0 \\ 1 & 2 & 1 \end{bmatrix}\begin{bmatrix} e^t & t e^t & \frac{1}{2}t^2 e^t \\ 0 & e^t & t e^t \\ 0 & 0 & e^t \end{bmatrix}\begin{bmatrix} 1 & 0 & 0 \\ -1 & 1 & 0 \\ 1 & -2 & 1 \end{bmatrix} =$$

$$\begin{bmatrix} e^t - t e^t + \frac{1}{2}t^2 e^t & t e^t - t^2 e^t & \frac{1}{2}t^2 e^t \\ \frac{1}{2}t^2 e^t & e^t - t e^t - t^2 e^t & t e^{-t} + \frac{1}{2}t^2 e^t \\ t e^{-t} + \frac{1}{2}t^2 e^t & -3t e^{-t} - t^2 e^t & e^t + 2t e^t + \frac{1}{2}t^2 e^t \end{bmatrix}$$

4. 应用凯莱-哈密顿(Cayley - Hamilton)定理计算 e^{At}

由凯莱-哈密顿定理,有

$$f(\boldsymbol{A})=\boldsymbol{A}^n+a_{n-1}\boldsymbol{A}^{n-1}+\cdots+a_1\boldsymbol{A}+a_0\boldsymbol{I}=\boldsymbol{0} \tag{2.2-36}$$

则可得 $\boldsymbol{A}^n,\boldsymbol{A}^{n+1},\boldsymbol{A}^{n+2},\cdots$ 都可用 $\boldsymbol{A}^{n-1},\boldsymbol{A}^{n-2},\cdots,\boldsymbol{A},\boldsymbol{I}$ 的线性组合来表示。写成一般形式为

$$\boldsymbol{A}^m=\sum_{j=0}^{n-1}\alpha_{mj}\boldsymbol{A}^j \tag{2.2-37}$$

当 $m<n$ 时,有部分系数 $\alpha_{mj}=0$。这样,对于下述幂级数:

$$e^{At}=\boldsymbol{I}+\boldsymbol{A}t+\frac{1}{2!}\boldsymbol{A}^2t^2+\cdots$$

其无穷项中只有前 n 项是独立的,从而可以把 e^{At} 这个无限项的幂级数用一个有限多项式来表示:

$$e^{At}=\alpha_0(t)\boldsymbol{I}+\alpha_1(t)\boldsymbol{A}+\cdots+\alpha_{n-1}(t)\boldsymbol{A}^{n-1} \tag{2.2-38}$$

式中,$\alpha_0(t),\alpha_1(t),\cdots,\alpha_{n-1}(t)$ 为 t 的某组标量函数。下面分两种情况介绍计算 $\alpha_j(t)(j=1,2,\cdots,n-1)$ 的方法

(1)$\boldsymbol{A}$ 的特征值 $\lambda_1,\lambda_2,\cdots,\lambda_n$ 互异的情况:

$$\begin{bmatrix}\alpha_0(t)\\ \alpha_1(t)\\ \vdots\\ \alpha_{n-1}(t)\end{bmatrix}=\begin{bmatrix}1 & \lambda_1 & \lambda_1^2 & \cdots & \lambda_1^{n-1}\\ 1 & \lambda_2 & \lambda_2^2 & \cdots & \lambda_2^{n-1}\\ \vdots & \vdots & \vdots & & \vdots\\ 1 & \lambda_n & \lambda_n^2 & \cdots & \lambda_n^{n-1}\end{bmatrix}^{-1}\begin{bmatrix}e^{\lambda_1 t}\\ e^{\lambda_2 t}\\ \vdots\\ e^{\lambda_n t}\end{bmatrix} \tag{2.2-39}$$

(2)$\boldsymbol{A}$ 具有 n 重特征值 λ_1 的情况:

$$\begin{bmatrix}\alpha_0(t)\\ \alpha_1(t)\\ \vdots\\ \alpha_{n-3}(t)\\ \alpha_{n-2}(t)\\ \alpha_{n-1}(t)\end{bmatrix}=\begin{bmatrix}0 & 0 & 0 & \cdots & 0 & 1\\ 0 & 0 & 0 & \cdots & 1 & (n-1)\lambda_1\\ \vdots & \vdots & \vdots & & \vdots & \vdots\\ 0 & 0 & 1 & \cdots & \frac{(n-2)(n-3)}{2!}\lambda_1^{n-4} & \frac{(n-1)(n-2)}{2!}\lambda_1^{n-3}\\ 0 & 1 & 2\lambda_1 & \cdots & (n-2)\lambda_1^{n-3} & (n-1)\lambda_1^{n-2}\\ 1 & \lambda_1 & \lambda_1^2 & \cdots & \lambda_1^{n-2} & \lambda_1^{n-1}\end{bmatrix}^{-1}\begin{bmatrix}\frac{1}{(n-1)!}t^{n-1}e^{\lambda_1 t}\\ \frac{1}{(n-2)!}t^{n-2}e^{\lambda_1 t}\\ \vdots\\ \frac{1}{2!}t^2e^{\lambda_1 t}\\ te^{\lambda_1 t}\\ e^{\lambda_1 t}\end{bmatrix} \tag{2.2-40}$$

例 2-9 用凯莱-哈密顿定理计算例 2-5 中 $\boldsymbol{A}$ 的 e^{At}。

解:由例 2-7 可知 $\lambda_1=0,\lambda_2=-2$,且有

$$\begin{bmatrix}\alpha_0(t)\\ \alpha_1(t)\end{bmatrix}=\begin{bmatrix}1 & \lambda_1\\ 1 & \lambda_2\end{bmatrix}^{-1}\begin{bmatrix}e^{0t}\\ e^{-2t}\end{bmatrix}=\begin{bmatrix}1 & 0\\ 1 & -2\end{bmatrix}^{-1}\begin{bmatrix}e^{0t}\\ e^{-2t}\end{bmatrix}=\begin{bmatrix}1\\ \frac{1}{2}(1-e^{-2t})\end{bmatrix}$$

于是

$$e^{At}=\alpha_0(t)\boldsymbol{I}+\alpha_1(t)\boldsymbol{A}=\begin{bmatrix}1 & 0\\ 0 & 1\end{bmatrix}+\begin{bmatrix}0 & \frac{1}{2}(1-e^{-2t})\\ 0 & -1+e^{-2t}\end{bmatrix}=\begin{bmatrix}1 & \frac{1}{2}(1-e^{-2t})\\ 0 & e^{-2t}\end{bmatrix}$$

例 2-10 用凯莱-哈密顿定理计算下述矩阵的指数函数 e^{At}

$$A=\begin{bmatrix}4 & 1 & -2\\ 1 & 0 & 2\\ 1 & -1 & 3\end{bmatrix}$$

解:矩阵的特征值为

$$|\lambda I-A|=\begin{vmatrix}\lambda-4 & -1 & 2\\ -1 & \lambda & -2\\ -1 & 1 & \lambda-3\end{vmatrix}=(\lambda-3)^2(\lambda-1)=0$$

解得 $\lambda_{1,2}=3,\lambda_3=1$。则有

$$\begin{bmatrix}\alpha_0\\ \alpha_1\\ \alpha_2\end{bmatrix}=\begin{bmatrix}0 & 1 & 2\lambda_1\\ 1 & \lambda_1 & \lambda_1^2\\ 1 & \lambda_3 & \lambda_3^2\end{bmatrix}^{-1}\begin{bmatrix}te^{\lambda_1 t}\\ e^{\lambda_1 t}\\ e^{\lambda_3 t}\end{bmatrix}=\begin{bmatrix}0 & 1 & 6\\ 1 & 3 & 9\\ 1 & 1 & 1\end{bmatrix}^{-1}\begin{bmatrix}te^{3t}\\ e^{3t}\\ e^{t}\end{bmatrix}=\frac{1}{4}\begin{bmatrix}-5e^{3t}+6te^{3t}+9e^{t}\\ 6e^{3t}-8te^{3t}-6e^{t}\\ -e^{3t}+2te^{3t}+e^{t}\end{bmatrix}$$

由此可得

$$e^{At}=\alpha_0 I+\alpha_1 A+\alpha_2 A^2=$$

$$\alpha_0\begin{bmatrix}1 & 0 & 0\\ 0 & 1 & 0\\ 0 & 0 & 1\end{bmatrix}+\alpha_1\begin{bmatrix}4 & 1 & -2\\ 1 & 0 & 2\\ 1 & -1 & 3\end{bmatrix}+\alpha_2\begin{bmatrix}15 & 6 & -12\\ 6 & -1 & 4\\ 6 & -2 & 5\end{bmatrix}=$$

$$\begin{bmatrix}e^{3t}+te^{3t} & te^{3t} & -2e^{3t}\\ te^{3t} & -e^{3t}+te^{3t}+2e^{t} & 2e^{3t}-2te^{3t}-2e^{t}\\ te^{3t} & -e^{3t}+te^{3t}+e^{t} & 2e^{3t}-2te^{3t}-e^{t}\end{bmatrix}$$

2.3 线性定常非齐次状态方程的解

本节讨论线性定常非齐次状态方程

$$\left.\begin{aligned}\dot{x}(t)&=Ax(t)+Bu(t)\\ x(t)\big|_{t=t_0}&=x(t_0)\end{aligned}\right\}\tag{2.3-1}$$

的求解问题,即系统在输入激励下的强迫运动。

非齐次方程 $\dot{x}(t)=Ax(t)+Bu(t)$ 可改写成

$$\dot{x}(t)-Ax(t)=Bu(t)\tag{2.3-2}$$

将上式两边左乘 e^{-At},得

$$e^{-At}(\dot{x}(t)-Ax(t))=e^{-At}Bu(t)$$

即

$$\frac{d}{dt}e^{-At}x(t)=e^{-At}Bu(t)\tag{2.3-3}$$

将上式在 $[t_0,t]$ 区间内积分,可得

$$\int_{t_0}^{t}d(e^{-A\tau}x(\tau))=\int_{t_0}^{t}e^{-A\tau}Bu(\tau)d\tau$$

于是有

$$e^{-A\tau}x(\tau)\Big|_{t_0}^{t}=\int_{t_0}^{t}e^{-A\tau}Bu(\tau)d\tau$$

即

$$e^{-At}x(t)=e^{-At_0}x(t_0)+\int_{t_0}^{t}e^{-A\tau}Bu(\tau)d\tau$$

亦即

$$x(t)=e^{A(t-t_0)}x(t_0)+\int_{t_0}^{t}e^{A(t-\tau)}Bu(\tau)d\tau \tag{2.3-4}$$

或者

$$x(t)=\boldsymbol{\Phi}(t-t_0)x(t_0)+\int_{t_0}^{t}\boldsymbol{\Phi}(t-\tau)Bu(\tau)d\tau \tag{2.3-5}$$

式中，等式右侧第一项 $\boldsymbol{\Phi}(t-t_0)x(t_0)$是初始状态 $x(t_0)$所引起的自由运动分量；第二项 $\int_{t_0}^{t}\boldsymbol{\Phi}(t-\tau)Bu(\tau)d\tau$ 是系统在输入信号 $u(t)$作用下的强迫运动分量。这两项加在一起，描述了系统在输入作用 $u(t)$的激励下，从初始状态 $x(t_0)$出发到时刻 t 的状态的转移。因此该求解公式又称为状态转移方程。

一个典型的例子是，嫦娥五号在地月和月地轨道运行过程中的运动就属于式(2.3-5)描述的运动形式。

一般情况下，当初始时刻 $t_0=0$ 时，所对应的系统初始状态为 $x(0)=x_0$，则线性定常非齐次状态方程的解为

$$x(t)=e^{At}x(0)+\int_{0}^{t}e^{A(t-\tau)}Bu(\tau)d\tau=\boldsymbol{\Phi}(t)x(0)+\int_{0}^{t}\boldsymbol{\Phi}(t-\tau)Bu(\tau)d\tau$$

或

$$x(t)=\boldsymbol{\Phi}(t)x(0)+\int_{0}^{t}\boldsymbol{\Phi}(\tau)Bu(t-\tau)d\tau$$

在初始条件 $t_0=0$ 的情况下，也可以采用拉氏变换法对非齐次状态方程求解：

$$\left.\begin{aligned}\dot{x}(t)&=Ax(t)+Bu(t)\\ x(t)\big|_{t=0}&=x(0)\end{aligned}\right\} \tag{2.3-6}$$

首先对状态方程式(2.3-6)两边取拉氏变换：

$$sX(s)-x(0)=AX(s)+BU(s)$$

则有

$$(sI-A)X(s)=x(0)+BU(s)$$

两边左乘$(sI-A)^{-1}$，得

$$X(s)=(sI-A)^{-1}x(0)+(sI-A)^{-1}BU(s) \tag{2.3-7}$$

将式(2.3-7)取拉氏反变换后便可得到 $x(t)$。利用状态转移矩阵和卷积积分的拉氏变换关系可得到 $x(t)$的解为

$$x(t)=e^{At}x(0)+\int_{0}^{t}e^{A(t-\tau)}Bu(\tau)d\tau=\boldsymbol{\Phi}(t)x(0)+\int_{0}^{t}\boldsymbol{\Phi}(t-\tau)Bu(\tau)d\tau$$

例 2-11　已知状态方程为

$$\dot{x}(t)=\begin{bmatrix}-3 & 1\\ 1 & -3\end{bmatrix}x(t)+\begin{bmatrix}0\\ 1\end{bmatrix}u(t)$$

其初始状态为

$$\begin{bmatrix} x_1(0) \\ x_2(0) \end{bmatrix} = \begin{bmatrix} 1 \\ 0 \end{bmatrix}$$

试确定该系统在单位阶跃输入作用下状态方程的解。

解：先求状态转移矩阵 $\boldsymbol{\Phi}(t)$，在例 2-1 中已求得

$$\boldsymbol{\Phi}(t) = e^{\boldsymbol{A}t} = \frac{1}{2} \times \begin{bmatrix} e^{-2t} + e^{-4t} & e^{-2t} - e^{-4t} \\ e^{-2t} - e^{-4t} & e^{-2t} + e^{-4t} \end{bmatrix}$$

将 $\boldsymbol{\Phi}(t)$、$\boldsymbol{Bu}(t)$代入求解公式，有

$$\boldsymbol{x}(t) = \boldsymbol{\Phi}(t)\boldsymbol{x}(0) + \int_0^t \boldsymbol{\Phi}(t-\tau)\boldsymbol{Bu}(\tau)\mathrm{d}\tau = \boldsymbol{\Phi}(t)\boldsymbol{x}(0) + \int_0^t \boldsymbol{\Phi}(\tau)\boldsymbol{Bu}(t-\tau)\mathrm{d}\tau$$

$$\boldsymbol{x}(t) = \frac{1}{2} \times \begin{bmatrix} e^{-2t} + e^{-4t} & e^{-2t} - e^{-4t} \\ e^{-2t} - e^{-4t} & e^{-2t} + e^{-4t} \end{bmatrix} \begin{bmatrix} 1 \\ 0 \end{bmatrix} + \int_0^t \frac{1}{2} \times \begin{bmatrix} e^{-2\tau} + e^{-4\tau} & e^{-2\tau} - e^{-4\tau} \\ e^{-2\tau} - e^{-4\tau} & e^{-2\tau} + e^{-4\tau} \end{bmatrix} \begin{bmatrix} 0 \\ 1 \end{bmatrix} 1(t-\tau)\mathrm{d}\tau =$$

$$\frac{1}{2} \times \begin{bmatrix} e^{-2t} + e^{-4t} \\ e^{-2t} - e^{-4t} \end{bmatrix} + \frac{1}{2} \times \int_0^t \begin{bmatrix} e^{-2\tau} - e^{-4\tau} \\ e^{-2\tau} + e^{-4\tau} \end{bmatrix} \mathrm{d}\tau = \frac{1}{2} \times \begin{bmatrix} e^{-2t} + e^{-4t} \\ e^{-2t} - e^{-4t} \end{bmatrix} + \frac{1}{2} \times \begin{bmatrix} \frac{1}{-2}e^{-2\tau} + \frac{1}{4}e^{-4\tau} \\ \frac{1}{-2}e^{-2\tau} + \frac{1}{4}e^{-4\tau} \end{bmatrix} \Bigg|_0^t =$$

$$\frac{1}{2} \times \begin{bmatrix} e^{-2t} + e^{-4t} \\ e^{-2t} - e^{-4t} \end{bmatrix} - \frac{1}{8} \times \begin{bmatrix} 2e^{-2t} - e^{-4t} - 1 \\ 2e^{-2t} + e^{-4t} - 3 \end{bmatrix} = \frac{1}{8} \times \begin{bmatrix} 2e^{-2t} + 5e^{-4t} + 1 \\ 2e^{-2t} - 5e^{-4t} + 3 \end{bmatrix}$$

也可以采用拉氏变换法来求解：

$$\boldsymbol{X}(s) = (s\boldsymbol{I} - \boldsymbol{A})^{-1}\boldsymbol{x}(0) + (s\boldsymbol{I} - \boldsymbol{A})^{-1}\boldsymbol{BU}(s)$$

$$\boldsymbol{x}(t) = \mathscr{L}^{-1}[\boldsymbol{X}(s)] = \mathscr{L}^{-1}[(s\boldsymbol{I} - \boldsymbol{A})^{-1}]\boldsymbol{x}(0) + \mathscr{L}^{-1}[(s\boldsymbol{I} - \boldsymbol{A})^{-1}\boldsymbol{Bu}(s)] =$$

$$\mathscr{L}^{-1}[(s\boldsymbol{I} - \boldsymbol{A})^{-1}]\boldsymbol{x}(0) + \mathscr{L}^{-1}\left[\frac{1}{s}(s\boldsymbol{I} - \boldsymbol{A})^{-1}\boldsymbol{B}\right]$$

$$(s\boldsymbol{I} - \boldsymbol{A})^{-1} = \frac{1}{2} \times \begin{bmatrix} \frac{1}{s+2} + \frac{1}{s+4} & \frac{1}{s+2} - \frac{1}{s+4} \\ \frac{1}{s+2} - \frac{1}{s+4} & \frac{1}{s+2} + \frac{1}{s+4} \end{bmatrix}$$

将$(s\boldsymbol{I} - \boldsymbol{A})^{-1}$代入 $\boldsymbol{X}(s)$的求解公式中得

$$\boldsymbol{X}(s) = \frac{1}{2} \times \begin{bmatrix} \frac{1}{s+2} + \frac{1}{s+4} & \frac{1}{s+2} - \frac{1}{s+4} \\ \frac{1}{s+2} - \frac{1}{s+4} & \frac{1}{s+2} + \frac{1}{s+4} \end{bmatrix} \begin{bmatrix} 1 \\ 0 \end{bmatrix} + \frac{1}{2} \times \begin{bmatrix} \frac{1}{s+2} + \frac{1}{s+4} & \frac{1}{s+2} - \frac{1}{s+4} \\ \frac{1}{s+2} - \frac{1}{s+4} & \frac{1}{s+2} + \frac{1}{s+4} \end{bmatrix} \begin{bmatrix} 0 \\ 1 \end{bmatrix} \frac{1}{s} =$$

$$\frac{1}{2} \times \begin{bmatrix} \frac{1}{s+2} + \frac{1}{s+4} \\ \frac{1}{s+2} - \frac{1}{s+4} \end{bmatrix} + \frac{1}{2} \times \begin{bmatrix} \frac{1}{s(s+2)} - \frac{1}{s(s+4)} \\ \frac{1}{s(s+2)} + \frac{1}{s(s+4)} \end{bmatrix}$$

将上式取拉氏反变换，得

$$\boldsymbol{x}(t) = \frac{1}{2} \times \begin{bmatrix} e^{-2t} + e^{-4t} \\ e^{-2t} - e^{-4t} \end{bmatrix} - \frac{1}{8} \times \begin{bmatrix} 2e^{-2t} - e^{-4t} - 1 \\ 2e^{-2t} + e^{-4t} - 3 \end{bmatrix} = \frac{1}{8} \times \begin{bmatrix} 2e^{-2t} + 5e^{-4t} + 1 \\ 2e^{-2t} - 5e^{-4t} + 3 \end{bmatrix}$$

2.4　线性时变系统状态方程的解

状态空间分析法的优点之一就在于它能用于分析时变系统的运动，并且使解的表达式的形式和线性定常系统相统一。

和线性定常系统不同，线性时变系统的状态方程的解通常不能写成解析形式，因此只能通过数值计算近似求解。

一、时变系统状态方程解的特点

为了讨论时变系统状态方程的求解方法，先讨论一个标量时变系统：

$$\left.\begin{aligned}\frac{\mathrm{d}x(t)}{\mathrm{d}t} &= a(t)x(t)\\ x(t)\big|_{t=t_0} &= x(t_0)\end{aligned}\right\} \tag{2.4-1a}$$

采用分离变量法，将式(2.4－1a)写成如下形式：

$$\frac{\mathrm{d}x(t)}{x(t)} = a(t)\mathrm{d}t \tag{2.4-1b}$$

对式(2.4－1b)两边在区间$[t_0,t]$进行积分，得

$$\ln x(t) - \ln x(t_0) = \int_{t_0}^{t} a(\tau)\mathrm{d}\tau$$

因此可得

$$x(t) = \mathrm{e}^{\int_{t_0}^{t} a(\tau)\mathrm{d}\tau}x(t_0) \tag{2.4-2}$$

或者写成

$$x(t) = \exp\left(\int_{t_0}^{t} a(\tau)\mathrm{d}\tau\right)x(t_0)$$

仿照定常系统齐次状态方程的求解公式，式(2.4－2)中的 $\exp\left(\int_{t_0}^{t} a(\tau)\mathrm{d}\tau\right)$ 也可以表示为状态转移矩阵。不过这时状态转移矩阵不仅是时间 t 的函数，而且也是初始时间 t_0 的函数，故采用符号 $\Phi(t,t_0)$来表示这个二元函数：

$$\Phi(t,t_0) = \exp\left(\int_{t_0}^{t} a(\tau)\mathrm{d}\tau\right) \tag{2.4-3}$$

于是式(2.4－2)可写成

$$x(t) = \Phi(t,t_0)x(t_0) \tag{2.4-4}$$

仿照标量时变齐次状态方程解的表达式(2.4－4)，计算下述时变齐次状态方程式的解：

$$\left.\begin{aligned}\dot{\boldsymbol{x}}(t) &= \boldsymbol{A}(t)\boldsymbol{x}(t)\\ \boldsymbol{x}(t)\big|_{t=t_0} &= \boldsymbol{x}(t_0)\end{aligned}\right\} \tag{2.4-5}$$

可得

$$\boldsymbol{x}(t) = \boldsymbol{\Phi}(t,t_0)\boldsymbol{x}(t_0)$$

式中，$\boldsymbol{\Phi}(t,t_0)$称为时变齐次状态方程式(2.4－5)的状态转移矩阵。

但是，需要注意的是，式(2.4－3)并不能推广至时变齐次状态方程中，即对于时变齐次状态方程式(2.4－5)，不能得到

$$\boldsymbol{\Phi}(t,t_0)=\exp\left(\int_{t_0}^{t}\boldsymbol{A}(\tau)\mathrm{d}\tau\right)$$

可以证明,只有当 $\boldsymbol{A}(t)$ 和 $\int_{t_0}^{t}\boldsymbol{A}(\tau)\mathrm{d}\tau$ 满足乘法可交换条件时,上述关系才能成立。

证明:如果 $\exp\left(\int_{t_0}^{t}\boldsymbol{A}(\tau)\mathrm{d}\tau\right)\boldsymbol{x}(t_0)$ 是齐次方程式(2.4-5)的解,那么 $\exp\left(\int_{t_0}^{t}\boldsymbol{A}(\tau)\mathrm{d}\tau\right)$ 必须满足

$$\frac{\mathrm{d}}{\mathrm{d}t}\exp\left(\int_{t_0}^{t}\boldsymbol{A}(\tau)\mathrm{d}\tau\right)=\boldsymbol{A}(t)\exp\int_{t_0}^{t}\boldsymbol{A}(\tau)\mathrm{d}\tau \tag{2.4-6}$$

把 $\exp\left(\int_{t_0}^{t}\boldsymbol{A}(\tau)\mathrm{d}\tau\right)$ 展开成幂级数,得

$$\exp\left(\int_{t_0}^{t}\boldsymbol{A}(\tau)\mathrm{d}\tau\right)=\boldsymbol{I}+\int_{t_0}^{t}\boldsymbol{A}(\tau)\mathrm{d}\tau+\frac{1}{2!}\int_{t_0}^{t}\boldsymbol{A}(\tau)\mathrm{d}\tau\int_{t_0}^{t}\boldsymbol{A}(\sigma)\mathrm{d}\sigma+\cdots \tag{2.4-7}$$

上式两边对时间取导数,得

$$\frac{\mathrm{d}}{\mathrm{d}t}\exp\left(\int_{t_0}^{t}\boldsymbol{A}(\tau)\mathrm{d}\tau\right)=\boldsymbol{A}(t)+\frac{1}{2}\boldsymbol{A}(t)\int_{t_0}^{t}\boldsymbol{A}(\sigma)\mathrm{d}\sigma+\frac{1}{2}\int_{t_0}^{t}\boldsymbol{A}(\tau)\mathrm{d}\tau\boldsymbol{A}(t)+\cdots \tag{2.4-8}$$

将式(2.4-7)两边左乘 $\boldsymbol{A}(t)$,可得

$$\boldsymbol{A}(t)\exp\left(\int_{t_0}^{t}\boldsymbol{A}(\tau)\mathrm{d}\tau\right)=\boldsymbol{A}(t)+\boldsymbol{A}(t)\int_{t_0}^{t}\boldsymbol{A}(\tau)\mathrm{d}\tau+\cdots \tag{2.4-9}$$

比较式(2.4-8)和式(2.4-9),可以看出,要使

$$\frac{\mathrm{d}}{\mathrm{d}t}\exp\left(\int_{t_0}^{t}\boldsymbol{A}(\tau)\mathrm{d}\tau\right)=\boldsymbol{A}(t)\exp\left(\int_{t_0}^{t}\boldsymbol{A}(\tau)\mathrm{d}\tau\right)$$

成立,其充分必要条件是

$$\boldsymbol{A}(t)\int_{t_0}^{t}\boldsymbol{A}(\tau)\mathrm{d}\tau=\int_{t_0}^{t}\boldsymbol{A}(\tau)\mathrm{d}\tau\boldsymbol{A}(t) \tag{2.4-10}$$

即 $\boldsymbol{A}(t)$ 和 $\int_{t_0}^{t}\boldsymbol{A}(\tau)\mathrm{d}\tau$ 是乘法可交换的。但是,这个条件是很苛刻的,一般不成立。因此,时变系统的自由解通常不能像定常系统那样写成一个封闭形式,仅可根据精度要求采用数值计算方法近似求解。

二、线性时变系统的状态转移矩阵

时变齐次状态方程的解能够表示为如下状态转移的形式:

$$\boldsymbol{x}(t)=\boldsymbol{\Phi}(t,t_0)\boldsymbol{x}(t_0) \tag{2.4-11}$$

式中,$\boldsymbol{\Phi}(t,t_0)$ 是一个 $n\times n$ 维的二元时变函数矩阵,它不仅是 t 的函数,而且是初始时刻 t_0 的函数。很明显,这种表示形式和定常系统解的表达式是统一的,$\boldsymbol{\Phi}(t,t_0)$ 称为状态转移矩阵。下面给出时变系统状态转移矩阵的定义和性质。

1. 定义

定义 2.2 设线性时变系统为

$$\dot{\boldsymbol{x}}(t)=\boldsymbol{A}(t)\boldsymbol{x}(t) \tag{2.4-12}$$

式中,$\boldsymbol{A}(t)$ 是 $n\times n$ 维矩阵,它的元是时间 t 的函数,且在定义区间内分段连续。若 $n\times n$ 维矩阵的构成形式如下:

$$\boldsymbol{\Phi}(t,t_0)=\begin{bmatrix}\varphi_{11}(t,t_0) & \varphi_{12}(t,t_0) & \cdots & \varphi_{1n}(t,t_0)\\ \varphi_{21}(t,t_0) & \varphi_{22}(t,t_0) & \cdots & \varphi_{2n}(t,t_0)\\ \vdots & \vdots & & \vdots\\ \varphi_{n1}(t,t_0) & \varphi_{n2}(t,t_0) & \cdots & \varphi_{nn}(t,t_0)\end{bmatrix} \tag{2.4-13}$$

其中，第 k 列为状态方程式(2.4－12)在下述初始状态的解：

$$\begin{bmatrix}x_1(t_0)\\ x_2(t_0)\\ \vdots\\ x_k(t_0)\\ \vdots\\ x_n(t_0)\end{bmatrix}=\begin{bmatrix}0\\ 0\\ \vdots\\ 1\\ \vdots\\ 0\end{bmatrix}\qquad (k=1,2,\cdots,n) \tag{2.4-14}$$

则称 $\boldsymbol{\Phi}(t,t_0)$ 是式(2.4－12)的状态转移矩。或者简单地说，$\boldsymbol{\Phi}(t,t_0)$ 是系统初态为式(2.4－14)时的一个基本解阵。

从这个定义出发，根据叠加原理可以导出状态方程式(2.4－12)在任意初始条件 $\boldsymbol{x}(t_0)$ 下的解为

$$\boldsymbol{x}(t)=\boldsymbol{\Phi}(t,t_0)\boldsymbol{x}(t_0) \tag{2.4-15}$$

例 2－12　设时变系统齐次状态方程为

$$\dot{\boldsymbol{x}}=\begin{bmatrix}0 & 0\\ t & 0\end{bmatrix}\boldsymbol{x} \tag{2.4-16}$$

试求其状态转移矩阵 $\boldsymbol{\Phi}(t,t_0)$。

解：该状态方程实际上包含两个一阶微分方程，即

$$\begin{cases}\dot{x}_1=0\\ \dot{x}_2=tx_1\end{cases}$$

解之，得

$$x_1=x_1(t_0)$$

$$x_2=0.5t^2x_1(t_0)-0.5t_0^2x_1(t_0)+x_2(t_0)$$

式中，$x_1(t_0)$ 和 $x_2(t_0)$ 是初值，因此根据式(2.2－9)可得

$$\begin{bmatrix}x_1(t)\\ x_2(t)\end{bmatrix}=x_1(t_0)\boldsymbol{\Phi}_1(t,t_0)+x_2(t_0)\boldsymbol{\Phi}_2(t,t_0)=x_1(t_0)\begin{bmatrix}1\\ 0.5t^2-0.5t_0^2\end{bmatrix}+x_2(t_0)\begin{bmatrix}0\\ 1\end{bmatrix}$$

因此

$$\boldsymbol{\Phi}_1(t,t_0)=\begin{bmatrix}1\\ 0.5t^2-0.5t_0^2\end{bmatrix},\quad \boldsymbol{\Phi}_2(t,t_0)=\begin{bmatrix}0\\ 1\end{bmatrix}$$

则可得状态转移矩阵：

$$\boldsymbol{\Phi}(t,t_0)=[\boldsymbol{\Phi}_1(t,t_0)\quad \boldsymbol{\Phi}_2(t,t_0)]=\begin{bmatrix}1 & 0\\ 0.5t^2-0.5t_0^2 & 1\end{bmatrix} \tag{2.4-17}$$

2. 状态转移矩阵的性质

鉴于定常系统是时变系统的一种特殊情况，因此 2.2 节所导出关于定常系统状态转移矩阵的大部分结论对时变系统也适用，只需将 $\boldsymbol{\Phi}(t-t_0)$ 改为 $\boldsymbol{\Phi}(t,t_0)$ 即可。

(1)状态转移矩阵 $\boldsymbol{\Phi}(t,t_0)$满足矩阵微分方程

$$\frac{\mathrm{d}}{\mathrm{d}t}\boldsymbol{\Phi}(t,t_0)=\boldsymbol{A}(t)\boldsymbol{\Phi}(t,t_0) \tag{2.4-18}$$

和初始条件

$$\boldsymbol{\Phi}(t_0,t_0)=\boldsymbol{I} \tag{2.4-19}$$

证明:将 $\boldsymbol{x}(t)=\boldsymbol{\Phi}(t,t_0)x(t_0)$代入状态方程式(2.4-12),有

$$\left[\frac{\mathrm{d}}{\mathrm{d}t}\boldsymbol{\Phi}(t,t_0)-\boldsymbol{A}(t)\boldsymbol{\Phi}(t,t_0)\right]\boldsymbol{x}(t_0)=\boldsymbol{0}$$

由于 $\boldsymbol{x}(t_0)$是任意的,要使上述关系成立,其充要条件是

$$\frac{\mathrm{d}}{\mathrm{d}t}\boldsymbol{\Phi}(t,t_0)-\boldsymbol{A}(t)\boldsymbol{\Phi}(t,t_0)=\boldsymbol{0}$$

即

$$\frac{\mathrm{d}}{\mathrm{d}t}\boldsymbol{\Phi}(t,t_0)=\boldsymbol{A}(t)\boldsymbol{\Phi}(t,t_0)$$

又因

$$\boldsymbol{x}(t)=\boldsymbol{\Phi}(t,t_0)\boldsymbol{x}(t_0)$$

当 $t=t_0$ 时,有

$$\boldsymbol{x}(t_0)=\boldsymbol{\Phi}(t_0,t_0)\boldsymbol{x}(t_0)$$

欲使上式成立,必有

$$\boldsymbol{\Phi}(t_0,t_0)=\boldsymbol{I}$$

(2)状态转移矩阵的传递性:

$$\boldsymbol{\Phi}(t_2,t_1)\boldsymbol{\Phi}(t_1,t_0)=\boldsymbol{\Phi}(t_2,t_0) \tag{2.4-20}$$

证明:根据式(2.4-15)有

$$\boldsymbol{x}(t_1)=\boldsymbol{\Phi}(t_1,t_0)\boldsymbol{x}(t_0) \tag{2.4-21}$$

$$\boldsymbol{x}(t_2)=\boldsymbol{\Phi}(t_2,t_0)\boldsymbol{x}(t_0) \tag{2.4-22}$$

$$\boldsymbol{x}(t_2)=\boldsymbol{\Phi}(t_2,t_1)\boldsymbol{x}(t_1) \tag{2.4-23}$$

把式(2.4-21)代入式(2.4-23),由解的唯一性可得

$$\boldsymbol{x}(t_2)=\boldsymbol{\Phi}(t_2,t_1)\boldsymbol{x}(t_1)=\boldsymbol{\Phi}(t_2,t_1)\boldsymbol{\Phi}(t_1,t_0)\boldsymbol{x}(t_0) \tag{2.4-24}$$

即

$$\boldsymbol{\Phi}(t_2,t_1)\boldsymbol{\Phi}(t_1,t_0)=\boldsymbol{\Phi}(t_2,t_0)$$

(3)$\boldsymbol{\Phi}(t,t_0)$必有逆,且其逆为 $\boldsymbol{\Phi}(t_0,t)$,即

$$\boldsymbol{\Phi}^{-1}(t,t_0)=\boldsymbol{\Phi}(t_0,t) \tag{2.4-25}$$

证明:把 $\boldsymbol{\Phi}(t,t_0)$右乘 $\boldsymbol{\Phi}(t_0,t)$,有

$$\boldsymbol{\Phi}(t,t_0)\boldsymbol{\Phi}(t_0,t)=\boldsymbol{\Phi}(t,t)=\boldsymbol{I}$$

$\boldsymbol{\Phi}(t,t_0)$左乘 $\boldsymbol{\Phi}(t_0,t)$,有

$$\boldsymbol{\Phi}(t_0,t)\boldsymbol{\Phi}(t,t_0)=\boldsymbol{\Phi}(t_0,t_0)=\boldsymbol{I}$$

故 $\boldsymbol{\Phi}(t,t_0)$与 $\boldsymbol{\Phi}(t_0,t)$互为逆阵,从而式(2.4-25)得证。

3. $\boldsymbol{\Phi}(t,t_0)$的数值计算

前已证明,只有当 $\boldsymbol{A}(t)$和 $\int_{t_0}^{t}\boldsymbol{A}(\tau)\mathrm{d}\tau$ 可交换时,即满足下式时:

$$\boldsymbol{A}(t)\int_{t_0}^{t}\boldsymbol{A}(\tau)\mathrm{d}\tau=\int_{t_0}^{t}\boldsymbol{A}(\tau)\mathrm{d}\tau\boldsymbol{A}(t) \tag{2.4-26}$$

才有

$$\boldsymbol{\Phi}(t,t_0)=\exp\left(\int_{t_0}^{t}\boldsymbol{A}(\tau)\mathrm{d}\tau\right) \tag{2.4-27}$$

在一般情况下，有

$$\boldsymbol{\Phi}(t,t_0)\neq\exp\left(\int_{t_0}^{t}\boldsymbol{A}(\tau)\mathrm{d}\tau\right)$$

对于不满足条件式(2.4-27)的时变系统，$\boldsymbol{\Phi}(t,t_0)$的计算一般采用如下级数表达式：

$$\boldsymbol{\Phi}(t,t_0)=\boldsymbol{I}+\int_{t_0}^{t}\boldsymbol{A}(\tau)\mathrm{d}\tau+\int_{t_0}^{t}\boldsymbol{A}(\tau)\left(\int_{t_0}^{\tau}\boldsymbol{A}(\tau_1)\mathrm{d}\tau_1\right)\mathrm{d}\tau+\int_{t_0}^{t}\boldsymbol{A}(\tau)\left[\int_{t_0}^{\tau}\boldsymbol{A}(\tau_1)\left(\int_{t_0}^{\tau_1}\boldsymbol{A}(\tau_2)\mathrm{d}\tau_2\right)\mathrm{d}\tau_1\right]\mathrm{d}\tau+\cdots \tag{2.4-28}$$

证明：由式(2.4-18)的矩阵微分方程可得

$$\dot{\boldsymbol{\Phi}}(t,t_0)=\boldsymbol{A}(t)\boldsymbol{\Phi}(t,t_0)$$

对上式两边在$[t_0,t]$区间取积分，可得

$$\boldsymbol{\Phi}(t,t_0)=\boldsymbol{I}+\int_{t_0}^{t}\boldsymbol{A}(\tau)\boldsymbol{\Phi}(\tau,t_0)\mathrm{d}\tau \tag{2.4-29}$$

反复应用式(2.4-29)，可得

$$\begin{aligned}
\boldsymbol{\Phi}(t,t_0)=&\boldsymbol{I}+\int_{t_0}^{t}\boldsymbol{A}(\tau)\boldsymbol{\Phi}(\tau,t_0)\mathrm{d}\tau=\\
&\boldsymbol{I}+\int_{t_0}^{t}\boldsymbol{A}(\tau)\left(\boldsymbol{I}+\int_{t_0}^{\tau}\boldsymbol{A}(\tau_1)\boldsymbol{\Phi}(\tau_1,t_0)\mathrm{d}\tau_1\right)\mathrm{d}\tau=\\
&\boldsymbol{I}+\int_{t_0}^{t}\boldsymbol{A}(\tau)\mathrm{d}\tau+\int_{t_0}^{t}\boldsymbol{A}(\tau)\left(\int_{t_0}^{\tau}\boldsymbol{A}(\tau_1)\boldsymbol{\Phi}(\tau_1,t_0)\mathrm{d}\tau_1\right)\mathrm{d}\tau=\\
&\boldsymbol{I}+\int_{t_0}^{t}\boldsymbol{A}(\tau)\mathrm{d}\tau+\int_{t_0}^{t}\boldsymbol{A}(\tau)\left[\int_{t_0}^{\tau}\boldsymbol{A}(\tau_1)\left(\boldsymbol{I}+\int_{t_0}^{\tau_1}\boldsymbol{A}(\tau_2)\boldsymbol{\Phi}(\tau_2,t_0)\mathrm{d}\tau_2\right)\mathrm{d}\tau_1\right]\mathrm{d}\tau=\\
\boldsymbol{I}+&\int_{t_0}^{t}\boldsymbol{A}(\tau)\mathrm{d}\tau+\int_{t_0}^{t}\boldsymbol{A}(\tau)\left(\int_{t_0}^{\tau}\boldsymbol{A}(\tau_1)\mathrm{d}\tau_1\right)\mathrm{d}\tau+\int_{t_0}^{t}\boldsymbol{A}(\tau)\left[\left(\int_{t_0}^{\tau_1}\boldsymbol{A}(\tau_2)\boldsymbol{\Phi}(\tau_2,t_0)\mathrm{d}\tau_2\right)\mathrm{d}\tau_1\right]\mathrm{d}\tau=\\
\boldsymbol{I}+&\int_{t_0}^{t}\boldsymbol{A}(\tau)\mathrm{d}\tau+\int_{t_0}^{t}\boldsymbol{A}(\tau)\left(\int_{t_0}^{\tau}\boldsymbol{A}(\tau_1)\mathrm{d}\tau_1\right)\mathrm{d}\tau+\int_{t_0}^{t}\boldsymbol{A}(\tau)\left[\int_{t_0}^{\tau}\boldsymbol{A}(\tau_1)\left(\int_{t_0}^{\tau_1}\boldsymbol{A}(\tau_2)\mathrm{d}\tau_2\right)\mathrm{d}\tau_1\right]\mathrm{d}\tau+\cdots
\end{aligned}$$

式(2.4-28)所示的无穷级数称为 Peano-Baker 级数，若$\boldsymbol{A}(t)$的元素在积分区间有界，则该级数收敛，这样便可以求出线性时变系统状态转移矩阵的近似数值解。

例 2-13 设线性时变系统的齐次状态方程为

$$\dot{\boldsymbol{x}}(t)=\boldsymbol{A}(t)\boldsymbol{x}(t)$$

式中

$$\boldsymbol{A}(t)=\begin{bmatrix}1&0\\0&t\end{bmatrix} \tag{2.4-30}$$

试求该系统的状态转移矩阵 $\boldsymbol{\Phi}(t,0)$。

解：首先校核 $\boldsymbol{A}(t)$ 和$\int_{t_0}^{t}\boldsymbol{A}(\tau)\mathrm{d}\tau$ 是否可交换，即

$$\boldsymbol{A}(t)\int_{t_0}^{t}\boldsymbol{A}(\tau)\mathrm{d}\tau=\int_{t_0}^{t}\boldsymbol{A}(\tau)\mathrm{d}\tau\boldsymbol{A}(t)$$

亦即

$$\int_{t_0}^{t}(\boldsymbol{A}(t)\boldsymbol{A}(\tau)-\boldsymbol{A}(\tau)\boldsymbol{A}(t))\mathrm{d}\tau=0$$

是否成立。也就是说,对任意时刻 t_1 和 t_2,是否有

$$A(t_1)A(t_2)=A(t_2)A(t_1) \tag{2.4-31}$$

为此,对于式(2.4-30)的 $\boldsymbol{A}(t)$,有

$$\boldsymbol{A}(t_1)\boldsymbol{A}(t_2)=\begin{bmatrix}1&0\\0&t_1\end{bmatrix}\begin{bmatrix}1&0\\0&t_2\end{bmatrix}=\begin{bmatrix}1&0\\0&t_1t_2\end{bmatrix}$$

$$\boldsymbol{A}(t_2)\boldsymbol{A}(t_1)=\begin{bmatrix}1&0\\0&t_2\end{bmatrix}\begin{bmatrix}1&0\\0&t_1\end{bmatrix}=\begin{bmatrix}1&0\\0&t_1t_2\end{bmatrix}$$

可见,条件式(2.4-26)成立。因此,状态转移矩阵中 $\boldsymbol{\Phi}(t,0)$ 可按式(2.4-27)计算,即

$$\boldsymbol{\Phi}(t,0)=e^{\int_0^t A(\tau)d\tau}=\begin{bmatrix}1&0\\0&1\end{bmatrix}+\int_0^t\begin{bmatrix}1&0\\0&\tau\end{bmatrix}d\tau+\frac{1}{2!}\left(\int_0^t\begin{bmatrix}1&0\\0&\tau\end{bmatrix}d\tau\right)^2+\frac{1}{3!}\left(\int_0^t\begin{bmatrix}1&0\\0&\tau\end{bmatrix}d\tau\right)^3+\cdots=$$

$$\begin{bmatrix}1&0\\0&1\end{bmatrix}+\begin{bmatrix}t&0\\0&\frac{1}{2}t^2\end{bmatrix}+\frac{1}{2}\begin{bmatrix}t&0\\0&\frac{1}{2}t^2\end{bmatrix}\begin{bmatrix}t&0\\0&\frac{1}{2}t^2\end{bmatrix}+\frac{1}{3!}\begin{bmatrix}t&0\\0&\frac{1}{2}t^2\end{bmatrix}\begin{bmatrix}t&0\\0&\frac{1}{2}t^2\end{bmatrix}\begin{bmatrix}t&0\\0&\frac{1}{2}t^2\end{bmatrix}+\cdots=$$

$$\begin{bmatrix}1&0\\0&1\end{bmatrix}+\begin{bmatrix}t&0\\0&\frac{1}{2}t^2\end{bmatrix}+\frac{1}{2}\begin{bmatrix}t^2&0\\0&\frac{1}{4}t^4\end{bmatrix}+\frac{1}{3!}\begin{bmatrix}t^3&0\\0&\frac{1}{8}t^6\end{bmatrix}+\cdots=$$

$$\begin{bmatrix}1+t+\frac{1}{2}t^2+\frac{1}{3!}t^3+\cdots&0\\0&1+\frac{1}{2}t^2+\frac{1}{8}t^4+\frac{1}{3!}\times\frac{1}{8}t^6+\cdots\end{bmatrix}=\begin{bmatrix}e^t&0\\0&e^{\frac{1}{2}t^2}\end{bmatrix}$$

例 2-14 试计算下述线性时变系统的状态转移矩 $\boldsymbol{\Phi}(t,0)$:

$$\begin{bmatrix}\dot{x}_1\\\dot{x}_2\end{bmatrix}=\begin{bmatrix}0&1\\0&t\end{bmatrix}\begin{bmatrix}x_1\\x_2\end{bmatrix} \tag{2.4-32}$$

解:由给定矩阵可得

$$\boldsymbol{A}(t_1)\boldsymbol{A}(t_2)=\begin{bmatrix}0&1\\0&t_1\end{bmatrix}\begin{bmatrix}0&1\\0&t_2\end{bmatrix}=\begin{bmatrix}0&t_2\\0&t_1t_2\end{bmatrix}$$

$$\boldsymbol{A}(t_2)\boldsymbol{A}(t_1)=\begin{bmatrix}0&1\\0&t_2\end{bmatrix}\begin{bmatrix}0&1\\0&t_1\end{bmatrix}=\begin{bmatrix}0&t_1\\0&t_1t_2\end{bmatrix}\neq\boldsymbol{A}(t_1)\boldsymbol{A}(t_2)$$

因此必须按式(2.4-28)计算状态转移矩阵 $\boldsymbol{\Phi}(t,0)$。为此进行如下计算:

$$\int_0^t\boldsymbol{A}(\tau)d\tau=\int_0^t\begin{bmatrix}0&1\\0&\tau\end{bmatrix}d\tau=\begin{bmatrix}0&t\\0&\frac{1}{2}t^2\end{bmatrix}$$

$$\int_0^t\boldsymbol{A}(\tau_1)\int_0^{\tau_1}\boldsymbol{A}(\tau_2)d\tau_2d\tau_1=\int_0^t\begin{bmatrix}0&1\\0&\tau_1\end{bmatrix}\int_0^{\tau_1}\begin{bmatrix}0&1\\0&\tau_2\end{bmatrix}d\tau_2d\tau_1=$$

$$\int_0^t\begin{bmatrix}0&1\\0&\tau_1\end{bmatrix}\begin{bmatrix}0&\tau_1\\0&\frac{1}{2}\tau_1^2\end{bmatrix}d\tau_1=\int_0^t\begin{bmatrix}0&\frac{1}{2}\tau_1^2\\0&\frac{1}{2}\tau_1^3\end{bmatrix}d\tau_1=\begin{bmatrix}0&\frac{1}{6}t^3\\0&\frac{1}{8}t^4\end{bmatrix}$$

最后得

$$\boldsymbol{\Phi}(t,0)=\boldsymbol{I}+\begin{bmatrix}0 & t\\0 & \frac{1}{2}t^2\end{bmatrix}+\begin{bmatrix}0 & \frac{1}{6}t^3\\0 & \frac{1}{8}t^4\end{bmatrix}+\cdots=\begin{bmatrix}1 & t+\frac{1}{6}t^3+\cdots\\0 & 1+\frac{1}{2}t^2+\frac{1}{8}t^4+\cdots\end{bmatrix} \tag{2.4-33}$$

三、线性时变系统状态方程的解

设线性时变系统的非齐次状态方程为

$$\left.\begin{aligned}\dot{\boldsymbol{x}}(t)&=\boldsymbol{A}(t)\boldsymbol{x}(t)+\boldsymbol{B}(t)\boldsymbol{u}(t)\\ \boldsymbol{x}(t)\big|_{t=t_0}&=\boldsymbol{x}(t_0)\end{aligned}\right\} \tag{2.4-34}$$

且 $\boldsymbol{A}(t)$ 和 $\boldsymbol{B}(t)$ 的元素在时间区间 $t_0\leqslant t\leqslant t$ 内分段连续，则其解为

$$\boldsymbol{x}(t)=\boldsymbol{\Phi}(t,t_0)\boldsymbol{x}(t_0)+\int_{t_0}^{t}\boldsymbol{\Phi}(t,\tau)\boldsymbol{B}(\tau)\boldsymbol{u}(\tau)\mathrm{d}\tau$$

证明：先设状态方程式(2.4-34)的解为

$$\boldsymbol{x}(t)=\boldsymbol{\Phi}(t,t_0)\boldsymbol{\eta}(t) \tag{2.4-35}$$

式中，$\boldsymbol{\eta}(t)$ 为待定函数。

将所设解代入方程式(2.4-34)第一式的左边，有

$$\dot{\boldsymbol{x}}(t)=\dot{\boldsymbol{\Phi}}(t,t_0)\boldsymbol{\eta}(t)+\boldsymbol{\Phi}(t,t_0)\dot{\boldsymbol{\eta}}(t)=\boldsymbol{A}(t)\boldsymbol{\Phi}(t,t_0)\boldsymbol{\eta}(t)+\boldsymbol{\Phi}(t,t_0)\dot{\boldsymbol{\eta}}(t)$$

再将所设解代入方程式(2.4-34)第一式右边，有

$$\boldsymbol{A}(t)\boldsymbol{x}(t)+\boldsymbol{B}(t)\boldsymbol{u}(t)=\boldsymbol{A}(t)\boldsymbol{\Phi}(t,t_0)\boldsymbol{\eta}(t)+\boldsymbol{B}(t)\boldsymbol{u}(t)$$

由此有

$$\boldsymbol{\Phi}(t,t_0)\dot{\boldsymbol{\eta}}(t)=\boldsymbol{B}(t)\boldsymbol{u}(t)$$

则有

$$\dot{\boldsymbol{\eta}}(t)=\boldsymbol{\Phi}^{-1}(t,t_0)\boldsymbol{B}(t)\boldsymbol{u}(t) \tag{2.4-36}$$

两端积分得

$$\boldsymbol{\eta}(t)=\boldsymbol{\eta}(t_0)+\int_{t_0}^{t}\boldsymbol{\Phi}^{-1}(\tau,t_0)\boldsymbol{B}(\tau)\boldsymbol{u}(\tau)\mathrm{d}\tau \tag{2.4-37}$$

对式(2.4-35)取 $t=t_0$，有

$$\boldsymbol{\eta}(t_0)=\boldsymbol{x}(t_0) \tag{2.4-38}$$

于是将式(2.4-37)和式(2.4-38)代入式(2.4-35)可得

$$\begin{aligned}\boldsymbol{x}(t)&=\boldsymbol{\Phi}(t,t_0)\left(x(t_0)+\int_{t_0}^{t}\boldsymbol{\Phi}^{-1}(\tau,t_0)\boldsymbol{B}(\tau)\boldsymbol{u}(\tau)\mathrm{d}\tau\right)=\\ &\boldsymbol{\Phi}(t,t_0)\boldsymbol{x}(t_0)+\boldsymbol{\Phi}(t,t_0)\int_{t_0}^{t}\boldsymbol{\Phi}(t_0,\tau)\boldsymbol{B}(\tau)\boldsymbol{u}(\tau)\mathrm{d}\tau=\\ &\boldsymbol{\Phi}(t,t_0)\boldsymbol{x}(t_0)+\int_{t_0}^{t}\boldsymbol{\Phi}(t,\tau)\boldsymbol{B}(\tau)\boldsymbol{u}(\tau)\mathrm{d}\tau\end{aligned}$$

故式(2.4-34)的求解公式得证。

显然，定常系统是时变系统的特殊情况。若把式(2.4-34)的求解公式用于定常系统，只需把 $\boldsymbol{\Phi}(t,t_0)$ 和 $\boldsymbol{\Phi}(t,\tau)$ 分别换成 $\boldsymbol{\Phi}(t-t_0)$ 和 $\boldsymbol{\Phi}(t-\tau)$，从而进一步体现引入状态转移矩阵的重要性。只有引入了状态转移矩阵才有可能使时变系统和定常系统的求解公式建立统一的形式。

例 2－15 已知线性时变系统的状态方程为

$$\dot{\boldsymbol{x}}(t)=\begin{bmatrix}1 & 0\\0 & t\end{bmatrix}\boldsymbol{x}(t)+\begin{bmatrix}1\\t\end{bmatrix}\boldsymbol{u}(t)$$

初始时刻为 $t_0=0$，初始状态为 $\boldsymbol{x}(t_0)=\begin{bmatrix}1\\1\end{bmatrix}$，试求状态向量 $\boldsymbol{x}(t)$。

解：例 2－13 已经求出系统的状态转移矩阵，即

$$\boldsymbol{\Phi}(t,0)=\begin{bmatrix}\mathrm{e}^{t} & 0\\0 & \mathrm{e}^{\frac{1}{2}t^2}\end{bmatrix}$$

则可得

$$\boldsymbol{x}(t)=\boldsymbol{\Phi}(t,0)\boldsymbol{x}(0)+\int_0^t\boldsymbol{\Phi}(t,\tau)\boldsymbol{B}(\tau)\boldsymbol{u}(\tau)\mathrm{d}\tau=$$

$$\begin{bmatrix}\mathrm{e}^{t} & 0\\0 & \mathrm{e}^{\frac{1}{2}t^2}\end{bmatrix}\begin{bmatrix}1\\1\end{bmatrix}+\int_0^t\begin{bmatrix}\mathrm{e}^{t-\tau} & 0\\0 & \mathrm{e}^{\frac{1}{2}(t^2-\tau^2)}\end{bmatrix}\begin{bmatrix}1\\\tau\end{bmatrix}u(\tau)\mathrm{d}\tau=$$

$$\begin{bmatrix}\mathrm{e}^{t}\\\mathrm{e}^{\frac{1}{2}t^2}\end{bmatrix}+\int_0^t\begin{bmatrix}\mathrm{e}^{t-\tau}\\\tau\mathrm{e}^{\frac{1}{2}(t^2-\tau^2)}\end{bmatrix}\mathrm{d}\tau=\begin{bmatrix}2\mathrm{e}^{t}-1\\2\mathrm{e}^{\frac{1}{2}t^2}-1\end{bmatrix}$$

另外，由于计算时变系统的 $\boldsymbol{\Phi}(t,t_0)$ 是不容易的，所以通常先将系统进行离散化，使得在时间增量期间，系统的参数没有明显的变化。这样，求解连续时变系统状态方程的问题变成了离散状态方程的求解。

2.5 离散时间系统的状态方程和连续时间系统的离散化

若系统中有一处或多处信号呈脉冲串或数码的形式，则称其为离散时间系统。离散时间系统可以分为如下两种情况：

(1)整个系统工作于单一的离散状态。对于这种系统，其状态变量全部是离散量。

(2)系统工作在连续和离散两种状态。对于这种系统，其状态变量既有连续的模拟量又有离散时间的离散量，例如采样控制系统就属于这种情况。

对于第一种情况的系统，其状态方程可以直接根据描述系统输入输出关系的差分方程或脉冲传递函数写出一个一阶差分方程组；对于第二种情况的系统，其状态方程既有一阶差分方程组又有一阶微分方程组。为了能对这种系统运用离散系统的分析和设计方法，要求整个系统统一用离散状态方程描述，这就提出了连续时间系统的离散化问题。而数字计算机只能处理数字信号，所以在利用数字计算机求解连续时间系统的状态方程或者对连续受控对象实行计算机控制时，都会遇到这个问题。

一、离散时间系统的状态空间表达式

和连续时间系统相类似，如果离散时间系统中所有状态变量在下一个采样时刻 $(k+1)T$ 的取值能用采样时刻 kT 的各状态变量表示，则该离散系统的运动就被完全描述了，即有如下关系：

$$x_i[(k+1)T]=f_i(x_1(kT),x_2(kT),\cdots,x_n(kT),u_1(kT),u_2(kT),\cdots,u_p(kT))\quad(i=1,2,\cdots,n)\tag{2.5-1}$$

式中：T 为采样周期；$x_i[(k+1)T]$为第 i 个状态变量在第$k+1$ 个采样时刻的值；$x_i(kT)$为第 i

个状态变量在第 k 个采样时刻的值。式(2.5-1)是一个一阶差分方程组。

线性离散时间系统的状态空间表达式与连续系统的状态空间表达式类似,可以表示为

$$\left.\begin{aligned}\boldsymbol{x}(k+1) &= \boldsymbol{G}(k)\boldsymbol{x}(k)+\boldsymbol{H}(k)\boldsymbol{u}(k)\\ \boldsymbol{y}(k) &= \boldsymbol{C}(k)\boldsymbol{x}(k)+\boldsymbol{D}(k)\boldsymbol{u}(k)\end{aligned}\right\} \tag{2.5-2}$$

式中:$\boldsymbol{x}(k)$是 n 维状态向量;$\boldsymbol{u}(k)$是 p 维输入向量;$\boldsymbol{y}(k)$是 q 维输出向量;$\boldsymbol{G}(k)$是 $n\times n$ 维系统矩阵;$\boldsymbol{H}(k)$是 $n\times p$ 维控制输入矩阵;$\boldsymbol{C}(k)$是 $q\times n$ 维系统输出矩阵;$\boldsymbol{D}(k)$是 $q\times p$ 维输入输出关联矩阵。

对于线性定常离散系统,$\boldsymbol{G}(k)$,$\boldsymbol{H}(k)$,$\boldsymbol{C}(k)$和 $\boldsymbol{D}(k)$均为常数矩阵,此时状态空间表达式可表示为

$$\begin{cases}\boldsymbol{x}(k+1) = \boldsymbol{Gx}(k)+\boldsymbol{Hu}(k)\\ \boldsymbol{y}(k) = \boldsymbol{Cx}(k)+\boldsymbol{Du}(k)\end{cases}$$

其中,$\boldsymbol{G}$,$\boldsymbol{H}$,$\boldsymbol{C}$ 和 $\boldsymbol{D}$ 表示为

$$\left.\begin{aligned}\boldsymbol{G} &= \begin{bmatrix} g_{11} & g_{12} & \cdots & g_{1n}\\ g_{21} & g_{22} & \cdots & g_{2n}\\ \vdots & \vdots & & \vdots\\ g_{n1} & g_{n2} & \cdots & g_{nn}\end{bmatrix},\quad \boldsymbol{H} = \begin{bmatrix} h_{11} & h_{12} & \cdots & h_{1p}\\ h_{21} & h_{22} & \cdots & h_{2p}\\ \vdots & \vdots & & \vdots\\ h_{n1} & h_{n2} & \cdots & h_{np}\end{bmatrix}\\ \boldsymbol{C} &= \begin{bmatrix} c_{11} & c_{12} & \cdots & c_{1n}\\ c_{21} & c_{22} & \cdots & c_{2n}\\ \vdots & \vdots & & \vdots\\ c_{q1} & c_{q2} & \cdots & c_{qn}\end{bmatrix},\quad \boldsymbol{D} = \begin{bmatrix} d_{11} & d_{12} & \cdots & d_{1p}\\ d_{21} & d_{22} & \cdots & d_{2p}\\ \vdots & \vdots & & \vdots\\ d_{q1} & d_{q2} & \cdots & d_{qp}\end{bmatrix}\end{aligned}\right\} \tag{2.5-3}$$

式(2.5-3)的状态空间表达式也可以用图 2-2 所示的结构框图表示。图中的单位延迟器类似于连续时间系统的积分器,它实现了将某状态变量的采样值延迟一个采样周期。本节重点研究线性定常离散系统。

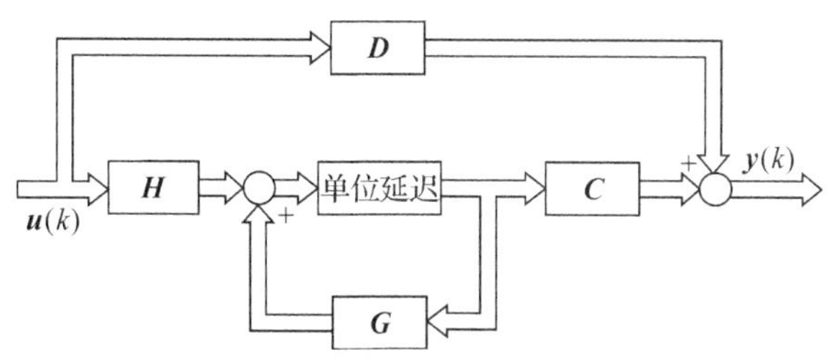

图 2-2　线性离散时间系统状态空间表达式的框图

连续时间系统中由输入输出关系的微分方程或传递函数建立状态空间表达式的方法完全适用于离散时间系统。下面介绍如何由差分方程列写系统的状态空间表达式。

1. 差分方程不含输入函数的高阶差分

设描述离散时间系统的定常差分方程为

$$y(k+n)+a_{n-1}y(k+n-1)+\cdots+a_1y(k+1)+a_0y(k) = b_0u(k)$$

选取状态变量为

$$\left.\begin{aligned}x_1(k) &= y(k)\\ x_2(k) &= y(k+1)\\ &\cdots\cdots\\ x_n(k) &= y(k+n-1)\end{aligned}\right\} \tag{2.5-4}$$

则可得

$$\begin{cases} x_1(k+1) = x_2(k) \\ x_2(k+1) = x_3(k) \\ \quad\quad \cdots\cdots \\ x_{n-1}(k+1) = x_n(k) \\ x_n(k+1) = -a_0x_1(k) - a_1x_2(k) - a_2x_3(k) - \cdots - a_{n-1}x_n(k) + b_0u(k) \\ y(k) = x_1(k) \end{cases}$$

写成向量-矩阵的形式，有

$$\begin{cases} \boldsymbol{x}(k+1) = \boldsymbol{Gx}(k) + \boldsymbol{Hu}(k) \\ \boldsymbol{y}(k) = \boldsymbol{Cx}(k) \end{cases}$$

其中

$$\boldsymbol{G} = \begin{bmatrix} 0 & 1 & 0 & \cdots & 0 \\ 0 & 0 & 1 & \cdots & 0 \\ \vdots & \vdots & \vdots & & \vdots \\ 0 & 0 & 0 & \cdots & 1 \\ -a_0 & -a_1 & -a_2 & \cdots & -a_{n-1} \end{bmatrix}, \quad \boldsymbol{H} = \begin{bmatrix} 0 \\ 0 \\ \vdots \\ 0 \\ b_0 \end{bmatrix}$$

$$\boldsymbol{C} = [\ 1 \quad 0 \quad 0 \quad \cdots \quad 0\ ]$$

2. 差分方程含有输入函数的高阶差分

设描述离散时间系统的定常差分方程为

$$y(k+n) + a_{n-1}y(k+n-1) + \cdots + a_1y(k+1) + a_0y(k) = b_nu(k+n) + b_{n-1}u(k+n-1) + \cdots + b_1u(k+1) + b_0u(k) \tag{2.5-5}$$

仿照 1.4 节中连续时间系统微分方程右边输入函数含有导数项的办法，作出该系统的等效模拟结构图，如图 2-3 所示。

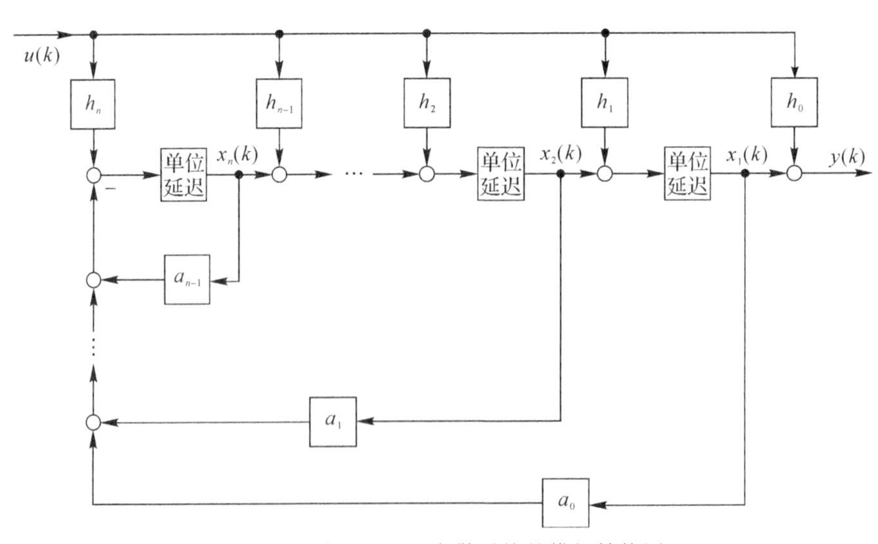

图 2-3　式(2.5-5)离散系统的模拟结构图

以每个延迟器的输出作为一个状态变量，可得

$$\left.\begin{aligned}
&x_1(k+1)=x_2(k)+h_1u(k)\\
&x_2(k+1)=x_3(k)+h_2u(k)\\
&\qquad\cdots\cdots\\
&x_{n-1}(k+1)=x_n(k)+h_{n-1}(k)\\
&x_n(k+1)=-a_0x_1(k)-a_1x_2(k)-\cdots-a_{n-1}x_n(k)+h_nu(k)\\
&y(k)=x_1(k)+h_0u(k)
\end{aligned}\right\}\tag{2.5-6}$$

式中,系统 $h_i(i=0,1,\cdots,n)$ 由下式确定,即

$$\left.\begin{aligned}
&h_0=b_n\\
&h_1=b_{n-1}-a_{n-1}h_0\\
&h_2=b_{n-2}-a_{n-2}h_0-a_{n-1}h_1\\
&\qquad\cdots\cdots\\
&h_n=b_0-a_0h_0-a_1h_1-\cdots-a_{n-1}h_{n-1}
\end{aligned}\right\}\tag{2.5-7}$$

则系统的状态方程和输出方程为

$$\begin{cases}
x_1(k+1)=x_2(k)+h_1u(k)\\
x_2(k+1)=x_3(k)+h_2u(k)\\
\qquad\cdots\cdots\\
x_{n-1}(k+1)=x_n(k)+h_{n-1}u(k)\\
x_n(k+1)=-a_0x_1(k)-a_1x_2(k)-\cdots-a_{n-1}x_n(k)+h_nu(k)\\
y=x_1(k)+h_0u(k)
\end{cases}$$

将式(2.5-6)写成向量矩阵形式,有

$$\left.\begin{aligned}
&\boldsymbol{x}(k+1)=\boldsymbol{G}\boldsymbol{x}(k)+\boldsymbol{H}\boldsymbol{u}(k)\\
&\boldsymbol{y}(k)=\boldsymbol{C}\boldsymbol{x}(k)+d\boldsymbol{u}(k)
\end{aligned}\right\}\tag{2.5-8}$$

式中

$$\boldsymbol{G}=\begin{bmatrix}0&1&0&\cdots&0\\0&0&1&\cdots&0\\\vdots&\vdots&\vdots&&\vdots\\0&0&0&\cdots&1\\-a_0&-a_1&-a_2&\cdots&-a_{n-1}\end{bmatrix},\quad \boldsymbol{H}=\begin{bmatrix}h_1\\h_2\\\vdots\\h_{n-1}\\h_n\end{bmatrix}$$

$$\boldsymbol{C}=[1\quad 0\quad 0\quad \cdots\quad 0],\quad d=h_0$$

例 2-16　设某线性离散系统的差分方程为

$$y(k+3)+2y(k+2)+3y(k+1)+y(k)=2u(k+1)+u(k)$$

试写出系统的状态空间表达式。

解:根据差分方程的系数

$$a_0=1,\quad a_1=3,\quad a_2=2$$

$$b_0=1,\quad b_1=2,\quad b_2=0,\quad b_3=0$$

求出

$$h_0 = b_3 = 0$$
$$h_1 = b_2 - a_2 h_0 = 0$$
$$h_2 = b_1 - a_1 h_0 - a_2 h_1 = 2$$
$$h_3 = b_0 - a_0 h_0 - a_1 h_1 - a_2 h_2 = -3$$

将所求系数代入式(2.5-7),得

$$\begin{cases} \begin{bmatrix} x_1(k+1) \\ x_2(k+1) \\ x_3(k+1) \end{bmatrix} = \begin{bmatrix} 0 & 1 & 0 \\ 0 & 0 & 1 \\ -1 & -3 & -2 \end{bmatrix} \begin{bmatrix} x_1(k) \\ x_2(k) \\ x_3(k) \end{bmatrix} + \begin{bmatrix} 0 \\ 2 \\ -3 \end{bmatrix} u(k) \\ y(k) = \begin{bmatrix} 1 & 0 & 0 \end{bmatrix} \begin{bmatrix} x_1(k) \\ x_2(k) \\ x_3(k) \end{bmatrix} \end{cases}$$

二、线性定常连续系统的离散化

所谓离散化就是通过采样器、保持器将连续状态方程化成离散状态方程的过程,其示意图如图 2-4 所示。

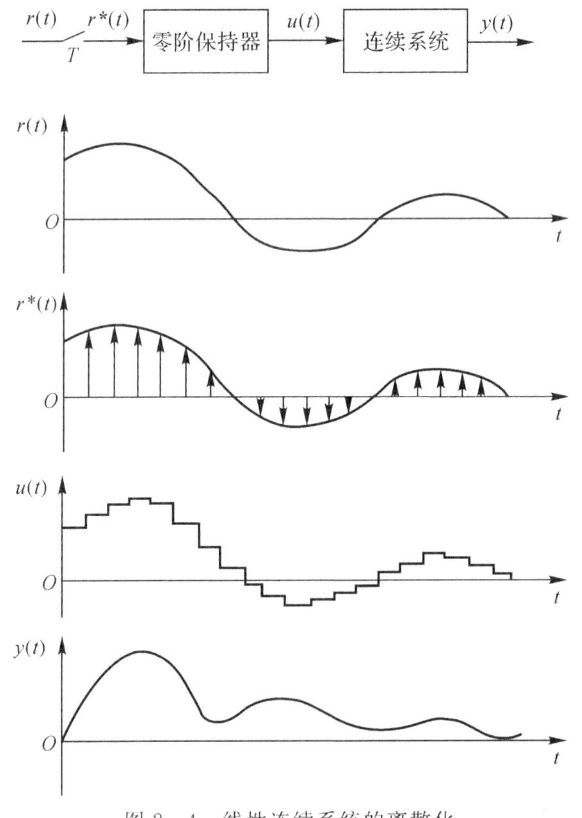

图 2-4 线性连续系统的离散化

图 2-4 中,采样器是一个每隔 T 秒闭合一次的理想开关,它可以是真实的,也可以是虚拟的。它把连续时间信号 $r(t)$ 调制成离散时间信号 $r^*(t)$。根据香农(Shannon)采样定理,采样周期 T 满足

$$T \leqslant \frac{\pi}{\omega_{\max}} \tag{2.5-9}$$

式中，$\omega_{\max}$ 为连续时间信号幅频谱的上限频率。

另外，为了平滑离散信号，假设在采样器后串接一个零阶保持器，它将离散信号 $r^*(t)$ 转变为阶梯信号 $u(t)$。这样，施加在连续时间系统 $\boldsymbol{G}$ 上的输入信号在采样周期内，其值是不变的，且等于前一个采样时刻的值，即

$$u(t) = u(kT),\ kT \leqslant t < (k+1)T \tag{2.5-10}$$

在上述假设下，根据状态方程的求解公式，即可推导出连续时间系统的离散化状态空间表达式。

设连续时间系统的状态空间表达式为

$$\dot{\boldsymbol{x}}(t) = \boldsymbol{A}\boldsymbol{x}(t) + \boldsymbol{B}\boldsymbol{u}(t) \tag{2.5-11a}$$

$$\boldsymbol{y}(t) = \boldsymbol{C}\boldsymbol{x}(t) + \boldsymbol{D}\boldsymbol{u}(t) \tag{2.5-11b}$$

根据状态方程的求解公式(2.3-5)，得

$$\boldsymbol{x}(t) = \boldsymbol{\Phi}(t-t_0)\boldsymbol{x}(t_0) + \int_{t_0}^{t} \boldsymbol{\Phi}(t-\tau)\boldsymbol{B}\boldsymbol{u}(\tau)\mathrm{d}\tau \tag{2.5-12}$$

现在只考察采样周期 $t=kT$ 和 $t=(k+1)T$ 这一时间内的状态响应。对于式(2.5-12)，取 $t_0=kT$，$t=(k+1)T$，于是有

$$\boldsymbol{x}[(k+1)T] = \boldsymbol{\Phi}(T)\boldsymbol{x}(kT) + \int_{kT}^{(k+1)T} \boldsymbol{\Phi}[(k+1)T-\tau]\boldsymbol{B}\boldsymbol{u}(\tau)\mathrm{d}\tau \tag{2.5-13}$$

考虑到 $\boldsymbol{u}(t)$ 是零阶保持器的输出，在 $kT \leqslant t < (k+1)T$ 期间 $\boldsymbol{u}(t)=\boldsymbol{u}(kT)$，从而式(2.5-13)变为

$$\boldsymbol{x}[(k+1)T] = \boldsymbol{\Phi}(T)\boldsymbol{x}(kT) + \int_{kT}^{(k+1)T} \boldsymbol{\Phi}[(k+1)T-\tau]\mathrm{d}\tau\boldsymbol{B}\boldsymbol{u}(kT) \tag{2.5-14}$$

对于式(2.5-14)作变量代换，令

$$t = (k+1)T - \tau$$

则可得

$$\mathrm{d}t = -\mathrm{d}\tau$$

在以上变量代换下，式(2.5-14)进一步简化为

$$\boldsymbol{x}[(k+1)T] = \boldsymbol{\Phi}(T)\boldsymbol{x}(kT) + \int_{0}^{T} \boldsymbol{\Phi}(t)\mathrm{d}t\boldsymbol{B}\boldsymbol{u}(kT) \tag{2.5-15}$$

若引用以下符号：

$$\boldsymbol{G}(T) = \boldsymbol{\Phi}(T) = \mathrm{e}^{\boldsymbol{A}T} \tag{2.5-16}$$

$$\boldsymbol{H}(T) = \int_{0}^{T} \boldsymbol{\Phi}(t)\mathrm{d}t\boldsymbol{B} = \int_{0}^{T} \mathrm{e}^{\boldsymbol{A}t}\,\mathrm{d}t\boldsymbol{B} \tag{2.5-17}$$

由于输出方程是状态向量和控制输入的某种线性组合，离散化后，这种组合关系并不发生改变，故矩阵 $\boldsymbol{C}$，$\boldsymbol{D}$ 均和原连续时间系统一样。则将线性定常连续系统离散化的方程为

$$\boldsymbol{x}[(k+1)T] = \boldsymbol{G}(T)\boldsymbol{x}(kT) + \boldsymbol{H}(T)\boldsymbol{u}(kT) \tag{2.5-18a}$$

$$\boldsymbol{y}(kT) = \boldsymbol{C}\boldsymbol{x}(kT) + \boldsymbol{D}\boldsymbol{u}(kT) \tag{2.5-18b}$$

例 2-17　试写出下述连续时间系统在采样周期为 T 时的离散化方程：

$$\begin{bmatrix} \dot{x}_1(t) \\ \dot{x}_2(t) \end{bmatrix} = \begin{bmatrix} 0 & 1 \\ 0 & 1 \end{bmatrix} \begin{bmatrix} x_1(t) \\ x_1(t) \end{bmatrix} + \begin{bmatrix} 0 \\ 1 \end{bmatrix} u$$

解:首先求出连续时间系统的状态转移矩阵,则有

$$\boldsymbol{\Phi}(t)=\mathrm{e}^{\boldsymbol{A}t}=\mathscr{L}^{-1}[(s\boldsymbol{I}-\boldsymbol{A})^{-1}]=$$

$$\mathscr{L}^{-1}\left(\begin{bmatrix}s & -1\\0 & s-1\end{bmatrix}^{-1}\right)=\begin{bmatrix}1 & \mathrm{e}^{t}-1\\0 & \mathrm{e}^{t}\end{bmatrix}$$

并根据式(2.5-16)和式(2.5-17)求出

$$\boldsymbol{G}(T)=\boldsymbol{\Phi}(T)=\begin{bmatrix}1 & \mathrm{e}^{T}-1\\0 & \mathrm{e}^{T}\end{bmatrix}$$

$$\boldsymbol{H}(T)=\int_0^T\boldsymbol{\Phi}(t)\boldsymbol{B}\mathrm{d}t=\int_0^T\begin{bmatrix}1 & \mathrm{e}^{t}-1\\0 & \mathrm{e}^{t}\end{bmatrix}\begin{bmatrix}0\\1\end{bmatrix}\mathrm{d}t=\begin{bmatrix}\mathrm{e}^{T}-T-1\\\mathrm{e}^{T}-1\end{bmatrix}$$

于是该连续时间系统的离散化状态方程为

$$\begin{bmatrix}x_1[(k+1)T]\\x_2[(k+1)T]\end{bmatrix}=\begin{bmatrix}1 & \mathrm{e}^{T}-1\\0 & \mathrm{e}^{T}\end{bmatrix}\begin{bmatrix}x_1(kT)\\x_2(kT)\end{bmatrix}+\begin{bmatrix}\mathrm{e}^{T}-T-1\\\mathrm{e}^{T}-1\end{bmatrix}u(kT)$$

三、近似离散化

在采样周期较小且对其精度要求不高的情况下,离散化时可以直接用差商代替状态方程中的微商,从而求得近似离散化状态方程,即

$$\dot{\boldsymbol{x}}(t)\approx\frac{\boldsymbol{x}[(k+1)T]-\boldsymbol{x}(kT)}{(k+1)T-kT}=\frac{\boldsymbol{x}[(k+1)T]-\boldsymbol{x}(kT)}{T}\tag{2.5-19}$$

$$\frac{\boldsymbol{x}[(k+1)T]-\boldsymbol{x}(kT)}{T}=\boldsymbol{A}\boldsymbol{x}(kT)+\boldsymbol{B}\boldsymbol{u}(kT)\tag{2.5-20}$$

亦即

$$\boldsymbol{x}[(k+1)T]=(\boldsymbol{I}+\boldsymbol{A}T)\boldsymbol{x}(kT)+\boldsymbol{B}T\boldsymbol{u}(kT)\tag{2.5-21}$$

或者

$$\boldsymbol{x}[(k+1)T]=\boldsymbol{G}(T)\boldsymbol{x}(kT)+\boldsymbol{H}(T)\boldsymbol{u}(kT)\tag{2.5-22}$$

式中

$$\boldsymbol{G}(T)=\boldsymbol{I}+\boldsymbol{A}T\tag{2.5-23}$$

$$\boldsymbol{H}(T)=\boldsymbol{B}T\tag{2.5-24}$$

其实,这种近似方法的实质是对 $\mathrm{e}^{\boldsymbol{A}t}$ 和 $\left(\int_0^T\mathrm{e}^{\boldsymbol{A}t}\mathrm{d}t\right)\boldsymbol{B}$ 只取一次幂。

$$\mathrm{e}^{\boldsymbol{A}T}=\boldsymbol{I}+\boldsymbol{A}T+\frac{1}{2}\boldsymbol{A}^2T^2+\cdots\approx\boldsymbol{I}+\boldsymbol{A}T$$

$$\int_0^T\mathrm{e}^{\boldsymbol{A}t}\mathrm{d}t\boldsymbol{B}=\int_0^T\left(\boldsymbol{I}+\boldsymbol{A}t+\frac{1}{2}\boldsymbol{A}t^2+\cdots\right)\mathrm{d}t\boldsymbol{B}\approx T\boldsymbol{B}$$

显然,这种近似法仅当采样周期 T 比较小时才能得到较好的结果。通常当采样周期为系统最小时间常数的十分之一左右时,其近似精度已相当满意。因此这种离散化的方法在实际工作中是常常被采用的。特别对于时变系统,由于状态转移矩阵 $\boldsymbol{\Phi}(t,t_0)$ 难以求得,故人们更乐于采用这种近似方法来获得时变系统的离散化状态方程。

设时变系统的状态方程和输出方程为

$$\dot{\boldsymbol{x}}(t)=\boldsymbol{A}(t)\boldsymbol{x}(t)+\boldsymbol{B}(t)\boldsymbol{u}(t)\tag{2.5-25a}$$

$$\boldsymbol{y}(t)=\boldsymbol{C}(t)\boldsymbol{x}(t)+\boldsymbol{D}(t)\boldsymbol{u}(t)\tag{2.5-25b}$$

按照近似公式，有

$$G(kT) = I + TA(kT) \tag{2.5-26a}$$

$$H(kT) = TB(kT) \tag{2.5-26b}$$

于是离散化后的状态方程和输出方程为

$$x[(k+1)T] = [I + TA(kT)]x(kT) + TB(kT)u(kT) = G(kT)x(kT) + H(kT)u(kT)$$

$$y(kT) = C(kT)x(kT) + D(kT)u(kT)$$

例 2-18　取 $x(0)=\begin{bmatrix}0\\0\end{bmatrix}$，$u(t)=1(t)$。对例 2-17 系统采用近似离散化方法，并与例 2-17 中得到的结果做对比。

解：根据式(2.5-23)和式(2.5-24)，得

$$G(kT) = I + AT = I + \begin{bmatrix}0 & 1\\0 & 1\end{bmatrix}T = \begin{bmatrix}1 & T\\0 & T+1\end{bmatrix}$$

$$H(kT) = BT = \begin{bmatrix}0\\T\end{bmatrix}$$

进而可得近似离散化系统状态方程为

$$\begin{bmatrix}x_1[(k+1)T]\\x_2[(k+1)T]\end{bmatrix} = \begin{bmatrix}1 & T\\0 & T+1\end{bmatrix}\begin{bmatrix}x_1(kT)\\x_2(kT)\end{bmatrix} + \begin{bmatrix}0\\T\end{bmatrix}u(kT)$$

可将近似离散化方法得到的系统状态方程与例 2-15 得到的结果在不同采样周期下做一个对比，发现其采样周期越小，近似的离散化状态方程越精确。采样周期对离散化方法的影响见表 2-1。

表 2-1　采样周期对离散化方法的影响

采样周期	$G(kT)$		$H(kT)$	
	精确离散化	近似离散化	精确散化	近似离散化
T	$\begin{bmatrix}1 & e^T-1\\0 & e^T\end{bmatrix}$	$\begin{bmatrix}1 & T\\0 & T+1\end{bmatrix}$	$\begin{bmatrix}e^T-T-1\\e^T-1\end{bmatrix}$	$\begin{bmatrix}0\\T\end{bmatrix}$
$T=1$	$\begin{bmatrix}1 & 1.7183\\0 & 2.7183\end{bmatrix}$	$\begin{bmatrix}1 & 1\\0 & 2\end{bmatrix}$	$\begin{bmatrix}0.7183\\1.7183\end{bmatrix}$	$\begin{bmatrix}0\\1\end{bmatrix}$
$T=0.1$	$\begin{bmatrix}1 & 0.1052\\0 & 1.1052\end{bmatrix}$	$\begin{bmatrix}1 & 0.1\\0 & 1.1\end{bmatrix}$	$\begin{bmatrix}0.0052\\0.1052\end{bmatrix}$	$\begin{bmatrix}0\\0.1\end{bmatrix}$
$T=0.01$	$\begin{bmatrix}1 & 0.0101\\0 & 1.0101\end{bmatrix}$	$\begin{bmatrix}1 & 0.01\\0 & 1.01\end{bmatrix}$	$\begin{bmatrix}0.0001\\0.0101\end{bmatrix}$	$\begin{bmatrix}0\\0.01\end{bmatrix}$

例 2-19　系统的状态方程为

$$\dot{x}(t) = A(t)x(t) + B(t)u(t)$$

式中

$$A(t)=\begin{bmatrix}0 & 1\\ 0 & t\end{bmatrix},\quad B(t)=\begin{bmatrix}5 & 5e^{-5t}\\ 0 & 5(1-e^{-5t})\end{bmatrix}$$

试列写采样周期 $T=0.2$ s 的离散化状态方程。

解:根据式(2.5-26a)和式(2.5-26b),得

$$G(kT)=I+TA(kT)=\begin{bmatrix}1 & 0\\ 0 & 1\end{bmatrix}+0.2\begin{bmatrix}0 & 1\\ 0 & kT\end{bmatrix}=\begin{bmatrix}1 & 0.2\\ 0 & 1+0.04k\end{bmatrix}$$

$$H(kT)=TB(kT)=0.2\begin{bmatrix}5 & 5e^{-k}\\ 0 & 5(1-e^{-k})\end{bmatrix}=\begin{bmatrix}1 & e^{-k}\\ 0 & 1-e^{-k}\end{bmatrix}$$

可以证明,连续线性时变系统离散化的精确状态方程为

$$\begin{cases}x[(k+1)T]=G(kT)x(kT)+H(kT)u(kT)\\ y(kT)=C(kT)x(kT)+D(kT)u(kT)\end{cases}$$

式中

$$G(kT)=\Phi((k+1)T,kT) \tag{2.5-27}$$

$$H(kT)=\int_{kT}^{(k+1)T}\Phi((k+1)T,\tau)B(\tau)\mathrm{d}\tau \tag{2.5-28}$$

$$C(kT)=C(t)\big|_{t=kT} \tag{2.5-29}$$

$$D(kT)=D(t)\big|_{t=kT} \tag{2.5-30}$$

2.6 离散时间系统状态方程的解

离散时间状态方程有两种解法:递推法和 z 变换法。递推法也称迭代法,它对于定常系统和时变系统都是适用的;z 变换法只能用于求解定常系统。

一、递推法

对于线性定常离散系统,有

$$\left.\begin{aligned}x(k+1)&=Gx(k)+Hu(k)\\ x(k)\big|_{k=0}&=x(0)\quad(k=0,1,2,\cdots)\end{aligned}\right\} \tag{2.6-1}$$

利用迭代法解差分方程式(2.6-1),可得

$$k=0,x(1)=Gx(0)+Hu(0)$$

$$k=1,x(2)=Gx(1)+Hu(1)=G^2x(0)+GHu(0)+Hu(1)$$

$$k=2,x(3)=Gx(2)+Hu(2)=G^3x(0)+G^2Hu(0)+GHu(1)+Hu(2)$$

$$\cdots$$

由于 G,H 都是定常矩阵,故可进一步归纳出递推求解公式:

$$x(k)=G^kx(0)+\sum_{j=0}^{k-1}G^{k-j-1}Hu(j)\quad(k=1,2,\cdots) \tag{2.6-2}$$

分析线性定常离散系统的求解公式,可以得出:

(1)离散状态方程的求解公式和连续状态方程的求解公式在形式上是类似的。它也由两部分响应所构成,即由初始状态所引起的自由运动分量(零输入响应)和由输入信号所引起的强迫运动分量(零状态响应),而不同的是离散状态方程的解是状态空间的一条离散轨迹。

(2)在由输入引起的响应中,第 k 个时刻的状态只取决于此采样时刻以前的输入采样值,而与该时刻的输入采样值无关。

(3)类似于连续系统,$\boldsymbol{G}^k$ 称为线性定常离散系统的状态转移矩阵,记为 $\boldsymbol{\Phi}(k)$,即

$$\boldsymbol{\Phi}(k)=\boldsymbol{G}^k \tag{2.6-3}$$

$\boldsymbol{\Phi}(k)$满足如下矩阵差分方程和初始条件:

$$\left.\begin{aligned}\boldsymbol{\Phi}(k+1)&=\boldsymbol{G\Phi}(k)\\ \boldsymbol{\Phi}(0)&=\boldsymbol{I}\end{aligned}\right\} \tag{2.6-4}$$

利用状态转移矩阵 $\boldsymbol{\Phi}(k)$可将式(2.6-2)改写为

$$\boldsymbol{x}(k)=\boldsymbol{\Phi}(k)\boldsymbol{x}(0)+\sum_{j=0}^{k-1}\boldsymbol{\Phi}(k-j-1)\boldsymbol{Hu}(j) \tag{2.6-5}$$

或

$$\boldsymbol{x}(k)=\boldsymbol{\Phi}(k)\boldsymbol{x}(0)+\sum_{j=0}^{k-1}\boldsymbol{\Phi}(j)\boldsymbol{Hu}(k-j-1) \tag{2.6-6}$$

如下线性时变离散系统状态方程可以通过迭代法求解:

$$\begin{cases}\boldsymbol{x}(k+1)=\boldsymbol{G}(k)\boldsymbol{x}(k)+\boldsymbol{H}(k)\boldsymbol{u}(k)\\ \boldsymbol{x}(k)\big|_{k=0}=\boldsymbol{x}(0)\end{cases},\quad (k=0,1,2,\cdots)$$

依次令 $k=0,1,2,\cdots$,可得

$$\begin{aligned}&k=0\text{ 时},\boldsymbol{x}(1)=\boldsymbol{G}(0)\boldsymbol{x}(0)+\boldsymbol{H}(0)\boldsymbol{u}(0)\\ &k=1\text{ 时},\boldsymbol{x}(2)=\boldsymbol{G}(1)\boldsymbol{x}(1)+\boldsymbol{H}(1)\boldsymbol{u}(1)\\ &k=2\text{ 时},\boldsymbol{x}(3)=\boldsymbol{G}(2)\boldsymbol{x}(2)+\boldsymbol{H}(2)\boldsymbol{u}(2)\\ &\qquad\cdots\cdots\end{aligned}$$

当给出初始状态 $\boldsymbol{x}(0)$时,即可算出 $\boldsymbol{x}(1),\boldsymbol{x}(2),\cdots$。

进一步,因为定义了离散系统的状态转移矩阵,所以线性时变离散系统状态方程的解可以写为

$$\boldsymbol{x}(k)=\boldsymbol{\Phi}(k,0)\boldsymbol{x}(0)+\sum_{j=0}^{k-1}\boldsymbol{\Phi}(k,j+1)\boldsymbol{H}(j)\boldsymbol{u}(j) \tag{2.6-7}$$

式中,$\boldsymbol{\Phi}(k,0)$为线性时变离散系统的状态转移矩阵。

例2-20　已知离散时间系统的状态方程为

$$\boldsymbol{x}(k+1)=\boldsymbol{Gx}(k)+\boldsymbol{Hu}(k)$$

$$\boldsymbol{G}=\begin{bmatrix}0&1\\-0.2&-0.9\end{bmatrix},\quad \boldsymbol{H}=\begin{bmatrix}1\\1\end{bmatrix}$$

初始状态为

$$\boldsymbol{x}(0)=\begin{bmatrix}1\\-1\end{bmatrix}$$

且当 $k=0,1,2,\cdots$时,$u(k)=1$。试用递推法求解 $\boldsymbol{x}(k)$。

解:利用求解式(2.6-2),有

$$\boldsymbol{x}(1)=\boldsymbol{Gx}(0)+\boldsymbol{Hu}(0)=\begin{bmatrix}0&1\\-0.2&-0.9\end{bmatrix}\begin{bmatrix}1\\-1\end{bmatrix}+\begin{bmatrix}1\\1\end{bmatrix}=\begin{bmatrix}0\\1.7\end{bmatrix}$$

$$\boldsymbol{x}(2)=\boldsymbol{Gx}(1)+\boldsymbol{Hu}(1)=\begin{bmatrix}0&1\\-0.2&-0.9\end{bmatrix}\begin{bmatrix}1\\1.7\end{bmatrix}+\begin{bmatrix}1\\1\end{bmatrix}=\begin{bmatrix}2.7\\-0.53\end{bmatrix}$$

$$x(3) = Gx(2) + Hu(2) = \begin{bmatrix} 0 & 1 \\ -0.2 & -0.9 \end{bmatrix}\begin{bmatrix} 2.7 \\ -0.53 \end{bmatrix} + \begin{bmatrix} 1 \\ 1 \end{bmatrix} = \begin{bmatrix} 0.470 \\ 0.937 \end{bmatrix}$$

显然,用递推法求解所得到的不是一个封闭的解析形式,而是一个解序列,见表 2-2。

表 2-2　例 2-21 的解序列

$x(k)$	k				
	0	1	2	3	…
$x_1(k)$	1	0	2.7	0.470	…
$x_2(k)$	−1	1.7	−0.53	0.937	…

这个方法计算步骤虽然繁锁,但若在数字计算机上计算都是特别方便的。

二、z 变换法

对于线性定常离散系统的状态方程也可以采用 z 变换法来求解。

设定常离散系统的状态方程如式(2.6-1)所示,对式(2.6-1)两端进行 z 变换,可得

$$zX(z) - zx(0) = GX(z) + HU(z) \tag{2.6-8}$$

移项得

$$(zI - G)X(z) = zx(0) + HU(z) \tag{2.6-9}$$

进一步可解得

$$X(z) = (zI - G)^{-1}zx(0) + (zI - G)^{-1}HU(z) \tag{2.6-10}$$

对上式两端取 z 反变换,得

$$x(k) = \mathscr{Z}^{-1}[(zI - G)^{-1}zx(0)] + \mathscr{Z}^{-1}[(zI - G)^{-1}HU(z)] \tag{2.6-11}$$

比较式(2.6-11)和式(2.6-2),可知

$$G^k x(0) = \mathscr{Z}^{-1}[(zI - G)^{-1}zx(0)] \tag{2.6-12}$$

$$\sum_{j=0}^{k-1} G^{k-j-1}Hu(j) = \mathscr{Z}^{-1}[(zI - G)^{-1}HU(z)] \tag{2.6-13}$$

根据式(2.6-12)可以算出定常离散系统状态转移矩阵中的 $\Phi(k)$。

例 2-21　试用 z 变换法计算例 2-20 中系统的状态转移矩阵 $\Phi(k)$ 及解 $x(k)$。

解:先计算 $(zI-G)^{-1}$,有

$$(zI - G)^{-1} = \begin{bmatrix} z & -1 \\ 0.2 & z+0.9 \end{bmatrix}^{-1} =$$

$$\frac{1}{(z+0.5)(z+0.4)}\begin{bmatrix} z+0.9 & 1 \\ -0.2 & z \end{bmatrix} = \begin{bmatrix} \frac{5}{z+0.4} + \frac{-4}{z+0.5} & \frac{10}{z+0.4} + \frac{-10}{z+0.5} \\ \frac{-2}{z+0.4} + \frac{2}{z+0.5} & \frac{-4}{z+0.4} + \frac{5}{z+0.5} \end{bmatrix}$$

按照式(2.6-12),得

$$\Phi(k) = \mathscr{Z}^{-1}[(zI - G)^{-1}z] = \begin{bmatrix} 5\times(-0.4)^k - 4\times(-0.5)^k & 10\times(-0.4)^k - 10\times(-0.5)^k \\ -2\times(-0.4)^k + 2\times(-0.5)^k & -4\times(-0.4)^k + 5\times(-0.5)^k \end{bmatrix}$$

然后根据式(2.6-10)计算 $x(k)$:

$$\boldsymbol{X}(z) = (z\boldsymbol{I} - \boldsymbol{G})^{-1}(z\boldsymbol{x}(0) + \boldsymbol{HU}(z))$$

因为
$$\boldsymbol{U}(z) = \frac{z}{z-1}$$

故
$$z\boldsymbol{x}(0) + \boldsymbol{HU}(z) = \begin{bmatrix} z \\ -z \end{bmatrix} + \begin{bmatrix} \dfrac{z}{z-1} \\ \dfrac{z}{z-1} \end{bmatrix} = \begin{bmatrix} \dfrac{z^2}{z-1} \\ \dfrac{-z^2+2z}{z-1} \end{bmatrix}$$

于是得

$$\boldsymbol{X}(z) = (z\boldsymbol{I} - \boldsymbol{G})^{-1}z\boldsymbol{x}(0) + (z\boldsymbol{I} - \boldsymbol{G})^{-1}\boldsymbol{HU}(z) =$$

$$\frac{1}{(z+0.4)(z+0.5)}\begin{bmatrix} z+0.9 & 1 \\ -0.2 & z \end{bmatrix} \times \left(\begin{bmatrix} z \\ -z \end{bmatrix} + \begin{bmatrix} \dfrac{z}{z-1} \\ \dfrac{z}{z-1} \end{bmatrix} \right) =$$

$$\frac{1}{(z+0.4)(z+0.5)(z-1)}\begin{bmatrix} z^3 - 0.1z^2 + 2z \\ -z^3 + 1.8z^2 \end{bmatrix} = \begin{bmatrix} \dfrac{-\frac{110}{7}z}{z+0.4} + \dfrac{\frac{46}{3}z}{z+0.5} + \dfrac{\frac{29}{21}z}{z-1} \\ \dfrac{\frac{44}{7}z}{z+0.4} + \dfrac{-\frac{23}{3}z}{z+0.5} + \dfrac{\frac{8}{21}z}{z-1} \end{bmatrix}$$

对 $\boldsymbol{X}(z)$ 取 z 反变换，得

$$\boldsymbol{x}(k) = \mathscr{Z}^{-1}(\boldsymbol{X}(z)) = \begin{bmatrix} -\dfrac{110}{7} \times (-0.4)^k + \dfrac{46}{3} \times (-0.5)^k + \dfrac{29}{21} \\ \dfrac{44}{7} \times (-0.4)^k - \dfrac{23}{3} \times (-0.5)^k + \dfrac{8}{21} \end{bmatrix}$$

若对上式分别令 $k=0,1,2,\cdots$，将得到解序列 $\boldsymbol{x}(0),\boldsymbol{x}(1),\cdots$，见表 2－3。

表 2－3　例 2－21 的解序列

$\boldsymbol{x}(k)$	k				
	0	1	2	3	…
$x_1(k)$	1	0	2.7	0.470	…
$x_2(k)$	−1	1.7	−0.53	0.937	…

计算表明，用 z 变换法所得结果和递推法是一致的，其差别在于 z 变换法所得到的解是封闭的解析形式。

2.7　用 MATLAB 求解线性控制系统的状态方程

一、用 MATLAB 求解矩阵指数函数

1. 给定矩阵 $\boldsymbol{A}$ 和具体的时间 t 的值，计算矩阵指数 $e^{\boldsymbol{A}t}$ 的值

例 2－22　试在 MATLAB 中计算矩阵 $\boldsymbol{A}$ 的状态转移矩阵 $e^{\boldsymbol{A}t}$，并求出在 $t=0.3$ 时 $e^{\boldsymbol{A}t}$ 的值。

$$A = \begin{bmatrix} -3 & 1 \\ 1 & -3 \end{bmatrix}$$

(1)求状态转移矩阵 e^{At}，求解程序见 MATLAB 程序 2.7－1。

MATLAB 程序 2.7－1

```
clear all;
close all;
syms t                %定义基本符号标量 t
A=[-3,1;1,-3];
eAt=expm(A*t)
```

运行结果为

```
eAt =
    [1/2*exp(-2*t)+1/2*exp(-4*t), -1/2*exp(-4*t)+1/2*exp(-2*t)]
    [ -1/2*exp(-4*t)+1/2*exp(-2*t),  1/2*exp(-2*t)+1/2*exp(-4*t)]
```

该结果和例 2－1 结果一致：

$$\boldsymbol{\Phi}(t) = e^{At} = \mathscr{L}^{-1}[(s\boldsymbol{I} - \boldsymbol{A})^{-1}] = \frac{1}{2}\begin{bmatrix} e^{-2t} + e^{-4t} & e^{-2t} - e^{-4t} \\ e^{-2t} - e^{-4t} & e^{-2t} + e^{-4t} \end{bmatrix}$$

(2)$t=0.3$ 时，求 e^{At} 的值，求解程序见 MATLAB 程序 2.7－2。

MATLAB 程序 2.7－2

```
clear all;
close all;
t=0.3                 %定义基本符号标量 t
A=[-3,1;1,-3];
eAt=expm(A*t)
```

运行结果为

```
eAt =
    0.4250    0.1238
    0.1238    0.4250
```

2. 根据所给系统的状态方程，用 MATLAB 求解系统状态方程

例 2－23 已知单输入-单输出系统的状态方程为

$$\begin{cases} \dot{\boldsymbol{x}} = \begin{bmatrix} -3 & 1 \\ 1 & -3 \end{bmatrix}\boldsymbol{x} + \begin{bmatrix} 0 \\ 1 \end{bmatrix}\boldsymbol{u} \\ \boldsymbol{y} = [1 \quad 1]\boldsymbol{x} \end{cases}$$

(1)当 $u=0$，$\boldsymbol{x}(0)=\begin{bmatrix} 1 \\ 0 \end{bmatrix}$时，试求输入为零时状态方程的解，即齐次状态方程的解；

(2)当 $u=1(t)$，$\boldsymbol{x}(0)=\begin{bmatrix} 0 \\ 0 \end{bmatrix}$时，试绘制系统的状态响应及输出响应曲线；

(3)当 $u=1(t)$，$\boldsymbol{x}(0)=\begin{bmatrix} 1 \\ 0 \end{bmatrix}$时，试绘制系统的状态响应及输出响应曲线。

解:(1)求解程序见 MATLAB 程序 2.7－3。

MATLAB 程序 2.7－3

```
clear all;
close all;
A=[-3,1;1,-3];
B=[0;1];
C=[1,1];
D=[0];
x0=[1;0];
SG=ss(A,B,C,D);
syms s;
G0=inv(s*eye(size(A))-A);
x=ilaplace(G0)*x0
    for I=1:61
    tt=0.1*(I-1);
    xt(:,I)=subs(x(:),'t',tt);
end
plot(0:60,[xt]);
xlabel('t/s');
ylabel('幅值');
legend('x1','x2');
grid
```

运行结果为

```
x =
    exp(-2*t)/2 + exp(-4*t)/2
    exp(-2*t)/2 - exp(-4*t)/2
```

其响应曲线如图 2－5 所示。

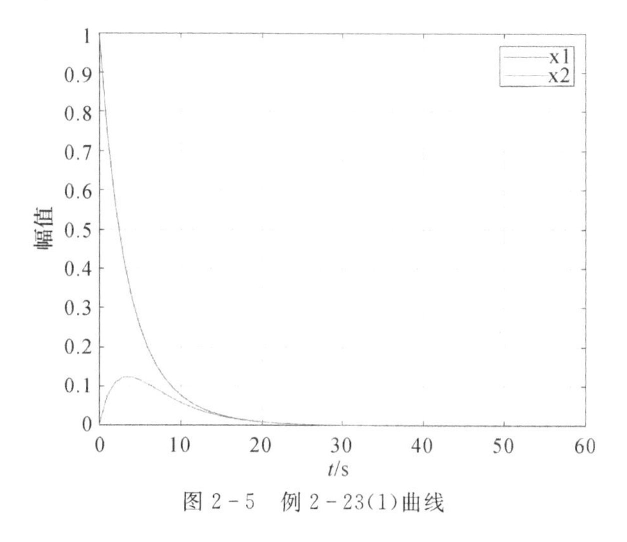

图 2－5　例 2－23(1)曲线

(2)求解程序见 MATLAB 程序 2.7-4。

MATLAB 程序 2.7-4

```
clear all;
close all;
A=[-3,1;1,-3];
B=[0;1];
C=[1,1];
D=[0];
x0=[0;0];
SG=ss(A,B,C,D);
t=[0:0.02:10];
[y,t,x]=step(SG);
plot(t,x(:,1),t,x(:,2),t,y,':r')
xlabel('t/s');
ylabel('幅值');
legend('x1','x2','y');
grid
```

运行结果如图 2-6 所示。

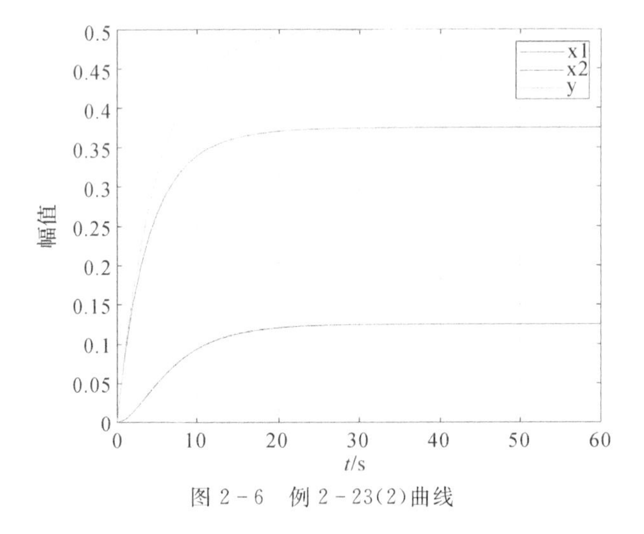

图 2-6 例 2-23(2)曲线

(3)求解程序见 MATLAB 程序 2.7-5。

MATLAB 程序 2.7-5

```
clear all;
close all;
A=[-3,1;1,-3];
B=[0;1];
C=[1,1];
```

```
D=[0];
x0=[1;0];
SG=ss(A,B,C,D);
syms s;
G0=inv(s*eye(size(A))-A);
x1=ilaplace(G0)*x0;
G1=inv(s*eye(size(A))-A)*B;
x2=ilaplace(G1/s);
x=x1+x2;
y=C*x;
for I=1:61;
    tt=0.1*(I-1);
    xt(:,I)=subs(x(:),'t',tt);
    yt(I)=subs(y,'t',tt);
end
plot(0:60,[xt;yt]);
xlabel('t/s');
ylabel('幅值');
legend('x1','x2','y');
grid
```

运行结果如图2-7所示。

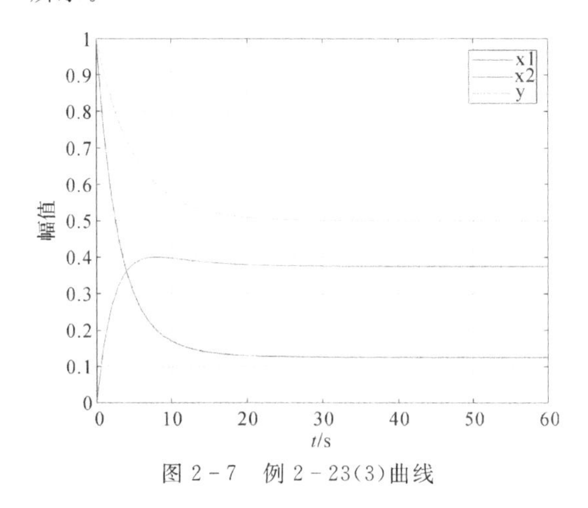

图2-7 例2-23(3)曲线

3. 用MATLAB求离散系统状态方程的解

例2-24 已知一个离散系统的状态方程为

$$\begin{cases}\begin{bmatrix}x_1[(k+1)T]\\x_2[(k+1)T]\end{bmatrix}=\begin{bmatrix}0.9553 & 0.0906\\-0.0906 & 0.8817\end{bmatrix}\begin{bmatrix}x_1(kT)\\x_2(kT)\end{bmatrix}+\begin{bmatrix}0.0047\\0.0906\end{bmatrix}u(kT)\\ y(kT)=\begin{bmatrix}1 & 0\end{bmatrix}\begin{bmatrix}x_1(kT)\\x_2(kT)\end{bmatrix}=x_1(kT)\end{cases}$$

试用MATLAB求解当$T=0.1$ s，输入为单位阶跃函数且初始状态为零状态时的离散输

出 $y(kT)$ 。

解：求解程序见 MATLAB 程序 2.7－6。

MATLAB 程序 2.7－6

```
clear all;
close all;
T=0.1;
G=[0.9953,0.0906;-0.0906,0.8187];
H=[0.0047;0.0906];
C=[1,0];
D=0;
[yd,x,n]=dstep(G,H,C,D);
for k=1:n
     plot([k-1,k-1],[0,yd(k)],'k')
     hold on
end
e=1-yd;
for k=1:n
   for j=1:100
          u(j+(k-1)*100)=e(k);
   end
end
t=(0:0.01:n-0.01)*T;
[yc]=lsim([0,1;0,-2],[0;1],[1,0],[0],u,t);
plot(t/T,yc,':k')
axis([0  80  0  1])
xlable('t/s');
ylable('幅值');
hold off;
```

运行结果如图 2－8 所示。

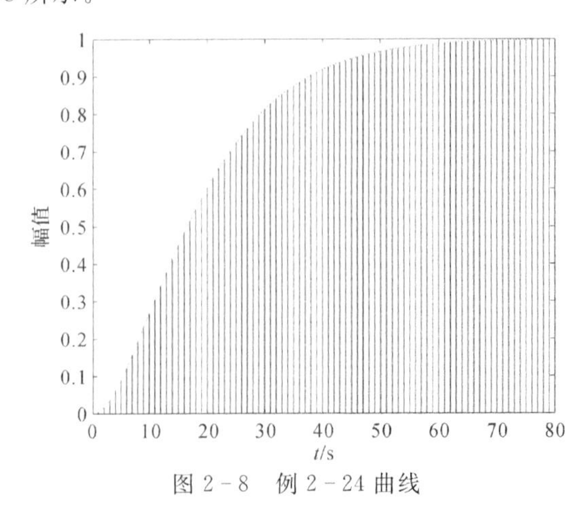

图 2－8　例 2－24 曲线

4. 用 MATLAB 求解一阶倒立摆系统

例 2-25　考虑图 2-9 所示的倒立摆控制系统，用 MATLAB 求系统在零初始条件下的单位阶跃响应。

解：第 1 章例 1-6 中已建立倒立摆的数学模型为

$$\begin{cases} \begin{bmatrix} \dot{x}_1 \\ \dot{x}_2 \\ \dot{x}_3 \\ \dot{x}_4 \end{bmatrix} = \begin{bmatrix} 0 & 1 & 0 & 0 \\ 20.601 & 0 & 0 & 0 \\ 0 & 0 & 0 & 1 \\ -0.4905 & 0 & 0 & 0 \end{bmatrix} \begin{bmatrix} x_1 \\ x_2 \\ x_3 \\ x_4 \end{bmatrix} + \begin{bmatrix} 0 \\ -1 \\ 0 \\ 0.5 \end{bmatrix} u \\ y = \begin{bmatrix} 0 & 0 & 1 & 0 \end{bmatrix} \begin{bmatrix} x_1 \\ x_2 \\ x_3 \\ x_4 \end{bmatrix} \end{cases}$$

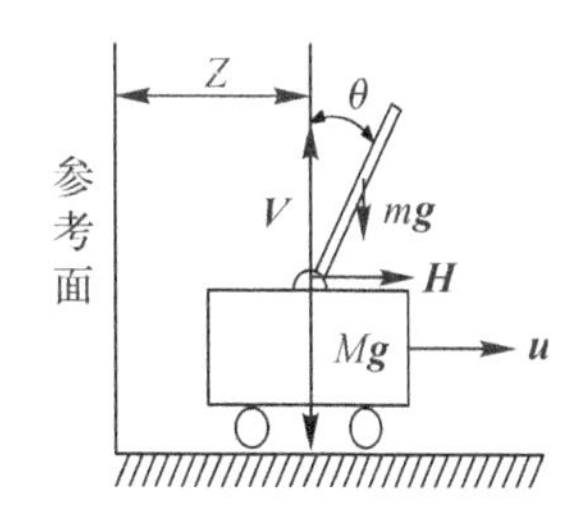

图 2-9　倒立摆装置示意图

MATLAB 程序 2.7-7

```
clear all;
close all;
A=[0 1 0 0;20.601 0 0 0;0 0 0 1;-0.4905 0 0 0];
B=[0;-1;0;0.5];
C=[0 0 1 0];
D=[0];
x0=[0;0;0;0];
SG=ss(A,B,C,D);
step(SG);
grid
```

运行结果如图 2-10 所示。

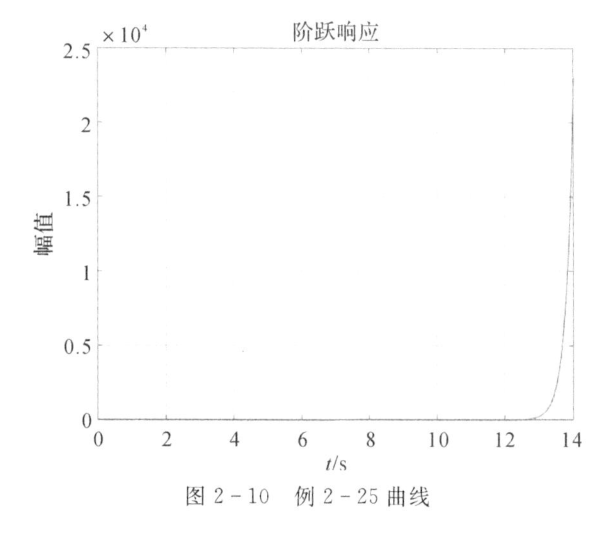

图 2-10　例 2-25 曲线

从仿真曲线可以看出，该系统是不稳定的。

5. 用 MATLAB 求解磁盘驱动器读取系统

例 2-26 磁盘能够在 1 cm 宽度内刻蚀出多达 5000 个磁道，每个磁道的标准宽度仅为 1 μm。因此，磁盘驱动器读取系统对磁头的定位精度和磁头在磁道间的移动精度都有非常高的要求。考虑弹性支架影响的前提下，分析并建立磁盘驱动器系统的状态空间模型，并求系统的阶跃响应曲线。

磁头支架系统如图 2-11 所示。为了保证磁头的快速移动，磁头支撑臂和簧片都非常轻，而且簧片由很薄的弹簧钢制成。因此，在分析设计该系统时，必须将弹性支架的影响考虑在内。如图 2-12(a)所示，控制目标是精确控制磁头的位移 $y(t)$，这里将支架系统简化为一个双质量块(分别为磁头 M_2 和电机 M_1)-弹簧(簧片，弹性系数为 k)系统。作用在质量块 M_1 上的力由直流电机产生，即输入信号 $u(t)$。如果假定簧片是绝对刚性的(弹性系数为无穷大)，则可以认为两个质量块之间通过刚体进行连接，这样就得到了图 2-12 (b)所示的简化模型。该系统所用的参数见表 2-4。

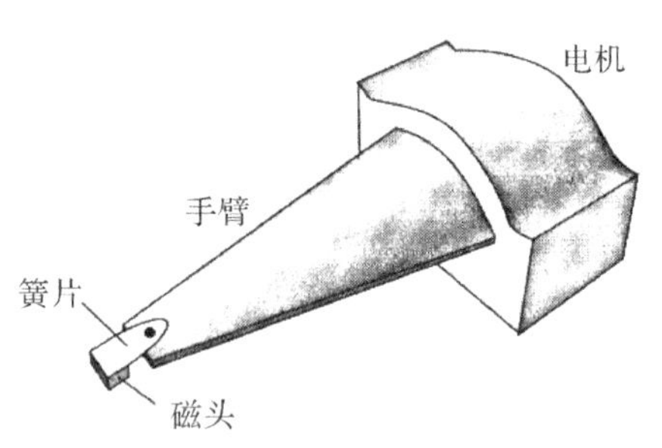

图 2-11　磁头安装结构图

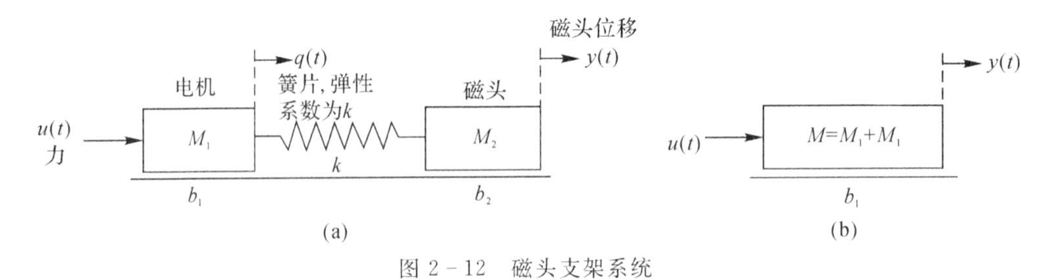

图 2-12　磁头支架系统

(a) 双质量块-弹簧系统；(b) 双质量块-弹簧系统的简化模型

表 2-4　双质量块-弹簧系统的典型参数

参　数	符　号	参数值
电机质量	M_1	20 g (0.02 kg)
簧片弹性系数	k	$10 \leqslant k \leqslant +\infty$
磁头支架质量	M_2	0.5 g (0.0005 kg)
磁头位移	$x_2(t)$	毫米级
M_1 的摩擦系数	b_1	410×10^{-3} N·(m·s^{-1})$^{-1}$
磁场电阻	L	1 Ω
磁场电感	R	1 mH
M_2 的摩擦系数	b_2	4.1×10^{-3} N·(m·s^{-1})$^{-1}$
电机系数	K_m	0.1025 N·m·A^{-1}

解：首先推导图 2-12(b)所示简化系统的传递函数。由表 2-4 中的参数值可以得到，双质量块的总质量为 $M=M_1+M_2=20+0.5=20.5\text{g}=0.0205$ kg，于是有

$$M\frac{\mathrm{d}^2y}{\mathrm{d}t^2}+b_1\frac{\mathrm{d}y}{\mathrm{d}t}=u(t) \tag{2.7-1}$$

对式(2.7-1)在零初始条件下进行拉氏变换，可以得到传递函数为

$$\frac{Y(s)}{U(s)}=\frac{1}{s(Ms+b_1)} \tag{2.7-2}$$

将表 2-4 中的参数值代入式(2.7-2)，可得

$$\frac{Y(s)}{U(s)}=\frac{1}{s(0.0205s+0.410)}=\frac{48.78}{s(s+20)}$$

将电机线圈的传递函数和支架系统传递函数串联之后，可以得到整个磁头读取装置的传递函数模型，如图 2-13 所示。电机线圈传递函数中的参数分别为 $R=1\ \Omega$，$L=1\ \mathrm{mH}$，$K_m=0.1025\ \mathrm{N\cdot m\cdot A^{-1}}$，由此可以得到整个磁头读取装置的传递函数为

$$\frac{Y(s)}{V(s)}=\frac{5000}{s(s+20)(s+1000)}$$

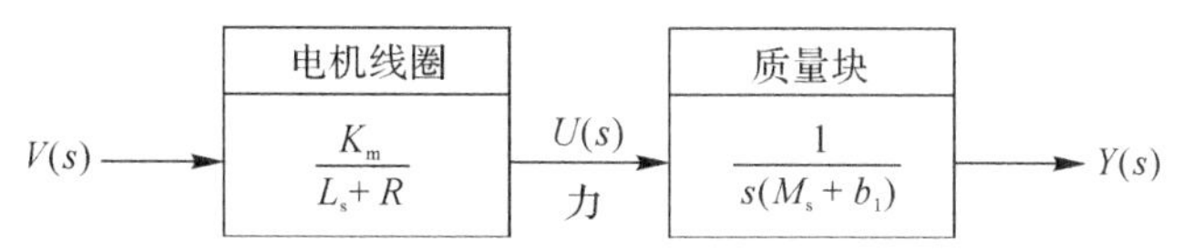

图 2-13　磁头读取装置的传递函数模型(假定簧片无弹性)

接下来，当簧片不是绝对刚性时，推导图 2-12(a)所示的双质量块系统的状态空间模型。该系统的微分方程模型为

质量块 M_1：

$$M_1\frac{\mathrm{d}^2q}{\mathrm{d}t^2}+b_1\frac{\mathrm{d}q}{\mathrm{d}t}+k(q-y)=u(t)$$

质量块 M_2：

$$M_2\frac{\mathrm{d}^2y}{\mathrm{d}t^2}+b_2\frac{\mathrm{d}y}{\mathrm{d}t}+k(y-q)=0$$

选定如下 4 个状态变量：

$$x_1=q,\quad x_2=y,\quad x_3=\frac{\mathrm{d}q}{\mathrm{d}t},\quad x_4=\frac{\mathrm{d}y}{\mathrm{d}t}$$

分析可得系统的状态空间模型为

$$\dot{\boldsymbol{x}}=\boldsymbol{A}\boldsymbol{x}+\boldsymbol{B}u$$

其中

$$\dot{\boldsymbol{x}}=\begin{bmatrix}q\\y\\\dot{q}\\\dot{y}\end{bmatrix},\quad \boldsymbol{B}=\begin{bmatrix}0\\0\\1/M_1\\0\end{bmatrix},\quad \boldsymbol{A}=\begin{bmatrix}0&0&1&0\\0&0&0&1\\-k/M_1&-k/M_1&-b_1/M_1&0\\k/M_2&-k/M_2&0&-b_2/M_2\end{bmatrix}$$

设簧片的弹性系数 $k=10$，将表 2-4 中的其他参数值代入状态空间模型，可得

$$\boldsymbol{B}=\begin{bmatrix}0\\0\\50\\0\end{bmatrix},\quad \boldsymbol{A}=\begin{bmatrix}0&0&1&0\\0&0&0&1\\-500&500&-20.5&0\\20000&-20000&0&-8.2\end{bmatrix}$$

这里，我们研究状态 x_4 的变化情况。如果电感可以忽略不计(即 $L=0$)，则 $u(t)=K_m v(t)$，于是对于阶跃输入信号 $\theta(t)=1, t>0$ 而言，状态 x_4 随时间变化的曲线如图 2-14 所示。很明显，该响应存在相当严重的振荡，因此需要采用 $k>100$ 的弹性系数，也就是说，需要采用具有很强刚性的簧片，才能够降低振荡。

求系统的单位阶跃响应的程序见 MATLAB 程序 2.7-8。

MATLAB 程序 2.7-8

```
clear all;
close all;
%Modelparameters
k=10;
M1=0.02;M2=0.0005;
b1=410e-03;b2=4.1e-03;
t=[0:0.001:1.5];
%State Space Model
A=[0 0 1 0;0 0 0 1;-k/M1  k/M1  -b1/M1  0;  k/M2  -k/M2  0  -b2/M2];
B=[0;0;1/M1;0];
C=[0 0 0 1];
D=[0];
sys=ss(A,B,C,D);
%Simulated Step Response
y=step(sys,t);
plot(t,y);grid
xlabel('t/s'),ylabel('y 的导数(m/s) ')
```

运行结果如图 2-14 所示。

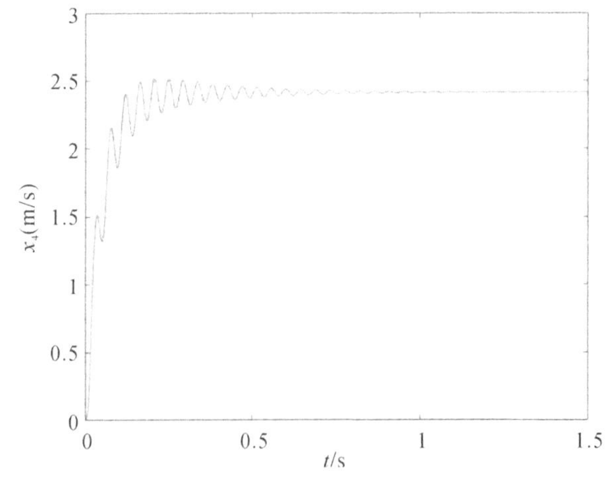

图 2-14　当 $k=10$ 时，双质量块系统的阶跃响应曲线

求系统在单位阶跃下状态方程的解的程序见 MATLAB 程序 2.7-9。

MATLAB 程序 2.7－9

```
clear all;
close all;
%Modelparameters
k=10;
M1=0.02;M2=0.0005;
b1=410e-03;b2=4.1e-03;
t=[0:0.001:1.5];
%State Space Model
A=[0 0 1 0;0 0 0 1;-k/M1 k/M1 -b1/M1 0;k/M2 -k/M2 0 -b2/M2];
B=[0;0;1/M1;0];
C=[0 0 0 1];
D=[0];
t0=0;
u=stepfun(t,t0);
sys=ss(A,B,C,D);
x0=[1 0 1 0];
[y,T,x]=lsim(sys,u,t,x0);
subplot(221),plot(T,x(:,1));grid
xlabel('t/s'),ylabel('x_1')
subplot(222),plot(T,x(:,2));grid
xlabel('t/s'),ylabel('x_2')
subplot(223),plot(T,x(:,3));grid
xlabel('t/s'),ylabel('x_3')
subplot(224),plot(T,x(:,4));grid
xlabel('t/s'),ylabel('x_4')
```

运行结果如图 2－15 所示。

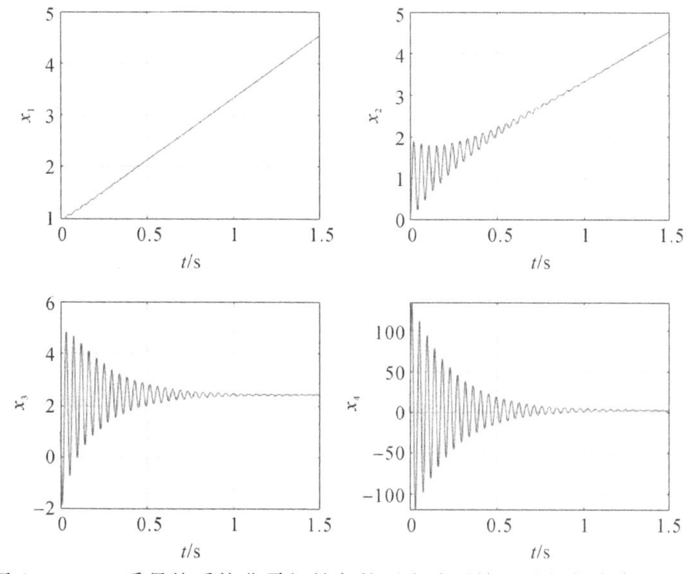

图 2－15　双质量块系统非零初始条件下在阶跃输入时的状态方程的解

例 2-27 受控潜艇的动态特性与飞机、导弹和水面船舶存在显著差异。这一差异主要源于竖直平面上由于浮力导致的动压差。因此，对于潜艇而言，深度控制非常重要。潜艇在水下的航行姿态如图 2-16 所示，根据牛顿运动方程，可以推导出潜艇的动力学方程。出于简化方程的目的，假定角度 θ 非常小，速度 v 保持 25 ft/s[①] 不变。只考虑竖直方向上的控制特性，可以将潜艇的状态变量定义为 $x_1=\theta$、$x_2=\mathrm{d}\theta/\mathrm{d}t$ 和 $x_3=\alpha$，其中 α 为攻角。因此，潜艇的状态向量微分方程为

$$\dot{\boldsymbol{x}}(t)=\begin{bmatrix}0 & 1 & 0\\ -0.0071 & -0.111 & 0.12\\ 0 & 0.07 & -0.3\end{bmatrix}\boldsymbol{x}(t)+\begin{bmatrix}0\\ -0.095\\ 0.072\end{bmatrix}u(t)$$

其中，输入 $u(t)$ 为尾部控制面的倾斜度 $\delta_s(t)$，即 $u(t)=\delta_s(t)$。当初始条件为零，尾部控制面的倾斜度为幅值是 0.285°的阶跃信号时，试求解系统的状态方程。

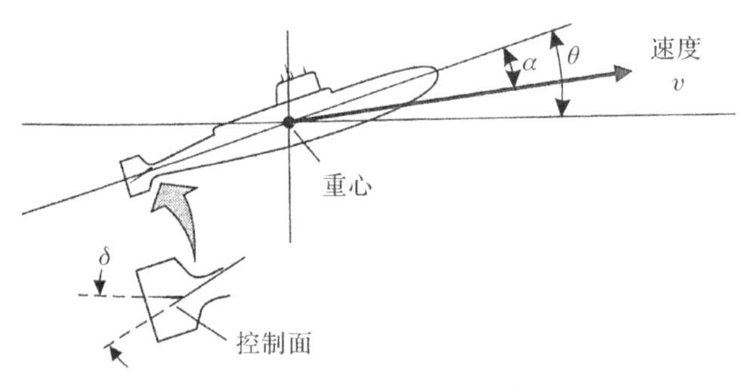

图 2-16 潜艇的深度控制

解: 当初始条件为零，尾部控制面的倾斜度为幅值是 0.285°的阶跃信号时，求解系统的状态方程的程序见 MATLAB 程序 2.7-10。

MATLAB 程序 2.7-10

```
clear all;
close all;
t=[0:0.001:1.5];
%State Space Model
A=[0  1  0;-0.0071  -0.111  0.12;  0  0.07  -0.3];
B=[0;  -0.095;  0.072];
B1=0.285*[0;-0.0950;0.072];
%t0=0;
C=[0,1,0];
D=[0];
x0=[0 0 0];
SG=ss(A,B1,C,D);
[y,t,x]=step(SG);
```

① ft 为长度单位，表示英尺，1 ft=0.3048 m。

```
plot(t,x(:,1),t,x(:,2),t,x(:,3),':r')
xlabel('t/s');
ylabel('幅值');
legend('x1','x2','x3');
grid
```

运行结果如图2-17所示。

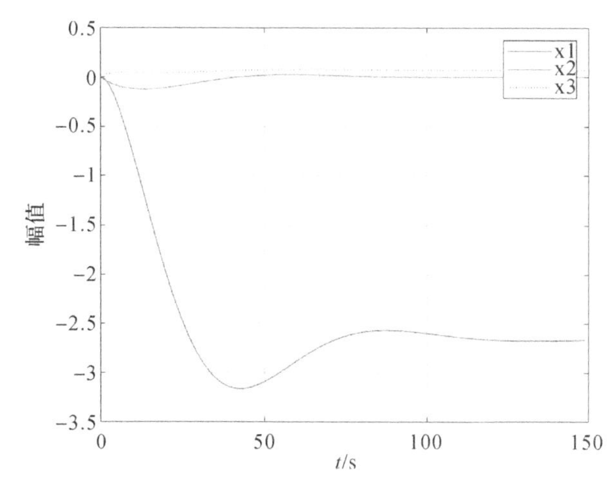

图2-17 潜艇零初始条件下在阶跃输入时的状态方程的解

习 题

2-1 试用三种方法求下列矩阵 $\boldsymbol{A}$ 对应的状态转移矩阵 e^{At}。

(1) $\boldsymbol{A}=\begin{bmatrix}0 & -3\\1 & -4\end{bmatrix}$ (2) $\boldsymbol{A}=\begin{bmatrix}0 & 1 & 0\\0 & 0 & 1\\0 & 1 & 0\end{bmatrix}$

(3) $\boldsymbol{A}=\begin{bmatrix}-2 & 0 & 0\\0 & -1 & 1\\0 & 0 & -1\end{bmatrix}$ (4) $\boldsymbol{A}=\begin{bmatrix}-2 & 0 & 0\\0 & -1 & 0\\0 & 0 & -3\end{bmatrix}$

2-2 试判断下列矩阵是否满足状态转移矩阵的条件；如果满足，试求对应的系统矩阵 $\boldsymbol{A}$。

(1) $\boldsymbol{\Phi}(t)=\begin{bmatrix}e^{2t} & -e^{2t}+e^{t} & -e^{2t}+e^{t}\\0 & e^{-t} & 0\\0 & -e^{-t}+e^{t} & e^{t}\end{bmatrix}$

(2) $\boldsymbol{\Phi}(t)=\begin{bmatrix}1 & \frac{1}{2}(1-e^{-2t})\\0 & e^{-2t}\end{bmatrix}$

(3)$\boldsymbol{\Phi}(t)=\begin{bmatrix} 6e^{-t}-5e^{-2t} & 4e^{-t}-4e^{-2t} \\ -3e^{-t}+3e^{-2t} & 2e^{-t}+3e^{-2t} \end{bmatrix}$

(4)$\boldsymbol{\Phi}(t)=\begin{bmatrix} \frac{5}{2}e^{-3t}+\frac{3}{2}e^{-5t} & \frac{1}{2}e^{-3t}-\frac{1}{2}e^{-5t} \\ -\frac{15}{2}e^{-3t}+\frac{15}{2}e^{-5t} & -\frac{3}{2}e^{-3t}+\frac{5}{2}e^{-5t} \end{bmatrix}$

2-3 设某二阶系统的齐次状态方程为

$$\dot{\boldsymbol{x}}(t)=\boldsymbol{A}\boldsymbol{x}(t)$$

当 $\boldsymbol{x}(0)=\begin{bmatrix}1\\-1\end{bmatrix}$时,$\boldsymbol{x}(t)=\begin{bmatrix}e^{-2t}\\-e^{-2t}\end{bmatrix}$;当 $\boldsymbol{x}(0)=\begin{bmatrix}2\\-1\end{bmatrix}$时,$\boldsymbol{x}(t)=\begin{bmatrix}2e^{-t}\\-e^{-t}\end{bmatrix}$。试求系统的状态转移矩阵 $\boldsymbol{\Phi}(t)$和系统矩阵 $\boldsymbol{A}$。

2-4 设系统的状态方程为

$$\begin{bmatrix}\dot{x}_1\\\dot{x}_2\end{bmatrix}=\begin{bmatrix}0 & 1\\-6 & -5\end{bmatrix}\begin{bmatrix}x_1\\x_2\end{bmatrix}+\begin{bmatrix}1\\0\end{bmatrix}u$$

$$y=\begin{bmatrix}1 & -1\end{bmatrix}\begin{bmatrix}x_1\\x_2\end{bmatrix}$$

(1)试求系统的状态转移矩阵 $\boldsymbol{\Phi}(t)$;

(2)设 $u(t)=1(t)$,初始状态 $x_1(0)=x_2(0)=0$,试求 $x_1(t)$,$x_2(t)$和 $y(t)$;

(3)设 $u(t)=0$,$x_1(0)=1$,$x_2(0)=0$,试求 $x_1(t)$,$x_2(t)$和 $y(t)$;

(4)设 $u(t)=1(t)$,$x_1(0)=1$,$x_2(0)=0$,试求 $x_1(t)$,$x_2(t)$和 $y(t)$。

2-5 系统与习题 2-4 相同,初始状态 $x_1(0)=x_2(0)=0$,当 $u(t)$分别为以下条件时,试求 $x_1(t)$,$x_2(t)$和 $y(t)$:

(1)当 $u(t)=\delta(t)$;

(2)当 $u(t)=e^{-t}$。

2-6 已知系统状态方程为

$$\begin{bmatrix}\dot{x}_1\\\dot{x}_2\end{bmatrix}=\begin{bmatrix}-3 & 1\\1 & -3\end{bmatrix}\begin{bmatrix}x_1\\x_2\end{bmatrix}+\begin{bmatrix}0\\1\end{bmatrix}u(t)$$

其初始状态为$\begin{bmatrix}x_1(0)\\x_2(0)\end{bmatrix}=\begin{bmatrix}1\\0\end{bmatrix}$,试确定该系统在 $u(t)=t$ 时状态方程的解。

2-7 计算下列线性时变系统的状态转移矩阵 $\boldsymbol{\Phi}(t,0)$:

(1)$\boldsymbol{A}(t)=\begin{bmatrix}t & 0\\0 & 0\end{bmatrix}$

(2)$\boldsymbol{A}(t)=\begin{bmatrix}0 & 1\\0 & t\end{bmatrix}$

2-8 已知某线性离散系统的差分方程为

$$y[(k+2)T]+3y[(k+1)T]+2y(kT)=2u[(k+1)T]+3u(kT)$$

(1)试写出该系统的离散状态空间表达式;

(2)若初始状态 $y(0)=0$,$y(T)=1$,$u(kT)=1$,试求解差分方程。

2-9 已知连续时间系统的状态方程为

$$
\begin{cases}
\begin{bmatrix} \dot{x}_1 \\ \dot{x}_2 \end{bmatrix} = \begin{bmatrix} 0 & 1 \\ 0 & -2 \end{bmatrix} \begin{bmatrix} x_1 \\ x_2 \end{bmatrix} + \begin{bmatrix} 0 \\ 1 \end{bmatrix} u \\
y = \begin{bmatrix} 1 & 0 \end{bmatrix} \begin{bmatrix} x_1 \\ x_2 \end{bmatrix}
\end{cases}
$$

假定采用周期 $T=0.1$ s，试将该连续系统状态方程离散化。

2－10　某离散时间系统的结构图如图 2－18 所示。

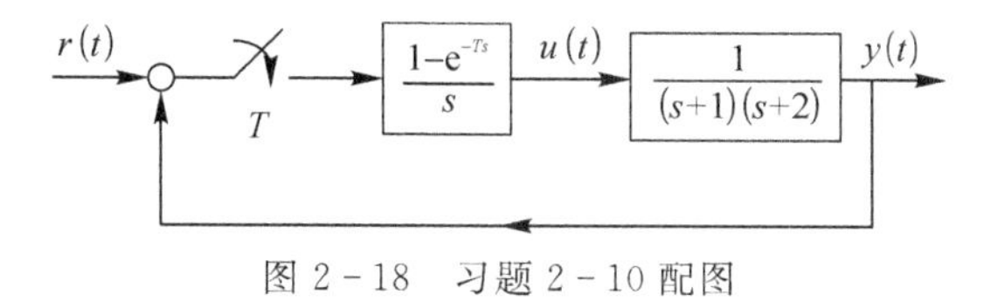

图 2－18　习题 2－10 配图

(1)试求系统离散化的状态空间表达式；

(2)当采样周期 $T=0.1$ s，输入为单位阶跃函数时，试求初始条件为零时的离散系统的输出。

第3章 线性控制系统的可控性和可观测性

可控性和可观测性是状态空间描述中两个很重要的概念，是卡尔曼(R. E. Kalman)在1960年首先提出来的。状态空间描述中，除了输入量和输出量外，还引入了描述系统内部运动的状态向量。状态方程描述输入 $\boldsymbol{u}(t)$ 引起状态 $\boldsymbol{x}(t)$ 的变化过程，输出方程描述由状态和输入变化所引起的输出 $\boldsymbol{y}(t)$ 的变化。把状态看作系统的被控制量，就产生了状态能否被输入控制和能否由输出观测的问题。于是就有"可不可以控制一个处于某个给定状态下的系统，即加上控制输入可不可以使它在有限时间间隔内达到一个希望的状态?"，即研究系统是否可控的问题;"给定一个处于未知状态的系统，可不可以根据一个有限时间间隔内量测到的输出量决定它的状态?"，即研究系统是否可观测的问题。换句话说，可控性定性地描述了输入 $\boldsymbol{u}(t)$ 对状态 $\boldsymbol{x}(t)$ 的控制能力，可观测性定性地描述了输出 $\boldsymbol{y}(t)$ 对状态 $\boldsymbol{x}(t)$ 的反映能力。显然，这两个概念是用状态空间描述系统引出的新概念，在现代控制理论中起着重要作用，为最优控制和最优估计奠定了理论基础。

而在经典控制理论中，只讨论输入对输出量的控制，这两个量之间的关系唯一地由系统传递函数所决定，只要传递函数不为零，系统的输出量就是可控的，所以在经典控制理论中没有涉及可控性问题。另一方面，系统输出一般是可直接测量的，因此不存在可观测性问题。

本章首先介绍线性连续系统、线性离散系统的可控性和可观测性的定义和判据，介绍可控性与可观测性之间的对偶原理。然后研究如何通过非奇异变换将可控系统和可观测系统的状态空间描述化成可控标准形和可观测标准形，对不完全可控系统和不完全可观测系统进行结构分解，并在系统结构分解的基础上介绍传递函数矩阵的最小实现，最后介绍 MATLAB 在系统可控性和可观测性分析中的应用。

首先，通过一个例子来直观了解系统可控性和可观测性的概念。

例 3-1 考虑图 3-1 所示的一个电路。系统状态变量取为电容端电压 x，输入取为电压源 $u(t)$，输出取为电压 $y(t)$。

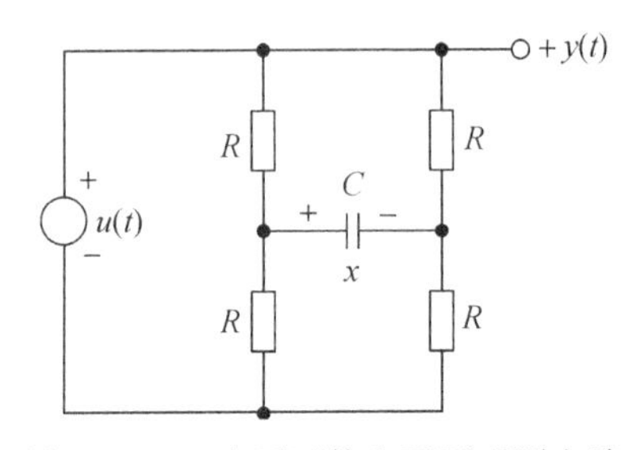

图 3-1 一个不可控和不可观测电路

从电路可以直观看出，若有初始状态 $x(t_0)=0$，则不管如何选取输入 $u(t)$，对所有时刻 $t \geqslant t_0$ 都恒有 $x(t) \equiv 0$，状态 x 不受输入 $u(t)$ 影响，即系统状态为不可控。若有输入 $u(t)=0$，则不论电容初始端电压即初始状态 $x(t_0)$ 取为多少，对所有时刻 $t \geqslant t_0$ 都恒有输出 $y(t) \equiv 0$，状态 x 不能由输出 $y(t)$ 反映，即系统状态为不可观测。基于此可知，这个电路为状态不可控和不可观测系统。

3.1　线性连续系统的可控性

状态可控性是研究系统输入 $\boldsymbol{u}(t)$ 能否控制状态向量 $\boldsymbol{x}(t)$ 的问题，也就是只需考察系统在 $\boldsymbol{u}(t)$ 作用下状态的转移情况，与输出 $\boldsymbol{y}(t)$ 无关，因此只须依据状态方程来讨论状态可控性就可以了。本节先讨论线性连续定常系统的可控性。在给出线性连续定常系统可控性的定义和判别准则前，先引入一个例子。

例 3－2　给定系统的状态空间表达式为

$$(1)\begin{cases}\dot{\boldsymbol{x}}(t)=\begin{bmatrix}-6 & 0\\ 0 & -8\end{bmatrix}\boldsymbol{x}(t)+\begin{bmatrix}3\\ 1\end{bmatrix}\boldsymbol{u}(t)\\ \boldsymbol{y}(t)=\begin{bmatrix}1 & 2\end{bmatrix}\boldsymbol{x}(t)\end{cases}$$

$$(2)\begin{cases}\dot{\boldsymbol{x}}(t)=\begin{bmatrix}-6 & 0\\ 0 & -8\end{bmatrix}\boldsymbol{x}(t)+\begin{bmatrix}0\\ 1\end{bmatrix}\boldsymbol{u}(t)\\ \boldsymbol{y}(t)=\begin{bmatrix}1 & 0\end{bmatrix}\boldsymbol{x}(t)\end{cases}$$

试分析系统的可控性。

解：系统(1)的结构图如图 3－2 所示。

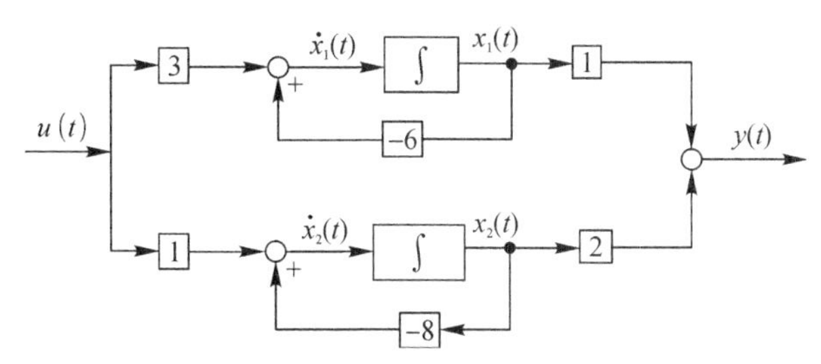

图 3－2　例 3－2(1)系统结构图

由于状态变量 $x_1(t)$，$x_2(t)$ 都受控于输入 $u(t)$，所以系统是可控的。

系统(2)的结构图如图 3－3 所示。

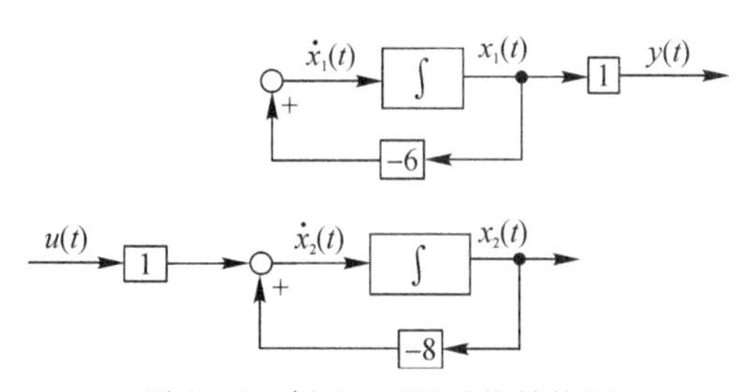

图 3－3　例 3－2(2)系统结构图

由于输入 $u(t)$ 对状态变量 $x_1(t)$ 无作用，所以状态变量 $x_1(t)$ 是不可控的。那么是否状

态变量 $x_i(t)$ 和 $u(t)$ 有联系就一定可控呢？输出 $y(t)$ 能反映状态变量 $x_i(t)$，系统是否就一定可观测呢？请看下式：

$$\begin{cases}\dot{\boldsymbol{x}}(t)=\begin{bmatrix}-6 & 0\\ 0 & -6\end{bmatrix}\boldsymbol{x}(t)+\begin{bmatrix}1\\1\end{bmatrix}\boldsymbol{u}(t)\\ \boldsymbol{y}(t)=\begin{bmatrix}1 & 1\end{bmatrix}\boldsymbol{x}(t)\end{cases} \tag{3.1-1}$$

从状态方程看，输入 $\boldsymbol{u}(t)$ 既能对状态变量 $x_1(t)$ 施加影响，又能对状态变量 $x_2(t)$ 施加影响，似乎该系统的所有状态变量都是可控的。但事实上，这个系统的两个状态变量不是完全可控的。要说明这一情况，就必须首先弄清可控性的严格定义。

应当指出，上述对可控性所做的解释，只是对这个概念的直观但不严密的描述，为了研究可控性的本质属性，并用于分析和判断更为一般和较为复杂的系统，需要对可控性建立严格的定义，并推导出相应的判别准则。

一、可控性的定义

设线性连续时间系统的状态方程为

$$\dot{\boldsymbol{x}}(t)=\boldsymbol{A}(t)\boldsymbol{x}(t)+\boldsymbol{B}(t)\boldsymbol{u}(t),\quad t\in T_t$$

其中：$\boldsymbol{x}(t)$ 为 n 维状态向量；$\boldsymbol{u}(t)$ 为 p 维输入向量；T_t 为时间定义区间；$\boldsymbol{A}(t)$ 和 $\boldsymbol{B}(t)$ 分别为 $n\times n$ 维矩阵和 $n\times p$ 维矩阵。

(1)状态可控：如果对取定初始时刻 $t_0\in T_t$ 的一个非零初始状态 $\boldsymbol{x}(t_0)=\boldsymbol{x}_0$，存在一个时刻 $t_f\in T_t, t_f>t_0$，和一个无约束的容许控制 $\boldsymbol{u}(t), t\in[t_0,t_f]$，使状态由 $\boldsymbol{x}(t_0)=\boldsymbol{x}_0$ 转移到 t_f 时的 $\boldsymbol{x}(t_f)=\boldsymbol{0}$，则称此 $\boldsymbol{x}_0$ 是在 t_0 时刻可控的。

(2)系统可控：如果状态空间中的所有非零状态都是在 t_0（$t_0\in T_t$）时刻可控的，则称系统在时刻 t_0 是完全可控和一致可控的，简称系统在 t_0 时刻可控。

(3)系统不完全可控：取定初始时刻 t_0（$t_0\in T_t$），如果状态空间中存在一个或一些非零状态在时刻 t_0 是不可控的，则称系统在时刻 t_0 是不完全可控的，简称系统是不可控的。

在上述定义中只要求系统在可找到的控制 $\boldsymbol{u}(t)$ 的作用下，使 t_0 时刻的非零状态 x_0 在 T_t 上的一段有限时间内转移到状态空间的坐标原点，而对于状态转移的轨迹则未加任何限制和规定。因此，可控性是表征系统状态运动的一个定性特性。定义中对控制 $\boldsymbol{u}(t)$ 的每个分量的幅值并未加以限制，可为任意大的要求值。但 $\boldsymbol{u}(t)$ 必须是容许控制，即 $\boldsymbol{u}(t)$ 的每个分量 $u_i(t)(i=1,2,\cdots,p)$ 均在时间区间 T_t 上二次方可积，即

$$\int_{t_0}^{T}\left|u_i(t)\right|^2\mathrm{d}t<+\infty\quad(t_0,T\in T_t)$$

此外，对于线性时变系统，其可控性与初始时刻 t_0 的选取有关，是相对于 T_t 中的一个取定时刻 t_0 来定义的。而对于线性定常系统，其可控性与初始时刻 t_0 的选取无关。

(4)状态与系统的可达：若存在可将状态 $\boldsymbol{x}(t_0)=\boldsymbol{0}$ 转移到 $\boldsymbol{x}(t_f)=\boldsymbol{x}_f$ 的控制作用，则称状态 $\boldsymbol{x}_f$ 是 t_0 时刻可达的。若 $\boldsymbol{x}_f$ 对所有时刻都是可达的，则称 $\boldsymbol{x}_f$ 为完全可达或一致可达。若系统对于状态空间中的每一个状态都是时刻 t_0 可达的，则称该系统是 t_0 时刻状态完全可达的，或简称该系统是 t_0 时刻可达的。

对于线性定常连续系统，可控性与可达性是等价的。但对于离散系统和时变系统，严格地说两者是不等价的。

上述定义可以在二阶系统的状态平面上来说明(如图 3-4 所示),假如状态平面中的 P 点可在输入的作用下驱动到任一指定状态 $P_1, P_2, \cdots, P_n$,那么状态平面的 P 点是可控状态。假如可控状态"充满"整个状态空间,即对于任意初始状态都可找到相应的控制输入 $\boldsymbol{u}(t)$,使得在有限时间区间内,将状态转移到状态空间的任一指定状态,则该系统为状态完全可控。可以看出,系统中某一状态的可控和系统的状态完全可控在含义上是不同的。

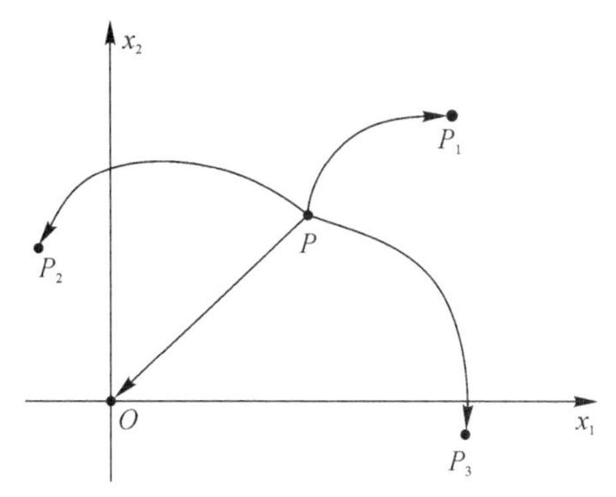

图 3-4　系统可控性示意图

还应指出的是,在可控的定义中,我们所关心的只是是否存在某个分段连续的输入 $u(t)$ 可把任意初始状态转移到零,并不要求算出具体的输入和状态轨线。

二、可控性的判别准则

考虑线性定常连续系统的状态方程:

$$\dot{\boldsymbol{x}}(t) = \boldsymbol{A}\boldsymbol{x}(t) + \boldsymbol{B}\boldsymbol{u}(t), \quad \boldsymbol{x}(0) = \boldsymbol{x}_0, t \geqslant 0 \tag{3.1-2}$$

式中,$\boldsymbol{x}(t)$ 为 n 维状态向量,$\boldsymbol{u}(t)$ 为 p 维输入向量,$\boldsymbol{A}$ 和 $\boldsymbol{B}$ 分别为 $n \times n$ 维矩阵和 $n \times p$ 维常值矩阵。下面根据矩阵 $\boldsymbol{A}$ 和 $\boldsymbol{B}$ 给出系统可控性的常用判据。

1. 格拉姆(Gram)矩阵判据

定理 3.1　(格拉姆矩阵判据) 线性连续定常系统[见式(3.1-2)]状态完全可控的充分必要条件是,存在时刻 $t_1 > 0$ 使如下的格拉姆矩阵为非奇异:

$$\boldsymbol{W}_{\mathrm{C}}(0, t_1) \stackrel{\mathrm{def}}{=} \int_0^{t_1} \mathrm{e}^{-\boldsymbol{A}t} \boldsymbol{B} \boldsymbol{B}^{\mathrm{T}} \mathrm{e}^{-\boldsymbol{A}^{\mathrm{T}} t} \mathrm{d}t \tag{3.1-3}$$

证明:(1)充分性。已知矩阵 $\boldsymbol{W}_{\mathrm{C}}(0, t_1)$ 为非奇异,欲证系统完全可控。

由于 $\boldsymbol{W}(0, t_1)$ 非奇异,故 $\boldsymbol{W}_{\mathrm{C}}^{-1}(0, t_1)$ 存在。对任一非零初始状态 $\boldsymbol{x}_0$ 可选取控制 $\boldsymbol{u}(t)$ 为

$$\boldsymbol{u}(t) = -\boldsymbol{B}^{\mathrm{T}} \mathrm{e}^{-\boldsymbol{A}^{\mathrm{T}} t} \boldsymbol{W}_{\mathrm{C}}^{-1}(0, t_1) \boldsymbol{x}_0, \quad t \in [t_0, t_1]$$

则在 $\boldsymbol{u}(t)$ 作用下,系统式(3.1-2)在 t_1 时刻的解为

$$\boldsymbol{x}(t_1) = \mathrm{e}^{\boldsymbol{A}t_1} \boldsymbol{x}_0 + \int_0^{t_1} \mathrm{e}^{\boldsymbol{A}(t_1 - t)} \boldsymbol{B}\boldsymbol{u}(t) \mathrm{d}t = \mathrm{e}^{\boldsymbol{A}t_1} \boldsymbol{x}_0 - \mathrm{e}^{\boldsymbol{A}t_1} \int_0^{t_1} \mathrm{e}^{-\boldsymbol{A}t} \boldsymbol{B} \boldsymbol{B}^{\mathrm{T}} \mathrm{e}^{-\boldsymbol{A}^{\mathrm{T}} t} \mathrm{d}t \, \boldsymbol{W}_{\mathrm{C}}^{-1}(0, t_1) \boldsymbol{x}_0 =$$

$$\mathrm{e}^{\boldsymbol{A}t_1} \boldsymbol{x}_0 - \mathrm{e}^{\boldsymbol{A}t_1} \boldsymbol{W}_{\mathrm{C}}(0, t_1) \boldsymbol{W}_{\mathrm{C}}^{-1}(0, t_1) \boldsymbol{x}_0 = \boldsymbol{0}, \quad \forall \ \boldsymbol{x}_0 \in R^n$$

这表明,对任一取定的初始状态 $\boldsymbol{x}_0 \neq \boldsymbol{0}$,都存在有限时刻 $t_1 > 0$ 和控制 $\boldsymbol{u}(t)$,使状态由 $\boldsymbol{x}_0$ 转移到 t_1 时刻的状态 $\boldsymbol{x}(t_1) = \boldsymbol{0}$,于是根据定义可知系统完全可控。充分性得证。

(2)必要性。已知系统完全可控,欲证 $\boldsymbol{W}_{\mathrm{C}}(0, t_1)$ 为非奇异。

采用反证法,假设 $\boldsymbol{W}_{\mathrm{C}}(0, t_1)$ 为奇异,则存在某个非零向量 $\bar{\boldsymbol{x}}_0 \in R^n$,使下式成立:

$$\bar{\boldsymbol{x}}_0^{\mathrm{T}}\boldsymbol{W}_{\mathrm{C}}(0,t_1)\bar{\boldsymbol{x}}_0=\mathbf{0}$$

由此导出

$$\bar{\boldsymbol{x}}_0^{\mathrm{T}}\boldsymbol{W}_{\mathrm{C}}(0,t_1)\bar{\boldsymbol{x}}_0=\int_0^{t_1}\bar{\boldsymbol{x}}_0^{\mathrm{T}}\mathrm{e}^{-\boldsymbol{A}t}\boldsymbol{B}\boldsymbol{B}^{\mathrm{T}}\mathrm{e}^{-\boldsymbol{A}^{\mathrm{T}}t}\bar{\boldsymbol{x}}_0\mathrm{d}t=\int_0^{t_1}(\boldsymbol{B}^{\mathrm{T}}\mathrm{e}^{-\boldsymbol{A}^{\mathrm{T}}t}\bar{\boldsymbol{x}}_0)^{\mathrm{T}}(\boldsymbol{B}^{\mathrm{T}}\mathrm{e}^{-\boldsymbol{A}^{\mathrm{T}}t}\bar{\boldsymbol{x}}_0)\mathrm{d}t=$$

$$\int_0^{t_1}\|\boldsymbol{B}^{\mathrm{T}}\mathrm{e}^{-\boldsymbol{A}^{\mathrm{T}}t}\bar{\boldsymbol{x}}_0\|^2\mathrm{d}t=0 \tag{3.1-4}$$

式中，$\|\bullet\|$为范数，故其必非负。于是，欲使式(3.1-4)成立，应当有

$$\boldsymbol{B}^{\mathrm{T}}\mathrm{e}^{-\boldsymbol{A}^{\mathrm{T}}t}\bar{\boldsymbol{x}}_0=\mathbf{0},\quad \forall t\in[0,t_1] \tag{3.1-5}$$

另一方面，因系统完全可控，根据定义，对此非零向量 $\bar{\boldsymbol{x}}_0$ 应有

$$\boldsymbol{x}(t_1)=\mathrm{e}^{\boldsymbol{A}t_1}\bar{\boldsymbol{x}}_0+\int_0^{t_1}\mathrm{e}^{\boldsymbol{A}t_1}\mathrm{e}^{-\boldsymbol{A}t}\boldsymbol{B}\boldsymbol{u}(t)\mathrm{d}t=\mathbf{0}$$

由此又可导出

$$\bar{\boldsymbol{x}}_0=-\int_0^{t_1}\mathrm{e}^{-\boldsymbol{A}t}\boldsymbol{B}\boldsymbol{u}(t)\mathrm{d}t$$

$$\|\bar{\boldsymbol{x}}_0\|^2=\bar{\boldsymbol{x}}_0^{\mathrm{T}}\bar{\boldsymbol{x}}_0=\left(-\int_0^{t_1}\mathrm{e}^{-\boldsymbol{A}t}\boldsymbol{B}\boldsymbol{u}(t)\mathrm{d}t\right)^{\mathrm{T}}\bar{\boldsymbol{x}}_0=-\int_0^{t_1}\boldsymbol{u}^{\mathrm{T}}(t)\boldsymbol{B}^{\mathrm{T}}\mathrm{e}^{-\boldsymbol{A}^{\mathrm{T}}t}\bar{\boldsymbol{x}}_0\mathrm{d}t \tag{3.1-6}$$

再利用式(3.1-5)，则由式(3.1-6)可得

$$\|\bar{\boldsymbol{x}}_0\|^2=0,\quad 即\ \bar{\boldsymbol{x}}_0=\mathbf{0}$$

显然，此结果与假设 $\bar{\boldsymbol{x}}_0\neq\mathbf{0}$ 相矛盾，即 $\boldsymbol{W}_{\mathrm{C}}(0,t_1)$ 为奇异的假设不成立。因此，若系统完全可控，$\boldsymbol{W}_{\mathrm{C}}(0,t_1)$ 必为非奇异。必要性得证。

至此，格拉姆矩阵判据证毕。可以看出，在应用格拉姆矩阵判据时需要计算矩阵指数函数 $\mathrm{e}^{\boldsymbol{A}t}$，在 $\boldsymbol{A}$ 的维数 n 较大时计算 $\mathrm{e}^{\boldsymbol{A}t}$ 是困难的。所以格拉姆矩阵判据主要用于理论分析。

2. 秩判据

定理 3.2 线性定常连续系统式(3.1-2)，其状态完全可控的充分必要条件是由矩阵 $\boldsymbol{A}$，$\boldsymbol{B}$ 所构成的如下可控性判别矩阵满秩：

$$\boldsymbol{Q}_{\mathrm{C}}=[\boldsymbol{B}\quad \boldsymbol{AB}\quad \boldsymbol{A}^2\boldsymbol{B}\quad \cdots\quad \boldsymbol{A}^{n-1}\boldsymbol{B}] \tag{3.1-7}$$

即

$$\mathrm{rank}\,\boldsymbol{Q}_{\mathrm{C}}=n \tag{3.1-8}$$

式中，n 是该系统的维数。

证明：(1)充分性。已知 $\mathrm{rank}\,\boldsymbol{Q}_{\mathrm{C}}=n$，欲证系统完全可控。

采用反证法，反设系统为不完全可控，则根据格拉姆矩阵判据可知

$$\boldsymbol{W}_{\mathrm{C}}(0,t_1)=\int_0^{t_1}\mathrm{e}^{-\boldsymbol{A}t}\boldsymbol{B}\boldsymbol{B}^{\mathrm{T}}\mathrm{e}^{-\boldsymbol{A}^{\mathrm{T}}t}\mathrm{d}t,\quad \forall t_1>0$$

为奇异，这意味着存在某个非零 n 维向量 $\boldsymbol{\alpha}$ 使下式成立：

$$\boldsymbol{\alpha}^{\mathrm{T}}\boldsymbol{W}_{\mathrm{C}}(0,t_1)\boldsymbol{\alpha}=\int_0^{t_1}\boldsymbol{\alpha}^{\mathrm{T}}\mathrm{e}^{-\boldsymbol{A}t}\boldsymbol{B}\boldsymbol{B}^{\mathrm{T}}\mathrm{e}^{-\boldsymbol{A}^{\mathrm{T}}t}\boldsymbol{\alpha}\mathrm{d}t=\int_0^{t_1}(\boldsymbol{\alpha}^{\mathrm{T}}\mathrm{e}^{-\boldsymbol{A}t}\boldsymbol{B})(\boldsymbol{\alpha}^{\mathrm{T}}\mathrm{e}^{-\boldsymbol{A}t}\boldsymbol{B})^{\mathrm{T}}\mathrm{d}t=0 \tag{3.1-9}$$

显然，由此可以导出

$$\boldsymbol{\alpha}^{\mathrm{T}}\mathrm{e}^{-\boldsymbol{A}t}\boldsymbol{B}=\mathbf{0},\quad \forall t\in[0,t_1] \tag{3.1-10}$$

将式(3.1-10)对时间 t 求导至 $n-1$ 次，再在所得结果中令 $t=0$，可得

$$\boldsymbol{\alpha}^{\mathrm{T}}\boldsymbol{B}=\mathbf{0},\quad \boldsymbol{\alpha}^{\mathrm{T}}\boldsymbol{AB}=\mathbf{0},\quad \boldsymbol{\alpha}^{\mathrm{T}}\boldsymbol{A}^2\boldsymbol{B}=\mathbf{0},\quad \cdots,\quad \boldsymbol{\alpha}^{\mathrm{T}}\boldsymbol{A}^{n-1}\boldsymbol{B}=\mathbf{0} \tag{3.1-11}$$

式(3.1-11)又可表示为

$$\boldsymbol{\alpha}^{\mathrm{T}}[\boldsymbol{B} \quad \boldsymbol{AB} \quad \boldsymbol{A}^2\boldsymbol{B} \quad \cdots \quad \boldsymbol{A}^{n-1}\boldsymbol{B}] = \boldsymbol{\alpha}^{\mathrm{T}} \boldsymbol{Q}_{\mathrm{C}} = \boldsymbol{0} \tag{3.1-12}$$

由于 $\boldsymbol{\alpha} \neq \boldsymbol{0}$，所以式(3.1-12)意味着 $\boldsymbol{Q}_{\mathrm{C}}$ 为行线性相关，即 $\mathrm{rank}\,\boldsymbol{Q}_{\mathrm{C}} < n$，这显然和已知 $\mathrm{rank}\,\boldsymbol{Q}_{\mathrm{C}} = n$ 相矛盾。因而反设不成立，系统应为完全可控。

(2)必要性。已知系统完全可控，欲证 $\mathrm{rank}\,\boldsymbol{Q}_{\mathrm{C}} = n$。

采用反证法，假设 $\mathrm{rank}\,\boldsymbol{Q}_{\mathrm{C}} < n$，这意味着 $\boldsymbol{Q}_{\mathrm{C}}$ 为行线性相关，因此必存在一个非零 n 维常数向量 $\boldsymbol{\alpha}$ 使下式成立：

$$\boldsymbol{\alpha}^{\mathrm{T}} \boldsymbol{Q}_{\mathrm{C}} = \boldsymbol{\alpha}^{\mathrm{T}}[\boldsymbol{B} \quad \boldsymbol{AB} \quad \boldsymbol{A}^2\boldsymbol{B} \quad \cdots \quad \boldsymbol{A}^{n-1}\boldsymbol{B}] = \boldsymbol{0} \tag{3.1-13}$$

考虑到问题的一般性，由式(3.1-13)可导出

$$\boldsymbol{\alpha}^{\mathrm{T}} \boldsymbol{A}^i\boldsymbol{B} = \boldsymbol{0}, \quad i = 0,1,\cdots,n-1 \tag{3.1-14}$$

根据凯莱-哈密顿定理可知 $\boldsymbol{A}^n$，$\boldsymbol{A}^{n+1}$，…均可表示为 $\boldsymbol{I},\boldsymbol{A},\boldsymbol{A}^2,\cdots,\boldsymbol{A}^{n-1}$ 的线性组合。因而式(3.1-14)又可写为

$$\boldsymbol{\alpha}^{\mathrm{T}} \boldsymbol{A}^i\boldsymbol{B} = \boldsymbol{0}, \quad i = 0,1,\cdots \tag{3.1-15}$$

从而对任意 $t_1 > 0$ 有

$$(-1)^i \boldsymbol{\alpha}^{\mathrm{T}} \frac{\boldsymbol{A}^i t^i}{i\,!}\boldsymbol{B} = \boldsymbol{0}; \quad \forall t \in [0,t_1], \quad i = 0,1,\cdots \tag{3.1-16}$$

或

$$\boldsymbol{\alpha}^{\mathrm{T}}\left(\boldsymbol{I} - \boldsymbol{A}t + \frac{1}{2}\boldsymbol{A}^2 t^2 - \frac{1}{3!}\boldsymbol{A}^3 t^3 + \cdots\right)\boldsymbol{B} = \boldsymbol{\alpha}^{\mathrm{T}} \mathrm{e}^{-\boldsymbol{A}t}\boldsymbol{B} = \boldsymbol{0}, \forall t \in [0,t_1] \tag{3.1-17}$$

因而有

$$\boldsymbol{\alpha}^{\mathrm{T}}\left(\int_0^{t_1} \mathrm{e}^{-\boldsymbol{A}t}\boldsymbol{B}\,\boldsymbol{B}^{\mathrm{T}}\mathrm{e}^{-\boldsymbol{A}^{\mathrm{T}}t}\mathrm{d}t\right)\boldsymbol{\alpha} = \boldsymbol{\alpha}^{\mathrm{T}}\boldsymbol{W}_{\mathrm{C}}(0,t_1)\boldsymbol{\alpha} = \boldsymbol{0} \tag{3.1-18}$$

已知 $\boldsymbol{\alpha} \neq \boldsymbol{0}$，若式(3.1-18)成立，则 $\boldsymbol{W}_{\mathrm{C}}(0,t_1)$ 必为奇异，系统为不完全可控，这与已知结果相矛盾。于是有 $\mathrm{rank}\,\boldsymbol{Q}_{\mathrm{C}} = n$，必要性得证。

秩判据证毕。

由于 $\boldsymbol{Q}_{\mathrm{C}}$ 用来判别系统的可控性，故称 $\boldsymbol{Q}_{\mathrm{C}}$ 为系统的可控性判别矩阵。

例 3-3　试用秩判据判别例 3-2 两个系统的可控性：

(1) $\dot{\boldsymbol{x}} = \begin{bmatrix} -6 & 0 \\ 0 & -8 \end{bmatrix}\boldsymbol{x} + \begin{bmatrix} 3 \\ 1 \end{bmatrix}\boldsymbol{u}$；

(2) $\dot{\boldsymbol{x}} = \begin{bmatrix} -6 & 0 \\ 0 & -8 \end{bmatrix}\boldsymbol{x} + \begin{bmatrix} 0 \\ 1 \end{bmatrix}\boldsymbol{u}$。

解：(1)根据式(3.1-7)构造可控性判别矩阵，即

$$\boldsymbol{Q}_{\mathrm{C}} = [\boldsymbol{B} \quad \boldsymbol{AB}] = \begin{bmatrix} 3 & -18 \\ 1 & -8 \end{bmatrix} \tag{3.1-19}$$

$$\mathrm{rank}\,\boldsymbol{Q}_{\mathrm{C}} = 2 = n \tag{3.1-20}$$

因此该系统是状态完全可控的，或简称系统是可控的。

(2)构造可控性判别矩阵，即

$$\boldsymbol{Q}_{\mathrm{C}} = [\boldsymbol{B} \quad \boldsymbol{AB}] = \begin{bmatrix} 0 & 0 \\ 1 & -8 \end{bmatrix} \tag{3.1-21}$$

显然，$\mathrm{rank}\,\boldsymbol{Q}_{\mathrm{C}} = 1 < n$。因此该系统是状态不完全可控的，或简称系统是不可控的。

例 3-4 试用秩判据判别下述系统的可控性:

$$\dot{\boldsymbol{x}} = \begin{bmatrix} 0 & 1 & 0 \\ 0 & 0 & 1 \\ 3 & 1 & -3 \end{bmatrix} \boldsymbol{x} + \begin{bmatrix} 1 & 0 \\ 0 & -1 \\ -1 & 1 \end{bmatrix} \boldsymbol{u}$$

解:构造可控性判别矩阵,即

$$\boldsymbol{Q}_{\mathrm{C}} = [\boldsymbol{B} \quad \boldsymbol{AB} \quad \boldsymbol{A}^2\boldsymbol{B}] = \begin{bmatrix} 1 & 0 & 0 & -1 & -1 & 1 \\ 0 & -1 & -1 & 1 & 6 & -4 \\ -1 & 1 & 6 & -4 & -19 & 10 \end{bmatrix}$$

易判断 $\mathrm{rank}\,\boldsymbol{Q}_{\mathrm{C}} = 3 = n$,故原系统是状态完全可控的。

实际应用中,如果系统的阶次 n 和输入维数 p 都比较大,判别 $\boldsymbol{Q}_{\mathrm{C}}$ 的秩是比较困难的,考虑到

$$\mathrm{rank}\,\boldsymbol{Q}_{\mathrm{C}} = \mathrm{rank}\boldsymbol{Q}_{\mathrm{C}}\boldsymbol{Q}_{\mathrm{C}}^{\mathrm{T}}$$

式中,$\boldsymbol{Q}_{\mathrm{C}}^{\mathrm{T}}$ 是 $\boldsymbol{Q}_{\mathrm{C}}$ 的转置矩阵,故可以通过计算 $\boldsymbol{Q}_{\mathrm{C}}\boldsymbol{Q}_{\mathrm{C}}^{\mathrm{T}}$ 的秩来确定 $\boldsymbol{Q}_{\mathrm{C}}$ 的秩。由于 $\boldsymbol{Q}_{\mathrm{C}}\boldsymbol{Q}_{\mathrm{C}}^{\mathrm{T}}$ 是一个 $n \times n$ 维方阵,因此确定其秩是比较方便的。

对于本例有

$$\boldsymbol{Q}_{\mathrm{C}}\,\boldsymbol{Q}_{\mathrm{C}}^{\mathrm{T}} = \begin{bmatrix} 4 & -11 & 32 \\ -11 & 55 & -165 \\ 32 & -165 & 515 \end{bmatrix}$$

容易看出,$\mathrm{rank}\boldsymbol{Q}_{\mathrm{C}}\boldsymbol{Q}_{\mathrm{C}}^{\mathrm{T}} = 3 = n$,因此同样可以得出系统是可控的。

例 3-5 考查式(3.1-1)所示系统的可控性。

解:由式(3.1-1)可知

$$\boldsymbol{Q}_{\mathrm{C}} = \begin{bmatrix} 1 & -6 \\ 1 & -6 \end{bmatrix} \tag{3.1-22}$$

这是一个奇异阵,$\mathrm{rank}\,\boldsymbol{Q}_{\mathrm{C}} = 1 < n$,所以该系统不是状态完全可控的。该系统结构图如图 3-5所示。

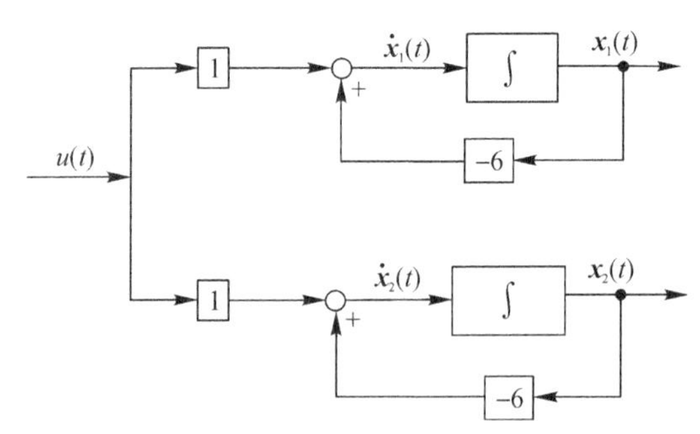

图 3-5 式(3.1-1)系统的结构图

可以看出,这个系统的状态变量 $x_1(t)$,$x_2(t)$ 似乎均受控于输入 $u(t)$,然而可控判别矩阵表明该系统是不可控的。对于这一点,我们只要根据可控性定义便可得到解释。实际上,该系统由两个结构上完全相同,且又是相互独立的一阶系统组成,如图 3-6 所示。显然,只有在其初始状态 $x_1(t_0)$ 和 $x_2(t_0)$ 相同的条件下,才存在某一 $u(t)$,将 $x_1(t_0)$,$x_2(t_0)$ 在有限时间区间内转移到零;否则是不可能的。也就是说,倘若 $x_1(t_0) \neq x_2(t_0)$,就找不到一个输入 $u(t)$ 将它们转移到零。这当然是不符合可控定义的,所以该系统是不可控的。

3. 约当标准形判据

定理 3.3　(可控性判别准则 1) 若线性定常连续系统式(3.1-2)的系统矩阵 $\boldsymbol{A}$ 具有互不相同的特征值，则其状态完全可控的充分必要条件是在下述系统经线性非奇异变换后的对角线标准形中：

$$\dot{\bar{\boldsymbol{x}}}(t)=\begin{bmatrix}\lambda_1 & & & \\ & \lambda_2 & & \\ & & \ddots & \\ & & & \lambda_n\end{bmatrix}\bar{\boldsymbol{x}}(t)+\bar{\boldsymbol{B}}\boldsymbol{u}(t) \qquad (3.1-23)$$

$\bar{\boldsymbol{B}}$ 矩阵不包含元素全为 0 的行。

例 3-6　请用定理 3.3 判断下列系统的可控性：

(1) $$\begin{bmatrix}\dot{x}_1\\ \dot{x}_2\\ \dot{x}_3\end{bmatrix}=\begin{bmatrix}-1 & 0 & 0\\ 0 & -2 & 0\\ 0 & 0 & -3\end{bmatrix}\begin{bmatrix}x_1\\ x_2\\ x_3\end{bmatrix}+\begin{bmatrix}1\\ 5\\ 1\end{bmatrix}u$$

(2) $$\begin{bmatrix}\dot{x}_1\\ \dot{x}_2\\ \dot{x}_3\end{bmatrix}=\begin{bmatrix}-1 & 0 & 0\\ 0 & -2 & 0\\ 0 & 0 & -3\end{bmatrix}\begin{bmatrix}x_1\\ x_2\\ x_3\end{bmatrix}+\begin{bmatrix}0 & 1\\ 0 & 0\\ 2 & 5\end{bmatrix}\begin{bmatrix}u_1\\ u_2\end{bmatrix}$$

解：上述两个系统的系统矩阵 $\boldsymbol{A}$ 均是对角线标准形，且具有互异特征根，可以用定理 3.3 判断。对于系统(1)，$\boldsymbol{B}$ 矩阵中不含有元素全为零的行，故系统(1)是可控的；对于系统(2)，由于其 $\boldsymbol{B}$ 矩阵的第二行元素全为零，故系统(2)是不可控的。

几点说明：

(1)该判别准则的思路是通过非奇异变换把状态方程化为对角线标准形，使变换后的各状态变量之间没有耦合关系，从而使影响每一个状态变量的唯一途径是输入控制作用。这样，便可直接从 $\boldsymbol{B}$ 矩阵是否含有元素全为零的行来判别系统的可控性，因为倘若 $\boldsymbol{B}$ 矩阵中某一行元素全为零，这表明输入 $\boldsymbol{u}$ 不能直接影响该行所对应的状态变量，而该状态变量又不通过其他状态变量间接受到控制，所以该状态变量是不可控的。

(2)这个判别准则的应用条件是系统矩阵 $\boldsymbol{A}$ 具有互不相同的特征值。这一点非常重要，这是该准则应用的前提条件。某些具有重特征值的矩阵也能化成对角线标准形，对于这种系统就不能应用这个判别准则，如在式(3.1-1)系统中，可知

$$\begin{bmatrix}\dot{x}_1\\ \dot{x}_2\end{bmatrix}=\begin{bmatrix}-6 & 0\\ 0 & -6\end{bmatrix}\begin{bmatrix}x_1\\ x_2\end{bmatrix}+\begin{bmatrix}1\\ 1\end{bmatrix}u$$

其特征值是相同的，尽管 $\boldsymbol{B}$ 矩阵的元素不为零，但这种情况不能应用本判别准则而必须采用可控性判别矩阵 $\boldsymbol{Q}_{\mathrm{C}}$ 或后文提到的可控性判别准则 3 来判别，易知该系统是不可控的。

定理 3.4　(可控性判别准则 2) 若线性定常连续系统(式 3.1-2)的系统矩阵 $\boldsymbol{A}$ 具有重特征值，且每一个重特征值只对应一个独立的特征向量，则系统状态完全可控的充分必要条件是

在经线性非奇异变换后的约当标准形中：

$$\dot{\bar{x}}(t)=\begin{bmatrix}\boldsymbol{J}_1 & & & \\ & \boldsymbol{J}_2 & & \\ & & \ddots & \\ & & & \boldsymbol{J}_k\end{bmatrix}\bar{x}(t)+\bar{\boldsymbol{B}}\boldsymbol{u}(t) \tag{3.1-24}$$

每个约当小块 $\boldsymbol{J}_i(i=1,2,\cdots,k)$ 最后一行所对应的 $\bar{\boldsymbol{B}}$ 矩阵中的各行元素不全为零。

例 3-7 请用定理 3.4 判断下列系统的可控性：

(1) $\begin{bmatrix}\dot{x}_1\\ \dot{x}_2\\ \dot{x}_3\end{bmatrix}=\begin{bmatrix}-2 & 1 & \\ & -2 & \\ & & -3\end{bmatrix}\begin{bmatrix}x_1\\ x_2\\ x_3\end{bmatrix}+\begin{bmatrix}0\\ 1\\ 2\end{bmatrix}u$

(2) $\begin{bmatrix}\dot{x}_1\\ \dot{x}_2\\ \dot{x}_3\end{bmatrix}=\begin{bmatrix}-2 & 1 & \\ & -2 & \\ & & -3\end{bmatrix}\begin{bmatrix}x_1\\ x_2\\ x_3\end{bmatrix}+\begin{bmatrix}1\\ 0\\ 2\end{bmatrix}u$

(3) $\begin{bmatrix}\dot{x}_1\\ \dot{x}_2\\ \dot{x}_3\\ \dot{x}_4\\ \dot{x}_5\end{bmatrix}=\begin{bmatrix}-8 & 1 & & & \\ & -8 & 1 & & \\ & & -8 & & \\ & & & -4 & 1\\ & & & & -4\end{bmatrix}\begin{bmatrix}x_1\\ x_2\\ x_3\\ x_4\\ x_5\end{bmatrix}+\begin{bmatrix}0 & 0\\ 1 & 0\\ 0 & 1\\ 0 & 0\\ 1 & 0\end{bmatrix}\begin{bmatrix}u_1\\ u_2\end{bmatrix}$

(4) $\begin{bmatrix}\dot{x}_1\\ \dot{x}_2\\ \dot{x}_3\\ \dot{x}_4\\ \dot{x}_5\end{bmatrix}=\begin{bmatrix}-8 & 1 & & & \\ & -8 & 1 & & \\ & & -8 & & \\ & & & -4 & 1\\ & & & & -4\end{bmatrix}\begin{bmatrix}x_1\\ x_2\\ x_3\\ x_4\\ x_5\end{bmatrix}+\begin{bmatrix}1 & 0\\ 1 & 0\\ 1 & 3\\ 0 & 1\\ 0 & 0\end{bmatrix}\begin{bmatrix}u_1\\ u_2\end{bmatrix}$

解：系统(1)有两个约当块，对应于每个约当块的最后一行的 $\boldsymbol{B}$ 矩阵中的元素不全为零，因此系统(1)是可控的，同理可得到系统(3)也是可控的；系统(2) 有两个约当块，但是第一个约当块的最后一行对应 $\boldsymbol{B}$ 矩阵中的元素为零，所以系统(2) 是状态不完全可控的；系统(4) 有两个约当块，但是第二个约当块的最后一行对应 $\boldsymbol{B}$ 矩阵中的元素全为零，所以系统(4)是不可控的。

图 3-6 和图 3-7 分别是例 3-7 系统(1)和(2)的结构图。从图中可以看出，系统具有两个约当块，且这两个约当块对应着不同的特征根，这类系统的状态变量是否完全受控于输入 $u(t)$，取决于输入作用 $u(t)$ 在系统中的施加点。在图 3-6 中，输入作用施加于串联系统的最前面，输入 $u(t)$ 虽然不直接影响状态变量 x_1，但是它却可以通过状态变量 x_2 对状态变量 x_1 加以控制，并且输入直接作用于状态变量 x_3，这样该系统的所有状态变量都受控于输入 $u(t)$，因此整个系统是状态完全可控的。

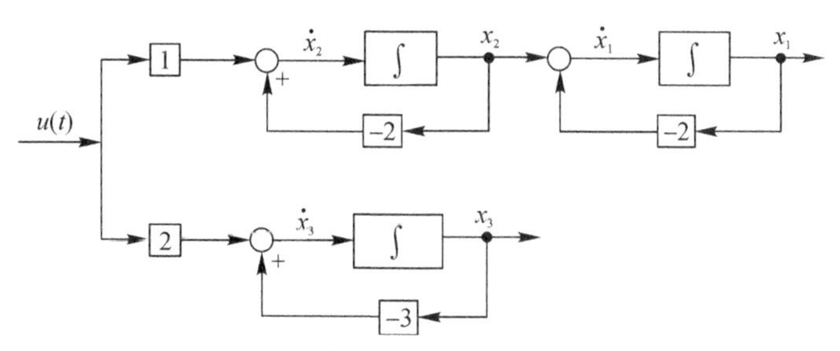

图 3-6　例 3-7 系统(1)的结构图

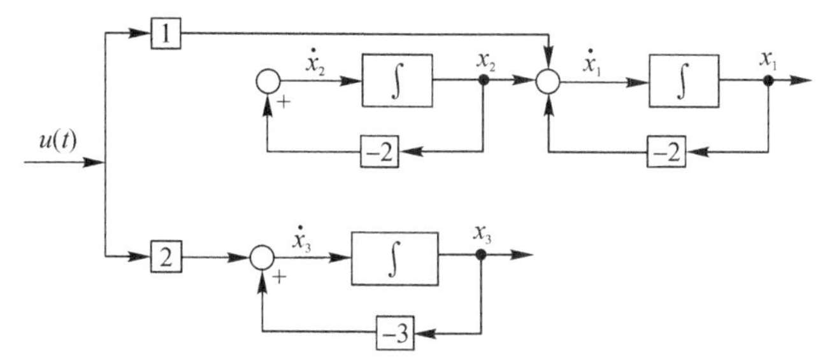

图 3-6　例 3-7 系统(2)的结构图

而在图 3-7 中，输入作用不是施加在串联系统的最前面，故输入作用虽然可以控制施加点后面的状态变量 x_1，但无法控制施加点前面的状态变量 x_2，且状态变量 x_1 不能影响 x_2，故状态变量 x_2 既不能直接受控于输入 $u(t)$，又不能通过其他状态变量得到输入的间接影响而呈“孤立”状态，所以状态变量 x_2 是不可控的，因此系统不是状态完全可控的。定理 3.3 中所说的系统可控的充分必要条件，就是指输入作用的施加点应在该约当块所对应的串联系统的最前面。

定理 3.4 应用的前提条件是系统矩阵 **A** 具有重特征根，且每个重特征根只对应一个约当块。如果系统矩阵 **A** 具有重特征根，但每个重特征根对应着多个约当块，这时就不能用定理 3.4 进行判断。比如前面讲的式(3.1-1)所示的系统，就不能用该准则进行判断。遇到这种情况，需要借助于下面的定理来解决。

定理 3.5　(可控性判别准则 3) 若线性定常连续系统[见式(3.1-2)]的系统矩阵 **A** 具有重特征值，且每一个重特征值对应多个约当块，则系统状态完全可控的充分必要条件是在其经线性非奇异变换后的约当标准形中(系统矩阵 **A** 可分解为 k 个约当块)：

$$\dot{\bar{\boldsymbol{x}}}(t)=\begin{bmatrix}\boldsymbol{J}_1 & & & \\ & \boldsymbol{J}_2 & & \\ & & \ddots & \\ & & & \boldsymbol{J}_k\end{bmatrix}\bar{\boldsymbol{x}}(t)+\bar{\boldsymbol{B}}\boldsymbol{u}(t) \tag{3.1-25}$$

对于相同特征值下的全部约当块 $\boldsymbol{J}_i(i=1,2,\cdots,m)$ (m 为相同特征值对应的约当块个数)的最后一行所对应的 $\bar{\boldsymbol{B}}$ 矩阵中的行是线性无关的。

例 3-8　判断式(3.1-1)系统的可控性。已知

$$\begin{bmatrix}\dot{x}_1\\ \dot{x}_2\end{bmatrix}=\begin{bmatrix}-6 & 0\\ 0 & -6\end{bmatrix}\begin{bmatrix}x_1\\ x_2\end{bmatrix}+\begin{bmatrix}1\\ 1\end{bmatrix}u$$

解:因为该系统的特征根−6对应着两个约当块,且每个约当块的最后一行对应的 $\boldsymbol{B}$ 矩阵的行是线性相关的,所以该系统不是状态完全可控的。

例 3-9 判断如下系统的状态可控性:

$$\dot{\boldsymbol{x}}(t)=\begin{bmatrix}4&1&&&&&\\&4&&&&&\\&&4&&&&\\&&&3&&&\\&&&&2&1&\\&&&&&2&1\\&&&&&&2\end{bmatrix}\boldsymbol{x}(t)+\begin{bmatrix}0&0&0\\1&0&0\\0&1&0\\0&0&1\\1&1&2\\0&1&0\\0&0&1\end{bmatrix}\boldsymbol{u}(t) \tag{3.1-26}$$

解:$\lambda=4$ 这个特征根对应着2个约当块,每个约当块的最后一行所对应的 $\boldsymbol{B}$ 矩阵的行分别为 $[1\quad 0\quad 0]$ 和 $[0\quad 1\quad 0]$,显然这两行是线性无关的;$\lambda=2$,$\lambda=3$ 都对应1个约当块,每个约当块最后一行对应的 $\boldsymbol{B}$ 矩阵中的行元素不全为0,因此所有的状态都是可控的,则整个系统是状态完全可控的。

由以上讨论可知,判别线性定常系统是否可控,既可以直接从状态方程的系统矩阵 $\boldsymbol{A}$ 与输入矩阵 $\boldsymbol{B}$ 构造可控判别矩阵 $\boldsymbol{Q}_C$,来判别其可控性;又可以通过线性非奇异变换,把状态方程化成对角线标准形(或约当标准形),再应用定理3.3～定理3.5来判别。那么,系统经线性非奇异变换后会不会改变其可控性呢?要回答这个问题,需先研究定理3.6。

定理 3.6 线性系统经线性非奇异变换后不改变其可控性。

证明:设系统状态方程为

$$\dot{\boldsymbol{x}}(t)=\boldsymbol{A}\boldsymbol{x}(t)+\boldsymbol{B}\boldsymbol{u}(t) \tag{3.1-27}$$

其可控性判别阵为

$$\boldsymbol{Q}_C=[\boldsymbol{B}\quad \boldsymbol{A}\boldsymbol{B}\quad \boldsymbol{A}^2\boldsymbol{B}\quad \cdots\quad \boldsymbol{A}^{n-1}\boldsymbol{B}] \tag{3.1-28}$$

对式(3.1-27)进行线性非奇异变换,取

$$\bar{\boldsymbol{x}}(t)=\boldsymbol{P}^{-1}\boldsymbol{x}(t)$$

变换后系统的状态方程为

$$\dot{\bar{\boldsymbol{x}}}(t)=\boldsymbol{P}^{-1}\boldsymbol{A}\boldsymbol{P}\bar{\boldsymbol{x}}(t)+\boldsymbol{P}^{-1}\boldsymbol{B}\boldsymbol{u}(t)=\bar{\boldsymbol{A}}\bar{\boldsymbol{x}}(t)+\bar{\boldsymbol{B}}\boldsymbol{u}(t) \tag{3.1-29}$$

式中,$\bar{\boldsymbol{A}}=\boldsymbol{P}^{-1}\boldsymbol{A}\boldsymbol{P}$,$\bar{\boldsymbol{B}}=\boldsymbol{P}^{-1}\boldsymbol{B}$。

式(3.1-29)的可控性判别矩阵为

$$\begin{aligned}\bar{\boldsymbol{Q}}_C&=[\bar{\boldsymbol{B}}\quad \bar{\boldsymbol{A}}\bar{\boldsymbol{B}}\quad \bar{\boldsymbol{A}}^2\bar{\boldsymbol{B}}\quad \cdots\quad \bar{\boldsymbol{A}}^{n-1}\bar{\boldsymbol{B}}]=\\&[\boldsymbol{P}^{-1}\boldsymbol{B}\quad \boldsymbol{P}^{-1}\boldsymbol{A}\boldsymbol{P}\boldsymbol{P}^{-1}\boldsymbol{B}\quad \boldsymbol{P}^{-1}\boldsymbol{A}^2\boldsymbol{P}\boldsymbol{P}^{-1}\boldsymbol{B}\quad \cdots\quad \boldsymbol{P}^{-1}\boldsymbol{A}^{n-1}\boldsymbol{P}\boldsymbol{P}^{-1}\boldsymbol{B}]=\\&\boldsymbol{P}^{-1}[\boldsymbol{B}\quad \boldsymbol{A}\boldsymbol{B}\quad \cdots\quad \boldsymbol{A}^{n-1}\boldsymbol{B}]=\boldsymbol{P}^{-1}\boldsymbol{Q}_C\end{aligned}$$

因为 $\boldsymbol{P}^{-1}$ 是非奇异矩阵,所以有

$$\operatorname{rank}\bar{\boldsymbol{Q}}_C=\operatorname{rank}(\boldsymbol{P}^{-1}\boldsymbol{Q}_C)=\operatorname{rank}\boldsymbol{Q}_C \tag{3.1-30}$$

由式(3.1-30)可知,线性变换前后系统可控性判别矩阵的秩并不发生变化,因此线性非奇异变换不改变系统的可控性。

例 3-10 试用两种方法判断下列系统的可控性:

$$\dot{\boldsymbol{x}}(t)=\begin{bmatrix}-1 & 0 & 1\\ 1 & -2 & 0\\ 0 & 0 & -3\end{bmatrix}\boldsymbol{x}(t)+\begin{bmatrix}0\\0\\1\end{bmatrix}\boldsymbol{u}(t) \tag{3.1-31}$$

解：(1)通过秩判据求解。

求解可控性判别矩阵，可得

$$\boldsymbol{Q}_{\mathrm{C}}=[\boldsymbol{B}\quad \boldsymbol{AB}\quad \boldsymbol{A}^2\boldsymbol{B}]=\begin{bmatrix}0 & 1 & -4\\ 0 & 0 & 1\\ 1 & -3 & 9\end{bmatrix} \tag{3.1-32}$$

$$\operatorname{rank}\boldsymbol{Q}_{\mathrm{C}}=3$$

故可知系统状态是完全可控的。

(2)通过约当标准形判据求解。

求系统特征值，则有

$$|\lambda\boldsymbol{I}-\boldsymbol{A}|=(\lambda+1)(\lambda+2)(\lambda+3)=0$$

解得系统特征值为 $\lambda_1=-1,\lambda_2=-2,\lambda_2=-3$ 。

取下述非奇异变换矩阵：

$$\boldsymbol{P}=\begin{bmatrix}1 & 0 & -1\\ 1 & 1 & 1\\ 0 & 0 & 2\end{bmatrix},\quad \boldsymbol{P}^{-1}=\begin{bmatrix}1 & 0 & \frac{1}{2}\\ -1 & 1 & -1\\ 0 & 0 & \frac{1}{2}\end{bmatrix}$$

对式(3.1-31)进行 $\bar{\boldsymbol{x}}(t)=\boldsymbol{P}^{-1}\bar{\boldsymbol{x}}(t)$ 的线性非奇异变换，将其化为对角线标准形，得 $\bar{\boldsymbol{A}}$ 和 $\bar{\boldsymbol{B}}$ 矩阵为

$$\bar{\boldsymbol{A}}=\boldsymbol{P}^{-1}\boldsymbol{AP}=\begin{bmatrix}-1 & & \\ & -2 & \\ & & -3\end{bmatrix},\quad \bar{\boldsymbol{B}}=\boldsymbol{P}^{-1}\boldsymbol{B}=\begin{bmatrix}0.5\\ -1\\ 0.5\end{bmatrix}$$

可以看出该系统为对角线标准形，且 $\bar{\boldsymbol{A}}$ 矩阵的特征根互异，$\bar{\boldsymbol{B}}$ 矩阵中没有全零行，因此该系统是状态完全可控的。

三、输出可控性

如果系统需要控制的是输出量而不是状态，则需研究系统的输出可控性。

定义 3.1　如在有限时间间隔 $[t_0,t_1]$ 内，存在无约束分段连续控制函数 $\boldsymbol{u}(t)$ ，$t\in[t_0,t_1]$ ，能使任意初始输出 $y(t_0)$ 转移到任意最终输出 $y(t_1)$ ，则称此系统输出完全可控，简称输出可控。

定理 3.7　(输出可控性判据)设线性定常连续系统的状态空间表达式为

$$\left.\begin{aligned}\dot{\boldsymbol{x}}(t)&=\boldsymbol{Ax}(t)+\boldsymbol{Bu}(t),\boldsymbol{x}(0)=\boldsymbol{x}_0,t\in[0,t_1]\\ \boldsymbol{y}(t)&=\boldsymbol{Cx}(t)+\boldsymbol{Du}(t)\end{aligned}\right\} \tag{3.1-33}$$

式中，$\boldsymbol{x}(t)$ 为 n 维状态向量，$\boldsymbol{u}(t)$ 为 p 维输入向量，$\boldsymbol{y}(t)$ 为 q 维输入向量，$\boldsymbol{A}$ 为 $n\times n$ 维常值矩阵，$\boldsymbol{B}$ 为 $n\times p$ 维常值矩阵，$\boldsymbol{C}$ 为 $q\times n$ 维常值矩阵，$\boldsymbol{D}$ 为 $q\times p$ 维常值矩阵。

可以证明，输出完全可控的充分必要条件是输出可控性判别矩阵 $\boldsymbol{S}_{\mathrm{O}}$ 的秩等于输出向量的

的维数 q，即

$$S_O = [CB \quad CAB \quad \cdots \quad CA^{n-1}B \quad D] \tag{3.1-34}$$

$$\text{rank}\, S_O = q \tag{3.1-35}$$

需要注意的是，状态可控性与输出可控性是两个不同的概念，二者没有什么必然联系。

例 3-11 已知系统的状态空间表达式为

$$\begin{cases} \dot{x}(t) = \begin{bmatrix} 0 & 0 & 1 \\ 0 & 0 & 1 \\ 1 & 3 & 2 \end{bmatrix} x(t) + \begin{bmatrix} 0 \\ 0 \\ 1 \end{bmatrix} u(t) \\ y(t) = [0 \quad 0 \quad 1] x(t) \end{cases}$$

试判别：

(1)该系统是否为状态可控的；

(2)该系统是否为输出可控的。

解：(1)该系统的可控性判别矩阵为

$$Q_C = [B \quad AB \quad A^2B] = \begin{bmatrix} 0 & 1 & 2 \\ 0 & 1 & 2 \\ 1 & 2 & 8 \end{bmatrix}$$

Q_C 的秩为

$$\text{rank}\, Q_C = 2 < 3$$

所以该系统是状态不完全可控的。

(2)该系统的输出可控性判别矩阵为

$$S_O = [CB \quad CAB \quad CA^2B \quad d] = [1 \quad 2 \quad 8 \quad 0]$$

S_O 的秩为

$$\text{rank}\, S_O = 1 = q$$

所以该系统是输出可控的。

四、线性时变系统的可控性

前面关于可控性的定义既适用于定常系统也适用于时变系统。但考虑到 $A(t)$，$B(t)$ 是时变矩阵，其状态向量的转移与初始时刻 t_0 的选取有关，所以在时变系统的可控性定义中应强调在 t_0 时刻系统是可控的。

1. 几点说明

(1)定义中的 t_f 是系统在容许控制作用下由初始状态 $x(t_0)$ 转移到目标状态(坐标原点)的时刻。由于时变系统的状态转移与初始时刻 t_0 有关，因此对时变系统来说，t_f 与初始时刻 t_0 的选取有关。

(2)根据可控定义可以导出可控状态和容许控制 $u(t)$ 之间的关系式。

设状态空间中的某一个非零点 x_0 是可控状态，则根据可控状态的定义，必有

$$x(t_f) = \Phi(t_f, t_0)x_0 + \int_{t_0}^{t_f} \Phi(t_f, \tau)B(\tau)u(\tau)\mathrm{d}\tau = 0$$

即

$$x_0 = -\Phi^{-1}(t_f, t_0)\int_{t_0}^{t_f} \Phi(t_f, \tau)B(\tau)u(\tau)\mathrm{d}\tau = -\int_{t_0}^{t_f} \Phi(t_0, \tau)B(\tau)u(\tau)\mathrm{d}\tau \tag{3.1-36}$$

上面这个关系式告诉我们，如果系统在 t_0 时刻是可控的，那么对于某个任意指定的非零状态 $\boldsymbol{x}_0$，满足上述关系式的容许控制 $\boldsymbol{u}(t)$ 是存在的；或者也可以这样说，如果系统在 t_0 时刻是可控的，那么由容许控制 $\boldsymbol{u}(t)$ 按上述关系式所导出的 $\boldsymbol{x}_0$ 为状态空间中的任意非零有限点。

式（3.1－36）是一个很重要的关系式，下面一些有关可控性质的推论都是用它推导出的。

（3）如果 $\boldsymbol{x}_0$ 是可控状态，则 $\alpha\boldsymbol{x}_0$ 也是可控状态，α 是任意非零实数。

证明：因为 $\boldsymbol{x}_0$ 是可控状态，所以必可构成容许控制 $\boldsymbol{u}(t)$，使之满足

$$\boldsymbol{x}_0=-\int_{t_0}^{t_f}\boldsymbol{\Phi}(t_0,\tau)\boldsymbol{B}(\tau)\boldsymbol{u}(\tau)\mathrm{d}\tau$$

现选 $\boldsymbol{u}^*(t)=\alpha\boldsymbol{u}(t)$，因 α 是非零实数，故 $\boldsymbol{u}^*(t)$ 也一定是容许控制。上式两端同乘以 α，并将 $\boldsymbol{u}^*(t)=\alpha\boldsymbol{u}(t)$ 代入，即有

$$-\int_{t_0}^{t_f}\boldsymbol{\Phi}(t_0,\tau)\boldsymbol{B}(\tau)\boldsymbol{u}^*(\tau)\mathrm{d}\tau=\alpha\boldsymbol{x}_0 \tag{3.1-37}$$

从而表明 $\alpha\boldsymbol{x}_0$ 也是可控状态。

（4）如果 $\boldsymbol{x}_{01}$ 和 $\boldsymbol{x}_{02}$ 都是可控状态，则 $\boldsymbol{x}_{01}+\boldsymbol{x}_{02}$ 也必定是可控状态。

证明： 因为 $\boldsymbol{x}_{01}$ 和 $\boldsymbol{x}_{02}$ 是可控状态，所以必存在相应的容许控制 $\boldsymbol{u}_1(t)$ 和 $\boldsymbol{u}_2(t)$，且 $\boldsymbol{u}_1(t)+\boldsymbol{u}_2(t)$ 也是容许控制。若把 $\boldsymbol{u}_1(t)+\boldsymbol{u}_2(t)$ 代入式（3.1－36）中，有

$$-\int_{t_0}^{t_f}\boldsymbol{\Phi}(t_0,\tau)\boldsymbol{B}(\tau)(\boldsymbol{u}_1(\tau)+\boldsymbol{u}_2(\tau))\mathrm{d}\tau=$$

$$-\left(\int_{t_0}^{t_f}\boldsymbol{\Phi}(t_0,\tau)\boldsymbol{B}(\tau)u_1(\tau)+\int_{t_0}^{t_f}\boldsymbol{\Phi}(t_0,\tau)\boldsymbol{B}(\tau)\boldsymbol{u}_2(\tau)\right)\mathrm{d}\tau=\boldsymbol{x}_{01}+\boldsymbol{x}_{02} \tag{3.1-38}$$

这表明 $\boldsymbol{x}_{01}+\boldsymbol{x}_{02}$ 满足式（3.1－36）的关系式，$\boldsymbol{x}_{01}+\boldsymbol{x}_{02}$ 亦为可控状态。

（5）由线性代数关于线性空间的定义可知，系统中所有的可控状态构成状态空间中的一个子空间。此子空间称为系统的可控子空间，记为 X_C。

考查式(3.1－1)系统，即

$$\begin{bmatrix}\dot{x}_1\\ \dot{x}_2\end{bmatrix}=\begin{bmatrix}-6 & 0\\ 0 & -6\end{bmatrix}\begin{bmatrix}x_1\\ x_2\end{bmatrix}+\begin{bmatrix}1\\ 1\end{bmatrix}u$$

可知，只有 $x_1=x_2$ 的状态是可控状态。所有可控状态所构成的可控子空间 X_C 是二维状态空间中的一条 45°斜线，如图 3－8 中粗线所示。显然，只有当 X_C 充满整个状态空间，即 $X_C=R^n$ 时，系统是完全可控的，从而可知该系统是状态不完全可控的。

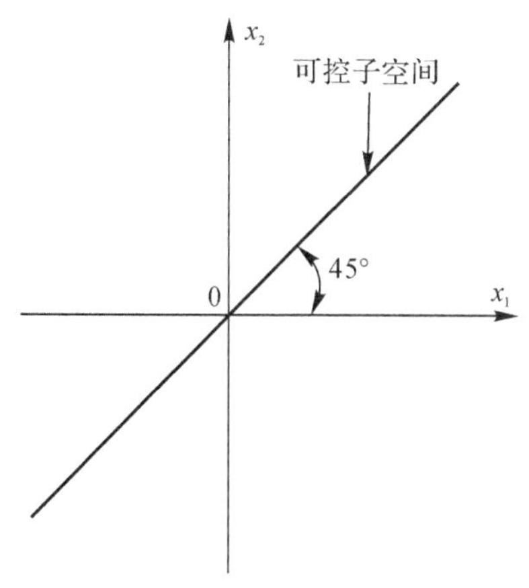

图 3－8　可控子空间的示意图

2. 线性连续时变系统的可控性判别准则

时变系统的 $\boldsymbol{A}(t)$ 矩阵和 $\boldsymbol{B}(t)$ 矩阵，其元素是时间的函数，因此不能像定常系统那样方便地直接用 $\boldsymbol{A}(t)$、$\boldsymbol{B}(t)$ 矩阵来判别其可控性。下面来介绍时变系统的格拉姆矩阵判据。

定理 3.8 线性连续系统

$$\dot{\boldsymbol{x}}(t)=\boldsymbol{A}(t)\boldsymbol{x}(t)+\boldsymbol{B}(t)\boldsymbol{u}(t)$$

在时间区间 $[t_0,t_f]$ 上完全可控的充分必要条件是下述可控格拉姆矩阵为非奇异：

$$\boldsymbol{W}_{\mathrm{C}}(t_0,t_f)=\int_{t_0}^{t_f}\boldsymbol{\Phi}(t_0,t)\boldsymbol{B}(t)\boldsymbol{B}^{\mathrm{T}}(t)\boldsymbol{\Phi}^{\mathrm{T}}(t_0,t)\mathrm{d}t \tag{3.1-39}$$

证明：(1) 充分性证明，即由 $\boldsymbol{W}_{\mathrm{C}}(t_0,t_f)$ 为非奇异推证系统 $\Sigma=(\boldsymbol{A}(t),\boldsymbol{B}(t))$ 是可控的。

设矩阵 $\boldsymbol{W}_{\mathrm{C}}(t_0,t_f)$ 为非奇异，则其逆阵 $\boldsymbol{W}_{\mathrm{C}}^{-1}(t_0,t_f)$ 存在。

对于某个任意指定的初始状态 $\boldsymbol{x}(t_0)=\boldsymbol{x}_0$，$\boldsymbol{x}_0\in X$，依照下式构造一个控制作用 $\boldsymbol{u}(t)$：

$$\boldsymbol{u}(t)=-\boldsymbol{B}^{\mathrm{T}}(t)\boldsymbol{\Phi}^{\mathrm{T}}(t_0,t)\boldsymbol{W}_{\mathrm{C}}^{-1}(t_0,t_f)\boldsymbol{x}_0 \tag{3.1-40a}$$

考查在 $\boldsymbol{u}(t)$ 的作用下能否将 $\boldsymbol{x}(t_0)$ 在 t_f 时刻转移到零。如果成立，则说明该系统是可控的。

由状态方程可知系统在 t_f 时刻的状态为

$$\boldsymbol{x}(t_f)=\boldsymbol{\Phi}(t_f,t_0)\boldsymbol{x}(t_0)+\int_{t_0}^{t_f}\boldsymbol{\Phi}(t_f,t)\boldsymbol{B}(t)\boldsymbol{u}(t)\mathrm{d}t \tag{3.1-40b}$$

将式 (3.1-40a) 的 $\boldsymbol{u}(t)$ 代入式 (3.1-40b)，且 $\boldsymbol{x}(t_0)=\boldsymbol{x}_0$，可得

$$\boldsymbol{x}(t_f)=\boldsymbol{\Phi}(t_f,t_0)\boldsymbol{x}_0-\int_{t_0}^{t_f}\boldsymbol{\Phi}(t_f,t)\boldsymbol{B}(t)\boldsymbol{B}^{\mathrm{T}}(t)\boldsymbol{\Phi}^{\mathrm{T}}(t_0,t)\boldsymbol{W}_{\mathrm{C}}^{-1}(t_0,t_f)\boldsymbol{x}_0\mathrm{d}t=$$

$$\boldsymbol{\Phi}(t_f,t_0)\boldsymbol{x}_0-\int_{t_0}^{t_f}\boldsymbol{\Phi}(t_f,t_0)\boldsymbol{\Phi}(t_0,t)\boldsymbol{B}(t)\boldsymbol{B}^{\mathrm{T}}(t)\boldsymbol{\Phi}^{\mathrm{T}}(t_0,t)\boldsymbol{W}_{\mathrm{C}}^{-1}(t_0,t_f)\boldsymbol{x}_0\mathrm{d}t=$$

$$\boldsymbol{\Phi}(t_f,t_0)\boldsymbol{x}_0-\boldsymbol{\Phi}(t_f,t_0)\int_{t_0}^{t_f}\boldsymbol{\Phi}(t_0,t)\boldsymbol{B}(t)\boldsymbol{B}^{\mathrm{T}}(t)\boldsymbol{\Phi}^{\mathrm{T}}(t_0,t)\mathrm{d}t\,\boldsymbol{W}_{\mathrm{C}}^{-1}(t_0,t_f)\boldsymbol{x}_0=$$

$$\boldsymbol{\Phi}(t_f,t_0)\boldsymbol{x}_0-\boldsymbol{\Phi}(t_f,t_0)\boldsymbol{W}_{\mathrm{C}}(t_0,t_f)\boldsymbol{W}_{\mathrm{C}}^{-1}(t_0,t_f)\boldsymbol{x}_0=\boldsymbol{\Phi}(t_f,t_0)\boldsymbol{x}_0-\boldsymbol{\Phi}(t_f,t_0)\boldsymbol{x}_0=\boldsymbol{0}$$

推导结果表明，只要 $\boldsymbol{W}_{\mathrm{C}}(t_0,t_f)$ 非奇异，必存在一容许控制 $\boldsymbol{u}(t)$ 使任意初始状态在 t_f 时刻转移到零，即系统是可控的。充分性得证。

(2) 必要性证明，即证明若系统完全可控，则 $\boldsymbol{W}_{\mathrm{C}}(t_0,t_f)$ 必须是非奇异的。采用反证法，在系统为可控的条件下先假设 $\boldsymbol{W}_{\mathrm{C}}(t_0,t_f)$ 为奇异的，然后再导出 $\boldsymbol{W}_{\mathrm{C}}(t_0,t_f)$ 奇异是不可能的。证明步骤如下：

1) 假设 $\boldsymbol{W}_{\mathrm{C}}(t_0,t_f)$ 是奇异的，由于 $\boldsymbol{W}_{\mathrm{C}}(t_0,t_f)$ 是格拉姆矩阵，故必存在非零状态 $\boldsymbol{x}_0\in X$，使得

$$\boldsymbol{x}_0^{\mathrm{T}}\boldsymbol{W}_{\mathrm{C}}(t_0,t_f)x_0=0 \tag{3.1-41}$$

2) 把式 (3.1-39) 代入式 (3.1-41)，有

$$\int_{t_0}^{t_f}\boldsymbol{x}_0^{\mathrm{T}}\boldsymbol{\Phi}(t_0,t)\boldsymbol{B}(t)\boldsymbol{B}^{\mathrm{T}}(t)\boldsymbol{\Phi}^{\mathrm{T}}(t_0,t)\boldsymbol{x}_0\mathrm{d}t=0$$

即

$$\int_{t_0}^{t_f}\left(\boldsymbol{B}^{\mathrm{T}}(t)\boldsymbol{\Phi}^{\mathrm{T}}(t_0,t)\boldsymbol{x}_0\right)^{\mathrm{T}}\left(\boldsymbol{B}^{\mathrm{T}}(t)\boldsymbol{\Phi}^{\mathrm{T}}(t_0,t)\boldsymbol{x}_0\right)\mathrm{d}t=0$$

将上式写成范数形式：

$$\int_{t_0}^{t_f}\|\boldsymbol{B}^{\mathrm{T}}(t)\boldsymbol{\Phi}^{\mathrm{T}}(t_0,t)\boldsymbol{x}_0\|^2\mathrm{d}t=0 \tag{3.1-42}$$

因为 $\boldsymbol{B}^{\mathrm{T}}(t)\,\boldsymbol{\Phi}^{\mathrm{T}}(t_0,t)$ 对时间 t 是连续的，故从式(3.1-42)必有

$$\boldsymbol{B}^{\mathrm{T}}(t)\,\boldsymbol{\Phi}^{\mathrm{T}}(t_0,t)\boldsymbol{x}_0=0,\quad t\in[t_0,t_f] \tag{3.1-43}$$

3)由于假设系统是状态完全可控的，因此上述 $\boldsymbol{x}_0$ 是可控状态，必满足可控状态关系式(3.1-36)，即

$$\boldsymbol{x}_0=-\int_{t_0}^{t_f}\boldsymbol{\Phi}(t_0,t)\boldsymbol{B}(t)\boldsymbol{u}(t)\mathrm{d}t \tag{3.1-44}$$

对于 $\boldsymbol{x}_0$ 的范数有下述关系：

$$\|\boldsymbol{x}_0\|^2=\boldsymbol{x}_0^{\mathrm{T}}\boldsymbol{x}_0 \tag{3.1-45}$$

因此

$$\|\boldsymbol{x}_0\|^2=\left(-\int_{t_0}^{t_f}\boldsymbol{\Phi}(t_0,t)\boldsymbol{B}(t)\boldsymbol{u}(t)\mathrm{d}t\right)^{\mathrm{T}}\boldsymbol{x}_0=-\int_{t_0}^{t_f}\boldsymbol{u}^{\mathrm{T}}(t)\,\boldsymbol{B}^{\mathrm{T}}(t)\,\boldsymbol{\Phi}^{\mathrm{T}}(t_0,t)\boldsymbol{x}_0\mathrm{d}t \tag{3.1-46}$$

再把式(3.1-43)代入上式，有

$$\|\boldsymbol{x}_0\|^2=0$$

即

$$\boldsymbol{x}_0=\boldsymbol{0} \tag{3.1-47}$$

这表示在 $\boldsymbol{W}_{\mathrm{C}}(t_0,t_f)$ 为奇异的条件下，$\boldsymbol{x}_0$ 如果希望是可控状态，则它绝非是任意的，只能是 $\boldsymbol{x}_0=\boldsymbol{0}$，这与 $\boldsymbol{x}_0$ 为非零的假设相矛盾，因此反设 $\boldsymbol{W}_{\mathrm{C}}(t_0,t_f)$ 为奇异矩阵不成立。必要性得证。

例 3-12　试判别下列系统的可控性：

$$\begin{bmatrix}\dot{x}_1\\ \dot{x}_2\end{bmatrix}=\begin{bmatrix}0 & t\\ 0 & 0\end{bmatrix}\begin{bmatrix}x_1\\ x_2\end{bmatrix}+\begin{bmatrix}0\\ 1\end{bmatrix}u$$

解：(1)首先求系统的状态转移矩阵。考虑到该系统的系统矩阵 $\boldsymbol{A}(t)$ 满足下式：

$$\boldsymbol{A}(t_1)\boldsymbol{A}(t_2)=\boldsymbol{A}(t_2)\boldsymbol{A}(t_1)$$

故状态转移矩阵 $\boldsymbol{\Phi}(0,t)$ 可写成封闭形式：

$$\boldsymbol{\Phi}(0,t)=\boldsymbol{I}+\int_t^0\begin{bmatrix}0 & \tau\\ 0 & 0\end{bmatrix}\mathrm{d}\tau+\frac{1}{2!}\left(\int_t^v\begin{bmatrix}0 & \tau\\ 0 & 0\end{bmatrix}\mathrm{d}\tau\right)^2+\cdots=\begin{bmatrix}1 & -\frac{1}{2}t^2\\ 0 & 1\end{bmatrix}$$

(2)计算可控判别矩阵 $\boldsymbol{W}_{\mathrm{C}}(t_0,t_f)$：

$$\boldsymbol{W}_{\mathrm{C}}(0,t_f)=\int_0^{t_f}\begin{bmatrix}1 & -\frac{1}{2}t^2\\ 0 & 1\end{bmatrix}\begin{bmatrix}0\\ 1\end{bmatrix}\begin{bmatrix}0 & 1\end{bmatrix}\begin{bmatrix}1 & 0\\ -\frac{1}{2}t^2 & 1\end{bmatrix}\mathrm{d}t=$$

$$\int_0^{t_f}\begin{bmatrix}\frac{1}{4}t^4 & -\frac{1}{2}t^2\\ -\frac{1}{2}t^2 & 1\end{bmatrix}\mathrm{d}t=\begin{bmatrix}\frac{1}{20}t_f^5 & -\frac{1}{6}t_f^3\\ -\frac{1}{6}t_f^3 & t_f\end{bmatrix}$$

(3)判别 $\boldsymbol{W}_{\mathrm{C}}(t_0,t_f)$ 是否为非奇异：

$$\det\boldsymbol{W}_{\mathrm{C}}(0,t_f)=\frac{1}{20}t_f^6-\frac{1}{36}t_f^6=\frac{1}{45}t_f^6$$

当 $t_f>0$ 时，$\det\boldsymbol{W}_{\mathrm{C}}(0,t_f)\neq 0$，所以系统在 $[0,t]$ 上是可控的。

从这个例子的计算中可看到，根据定理 3.8 判别系统的可控性必须首先计算出时变系统的状态转移矩阵，计算量是很大的。倘若时变系统的状态转移矩阵无法写成闭合解，上述准则就失去了工程意义。下面介绍一种较为实用的判别准则，该准则只需利用矩阵 $\boldsymbol{A}(t)$ 和 $\boldsymbol{B}(t)$ 的信息就能够判别可控性。

定理 3.9 设系统 Σ 的状态方程为

$$\dot{\boldsymbol{x}}(t)=\boldsymbol{A}(t)\boldsymbol{x}(t)+\boldsymbol{B}(t)\boldsymbol{u}(t)$$

其中，设矩阵 $\boldsymbol{A}(t)$ 和 $\boldsymbol{B}(t)$ 的元素对时间 t 为 $n-1$ 阶连续可微，记

$$\boldsymbol{B}_1(t)=\boldsymbol{B}(t) \tag{3.1-48}$$

$$\boldsymbol{B}_i(t)=-\boldsymbol{A}(t)\boldsymbol{B}_{i-1}(t)+\frac{\mathrm{d}}{\mathrm{d}t}\boldsymbol{B}_{i-1}(t),\quad i=2,3,\cdots,n \tag{3.1-49}$$

令

$$\boldsymbol{Q}_{\mathrm{C}}(t)\overset{\mathrm{def}}{=}\begin{bmatrix}\boldsymbol{B}_1(t) & \boldsymbol{B}_2(t) & \cdots & \boldsymbol{B}_n(t)\end{bmatrix} \tag{3.1-50}$$

如果存在某个时刻 $t_f>0$，使得

$$\operatorname{rank}\boldsymbol{Q}_{\mathrm{C}}(t_f)=n \tag{3.1-51}$$

则该系统在 $[0,t_f]$ 上是状态完全可控的。

必须注意，定理 3.9 所描述的是一个充分条件，即不满足这个条件的系统并不一定是不可控的。

例 3-13 判断下列线性时变系统在 $t_0=0.5$ 时的可控性：

$$\dot{\boldsymbol{x}}(t)=\begin{bmatrix}t & 1 & 0\\0 & 2t & 0\\0 & 0 & t^2+t\end{bmatrix}\boldsymbol{x}(t)+\begin{bmatrix}0\\1\\1\end{bmatrix}u(t),\quad T=[0,3]$$

解：按定理 3.9 所述步骤，取 $t_f=1\in T, t_f>t_0$，则

$$\boldsymbol{B}_1(t)=\boldsymbol{B}(t)=\begin{bmatrix}0\\1\\1\end{bmatrix}$$

$$\boldsymbol{B}_2=\left[-\boldsymbol{A}(t)\boldsymbol{B}_1(t)+\frac{\mathrm{d}}{\mathrm{d}t}\boldsymbol{B}_1(t)\right]_{t=t_f}=\left.\begin{bmatrix}-1\\-2t\\-t-t^2\end{bmatrix}\right|_{t=t_f}=\begin{bmatrix}-1\\-2\\-2\end{bmatrix}$$

$$\boldsymbol{B}_3=\left[-\boldsymbol{A}(t)\boldsymbol{B}_2(t)+\frac{\mathrm{d}}{\mathrm{d}t}\boldsymbol{B}_2(t)\right]_{t=t_f}=\begin{bmatrix}3\\2\\1\end{bmatrix}$$

$$\operatorname{rank}\boldsymbol{Q}_{\mathrm{C}}(t_f)=\operatorname{rank}\begin{bmatrix}\boldsymbol{B}_1(t) & \boldsymbol{B}_2(t) & \boldsymbol{B}_3(t)\end{bmatrix}=\operatorname{rank}\begin{bmatrix}0 & -1 & 3\\1 & -2 & 2\\1 & -2 & 1\end{bmatrix}=3$$

故系统在 $t_0=0.5$ 时是状态完全可控的。

3.2 线性连续系统的可观测性

为了抑制干扰、降低参数灵敏度以及构成最优系统，控制系统大多采用反馈方式。在现代控制理论中，其反馈信息由系统的状态变量组合而成，但并非所有系统的状态变量在物理上都能够测取到，于是提出能否通过对输出的测量获得全部状态变量信息的思路。这便是系统的可观测问题。与线性定常连续系统的可控性讨论类似，在给出可观测性的定义之前，先来分析例 3-14。

例 3-14 分析例 3-2 系统的可观测性。

解：(1)由系统的结构图，即图 3-2 可以得出，输出变量 y 既能反映状态变量 x_1 又能反映状态变量 x_2 的变化，所以系统是可观测的。

(2)由系统的结构图，即图 3-3 可以得出，输出 y 不能反映状态变量 x_2，所以状态变量 x_2 是不可观测的。那么是否输出 y 能反映状态变量 x_i，系统就一定可观测呢？下面参考式(3.1-1)进行研究。该系统的输出 y 既能反映状态变量 x_1 的信息又能反映状态变量 x_2 的信息，似乎该系统的所有状态变量都是可观测的。但事实上，这个系统的状态变量不是完全可观测的。要说明这一情况，就必须首先弄清可观测性的严格定义。

应当指出，上述对可观测性所做的解释，只是对这个概念直观但不严密的描述。为了研究可观测性的本质属性，并用于分析和判断更为一般和较为复杂的系统，需要对可观测性建立严格的定义，并推导出相应的判别准则。这就是本节将主要研究的内容。

一、可观测性的定义

可观测性表征了状态可由输出完全反映的性能，所以应同时考虑系统的状态方程和输出方程。

设线性连续系统的状态空间表达式为

$$\left.\begin{aligned}\dot{\boldsymbol{x}}(t) &= \boldsymbol{A}(t)\boldsymbol{x}(t)+\boldsymbol{B}(t)\boldsymbol{u}(t), \boldsymbol{x}(t_0)=\boldsymbol{x}_0, t\in T_t \\ \boldsymbol{y}(t) &= \boldsymbol{C}(t)x(t)+\boldsymbol{D}(t)\boldsymbol{u}(t)\end{aligned}\right\} \tag{3.2-1}$$

式中，$\boldsymbol{x}(t)$ 为 n 维状态向量，$\boldsymbol{u}(t)$ 为 p 维输入向量，$\boldsymbol{y}(t)$ 为 q 维输入向量，$\boldsymbol{A}(t)$ 为 $n\times n$ 维时变矩阵，$\boldsymbol{B}(t)$ 为 $n\times p$ 维时变矩阵，$\boldsymbol{C}(t)$ 为 $q\times n$ 维时变矩阵，$\boldsymbol{D}(t)$ 为 $q\times p$ 维时变矩阵。

状态方程的解为

$$\boldsymbol{x}(t)=\boldsymbol{\Phi}(t,t_0)\boldsymbol{x}_0+\int_{t_0}^{t}\boldsymbol{\Phi}(t,\tau)\boldsymbol{Bu}(\tau)\mathrm{d}\tau \tag{3.2-2}$$

式中，$\boldsymbol{\Phi}(t,t_0)$ 为系统的状态转移矩阵。将式(3.2-2)代入式(3.2-1)中，可得输出响应为

$$\boldsymbol{y}(t)=\boldsymbol{C}(t)\boldsymbol{\Phi}(t,t_0)\boldsymbol{x}_0+\boldsymbol{C}(t)\int_{t_0}^{t}\boldsymbol{\Phi}(t,\tau)\boldsymbol{Bu}(\tau)\mathrm{d}\tau+\boldsymbol{D}(t)\boldsymbol{u}(t) \tag{3.2-3}$$

在研究可观测性问题时，输出 $\boldsymbol{y}(t)$ 和输入 $\boldsymbol{u}(t)$ 均假定为已知，只有初始状态 $\boldsymbol{x}_0$ 是未知的。因此定义

$$\overline{\boldsymbol{y}}(t)=\boldsymbol{y}(t)-\boldsymbol{C}(t)\int_{t_0}^{t}\boldsymbol{\Phi}(t,\tau)\boldsymbol{Bu}(\tau)\mathrm{d}\tau-\boldsymbol{D}(t)\boldsymbol{u}(t) \tag{3.2-4}$$

则

$$\overline{\boldsymbol{y}}(t)=\boldsymbol{C}(t)\boldsymbol{\Phi}(t,t_0)\boldsymbol{x}_0 \tag{3.2-5}$$

这表明可观测性即为 $\boldsymbol{x}_0$ 可由 $\bar{\boldsymbol{y}}(t)$ 完全估计的性能。又由于 $\boldsymbol{x}_0$ 和 $\bar{\boldsymbol{y}}(t)$ 可任意取值，所以这又等价于研究 $\boldsymbol{u}(t)=\boldsymbol{0}$ 时由 $\boldsymbol{y}(t)$ 来估计 $\boldsymbol{x}_0$ 的可能性，即研究下述零输入方程的可观测性：

$$\left.\begin{aligned}&\dot{\boldsymbol{x}}(t)=\boldsymbol{A}(t)\boldsymbol{x}(t),\quad \boldsymbol{x}(t_0)=\boldsymbol{x}_0,\quad t_0,t\in T_t\\&\boldsymbol{y}(t)=\boldsymbol{C}(t)\boldsymbol{x}(t)\end{aligned}\right\}\tag{3.2-6}$$

式（3.2－3)则化为

$$\boldsymbol{y}(t)=\boldsymbol{C}(t)\boldsymbol{\Phi}(t,t_0)\boldsymbol{x}_0\tag{3.2-7}$$

下面基于式(3.2－6）给出系统可观测性的相关定义。

(1)状态可观测：对于式(3.2－6)所示时变系统，如果取定初始时刻 $t_0\in T_t$，存在一个有限时刻 $t_f\in T_t$，$t_f>t_0$，则对于所有 $t\in[t_0,t_f]$，系统的输出 $\boldsymbol{y}(t)$ 能唯一确定一个非零的初始状态向量 $\boldsymbol{x}_0$，则称此非零状态 $\boldsymbol{x}_0$ 在 t_0 时刻是可观测的。

(2)系统完全可观测：对于式(3.2－6)所示时变系统，如果取定初始时刻 $t_0\in T_t$，存在一个有限时刻 $t_f\in T_t$，$t_f>t_0$，则对于所有 $t\in[t_0,t_f]$，系统的输出 $\boldsymbol{y}(t)$ 能唯一确定任一非零的初始状态向量 $\boldsymbol{x}_0$，则称系统在 t_0 时刻是状态完全可观测的，简称系统可观测。如果系统对于任意 $t_0\in T_t$ 均是可观测的(即系统的可观性与初始时刻的选择无关)，则称系统是一致完全可观测的。

如果对于一切 $t_f>t_0$ 系统都是可观测的，则称系统在 $[t_0,\infty]$ 内完全可观测。

(3)系统不可观测：对于式(3.2－6)所示时变系统，如果取定初始时刻 $t_0\in T_t$，存在一个有限时刻 $t_f\in T_t$，$t_f>t_0$，则对于所有 $t\in[t_0,t_f]$，系统的输出 $\boldsymbol{y}(t)$ 不能唯一确定所有状态向量的初值 $x_i(t_0)$，$i=1,2,\cdots,n$，即至少有一个状态的初值不能被 $\boldsymbol{y}(t)$ 确定，则称系统在 t_0 时刻是状态不完全可观测的，简称系统不可观测。

在线性定常系统中，其可观测性与初始时刻 t_0 的选择无关。

现对上述定义作如下几点说明：

(1)因为可观测性所表示的是输出 $\boldsymbol{y}(t)$ 反映状态向量 $\boldsymbol{x}(t)$ 的能力，考虑到控制作用所引起的输出是可以算出的，所以在分析可观测问题时，不妨令 $\boldsymbol{u}\equiv\boldsymbol{0}$，这样只需从齐次状态方程和输出方程出发，或用符号 $\Sigma=(\boldsymbol{A},\boldsymbol{C})$ 表示。

(2)从输出方程可以看出，如果输出量 $\boldsymbol{y}(t)$ 的维数等于状态 $\boldsymbol{x}(t)$ 的维数，即 $q=n$，并且 $\boldsymbol{C}$ 矩阵是非奇异的，则求解状态是十分简单的，只需将式(3.2－6)中的输出方程两边左乘 $\boldsymbol{C}^{-1}$，即得任意时刻 t 时的状态：

$$\boldsymbol{x}(t)=\boldsymbol{C}^{-1}\boldsymbol{y}(t)\tag{3.2-8}$$

显然，这不需要观测时间。可是在一般情况下，输出量的维数总是小于状态变量的个数，即 $q<n$。为了能唯一地求出 n 个状态变量，不得不在不同的时刻多测出几组输出，$\boldsymbol{y}(t_0)$，$\boldsymbol{y}(t_1)$，$\cdots$，$y(t_f)$，使之能构成 n 个方程式。倘若 t_0，t_1，$\cdots$，t_f 相隔太近，则 $\boldsymbol{y}(t_0)$，$\boldsymbol{y}(t_1)$，$\cdots$，$\boldsymbol{y}(t_f)$ 的数值可能相差无几，上述 n 个方程即使在结构上应该是独立的也会遇到破坏。因此，在可观测定义中需要观测时间 $t_f\geqslant t_0$。

(3)在定义中之所以把可观测性规定为对初始状态的确定，这是因为一旦确定了初始状态，便可根据给定控制输入，利用下述状态转移方程求出各个瞬时的状态：

$$\boldsymbol{x}(t)=\boldsymbol{\Phi}(t,t_0)\boldsymbol{x}(t_0)+\int_{t_0}^{t}\boldsymbol{\Phi}(t,\tau)\boldsymbol{B}\boldsymbol{u}(\tau)\mathrm{d}\tau\tag{3.2-9}$$

二、定常系统可观测性判别准则

考虑线性定常连续系统的状态方程和输出方程：

$$\left.\begin{aligned}\dot{\boldsymbol{x}}(t) &= \boldsymbol{A}\boldsymbol{x}(t), \boldsymbol{x}(0) = \boldsymbol{x}_0, t \geqslant 0 \\ \boldsymbol{y}(t) &= \boldsymbol{C}\boldsymbol{x}(t)\end{aligned}\right\} \tag{3.2-10}$$

式中，$\boldsymbol{x}(t)$ 为 n 维状态向量，$\boldsymbol{y}(t)$ 为 q 维输出向量，$\boldsymbol{A}$ 和 $\boldsymbol{C}$ 分别为 $n\times n$ 维和 $q\times n$ 维的常值矩阵。下面根据矩阵 $\boldsymbol{A}$ 和矩阵 $\boldsymbol{C}$ 给出系统可观测性的常用判据。

1. 格拉姆矩阵判据

定理 3.10　(格拉姆矩阵判据)线性连续定常系统[见式(3.2-10)]状态完全可观测的充分必要条件是存在时刻 $t_1>0$，使如下的格拉姆矩阵为非奇异：

$$\boldsymbol{W}_{\mathrm{O}}(0,t_1) \stackrel{\text{def}}{=} \int_0^{t_1} \mathrm{e}^{\boldsymbol{A}^{\mathrm{T}}t}\boldsymbol{C}^{\mathrm{T}}\boldsymbol{C}\mathrm{e}^{\boldsymbol{A}t}\,\mathrm{d}t \tag{3.2-11}$$

证明：(1)首先证明充分性。已知 $\boldsymbol{W}_{\mathrm{O}}(0,t_1)$ 为非奇异，欲证系统完全可观测。

由式(3.2-10)可得

$$\boldsymbol{y}(t) = \boldsymbol{C}\boldsymbol{\Phi}(t,0)\,\boldsymbol{x}_0 = \boldsymbol{C}\mathrm{e}^{\boldsymbol{A}t}\,\boldsymbol{x}_0 \tag{3.2-12}$$

将式(3.2-12)左乘 $\mathrm{e}^{\boldsymbol{A}^{\mathrm{T}}t}\boldsymbol{C}^{\mathrm{T}}$ 然后从 0 到 t_1 积分得

$$\int_0^{t_1} \mathrm{e}^{\boldsymbol{A}^{\mathrm{T}}t}\boldsymbol{C}^{\mathrm{T}}\boldsymbol{y}(t)\,\mathrm{d}t = \int_0^{t_1} \mathrm{e}^{\boldsymbol{A}^{\mathrm{T}}t}\boldsymbol{C}^{\mathrm{T}}\boldsymbol{C}\mathrm{e}^{\boldsymbol{A}t}\,\mathrm{d}t\,\boldsymbol{x}_0 = \boldsymbol{W}_{\mathrm{O}}(0,t_1)\,\boldsymbol{x}_0 \tag{3.2-13}$$

已知 $\boldsymbol{W}_{\mathrm{O}}(0,t_1)$ 非奇异，即 $\boldsymbol{W}_{\mathrm{O}}^{-1}(0,t_1)$ 存在，故由式(3.2-13)得

$$\boldsymbol{x}_0 = \boldsymbol{W}_{\mathrm{O}}^{-1}(0,t_1)\int_0^{t_1} \mathrm{e}^{\boldsymbol{A}^{\mathrm{T}}t}\boldsymbol{C}^{\mathrm{T}}\boldsymbol{y}(t)\,\mathrm{d}t \tag{3.2-14}$$

这表明，在 $\boldsymbol{W}_{\mathrm{O}}(0,t_1)$ 非奇异的条件下，总可以根据 $[0,t_1]$ 上的输出 $\boldsymbol{y}(t)$，唯一地确定非零初始状态 $\boldsymbol{x}_0$。因此，系统为状态完全可观测的。充分性得证。

(2)然后证明必要性。已知系统完全可观测，欲证 $\boldsymbol{W}_{\mathrm{O}}(0,t_1)$ 非奇异。

采用反证法，设 $\boldsymbol{W}_{\mathrm{O}}(0,t_1)$ 为奇异，则存在某一非零向量 $\bar{\boldsymbol{x}}_0\in\mathbf{R}^n$，使下式成立：

$$\bar{\boldsymbol{x}}_0^{\mathrm{T}}\boldsymbol{W}_{\mathrm{O}}(0,t_1)\,\bar{\boldsymbol{x}}_0 = 0 \tag{3.2-15}$$

$$\bar{\boldsymbol{x}}_0^{\mathrm{T}}\boldsymbol{W}_{\mathrm{O}}(0,t_1)\,\bar{\boldsymbol{x}}_0 = \int_0^{t_1} \bar{\boldsymbol{x}}_0^{\mathrm{T}}\mathrm{e}^{\boldsymbol{A}^{\mathrm{T}}t}\boldsymbol{C}^{\mathrm{T}}\boldsymbol{C}\mathrm{e}^{\boldsymbol{A}t}\,\bar{\boldsymbol{x}}_0\,\mathrm{d}t = \int_0^{t_1} \boldsymbol{y}^{\mathrm{T}}(t)\boldsymbol{y}(t)\,\mathrm{d}t = \int_0^{t_1} \|\boldsymbol{y}(t)\|^2\,\mathrm{d}t = 0 \tag{3.2-16}$$

这意味着

$$\boldsymbol{y}(t) = \boldsymbol{C}\mathrm{e}^{\boldsymbol{A}t}\,\boldsymbol{x}_0 \equiv \boldsymbol{0}, \quad \forall t\in[0,t_1] \tag{3.2-17}$$

显然，$\bar{\boldsymbol{x}}_0$ 为状态空间中的不可观测状态。这和已知系统状态完全可观测相矛盾，所以反设不成立，必要性得证。至此格拉姆矩阵判据证毕。

2. 秩判据

定理 3.11　线性定常连续系统(3.2-10)状态完全可观测的充分必要条件是其可观测性判别矩阵 $\boldsymbol{Q}_{\mathrm{O}}$ 满秩：

$$\boldsymbol{Q}_{\mathrm{O}} = \begin{bmatrix} \boldsymbol{C} \\ \boldsymbol{C}\boldsymbol{A} \\ \vdots \\ \boldsymbol{C}\boldsymbol{A}^{n-1} \end{bmatrix} \tag{3.2-18}$$

即

$$\operatorname{rank}\boldsymbol{Q}_{\mathrm{O}} = n \tag{3.2-19}$$

或者

$$\text{rank}[\boldsymbol{C}^{\mathrm{T}} \quad \boldsymbol{A}^{\mathrm{T}}\boldsymbol{C}^{\mathrm{T}} \quad \cdots \quad (\boldsymbol{A}^{\mathrm{T}})^{n-1}\boldsymbol{C}^{\mathrm{T}}] = n \tag{3.2-20}$$

证明： 证明方法与可控性秩判据相似，在此不再详述，这里进一步论证秩判据的充分必要条件。

由系统式(3.2-10)的输出并利用 $\mathrm{e}^{\boldsymbol{A}t}$ 的级数展开式可得

$$\boldsymbol{y}(t) = \boldsymbol{C}\mathrm{e}^{\boldsymbol{A}t}\boldsymbol{x}_0 = \boldsymbol{C}\sum_{m=0}^{n-1}\alpha_m(t)\boldsymbol{A}^m x_0 = [\boldsymbol{C}\alpha_0(t) + \boldsymbol{C}\alpha_1(t)\boldsymbol{A} + \cdots + \boldsymbol{C}\alpha_{n-1}(t)\boldsymbol{A}^{n-1}]\boldsymbol{x}_0 \tag{3.2-21}$$

$$\boldsymbol{y}(t) = [\alpha_0(t)\boldsymbol{I}_q \quad \alpha_1(t)\boldsymbol{I}_q \quad \cdots \quad \alpha_{n-1}(t)\boldsymbol{I}_q]\begin{bmatrix} \boldsymbol{C} \\ \boldsymbol{CA} \\ \vdots \\ \boldsymbol{CA}^{n-1} \end{bmatrix}\boldsymbol{x}_0 \tag{3.2-22}$$

式中，$\boldsymbol{I}_q$ 为 q 维单位阵。已知 $[\alpha_0(t)\boldsymbol{I}_q \quad \alpha_1(t)\boldsymbol{I}_q \quad \cdots \quad \alpha_{n-1}(t)\boldsymbol{I}_q]$ 的 nq 列线性无关，于是根据测得的 $\boldsymbol{y}(t)$ 可唯一确定 $\boldsymbol{x}_0$ 的充分必要条件是

$$\text{rank}\,\boldsymbol{Q}_{\mathrm{O}} = \text{rank}\begin{bmatrix} \boldsymbol{C} \\ \boldsymbol{CA} \\ \vdots \\ \boldsymbol{CA}^{n-1} \end{bmatrix} = n$$

即式(3.2-19)。式中，$\boldsymbol{Q}_{\mathrm{O}}$ 称为可观测性判别矩阵，若系统是可观测的，简称 $[\boldsymbol{A},\boldsymbol{C}]$ 对为可观测对。

与可控性判据类似，对于单输出系统 $q=1$，可观测性判别矩阵 $\boldsymbol{Q}_{\mathrm{O}}$ 为一方阵。对于多输出系统，$\boldsymbol{Q}_{\mathrm{O}}$ 不再是方阵，其秩的确定一般比较复杂。由于 $\boldsymbol{Q}_{\mathrm{O}}^{\mathrm{T}}\boldsymbol{Q}_{\mathrm{O}}$ 是方阵，而且非奇异性等价于 $\boldsymbol{Q}_{\mathrm{O}}$ 的非奇异性，所以在计算多输出系统的可观测性判别矩阵 $\boldsymbol{Q}_{\mathrm{O}}$ 的秩时，常用

$$\text{rank}\,\boldsymbol{Q}_{\mathrm{O}} = \text{rank}(\boldsymbol{Q}_{\mathrm{O}}^{\mathrm{T}}\boldsymbol{Q}_{\mathrm{O}}) \tag{3.2-23}$$

例 3-15 试用秩判据判别例 3-2 中两个系统的可观测性。

(1) $\begin{cases} \dot{\boldsymbol{x}}(t) = \begin{bmatrix} -6 & 0 \\ 0 & -8 \end{bmatrix}\boldsymbol{x}(t) + \begin{bmatrix} 3 \\ 1 \end{bmatrix}\boldsymbol{u}(t) \\ \boldsymbol{y}(t) = [1 \quad 2]\boldsymbol{x}(t) \end{cases}$

(2) $\begin{cases} \dot{\boldsymbol{x}}(t) = \begin{bmatrix} -6 & 0 \\ 0 & -8 \end{bmatrix}\boldsymbol{x}(t) + \begin{bmatrix} 0 \\ 1 \end{bmatrix}\boldsymbol{u}(t) \\ \boldsymbol{y}(t) = [1 \quad 0]\boldsymbol{x}(t) \end{cases}$

解：(1)根据式(3.2-18)，构造可观测性判别矩阵，有

$$\boldsymbol{Q}_{\mathrm{O}} = \begin{bmatrix} \boldsymbol{C} \\ \boldsymbol{CA} \end{bmatrix} = \begin{bmatrix} 1 & 2 \\ -6 & -16 \end{bmatrix} \tag{3.2-24}$$

则可求得

$$\text{rank}\,\boldsymbol{Q}_{\mathrm{O}} = 2 = n$$

因此该系统是状态完全可观测的。

(2)构造可观测性判别矩阵，有

$$\boldsymbol{Q}_{\mathrm{O}} = \begin{bmatrix} \boldsymbol{C} \\ \boldsymbol{CA} \end{bmatrix} = \begin{bmatrix} 1 & 0 \\ -6 & 0 \end{bmatrix} \tag{3.2-25}$$

则可求得

$$\operatorname{rank} \boldsymbol{Q}_{\mathrm{O}} = 1 < n$$

因此该系统是状态不完全可观测的。

例 3-16　试用秩判据判别下列系统的可观测性：

(1) $\begin{cases} \dot{\boldsymbol{x}}(t) = \begin{bmatrix} 1 & 3 & 2 \\ 0 & -4 & 1 \\ 0 & 2 & 1 \end{bmatrix} \boldsymbol{x}(t) \\ \boldsymbol{y}(t) = \begin{bmatrix} 1 & 0 & 2 \end{bmatrix} \boldsymbol{x}(t) \end{cases}$

(2) $\begin{cases} \dot{\boldsymbol{x}}(t) = \begin{bmatrix} 0 & 1 & 0 \\ 0 & 0 & 1 \\ 3 & 1 & -3 \end{bmatrix} \boldsymbol{x}(t) \\ \boldsymbol{y}(t) = \begin{bmatrix} 1 & 0 & 2 \\ 0 & 1 & -1 \end{bmatrix} \boldsymbol{x}(t) \end{cases}$

解：(1)系统的可观测性判别矩阵为

$$\boldsymbol{Q}_{\mathrm{O}} = \begin{bmatrix} \boldsymbol{C} \\ \boldsymbol{CA} \\ \boldsymbol{CA}^2 \end{bmatrix} = \begin{bmatrix} 1 & 0 & 2 \\ 1 & 7 & 4 \\ 1 & -17 & 13 \end{bmatrix}$$

因为 $\operatorname{rank} \boldsymbol{Q}_{\mathrm{O}} = 3 = n$，故系统可观测。

(2)系统的可观测性判别矩阵为

$$\boldsymbol{Q}_{\mathrm{O}} = \begin{bmatrix} \boldsymbol{C} \\ \boldsymbol{CA} \\ \boldsymbol{CA}^2 \end{bmatrix} = \begin{bmatrix} 1 & 0 & 2 \\ 0 & 1 & -1 \\ 6 & 2 & -5 \\ -3 & -1 & 4 \\ -15 & -5 & 23 \\ 12 & 4 & -16 \end{bmatrix}$$

因为 $\operatorname{rank}\boldsymbol{Q}_{\mathrm{O}}=3=n$，故系统可观测。

实际应用中，如果系统的阶次 n 和输出维数 q 都比较大，判别 $\boldsymbol{Q}_{\mathrm{O}}$ 的秩是比较困难的，考虑到

$$\operatorname{rank} \boldsymbol{Q}_{\mathrm{O}} = \operatorname{rank}(\boldsymbol{Q}_{\mathrm{O}}^{\mathrm{T}} \boldsymbol{Q}_{\mathrm{O}})$$

因为 $\boldsymbol{Q}_{\mathrm{O}}^{\mathrm{T}} \boldsymbol{Q}_{\mathrm{O}}$ 是一个 $n \times n$ 阶的方阵，确定其秩是比较方便的。

对于本例，有

$$\boldsymbol{Q}_{\mathrm{O}}^{\mathrm{T}} \boldsymbol{Q}_{\mathrm{O}} = \begin{bmatrix} 415 & 138 & -577 \\ 138 & 47 & -194 \\ -577 & -194 & 831 \end{bmatrix}$$

容易得出 $\operatorname{rank} \boldsymbol{Q}_{\mathrm{O}}^{\mathrm{T}} \boldsymbol{Q}_{\mathrm{O}} = 3 = n$，因此系统是可观测的。

例 3-17　考查式(3.1-1)所示系统，当 $\boldsymbol{u}(t) = \boldsymbol{0}$ 时的可观测性。

解：系统的状态方程和输出方程可重新写为

$$\begin{cases} \dot{\boldsymbol{x}}(t) = \begin{bmatrix} -6 & 0 \\ 0 & -6 \end{bmatrix} \boldsymbol{x}(t) \\ \boldsymbol{y}(t) = \begin{bmatrix} 1 & 1 \end{bmatrix} \boldsymbol{x}(t) \end{cases}$$

系统的可观测性判别矩阵为

$$\boldsymbol{Q}_O=\begin{bmatrix}\boldsymbol{C}\\ \boldsymbol{CA}\end{bmatrix}=\begin{bmatrix}1 & 1\\ -6 & -6\end{bmatrix}$$

则有

$$\operatorname{rank}\boldsymbol{Q}_O=1<n$$

可见 $\boldsymbol{Q}_O$ 是一个奇异阵，所以该系统不是状态完全可观测的。当 $\boldsymbol{u}(t)=\boldsymbol{0}$ 时，该系统结构图如图 3－9 所示。

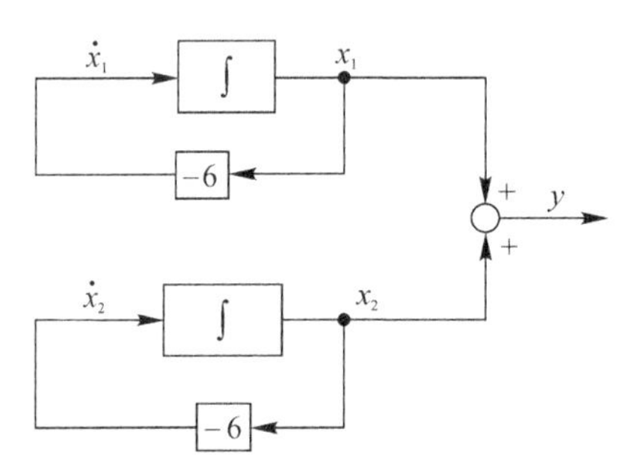

图 3－9　当 $u=0$ 时，式(3.1－1)系统的结构图

可以看出，该系统的输出 $\boldsymbol{y}(t)$ 中既含有状态变量 x_1 的信息，又含有状态变量 x_2 的信息，似乎能通过对 $\boldsymbol{y}(t)$ 的观测获得 x_1 和 x_2 的信息。可是从该系统的结构图中得出，这是一个由两个时间常数完全相同的一阶系统并联组合起来的系统。对于这两个子系统来说，当其初始状态 $x_{10}=-x_{20}$ 时，由它们所激励的系统输出为

$$y(t)=x_{10}\mathrm{e}^{-6t}+x_{20}\mathrm{e}^{-6t}=0$$

显然，对于这种情况，系统的初始状态 x_{10}，x_{20} 是不可观测的。

3. 约当标准形判据

定理 3.12　(可观测性判别准则 1) 若线性定常连续系统[见式(3.2－10)]的系统矩阵 $\boldsymbol{A}$ 具有互不相同的特征值，则其状态完全可观测的充分必要条件是系统经线性非奇异变换后的对角线标准形的 $\overline{\boldsymbol{C}}$ 矩阵中不含有元素全为零的列：

$$\dot{\overline{\boldsymbol{x}}}(t)=\begin{bmatrix}\lambda_1 & & & \\ & \lambda_2 & & \\ & & \ddots & \\ & & & \lambda_n\end{bmatrix}\overline{\boldsymbol{x}}(t) \tag{3.2-26}$$

$$\boldsymbol{y}(t)=\overline{\boldsymbol{C}}\,\overline{\boldsymbol{x}}(t) \tag{3.2-27}$$

例 3－18　请用定理 3.12 判断下列系统的可观测性：

$$(1)\begin{cases}\begin{bmatrix}\dot{x}_1\\ \dot{x}_2\\ \dot{x}_3\end{bmatrix}=\begin{bmatrix}-1 & 0 & 0\\ 0 & -2 & 0\\ 0 & 0 & -3\end{bmatrix}\begin{bmatrix}x_1\\ x_2\\ x_3\end{bmatrix}\\ y=\begin{bmatrix}1 & 0 & 1\end{bmatrix}\begin{bmatrix}x_1\\ x_2\\ x_3\end{bmatrix}\end{cases}$$

(2) $\begin{cases} \begin{bmatrix} \dot{x}_1 \\ \dot{x}_2 \\ \dot{x}_3 \end{bmatrix} = \begin{bmatrix} -1 & 0 & 0 \\ 0 & -2 & 0 \\ 0 & 0 & -3 \end{bmatrix} \begin{bmatrix} x_1 \\ x_2 \\ x_3 \end{bmatrix} \\ \begin{bmatrix} y_1 \\ y_2 \end{bmatrix} = \begin{bmatrix} 1 & 0 & 2 \\ 0 & 2 & 1 \end{bmatrix} \begin{bmatrix} x_1 \\ x_2 \\ x_3 \end{bmatrix} \end{cases}$

解:上述两个系统,均是对角线标准形,且系统矩阵 $\boldsymbol{A}$ 具有互异特征根,可以用定理3.12判别其可观测性,只需检查其 $\boldsymbol{C}$ 矩阵中是否含有元素全为零的列即可。显然,系统(1)是不可观测的,系统(2)是可观测的。

图3-10是例3-18系统(1)的结构图。显然,状态变量 x_2 与输出变量 y 之间没有直接联系。又因所有状态变量之间没有耦合关系,所以状态变量 x_2 也不可能通过其他状态变量与输出变量 y 发生联系。于是,状态变量 x_2 是不可观测的。

另外,在应用这个判别准则时,也应该注意特征值不相同这个条件。对于重特征值的情况,即使状态方程能够化成对角线标准形,也不能采用这个判据。

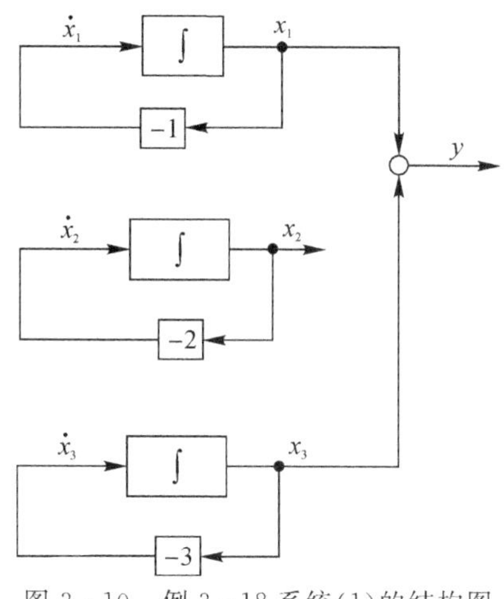

图3-10　例3-18系统(1)的结构图

几点说明:

(1)该判别准则的思路是通过线性非奇异变换把状态方程化为对角线标准形,使变换后的各状态变量之间没有耦合关系,从而确定每一个状态变量是否可观测的唯一途径是其和输出 $\boldsymbol{y}(t)$ 是否直接相连。这样,便可直接从 $\boldsymbol{C}$ 矩阵是否含有元素全为零的列来判别系统的可观测性,因为倘若 $\boldsymbol{C}$ 矩阵中某一列元素全为零,这表明输出 $\boldsymbol{y}(t)$ 不能直接观测到该列所对应的状态变量,而该状态变量又无法通过其他状态变量间接影响输出 $\boldsymbol{y}(t)$,所以该状态变量是不可观测的。

(2)这个判别准则的应用条件是,系统矩阵 $\boldsymbol{A}$ 具有互不相同的特征值。这一点非常重要,这是该准则应用的前提条件,某些具有重特征值的矩阵,也能化成对角线标准形,对于这种系统就不能应用这个判别准则,如在式(3.1-1)系统中,即

$$\begin{cases} \dot{\boldsymbol{x}}(t) = \begin{bmatrix} -6 & 0 \\ 0 & -6 \end{bmatrix} \boldsymbol{x}(t) + \begin{bmatrix} 1 \\ 1 \end{bmatrix} \boldsymbol{u}(t) \\ \boldsymbol{y}(t) = \begin{bmatrix} 1 & 1 \end{bmatrix} \boldsymbol{x}(t) \end{cases}$$

其特征值是相同的，尽管 C 矩阵中没有元素全为零的列，但这种情况不能应用本判别准则而必须采用可观测性判别矩阵 Q_O 或定理 3.14 来判别。

定理 3.13 （可观测性判别准则 2）若线性定常连续系统[见式(3.2－10)]的系统矩阵 A 具有重特征值，且每一个重特征值只对应一个独立的特征向量，则系统状态可观测的充分必要条件是其经线性非奇异变换后的约当标准形的 $\overline{C}$ 矩阵中与每个约当小块 $J_i(i=1,2,\cdots,k)$ 首列相对应的那些列，其元素不全为零：

$$\dot{\overline{x}}(t)=\begin{bmatrix} J_1 & & & \\ & J_2 & & \\ & & \ddots & \\ & & & J_k \end{bmatrix}\overline{x}(t) \tag{3.2-28}$$

$$y(t)=\overline{C}\,\overline{x}(t) \tag{3.2-29}$$

例 3－19 请用定理 3.13 判断下列系统的可观测性：

(1)
$$\begin{cases} \begin{bmatrix} \dot{x}_1 \\ \dot{x}_2 \\ \dot{x}_3 \end{bmatrix}=\begin{bmatrix} -2 & 1 & \\ & -2 & \\ & & -3 \end{bmatrix}\begin{bmatrix} x_1 \\ x_2 \\ x_3 \end{bmatrix} \\ y=\begin{bmatrix} 0 & 1 & 1 \end{bmatrix}\begin{bmatrix} x_1 \\ x_2 \\ x_3 \end{bmatrix} \end{cases}$$

(2)
$$\begin{cases} \begin{bmatrix} \dot{x}_1 \\ \dot{x}_2 \\ \dot{x}_3 \end{bmatrix}=\begin{bmatrix} -2 & 1 & \\ & -2 & \\ & & -3 \end{bmatrix}\begin{bmatrix} x_1 \\ x_2 \\ x_3 \end{bmatrix} \\ y=\begin{bmatrix} 1 & 0 & 1 \end{bmatrix}\begin{bmatrix} x_1 \\ x_2 \\ x_3 \end{bmatrix} \end{cases}$$

(3)
$$\begin{cases} \begin{bmatrix} \dot{x}_1 \\ \dot{x}_2 \\ \dot{x}_3 \\ \dot{x}_4 \\ \dot{x}_5 \end{bmatrix}=\begin{bmatrix} -8 & 1 & & & \\ & -8 & 1 & & \\ & & -8 & & \\ & & & -4 & 1 \\ & & & & -4 \end{bmatrix}\begin{bmatrix} x_1 \\ x_2 \\ x_3 \\ x_4 \\ x_5 \end{bmatrix} \\ \begin{bmatrix} y_1 \\ y_2 \end{bmatrix}=\begin{bmatrix} 0 & 1 & 0 & 1 & 0 \\ 0 & 0 & 1 & 0 & 0 \end{bmatrix}\begin{bmatrix} x_1 \\ x_2 \\ x_3 \\ x_4 \\ x_5 \end{bmatrix} \end{cases}$$

$$
(4)\begin{cases}
\begin{bmatrix}\dot{x}_1\\ \dot{x}_2\\ \dot{x}_3\\ \dot{x}_4\\ \dot{x}_5\end{bmatrix}=\begin{bmatrix}-8 & 1 & & & \\ & -8 & 1 & & \\ & & -8 & & \\ & & & -4 & 1\\ & & & & -4\end{bmatrix}\begin{bmatrix}x_1\\ x_2\\ x_3\\ x_4\\ x_5\end{bmatrix}\\
\begin{bmatrix}y_1\\ y_2\end{bmatrix}=\begin{bmatrix}0 & 1 & 0 & 1 & 2\\ 1 & 0 & 1 & 0 & 0\end{bmatrix}\begin{bmatrix}x_1\\ x_2\\ x_3\\ x_4\\ x_5\end{bmatrix}
\end{cases}
$$

解：系统(1)有两个约当块，对应于第一个约当块首列的 $\boldsymbol{C}$ 矩阵中列的元素全为零，因此系统(1)是不可观测的，同理可得系统(3)也是不可观测的；系统(2) 有两个约当块，且每个约当块首列对应的 $\boldsymbol{C}$ 矩阵中列的元素不全为零，因此系统(2)是状态完全可观测的；同理可得系统(4)也是可观测的。

图 3-11 是例 3-19 系统(1)和(2)的结构图。从图中可以看出，系统具有两个约当块，且这两个约当块对应着不同的特征根，应用定理 3.13 易知，系统(1)是不可观测的，而系统(2)是可观测的。对照系统(1)的状态方程，有

$$
\begin{cases}\dot{x}_1=-2x_1+x_2\\ \dot{x}_2=-2x_2\end{cases}
$$

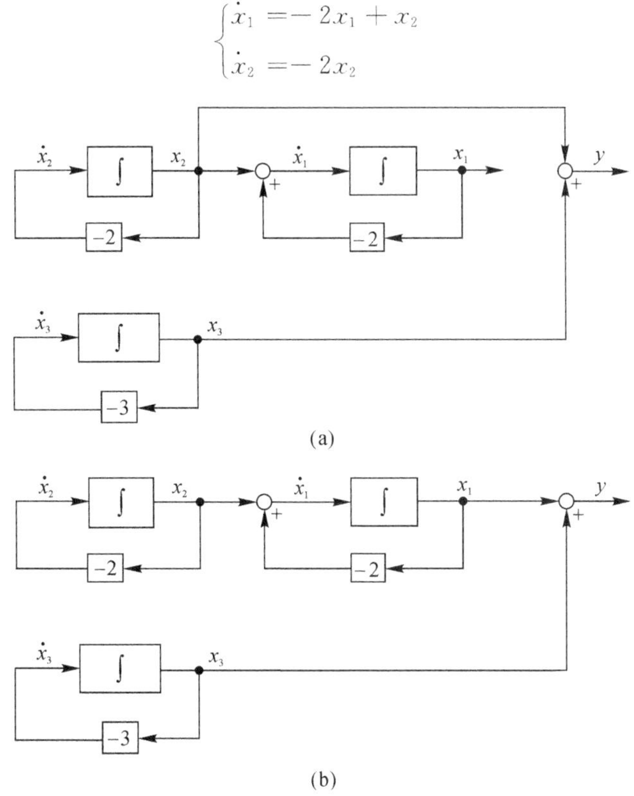

图 3-11　例 3-19 约当标准形系统结构图

(a)系统(1)的结构图；(b)系统(2)的结构图

这就意味着，x_2 中不含有 x_1 的信息。从图 3-11(a)中还可以看出 y 显含 x_2 和 x_3，但不显含 x_1，即 x_1 既不能从输出 y 中直接测取，也不能通过可以观测的 x_2 和 x_3 中间接传递信息给输出 y，所以状态变量 x_1 不可观测，从而整个系统是不可观测的。

但是在系统(2)的输出方程中，y 并不显含 x_2，但为什么系统是可观测的呢？对照系统(2)的状态方程，同样有

$$\begin{cases}\dot{x}_1 = -2x_1 + x_2 \\ \dot{x}_2 = -2x_2\end{cases}$$

即 x_1 中含有 x_2 的信息，从图 3-11(b)中还可以看出 x_1 是能从 y 中得到观测的，于是尽管 y 中不显含 x_2，但 x_2 能借助 x_1 从 y 中观测到，同时 x_3 也能从 y 中观测到，因此系统(2)是状态完全可观测的。

定理 3.14 （可观测性判别准则 3）若线性定常连续系统[见式(3.2-10)]的系统矩阵 $\boldsymbol{A}$ 具有重特征值，且每一个重特征值对应多个约当块，则系统状态完全可观测的充分必要条件是在其经非奇异变换后的约当标准形中(系统矩阵 $\boldsymbol{A}$ 可分解为 k 个约当块)：

$$\dot{\bar{\boldsymbol{x}}}(t) = \begin{bmatrix}\boldsymbol{J}_1 & & & \\ & \boldsymbol{J}_2 & & \\ & & \ddots & \\ & & & \boldsymbol{J}_k\end{bmatrix}\bar{\boldsymbol{x}}(t) \tag{3.2-30}$$

$$\boldsymbol{y}(t) = \bar{\boldsymbol{C}}\bar{\boldsymbol{x}}(t) \tag{3.2-31}$$

对于相同特征值下的全部约当块 $\boldsymbol{J}_i(i=1,2,\cdots,m)$（$m$ 为相同特征值对应的约当块个数）的首列所对应的 $\bar{\boldsymbol{C}}$ 矩阵中的列是线性无关的。

例 3-20 判断式(3.1-1)系统在 $\boldsymbol{u}(t)=0$ 时的可观测性。

解：式(3.1-1)系统为

$$\begin{cases}\dot{\boldsymbol{x}}(t) = \begin{bmatrix}-6 & 0 \\ 0 & -6\end{bmatrix}\boldsymbol{x}(t) \\ \boldsymbol{y}(t) = \begin{bmatrix}1 & 1\end{bmatrix}\boldsymbol{x}(t)\end{cases}$$

因为该系统的特征根－6 对应着两个约当块，且每个约当块的首列对应的 $\boldsymbol{C}$ 矩阵的列是线性相关的，所以该系统不是状态完全可观测的。

例 3-21 判断如下系统的状态可观测性：

$$\left.\begin{aligned}\dot{\boldsymbol{x}}(t) &= \begin{bmatrix}4 & 1 & & & & & \\ & 4 & & & & & \\ & & 4 & & & & \\ & & & 3 & & & \\ & & & & 2 & 1 & \\ & & & & & 2 & 1 \\ & & & & & & 2\end{bmatrix}\boldsymbol{x}(t) \\ \boldsymbol{y}(t) &= \begin{bmatrix}1 & 0 & 0 & 1 & 2 & 0 & 0 \\ 0 & 0 & 1 & 0 & 1 & 1 & 0 \\ 1 & 0 & 1 & 0 & 1 & 0 & 0\end{bmatrix}\boldsymbol{x}(t)\end{aligned}\right\} \tag{3.2-32}$$

解：$\lambda = 4$ 这个特征根对应着 2 个约当块，每个约当块首列所对应的 $\boldsymbol{C}$ 矩阵的列分别为 $\begin{bmatrix}1\\0\\1\end{bmatrix}$ 和 $\begin{bmatrix}0\\1\\1\end{bmatrix}$，显然这两列是线性无关的；$\lambda = 2$，$\lambda = 3$ 都对应 1 个约当块，每个约当块的首列对应的 $\boldsymbol{C}$ 矩阵中的列元素不全为零，因此所有的状态都是可观测的，则整个系统是状态完全可观测的。

由以上讨论可知，和可控性判别准则相似，若要判别线性定常连续系统是否可观测，既可以直接从状态方程的系统矩阵 $\boldsymbol{A}$ 与输出矩阵 $\boldsymbol{C}$ 构造可观测判别矩阵 $\boldsymbol{Q}_{\mathrm{O}}$ 来判别其可观测性；又可以通过线性非奇异变换，把状态方程化成对角线标准形（或约当标准形）再应用定理 3.12～3.14 来判别。那么，系统经非奇异变换后会不会改变其可观测性呢？要回答这个问题，先来看定理 3.15。

定理 3.15　线性系统经非奇异变换后不改变其可观测性。

证明：设系统动态方程为

$$\left.\begin{aligned}\dot{\boldsymbol{x}}(t) &= \boldsymbol{A}\boldsymbol{x}(t)\\ \boldsymbol{y}(t) &= \boldsymbol{C}\boldsymbol{x}(t)\end{aligned}\right\}\tag{3.2-33}$$

其可观测性判别阵为

$$\boldsymbol{Q}_{\mathrm{O}} = \begin{bmatrix}\boldsymbol{C}\\ \boldsymbol{C}\boldsymbol{A}\\ \vdots\\ \boldsymbol{C}\boldsymbol{A}^{n-1}\end{bmatrix}\tag{3.2-34}$$

对式(3.2-33)进行线性非奇异变换：

$$\bar{\boldsymbol{x}}(t) = \boldsymbol{P}^{-1}\boldsymbol{x}(t)$$

变换后系统的状态方程为

$$\left.\begin{aligned}\dot{\bar{\boldsymbol{x}}}(t) &= \boldsymbol{P}^{-1}\boldsymbol{A}\boldsymbol{P}\bar{\boldsymbol{x}}(t) = \bar{\boldsymbol{A}}\,\bar{\boldsymbol{x}}(t)\\ \boldsymbol{y}(t) &= \boldsymbol{C}\boldsymbol{P}\bar{\boldsymbol{x}}(t) = \bar{\boldsymbol{C}}\,\bar{\boldsymbol{x}}(t)\end{aligned}\right\}\tag{3.2-35}$$

式中

$$\bar{\boldsymbol{A}} = \boldsymbol{P}^{-1}\boldsymbol{A}\boldsymbol{P},\quad \bar{\boldsymbol{C}} = \boldsymbol{C}\boldsymbol{P}$$

式 (3.2-35)的可观测性判别矩阵为

$$\bar{\boldsymbol{Q}}_{\mathrm{O}} = \begin{bmatrix}\bar{\boldsymbol{C}}\\ \bar{\boldsymbol{C}}\bar{\boldsymbol{A}}\\ \vdots\\ \bar{\boldsymbol{C}}\bar{\boldsymbol{A}}^{n-1}\end{bmatrix} = \begin{bmatrix}\boldsymbol{C}\boldsymbol{P}\\ (\boldsymbol{C}\boldsymbol{P})(\boldsymbol{P}^{-1}\boldsymbol{A}\boldsymbol{P})\\ \vdots\\ (\boldsymbol{C}\boldsymbol{P})(\boldsymbol{P}^{-1}\boldsymbol{A}\boldsymbol{P})^{n-1}\end{bmatrix} = \begin{bmatrix}\boldsymbol{C}\boldsymbol{P}\\ \boldsymbol{C}\boldsymbol{A}\boldsymbol{P}\\ \vdots\\ \boldsymbol{C}\boldsymbol{A}^{n-1}\boldsymbol{P}\end{bmatrix} = \begin{bmatrix}\boldsymbol{C}\\ \boldsymbol{C}\boldsymbol{A}\\ \vdots\\ \boldsymbol{C}\boldsymbol{A}^{n-1}\end{bmatrix}\boldsymbol{P}$$

因为 $\boldsymbol{P}$ 是非奇异矩阵，所以

$$\operatorname{rank}\bar{\boldsymbol{Q}}_{\mathrm{O}} = \operatorname{rank}(\boldsymbol{Q}_{\mathrm{O}}\boldsymbol{P}) = \operatorname{rank}\boldsymbol{Q}_{\mathrm{O}}\tag{3.2-36}$$

由式 (3.2-36)可知，线性非奇异变换前后系统可观测性判别矩阵的秩并不发生变化，因此线性非奇异变换不改变系统的可观测性。

例 3-22　试用两种方法判断下列系统的可观测性：

$$\left.\begin{aligned}\dot{x}(t) &= \begin{bmatrix}-1 & 0 & 1\\ 1 & -2 & 0\\ 0 & 0 & -3\end{bmatrix}x(t)\\ y(t) &= \begin{bmatrix}0 & 0 & 1\end{bmatrix}x(t)\end{aligned}\right\} \tag{3.2-37}$$

解:(1)解法一——秩判据。

由已知条件可得系统的可观测性判别矩阵为

$$Q_O = \begin{bmatrix}C\\ CA\\ CA^2\end{bmatrix} = \begin{bmatrix}0 & 0 & 1\\ 0 & 0 & -3\\ 0 & 0 & 9\end{bmatrix} \tag{3.2-38}$$

因为 $\mathrm{rank}\, Q_O = 1 < n$,故系统不可观测。

(2)解法二——约当标准形判据。

求系统特征值:

$$|\lambda I - A| = (\lambda+1)(\lambda+2)(\lambda+3) = 0$$

解得系统特征值为

$$\lambda_1 = -1,\quad \lambda_2 = -2,\quad \lambda_2 = -3$$

取非奇异变换矩阵:

$$P = \begin{bmatrix}1 & 0 & -1\\ 1 & 1 & 1\\ 0 & 0 & 2\end{bmatrix},\quad P^{-1} = \begin{bmatrix}1 & 0 & \frac{1}{2}\\ -1 & 1 & -1\\ 0 & 0 & \frac{1}{2}\end{bmatrix}$$

对式(3.2-37)进行 $\bar{x}(t) = P^{-1}x(t)$ 的线性非奇异变换,将其化为对角线标准形,得 $\bar{A}$ 和 $\bar{B}$ 矩阵为

$$\bar{A} = P^{-1}AP = \begin{bmatrix}-1 & & \\ & -2 & \\ & & -3\end{bmatrix}$$

$$\bar{C} = CP = \begin{bmatrix}0 & 0 & 2\end{bmatrix}$$

可以看出,该系统为对角线标准形,且 $\bar{A}$ 矩阵的特征根互异,$\bar{C}$ 矩阵中有全零列,因此该系统是状态不完全可观测的。

三、线性时变系统的可观测性

与线性时变连续系统的可控性类似,时变系统的状态矩阵 $A(t)$、控制矩阵 $B(t)$、输出矩阵 $C(t)$ 及关联矩阵 $D(t)$ 是时间的函数,故也不能像定常系统一样,由状态矩阵、输出矩阵构成可观测性判别矩阵,然后检验其秩来判别系统的可观测性,而必须由相关的时变矩阵构成格拉姆矩阵,并由其非奇异性来作为判别的依据。

1. 几点说明

(1)时间区间 $[t_0, t_f]$ 是识别初始状态 x_0 所需要的观测时间。对时变系统来说,这个区间的大小和初始时刻 t_0 的选择有关。

(2)根据不可观测的定义可以写出不可观测状态的数学表达式:

$$C(t)\Phi(t,t_0)x_0 \equiv 0,\quad t \in [t_0, t_f] \tag{3.2-39}$$

这是一个很重要的关系式,下面的几个推论都是由它推证出的。

(3)对系统做线性非奇异变换，不改变其可观测性。

(4)如果 $\boldsymbol{x}_0$ 是不可观测的，α 为任意非零实数，则 $\alpha\boldsymbol{x}_0$ 也是不可观测的。

证明：因为 $\boldsymbol{x}_0$ 是不可观测的，即

$$\boldsymbol{C}(t)\boldsymbol{\Phi}(t,t_0)\boldsymbol{x}_0 \equiv \boldsymbol{0}$$

所以

$$\boldsymbol{C}(t)\boldsymbol{\Phi}(t,t_0)\alpha\boldsymbol{x}_0 \equiv \boldsymbol{0} \tag{3.2-40}$$

故 $\alpha\boldsymbol{x}_0$ 是不可观测的。

(5)如果 $\boldsymbol{x}_{01}$ 和 $\boldsymbol{x}_{02}$ 都是不可观测的，则 $\boldsymbol{x}_{01}+\boldsymbol{x}_{02}$ 也是不可观测的。

证明：因为 $\boldsymbol{x}_{01}$，$\boldsymbol{x}_{02}$ 都是不可观测的，则有

$$\boldsymbol{C}(t)\boldsymbol{\Phi}(t,t_0)\boldsymbol{x}_{01} = \boldsymbol{C}(t)\boldsymbol{\Phi}(t,t_0)\boldsymbol{x}_{02} \equiv \boldsymbol{0}$$

所以

$$\boldsymbol{C}(t)\boldsymbol{\Phi}(t,t_0)(\boldsymbol{x}_{01}+\boldsymbol{x}_{02}) \equiv \boldsymbol{0} \tag{3.2-41}$$

故 $\boldsymbol{x}_{01}+\boldsymbol{x}_{02}$ 是不可观测的。

(6)根据说明(4)和(5)可以得出，系统的不可观测状态构成状态空间的一个子空间，称为不可观测子空间，记为 $\boldsymbol{X}_{\bar{o}}$。只有当系统的不可观测空间 $\boldsymbol{X}_{\bar{o}}$ 在状态空间中是零空间时，则该系统才是完全可观测的。

例如

$$\left.\begin{aligned} \begin{bmatrix}\dot{x}_1\\ \dot{x}_2\end{bmatrix} &= \begin{bmatrix}-6 & 0\\ 0 & -6\end{bmatrix}\begin{bmatrix}x_1\\ x_2\end{bmatrix} \\ y &= \begin{bmatrix}1 & 1\end{bmatrix}\begin{bmatrix}x_1\\ x_2\end{bmatrix}\end{aligned}\right\} \tag{3.2-42}$$

由初始状态 $\boldsymbol{x}_0$ 所引起的系统输出 $\boldsymbol{y}(t)$ 为

$$\boldsymbol{y}(t) = \boldsymbol{x}_1(t)+\boldsymbol{x}_2(t) = \boldsymbol{\Phi}(t-t_0)\boldsymbol{x}_{10}+\boldsymbol{\Phi}(t-t_0)\boldsymbol{x}_{20} \tag{3.2-43}$$

若 $\boldsymbol{x}_{10}=-\boldsymbol{x}_{20}$，则

$$\boldsymbol{y}(t) \equiv \boldsymbol{0}$$

即在状态空间中，所有满足以下关系的状态是不可观测状态：

$$\boldsymbol{x}_{10} = -\boldsymbol{x}_{20} \tag{3.2-44}$$

这些不可观测的状态构成了一个不可观测的子空间。它是二维状态空间中的一条−45°斜线，如图 3-12 中的粗线所示。

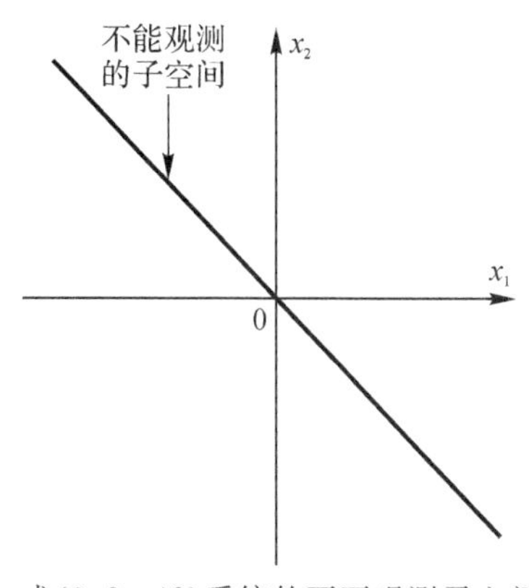

图 3-12　式(3.2-42)系统的不可观测子空间的示意图

2.线性时变系统可观测性判别准则

定理 3.16 （格拉姆矩阵判据）线性连续时变系统

$$\left.\begin{aligned}\dot{\boldsymbol{x}}(t) &= \boldsymbol{A}(t)\boldsymbol{x}(t) \\ \boldsymbol{y}(t) &= \boldsymbol{C}(t)\boldsymbol{x}(t)\end{aligned}\right\} \tag{3.2-45}$$

在 t_0 时刻上状态完全可观测的充分必要条件是下列可观测性格拉姆矩阵为非奇异：

$$\boldsymbol{W}_O(t_0,t_f)=\int_{t_0}^{t_f}\boldsymbol{\Phi}^{\mathrm{T}}(t,t_0)\boldsymbol{C}^{\mathrm{T}}(t)\boldsymbol{C}(t)\boldsymbol{\Phi}(t,t_0)\mathrm{d}t \tag{3.2-46}$$

证明：先证充分性，即由 $\boldsymbol{W}_O(t_0,t_f)$ 为非奇异，推证 $\Sigma=(\boldsymbol{A}(t),\boldsymbol{C}(t))$ 是状态完全可观测。

设 $\boldsymbol{x}_0$ 为某任意给定的非零状态，由状态转移方程，有

$$\boldsymbol{x}(t)=\boldsymbol{\Phi}(t,t_0)\boldsymbol{x}_0 \tag{3.2-47a}$$

$$\boldsymbol{y}(t)=\boldsymbol{C}(t)\boldsymbol{x}(t)=\boldsymbol{C}(t)\boldsymbol{\Phi}(t,t_0)\boldsymbol{x}_0 \tag{3.2-47b}$$

式（3.2-47b)两边左乘 $\boldsymbol{\Phi}^{\mathrm{T}}(t,t_0)\boldsymbol{C}^{\mathrm{T}}(t)$，并在 $[t_0,t_f]$ 区间积分，有

$$\int_{t_0}^{t_f}\boldsymbol{\Phi}^{\mathrm{T}}(t,t_0)\boldsymbol{C}^{\mathrm{T}}(t)\boldsymbol{y}(t)\mathrm{d}t=\left[\int_{t_0}^{t_f}\boldsymbol{\Phi}^{\mathrm{T}}(t,t_0)\boldsymbol{C}^{\mathrm{T}}(t)\boldsymbol{C}(t)\boldsymbol{\Phi}(t,t_0)\mathrm{d}t\right]\boldsymbol{x}_0 \tag{3.2-48}$$

将式（3.2-46)代入(3.2-48)，可得

$$\int_{t_0}^{t_f}\boldsymbol{\Phi}^{\mathrm{T}}(t,t_0)\boldsymbol{C}^{\mathrm{T}}(t)\boldsymbol{y}(t)\mathrm{d}t=\boldsymbol{W}_O(t_0,t_f)\boldsymbol{x}_0 \tag{3.2-49}$$

已知 $\boldsymbol{W}_O(t_0,t_f)$ 为非奇异，便可由上式唯一地确定 $\boldsymbol{x}_0$，故系统是状态完全可观测的。充分性得证。

再证必要性，即证若系统是状态完全可观测的，$\boldsymbol{W}_O(t_0,t_f)$ 必须为非奇异。采用反证法来证明。

若系统在 t_0 时刻状态完全可观测，但假设 $\boldsymbol{W}_O(t_0,t_f)$ 是奇异的。故必存在非零 $\boldsymbol{x}_0\in X$，使得

$$\boldsymbol{x}_0^{\mathrm{T}}\boldsymbol{W}_O(t_0,t_f)\boldsymbol{x}_0=0 \tag{3.2-50}$$

即

$$\boldsymbol{x}_0^{\mathrm{T}}\int_{t_0}^{t_f}\boldsymbol{\Phi}^{\mathrm{T}}(t,t_0)\boldsymbol{C}^{\mathrm{T}}(t)\boldsymbol{C}(t)\boldsymbol{\Phi}(t,t_0)\mathrm{d}t\,\boldsymbol{x}_0=0 \tag{3.2-51}$$

因为
$$\boldsymbol{y}(t)=\boldsymbol{C}(t)\boldsymbol{\Phi}(t,t_0)\boldsymbol{x}_0$$

故式（3.2-51)改写为

$$\left.\begin{aligned}\int_{t_0}^{t_f}\boldsymbol{y}^{\mathrm{T}}(t)\boldsymbol{y}(t)\mathrm{d}t=0 \\ \int_{t_0}^{t_f}\|\boldsymbol{y}(t)\|^2\mathrm{d}t=0\end{aligned}\right\} \tag{3.2-52}$$

因为 $\boldsymbol{y}(t)$ 是 t 的连续函数，故

$$\boldsymbol{y}(t)=\boldsymbol{0} \tag{3.2-53}$$

亦即

$$\boldsymbol{C}(t)\boldsymbol{\Phi}(t,t_0)\boldsymbol{x}_0=\boldsymbol{0} \tag{3.2-54}$$

上式表示 $\boldsymbol{x}_0$ 为不可观测状态。这一结论和系统是完全可观测的假设矛盾，故假设不成立，即若系统是可观测的，则 $\boldsymbol{W}_O(t_0,t_f)$ 必须为非奇异。必要性得证。

和判别时变系统可控性一样，按照式（3.2-46)计算 $\boldsymbol{W}_O(t_0,t_f)$ 的工作量是很大的。下

面介绍一种与定理3.9相对应的方法。

定理3.17　(秩判据)设式(3.2-45)所示系统中的$\boldsymbol{A}(t)$矩阵和$\boldsymbol{C}(t)$矩阵的元素对时间变量t为$n-1$阶连续可微,记

$$\boldsymbol{C}_1(t)=\boldsymbol{C}(t) \tag{3.2-55}$$

$$\boldsymbol{C}_i(t)=\boldsymbol{C}_{i-1}(t)\boldsymbol{A}(t)+\frac{\mathrm{d}}{\mathrm{d}t}\boldsymbol{C}_{i-1}(t);\quad i=2,3,\cdots,n \tag{3.2-56}$$

令

$$\boldsymbol{Q}_{\mathrm{O}}(t)\overset{\text{def}}{=}\begin{bmatrix}\boldsymbol{C}_1(t)\\ \boldsymbol{C}_2(t)\\ \vdots\\ \boldsymbol{C}_n(t)\end{bmatrix} \tag{3.2-57}$$

如果存在某个时刻$t_f>0$,使得$\mathrm{rank}\boldsymbol{Q}_{\mathrm{O}}(t_f)=n$,则系统(3.2-45)在$[0,t_f]$区间上是可观测的。

例3-23　设系统的状态方程和输出方程为

$$\begin{cases}\dot{\boldsymbol{x}}(t)=\begin{bmatrix}t & 1 & 0\\ 0 & 2t & 0\\ 0 & 0 & t^3\end{bmatrix}\boldsymbol{x}(t)\\ \boldsymbol{y}(t)=\begin{bmatrix}1 & 0 & 1\end{bmatrix}\boldsymbol{x}(t)\end{cases}$$

试判别其可观测性。

解:按定理3.17所述步骤,有

$$\boldsymbol{C}_1(t)=\begin{bmatrix}1 & 0 & 1\end{bmatrix}$$

$$\boldsymbol{C}_2(t)=\boldsymbol{C}_1\boldsymbol{A}(t)+\frac{\mathrm{d}}{\mathrm{d}t}\boldsymbol{C}_1(t)=\begin{bmatrix}t & 1 & t^3\end{bmatrix}$$

$$\boldsymbol{C}_3(t)=\boldsymbol{C}_2(t)\boldsymbol{A}(t)+\frac{\mathrm{d}}{\mathrm{d}t}\boldsymbol{C}_2(t)=\begin{bmatrix}t^2+1 & 3t & t^6+2t^2\end{bmatrix}$$

系统可观测性判别矩阵为

$$\boldsymbol{Q}_{\mathrm{O}}(t)=\begin{bmatrix}\boldsymbol{C}_1\\ \boldsymbol{C}_2\\ \boldsymbol{C}_3\end{bmatrix}=\begin{bmatrix}1 & 0 & 1\\ t & 1 & t^3\\ t^2+1 & 3t & t^6+2t^2\end{bmatrix}$$

容易判别,当$t>0$时,$\mathrm{rank}\,\boldsymbol{Q}_{\mathrm{O}}(t)=3=n$,因此该系统在$t>0$时间区间上是状态完全可观测的。

必须注意,该定理和定理3.9一样,也只是一个充分条件。若不满足定理3.17所述条件,并不能得出该系统是不可观测的结论。

3.3　线性定常离散系统的可控性和可观测性

由于线性定常离散系统只是线性时变离散系统的一种特殊类型,为便于读者全面理解基本概念,我们利用线性时变离散系统来定义离散系统的可控性和可观测性。而在研究可控性和可观测性的判据时,本书仅限于线性定常离散系统。

一、线性离散系统的可控性和可达性

1. 线性离散系统可控性定义

对于 n 阶线性时变离散系统

$$\boldsymbol{x}(k+1)=\boldsymbol{G}(k)\boldsymbol{x}(k)+\boldsymbol{H}(k)\boldsymbol{u}(k),\quad k\in T_k \tag{3.3-1}$$

其中，T_k 为离散时间定义区间。如果对初始时刻 $l\in T_k$ 和状态空间中的所有非零状态 $\boldsymbol{x}(l)$，都存在时刻 $m\in T_k$，$m>l$，和相应的控制 $\boldsymbol{u}(k)$，使得 $\boldsymbol{x}(m)=\boldsymbol{0}$，则称此系统在时刻 l 是状态完全可控的，或简称系统是可控的。

如果对初始时刻 $l\in T_k$ 和状态空间中的初始状态 $\boldsymbol{x}(l)=\boldsymbol{0}$，存在时刻 $m\in T_k$，$m>l$，和相应的控制 $\boldsymbol{u}(k)$，使得 $\boldsymbol{x}(m)$ 可为状态空间中的任意非零点，则称此系统在时刻 l 是状态完全能达的，或简称系统是可达的。

根据上述定义，再应用离散系统的求解公式，便可判别是否存在某一控制序列 $\boldsymbol{u}(0)$，$\boldsymbol{u}(1)$，…，$\boldsymbol{u}(l-1)(l\leqslant n)$，使给定初始状态 $\boldsymbol{x}(0)=\boldsymbol{x}_0$ 在第 l 步转移到零。下面分析一个具体例子。

例 3-24 设单输入定常离散系统的状态方程为

$$\boldsymbol{x}(k+1)=\begin{bmatrix}1&0&0\\0&2&-2\\-1&1&0\end{bmatrix}\boldsymbol{x}(k)+\begin{bmatrix}1\\0\\1\end{bmatrix}u(k) \tag{3.3-2}$$

若初始状态为

$$\boldsymbol{x}_0=\begin{bmatrix}2\\1\\0\end{bmatrix}$$

(1)试确定使 $\boldsymbol{x}(3)=\boldsymbol{0}$ 的控制序列 $u(0)$、$u(1)$ 和 $u(2)$；

(2)研究使 $\boldsymbol{x}(2)=\boldsymbol{0}$ 的可能性。

解：利用递推法

$$k=0,\quad \boldsymbol{x}(1)=\boldsymbol{G}\boldsymbol{x}(0)+\boldsymbol{h}\boldsymbol{u}(0)$$

$$\boldsymbol{x}(1)=\boldsymbol{G}\boldsymbol{x}(0)+\boldsymbol{h}\boldsymbol{u}(0)=\begin{bmatrix}1&0&0\\0&2&-2\\-1&1&0\end{bmatrix}\begin{bmatrix}2\\1\\0\end{bmatrix}+\begin{bmatrix}1\\0\\1\end{bmatrix}u(0)=\begin{bmatrix}2\\2\\-1\end{bmatrix}+\begin{bmatrix}1\\0\\1\end{bmatrix}u(0)$$

$$\boldsymbol{x}(2)=\boldsymbol{G}\boldsymbol{x}(1)+\boldsymbol{h}\boldsymbol{u}(1)=\begin{bmatrix}2\\6\\0\end{bmatrix}+\begin{bmatrix}1\\-2\\-1\end{bmatrix}u(0)+\begin{bmatrix}1\\0\\1\end{bmatrix}u(1)$$

$$\boldsymbol{x}(3)=\boldsymbol{G}\boldsymbol{x}(2)+\boldsymbol{h}\boldsymbol{u}(2)=\begin{bmatrix}2\\12\\4\end{bmatrix}+\begin{bmatrix}1\\-2\\-3\end{bmatrix}u(0)+\begin{bmatrix}1\\-2\\-1\end{bmatrix}u(1)+\begin{bmatrix}1\\0\\1\end{bmatrix}u(2)$$

令 $\boldsymbol{x}(3)=\boldsymbol{0}$，则有

$$\begin{bmatrix}1&1&1\\-2&-2&0\\-3&-1&1\end{bmatrix}\begin{bmatrix}u(0)\\u(1)\\u(2)\end{bmatrix}=\begin{bmatrix}-2\\-12\\-4\end{bmatrix}$$

其系数矩阵是非奇异的，因而可得控制序列

$$\begin{bmatrix}\boldsymbol{u}(0)\\ \boldsymbol{u}(1)\\ \boldsymbol{u}(2)\end{bmatrix}=\begin{bmatrix}1 & 1 & 1\\ -2 & -2 & 0\\ -3 & -1 & 1\end{bmatrix}^{-1}\begin{bmatrix}-2\\ -12\\ -4\end{bmatrix}=\begin{bmatrix}\frac{1}{2} & \frac{1}{2} & -\frac{1}{2}\\ -\frac{1}{2} & -1 & \frac{1}{2}\\ 1 & \frac{1}{2} & 0\end{bmatrix}\begin{bmatrix}-2\\ -12\\ -4\end{bmatrix}=\begin{bmatrix}-5\\ 11\\ -8\end{bmatrix}$$

若令 $\boldsymbol{x}(2)=\boldsymbol{0}$，即解方程组

$$\begin{bmatrix}1 & 1\\ -2 & 0\\ 1 & 1\end{bmatrix}\begin{bmatrix}u(0)\\ u(1)\end{bmatrix}=\begin{bmatrix}-2\\ -6\\ 0\end{bmatrix}$$

容易看出其系数矩阵的秩为 2，但如下增广矩阵 $\boldsymbol{M}$ 的秩为 3

$$\boldsymbol{M}=\begin{bmatrix}1 & 1 & -2\\ -2 & 0 & -6\\ 1 & 1 & 0\end{bmatrix}$$

这两个秩不等，方程组无解，意味着不能在两个采样周期内使系统由初始状态转移至零。若这两个秩相等，则可用两步完成状态转移。

2. 线性离散系统可控性与可达性

离散系统的可控性和可观测性概念与连续系统相类似，其判据也与连续系统的判据具有相类同的形式。但是需要指出，连续系统的可控性与可达性是完全一致的，而离散系统的可控性与可达性一般情况下不完全一致，下面先来研究线性定常离散系统的可达性：

$$\left.\begin{aligned}\boldsymbol{x}(k+1)&=\boldsymbol{G}\boldsymbol{x}(k)+\boldsymbol{H}\boldsymbol{u}(k)\\ \boldsymbol{y}(k)&=\boldsymbol{C}\boldsymbol{x}(k)\end{aligned}\right\}\tag{3.3-3}$$

式(3.3-3)在第 n 个采样时刻的状态解是

$$\boldsymbol{x}(n)=\boldsymbol{G}^{n}\boldsymbol{x}(0)+\begin{bmatrix}\boldsymbol{G}^{n-1}\boldsymbol{H} & \cdots & \boldsymbol{G}\boldsymbol{H} & \boldsymbol{H}\end{bmatrix}\begin{bmatrix}\boldsymbol{u}(0)\\ \boldsymbol{u}(1)\\ \vdots\\ \boldsymbol{u}(n-1)\end{bmatrix}\tag{3.3-4}$$

状态可达性是研究从零初始状态到任意非零状态 $\boldsymbol{x}(n)$ 的转移能力的问题。当式(3.3-4)中 $\boldsymbol{x}(0)=\boldsymbol{0}$ 时，则

$$\boldsymbol{x}(n)=\begin{bmatrix}\boldsymbol{G}^{n-1}\boldsymbol{H} & \cdots & \boldsymbol{G}\boldsymbol{H} & \boldsymbol{H}\end{bmatrix}\begin{bmatrix}\boldsymbol{u}(0)\\ \boldsymbol{u}(1)\\ \vdots\\ \boldsymbol{u}(n-1)\end{bmatrix}\tag{3.3-5}$$

可见对于任意非零状态 $\boldsymbol{x}(n)$ 可以找到控制序列 $\boldsymbol{u}(0),\boldsymbol{u}(1),\cdots,\boldsymbol{u}(n-1)$，即状态完全可达的充分必要条件是如下条件成立：

$$\mathrm{rand}\begin{bmatrix}\boldsymbol{H} & \boldsymbol{G}\boldsymbol{H} & \boldsymbol{G}^{2}\boldsymbol{H} & \cdots & \boldsymbol{G}^{n-1}\boldsymbol{H}\end{bmatrix}=n\tag{3.3-6}$$

状态可控性是研究从任意初态 $\boldsymbol{x}(0)$ 到末状态 $\boldsymbol{x}(n)=\boldsymbol{0}$ 的转移能力问题。令 $\boldsymbol{x}(n)=\boldsymbol{0}$，则由(3.3-4)得

$$\boldsymbol{G}^{n}\boldsymbol{x}(0)=-\begin{bmatrix}\boldsymbol{G}^{n-1}\boldsymbol{H} & \cdots & \boldsymbol{G}\boldsymbol{H} & \boldsymbol{H}\end{bmatrix}\begin{bmatrix}\boldsymbol{u}(0)\\ \boldsymbol{u}(1)\\ \vdots \\ \boldsymbol{u}(n-1)\end{bmatrix} \tag{3.3-7}$$

可见，对于任意非零初态 $\boldsymbol{x}(0)$，如果状态转移矩阵 $\boldsymbol{G}^{n}$ 是非奇异的，则可以找到控制序列 $\boldsymbol{u}(0),\boldsymbol{u}(1),\cdots,\boldsymbol{u}(n-1)$ 的充分必要条件是矩阵 $[\boldsymbol{H}\quad \boldsymbol{GH}\quad \boldsymbol{G}^{2}\boldsymbol{H}\quad \cdots\quad \boldsymbol{G}^{n-1}\boldsymbol{H}]$ 的秩为 n，也就是说 $\boldsymbol{G}^{n}$ 是非奇异的条件下状态可控和状态可达是一致的。因此，把矩阵 $[\boldsymbol{H}\quad \boldsymbol{GH}\quad \boldsymbol{G}^{2}\boldsymbol{H}\quad \cdots\quad \boldsymbol{G}^{n-1}\boldsymbol{H}]$ 称作可达性判别矩阵或可控性判别矩阵，统一记作

$$\boldsymbol{Q}_{C}=[\boldsymbol{H}\quad \boldsymbol{GH}\quad \boldsymbol{G}^{2}\boldsymbol{H}\quad \cdots\quad \boldsymbol{G}^{n-1}\boldsymbol{H}]$$

当 $\boldsymbol{G}^{n}$ 是奇异矩阵时，式(3.3－5)和式(3.3－7)有解的条件是不一样的。对于使 $\boldsymbol{G}^{n}\boldsymbol{x}(0)=\boldsymbol{0}$ 的那些非零状态都可以无须增加控制而在最多 n 个采样周期内转移到零，和可控性判别矩阵 $\boldsymbol{Q}_{C}$ 的秩为多少无关。这样，即使系统状态是不完全可达的，其状态也可能完全可控。试看下面的例子。

线性定常离散系统如下所示：

$$\boldsymbol{x}(k+1)=\begin{bmatrix}0 & 1\\ 0 & 0\end{bmatrix}\boldsymbol{x}(k)+\begin{bmatrix}1\\ 0\end{bmatrix}\boldsymbol{u}(k)$$

其可控性矩阵为

$$\boldsymbol{Q}_{C}=[\boldsymbol{H}\quad \boldsymbol{GH}]=\begin{bmatrix}1 & 0\\ 0 & 0\end{bmatrix}$$

由于 $\operatorname{rank}\boldsymbol{Q}_{C}=1$，系统状态是不完全可达的。当给定任意初态 $\boldsymbol{x}(0)=\begin{bmatrix}\alpha\\ \beta\end{bmatrix}$，可以选择 $\boldsymbol{u}(0)=\boldsymbol{u}(1)=\boldsymbol{0}$，则有

$$\boldsymbol{x}(1)=\boldsymbol{Gx}(0)=\begin{bmatrix}0 & 1\\ 0 & 0\end{bmatrix}\begin{bmatrix}\alpha\\ \beta\end{bmatrix}=\begin{bmatrix}\beta\\ 0\end{bmatrix}$$

$$\boldsymbol{x}(2)=\boldsymbol{Gx}(1)=\begin{bmatrix}0 & 1\\ 0 & 0\end{bmatrix}\begin{bmatrix}\beta\\ 0\end{bmatrix}=\begin{bmatrix}0\\ 0\end{bmatrix}$$

可见，在两个采样周期内可将任意非零初态转移到零，系统状态是完全可控的。

如果选择 $u(0)=-\beta$ 则

$$\boldsymbol{x}(1)=\boldsymbol{Gx}(0)+\boldsymbol{H}u(0)=\begin{bmatrix}0 & 1\\ 0 & 0\end{bmatrix}\begin{bmatrix}\alpha\\ \beta\end{bmatrix}+\begin{bmatrix}1\\ 0\end{bmatrix}(-\beta)=\begin{bmatrix}0\\ 0\end{bmatrix}$$

即在一个采样周期内可转移到零，这也说明系统状态是完全可控的。

综上所述，当把连续时间系统的状态可控性的各种结论推广到离散系统时得到的是离散系统状态可达的结论，而离散系统的状态可控性只是在系统矩阵 $\boldsymbol{G}$ 为非奇异时才和状态可达性一致。

二、线性定常离散系统的可控性判别准则

定理 3.18 线性定常离散系统表示如下：

$$\boldsymbol{x}(k+1)=\boldsymbol{Gx}(k)+\boldsymbol{Hu}(k) \tag{3.3-8}$$

式中，$\boldsymbol{x}(k)$ 是 n 维状态向量，$\boldsymbol{u}(k)$ 是 p 维输入向量。则系统状态完全可达的充分必要条件是

下述可达性判别矩阵满秩：

$$Q_C = [\boldsymbol{H} \quad \boldsymbol{GH} \quad \boldsymbol{G}^2\boldsymbol{H} \quad \cdots \quad \boldsymbol{G}^{n-1}\boldsymbol{H}] \tag{3.3-9}$$

即

$$\text{rank}\, Q_C = n \tag{3.3-10}$$

若 $\boldsymbol{G}$ 为非奇异矩阵，则判别式(3.3-10)是系统状态完全可控的充分必要条件；若 $\boldsymbol{G}$ 为奇异矩阵，则判别式(3.3-10)是系统状态完全可控的充分非必要条件。

证明：离散系统状态方程的求解公式为

$$\boldsymbol{x}(k) = \boldsymbol{G}^k\boldsymbol{x}(0) + \sum_{j=0}^{k-1} \boldsymbol{G}^{k-j-1}\boldsymbol{H}\boldsymbol{u}(j) \tag{3.3-11}$$

取 $k = n$, $\boldsymbol{x}(n) = \boldsymbol{0}$ ，可以得到

$$\boldsymbol{G}^n\boldsymbol{x}(0) = -\sum_{j=0}^{n-1} \boldsymbol{G}^{n-j-1}\boldsymbol{H}\boldsymbol{u}(j) = -(\boldsymbol{G}^{n-1}\boldsymbol{H}\boldsymbol{u}(0) + \cdots + \boldsymbol{GH}\boldsymbol{u}(n-2) + \boldsymbol{H}\boldsymbol{u}(n-1)) =$$

$$-[\boldsymbol{H} \quad \boldsymbol{GH} \quad \cdots \quad \boldsymbol{G}^{n-1}\boldsymbol{H}]\begin{bmatrix} \boldsymbol{u}(n-1) \\ \boldsymbol{u}(n-2) \\ \vdots \\ \boldsymbol{u}(0) \end{bmatrix} = Q_C\begin{bmatrix} \boldsymbol{u}(n-1) \\ \boldsymbol{u}(n-2) \\ \vdots \\ \boldsymbol{u}(0) \end{bmatrix} \tag{3.3-12}$$

这表明，当且仅当式(3.3-10)成立时，任意非零 $\boldsymbol{G}^n\boldsymbol{x}(0)$ 为完全可控。进而，对 $\boldsymbol{G}$ 非奇异，任意非零 $\boldsymbol{G}^n\boldsymbol{x}(0)$ 完全可控，等价于任意非零 $\boldsymbol{x}(0)$ 完全可控，即系统完全可控。对 $\boldsymbol{G}$ 奇异，式(3.3-10)成立可使任意非零 $\boldsymbol{x}(0)$ 完全可控，即系统完全可控，但若系统完全可控，即任意非零 $\boldsymbol{x}(0)$ 完全可控并不要求式(3.3-10)成立。因此，对 $\boldsymbol{G}$ 奇异，式(3.3-10)为系统完全可控的充分而非必要条件。

例 3-25　试判断例 3-24 中系统的可控性。

解：因为 $\boldsymbol{G}$ 是非奇异矩阵，按式(3.3-9)构造可控判别矩阵为

$$Q_C = [\boldsymbol{H} \quad \boldsymbol{GH} \quad \boldsymbol{G}^2\boldsymbol{H}] = \begin{bmatrix} 1 & 1 & 1 \\ 0 & -2 & -2 \\ 1 & -1 & -3 \end{bmatrix}$$

显然，$\text{rank}\, Q_C = 3 = n$ ，所以系统是可控的。

三、线性离散系统的可观测性

1. 线性离散系统可观测性的定义

定义 3.2　对于线性离散系统

$$\left.\begin{aligned} \boldsymbol{x}(k+1) &= \boldsymbol{G}(k)\boldsymbol{x}(k) + \boldsymbol{H}(k)\boldsymbol{u}(k) \\ \boldsymbol{y}(k) &= \boldsymbol{C}(k)\boldsymbol{x}(k) + \boldsymbol{D}(k)\boldsymbol{u}(k) \end{aligned}, \quad k \in T_k \right\} \tag{3.3-13}$$

若对初始时刻 $l \in T_k$ 的任一非零初始状态 $\boldsymbol{x}(l) = \boldsymbol{x}_0$ ，都存在时刻 $m \in T_k, m > l$ ，且可由 $[l, m]$ 上的输出 $\boldsymbol{y}(k)$ 唯一地确定 $\boldsymbol{x}_0$ ，则称系统在时刻 l 是状态完全可观测的，或简称是可观测的。

2. 线性定常离散系统可观测性判别准则

定理 3.19　对于下述线性定常离散系统：

$$\left.\begin{aligned} \boldsymbol{x}(k+1) &= \boldsymbol{G}\boldsymbol{x}(k) + \boldsymbol{H}\boldsymbol{u}(k) \\ \boldsymbol{y}(k) &= \boldsymbol{C}\boldsymbol{x}(k) + \boldsymbol{D}\boldsymbol{u}(k) \end{aligned}\right\} \tag{3.3-14}$$

式中，$\boldsymbol{x}(k)$ 为 n 维状态向量，$\boldsymbol{u}(k)$ 为 p 维输入向量，$\boldsymbol{y}(k)$ 为 q 维输出向量。则式(3.3-14)所示系统可观测的充分必要条件是其可观测判别矩阵的秩为 n：

$$\boldsymbol{Q}_O = \begin{bmatrix} \boldsymbol{C} \\ \boldsymbol{C}\boldsymbol{G} \\ \vdots \\ \boldsymbol{C}\boldsymbol{G}^{n-1} \end{bmatrix} \tag{3.3-15}$$

即

$$\operatorname{rank} \boldsymbol{Q}_O = n \tag{3.3-16}$$

证明：与连续系统类似，分析离散系统可观测性问题时，仅需从系统的齐次状态方程和输出方程出发，即

$$\begin{cases} \boldsymbol{x}(k+1) = \boldsymbol{G}\boldsymbol{x}(k) \\ \boldsymbol{y}(k) = \boldsymbol{C}\boldsymbol{x}(k) \end{cases}$$

根据状态方程的求解公式，从 0 到 $n-1$ 各采样瞬时的观测值为

$$\begin{aligned} &\boldsymbol{y}(0) = \boldsymbol{C}\boldsymbol{x}(0) \\ &\boldsymbol{y}(1) = \boldsymbol{C}\boldsymbol{x}(1) = \boldsymbol{C}\boldsymbol{G}\boldsymbol{x}(0) \\ &\boldsymbol{y}(2) = \boldsymbol{C}\boldsymbol{x}(2) = \boldsymbol{C}\boldsymbol{G}^2\boldsymbol{x}(0) \\ &\cdots \\ &\boldsymbol{y}(n-1) = \boldsymbol{C}\boldsymbol{x}(n-1) = \boldsymbol{C}\boldsymbol{G}^{n-1}\boldsymbol{x}(0) \end{aligned}$$

将以上 n 个方程写成矩阵的形式：

$$\begin{bmatrix} \boldsymbol{C} \\ \boldsymbol{C}\boldsymbol{G} \\ \vdots \\ \boldsymbol{C}\boldsymbol{G}^{n-1} \end{bmatrix} \boldsymbol{x}(0) = \begin{bmatrix} \boldsymbol{y}(0) \\ \boldsymbol{y}(1) \\ \vdots \\ \boldsymbol{y}(n-1) \end{bmatrix} \tag{3.3-17}$$

或者写成

$$\boldsymbol{Q}_O \boldsymbol{x}(0) = \boldsymbol{Y} \tag{3.3-18}$$

这是一个含有 n 个未知量和 qn 个方程的线性方程组。$\boldsymbol{x}(0)$ 有唯一解的充要条件是其系数矩阵 $\boldsymbol{Q}_O$ 的秩等于 n 。于是定理得证。

需要说明的是对于多输出系统 $q>1$，若量测输出 $\boldsymbol{y}(k)$ 含有量测噪声，致使线性方程组式(3.3-17)成为超定方程。但是如果系统满足可观测条件，该超定方程有唯一的最小二乘解。

例 3-26 设线性定常离散系统的 $\boldsymbol{G}$，$\boldsymbol{C}$ 为

$$\boldsymbol{G} = \begin{bmatrix} 2 & 0 & 3 \\ 1 & -2 & 0 \\ 2 & 1 & 2 \end{bmatrix}, \quad \boldsymbol{C} = \begin{bmatrix} 1 & 0 & 0 \\ 0 & 1 & 0 \end{bmatrix}$$

试判别其可观测性。

解：该系统可观测性判别矩阵为

$$
Q_O = \begin{bmatrix} C \\ CG \\ CG^2 \end{bmatrix} = \begin{bmatrix} 1 & 0 & 0 \\ 0 & 1 & 0 \\ 2 & 0 & 3 \\ 1 & -2 & 0 \\ 10 & 3 & 12 \\ 0 & 4 & 3 \end{bmatrix}
$$

由 Q_O 的前三行易知 $\mathrm{rank}Q_O=3$，因此该系统是可观测的。

3.4　对偶原理

线性系统的可控性与可观测性不是两个相互独立的概念，它们之间存在着一种内在的联系，即一个系统的可控性等价于对偶系统的可观测性，或者说，一个系统的可观测性等价于对偶系统的可控性。该原理是卡尔曼首先提出来的。

一、定常系统的对偶关系

定义 3.3　对于定常系统 Σ_1 和 Σ_2 其状态空间表达式分别为

$$
\left.\begin{aligned} \dot{x}(t) &= Ax(t) + Bu(t) \\ y(t) &= Cx(t) \end{aligned}\right\} \tag{3.4-1}
$$

$$
\left.\begin{aligned} \dot{x}^*(t) &= A^*x^*(t) + B^*u^*(t) \\ y^*(t) &= C^*x^*(t) \end{aligned}\right\} \tag{3.4-2}
$$

若满足下列关系：

$$
A^* = A^{\mathrm{T}} \tag{3.4-3}
$$

$$
B^* = C^{\mathrm{T}} \tag{3.4-4}
$$

$$
C^* = B^{\mathrm{T}} \tag{3.4-5}
$$

则称 Σ_1 和 Σ_2 是互为对偶的。

显然，若系统 Σ_1 是一个 p 维输入，q 维输出的 n 阶系统，则其对偶系统 Σ_2 是一个 q 维输入，p 维输出的 n 阶系统。图 3-13 是对偶系统 Σ_1 和 Σ_2 的结构图。

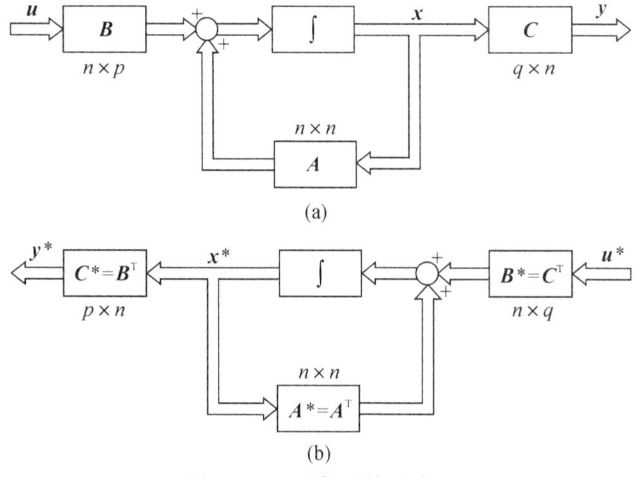

图 3-13　对偶系统示意图

(a)系统 Σ_1 结构图；(b)系统 Σ_2 结构图

从图中可以看出，互为对偶的两系统意味着：输入端与输出端的互换，信号传递方向的反向，信号引出点和相加点的互换，对应矩阵的转置以及时间的倒转。

注意：根据对偶系统的关系式可进一步得出对偶系统的特征值相同，且传递函数矩阵是互为转置的。现推证如下。

证明：对于系统 Σ_1，其传递函数阵是 $q \times p$ 维矩阵为

$$\boldsymbol{G}(s) = \boldsymbol{C}(s\boldsymbol{I} - \boldsymbol{A})^{-1}\boldsymbol{B}$$

对于系统 Σ_2，其传递函数阵为

$$\begin{aligned}\boldsymbol{G}^*(s) = \boldsymbol{C}^*(s\boldsymbol{I} - \boldsymbol{A}^*)^{-1}\boldsymbol{B}^* = \boldsymbol{B}^{\mathrm{T}}(s\boldsymbol{I} - \boldsymbol{A}^{\mathrm{T}})^{-1}\boldsymbol{C}^{\mathrm{T}} = \\ \boldsymbol{B}^{\mathrm{T}}[(s\boldsymbol{I} - \boldsymbol{A})^{-1}]^{\mathrm{T}}\boldsymbol{C}^{\mathrm{T}} = [\boldsymbol{C}(s\boldsymbol{I} - \boldsymbol{A})^{-1}\boldsymbol{B}]^{\mathrm{T}} = \boldsymbol{G}^{\mathrm{T}}(s)\end{aligned} \tag{3.4-6}$$

由此还可得出，互为对偶的系统其特征方程是相同的，即

$$\det(s\boldsymbol{I} - \boldsymbol{A}) = \det(s\boldsymbol{I} - \boldsymbol{A}^*) = 0 \tag{3.4-7}$$

二、对偶原理

定理 3.20 设 $\Sigma_1 = (\boldsymbol{A}, \boldsymbol{B}, \boldsymbol{C})$ 和 $\Sigma_2 = (\boldsymbol{A}^*, \boldsymbol{B}^*, \boldsymbol{C}^*)$ 是互为对偶的两个系统，则 $\Sigma_1 = (\boldsymbol{A}, \boldsymbol{B}, \boldsymbol{C})$ 的可控性等价于 $\Sigma_2 = (\boldsymbol{A}^*, \boldsymbol{B}^*, \boldsymbol{C}^*)$ 的可观测性；$\Sigma_1 = (\boldsymbol{A}, \boldsymbol{B}, \boldsymbol{C})$ 的可观测性等价于 $\Sigma_2 = (\boldsymbol{A}^*, \boldsymbol{B}^*, \boldsymbol{C}^*)$ 的可控性。或者说，若 $\Sigma_1 = (\boldsymbol{A}, \boldsymbol{B}, \boldsymbol{C})$ 是状态完全可控的（完全可观测的），则 $\Sigma_2 = (\boldsymbol{A}^*, \boldsymbol{B}^*, \boldsymbol{C}^*)$ 是状态完全可观测的（完全可控的）。

证明：对 Σ_2 而言，若可控判别矩阵

$$\boldsymbol{Q}_C^* = [\boldsymbol{B}^* \quad \boldsymbol{A}^*\boldsymbol{B}^* \quad \cdots \quad \boldsymbol{A}^{*n-1}\boldsymbol{B}^*] \tag{3.4-8}$$

的秩为 n，则 Σ_2 为状态完全可控。

又因 Σ_2 是 Σ_1 的对偶系统，故有

$$\boldsymbol{A}^* = \boldsymbol{A}^{\mathrm{T}}, \quad \boldsymbol{B}^* = \boldsymbol{C}^{\mathrm{T}}, \quad \boldsymbol{C}^* = \boldsymbol{B}^{\mathrm{T}} \tag{3.4-9}$$

将式(3.4-9)代入式(3.4-8)，有

$$\boldsymbol{Q}_C^* = [\boldsymbol{C}^{\mathrm{T}} \quad \boldsymbol{A}^{\mathrm{T}}\boldsymbol{C}^{\mathrm{T}} \quad \cdots \quad (\boldsymbol{A}^{\mathrm{T}})^{(n-1)}\boldsymbol{C}^{\mathrm{T}}]$$

$$(\boldsymbol{Q}_C^*)^{\mathrm{T}} = \begin{bmatrix} \boldsymbol{C} \\ \boldsymbol{CA} \\ \vdots \\ \boldsymbol{CA}^{n-1} \end{bmatrix} = \boldsymbol{Q}_O \tag{3.4-10}$$

即 Σ_2 的可控性等价于 Σ_1 的可观测性。

同理可证，Σ_2 的可观测性等价于 Σ_1 的可控性。

值得注意的是，对于线性定常离散系统而言，系统的可达性和可观测性是对偶的，而非系统的可控性和可观测性对偶。

另外，时变系统与其对偶系统的关系和定常系统类似，可查阅相关文献学习了解，这里不再赘述。

根据对偶原理，系统的可观测性问题可以通过可控性问题的解决进而得到解决；同样，系统的可控性问题也可以因可观测问题的解决而获得解决。这点在控制理论的研究中具有重要意义，它使得系统的状态观测及估计问题和系统的可控性问题互相转化，互相借鉴。比如，最优估计问题就可以借鉴最优控制问题的结论而获得解决。

3.5　状态空间表达式的可控标准形与可观测标准形

我们知道，由于状态变量选择的非唯一性，系统的状态空间表达式也不是唯一的。若系统的状态空间在一组特定的基底下，其状态空间表达式具有某种特定的形式，则称这种形式的状态空间表达式为标准形。对角线标准形就是以系统的特征向量为其状态空间基底所导出的一种标准形。约当规范形则是取 n 个特征向量和广义特征向量为状态空间基底时的系统描述。从前面的讨论中可以看出，一旦把系统的状态空间表达式化成对角线标准形，对于状态转移矩阵的计算，可控性和可观测性的分析都是十分方便的。但是，从另外的角度看，对角线标准形则不一定是合适的，其他某种形式的标准形可能更为适用。如一种称为可控标准形的表达式对于系统的状态反馈设计是方便的；一种称为可观测标准形的表达式对于系统状态观测器的设计以及系统的辨识是方便的。本节将讨论这两种标准形。

把状态空间表达式化成可控标准形（可观测标准形），其理论根据是状态的非奇异变换不改变其可控性（可观测性），因此，只有系统是可控的，才能化成可控标准形；只有系统是可观测的，才能化成可观测标准形。本书仅讨论单输入系统的可控标准形和单输出系统的可观测标准形问题，有关多输入多输出系统的可控标准形和可观测标准形，读者可自行参阅有关文献。

一、问题的提出

对于 n 维线性定常系统 Σ：

$$\begin{cases}\dot{\boldsymbol{x}}(t)=\boldsymbol{A}\boldsymbol{x}(t)+\boldsymbol{B}\boldsymbol{u}(t)\\ \boldsymbol{y}(t)=\boldsymbol{C}\boldsymbol{x}(t)\end{cases}$$

如果系统 Σ 是状态完全可控的，则必有

$$\operatorname{rank}[\boldsymbol{B}\quad \boldsymbol{AB}\quad \cdots\quad \boldsymbol{A}^{n-1}\boldsymbol{B}]=n$$

即

$$\operatorname{rank}[\boldsymbol{b}_1\quad \boldsymbol{b}_2\cdots \boldsymbol{b}_p \mid \boldsymbol{A}\boldsymbol{b}_1\quad \boldsymbol{A}\boldsymbol{b}_2\cdots \boldsymbol{A}\boldsymbol{b}_p \mid \cdots \mid \boldsymbol{A}^{n-1}\boldsymbol{b}_1\quad \boldsymbol{A}^{n-1}\boldsymbol{b}_2\cdots \boldsymbol{A}^{n-1}\boldsymbol{b}_p]=n$$

上式表示：若系统是可控的，则可控性判别阵中有且仅有 n 个 n 维列向量是线性无关的。因此，在这 np 个列向量中选取 n 个线性无关的列向量，使某种线性组合仍能导出一组 n 个线性无关的列向量 $\boldsymbol{e}_1,\boldsymbol{e}_2,\cdots,\boldsymbol{e}_n$。用这一组向量作为状态空间的基底，便可导出状态空间表达式的某种可控标准形。显然，当且仅当系统是状态完全可控时才容许这样做。

同样，若系统 Σ 是状态可观测的，则必有

$$\operatorname{rank}[\boldsymbol{C}^{\mathrm{T}}\quad \boldsymbol{A}^{\mathrm{T}}\boldsymbol{C}^{\mathrm{T}}\quad \cdots\quad (\boldsymbol{A}^{\mathrm{T}})^{n-1}\boldsymbol{C}^{\mathrm{T}}]^{\mathrm{T}}=n$$

即

$$\begin{aligned}\operatorname{rank}[&\boldsymbol{C}_1^{\mathrm{T}}\quad \boldsymbol{C}_2^{\mathrm{T}}\quad \cdots\quad \boldsymbol{C}_q^{\mathrm{T}} \mid \boldsymbol{A}^{\mathrm{T}}\boldsymbol{C}_1^{\mathrm{T}}\quad \boldsymbol{A}^{\mathrm{T}}\boldsymbol{C}_2^{\mathrm{T}}\quad \cdots\quad \boldsymbol{A}^{\mathrm{T}}\boldsymbol{C}_q^{\mathrm{T}} \mid \cdots \mid (\boldsymbol{A}^{\mathrm{T}})^{n-1}\boldsymbol{C}_1^{\mathrm{T}}\\ &(\boldsymbol{A}^{\mathrm{T}})^{n-1}\boldsymbol{C}_2^{\mathrm{T}}\quad \cdots\quad (\boldsymbol{A}^{\mathrm{T}})^{n-1}\boldsymbol{C}_q^{\mathrm{T}}]=n\end{aligned}$$

上式同样表明，若系统是可观测的，其可观测性判别矩阵有且仅有 n 个 n 维行向量是线性无关的，从而也可相应导出一组基底 $\boldsymbol{e}_1^*,\boldsymbol{e}_2^*,\cdots,\boldsymbol{e}_n^*$。在该组基底下可导出状态空间表达式的可观测标准形。

对于单输入-单输出系统，若系统是可控（可观测）的，在可控（可观测）判别矩阵 $[\boldsymbol{b}\quad \boldsymbol{Ab}\ \cdots\ \boldsymbol{A}^{n-1}\boldsymbol{b}]$（$[\boldsymbol{C}^{\mathrm{T}}\quad \boldsymbol{A}^{\mathrm{T}}\boldsymbol{C}^{\mathrm{T}}\ \cdots\ (\boldsymbol{A}^{\mathrm{T}})^{n-1}\boldsymbol{C}^{\mathrm{T}}]^{\mathrm{T}}$）中，只有唯一的一组线性无关的向量。因此，一旦组合规律

确定,其可控(可观测)标准形的形式是唯一的。而对于多输入-多输出系统,要从 $n\times np(nq\times n)$ 的可控(可观测)性判别矩阵中选择出 n 个独立的列向量(行向量)的取法不是唯一的,因此,其可控(可观测)标准形的形式也不是唯一的。

二、单输入系统的可控标准形

单输入系统的可控标准形有两种形式:若直接取可控性判别矩阵中的 $\boldsymbol{b},\boldsymbol{Ab},\cdots,\boldsymbol{A}^{n-1}\boldsymbol{b}$ 等 n 个列向量为基底,所导出的状态空间表达式,称为第一可控标准形;若以 $\boldsymbol{b},\boldsymbol{Ab},\cdots,\boldsymbol{A}^{n-1}\boldsymbol{b}$ 等 n 个列向量的某种组合,使系统矩阵 $\boldsymbol{A}$ 成为相伴矩阵,$\boldsymbol{B}$ 矩阵为 $[0\ 0\ \cdots\ 1]^{\mathrm{T}}$ 的形式,称为第二可控标准形。在系统的设计中常采用第二可控标准形,因为它比第一可控标准形更为有用。

1. 第一可控标准形

定理 3.21 若线性定常单输入系统

$$\left.\begin{aligned}\dot{\boldsymbol{x}}(t)&=\boldsymbol{Ax}(t)+\boldsymbol{b}u(t)\\ \boldsymbol{y}(t)&=\boldsymbol{Cx}(t)\end{aligned}\right\}\tag{3.5-1}$$

是可控的,则存在如下线性非奇异变换:

$$\bar{\boldsymbol{x}}=\boldsymbol{T}_{\mathrm{C1}}^{-1}\boldsymbol{x}(t)\tag{3.5-2}$$

使其状态空间表达式(3.5-1)化成

$$\left.\begin{aligned}\dot{\bar{\boldsymbol{x}}}(t)&=\bar{\boldsymbol{A}}\bar{\boldsymbol{x}}(t)+\bar{\boldsymbol{b}}u(t)\\ \boldsymbol{y}(t)&=\bar{\boldsymbol{C}}\boldsymbol{x}(t)\end{aligned}\right\}\tag{3.5-3}$$

其中

$$\bar{\boldsymbol{A}}=\boldsymbol{T}_{\mathrm{C1}}^{-1}\boldsymbol{A}\boldsymbol{T}_{\mathrm{C1}}=\begin{bmatrix}0&0&\cdots&0&-\alpha_0\\1&0&\cdots&0&-\alpha_1\\0&1&\cdots&0&-\alpha_2\\\vdots&\vdots&&\vdots&\vdots\\0&0&\cdots&1&-\alpha_{n-1}\end{bmatrix}\tag{3.5-4}$$

$$\bar{\boldsymbol{b}}=\boldsymbol{T}_{\mathrm{C1}}^{-1}\boldsymbol{b}=\begin{bmatrix}1\\0\\0\\\vdots\\0\end{bmatrix}\tag{3.5-5}$$

$$\bar{\boldsymbol{C}}=\boldsymbol{C}\boldsymbol{T}_{\mathrm{C1}}=[\boldsymbol{\beta}_0\quad\boldsymbol{\beta}_1\quad\cdots\quad\boldsymbol{\beta}_{n-1}]\tag{3.5-6}$$

并称 $\bar{\boldsymbol{A}},\bar{\boldsymbol{b}},\bar{\boldsymbol{C}}$ 为第一可控标准形。

式(3.5-4)中的 $\alpha_0,\alpha_1,\cdots,\alpha_{n-1}$ 是系统的特征多项式

$$\det(\lambda\boldsymbol{I}-\boldsymbol{A})=\lambda^n+\alpha_{n-1}\lambda^{n-1}+\cdots+\alpha_1\lambda+\alpha_0\tag{3.5-7}$$

的各项系数,亦即系统的不变量。

式(3.5-6)中 $\bar{\boldsymbol{C}}$ 的 $\boldsymbol{\beta}_0,\boldsymbol{\beta}_1,\cdots,\boldsymbol{\beta}_{n-1}$ 是 $\boldsymbol{C}\boldsymbol{T}_{\mathrm{C1}}$ 相乘的结果,即

$$\left.\begin{aligned}\boldsymbol{\beta}_0&=\boldsymbol{Cb}\\ \boldsymbol{\beta}_1&=\boldsymbol{CAb}\\ &\cdots\\ \boldsymbol{\beta}_{n-1}&=\boldsymbol{CA}^{n-1}\boldsymbol{b}\end{aligned}\right\}\tag{3.5-8}$$

证明:因为系统是可控的,所以可控性判别矩阵

$$\boldsymbol{Q}_C = [\boldsymbol{b} \quad \boldsymbol{A}\boldsymbol{b} \quad \cdots \quad \boldsymbol{A}^{n-1}\boldsymbol{b}]$$

是非奇异的。

令状态变换

$$\bar{\boldsymbol{x}}(t) = \boldsymbol{T}_{C1}^{-1}\boldsymbol{x}(t)$$

取的变换矩阵 $\boldsymbol{T}_{C1}$ 为

$$\boldsymbol{T}_{C1} = [\boldsymbol{b} \quad \boldsymbol{A}\boldsymbol{b} \quad \cdots \quad \boldsymbol{A}^{n-1}\boldsymbol{b}] \tag{3.5-9}$$

其变换后的状态方程和输出方程为

$$\left.\begin{aligned} \dot{\bar{\boldsymbol{x}}}(t) &= \bar{\boldsymbol{A}}\bar{\boldsymbol{x}}(t) + \bar{\boldsymbol{b}}\boldsymbol{u}(t) = \boldsymbol{T}_{C1}^{-1}\boldsymbol{A}\boldsymbol{T}_{C1}\bar{\boldsymbol{x}}(t) + \boldsymbol{T}_{C1}^{-1}\boldsymbol{b}\boldsymbol{u}(t) \\ \boldsymbol{y}(t) &= \bar{\boldsymbol{C}}\bar{\boldsymbol{x}}(t) = \boldsymbol{C}\boldsymbol{T}_{C1}\bar{\boldsymbol{x}}(t) \end{aligned}\right\} \tag{3.5-10}$$

首先推证式(3.5-4)中的 $\bar{\boldsymbol{A}}$:

$$\boldsymbol{A}\boldsymbol{T}_{C1} = \boldsymbol{A}[\boldsymbol{b} \quad \boldsymbol{A}\boldsymbol{b} \quad \cdots \quad \boldsymbol{A}^{n-1}\boldsymbol{b}] = [\boldsymbol{A}\boldsymbol{b} \quad \boldsymbol{A}^2\boldsymbol{b} \quad \cdots \quad \boldsymbol{A}^n\boldsymbol{b}] \tag{3.5-11}$$

利用凯莱-哈密顿定理

$$\boldsymbol{A}^n = -\alpha_{n-1}\boldsymbol{A}^{n-1} - \alpha_{n-2}\boldsymbol{A}^{n-2} - \cdots - \alpha_1\boldsymbol{A} - \alpha_0\boldsymbol{I} \tag{3.5-12}$$

将式(3.5-12)代入式(3.5-11),可得

$$\boldsymbol{A}\boldsymbol{T}_{C1} = [\boldsymbol{A}\boldsymbol{b} \quad \boldsymbol{A}^2\boldsymbol{b} \quad \cdots \quad (-\alpha_{n-1}\boldsymbol{A}^{n-1} - \alpha_{n-2}\boldsymbol{A}^{n-2} - \cdots - \alpha_0\boldsymbol{I})\boldsymbol{b}] \tag{3.5-13}$$

写成矩阵形式为

$$\boldsymbol{A}\boldsymbol{T}_{C1} = [\boldsymbol{b} \quad \boldsymbol{A}\boldsymbol{b} \quad \cdots \quad \boldsymbol{A}^{n-1}\boldsymbol{b}]\begin{bmatrix} 0 & 0 & \cdots & 0 & -\alpha_0 \\ 1 & 0 & \cdots & 0 & -\alpha_1 \\ 0 & 1 & \cdots & 0 & -\alpha_2 \\ \vdots & \vdots & & \vdots & \vdots \\ 0 & 0 & \cdots & 1 & -\alpha_{n-1} \end{bmatrix}$$

即

$$\boldsymbol{A}\boldsymbol{T}_{C1} = \boldsymbol{T}_{C1}\begin{bmatrix} 0 & 0 & \cdots & 0 & -\alpha_0 \\ 1 & 0 & \cdots & 0 & -\alpha_1 \\ 0 & 1 & \cdots & 0 & -\alpha_2 \\ \vdots & \vdots & & \vdots & \vdots \\ 0 & 0 & \cdots & 1 & -\alpha_{n-1} \end{bmatrix} \tag{3.5-14}$$

上式两边左乘 $\boldsymbol{T}_{C1}^{-1}$,即得

$$\bar{\boldsymbol{A}} = \boldsymbol{T}_{C1}^{-1}\boldsymbol{A}\boldsymbol{T}_{C1} = \begin{bmatrix} 0 & 0 & \cdots & 0 & -\alpha_0 \\ 1 & 0 & \cdots & 0 & -\alpha_1 \\ 0 & 1 & \cdots & 0 & -\alpha_2 \\ \vdots & \vdots & & \vdots & \vdots \\ 0 & 0 & \cdots & 1 & -\alpha_{n-1} \end{bmatrix} \tag{3.5-15}$$

再推证式(3.5-5)的 $\bar{\boldsymbol{b}}$,因

$$\bar{\boldsymbol{b}} = \boldsymbol{T}_{C1}^{-1}\boldsymbol{b} \tag{3.5-16}$$

则有

$$\boldsymbol{b}=\boldsymbol{T}_{C1}\bar{\boldsymbol{b}}=[\boldsymbol{b}\quad \boldsymbol{A}\boldsymbol{b}\quad \cdots\quad \boldsymbol{A}^{n-1}\boldsymbol{b}]\bar{\boldsymbol{b}} \tag{3.5-17}$$

显然,欲使式(3.5-17)成立,必须

$$\bar{\boldsymbol{b}}=\begin{bmatrix}1\\0\\0\\\vdots\\0\end{bmatrix}$$

$$\bar{\boldsymbol{C}}=\boldsymbol{C}\boldsymbol{T}_{C1}=[\boldsymbol{C}\boldsymbol{b}\quad \boldsymbol{C}\boldsymbol{A}\boldsymbol{b}\quad \cdots\quad \boldsymbol{C}\boldsymbol{A}^{n-1}\boldsymbol{b}] \tag{3.5-18}$$

即

$$\bar{\boldsymbol{C}}=[\boldsymbol{\beta}_0\quad \boldsymbol{\beta}_1\quad \cdots\quad \boldsymbol{\beta}_{n-1}]$$

例 3-27 试将下列状态空间表达式变换成第一可控标准形:

$$\left.\begin{aligned}\dot{\boldsymbol{x}}(t)&=\begin{bmatrix}2&0&0\\0&4&1\\0&0&4\end{bmatrix}\boldsymbol{x}(t)+\begin{bmatrix}1\\0\\1\end{bmatrix}u(t)\\ y(t)&=[1\quad 1\quad 0]\boldsymbol{x}(t)\end{aligned}\right\} \tag{3.5-19}$$

解:(1)构造可控性判别矩阵:

$$\boldsymbol{Q}_C=[\boldsymbol{b}\quad \boldsymbol{A}\boldsymbol{b}\quad \boldsymbol{A}^2\boldsymbol{b}]=\begin{bmatrix}1&2&4\\0&1&8\\1&4&16\end{bmatrix}$$

因为 $\mathrm{rank}\boldsymbol{Q}_C=3$,所以系统是可控的。

(2)再计算系统的特征多项式:

$$\det(\lambda\boldsymbol{I}-\boldsymbol{A})=\lambda^3-10\lambda^2+32\lambda-32$$

即

$$\alpha_0=-32,\ \alpha_1=32,\ \alpha_2=-10$$

(3)构造变换阵:

$$\boldsymbol{T}_{C1}=\boldsymbol{Q}_C=\begin{bmatrix}1&2&4\\0&1&8\\1&4&16\end{bmatrix},\quad \boldsymbol{T}_{C1}^{-1}=-\frac{1}{4}\begin{bmatrix}-16&-16&12\\8&12&-8\\-1&-2&1\end{bmatrix}$$

(4)计算第一可控标准形。

由式(3.5-4),式(3.5-5)和式(3.5-6),有

$$\left.\begin{aligned}\bar{\boldsymbol{A}}&=\begin{bmatrix}0&0&-\alpha_0\\1&0&-\alpha_1\\0&1&-\alpha_2\end{bmatrix}=\begin{bmatrix}0&0&32\\1&0&-32\\0&1&10\end{bmatrix},\quad \bar{\boldsymbol{b}}=\begin{bmatrix}1\\0\\0\end{bmatrix}\\ \bar{\boldsymbol{C}}&=\boldsymbol{C}\boldsymbol{T}_{C1}=[1\quad 3\quad 12]\end{aligned}\right\} \tag{3.5-20}$$

2. 第二可控标准形

定理 3.22 若下述线性定常单输入系统是可控的:

$$\left.\begin{aligned}\dot{\boldsymbol{x}}(t)&=\boldsymbol{A}\boldsymbol{x}(t)+\boldsymbol{b}u(t)\\ \boldsymbol{y}(t)&=\boldsymbol{C}\boldsymbol{x}(t)\end{aligned}\right\} \tag{3.5-21}$$

则存在以下线性非奇异变换:

$$\bar{x}(t) = T_{C2}^{-1} x(t)$$

取

$$T_{C2} = [A^{n-1}b \quad A^{n-2}b \quad \cdots \quad Ab \quad b] \begin{bmatrix} 1 & & & & \\ \alpha_{n-1} & 1 & & & \\ \vdots & \vdots & \ddots & & \\ \alpha_2 & \alpha_3 & \cdots & 1 & \\ \alpha_1 & \alpha_2 & \cdots & \alpha_{n-1} & 1 \end{bmatrix} \tag{3.5-22}$$

使其状态空间表达式(3.5－21)化为

$$\left.\begin{aligned} \dot{\bar{x}}(t) &= \bar{A}\bar{x}(t) + \bar{b}u(t) \\ y(t) &= \bar{C}x(t) \end{aligned}\right\} \tag{3.5-23}$$

其中

$$\left.\begin{aligned} \bar{A} = T_{C2}^{-1} A T_{C2} &= \begin{bmatrix} 0 & 1 & 0 & \cdots & 0 \\ 0 & 0 & 1 & \cdots & 0 \\ \vdots & \vdots & \vdots & & \vdots \\ 0 & 0 & 0 & \cdots & 1 \\ -\alpha_0 & -\alpha_1 & -\alpha_2 & \cdots & -\alpha_{n-1} \end{bmatrix}, \quad \bar{b} = T_{C2}^{-1} b = \begin{bmatrix} 0 \\ 0 \\ \vdots \\ 0 \\ 1 \end{bmatrix} \\ \bar{C} = C T_{C2} &= [\beta_0 \quad \beta_1 \quad \beta_2 \quad \cdots \quad \beta_{n-1}] \end{aligned}\right\} \tag{3.5-24}$$

称形如式(3.5－23)的状态空间表达式为第二可控标准形。

$\alpha_i(i = 0,1,\cdots,n-1)$ 为下述特征多项式的各项系数：

$$\det(\lambda I - A) = \lambda^n + \alpha_{n-1}\lambda^{n-1} + \cdots + \alpha_1\lambda + \alpha_0$$

$\beta_i(i = 0,1,\cdots,n-1)$ 是 $C T_{C2}$ 相乘的结果，即

$$\left.\begin{aligned} \beta_0 &= C(A^{n-1}b + \alpha_{n-1}A^{n-2}b + \cdots + \alpha_1 b) \\ &\cdots\cdots \\ \beta_{n-2} &= C(Ab + \alpha_{n-1}b) \\ \beta_{n-1} &= Cb \end{aligned}\right\} \tag{3.5-25}$$

证明：假设系统是可控的，故 $n \times 1$ 维向量 b、Ab，$\cdots$，$A^{n-1}b$ 之间是线性无关的。按下列组合方式构成的 n 个新向量 $e_1, e_2, \cdots, e_n$ 也是线性独立的：

$$\left.\begin{aligned} e_1 &= A^{n-1}b + \alpha_{n-1}A^{n-2}b + \alpha_{n-2}A^{n-3}b + \cdots + \alpha_1 b \\ e_2 &= A^{n-2}b + \alpha_{n-1}A^{n-3}b + \cdots + \alpha_2 b \\ &\cdots\cdots \\ e_{n-1} &= Ab + \alpha_{n-1}b \\ e_n &= b \end{aligned}\right\} \tag{3.5-26}$$

其中，$\alpha_i(i = 0,1,\cdots,n-1)$ 是特征多项式各项系数。

取 $e_1, e_2, e_3, \cdots, e_{n-1}, e_n$ 为状态空间的基底，并组成变换矩阵 T_{C2} 为

$$T_{C2} = [e_1 \quad e_2 \quad e_3 \quad \cdots \quad e_{n-1} \quad e_n] \tag{3.5-27}$$

由 $\bar{A} = T_{C2}^{-1} A T_{C2}$ 有

$$\begin{aligned} T_{C2}\bar{A} = A T_{C2} = A[e_1 \quad e_2 \quad e_3 \quad \cdots \quad e_{n-1} \quad e_n] &= \\ [Ae_1 \quad Ae_2 \quad Ae_3 \quad \cdots \quad Ae_{n-1} \quad Ae_n] & \end{aligned} \tag{3.5-28}$$

$$[\boldsymbol{A}^n b \quad \boldsymbol{A}^{n-1}\boldsymbol{b} \quad \cdots \quad \boldsymbol{A}^2\boldsymbol{b} \quad \boldsymbol{A}\boldsymbol{b}]=\begin{bmatrix} 1 & & & & & \\ \alpha_{n-1} & 1 & & & & \\ \alpha_{n-2} & \alpha_{n-1} & 1 & & & \\ \vdots & \vdots & \vdots & \ddots & & \\ \alpha_2 & \alpha_3 & \alpha_4 & \cdots & 1 & \\ \alpha_1 & \alpha_2 & \alpha_3 & \cdots & \alpha_{n-1} & 1 \end{bmatrix}$$

则有

$$\begin{aligned} \boldsymbol{A}\boldsymbol{e}_1 &= \boldsymbol{A}(\boldsymbol{A}^{n-1}\boldsymbol{b}+\alpha_{n-1}\boldsymbol{A}^{n-2}\boldsymbol{b}+\cdots+\alpha_1\boldsymbol{b})= \\ &(\boldsymbol{A}^n\boldsymbol{b}+\alpha_{n-1}\boldsymbol{A}^{n-1}\boldsymbol{b}+\cdots+\alpha_1\boldsymbol{A}\boldsymbol{b}+\alpha_0\boldsymbol{b})-\alpha_0\boldsymbol{b}=-\alpha_0\boldsymbol{b}=-\alpha_0\boldsymbol{e}_n \\ \boldsymbol{A}\boldsymbol{e}_2 &= \boldsymbol{A}(\boldsymbol{A}^{n-2}\boldsymbol{b}+\alpha_{n-1}\boldsymbol{A}^{n-3}\boldsymbol{b}+\cdots+\alpha_2\boldsymbol{b})= \\ &(\boldsymbol{A}^{n-1}\boldsymbol{b}+\alpha_{n-1}\boldsymbol{A}^{n-2}\boldsymbol{b}+\cdots+\alpha_2\boldsymbol{A}\boldsymbol{b}+\alpha_1\boldsymbol{b})-\alpha_1\boldsymbol{b}=\boldsymbol{e}_1-\alpha_1\boldsymbol{e}_n \\ &\cdots\cdots \\ \boldsymbol{A}\boldsymbol{e}_{n-1} &= \boldsymbol{A}(\boldsymbol{A}\boldsymbol{b}+\alpha_{n-1}\boldsymbol{b})=(\boldsymbol{A}^2\boldsymbol{b}+\alpha_{n-1}\boldsymbol{A}\boldsymbol{b}+\alpha_{n-2}\boldsymbol{b})-\alpha_{n-2}\boldsymbol{b}=\boldsymbol{e}_{n-2}-\alpha_{n-2}\boldsymbol{e}_n \\ \boldsymbol{A}\boldsymbol{e}_n &= \boldsymbol{A}\boldsymbol{b}=(\boldsymbol{A}\boldsymbol{b}+\alpha_{n-1}\boldsymbol{b})-\alpha_{n-1}\boldsymbol{b}=\boldsymbol{e}_{n-1}-\alpha_{n-1}\boldsymbol{e}_n \end{aligned}$$

把上述 $\boldsymbol{A}\boldsymbol{e}_1,\boldsymbol{A}\boldsymbol{e}_2,\boldsymbol{A}\boldsymbol{e}_3,\cdots,\boldsymbol{A}\boldsymbol{e}_{n-1},\boldsymbol{A}\boldsymbol{e}_n$ 代入式(3.5-28),有

$$\begin{aligned} \boldsymbol{T}_{C2}\overline{\boldsymbol{A}} &= [\boldsymbol{A}\boldsymbol{e}_1 \quad \boldsymbol{A}\boldsymbol{e}_2 \quad \boldsymbol{A}\boldsymbol{e}_3 \quad \cdots \quad \boldsymbol{A}\boldsymbol{e}_{n-1} \quad \boldsymbol{A}\boldsymbol{e}_n]= \\ &[-\alpha_0\boldsymbol{e}_n \quad \boldsymbol{e}_1-\alpha_1\boldsymbol{e}_n \quad \boldsymbol{e}_2-\alpha_2\boldsymbol{e}_n \quad \cdots \quad \boldsymbol{e}_{n-2}-\alpha_{n-2}\boldsymbol{e}_{n-1} \quad \boldsymbol{e}_{n-1}-\alpha_{n-1}\boldsymbol{e}_n]= \\ &[\boldsymbol{e}_1 \quad \boldsymbol{e}_2 \quad \boldsymbol{e}_3 \quad \cdots \quad \boldsymbol{e}_{n-1} \quad \boldsymbol{e}_n]\begin{bmatrix} 0 & 1 & 0 & \cdots & 0 & 0 \\ 0 & 0 & 1 & \cdots & 0 & 0 \\ 0 & 0 & 0 & \cdots & 0 & 0 \\ \vdots & \vdots & \vdots & & \vdots & \vdots \\ 0 & 0 & 0 & \cdots & 0 & 1 \\ -\alpha_0 & -\alpha_1 & -\alpha_2 & \cdots & -\alpha_{n-2} & -\alpha_{n-1} \end{bmatrix} \end{aligned} \tag{3.5-29}$$

因 $\boldsymbol{T}_{C2}=[\boldsymbol{e}_1 \quad \boldsymbol{e}_2 \quad \boldsymbol{e}_3 \quad \cdots \quad \boldsymbol{e}_{n-1} \quad \boldsymbol{e}_n]$,故可得

$$\overline{\boldsymbol{A}}=\begin{bmatrix} 0 & 1 & 0 & \cdots & 0 & 0 \\ 0 & 0 & 1 & \cdots & 0 & 0 \\ 0 & 0 & 0 & \cdots & 0 & 0 \\ \vdots & \vdots & \vdots & & \vdots & \vdots \\ 0 & 0 & 0 & \cdots & 0 & 1 \\ -\alpha_0 & -\alpha_1 & -\alpha_2 & \cdots & -\alpha_{n-2} & -\alpha_{n-1} \end{bmatrix}$$

再推证 $\overline{\boldsymbol{b}}$,由

$$\overline{\boldsymbol{b}}=\boldsymbol{T}_{C2}^{-1}\boldsymbol{b}$$

可知

$$\boldsymbol{T}_{C2}\overline{\boldsymbol{b}}=\boldsymbol{b}$$

把式(3.5-26)中 $\boldsymbol{b}=\boldsymbol{e}_n$ 代入上式,有

$$\boldsymbol{T}_{C2}\overline{\boldsymbol{b}}=\boldsymbol{e}_n=[\boldsymbol{e}_1 \quad \boldsymbol{e}_2 \quad \boldsymbol{e}_3 \quad \cdots \quad \boldsymbol{e}_{n-1} \quad \boldsymbol{e}_n]\begin{bmatrix} 0 \\ 0 \\ 0 \\ \vdots \\ 0 \\ 1 \end{bmatrix} \tag{3.5-30}$$

从而证得

$$\bar{\boldsymbol{b}} = \begin{bmatrix} 0 \\ 0 \\ 0 \\ \vdots \\ 0 \\ 1 \end{bmatrix}$$

最后推证 $\bar{\boldsymbol{C}}$：

$$\bar{\boldsymbol{C}} = \boldsymbol{C}\boldsymbol{T}_{C2} = \boldsymbol{C}[\boldsymbol{e}_1 \quad \boldsymbol{e}_2 \quad \boldsymbol{e}_3 \quad \cdots \quad \boldsymbol{e}_{n-1} \quad \boldsymbol{e}_n]$$

把式(3.5-26)中 $\boldsymbol{e}_1, \boldsymbol{e}_2, \boldsymbol{e}_3, \cdots, \boldsymbol{e}_{n-1}, \boldsymbol{e}_n$ 的表示式代入上式可得

$$\begin{aligned} \bar{\boldsymbol{C}} = \boldsymbol{C}[(\boldsymbol{A}^{n-1}\boldsymbol{b} + \alpha_{n-1}\boldsymbol{A}^{n-2}\boldsymbol{b} + \cdots + \alpha_1\boldsymbol{b}) \quad \cdots \quad (\boldsymbol{A}\boldsymbol{b} + \alpha_{n-1}\boldsymbol{b}) \quad \boldsymbol{b}] = \\ [\boldsymbol{\beta}_0 \quad \cdots \quad \boldsymbol{\beta}_{n-2} \quad \boldsymbol{\beta}_{n-1}] \end{aligned} \tag{3.5-31}$$

式中

$$\begin{aligned} \boldsymbol{\beta}_0 &= \boldsymbol{C}(\boldsymbol{A}^{n-1}\boldsymbol{b} + \alpha_{n-1}\boldsymbol{A}^{n-2}\boldsymbol{b} + \cdots + \alpha_1\boldsymbol{b}) \\ &\cdots\cdots \\ \boldsymbol{\beta}_{n-2} &= \boldsymbol{C}(\boldsymbol{A}\boldsymbol{b} + \alpha_{n-1}\boldsymbol{b}) \\ \boldsymbol{\beta}_{n-1} &= \boldsymbol{C}\boldsymbol{b} \end{aligned}$$

或者写成

$$\bar{\boldsymbol{C}} = \boldsymbol{C}[\boldsymbol{A}^{n-1}\boldsymbol{b} \quad \boldsymbol{A}^{n-2}\boldsymbol{b} \quad \cdots \quad \boldsymbol{A}\boldsymbol{b} \quad \boldsymbol{b}] \begin{bmatrix} 1 & & & & \\ \alpha_{n-1} & 1 & & & \\ \vdots & \vdots & \ddots & & \\ \alpha_2 & \alpha_3 & \cdots & 1 & \\ \alpha_1 & \alpha_2 & \cdots & \alpha_{n-1} & 1 \end{bmatrix}$$

显然

$$\boldsymbol{T}_{C2} = [\boldsymbol{A}^{n-1}\boldsymbol{b} \quad \boldsymbol{A}^{n-2}\boldsymbol{b} \quad \cdots \quad \boldsymbol{A}\boldsymbol{b} \quad \boldsymbol{b}] \begin{bmatrix} 1 & & & & \\ \alpha_{n-1} & 1 & & & \\ \vdots & \vdots & \ddots & & \\ \alpha_2 & \alpha_3 & \cdots & 1 & \\ \alpha_1 & \alpha_2 & \cdots & \alpha_{n-1} & 1 \end{bmatrix} \tag{3.5-32}$$

采用第二可控标准形的 $\bar{\boldsymbol{A}}, \bar{\boldsymbol{b}}, \bar{\boldsymbol{C}}$，可以便捷地求其系统的传递函数矩阵：

$$\boldsymbol{G}(s) = \bar{\boldsymbol{C}}(s\boldsymbol{I} - \bar{\boldsymbol{A}})^{-1}\bar{\boldsymbol{b}} = \frac{\boldsymbol{\beta}_{n-1}s^{n-1} + \boldsymbol{\beta}_{n-2}s^{n-2} + \cdots + \boldsymbol{\beta}_1 s + \boldsymbol{\beta}_0}{s^n + \alpha_{n-1}s^{n-1} + \cdots + \alpha_1 s + \alpha_0} \tag{3.5-33}$$

从式(3.5-33)可以看出：传递函数分母多项式的各项系数是矩阵 $\bar{\boldsymbol{A}}$ 的最后一行元素的负值；分子多项式的各项系数是 $\bar{\boldsymbol{C}}$ 矩阵的元素，那么根据传递函数的分母多项式和分子多项式的系数便可直接写出第二可控标准形的 $\bar{\boldsymbol{A}}, \bar{\boldsymbol{b}}, \bar{\boldsymbol{C}}$。但必须注意，若为单输入单输出系统，此时传递函数的分子多项式和分母多项式中不应有可以相约的公因式。因为倘若有可以相约的公因式，系统可能是不可控的，所以无法写成可控标准形。关于这一点，将在3.7节中详细介绍。

例 3-28　试将例3-27中的状态空间表达式变换为第二可控标准形。

解：在例3-27中已经算得

$$\alpha_0 = -32, \quad \alpha_1 = 32, \quad \alpha_2 = -10$$

构造变换阵：

$$T_{C2}=\begin{bmatrix}4&2&1\\8&1&0\\16&4&1\end{bmatrix}\begin{bmatrix}1&0&0\\-10&1&0\\32&-10&1\end{bmatrix}=\begin{bmatrix}16&-8&1\\-2&1&0\\8&-6&1\end{bmatrix}$$

$$T_{C2}^{-1}=\frac{1}{4}\times\begin{bmatrix}1&2&-1\\2&8&-2\\4&32&0\end{bmatrix}$$

第二可控标准形为

$$\overline{A}=\begin{bmatrix}0&1&0\\0&0&1\\32&-32&10\end{bmatrix},\quad \overline{b}=\begin{bmatrix}0\\0\\1\end{bmatrix}$$

$$\overline{C}=CT_{C2}=[14\quad -7\quad 1]$$

采用式(3.5-33)，可直接写出该系统的传递函数：

$$G(s)=\frac{\beta_2 s^2+\beta_1 s+\beta_0}{s^3+\alpha_2 s^2+\alpha_1 s+\alpha_0}=\frac{s^2-7s+14}{s^3-10s^2+32s-32}$$

本例可以先根据已给的矩阵 $\boldsymbol{A},\boldsymbol{b},\boldsymbol{C}$ 算出系统的传递函数 $G(s)$，而后再从传递函数 $G(s)$ 的分母多项式和分子多项式的系数写出第二可控标准形的状态空间表达式。

三、单输出系统的可观测标准形

状态空间表达式的可观测标准形也有两种形式：第一可观测标准形和第二可观测标准形。在形式上它们分别与第一可控标准形及第二可控标准形相对偶。

1. 第一能可观测标准形

定理 3.23 若线性定常系统 Σ

$$\left.\begin{aligned}\dot{x}(t)&=Ax(t)+Bu(t)\\y(t)&=cx(t)\end{aligned}\right\}\tag{3.5-34}$$

是可观测的，则存在非奇异变换

$$x(t)=T_{O1}^{-1}x(t)\tag{3.5-35}$$

使其状态空间表达式(3.5-34)化成

$$\left.\begin{aligned}\overline{x}(t)&=\overline{A}\,\overline{x}(t)+\overline{B}u(t)\\y(t)&=\overline{c}\,\overline{x}(t)\end{aligned}\right\}\tag{3.5-36}$$

其中

$$\left.\begin{aligned}&\overline{A}=T_{O1}^{-1}AT_{O1}=\begin{bmatrix}0&1&0&\cdots&0\\0&0&1&\cdots&0\\0&0&0&\cdots&0\\\vdots&\vdots&\vdots&&\vdots\\0&0&0&\cdots&1\\-\alpha_0&-\alpha_1&-\alpha_2&\cdots&-\alpha_{n-1}\end{bmatrix},\quad \overline{B}=T_{O1}^{-1}B=\begin{bmatrix}\boldsymbol{\beta}_0\\\boldsymbol{\beta}_1\\\vdots\\\boldsymbol{\beta}_{n-1}\end{bmatrix}\\&\overline{c}=cT_{O1}=[1\quad 0\quad 0\quad\cdots 0]\end{aligned}\right\}\tag{3.5-37}$$

则称形如式(3.5-36)的状态空间表达式为第一可观测标准形。其中 $\alpha_i(i=0,1,\cdots,n-1)$ 是

下述矩阵 $\boldsymbol{A}$ 的特征多项式的各项系数：

$$\det(\lambda\boldsymbol{I}-\boldsymbol{A})=\lambda^n+\alpha_{n-1}\lambda^{n-1}+\cdots+\alpha_0$$

对于本定理，可以取变换阵 $\boldsymbol{T}_{O1}^{-1}$ 为

$$\boldsymbol{T}_{O1}^{-1}=\boldsymbol{Q}_O=\begin{bmatrix}\boldsymbol{c}\\ \boldsymbol{c}\boldsymbol{A}\\ \vdots\\ \boldsymbol{c}\boldsymbol{A}^{n-1}\end{bmatrix} \tag{3.5-38}$$

可通过直接验证或者用对偶原理来证明，其证明过程如下。

首先，构造系统 $\Sigma=(\boldsymbol{A},\boldsymbol{B},\boldsymbol{C})$ 的对偶系统 $\Sigma^*=(\boldsymbol{A}^*,\boldsymbol{B}^*,\boldsymbol{C}^*)$ 为

$$\begin{cases}\boldsymbol{A}^*=\boldsymbol{A}^{\mathrm{T}}\\ \boldsymbol{B}^*=\boldsymbol{C}^{\mathrm{T}}\\ \boldsymbol{C}^*=\boldsymbol{B}^{\mathrm{T}}\end{cases}$$

然后，写出对偶系统 $\Sigma^*=(\boldsymbol{A}^*,\boldsymbol{B}^*,\boldsymbol{C}^*)$ 的第一可控标准形：

$$\overline{\boldsymbol{A}}^*=\overline{\boldsymbol{A}}^{\mathrm{T}}=\begin{bmatrix}0&1&0&\cdots&0\\0&0&1&\cdots&0\\0&0&0&\cdots&0\\ \vdots&\vdots&\vdots&&\vdots\\0&0&0&\cdots&1\\-\alpha_0&-\alpha_1&-\alpha_2&\cdots&-\alpha_{n-1}\end{bmatrix}$$

$$\overline{\boldsymbol{B}}^*=\overline{\boldsymbol{C}}^{\mathrm{T}}=\begin{bmatrix}\boldsymbol{\beta}_0\\ \boldsymbol{\beta}_1\\ \vdots\\ \boldsymbol{\beta}_{n-1}\end{bmatrix}$$

$$\overline{\boldsymbol{C}}^*=\overline{\boldsymbol{B}}^{\mathrm{T}}=[1\quad 0\quad 0\quad \cdots\quad 0]$$

根据对偶原理，Σ 的可观测性等价于其对偶系统 Σ^* 的可控性。因此 Σ 的状态空间表达式的第一可观测标准形即是 Σ^* 的第一可控标准形：

$$\overline{\boldsymbol{A}}=\overline{\boldsymbol{A}}^*=\overline{\boldsymbol{A}}^{\mathrm{T}}$$

$$\overline{\boldsymbol{B}}=\overline{\boldsymbol{B}}^*=\overline{\boldsymbol{C}}^{\mathrm{T}}$$

$$\overline{\boldsymbol{C}}=\overline{\boldsymbol{C}}^*=\overline{\boldsymbol{B}}^{\mathrm{T}}$$

式中：$\overline{\boldsymbol{A}}^{\mathrm{T}},\overline{\boldsymbol{B}}^{\mathrm{T}},\overline{\boldsymbol{C}}^{\mathrm{T}}$ 为系统 $\Sigma=(\boldsymbol{A},\boldsymbol{B},\boldsymbol{C})$ 的第一可控标准形；$\overline{\boldsymbol{A}},\overline{\boldsymbol{B}},\overline{\boldsymbol{C}}$ 为系统 $\Sigma=(\boldsymbol{A},\boldsymbol{B},\boldsymbol{C})$ 的第一可观测标准形；$\overline{\boldsymbol{A}}^*,\overline{\boldsymbol{B}}^*,\overline{\boldsymbol{C}}^*$ 为系统 $\Sigma=(\boldsymbol{A},\boldsymbol{B},\boldsymbol{C})$ 的对偶系统 $\Sigma^*=(\boldsymbol{A}^*,\boldsymbol{B}^*,\boldsymbol{C}^*)$ 的第一可控标准形。

2. 第二可观测标准形

定理 3.24　若线性定常单输出系统

$$\left.\begin{aligned}\dot{\boldsymbol{x}}(t)&=\boldsymbol{A}\boldsymbol{x}(t)+\boldsymbol{B}\boldsymbol{u}(t)\\ y(t)&=\boldsymbol{c}\boldsymbol{x}(t)\end{aligned}\right\} \tag{3.5-39}$$

是可观测的，则存在线性非奇异变换

$$\overline{\boldsymbol{x}}(t)=\boldsymbol{T}_{O2}^{-1}\boldsymbol{x}(t) \tag{3.5-40}$$

$$T_{O2}^{-1}=\begin{bmatrix}1 & \alpha_{n-1} & \cdots & \alpha_2 & \alpha_1\\ 0 & 1 & \cdots & \alpha_3 & \alpha_2\\ \vdots & \vdots & & \vdots & \vdots\\ 0 & 0 & \cdots & 1 & \alpha_{n-1}\\ 0 & 0 & \cdots & 0 & 1\end{bmatrix}\begin{bmatrix}\boldsymbol{c}\boldsymbol{A}^{n-1}\\ \boldsymbol{c}\boldsymbol{A}^{n-2}\\ \vdots\\ \boldsymbol{c}\boldsymbol{A}\\ \boldsymbol{c}\end{bmatrix}\tag{3.5-41}$$

使其状态空间表达式(3.5－39)化成

$$\left.\begin{aligned}\dot{\bar{\boldsymbol{x}}}(t)&=\bar{\boldsymbol{A}}\,\bar{\boldsymbol{x}}(t)+\bar{\boldsymbol{B}}\boldsymbol{u}(t)\\ y(t)&=\bar{\boldsymbol{c}}\,\bar{\boldsymbol{x}}(t)\end{aligned}\right\}\tag{3.5-42}$$

其中

$$\left.\begin{aligned}&\bar{\boldsymbol{A}}=\boldsymbol{T}_{O2}^{-1}\boldsymbol{A}\boldsymbol{T}_{O2}=\begin{bmatrix}0 & 0 & \cdots & 0 & -\alpha_0\\ 1 & 0 & \cdots & 0 & -\alpha_1\\ 0 & 1 & \cdots & 0 & -\alpha_2\\ \vdots & \vdots & & \vdots & \vdots\\ 0 & 0 & \cdots & 1 & -\alpha_{n-1}\end{bmatrix},\quad \bar{\boldsymbol{B}}=\boldsymbol{T}_{O2}^{-1}\boldsymbol{B}=\begin{bmatrix}\boldsymbol{\beta}_0\\ \boldsymbol{\beta}_1\\ \boldsymbol{\beta}_2\\ \vdots\\ \boldsymbol{\beta}_{n-1}\end{bmatrix}\\ &\bar{\boldsymbol{c}}=\boldsymbol{c}\boldsymbol{T}_{O2}=[0\quad 0\quad \cdots\quad 0\quad 1]\end{aligned}\right\}\tag{3.5-43}$$

称形如式(3.5－42)的状态空间表达式为第二可观测标准形。其中 $\alpha_i(i=0,1,\cdots,n-1)$ 是下述矩阵 $\boldsymbol{A}$ 的特征多项式的各项系数：

$$\det(\lambda\boldsymbol{I}-\boldsymbol{A})=\lambda^n+\alpha_{n-1}\lambda^{n-1}+\cdots+\alpha_0$$

$\boldsymbol{\beta}_i(i=0,1,\cdots,n-1)$ 是 $\boldsymbol{T}_{O2}^{-1}\boldsymbol{B}$ 的相乘结果，即

$$\left.\begin{aligned}\boldsymbol{\beta}_0&=(\boldsymbol{c}\boldsymbol{A}^{n-1}+\alpha_{n-1}\boldsymbol{c}\boldsymbol{A}^{n-2}+\cdots+\alpha_1\boldsymbol{c})\boldsymbol{B}\\ &\cdots\cdots\\ \boldsymbol{\beta}_{n-2}&=(\boldsymbol{c}\boldsymbol{A}+\alpha_{n-1}\boldsymbol{c})\boldsymbol{B}\\ \boldsymbol{\beta}_{n-1}&=\boldsymbol{c}\boldsymbol{B}\end{aligned}\right\}\tag{3.5-44}$$

本定理可根据对偶原理直接由可控标准形导出，其证明过程与定理 3.23 相同，这里不再重复。容易证明，变换矩阵 $\boldsymbol{T}_{O2}^{-1}$ 为

$$T_{O2}^{-1}=\begin{bmatrix}1 & \alpha_{n-1} & \cdots & \alpha_2 & \alpha_1\\ 0 & 1 & \cdots & \alpha_3 & \alpha_2\\ \vdots & \vdots & & \vdots & \vdots\\ 0 & 0 & \cdots & 1 & \alpha_{n-1}\\ 0 & 0 & \cdots & 0 & 1\end{bmatrix}\begin{bmatrix}\boldsymbol{c}\boldsymbol{A}^{n-1}\\ \boldsymbol{c}\boldsymbol{A}^{n-2}\\ \vdots\\ \boldsymbol{c}\boldsymbol{A}\\ \boldsymbol{c}\end{bmatrix}$$

因 $\Sigma^*=(\boldsymbol{A}^*,\boldsymbol{B}^*,\boldsymbol{c}^*)=(\boldsymbol{A}^{\mathrm{T}},\boldsymbol{B}^{\mathrm{T}},\boldsymbol{c}^{\mathrm{T}})$ 是 $\Sigma=(\boldsymbol{A},\boldsymbol{B},\boldsymbol{c})$ 的对偶系统，由式(3.5－32)可知，化系统 $\Sigma^*=(\boldsymbol{A}^*,\boldsymbol{B}^*,\boldsymbol{c}^*)$ 为第二可控标准形的变换矩阵 $\boldsymbol{T}_{C2}^*$ 为

$$\boldsymbol{T}_{C2}^*=[\boldsymbol{e}_1^*\quad \boldsymbol{e}_2^*\quad \boldsymbol{e}_3^*\quad \cdots\quad \boldsymbol{e}_{n-1}^*\quad \boldsymbol{e}_n^*]=$$

$$[(\boldsymbol{A}^*)^{n-1}\boldsymbol{B}^*\quad (\boldsymbol{A}^*)^{n-2}\boldsymbol{B}^*\quad (\boldsymbol{A}^*)^{n-3}\boldsymbol{B}^*\quad \cdots\quad \boldsymbol{A}^*\boldsymbol{B}^*\quad \boldsymbol{B}^*]\begin{bmatrix}1 & & & & & \\ \alpha_{n-1} & 1 & & & & \\ \alpha_{n-2} & \alpha_{n-1} & 1 & & & \\ \vdots & \vdots & \vdots & \ddots & & \\ \alpha_2 & \alpha_3 & \alpha_4 & \cdots & 1 & \\ \alpha_1 & \alpha_2 & \alpha_3 & \cdots & \alpha_{n-1} & 1\end{bmatrix}=$$

$$\begin{bmatrix}(\boldsymbol{A}^{\mathrm{T}})^{n-1}\boldsymbol{c}^{\mathrm{T}} & (\boldsymbol{A}^{\mathrm{T}})^{n-2}\boldsymbol{c}^{\mathrm{T}} & (\boldsymbol{A}^{\mathrm{T}})^{n-3}\boldsymbol{c}^{\mathrm{T}} & \cdots & \boldsymbol{A}^{\mathrm{T}}\boldsymbol{c}^{\mathrm{T}} & \boldsymbol{c}^{\mathrm{T}}\end{bmatrix}\begin{bmatrix}1 & & & & & \\ \alpha_{n-1} & 1 & & & & \\ \alpha_{n-2} & \alpha_{n-1} & 1 & & & \\ \vdots & \vdots & \vdots & \ddots & & \\ \alpha_2 & \alpha_3 & \alpha_4 & \cdots & 1 & \\ \alpha_1 & \alpha_2 & \alpha_3 & \cdots & \alpha_{n-1} & 1\end{bmatrix}$$

前已指出，互为对偶的系统其状态转移矩阵互为转置逆，故若欲使 Σ^* 的变换等价于在 Σ 中的变换，其变换矩阵之间也应互为转置逆。于是在 Σ 系统中的变换矩阵 $\boldsymbol{T}_{\mathrm{O2}}$ 与对偶系统 Σ^* 中的变换矩阵 $\boldsymbol{T}_{\mathrm{C2}}^*$ 之间应满足下列关系：

$$\boldsymbol{T}_{\mathrm{O2}}^{-1}=(\boldsymbol{T}_{\mathrm{C2}}^*)^{\mathrm{T}}=\begin{bmatrix}1 & \alpha_{n-1} & \cdots & \alpha_2 & \alpha_1\\ 0 & 1 & \cdots & \alpha_3 & \alpha_2\\ \vdots & \vdots & & \vdots & \vdots\\ 0 & 0 & \cdots & 1 & \alpha_{n-1}\\ 0 & 0 & \cdots & 0 & 1\end{bmatrix}\begin{bmatrix}\boldsymbol{c}\boldsymbol{A}^{n-1}\\ \boldsymbol{c}\boldsymbol{A}^{n-2}\\ \vdots\\ \boldsymbol{c}\boldsymbol{A}\\ \boldsymbol{c}\end{bmatrix}$$

与第二可控标准形一样，根据状态空间表达式的第二可观测标准形也可以直接写出系统的传递函数矩阵：

$$G(s)=\frac{\boldsymbol{\beta}_{n-1}s^{n-1}+\boldsymbol{\beta}_{n-2}s^{n-2}+\cdots+\boldsymbol{\beta}_0}{s^n+\alpha_{n-1}s^{n-1}+\alpha_{n-2}s^{n-2}+\cdots+\alpha_0}$$

其中：分母多项式的各项系数是 $\overline{\boldsymbol{A}}$ 矩阵的最后一列元素的负值；分子多项式的各项系数是 $\overline{\boldsymbol{B}}$ 矩阵的元素。这个现象用对偶原理是不难解释的，此处不再赘述。

例 3-29　试将例 3-27 系统变换成第一可观测标准形和第二可观测标准形。

解：(1)构造可观测性判别矩阵：

$$\boldsymbol{Q}_{\mathrm{O}}=\begin{bmatrix}\boldsymbol{c}\\ \boldsymbol{c}\boldsymbol{A}\\ \boldsymbol{c}\boldsymbol{A}^2\end{bmatrix}=\begin{bmatrix}1 & 1 & 0\\ 2 & 4 & 1\\ 4 & 16 & 8\end{bmatrix}$$

因为 $\mathrm{rank}\boldsymbol{Q}_{\mathrm{O}}=3$，所以系统是可观测的。

(2)由例 3-27 已计算出系统的特征多项式可知

$$\det(\lambda\boldsymbol{I}-\boldsymbol{A})=\lambda^3-10\lambda^2+32\lambda-32$$

解得

$$\alpha_0=-32,\quad \alpha_1=32,\quad \alpha_2=-10$$

(3)构造变换为第一可观测标准形的变换矩阵：

$$\boldsymbol{T}_{\mathrm{O1}}^{-1}=\boldsymbol{Q}_{\mathrm{O}}=\begin{bmatrix}1 & 1 & 0\\ 2 & 4 & 1\\ 4 & 16 & 8\end{bmatrix}$$

(4)第一可观测标准形：

$$\begin{cases}\overline{\boldsymbol{A}}=\begin{bmatrix}0 & 1 & 0\\ 0 & 0 & 1\\ -\alpha_0 & -\alpha_1 & -\alpha_2\end{bmatrix}=\begin{bmatrix}0 & 1 & 0\\ 0 & 0 & 1\\ 32 & -32 & 10\end{bmatrix},\quad \overline{\boldsymbol{b}}=\boldsymbol{T}_{\mathrm{O1}}^{-1}\boldsymbol{b}\begin{bmatrix}1\\ 3\\ 12\end{bmatrix}\\ \overline{\boldsymbol{c}}=\begin{bmatrix}1 & 0 & 0\end{bmatrix}\end{cases}$$

(5)构造变换为第二可观测标准形的变换矩阵：

$$T_{O2}^{-1}=\begin{bmatrix}1&\alpha_2&\alpha_1\\0&1&\alpha_2\\0&0&1\end{bmatrix}\begin{bmatrix}cA^2\\cA\\c\end{bmatrix}=\begin{bmatrix}1&-10&32\\0&1&-10\\0&0&1\end{bmatrix}\begin{bmatrix}4&16&8\\2&4&1\\1&1&0\end{bmatrix}=\begin{bmatrix}16&8&-2\\-8&-6&1\\1&1&0\end{bmatrix}$$

(6)第二可观测标准形：

$$\begin{cases}\bar{A}=\begin{bmatrix}0&0&-\alpha_0\\1&0&-\alpha_1\\0&1&-\alpha_2\end{bmatrix}=\begin{bmatrix}0&0&32\\1&0&-32\\0&1&10\end{bmatrix},\quad \bar{b}=T_{O2}^{-1}b\begin{bmatrix}14\\-7\\1\end{bmatrix}\\ \bar{c}=\begin{bmatrix}0&0&1\end{bmatrix}\end{cases}$$

显然，本例所得到的第一可观测标准形和第二可观测标准形分别与例 3-27 和例 3-28 中得到的第一可控和第二可控标准形成对偶关系。当然，本例也可以先计算出传递函数而后再从系统传递函数的分子多项式和分母多项式直接给出 $\bar{A}$，$\bar{b}$ 和 $\bar{c}$。

所以由第二可观测标准形可直接写出该系统的传递函数：

$$G(s)=\frac{\beta_2 s^2+\beta_1 s+\beta_0}{s^3+\alpha_2 s^2+\alpha_1 s+\alpha_0}=\frac{s^2-7s+14}{s^3-10s^2+32s-32}$$

3.6 线性系统结构的分解

前已提及，如果一个系统是不完全可控的，则其状态空间中所有的可控状态构成可控子空间，而其余部分为不可控子空间；如果一个系统是不完全可观测的，则其状态空间中所有的不可观测状态构成不可观测子空间，而其余部分为可观测子空间。但是，在一般形式下，这些子空间并没有被明显地分解出来，或者说，对全部状态变量，不能明显地指出哪些变量是可控的，哪些变量是不可控的；哪些是可观测的，哪些是不可观测的。本节将讨论如何通过非奇异变换即坐标变换，将系统的状态空间按可控性和可观测性进行结构分解。

把线性系统的状态空间按可控性和可观测性进行结构分解是状态空间分析中一个十分重要的内容。在理论上它揭示了状态空间的本质特征，为最小实现问题的提出提供了理论依据。在实践上它与系统的状态反馈、系统镇定等问题的解决都有密切的关系。

一、按可控性分解

定理 3.25 设下述线性定常系统 Σ 是状态不完全可控的：

$$\left.\begin{aligned}\dot{x}(t)&=Ax(t)+Bu(t)\\y(t)&=Cx(t)\end{aligned}\right\}\tag{3.6-1}$$

其可控判别矩阵为

$$Q_C=\begin{bmatrix}B&AB&\cdots&A^{n-1}B\end{bmatrix}$$

Q_C 的秩为

$$\operatorname{rank} Q_C=n_1<n\tag{3.6-2}$$

则存在线性非奇异变换矩阵 R_C^{-1}，使得下式成立：

$$\bar{x}(t)=R_C^{-1}x(t)\tag{3.6-3}$$

将状态空间表达式(3.6-1)变换为

$$\left.\begin{aligned}\dot{\bar{x}}(t) &= \bar{A}\,\bar{x}(t) + \bar{B}u(t) \\ y(t) &= \bar{C}\,\bar{x}(t)\end{aligned}\right\} \tag{3.6-4}$$

式中

$$\bar{x} = \begin{bmatrix} \bar{x}_{C} \\ --- \\ \bar{x}_{\bar{C}} \end{bmatrix} \begin{matrix} \}n_1 \\ \\ \}n-n_1 \end{matrix} \tag{3.6-5}$$

$$\left.\begin{aligned} &\bar{A} = R_C^{-1} A R_C = \begin{bmatrix} \bar{A}_{11} & \bar{A}_{12} \\ O & \bar{A}_{22} \end{bmatrix} \begin{matrix} \}n_1 \\ \}n-n_1 \end{matrix}, \quad \bar{B} = R_C^{-1} B = \begin{bmatrix} \bar{B}_1 \\ --- \\ O \end{bmatrix} \begin{matrix} \}n_1 \\ \}n-n_1 \end{matrix} \\ &\bar{C} = C R_C = [\underbrace{\bar{C}_1}_{n_1} \,\vdots\, \underbrace{\bar{C}_2}_{n-n_1}] \end{aligned}\right\} \tag{3.6-6}$$

可以看出，若系统的状态空间表达式变换为式(3.6-4)这种形式后，则系统的状态空间就被分解成可控的和不可控的两部分。其中，下述 n_1 维子空间是可控的：

$$\dot{\bar{x}}_C = \bar{A}_{11}\,\bar{x}_C + \bar{B}_1 u(t) + \bar{A}_{12}\,\bar{x}_{\bar{C}}$$

而下述 $n-n_1$ 维子系统是不可控的：

$$\dot{\bar{x}}_{\bar{C}} = \bar{A}_{22}\,\bar{x}_{\bar{C}}$$

因为控制作用 u 对 $\bar{x}_{\bar{C}}$ 是不起作用的，而 $\bar{x}_{\bar{C}}$ 仅做自由运动。对于这种状态结构的分解情况可用图 3-14 表示。显然，若不考虑不可控的 $n-n_1$ 维子系统，便得一低维可控系统，其零状态响应与原系统相同。

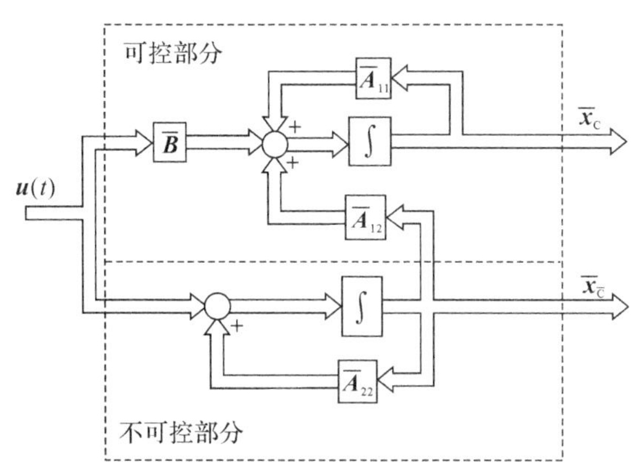

图 3-14　按可控性进行结构分解的示意图

至于非奇异变换矩阵

$$R_C = [R_1 \quad R_2 \quad \cdots \quad R_{n_1} \quad \cdots \quad R_n] \tag{3.6-7}$$

中的 n 个列向量可以按如下方法构成：前 n_1 个列向量 $R_1, R_2, \cdots, R_{n_1}$ 是可控性判别矩阵 $Q_C = [B \quad AB \quad \cdots \quad A^{n-1}B]$ 中的 n_1 个线性无关的列，另外的 $n-n_1$ 个列 $R_{n_1+1}, R_{n_1+2}, \cdots, R_n$ 在确保 R_C 为非奇异的条件下完全是任意取的。

例 3-30　设线性定常系统的状态方程和输出方程为

$$\left.\begin{aligned}\dot{\boldsymbol{x}}(t) &= \begin{bmatrix}1 & 2 & -1\\0 & 1 & 0\\1 & -4 & 3\end{bmatrix}\boldsymbol{x}(t)+\begin{bmatrix}0\\0\\1\end{bmatrix}u(t)\\ y(t) &= \begin{bmatrix}1 & -1 & 1\end{bmatrix}\boldsymbol{x}(t)\end{aligned}\right\}\qquad(3.6-8)$$

(1)试判别其可控性；

(2)若系统不是完全可控的，试将该系统按可控性进行分解。

解：系统的可控性判别矩阵为

$$\boldsymbol{Q}_C=[\boldsymbol{b}\quad \boldsymbol{Ab}\quad \boldsymbol{A}^2\boldsymbol{b}]=\begin{bmatrix}0 & -1 & -4\\0 & 0 & 0\\1 & 3 & 8\end{bmatrix}$$

则可得

$$\operatorname{rank}\boldsymbol{Q}_C=2<n$$

所以系统是不完全可控的。

按式(3.6-7)构造线性非奇异变换阵 $\boldsymbol{R}_C$：

$$\boldsymbol{R}_1=\boldsymbol{b}=\begin{bmatrix}0\\0\\1\end{bmatrix},\quad \boldsymbol{R}_2=\boldsymbol{Ab}=\begin{bmatrix}-1\\0\\3\end{bmatrix},\quad \boldsymbol{R}_3=\begin{bmatrix}0\\1\\0\end{bmatrix}$$

即

$$\boldsymbol{R}_C=\begin{bmatrix}0 & -1 & 0\\0 & 0 & 1\\1 & 3 & 0\end{bmatrix}\qquad(3.6-9)$$

其中，$\boldsymbol{R}_3$ 是任意取的，只要保证 $\boldsymbol{R}_C$ 为非奇异，则 $\boldsymbol{R}_C^{-1}$ 为

$$\boldsymbol{R}_C^{-1}=\begin{bmatrix}3 & 0 & 1\\-1 & 0 & 0\\0 & 1 & 0\end{bmatrix}$$

变换后的系统的状态方程和输出方程分别是

$$\begin{aligned}\dot{\bar{\boldsymbol{x}}}(t) &= \boldsymbol{R}_C^{-1}\boldsymbol{A}\boldsymbol{R}_C\bar{\boldsymbol{x}}(t)+\boldsymbol{R}_C^{-1}\boldsymbol{b}u(t)=\\ &\begin{bmatrix}3 & 0 & 1\\-1 & 0 & 0\\0 & 1 & 0\end{bmatrix}\begin{bmatrix}1 & 2 & -1\\0 & 1 & 0\\1 & -4 & 3\end{bmatrix}\begin{bmatrix}0 & -1 & 0\\0 & 0 & 1\\1 & 3 & 0\end{bmatrix}\bar{\boldsymbol{x}}(t)+\begin{bmatrix}3 & 0 & 1\\-1 & 0 & 0\\0 & 1 & 0\end{bmatrix}\begin{bmatrix}0\\0\\1\end{bmatrix}u(t)=\\ &\begin{bmatrix}0 & -4 & 2\\1 & 4 & -2\\0 & 0 & 1\end{bmatrix}\bar{\boldsymbol{x}}(t)+\begin{bmatrix}1\\0\\0\end{bmatrix}u(t)\end{aligned}\qquad(3.6-10a)$$

$$y(t)=\boldsymbol{C}\boldsymbol{R}_C\bar{\boldsymbol{x}}(t)=\begin{bmatrix}1 & 2 & -1\end{bmatrix}\bar{\boldsymbol{x}}(t)\qquad(3.6-10b)$$

为了说明在构造变换矩阵 $\boldsymbol{R}_C$ 时是先把可控性判别矩阵 $\boldsymbol{Q}_C$ 中的线性无关列依次列入 $\boldsymbol{R}_C$ 的前 n_1 列，余下的各列，其取法是任意的(当然要保证 $\boldsymbol{R}_C$ 为非奇异)。现把式(3.6-9)中 $\boldsymbol{R}_C$ 的最后一列 $\boldsymbol{R}_3$ 取为另一向量 $[0\quad 1\quad 1]^{\mathrm{T}}$，即

$$
\boldsymbol{R}_{\mathrm{C}} = \begin{bmatrix} 0 & -1 & 0 \\ 0 & 0 & 1 \\ 1 & 3 & 1 \end{bmatrix} \tag{3.6-11}
$$

则有

$$
\boldsymbol{R}_{\mathrm{C}}^{-1} = \begin{bmatrix} 3 & -1 & 1 \\ -1 & 0 & 0 \\ 0 & 1 & 0 \end{bmatrix}
$$

于是可知

$$
\left.\begin{aligned}
\bar{\boldsymbol{x}}(t) &= \begin{bmatrix} 0 & -4 & 1 \\ 1 & 4 & -1 \\ 0 & 0 & 1 \end{bmatrix}\bar{\boldsymbol{x}}(t) + \begin{bmatrix} 1 \\ 0 \\ 0 \end{bmatrix}u(t) \\
y(t) &= \begin{bmatrix} 1 & 2 & 0 \end{bmatrix}\bar{\boldsymbol{x}}(t)
\end{aligned}\right\} \tag{3.6-12}
$$

从式(3.6-10)和式(3.6-12)可以看出，它们都把系统分解成两部分，一部分是二维可控子系统，另一部分是一维不可控子系统，且其二维可控子空间的状态空间表达式是相同的，均属于第一可控标准形：

$$
\begin{cases}
\dot{\bar{\boldsymbol{x}}}_{\mathrm{C}} = \begin{bmatrix} 0 & -4 \\ 1 & 4 \end{bmatrix}\bar{\boldsymbol{x}}_{\mathrm{C}} + \begin{bmatrix} 2 \\ -2 \end{bmatrix}\bar{\boldsymbol{x}}_{\overline{\mathrm{C}}} + \begin{bmatrix} 1 \\ 0 \end{bmatrix}u \\
y_1 = \begin{bmatrix} 1 & 2 \end{bmatrix}\bar{\boldsymbol{x}}_{\mathrm{C}}
\end{cases}
$$

其实这一现象并非偶然，因为变换矩阵的前 n_1 个列向量是可控性判别矩阵中的 n_1 个线性无关列。

二、按可观测性分解

定理 3.26　设下述线性定常系统是状态不完全可观测的：

$$
\left.\begin{aligned}
\dot{\boldsymbol{x}}(t) &= \boldsymbol{A}\boldsymbol{x}(t) + \boldsymbol{B}\boldsymbol{u}(t) \\
\boldsymbol{y}(t) &= \boldsymbol{C}\boldsymbol{x}(t)
\end{aligned}\right\} \tag{3.6-13}
$$

其可观测判别矩阵为

$$
\boldsymbol{Q}_{\mathrm{O}} = \begin{bmatrix} \boldsymbol{C} \\ \boldsymbol{C}\boldsymbol{A} \\ \vdots \\ \boldsymbol{C}\boldsymbol{A}^{n-1} \end{bmatrix}
$$

$\boldsymbol{Q}_{\mathrm{O}}$ 的秩为

$$
\operatorname{rank} \boldsymbol{Q}_{\mathrm{O}} = n_1 < n
$$

则存在如下线性非奇异变换：

$$
\bar{\boldsymbol{x}}(t) = \boldsymbol{R}_{\mathrm{O}}^{-1}\boldsymbol{x}(t) \tag{3.6-14}
$$

该变换将状态空间表达式(3.6-13)变换为

$$
\left.\begin{aligned}
\dot{\bar{\boldsymbol{x}}}(t) &= \bar{\boldsymbol{A}}\,\bar{\boldsymbol{x}}(t) + \bar{\boldsymbol{B}}\boldsymbol{u}(t) \\
\boldsymbol{y}(t) &= \bar{\boldsymbol{C}}\,\bar{\boldsymbol{x}}(t)
\end{aligned}\right\} \tag{3.6-15}
$$

$$
\bar{\boldsymbol{A}} = \boldsymbol{R}_{\mathrm{O}}^{-1}\boldsymbol{A}\boldsymbol{R}_{O} = \begin{bmatrix} \bar{\boldsymbol{A}}_{11} & \boldsymbol{O} \\ \bar{\boldsymbol{A}}_{21} & \bar{\boldsymbol{A}}_{22} \end{bmatrix} \begin{matrix} \}^{n_1} \\ \}^{n-n_1} \end{matrix} \tag{3.6-16}
$$

$$\overline{\boldsymbol{B}}=\boldsymbol{R}_O^{-1}\boldsymbol{B}=\begin{bmatrix}\overline{\boldsymbol{B}}_1\\ \hdashline \overline{\boldsymbol{B}}_2\end{bmatrix}\begin{matrix}\}n_1\\ \}n-n_1\end{matrix} \tag{3.6-17}$$

$$\overline{\boldsymbol{C}}=\boldsymbol{C}\boldsymbol{R}_O=[\underbrace{\overline{\boldsymbol{C}}_1}_{n_1}\ \vdots\ \underbrace{\boldsymbol{O}}_{n-n_1}] \tag{3.6-18}$$

$$\overline{\boldsymbol{x}}=\begin{bmatrix}\overline{\boldsymbol{x}}_O\\ \hdashline \overline{\boldsymbol{x}}_{\overline{O}}\end{bmatrix}\begin{matrix}\}n_1\\ \}n-n_1\end{matrix} \tag{3.6-19}$$

可见，经上述变换后，系统分解为如下可观测的 n_1 维子系统：

$$\begin{cases}\dot{\overline{\boldsymbol{x}}}_O=\overline{\boldsymbol{A}}_{11}\overline{\boldsymbol{x}}_O+\overline{\boldsymbol{B}}_1\boldsymbol{u}\\ \boldsymbol{y}=\overline{\boldsymbol{C}}_1\overline{\boldsymbol{x}}_O\end{cases}$$

和不可观测的 $n-n_1$ 维子系统：

$$\dot{\overline{\boldsymbol{x}}}_{\overline{O}}=\overline{\boldsymbol{A}}_{21}\overline{\boldsymbol{x}}_O+\overline{\boldsymbol{A}}_{22}\overline{\boldsymbol{x}}_{\overline{O}}+\overline{\boldsymbol{B}}_2\boldsymbol{u}$$

图 3-15 是系统的结构图。显然，若不考虑 $n-n_1$ 维不可观测的子系统，便得一低维可观测系统。

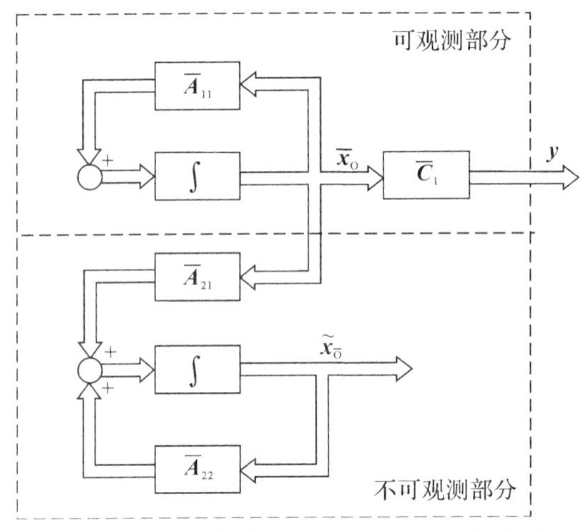

图 3-15　系统结构按可观测性分解的结构图

非奇异变换阵 $\boldsymbol{R}_O^{-1}$ 可按如下方式构造：

$$\boldsymbol{R}_O^{-1}=\begin{bmatrix}\boldsymbol{R}_1'\\ \boldsymbol{R}_2'\\ \vdots\\ \boldsymbol{R}_{n_1}'\\ \vdots\\ \boldsymbol{R}_n'\end{bmatrix} \tag{3.6-20}$$

取 $\boldsymbol{R}_O^{-1}$ 中的前 n_1 个行向量 $\boldsymbol{R}_1',\boldsymbol{R}_2',\cdots,\boldsymbol{R}_{n_1}'$ 为可观测判别矩阵 $\boldsymbol{Q}_O$ 中的 n_1 个线性无关的行，另外的 $n-n_1$ 个行向量 $\boldsymbol{R}_{n_1+1}',\boldsymbol{R}_{n_1+2}',\cdots,\boldsymbol{R}_n'$ 在确保 $\boldsymbol{R}_O^{-1}$ 是非奇异的条件下完全是任意取的。

例 3-31　试判别例 3-30 系统是否可观测，若为不完全可观测，按可观测性对系统进行结构分解。

解:可观测性判别矩阵 $\boldsymbol{Q}_O$ 为

$$\boldsymbol{Q}_O=\begin{bmatrix}\boldsymbol{C}\\\boldsymbol{CA}\\\boldsymbol{CA}^2\end{bmatrix}=\begin{bmatrix}1&-1&1\\2&-3&2\\4&-7&4\end{bmatrix}$$

则可得

$$\operatorname{rank}\boldsymbol{Q}_O=2<n$$

因此该系统是状态不完全可观测的。

为构造线性非奇异变换阵 $\boldsymbol{R}_O^{-1}$,取

$$\boldsymbol{R}_1'=\boldsymbol{C}=[1\quad -1\quad 1]$$
$$\boldsymbol{R}_2'=\boldsymbol{CA}=[2\quad -3\quad 2]$$
$$\boldsymbol{R}_3'=[0\quad 0\quad 1]$$

得

$$\boldsymbol{R}_O^{-1}=\begin{bmatrix}1&-1&1\\2&-3&2\\0&0&1\end{bmatrix},\quad \boldsymbol{R}_O=\begin{bmatrix}3&-1&-1\\2&-1&0\\0&0&1\end{bmatrix}\tag{3.6-21}$$

式中,$\boldsymbol{R}_3'$ 是在保证 $\boldsymbol{R}_O^{-1}$ 为非奇异的条件下任意选取的。于是可得

$$\left.\begin{aligned}\dot{\bar{\boldsymbol{x}}}(t)&=\boldsymbol{R}_O^{-1}\boldsymbol{A}\boldsymbol{R}_O\bar{\boldsymbol{x}}(t)+\boldsymbol{R}_O^{-1}\boldsymbol{b}u(t)=\begin{bmatrix}0&1&0\\-2&3&0\\-5&3&2\end{bmatrix}\bar{\boldsymbol{x}}+\begin{bmatrix}1\\2\\1\end{bmatrix}u\\y(t)&=\boldsymbol{C}\boldsymbol{R}_O\bar{\boldsymbol{x}}(t)=[1\quad 0\quad 0]\bar{\boldsymbol{x}}\end{aligned}\right\}\tag{3.6-22}$$

该系统可观测的二维子空间状态空间表达式为

$$\begin{cases}\dot{\bar{\boldsymbol{x}}}_O=\begin{bmatrix}0&1\\-2&3\end{bmatrix}\bar{\boldsymbol{x}}_O+\begin{bmatrix}1\\2\end{bmatrix}u\\y_1=[1\quad 0]\bar{\boldsymbol{x}}_O=y\end{cases}$$

三、按可控性和可观测性分解

(1)如果线性系统 $\Sigma=(\boldsymbol{A},\boldsymbol{B},\boldsymbol{C})$ 是不完全可控和不完全可观测的,若对该系统同时按可控性和可观测性进行分解,则可以把系统分解成四个部分:可控且可观测,可控不可观测,不可控可观测,不可控不可观测。当然,上述结构是一种典型形式,并非所有系统都能分解为这四个部分。

定理 3.27　若线性定常系统

$$\left.\begin{aligned}\dot{\boldsymbol{x}}(t)&=\boldsymbol{A}\boldsymbol{x}(t)+\boldsymbol{B}\boldsymbol{u}(t)\\\boldsymbol{y}(t)&=\boldsymbol{C}\boldsymbol{x}(t)\end{aligned}\right\}\tag{3.6-23}$$

不完全可控且不完全可观测,则存在线性非奇异变换矩阵 $\boldsymbol{R}^{-1}$:

$$\bar{\boldsymbol{x}}(t)=\boldsymbol{R}^{-1}\boldsymbol{x}(t)\tag{3.6-24}$$

可把式(3.6-23)的状态空间表达式变换为

$$\left.\begin{aligned}\dot{\bar{\boldsymbol{x}}}(t)&=\bar{\boldsymbol{A}}\bar{\boldsymbol{x}}(t)+\bar{\boldsymbol{B}}\boldsymbol{u}(t)\\\boldsymbol{y}(t)&=\bar{\boldsymbol{C}}\bar{\boldsymbol{x}}(t)\end{aligned}\right\}\tag{3.6-25}$$

式中

$$\overline{A}=R^{-1}AR=\begin{bmatrix}A_{11} & O & A_{13} & O\\ A_{21} & A_{22} & A_{23} & A_{24}\\ O & O & A_{33} & O\\ O & O & A_{43} & A_{44}\end{bmatrix} \tag{3.6-26}$$

$$\overline{B}=R^{-1}B=\begin{bmatrix}B_1\\ B_2\\ O\\ O\end{bmatrix} \tag{3.6-27}$$

$$\overline{C}=CR=[C_1\quad O\quad C_3\quad O] \tag{3.6-28}$$

从$\overline{A},\overline{B},\overline{C}$的结构可以看出,整个状态空间分为可控可观测,可控不可观测,不可控可观测,不可控不可观测四个部分,分别用符号$x_{C,O},x_{C,\overline{O}},x_{\overline{C},O},x_{\overline{C},\overline{O}}$表示。于是式(3.6-25)可以写成

$$\left.\begin{aligned}\begin{bmatrix}\dot{x}_{C,O}\\ \dot{x}_{C,\overline{O}}\\ \dot{x}_{\overline{C},O}\\ \dot{x}_{\overline{C},\overline{O}}\end{bmatrix}&=\begin{bmatrix}A_{11} & O & A_{13} & O\\ A_{21} & A_{22} & A_{23} & A_{24}\\ O & O & A_{33} & O\\ O & O & A_{43} & A_{44}\end{bmatrix}\begin{bmatrix}x_{C,O}\\ x_{C,\overline{O}}\\ x_{\overline{C},O}\\ x_{\overline{C},\overline{O}}\end{bmatrix}+\begin{bmatrix}B_1\\ B_2\\ O\\ O\end{bmatrix}u\\ y&=[C_1\quad O\quad C_3\quad O]\begin{bmatrix}x_{C,O}\\ x_{C,\overline{O}}\\ x_{\overline{C},O}\\ x_{\overline{C},\overline{O}}\end{bmatrix}\end{aligned}\right\} \tag{3.6-29}$$

并且(A_{11},B_1,C_1)是可控可观测子系统。

式(3.6-29)的结构图如图3-16所示。

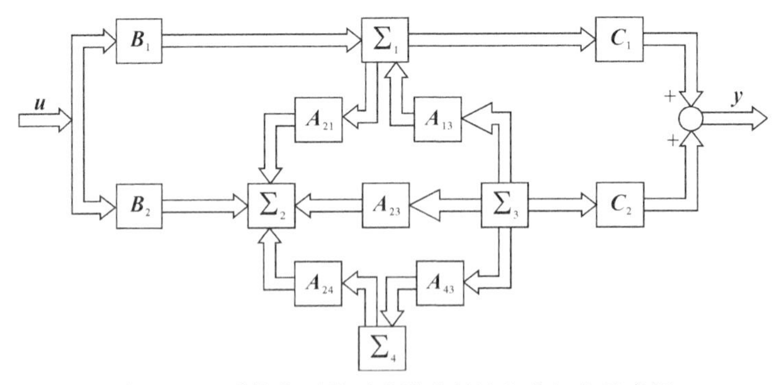

图3-16 系统按可控可观测进行结构分解的示意图

(2)从结构图可以清楚地看出四个子系统传递信息的情况。Σ_1既与输入u相通,又与输出y相通,是可控可观测子系统;在Σ_2中只有输入通道,而无输出通道,是可控但不可观测的子系统;在Σ_3中只有输出通道,而无输入通道,是不可控但可观测的子系统;Σ_4既不与输入u相通,又不与输出y相通,是既不可控又不可观测的子系统。这样,在系统的输入u和输出y之间,只存在唯一的一条单向控制通道,即$u\rightarrow B_1\rightarrow\Sigma_1\rightarrow C_1\rightarrow y$。现将该通道示于图3-17中。显然,反映系统输入输出特性的传递函数阵$G(s)$只能反映系统中可控且可观测那个子系统的动力学行为:

$$G(s)=C(sI-A)^{-1}B=C_1(sI-A_{11})^{-1}B_1 \tag{3.6-30}$$

从而也说明，传递函数矩阵只是对系统的一种不完全的描述。这意味着若在系统中添加(或去掉)不可控或不可观测的子系统，并不影响系统的传递函数矩阵。因而如果根据给定传递函数矩阵求对应的状态空间表达式，其解将有无限多个。但是其中维数最小的那个状态空间表达式将是最好的，也是我们所寻求的，这就是下一节所要讨论的最小实现问题。

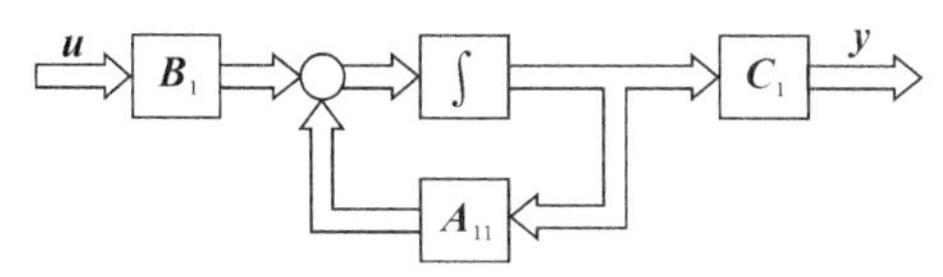

图3-17　可控且可观测子系统示意图

(3)由定理3.27可知，一旦变换矩阵 $\boldsymbol{R}$ 确定，只需经过一次变换便可对系统同时按可控和可观测进行结构分解。考虑到上述变换矩阵 $\boldsymbol{R}$ 的构造需要涉及较多的线性空间概念，下面介绍一种逐步分解的方法。这种方法虽然计算较烦琐，但较为直观，易于初学者掌握，其步骤如下：

1)首先将系统 $\Sigma=(\boldsymbol{A},\boldsymbol{B},\boldsymbol{C})$ 按可控性分解。

取如下状态变换：

$$\begin{bmatrix}\boldsymbol{x}_{\mathrm{C}}\\\boldsymbol{x}_{\overline{\mathrm{C}}}\end{bmatrix}=\boldsymbol{R}_{\mathrm{C}}^{-1}\boldsymbol{x} \tag{3.6-31}$$

将系统分解为

$$\left.\begin{aligned}\begin{bmatrix}\dot{\boldsymbol{x}}_{\mathrm{C}}\\\dot{\boldsymbol{x}}_{\overline{\mathrm{C}}}\end{bmatrix}&=\boldsymbol{R}_{\mathrm{C}}^{-1}\boldsymbol{A}\boldsymbol{R}_{\mathrm{C}}\begin{bmatrix}\boldsymbol{x}_{\mathrm{C}}\\\boldsymbol{x}_{\overline{\mathrm{C}}}\end{bmatrix}+\boldsymbol{R}_{\mathrm{C}}^{-1}\boldsymbol{B}\boldsymbol{u}=\begin{bmatrix}\overline{\boldsymbol{A}}_1&\overline{\boldsymbol{A}}_2\\\boldsymbol{O}&\overline{\boldsymbol{A}}_4\end{bmatrix}\begin{bmatrix}\boldsymbol{x}_{\mathrm{C}}\\\boldsymbol{x}_{\overline{\mathrm{C}}}\end{bmatrix}+\begin{bmatrix}\overline{\boldsymbol{B}}_1\\\boldsymbol{O}\end{bmatrix}\boldsymbol{u}\\\boldsymbol{y}&=\boldsymbol{C}\boldsymbol{R}_{\mathrm{C}}\begin{bmatrix}\boldsymbol{x}_{\mathrm{C}}\\\boldsymbol{x}_{\overline{\mathrm{C}}}\end{bmatrix}=\begin{bmatrix}\overline{\boldsymbol{C}}_1&\overline{\boldsymbol{C}}_2\end{bmatrix}\begin{bmatrix}\boldsymbol{x}_{\mathrm{C}}\\\boldsymbol{x}_{\overline{\mathrm{C}}}\end{bmatrix}\end{aligned}\right\} \tag{3.6-32}$$

式中，$\boldsymbol{x}_{\mathrm{C}}$ 是可控状态，$\boldsymbol{x}_{\overline{\mathrm{C}}}$ 是不可控状态。$\boldsymbol{R}_{\mathrm{C}}$ 是根据式(3.6-7)构造的系统 $\Sigma=(\boldsymbol{A},\boldsymbol{B})$ 按可控性分解的变换阵。

2)然后将式(3.6-32)中不可控的子系统 $\Sigma=(\overline{\boldsymbol{A}}_4,\boldsymbol{O},\overline{\boldsymbol{C}}_2)$ 按可观测性分解。

对 $\boldsymbol{x}_{\overline{\mathrm{C}}}$ 取如下状态变换：

$$\begin{bmatrix}\boldsymbol{x}_{\overline{\mathrm{C}},\mathrm{O}}\\\boldsymbol{x}_{\overline{\mathrm{C}},\overline{\mathrm{O}}}\end{bmatrix}=\boldsymbol{R}_{\mathrm{O2}}^{-1}\boldsymbol{x}_{\overline{\mathrm{C}}} \tag{3.6-33}$$

将 $\Sigma_{\overline{\mathrm{C}}}=(\overline{\boldsymbol{A}}_4,\boldsymbol{O},\overline{\boldsymbol{C}}_2)$ 分解为

$$\begin{bmatrix}\dot{\boldsymbol{x}}_{\overline{\mathrm{C}},\mathrm{O}}\\\dot{\boldsymbol{x}}_{\overline{\mathrm{C}},\overline{\mathrm{O}}}\end{bmatrix}=\boldsymbol{R}_{\mathrm{O2}}^{-1}\overline{\boldsymbol{A}}_4\boldsymbol{R}_{\mathrm{O2}}\begin{bmatrix}\boldsymbol{x}_{\overline{\mathrm{C}},\mathrm{O}}\\\boldsymbol{x}_{\overline{\mathrm{C}},\overline{\mathrm{O}}}\end{bmatrix}=\begin{bmatrix}\boldsymbol{A}_{33}&\boldsymbol{O}\\\boldsymbol{A}_{43}&\boldsymbol{A}_{44}\end{bmatrix}\begin{bmatrix}\boldsymbol{x}_{\overline{\mathrm{C}},\mathrm{O}}\\\boldsymbol{x}_{\overline{\mathrm{C}},\overline{\mathrm{O}}}\end{bmatrix} \tag{3.6-34a}$$

$$\boldsymbol{y}_2=\overline{\boldsymbol{C}}_2\boldsymbol{R}_{\mathrm{O2}}\begin{bmatrix}\boldsymbol{x}_{\overline{\mathrm{C}},\mathrm{O}}\\\boldsymbol{x}_{\overline{\mathrm{C}},\overline{\mathrm{O}}}\end{bmatrix}=\begin{bmatrix}\boldsymbol{C}_3&\boldsymbol{O}\end{bmatrix}\begin{bmatrix}\boldsymbol{x}_{\overline{\mathrm{C}},\mathrm{O}}\\\boldsymbol{x}_{\overline{\mathrm{C}},\overline{\mathrm{O}}}\end{bmatrix} \tag{3.6-34b}$$

式中，$\boldsymbol{x}_{\overline{\mathrm{C}},\mathrm{O}}$ 是不可控但可观测的状态，$\boldsymbol{x}_{\overline{\mathrm{C}},\overline{\mathrm{O}}}$ 是不可控不可观测的状态，$\boldsymbol{R}_{\mathrm{O2}}^{-1}$ 是根据式(3.6-20)构造的 $\Sigma_{\overline{\mathrm{C}}}=(\overline{\boldsymbol{A}}_4,\boldsymbol{O},\overline{\boldsymbol{C}}_2)$ 的按可观测性分解的变换阵。

3)最后将可控子系统 $\Sigma_{\mathrm{C}}=(\overline{\boldsymbol{A}}_1,\overline{\boldsymbol{B}}_1,\overline{\boldsymbol{C}}_1)$ 按可观测性分解。

对 $\boldsymbol{x}_{\mathrm{C}}$ 取如下状态变换：

$$\begin{bmatrix}\boldsymbol{x}_{\mathrm{C},\mathrm{O}}\\\boldsymbol{x}_{\mathrm{C},\overline{\mathrm{O}}}\end{bmatrix}=\boldsymbol{R}_{\mathrm{O1}}^{-1}\boldsymbol{x}_{\mathrm{C}} \tag{3.6-35}$$

由式(3.6-32)有

$$\left.\begin{aligned}\dot{x}_C &= \overline{A}_1 x_C + \overline{A}_2 x_{\overline{C}} + \overline{B}_1 u \\ y_1 &= \overline{C}_1 x_C\end{aligned}\right\} \tag{3.6-36}$$

把式(3.6-33)和式(3.6-35)代入式(3.6-36),可得

$$R_{O1}\begin{bmatrix}\dot{x}_{C,O}\\ \dot{x}_{C,\overline{O}}\end{bmatrix} = \overline{A}_1 R_{O1}\begin{bmatrix}x_{C,O}\\ x_{C,\overline{O}}\end{bmatrix} + \overline{A}_2 R_{O2}\begin{bmatrix}x_{C,O}\\ x_{C,\overline{O}}\end{bmatrix} + \overline{B}_1 u$$

两边左乘 R_{O1}^{-1},可得

$$\left.\begin{aligned}\begin{bmatrix}\dot{x}_{C,O}\\ \dot{x}_{C,\overline{O}}\end{bmatrix} &= R_{O1}^{-1}\overline{A}_1 R_{O1}\begin{bmatrix}x_{C,O}\\ x_{C,\overline{O}}\end{bmatrix} + R_{O1}^{-1}\overline{A}_2 R_{O2}\begin{bmatrix}x_{\overline{C},O}\\ x_{\overline{C},\overline{O}}\end{bmatrix} + R_{O1}^{-1}\overline{B}_1 u = \\ &\begin{bmatrix}A_{11} & O\\ A_{21} & A_{22}\end{bmatrix}\begin{bmatrix}x_{C,O}\\ x_{C,\overline{O}}\end{bmatrix} + \begin{bmatrix}A_{13} & O\\ A_{23} & A_{24}\end{bmatrix}\begin{bmatrix}x_{\overline{C},O}\\ x_{\overline{C},\overline{O}}\end{bmatrix} + \begin{bmatrix}B_1\\ B_2\end{bmatrix}u \\ y_1 = \overline{C}_1 R_{O1}&\begin{bmatrix}x_{C,O}\\ x_{C,\overline{O}}\end{bmatrix} = \begin{bmatrix}C_1 & O\end{bmatrix}\begin{bmatrix}x_{C,O}\\ x_{C,\overline{O}}\end{bmatrix}\end{aligned}\right\} \tag{3.6-37}$$

式中：$x_{C,O}$ 是可控可观测状态，$x_{C,\overline{O}}$ 是可控不可观测状态；R_{O1}^{-1} 是根据式(3.6-20)构造的系统 $\Sigma_C = (\overline{A}_1, \overline{B}_1, \overline{C}_1)$ 按可观测分解的变换阵。

综合以上三次变换,便可导出系统同时按可控性和可观测性进行结构分解的表达式：

$$\left.\begin{aligned}\begin{bmatrix}\dot{x}_{C,O}\\ x_{C,\overline{O}}\\ x_{\overline{C},O}\\ x_{\overline{C},\overline{O}}\end{bmatrix} &= \begin{bmatrix}A_{11} & O & A_{13} & O\\ A_{21} & A_{22} & A_{23} & A_{24}\\ O & O & A_{33} & O\\ O & O & A_{43} & A_{44}\end{bmatrix}\begin{bmatrix}x_{C,O}\\ x_{C,\overline{O}}\\ x_{\overline{C},O}\\ x_{\overline{C},\overline{O}}\end{bmatrix} + \begin{bmatrix}B_1\\ B_2\\ O\\ O\end{bmatrix}u \\ y &= \begin{bmatrix}C_1 & O & C_3 & O\end{bmatrix}\begin{bmatrix}x_{C,O}\\ x_{C,\overline{O}}\\ x_{\overline{C},O}\\ x_{\overline{C},\overline{O}}\end{bmatrix}\end{aligned}\right\} \tag{3.6-38}$$

例 3-32 已知例 3-30 系统是状态不完全可控且不完全可观测的,试将该系统按可控性和可观测性进行结构分解。

解:例 3-30 已将系统按可控性分解。取如下变换矩阵：

$$R_C = \begin{bmatrix}0 & -1 & 0\\ 0 & 0 & 1\\ 1 & 3 & 0\end{bmatrix} \tag{3.6-39}$$

经变换后,系统分解为

$$\begin{cases}\dot{\overline{x}}(t) = \begin{bmatrix}0 & -4 & 2\\ 1 & 4 & -2\\ 0 & 0 & 1\end{bmatrix}\overline{x}(t) + \begin{bmatrix}1\\ 0\\ 0\end{bmatrix}u(t)\\ y(t) = \begin{bmatrix}1 & 2 & -1\end{bmatrix}\overline{x}(t)\end{cases}$$

从上式可以看出,不可控子系统是一维的,且显见是可观测的,故无须再进行分解。

最后将可控子系统 Σ_C 按可观测性分解,可得

$$\begin{cases}\dot{\boldsymbol{x}}_C(t)=\begin{bmatrix}0 & -4\\1 & 4\end{bmatrix}\overline{\boldsymbol{x}}_C(t)+\begin{bmatrix}2\\-2\end{bmatrix}\overline{\boldsymbol{x}}_{\overline{C}}(t)+\begin{bmatrix}1\\0\end{bmatrix}u(t)\\ y_1(t)=\begin{bmatrix}1 & 2\end{bmatrix}\overline{\boldsymbol{x}}_C(t)\end{cases}$$

根据式(3.6-20)构造如下非奇异变换阵：

$$\boldsymbol{R}_O^{-1}=\begin{bmatrix}1 & 2\\0 & 1\end{bmatrix}$$

将 Σ_C 按可观测性分解为

$$\begin{bmatrix}\dot{\boldsymbol{x}}_{C,O}\\ \dot{\boldsymbol{x}}_{C,\overline{O}}\end{bmatrix}=\begin{bmatrix}1 & 2\\0 & 1\end{bmatrix}\begin{bmatrix}0 & -4\\1 & 4\end{bmatrix}\begin{bmatrix}1 & 2\\0 & 1\end{bmatrix}^{-1}\begin{bmatrix}\boldsymbol{x}_{C,O}\\ \boldsymbol{x}_{C,\overline{O}}\end{bmatrix}+\begin{bmatrix}1 & 2\\0 & 1\end{bmatrix}\begin{bmatrix}2\\-2\end{bmatrix}\boldsymbol{x}_{\overline{C}}+\begin{bmatrix}1 & 2\\0 & 1\end{bmatrix}\begin{bmatrix}1\\0\end{bmatrix}u$$

即

$$\left.\begin{aligned}\begin{bmatrix}\dot{\boldsymbol{x}}_{C,O}\\ \dot{\boldsymbol{x}}_{C,\overline{O}}\end{bmatrix}&=\begin{bmatrix}2 & 0\\1 & 2\end{bmatrix}\begin{bmatrix}\boldsymbol{x}_{C,O}\\ \boldsymbol{x}_{C,\overline{O}}\end{bmatrix}+\begin{bmatrix}-2\\-2\end{bmatrix}\boldsymbol{x}_{\overline{C}}+\begin{bmatrix}1\\0\end{bmatrix}\boldsymbol{u}\\ y_1&=\begin{bmatrix}1 & 2\end{bmatrix}\begin{bmatrix}1 & 2\\0 & 1\end{bmatrix}^{-1}\begin{bmatrix}\boldsymbol{x}_{C,O}\\ \boldsymbol{x}_{C,\overline{O}}\end{bmatrix}=\begin{bmatrix}1 & 0\end{bmatrix}\begin{bmatrix}\boldsymbol{x}_{C,O}\\ \boldsymbol{x}_{C,\overline{O}}\end{bmatrix}\end{aligned}\right\}\tag{3.6-40}$$

综合以上两次变换结果，系统按可控性和按可观测性分解为如下：

$$\left.\begin{aligned}\begin{bmatrix}\dot{x}_{C,O}\\ \dot{x}_{C,\overline{O}}\\ \dot{x}_{\overline{C},O}\end{bmatrix}&=\begin{bmatrix}2 & 0 & -2\\1 & 2 & -2\\0 & 0 & 1\end{bmatrix}\begin{bmatrix}x_{C,O}\\ x_{C,\overline{O}}\\ x_{\overline{C},O}\end{bmatrix}+\begin{bmatrix}1\\0\\0\end{bmatrix}u\\ y&=\begin{bmatrix}1 & 0 & -1\end{bmatrix}\begin{bmatrix}x_{C,O}\\ x_{C,\overline{O}}\\ x_{\overline{C},O}\end{bmatrix}\end{aligned}\right\}\tag{3.6-41}$$

4. 结构分解的另一种方法

以上结构分解的思路分两步走，实际分解可以在约当标准形上一次完成。系统经线性非奇异变换得到其约当标准形，再具体分析每个状态变量的可控性和可观测性。然后按可控又可观测、可控不可观测、不可控可观测和不可控又不可观测的次序重新排列状态变量，组成 $\boldsymbol{x}_{C,O}$、$\boldsymbol{x}_{C,\overline{O}}$、$\boldsymbol{x}_{\overline{C},O}$ 和 $\boldsymbol{x}_{\overline{C},\overline{O}}$，相应地重新排列 $\boldsymbol{A},\boldsymbol{B},\boldsymbol{C}$ 矩阵的行或(和)列，即对矩阵 $\boldsymbol{A},\boldsymbol{B}$ 同时做行变换，对矩阵 $\boldsymbol{A},\boldsymbol{C}$ 同时做相应的列变换。结果就是结构分解表达式(3.6-38)中的系数矩阵 $\overline{\boldsymbol{A}}$，$\overline{\boldsymbol{B}}$，$\overline{\boldsymbol{C}}$。

例 3-33 给定系统 $\Sigma=(\boldsymbol{A},\boldsymbol{B},\boldsymbol{C})$ 的约当标准形为

$$\begin{bmatrix}\dot{x}_1\\ \dot{x}_2\\ \dot{x}_3\\ \dot{x}_4\\ \dot{x}_5\\ \dot{x}_6\\ \dot{x}_7\\ \dot{x}_8\end{bmatrix}=\begin{bmatrix}-3 & 1 & & & & & & \\ & -3 & & & & & & \\ & & -4 & 1 & & & & \\ & & & -4 & & & & \\ & & & & -1 & 1 & & \\ & & & & & -1 & & \\ & & & & & & -5 & 1\\ & & & & & & & -5\end{bmatrix}\begin{bmatrix}x_1\\ x_2\\ x_3\\ x_4\\ x_5\\ x_6\\ x_7\\ x_8\end{bmatrix}+\begin{bmatrix}1 & 3\\5 & 7\\4 & 3\\0 & 0\\1 & 6\\0 & 0\\9 & 2\\0 & 0\end{bmatrix}\begin{bmatrix}u_1\\ u_2\end{bmatrix}$$

$$\begin{bmatrix} y_1 \\ y_2 \end{bmatrix} = \begin{bmatrix} 3 & 1 & 0 & 5 & 0 & 0 & 3 & 6 \\ 1 & 4 & 0 & 2 & 0 & 0 & 7 & 1 \end{bmatrix} \begin{bmatrix} x_1 \\ x_2 \\ x_3 \\ x_4 \\ x_5 \\ x_6 \end{bmatrix}$$

(1)根据约当标准形的可控判别准则和可观测判别准则,容易判定:

1)可控变量:x_1, x_2, x_3, x_5, x_7 ;

2)不可控变量:x_4, x_6, x_8 ;

3)可观测变量:x_1, x_2, x_4, x_7, x_8 ;

4)不可观测变量:x_3, x_5, x_6 。

(2)综合上述,可知:

1)可控且可观测变量:x_1, x_2, x_7 ;

2)可控但不可观测变量:x_3, x_5 ;

3)不可控但可观测变量:x_4, x_8 ;

4)不可控且不可观测变量:x_6 。

于是,令

$$\boldsymbol{x}_{\mathrm{c,o}} = \begin{bmatrix} x_1 \\ x_2 \\ x_7 \end{bmatrix}, \quad \boldsymbol{x}_{\mathrm{c,\bar{o}}} = \begin{bmatrix} x_3 \\ x_5 \end{bmatrix}$$

$$\boldsymbol{x}_{\mathrm{\bar{c},o}} = \begin{bmatrix} x_4 \\ x_8 \end{bmatrix}, \quad \boldsymbol{x}_{\mathrm{\bar{c},\bar{o}}} = [x_6]$$

按此顺序重新排列 $\boldsymbol{A}$、$\boldsymbol{B}$、$\boldsymbol{C}$ 的行列式,那么就可导出

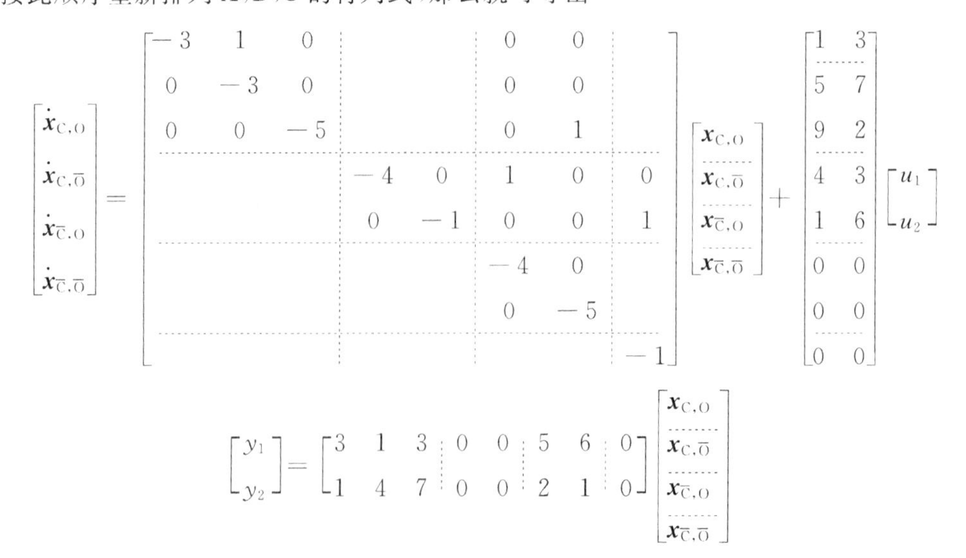

$$\begin{bmatrix} \dot{\boldsymbol{x}}_{\mathrm{c,o}} \\ \dot{\boldsymbol{x}}_{\mathrm{c,\bar{o}}} \\ \dot{\boldsymbol{x}}_{\mathrm{\bar{c},o}} \\ \dot{\boldsymbol{x}}_{\mathrm{\bar{c},\bar{o}}} \end{bmatrix} = \left[\begin{array}{ccc:cc:cc:c} -3 & 1 & 0 & & & 0 & 0 & \\ 0 & -3 & 0 & & & 0 & 0 & \\ 0 & 0 & -5 & & & 0 & 1 & \\ \hdashline & & & -4 & 0 & 1 & 0 & 0 \\ & & & 0 & -1 & 0 & 0 & 1 \\ \hdashline & & & & & -4 & 0 & \\ & & & & & 0 & -5 & \\ \hdashline & & & & & & & -1 \end{array}\right] \begin{bmatrix} \boldsymbol{x}_{\mathrm{c,o}} \\ \boldsymbol{x}_{\mathrm{c,\bar{o}}} \\ \boldsymbol{x}_{\mathrm{\bar{c},o}} \\ \boldsymbol{x}_{\mathrm{\bar{c},\bar{o}}} \end{bmatrix} + \left[\begin{array}{cc} 1 & 3 \\ \hdashline 5 & 7 \\ 9 & 2 \\ \hdashline 4 & 3 \\ 1 & 6 \\ \hdashline 0 & 0 \\ 0 & 0 \\ \hdashline 0 & 0 \end{array}\right] \begin{bmatrix} u_1 \\ u_2 \end{bmatrix}$$

$$\begin{bmatrix} y_1 \\ y_2 \end{bmatrix} = \left[\begin{array}{ccc:cc:cc:c} 3 & 1 & 3 & 0 & 0 & 5 & 6 & 0 \\ 1 & 4 & 7 & 0 & 0 & 2 & 1 & 0 \end{array}\right] \begin{bmatrix} \boldsymbol{x}_{\mathrm{c,o}} \\ \boldsymbol{x}_{\mathrm{c,\bar{o}}} \\ \boldsymbol{x}_{\mathrm{\bar{c},o}} \\ \boldsymbol{x}_{\mathrm{\bar{c},\bar{o}}} \end{bmatrix}$$

3.7 传递函数矩阵的实现

在状态空间法中，无论分析还是综合，都是以系统的状态空间描述（$\boldsymbol{A},\boldsymbol{B},\boldsymbol{C},\boldsymbol{D}$）为基础的。因此获得状态方程和输出方程是研究实际系统的首要问题。一些结构与参数都很明了的系统，可以借助对系统物理过程进行深入的研究，直接建立系统的状态方程和输出方程，并通过理论计算或实验测定的方法确定方程的系数矩阵的数值。但是在许多实际系统中，物理过程比较复杂，暂时还看不清楚它的数量关系，也就是系统的结构和参数基本上是未知的，因此形象地把它比喻为没有打开的"黑箱子"。这时，要想通过分析的方法建立它的方程是很困难的，甚至是不可能的。一个可能的办法是先用实验的办法确定其输入与输出之间的关系，比如说确定它的传递函数矩阵，然后根据传递函数矩阵再确定系统的状态方程和输出方程。由系统的传递函数矩阵或脉冲响应函数矩阵来建立与其在输入与输出特性上等价的状态空间描述，这就是所谓的实现问题，所找到的状态空间描述叫作该传递函数矩阵的一个实现。之所以采用"实现"这个名词，是因为一旦获得了状态空间表达式，我们便可以采用运算放大器等电路构造一个具有该传递函数矩阵的实际系统。实现问题是控制理论和控制工程中的一个基本问题。

从式(3.6-30)可以看出，反映系统输入输出信息传递关系的传递函数矩阵只能反映系统中可控且可观测子系统的动力学行为。这样，对于某一个给定的传递函数阵来说将有任意维数的状态空间表达式与之对应；或者说，一个传递函数阵描述着无限多个内部不同结构的系统。从工程的观点看，在无限多个内部不同结构的系统中，其中维数最小的一类系统将是最好的，这就是所谓最小实现问题。确定最小实现是一个复杂的问题，本节只能在前一节关于系统结构分解的基础上对于实现问题的基本概念作一简单介绍，并通过几个具体算例使读者了解寻求最小实现的一般步骤。

1. 实现问题的基本概念

定义 3.4 对于给定传递函数矩阵 $\boldsymbol{G}(s)$，若有一状态空间表达式 Σ

$$\left.\begin{aligned}\dot{\boldsymbol{x}}(t)&=\boldsymbol{A}\boldsymbol{x}(t)+\boldsymbol{B}\boldsymbol{u}(t)\\ \boldsymbol{y}(t)&=\boldsymbol{C}\boldsymbol{x}(t)+\boldsymbol{D}\boldsymbol{u}(t)\end{aligned}\right\}\tag{3.7-1}$$

使下式成立：

$$\boldsymbol{C}(s\boldsymbol{I}-\boldsymbol{A})^{-1}\boldsymbol{B}+\boldsymbol{D}=\boldsymbol{G}(s)\tag{3.7-2}$$

则称该状态空间表达式 Σ 为传递函数矩阵 $\boldsymbol{G}(s)$ 的一个实现。

应该指出，并不是任意一个传递函数阵 $\boldsymbol{G}(s)$ 都可找到其实现，通常它必须满足物理可实现性条件，即

(1)传递函数矩阵 $\boldsymbol{G}(s)$ 中的每一个元 $G_{ik}(s)(i=1,2,\cdots,q;k=1,2,\cdots,p)$ 的分子分母多项式的系数均为实常数。

(2) $\boldsymbol{G}(s)$ 的元 $G_{ik}(s)$ 是 s 的真有理分式函数，即 $G_{ik}(s)$ 的分子多项式的次数低于或等于分母多项式的次数。当 $G_{ik}(s)$ 的分子多项式的次数低于分母多项式的次数时，称 $G_{ik}(s)$ 为严格真有理分式。若 $\boldsymbol{G}(s)$ 矩阵中所有元都为严格真有理分式时，其实现 Σ 具有（$\boldsymbol{A},\boldsymbol{B},\boldsymbol{C}$）的形

式。当 $\boldsymbol{G}(s)$ 矩阵中即使仅有一个元 $G_{ik}(s)$ 的分子多项式的次数等于分母多项式的次数时，其实现就具有 $(\boldsymbol{A},\boldsymbol{B},\boldsymbol{C},\boldsymbol{D})$ 的形式，并且有

$$\boldsymbol{D}=\lim_{s\to\infty}\boldsymbol{G}(s) \tag{3.7-3}$$

根据上述物理可实现性条件，对于其元不是严格真分式的传递函数矩阵，应首先按式(3.7－3)算出 $\boldsymbol{D}$ 矩阵，使其 $\boldsymbol{G}(s)-\boldsymbol{D}$ 为严格真有理分式函数的矩阵，即

$$\boldsymbol{C}(s\boldsymbol{I}-\boldsymbol{A})^{-1}\boldsymbol{B}=\boldsymbol{G}(s)-\boldsymbol{D} \tag{3.7-4}$$

然后再根据 $\boldsymbol{G}(s)-\boldsymbol{D}$ 寻求形式为 $(\boldsymbol{A},\boldsymbol{B},\boldsymbol{C})$ 的实现。

例 3－34 已知传递函数矩阵 $\boldsymbol{G}(s)$ 为

$$\boldsymbol{G}(s)=\begin{bmatrix}\dfrac{s+2}{s+1} & \dfrac{1}{s+3}\\ \dfrac{s}{s+1} & \dfrac{s+1}{s+2}\end{bmatrix}$$

试求矩阵 $\boldsymbol{D}$ 及 $\boldsymbol{C}(s\boldsymbol{I}-\boldsymbol{A})^{-1}\boldsymbol{B}$。

解：由式(3.7－3)可得

$$\boldsymbol{D}=\lim_{s\to\infty}\boldsymbol{G}(s)=\begin{bmatrix}1 & 0\\ 1 & 1\end{bmatrix}$$

再由(3.7－4)得

$$\boldsymbol{C}(s\boldsymbol{I}-\boldsymbol{A})^{-1}\boldsymbol{B}=\boldsymbol{G}(s)-\boldsymbol{D}=\begin{bmatrix}\dfrac{s+2}{s+1} & \dfrac{1}{s+3}\\ \dfrac{s}{s+1} & \dfrac{s+1}{s+2}\end{bmatrix}-\begin{bmatrix}1 & 0\\ 1 & 1\end{bmatrix}=\begin{bmatrix}\dfrac{1}{s+1} & \dfrac{1}{s+3}\\ -\dfrac{1}{s+1} & -\dfrac{1}{s+2}\end{bmatrix}$$

另外，从实现问题的定义可以看出，对应于某一传递函数矩阵的实现不是唯一的，即实现的非唯一性。对于这一点有下面两层意思：首先，由于传递函数矩阵只能反映系统中可控且可观测的子系统的动力学行为，因此，对于某一个传递函数矩阵有任意维数的状态空间表达式与之对应；其次，由于状态变量选择的非唯一性，选择不同的状态变量时，其状态空间表达式也随之而不同。

给定传递函数矩阵 $\boldsymbol{G}(s)$ 可以找到各种各样结构的实现。比如，如果找到的实现 Σ 中，矩阵对 $(\boldsymbol{A},\boldsymbol{B})$ 是完全可控的，则称为可控性实现；如果矩阵对 $(\boldsymbol{A},\boldsymbol{C})$ 是完全可观测的，则称为可观测性实现；若矩阵为约当标准形就称为约当形实现，又称为并联形实现；等等。在各种各样的实现中，通常我们最感兴趣的实现是矩阵 $\boldsymbol{A}$ 的阶次最低的实现，称之为最小实现。显然，最小实现的结构最简单，按最小实现模拟 $\boldsymbol{G}(s)$ 是最方便、最经济的。

2. 标量传递函数的可控标准形实现和可观测标准形实现

既然传递函数矩阵所反映的是系统中既可控又可观测的子系统的动力学行为，因此，我们既可以用可控标准形作为传递函数矩阵的实现，也可以用可观测标准形作为该传递函数矩阵的实现。

已知标量传递函数

$$G(s)=\frac{\beta_{n-1}s^{n-1}+\beta_{n-2}s^{n-2}+\cdots+\beta_1 s+\beta_0}{s^n+\alpha_{n-1}s^{n-1}+\cdots+\alpha_1 s+\alpha_0} \tag{3.7-5}$$

可以直接写出单输入单输出系统的可控标准形和可观测标准形为

$$\left.\begin{array}{l}
\boldsymbol{A}_C=\begin{bmatrix}0&1&0&0&\cdots&0&0\\0&0&1&0&\cdots&0&0\\0&0&0&1&\cdots&0&0\\\vdots&\vdots&\vdots&\vdots&&\vdots&\vdots\\0&0&0&0&\cdots&0&1\\-\alpha_0&-\alpha_1&-\alpha_2&-\alpha_3&\cdots&-\alpha_{n-2}&-\alpha_{n-1}\end{bmatrix},\quad \boldsymbol{b}_C=\begin{bmatrix}0\\0\\0\\\vdots\\0\\1\end{bmatrix}\\
\boldsymbol{C}_C=\begin{bmatrix}\beta_0&\beta_1&\beta_2&\beta_3&\cdots&\beta_{n-2}&\beta_{n-1}\end{bmatrix}
\end{array}\right\}\tag{3.7-6}$$

$$\left.\begin{array}{l}
\boldsymbol{A}_O=\begin{bmatrix}0&0&0&\cdots&0&-\alpha_0\\1&0&0&\cdots&0&-\alpha_1\\0&1&0&\cdots&0&-\alpha_2\\0&0&1&&0&0\\\vdots&\vdots&\vdots&&\vdots&\vdots\\0&0&0&\cdots&1&-\alpha_{n-1}\end{bmatrix},\quad \boldsymbol{b}_O=\begin{bmatrix}\beta_0\\\beta_1\\\beta_2\\\beta_3\\\vdots\\\beta_{n-1}\end{bmatrix}\\
\boldsymbol{C}_O=\begin{bmatrix}0&0&0&\cdots&0&1\end{bmatrix}
\end{array}\right\}\tag{3.7-7}$$

所以，对于一个单输入单输出系统来说，一旦给出了系统的传递函数，便可直接写出其可控标准形实现和可观测标准形实现。当然还可以写出其对角线标准形实现和约当标准形实现，在第 1 章中已经讨论过，这里不再赘述。

例 3-35 设系统的传递函数为

$$G(s)=\frac{4s^2+17s+16}{s^3+7s^2+16s+12}$$

试写出系统的传递函数的可控标准形实现和可观测标准形实现。

解：利用式(3.7-6)和式(3.7-7)可直接得到可控标准形实现为

$$\begin{cases}\begin{bmatrix}\dot{x}_1\\\dot{x}_2\\\dot{x}_3\end{bmatrix}=\begin{bmatrix}0&1&0\\0&0&1\\-12&-16&-7\end{bmatrix}\begin{bmatrix}x_1\\x_2\\x_3\end{bmatrix}+\begin{bmatrix}0\\0\\1\end{bmatrix}u\\ y=\begin{bmatrix}16&17&4\end{bmatrix}\begin{bmatrix}x_1\\x_2\\x_3\end{bmatrix}\end{cases}$$

可观测标准形实现为

$$\begin{cases}\begin{bmatrix}\dot{x}_1\\\dot{x}_2\\\dot{x}_3\end{bmatrix}=\begin{bmatrix}0&0&-12\\1&0&-16\\0&1&-7\end{bmatrix}\begin{bmatrix}x_1\\x_2\\x_3\end{bmatrix}+\begin{bmatrix}16\\17\\4\end{bmatrix}u\\ y=\begin{bmatrix}0&0&1\end{bmatrix}\begin{bmatrix}x_1\\x_2\\x_3\end{bmatrix}\end{cases}$$

例 3-36 考虑图 3-18(a)所示的双容器液流系统,其中注水口的电机可以通过阀门来控制注水流量,并最终达到控制输出流速的目的。系统的结构图如图 3-18(b)所示,其输入-输出传递函数为

$$\frac{Q_O(s)}{I(s)}=G(s)=\frac{1}{s^3+10s^2+31s+30}$$

试写出系统的传递函数的可控标准形实现和可观测标准形实现。

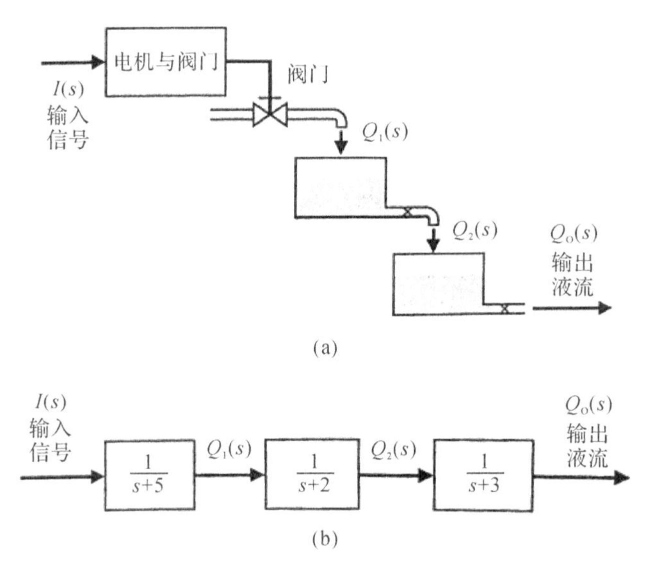

图 3-18 利用电机控制输出流速的双容器液流系统

解:利用式(3.7-6)和式(3.7-7)可直接得到可控标准形实现为

$$\begin{cases}\begin{bmatrix}\dot{x}_1\\ \dot{x}_2\\ \dot{x}_3\end{bmatrix}=\begin{bmatrix}0 & 1 & 0\\ 0 & 0 & 1\\ -30 & -31 & -10\end{bmatrix}\begin{bmatrix}x_1\\ x_2\\ x_3\end{bmatrix}+\begin{bmatrix}0\\ 0\\ 1\end{bmatrix}u\\ y=\begin{bmatrix}1 & 0 & 0\end{bmatrix}\begin{bmatrix}x_1\\ x_2\\ x_3\end{bmatrix}\end{cases}$$

可观测标准形实现为

$$\begin{cases}\begin{bmatrix}\dot{x}_1\\ \dot{x}_2\\ \dot{x}_3\end{bmatrix}=\begin{bmatrix}0 & 0 & -30\\ 1 & 0 & -31\\ 0 & 1 & -10\end{bmatrix}\begin{bmatrix}x_1\\ x_2\\ x_3\end{bmatrix}+\begin{bmatrix}1\\ 0\\ 0\end{bmatrix}u\\ y=\begin{bmatrix}0 & 0 & 1\end{bmatrix}\begin{bmatrix}x_1\\ x_2\\ x_3\end{bmatrix}\end{cases}$$

3. 多输入多输出系统的可控标准形实现和可观测标准形实现

上述单输入单输出系统的可控标准形实现和可观测标准形实现可以推广到多输入多输出系统。为此，必须把 $q \times p$ 维的传递函数阵写成与单输入单输出系统传递函数相类似的形式，即

$$\boldsymbol{G}(s) = \frac{\boldsymbol{\beta}_{n-1}s^{n-1} + \boldsymbol{\beta}_{n-2}s^{n-2} + \cdots + \boldsymbol{\beta}_1 s + \boldsymbol{\beta}_0}{s^n + \alpha_{n-1}s^{n-1} + \cdots + \alpha_1 s + \alpha_0} \tag{3.7-8}$$

式中，$\boldsymbol{\beta}_{n-1}, \boldsymbol{\beta}_{n-2}, \cdots, \boldsymbol{\beta}_1, \boldsymbol{\beta}_0$ 均为 $q \times p$ 维实常数矩阵，分母多项式为该传递函数阵的特征多项式。显然，$\boldsymbol{G}(s)$ 是一个严格真有理分式的矩阵，且当 $q = p = 1$ 时，$\boldsymbol{G}(s)$ 就是如式(3.7-5)所示的传递函数。

(1)可控标准形实现。对于式(3.7-8)形式的传递函数阵的可控标准形实现为

$$\left.\begin{aligned} \boldsymbol{A}_C &= \begin{bmatrix} \boldsymbol{O}_p & \boldsymbol{I}_p & \boldsymbol{O}_p & \cdots & \boldsymbol{O}_p \\ \boldsymbol{O}_p & \boldsymbol{O}_p & \boldsymbol{I}_p & \cdots & \boldsymbol{O}_p \\ \vdots & \vdots & \vdots & & \vdots \\ \boldsymbol{O}_p & \boldsymbol{O}_p & \boldsymbol{O}_p & \cdots & \boldsymbol{I}_p \\ -\alpha_0\boldsymbol{I}_p & -\alpha_1\boldsymbol{I}_p & -\alpha_2\boldsymbol{I}_p & \cdots & -\alpha_{n-1}\boldsymbol{I}_p \end{bmatrix}, \quad \boldsymbol{B} = \begin{bmatrix} \boldsymbol{O}_p \\ \boldsymbol{O}_p \\ \vdots \\ \boldsymbol{O}_p \\ \boldsymbol{I}_p \end{bmatrix} \\ \boldsymbol{C}_C &= [\boldsymbol{\beta}_0 \quad \boldsymbol{\beta}_1 \quad \boldsymbol{\beta}_2 \quad \cdots \quad \boldsymbol{\beta}_{n-1}] \end{aligned}\right\} \tag{3.7-9}$$

式中，$\boldsymbol{O}_p$ 和 $\boldsymbol{I}_p$ 分别表示为 $p \times p$ 维零矩阵和单位矩阵（p 为输入向量的维数）。必须注意，这个实现的维数是 $np \times np$ 维，其中 n 是式(3.7-8)分母多项式的阶数，当 $p = q = 1$ 时即可简化为如式(3.7-6)的形式。

(2)可观测标准形实现。其可观测标准形实现为

$$\left.\begin{aligned} \boldsymbol{A}_O &= \begin{bmatrix} \boldsymbol{O}_q & \boldsymbol{O}_q & \cdots & \boldsymbol{O}_q & -\alpha_0\boldsymbol{I}_q \\ \boldsymbol{I}_q & \boldsymbol{O}_q & \cdots & \boldsymbol{O}_q & -\alpha_1\boldsymbol{I}_q \\ \boldsymbol{O} & \boldsymbol{I}_q & \cdots & \boldsymbol{O}_q & -\alpha_2\boldsymbol{I}_q \\ \vdots & \vdots & & \vdots & \vdots \\ \boldsymbol{O}_q & \boldsymbol{O}_q & \cdots & \boldsymbol{I}_q & -\alpha_{n-1}\boldsymbol{I}_q \end{bmatrix}, \quad \boldsymbol{B}_O = \begin{bmatrix} \boldsymbol{\beta}_0 \\ \boldsymbol{\beta}_1 \\ \boldsymbol{\beta}_2 \\ \vdots \\ \boldsymbol{\beta}_{n-1} \end{bmatrix} \\ \boldsymbol{C}_O &= [\boldsymbol{O}_q \quad \boldsymbol{O}_q \quad \cdots \quad \boldsymbol{O}_q \quad \boldsymbol{O}_q] \end{aligned}\right\} \tag{3.7-10}$$

式中，$\boldsymbol{O}_q$ 和 $\boldsymbol{I}_q$ 分别表示 $q \times q$ 维零矩阵和单位矩阵（q 为输出向量的维数）。

从式(3.7-9)和式(3.7-10)可以看出，可控标准形实现的维数是 $np \times np$ 维，可观测标准形实现的维数是 $nq \times nq$ 维。显然，若 $q > p$，应采用可控标准形实现；若 $q < p$，应采用可观测标准形实现。最后还应指出，多输入多输出系统的可观测标准形并不是可控标准形简单的转置，这一点和单输入单输出系统不同，必须注意。

例 3-37 试求下述传递函数矩阵的可控标准形实现和可观测标准形实现：

$$\boldsymbol{G}(s) = \begin{bmatrix} \dfrac{s+2}{s+1} & \dfrac{1}{s+3} \\ \dfrac{s}{s+1} & \dfrac{s+1}{s+2} \end{bmatrix} \tag{3.7-11}$$

解：首先将 $\boldsymbol{G}(s)$ 化成严格真有理分式。由例 3-34 已经求得

$$\boldsymbol{G}(s)=\begin{bmatrix}\dfrac{1}{s+1} & \dfrac{1}{s+3}\\ -\dfrac{1}{s+1} & -\dfrac{1}{s+2}\end{bmatrix}+\begin{bmatrix}1 & 0\\ 1 & 1\end{bmatrix} \tag{3.7-12}$$

然后将 $\boldsymbol{C}(s\boldsymbol{I}-\boldsymbol{A})^{-1}\boldsymbol{B}$ 写成形如式(3.7-8)的按 s 降幂排列的标准格式：

$$\begin{bmatrix}\dfrac{1}{s+1} & \dfrac{1}{s+3}\\ -\dfrac{1}{s+1} & -\dfrac{1}{s+2}\end{bmatrix}=\begin{bmatrix}\dfrac{(s+2)(s+3)}{(s+1)(s+2)(s+3)} & \dfrac{(s+1)(s+2)}{(s+1)(s+2)(s+3)}\\ \dfrac{-(s+2)(s+3)}{(s+1)(s+2)(s+3)} & \dfrac{-(s+1)(s+3)}{(s+1)(s+2)(s+3)}\end{bmatrix}=$$

$$\frac{1}{s^3+6s^2+11s+6}\begin{bmatrix}s^2+5s+6 & s^2+3s+2\\ -(s^2+5s+6) & -(s^2+4s+3)\end{bmatrix}=$$

$$\frac{1}{s^3+6s^2+11s+6}\left(\begin{bmatrix}1 & 1\\ -1 & -1\end{bmatrix}s^2+\begin{bmatrix}5 & 3\\ -5 & -4\end{bmatrix}s+\begin{bmatrix}6 & 2\\ -6 & -3\end{bmatrix}\right) \tag{3.7-13}$$

对照式(3.7-8)，可知

$$\alpha_0=6,\quad \alpha_1=11,\quad \alpha_2=6$$

$$\boldsymbol{\beta}_0=\begin{bmatrix}6 & 2\\ -6 & -3\end{bmatrix},\quad \boldsymbol{\beta}_1=\begin{bmatrix}5 & 3\\ -5 & -4\end{bmatrix},\quad \boldsymbol{\beta}_2=\begin{bmatrix}1 & 1\\ -1 & -1\end{bmatrix}$$

将上列系数及矩阵代入式(3.7-9)便可得到可控标准形实现：

$$\left.\begin{aligned}
&\boldsymbol{A}_C=\begin{bmatrix}\boldsymbol{O}_2 & \boldsymbol{I}_2 & \boldsymbol{O}_2\\ \boldsymbol{O}_2 & \boldsymbol{O}_2 & \boldsymbol{I}_2\\ -\alpha_0\boldsymbol{I}_2 & -\alpha_1\boldsymbol{I}_2 & -\alpha_2\boldsymbol{I}_2\end{bmatrix}=\begin{bmatrix}0 & 0 & 1 & 0 & 0 & 0\\ 0 & 0 & 0 & 1 & 0 & 0\\ 0 & 0 & 0 & 0 & 1 & 0\\ 0 & 0 & 0 & 0 & 0 & 1\\ -6 & 0 & -11 & 0 & -6 & 0\\ 0 & -6 & 0 & -11 & 0 & -6\end{bmatrix}\\
&\boldsymbol{B}_C=\begin{bmatrix}\boldsymbol{O}_2\\ \boldsymbol{O}_2\\ \boldsymbol{I}_2\end{bmatrix}=\begin{bmatrix}0 & 0\\ 0 & 0\\ 0 & 0\\ 0 & 0\\ 1 & 0\\ 0 & 1\end{bmatrix},\quad \boldsymbol{C}_C=[\boldsymbol{\beta}_0\quad \boldsymbol{\beta}_1\quad \boldsymbol{\beta}_2]=\begin{bmatrix}6 & 2 & 5 & 3 & 1 & 1\\ -6 & -3 & -5 & -4 & -1 & -1\end{bmatrix}\\
&\boldsymbol{D}=\begin{bmatrix}1 & 0\\ 1 & 1\end{bmatrix}
\end{aligned}\right\} \tag{3.7-14}$$

与此类似，将 α_i 及 $\boldsymbol{\beta}_i(i=0,1,2)$ 代入式(3.7-10)可得可观测标准形实现：

$$\left.\begin{aligned}
&\boldsymbol{A}_O=\begin{bmatrix}\boldsymbol{O}_2 & \boldsymbol{O}_2 & -\alpha_0\boldsymbol{I}_2\\ \boldsymbol{I}_2 & \boldsymbol{O}_2 & -\alpha_1\boldsymbol{I}_2\\ \boldsymbol{O}_2 & \boldsymbol{I}_2 & -a_2\boldsymbol{I}_2\end{bmatrix}=\begin{bmatrix}0&0&0&0&-6&0\\0&0&0&0&0&-6\\1&0&0&0&-11&0\\0&1&0&0&0&-11\\0&0&1&0&-6&0\\0&0&0&1&0&-6\end{bmatrix}\\
&\boldsymbol{B}_O=\begin{bmatrix}\boldsymbol{\beta}_0\\ \boldsymbol{\beta}_1\\ \boldsymbol{\beta}_2\end{bmatrix}=\begin{bmatrix}6&2\\-6&-3\\5&3\\-5&-4\\1&1\\-1&-1\end{bmatrix},\quad \boldsymbol{C}_O=[\boldsymbol{O}_2\quad \boldsymbol{O}_2\quad \boldsymbol{I}_2]=\begin{bmatrix}0&0&0&0&1&0\\0&0&0&0&0&1\end{bmatrix}\\
&\boldsymbol{D}=\begin{bmatrix}1&0\\1&1\end{bmatrix}
\end{aligned}\right\}\tag{3.7-15}$$

所得结果也进一步表明：多变量系统的可控标准形实现和可观测标准形实现之间并不是一个简单的转置关系。

4. 最小实现

前已述及由于传递函数矩阵只能反映系统中可控且可观测子系统的动力学行为，因此对于一个可实现的传递函数阵来说，将有任意维数的状态空间表达式与之对应。这样，实现的主要问题是寻找一个所谓“好”的实现。从工程角度看，具有最小维数的一类实现将是最好的。如何寻求最小实现是本节讨论的主要内容。

(1)最小实现的定义。

定义 3.5　传递函数阵 $\boldsymbol{G}(s)$ 的一个实现为

$$\left.\begin{aligned}\dot{\boldsymbol{x}}(t)&=\boldsymbol{A}\boldsymbol{x}(t)+\boldsymbol{B}\boldsymbol{u}(t)\\ \boldsymbol{y}(t)&=\boldsymbol{C}\boldsymbol{x}(t)\end{aligned}\right\}\tag{3.7-16}$$

如 $\boldsymbol{G}(s)$ 不存在其他实现

$$\left.\begin{aligned}\dot{\bar{\boldsymbol{x}}}(t)&=\bar{\boldsymbol{A}}\bar{\boldsymbol{x}}(t)+\bar{\boldsymbol{B}}\boldsymbol{u}(t)\\ \boldsymbol{y}(t)&=\bar{\boldsymbol{C}}\boldsymbol{x}(t)\end{aligned}\right\}\tag{3.7-17}$$

使 $\bar{\boldsymbol{x}}(t)$ 的维数小于 $\boldsymbol{x}(t)$ 的维数，则称式(3.7－16)为最小实现。

注意：最小实现也是不唯一的，但不同的最小实现是代数等价的，即两个不同的最小实现之间是非奇异变换关系。

为了寻求传递函数矩阵的最小实现，我们仍然要从传递函数只能反映系统中可控且可观测子系统动力学行为这个基本性质出发。由于传递函数矩阵具有这个性质，这就意味着若把系统中不可控或不可观测的状态分量消去，不会影响系统的传递函数。也就是说，这些不可控或不可观测状态分量的存在将使系统成为不是最小实现。根据上述分析，将有如下判别最小实现的定理。

(2)寻求最小实现的步骤。

定理 3.28　传递函数阵 $\boldsymbol{G}(s)$ 的一个实现 Σ

$$\begin{cases}\dot{\boldsymbol{x}}(t) = \boldsymbol{A}\boldsymbol{x}(t) + \boldsymbol{B}\boldsymbol{u}(t) \\ \boldsymbol{y}(t) = \boldsymbol{C}\boldsymbol{x}(t)\end{cases}$$

为最小实现的充分必要条件是 $\Sigma(\boldsymbol{A},\boldsymbol{B},\boldsymbol{C})$ 既是可控的又是可观测的(证明略)。

根据这个定理可以方便地确定任何一个具有严格真分式的有理传递函数矩阵 $\boldsymbol{G}(s)$ 的最小实现。一般可以按照如下步骤来进行。

1)对给定传递函数矩阵 $\boldsymbol{G}(s)$ 先初选出一种实现 $\Sigma(\boldsymbol{A},\boldsymbol{B},\boldsymbol{C})$,通常最方便的是选取可控标准形实现或可观测标准形实现。显然,若输入的维数 p 大于输出维数 q,采用可观测标准形实现;若输入的维数 p 小于输出维数 q,采用可控标准形实现。

2)对上面初选的实现 $\Sigma(\boldsymbol{A},\boldsymbol{B},\boldsymbol{C})$,再找出其完全可控且完全可观测的部分 $(\overline{\boldsymbol{A}}_{11},\overline{\boldsymbol{B}}_1,\overline{\boldsymbol{C}}_1)$,于是这个可控且可观测部分就是 $\boldsymbol{G}(s)$ 的一个最小实现。

若 $\Sigma(\boldsymbol{A},\boldsymbol{B},\boldsymbol{C})$ 是可观测标准形实现,则引入线性非奇异变换阵 $\boldsymbol{R}_C$,使之按可控性进行结构分解:

$$\left.\begin{aligned}&\overline{\boldsymbol{A}} = \boldsymbol{R}_C^{-1}\boldsymbol{A}\boldsymbol{R}_C = \begin{bmatrix}\overline{\boldsymbol{A}}_{11} & \overline{\boldsymbol{A}}_{12} \\ \boldsymbol{O} & \overline{\boldsymbol{A}}_{22}\end{bmatrix},\quad \overline{\boldsymbol{B}} = \boldsymbol{R}_C^{-1}\boldsymbol{B} = \begin{bmatrix}\overline{\boldsymbol{B}}_1 \\ \boldsymbol{O}\end{bmatrix} \\ &\overline{\boldsymbol{C}} = \boldsymbol{C}\boldsymbol{R}_C = \begin{bmatrix}\overline{\boldsymbol{C}}_1 & \overline{\boldsymbol{C}}_2\end{bmatrix}\end{aligned}\right\} \tag{3.7-18}$$

式中,$\Sigma(\overline{\boldsymbol{A}}_{11},\overline{\boldsymbol{B}}_1,\overline{\boldsymbol{C}}_1)$ 是系统 $\Sigma(\boldsymbol{A},\boldsymbol{B},\boldsymbol{C})$ 中的可控且可观测的子系统,即 $\Sigma(\overline{\boldsymbol{A}}_{11},\overline{\boldsymbol{B}}_1,\overline{\boldsymbol{C}}_1)$ 为 $\boldsymbol{G}(s)$ 的最小实现。变换矩阵 $\boldsymbol{R}_C$ 按定理 3.25 中所述步骤构造。

若 $\Sigma(\boldsymbol{A},\boldsymbol{B},\boldsymbol{C})$ 为可控标准形实现,类似地可引入线性非奇异变换阵 $\boldsymbol{R}_O$,按可观测性进行结构分解:

$$\left.\begin{aligned}&\overline{\boldsymbol{A}} = \boldsymbol{R}_O^{-1}\boldsymbol{A}\boldsymbol{R}_O = \begin{bmatrix}\overline{\boldsymbol{A}}_{11} & \boldsymbol{O} \\ \overline{\boldsymbol{A}}_{21} & \overline{\boldsymbol{A}}_{22}\end{bmatrix},\quad \overline{\boldsymbol{B}} = \boldsymbol{R}_O^{-1}\boldsymbol{B} = \begin{bmatrix}\overline{\boldsymbol{B}}_1 \\ \overline{\boldsymbol{B}}_2\end{bmatrix} \\ &\overline{\boldsymbol{C}} = \boldsymbol{C}\boldsymbol{R}_O = \begin{bmatrix}\overline{\boldsymbol{C}}_1 & \boldsymbol{O}\end{bmatrix}\end{aligned}\right\} \tag{3.7-19}$$

式中,$\Sigma(\overline{\boldsymbol{A}}_{11},\overline{\boldsymbol{B}}_1,\overline{\boldsymbol{C}}_1)$ 是系统 $\Sigma(\boldsymbol{A},\boldsymbol{B},\boldsymbol{C})$ 中可控且可观测的子系统,即 $\Sigma(\overline{\boldsymbol{A}}_{11},\overline{\boldsymbol{B}}_1,\overline{\boldsymbol{C}}_1)$ 为最小实现。

不管通过哪种途径,所求得的最小实现必具有相同的维数。

例 3-38 试求下述传递函数阵的最小实现:

$$\boldsymbol{G}(s) = \begin{bmatrix}\dfrac{1}{(s+1)(s+2)} \\ \dfrac{1}{(s+2)(s+3)}\end{bmatrix} \tag{3.7-20}$$

解: $\boldsymbol{G}(s)$ 是严格真分式,直接将它写成形如式(3.7-8)按 s 降幂排列的标准格式,可得

$$\boldsymbol{G}(s) = \begin{bmatrix}\dfrac{(s+3)}{(s+1)(s+2)(s+3)} \\ \dfrac{(s+1)}{(s+1)(s+2)(s+3)}\end{bmatrix} = \frac{1}{(s+1)(s+2)(s+3)}\begin{bmatrix}s+3 \\ s+1\end{bmatrix} = \frac{\begin{bmatrix}1 \\ 1\end{bmatrix}s + \begin{bmatrix}3 \\ 1\end{bmatrix}}{s^3 + 6s^2 + 11s + 6} \tag{3.7-21}$$

对照式(3.7-8)可知

$$\alpha_0 = 6,\quad \alpha_1 = 11,\quad \alpha_2 = 6$$

$$\boldsymbol{\beta}_0 = \begin{bmatrix}3 \\ 1\end{bmatrix},\quad \boldsymbol{\beta}_1 = \begin{bmatrix}1 \\ 1\end{bmatrix},\quad \boldsymbol{\beta}_2 = \begin{bmatrix}0 \\ 0\end{bmatrix}$$

由于输入向量的维数 $p=1$,输出向量的维数 $q=2$,$p<q$,因此先采用可控标准形

实现：

$$\left.\begin{aligned}&\boldsymbol{A}_C=\begin{bmatrix}\boldsymbol{O}_p & \boldsymbol{I}_p & \boldsymbol{O}_p\\ \boldsymbol{O}_p & \boldsymbol{O}_p & \boldsymbol{I}_p\\ -\alpha_0\boldsymbol{I}_p & -\alpha_1\boldsymbol{I}_p & -\alpha_2\boldsymbol{I}_p\end{bmatrix}=\begin{bmatrix}0 & 1 & 0\\ 0 & 0 & 1\\ -6 & -11 & -6\end{bmatrix},\quad \boldsymbol{B}_C=\begin{bmatrix}\boldsymbol{O}_p\\ \boldsymbol{O}_p\\ \boldsymbol{I}_p\end{bmatrix}=\begin{bmatrix}0\\0\\1\end{bmatrix}\\ &\boldsymbol{C}_C=[\boldsymbol{\beta}_0\quad \boldsymbol{\beta}_1\quad \boldsymbol{\beta}_2]=\begin{bmatrix}3 & 1 & 0\\ 1 & 1 & 0\end{bmatrix}\end{aligned}\right\} \tag{3.7-22}$$

检验所求可控实现 $\Sigma(\boldsymbol{A}_C,\boldsymbol{B}_C,\boldsymbol{C}_C)$ 是否可观测：

$$\boldsymbol{Q}_O=\begin{bmatrix}\boldsymbol{C}_C\\ \boldsymbol{C}_C\boldsymbol{A}_C\\ \boldsymbol{C}_C\boldsymbol{A}_C^2\end{bmatrix}=\begin{bmatrix}3 & 1 & 0\\ 1 & 1 & 0\\ 0 & 3 & 1\\ 0 & 1 & 1\\ -6 & -11 & -3\\ -6 & -11 & -5\end{bmatrix}$$

$$\operatorname{rank}\boldsymbol{Q}_O=3=n$$

因此，$\Sigma(\boldsymbol{A}_C,\boldsymbol{B}_C,\boldsymbol{C}_C)$ 是可控且可观测的，为最小实现。

例 3-39　求下述传递函数矩阵的最小实现：

$$\boldsymbol{G}(s)=\begin{bmatrix}\dfrac{1}{s+1} & \dfrac{1}{s+1}\\ \dfrac{s-2}{s+1} & -\dfrac{1}{s+1}\end{bmatrix} \tag{3.7-23}$$

解：将 $\boldsymbol{G}(s)$ 写成形如式(3.7-8)的标准格式，则有

$$\boldsymbol{G}(s)=\begin{bmatrix}\dfrac{1}{s+1} & \dfrac{1}{s+1}\\ \dfrac{-3}{s+1} & -\dfrac{1}{s+1}\end{bmatrix}+\begin{bmatrix}0 & 0\\ 1 & 0\end{bmatrix}=\frac{1}{s+1}\begin{bmatrix}1 & 1\\ -3 & -1\end{bmatrix}+\begin{bmatrix}0 & 0\\ 1 & 0\end{bmatrix} \tag{3.7-24}$$

即

$$\boldsymbol{D}=\begin{bmatrix}0 & 0\\ 1 & 0\end{bmatrix},\quad \boldsymbol{\beta}_0=\begin{bmatrix}1 & 1\\ -3 & -1\end{bmatrix}$$

先采用可控标准形实现：

$$\boldsymbol{A}=\begin{bmatrix}-1 & 0\\ 0 & -1\end{bmatrix},\quad \boldsymbol{B}=\begin{bmatrix}1 & 0\\ 0 & 1\end{bmatrix}$$

$$\boldsymbol{C}=\begin{bmatrix}1 & 1\\ -3 & -1\end{bmatrix},\quad \boldsymbol{D}=\begin{bmatrix}0 & 0\\ 1 & 0\end{bmatrix}$$

经检验，上述实现也是可观测的，故所求 $\Sigma(\boldsymbol{A},\boldsymbol{B},\boldsymbol{C},\boldsymbol{D})$ 为式(3.7-23)系统的最小实现。

例 3-40　试求下述传递函数阵的最小实现：

$$\boldsymbol{G}(s)=\begin{bmatrix}\dfrac{s+2}{s+1} & \dfrac{1}{s+3}\\ \dfrac{s}{s+1} & \dfrac{s+1}{s+2}\end{bmatrix} \tag{3.7-25}$$

解:第一步,将 $\boldsymbol{G}(s)$ 化成严格真分式有理函数并写出其可控标准形实现(由于 $q=p$,所以也可写成可观测标准形)。例 3－37 已经求出

$$\boldsymbol{A}=\begin{bmatrix}0&0&1&0&0&0\\0&0&0&1&0&0\\0&0&0&0&1&0\\0&0&0&0&0&1\\-6&0&-11&0&-6&0\\0&-6&0&-11&0&-6\end{bmatrix},\quad \boldsymbol{B}=\begin{bmatrix}0&0\\0&0\\0&0\\0&0\\1&0\\0&1\end{bmatrix}$$

$$\boldsymbol{C}=\begin{bmatrix}6&2&5&3&1&1\\-6&-3&-5&-4&-1&-1\end{bmatrix},\quad \boldsymbol{D}=\begin{bmatrix}1&0\\1&1\end{bmatrix}$$

第二步,判别该可控标准形实现的状态是否完全可观测:

$$\boldsymbol{Q}_{\mathrm{O}}=\begin{bmatrix}\boldsymbol{C}\\\boldsymbol{CA}\\\boldsymbol{CA}^2\\\boldsymbol{CA}^3\\\boldsymbol{CA}^4\\\boldsymbol{CA}^5\end{bmatrix}=\begin{bmatrix}6&2&5&3&1&1\\-6&-3&-5&-4&-1&-1\\-6&-6&-5&-9&-1&-3\\6&6&5&8&1&2\\6&18&5&27&1&9\\-6&-12&-5&-16&-1&-4\\-6&-54&-5&-81&-1&-27\\6&24&5&32&1&8\\6&162&5&243&1&81\\-6&-48&-5&-64&-1&-16\\-6&-486&-5&-729&-1&-243\\6&96&5&128&1&32\end{bmatrix}\tag{3.7－26}$$

因为

$$\mathrm{rank}\,\boldsymbol{Q}_{\mathrm{O}}=3$$

所以该可控标准形实现不是最小实现。为此,必须按可观测性进行结构分解。

第三步,根据式(3.6－20)构造变换矩阵 $\boldsymbol{R}_{\mathrm{O}}^{-1}$,将系统按可观测性进行分解。

取

$$\boldsymbol{R}_{\mathrm{O}}^{-1}=\left[\begin{array}{ccc:ccc}-6&2&5&3&1&1\\-6&-3&-5&-4&-1&-1\\-6&-6&-5&-9&-1&-3\\\hdashline 1&0&0&0&0&0\\0&1&0&0&0&0\\0&0&1&0&0&0\end{array}\right]\tag{3.7－27}$$

利用分块矩阵的求逆公式求得

$$
\boldsymbol{R}_O=\begin{bmatrix}0&0&0&1&0&0\\0&0&0&0&1&0\\0&0&0&0&0&1\\-1&-1&0&0&-1&0\\\frac{3}{2}&0&\frac{1}{2}&-6&0&-5\\\frac{5}{2}&3&-\frac{1}{2}&0&1&0\end{bmatrix}\tag{3.7-28}
$$

于是可得

$$
\overline{\boldsymbol{A}}=\boldsymbol{R}_O^{-1}\boldsymbol{A}\boldsymbol{R}_O=\left[\begin{array}{ccc:ccc}0&0&1&0&0&0\\-\frac{3}{2}&-2&-\frac{1}{2}&0&0&0\\-3&0&-4&0&0&0\\\hdashline 0&0&0&0&0&1\\-1&-1&0&0&-1&0\\\frac{3}{2}&0&\frac{1}{2}&-6&0&-5\end{array}\right]=\begin{bmatrix}\overline{\boldsymbol{A}}_{11}&\boldsymbol{O}\\\overline{\boldsymbol{A}}_{21}&\overline{\boldsymbol{A}}_{22}\end{bmatrix}\tag{3.7-29a}
$$

$$
\overline{\boldsymbol{B}}=\boldsymbol{R}_O^{-1}\boldsymbol{B}=\left[\begin{array}{cc}1&1\\-1&-1\\-1&-3\\\hdashline 0&0\\0&0\\0&0\end{array}\right]=\begin{bmatrix}\overline{\boldsymbol{B}}_1\\\boldsymbol{O}\end{bmatrix}\tag{3.7-29b}
$$

$$
\overline{\boldsymbol{C}}=\boldsymbol{C}\boldsymbol{R}_O=\left[\begin{array}{ccc:ccc}1&0&0&0&0&0\\0&1&0&0&0&0\end{array}\right]=\begin{bmatrix}\overline{\boldsymbol{C}}_1&\boldsymbol{O}\end{bmatrix}\tag{3.7-29c}
$$

经检验，$\Sigma(\overline{\boldsymbol{A}}_{11},\overline{\boldsymbol{B}}_1,\overline{\boldsymbol{C}}_1)$ 是可控且可观测的子系统，因此 $\boldsymbol{G}(s)$ 的最小实现为

$$
\overline{\boldsymbol{A}}_{11}=\begin{bmatrix}0&0&1\\-\frac{3}{2}&-2&-\frac{1}{2}\\-3&0&-4\end{bmatrix},\quad \overline{\boldsymbol{B}}_1=\begin{bmatrix}1&1\\-1&-1\\-1&-3\end{bmatrix}
$$

$$
\overline{\boldsymbol{C}}_1=\begin{bmatrix}1&0&0\\0&1&0\end{bmatrix},\quad \boldsymbol{D}=\begin{bmatrix}1&0\\1&1\end{bmatrix}
$$

若把上列 $\overline{\boldsymbol{A}}_{11},\overline{\boldsymbol{B}}_1,\overline{\boldsymbol{C}}_1,\boldsymbol{D}$ 代入式(3.7-2)则可对所得结果进行验算：

$$
\overline{\boldsymbol{C}}_1(s\boldsymbol{I}-\overline{\boldsymbol{A}}_{11})^{-1}\overline{\boldsymbol{B}}_1+\boldsymbol{D}=\begin{bmatrix}1&0&0\\0&1&0\end{bmatrix}\begin{bmatrix}s&0&-1\\\frac{3}{2}&s+2&\frac{1}{2}\\3&0&s+4\end{bmatrix}^{-1}\begin{bmatrix}1&1\\-1&-1\\-1&-3\end{bmatrix}+\begin{bmatrix}1&0\\1&1\end{bmatrix}=\begin{bmatrix}\frac{s+2}{s+1}&\frac{1}{s+3}\\\frac{s}{s+1}&\frac{s+1}{s+2}\end{bmatrix}
$$

由于 $p=q=2$，因此本题也可先写出可观测标准形实现 $\Sigma(\boldsymbol{A}_O,\boldsymbol{B}_O,\boldsymbol{C}_O)$：

$$A_O=\begin{bmatrix}0&0&0&0&-6&0\\0&0&0&0&0&-6\\1&0&0&0&-11&0\\0&1&0&0&0&-11\\0&0&1&0&-6&0\\0&0&0&1&0&-6\end{bmatrix},\quad B_O=\begin{bmatrix}6&2\\-6&-3\\5&3\\-5&-4\\1&1\\-1&-1\end{bmatrix}$$

$$C_O=\begin{bmatrix}0&0&0&0&1&0\\0&0&0&0&0&1\end{bmatrix}$$

通过判别可得出，该实现是不可控的，因此将 $\Sigma(A_O,B_O,C_O)$ 按可控性分解，根据式(3.6-7)选择变换矩阵 R_C：

$$R_C=\begin{bmatrix}6&2&-6&1&0&0\\-6&-3&6&0&1&0\\5&3&-9&0&0&1\\-5&-4&8&0&0&0\\1&1&-3&0&0&0\\-1&-1&2&0&0&0\end{bmatrix}\tag{3.7-30}$$

并算得

$$R_C^{-1}=\begin{bmatrix}0&0&0&-1&0&4\\0&0&0&1&-2&-7\\0&0&0&0&-1&-1\\1&0&0&4&-2&-16\\0&1&0&-3&0&9\\0&0&1&2&-3&-8\end{bmatrix}\tag{3.7-31}$$

于是

$$\bar{A}=R_C^{-1}A_OR_C=\begin{bmatrix}\bar{A}_{11}&\bar{A}_{12}\\O&\bar{A}_{22}\end{bmatrix}=\left[\begin{array}{ccc|ccc}1&0&0&0&-1&0\\0&0&-6&0&1&-2\\0&1&-5&0&0&-1\\\hline 0&0&0&0&4&-2\\0&0&0&0&-3&0\\0&0&0&1&2&-3\end{array}\right]\tag{3.7-32a}$$

$$\bar{B}=R_C^{-1}B_O=\begin{bmatrix}\bar{B}_1\\\hline O\end{bmatrix}=\left[\begin{array}{cc}1&0\\0&1\\0&0\\\hline 0&0\\0&0\\0&0\end{array}\right]\tag{3.7-32b}$$

$$\bar{C}=C_OR_C=\begin{bmatrix}\bar{C}_1&O\end{bmatrix}=\left[\begin{array}{ccc|ccc}1&1&-3&0&0&0\\-1&-1&2&0&0&0\end{array}\right]\tag{3.7-32c}$$

$\Sigma(\boldsymbol{A}_{11},\overline{\boldsymbol{B}}_1,\overline{\boldsymbol{C}}_1)$ 是可控且可观测的子系统，故 $\boldsymbol{G}(s)$ 的最小实现为

$$\overline{\boldsymbol{A}}_{11}=\begin{bmatrix}1&0&0\\0&0&-6\\0&1&-5\end{bmatrix},\quad \overline{\boldsymbol{B}}_1=\begin{bmatrix}1&0\\0&1\\0&0\end{bmatrix}$$

$$\overline{\boldsymbol{C}}_1=\begin{bmatrix}1&1&-3\\-1&-1&2\end{bmatrix},\quad \boldsymbol{D}=\begin{bmatrix}1&0\\1&1\end{bmatrix}$$

通过以上计算，进一步说明传递函数矩阵的实现不是唯一的，最小实现也不是唯一的，只是最小实现的维数才是唯一的。但是可以证明，如果 $\Sigma(\boldsymbol{A},\boldsymbol{B},\boldsymbol{C})$ 和 $\Sigma(\overline{\boldsymbol{A}},\overline{\boldsymbol{B}},\overline{\boldsymbol{C}})$ 是同一传递函数矩阵 $\boldsymbol{G}(s)$ 的两个最小实现，那么它们之间必存在一状态变换 $\bar{\boldsymbol{x}}=\boldsymbol{P}^{-1}\boldsymbol{x}$，使得

$$\overline{\boldsymbol{A}}=\boldsymbol{P}^{-1}\boldsymbol{A}\boldsymbol{P},\quad \overline{\boldsymbol{B}}=\boldsymbol{P}^{-1}\boldsymbol{B},\quad \overline{\boldsymbol{C}}=\boldsymbol{C}\boldsymbol{P}$$

也就是说，同一传递函数矩阵的最小实现是代数等价的。读者可对上述两个最小实现检验这种等价关系。

最后应该指出，本节所介绍的寻求最小实现的方法虽然易于理解，但计算量可能是相当大的。还有不少其他的算法，读者可以参阅有关资料。

3.8　传递函数中零极点对消与状态可控性和可观测性之间的关系

由于传递函数矩阵只能反映系统中可控且可观测子系统的动力学行为，系统的可控且可观测性与其传递函数矩阵的最小实现是同义的。那么能否通过系统传递函数矩阵的特征来判别其状态的可控性和可观测性？可以证明，对于单输入系统、单输出系统或者单输入单输出系统，要使系统是可控且可观测的充分必要条件是其传递函数的分子、分母间没有零极点对消。可是对于多输入多输出系统来说，传递函数矩阵没有零极点对消，只是系统最小实现的充分条件。也就是说，即使出现零极点对消，这种系统仍然可能是可控且可观测的。鉴于这个原因，本节只讨论单输入单输出系统的传递函数中零极点对消与状态可控且可观测之间的关系。

为了讨论方便，我们先考虑下面一个例子。

例 3-41　设某线性系统的微分方程为

$$\frac{\mathrm{d}^2y}{\mathrm{d}t^2}+2\frac{\mathrm{d}y}{\mathrm{d}t}+y=\frac{\mathrm{d}u}{\mathrm{d}t}+u \tag{3.8-1}$$

试列写其状态空间表达式并判别其状态可控性和可观测性。

解：若状态变量定义为

$$\begin{cases}x_1=y\\x_2=\dot{y}-u\end{cases}$$

系统的状态空间表达式为

$$\begin{bmatrix}\dot{x}_1\\\dot{x}_2\end{bmatrix}=\begin{bmatrix}0&1\\-1&-2\end{bmatrix}\begin{bmatrix}x_1\\x_2\end{bmatrix}+\begin{bmatrix}1\\-1\end{bmatrix}u \tag{3.8-2}$$

$$y=\begin{bmatrix}1&0\end{bmatrix}\begin{bmatrix}x_1\\x_2\end{bmatrix} \tag{3.8-3}$$

于是系统可控性判别矩阵 $\boldsymbol{Q}_C$ 和可观测性判别矩阵 $\boldsymbol{Q}_O$ 分别为

$$\boldsymbol{Q}_C=[\boldsymbol{b}\quad \boldsymbol{A}\boldsymbol{b}]=\begin{bmatrix}1 & -1\\ -1 & 1\end{bmatrix} \tag{3.8-4}$$

$$\boldsymbol{Q}_O=\begin{bmatrix}\boldsymbol{c}\\ \boldsymbol{c}\boldsymbol{A}\end{bmatrix}=\begin{bmatrix}1 & 0\\ 0 & 1\end{bmatrix} \tag{3.8-5}$$

显然，在这种状态变量选择下，系统是状态不可控但是可观测的。

若选择另一组状态变量，例如按直接分解，其状态空间表达式为

$$\begin{bmatrix}\dot{\bar{x}}_1\\ \dot{\bar{x}}_2\end{bmatrix}=\begin{bmatrix}0 & 1\\ -1 & -2\end{bmatrix}\begin{bmatrix}\bar{x}_1\\ \bar{x}_2\end{bmatrix}+\begin{bmatrix}0\\ 1\end{bmatrix}u \tag{3.8-6}$$

$$y=[1\quad 1]\begin{bmatrix}\bar{x}_1\\ \bar{x}_2\end{bmatrix} \tag{3.8-7}$$

在这组状态变量下，其可控性判别矩阵 $\boldsymbol{Q}_C$ 和可观测性判别矩阵 $\boldsymbol{Q}_O$ 分别为

$$\boldsymbol{Q}_C=[\bar{\boldsymbol{b}}\quad \bar{\boldsymbol{A}}\,\bar{\boldsymbol{b}}]=\begin{bmatrix}0 & 1\\ 1 & -2\end{bmatrix} \tag{3.8-8}$$

$$\boldsymbol{Q}_O=\begin{bmatrix}\bar{\boldsymbol{c}}\\ \bar{\boldsymbol{c}}\,\bar{\boldsymbol{A}}\end{bmatrix}=\begin{bmatrix}1 & 1\\ -1 & -1\end{bmatrix} \tag{3.8-9}$$

显然，在这组状态变量下，系统是状态可控但不可观测。

倘若我们写出这个系统的传递函数，便会发现该系统的传递函数具有零极点对消现象：

$$\boldsymbol{G}(s)=\boldsymbol{c}(s\boldsymbol{I}-\boldsymbol{A})^{-1}\boldsymbol{b}=\bar{\boldsymbol{c}}(s\boldsymbol{I}-\bar{\boldsymbol{A}})^{-1}\bar{\boldsymbol{b}}=\frac{s+1}{s^2+2s+1}=\frac{(s+1)}{(s+1)^2}=\frac{1}{s+1} \tag{3.8-10}$$

通过这个例子使可看出，系统的可控性和可观测性与其传递函数中是否存在零极点对消现象具有一定的联系。对于这个问题有如下定理。

定理 3.29 对于一个单输入单输出系统 $\Sigma(\boldsymbol{A},\boldsymbol{b},\boldsymbol{c})$：

$$\left.\begin{aligned}\dot{\boldsymbol{x}}(t)&=\boldsymbol{A}\boldsymbol{x}(t)+\boldsymbol{b}u(t)\\ y(t)&=\boldsymbol{c}\boldsymbol{x}(t)\end{aligned}\right\} \tag{3.8-11}$$

欲使该系统是可控且可观测的充分必要条件是其传递函数

$$\boldsymbol{G}(s)=\boldsymbol{c}\,(s\boldsymbol{I}-\boldsymbol{A})^{-1}\boldsymbol{b} \tag{3.8-12}$$

的分子分母间没有零极点对消。

证明：(1)先证必要性。如果 $\Sigma(\boldsymbol{A},\boldsymbol{b},\boldsymbol{c})$ 不是 $\boldsymbol{G}(s)$ 的最小实现，则必存在另一系统 $\Sigma(\bar{\boldsymbol{A}},\bar{\boldsymbol{b}},\bar{\boldsymbol{c}})$

$$\left.\begin{aligned}\dot{\bar{\boldsymbol{x}}}(t)&=\bar{\boldsymbol{A}}\,\bar{\boldsymbol{x}}(t)+\bar{\boldsymbol{b}}u(t)\\ y(t)&=\bar{\boldsymbol{c}}\bar{\boldsymbol{x}}(t)\end{aligned}\right\} \tag{3.8-13}$$

有更少的维数，使得

$$\bar{\boldsymbol{c}}\,(s\boldsymbol{I}-\bar{\boldsymbol{A}})^{-1}\bar{\boldsymbol{b}}=\boldsymbol{c}\,(s\boldsymbol{I}-\boldsymbol{A})^{-1}\boldsymbol{b}=\boldsymbol{G}(s) \tag{3.8-14}$$

由于 $\bar{\boldsymbol{A}}$ 的阶次比 $\boldsymbol{A}$ 低，于是多项式 $\det(s\boldsymbol{I}-\bar{\boldsymbol{A}})$ 的阶次也一定比 $\det(s\boldsymbol{I}-\boldsymbol{A})$ 的阶次低。但是，欲使式(3.8-14)成立，必然是 $\boldsymbol{c}\,(s\boldsymbol{I}-\boldsymbol{A})^{-1}\boldsymbol{b}$ 的分子分母间出现零极点对消，于是假设不成

立。必要性得证。

(2)再证充分性。如果 $\boldsymbol{c}(s\boldsymbol{I}-\boldsymbol{A})^{-1}\boldsymbol{b}$ 的分子、分母不出现零极点对消，$\Sigma(\boldsymbol{A},\boldsymbol{b},\boldsymbol{c})$ 一定是可控且可观测的。

反设 $\boldsymbol{c}(s\boldsymbol{I}-\boldsymbol{A})^{-1}\boldsymbol{b}$ 的分子分母出现零极点对消，那么 $\boldsymbol{c}(s\boldsymbol{I}-\boldsymbol{A})^{-1}\boldsymbol{b}$ 将变为一个降阶的传递函数。根据这个降阶的没有零极点对消的传递函数，可以找到一个更小维数的实现。现假设 $\boldsymbol{c}(s\boldsymbol{I}-\boldsymbol{A})^{-1}\boldsymbol{b}$ 的分子、分母不出现零极点对消，于是，对应的 $\Sigma(\boldsymbol{A},\boldsymbol{b},\boldsymbol{c})$ 一定是最小实现，即 $\Sigma(\boldsymbol{A},\boldsymbol{b},\boldsymbol{c})$ 是可控且可观测的。充分性得证。

利用这个定理可以方便地根据传递函数的分子和分母是否出现零极点对消现象来判别相应的实现是否是可控且可观测的。由于式(3.8-1)系统的传递函数

$$G(s)=\frac{(s+1)}{(s+1)^2}$$

中出现零极点对消现象，因此，相应于该传递函数的实现不是可控且可观测的。不过，如果传递函数出现了零极点对消现象，单靠这个定理还不可确定系统是不可控的还是不可观测的。

下面，从对角线标准形进一步说明定理 3.29。

如果式(3.8-11)所描述的系统中矩阵 $\boldsymbol{A}$ 的特征值互不相同，则一定可利用线性非奇异变换，把矩阵 $\boldsymbol{A}$ 化为对角矩阵，即

$$\begin{cases}\dot{\bar{\boldsymbol{x}}}(t)=\overline{\boldsymbol{A}}\,\bar{\boldsymbol{x}}(t)+\bar{\boldsymbol{b}}u(t)\\ y(t)=\boldsymbol{c}\bar{\boldsymbol{x}}(t)\end{cases}$$

其中

$$\overline{\boldsymbol{A}}=\begin{bmatrix}\lambda_1 & & & \\ & \lambda_2 & & \\ & & \ddots & \\ & & & \lambda_n\end{bmatrix},\quad \bar{\boldsymbol{b}}=\begin{bmatrix}\gamma_1\\ \gamma_2\\ \vdots\\ \gamma_n\end{bmatrix}$$

$$\bar{\boldsymbol{c}}=\begin{bmatrix}f_1 & f_2 & \cdots & f_n\end{bmatrix}$$

状态方程可写为

$$\dot{\bar{x}}_i=\lambda_i\bar{x}_i+\gamma_i u$$

在初始条件为零的情况下，对上式进行拉氏变换，可得

$$\overline{X}_i(s)=\frac{\gamma_i}{s-\lambda_i}U(s)$$

对输出方程进行拉氏变换，可得

$$Y(s)=\bar{\boldsymbol{c}}\,\bar{\boldsymbol{x}}(s)=\sum_{i=1}^{n}f_i\overline{X}_i(s)=\sum_{i=1}^{n}\frac{f_i\gamma_i}{s-\lambda_i}U(s)$$

此式即为传递函数的部分分式，即

$$G(s)=\frac{Y(s)}{U(s)}=\sum_{i=1}^{n}\frac{f_i\gamma_i}{s-\lambda_i}$$

若传递函数存在零极点对消，传递函数的部分分式中应缺少相应项。如传递函数中对消的零、极点为 $s-\lambda_i$，则说明 $f_i\gamma_i=0$，若 $f_i\neq 0,\gamma_i=0$，则系统是不可控的；$f_i\gamma_i=0$，若 $f_i=0,\gamma_i\neq 0$，则系统是不可观测的；$f_i\gamma_i=0$，若 $f_i=0,\gamma_i=0$，则系统是既不可控也不可

观测的。若传递函数不存在零、极点对消，传递函数的部分分式中，应有 $f_i\gamma_i \neq 0(i=1,2,\cdots,n)$，则系统是既可控又可观测的。

例 3-42 设系统的传递函数如下：

$$G(s)=\frac{Y(s)}{U(s)}=\boldsymbol{c}(s\boldsymbol{I}-\boldsymbol{A})^{-1}\boldsymbol{b}=\frac{s+2.5}{(s+2.5)(s-1)}$$

试判断该系统的可控性和可观测性。

解：(1) $G(s)$ 的分子、分母有零极点对消现象，故系统是不完全可控或不完全可观的，或者是既不可控也不可观测的，这需要视状态变量的选取而定。

(2)若实现为

$$\begin{cases}\dot{\boldsymbol{x}}(t)=\begin{bmatrix}1 & 0\\0 & -2.5\end{bmatrix}\boldsymbol{x}(t)+\begin{bmatrix}1\\1\end{bmatrix}u(t)\\ y(t)=\begin{bmatrix}1 & 0\end{bmatrix}\boldsymbol{x}(t)\end{cases}$$

该系统是可控但不可观测的。

(3)若实现为

$$\begin{cases}\dot{\boldsymbol{x}}(t)=\begin{bmatrix}1 & 0\\0 & -2.5\end{bmatrix}\boldsymbol{x}(t)+\begin{bmatrix}1\\0\end{bmatrix}u(t)\\ y(t)=\begin{bmatrix}1 & 1\end{bmatrix}\boldsymbol{x}(t)\end{cases}$$

该系统是不可控但可观测的。

(4)若实现为

$$\begin{cases}\dot{\boldsymbol{x}}(t)=\begin{bmatrix}1 & 0\\0 & -2.5\end{bmatrix}\boldsymbol{x}(t)+\begin{bmatrix}1\\0\end{bmatrix}u(t)\\ y(t)=\begin{bmatrix}1 & 0\end{bmatrix}\boldsymbol{x}(t)\end{cases}$$

该系统是不可控且不可观测的。

通过这个例子可看到，在经典控制理论中基于传递函数零极点对消原则的设计方法虽然简单直观，但是有可能破坏了系统的可控性。不可控部分的作用在某些特定的过渡过程中，会引起系统品质变坏，甚至使系统成为不稳定的。

3.9 MATLAB 在系统可控性与可观测性分析中的应用

系统的可控性和可观测性可以根据可控性判别矩阵和可观测性判别矩阵的秩来判别，在 MATLAB 中，可控性判别矩阵 $\boldsymbol{Q}_C$ 和可观测性判别矩阵 $\boldsymbol{Q}_O$ 可由控制系统工具箱中提供的函数自动产生，调用格式为

$$Q_C = \mathrm{ctrb}(A,B)$$

$$Q_O = \mathrm{obsv}(A,C)$$

然后直接调用 MATLAB 的函数计算矩阵的秩，即 rank($\boldsymbol{Q}_C$) 和 rank($\boldsymbol{Q}_O$)，就可以判断系统的可控性和可观测性。

例 3-43 用 MATLAB 求解例 3-30。

解：求解程序见 MATLAB 程序 3.9-1。

MATLAB程序3.9-1

```
clear all;
close all;
A=[1  2  -1;0  1  0;1  -4  3];
B=[0;0;1];
C=[1  -1  1];
Qc=ctrb(A,B)
rc=rank(Qc)
L=size(A);
if rc==L
    str='系统可控'
else
    str='系统不可控'
end
Rc=[0  -1  0;0  0  1;1  3  0]
Rc1=inv(Rc);
A1=Rc1*A*Rc
B1=Rc1*B
C1=C*Rc
```

运行结果如下：

```
Qc =
     0    -1    -4
     0     0     0
     1     3     8
rc =
     2
str =
    '系统不可控'
Rc =
     0    -1     0
     0     0     1
     1     3     0
A1 =
     0    -4     2
     1     4    -2
     0     0     1
B1 =
     1
     0
     0
```

```
C1 =

     1      2     -1
```

例 3-44 用 MATLAB 求解例 3-31。

解:求解程序见 MATLAB 程序 3.9-2。

MATLAB 程序 3.9-2

```
clear all;
close all;
A=[1  2  -1;0  1  0;1  -4  3];
B=[0;0;1];
C=[1  -1  1];
Qo=obsv(A,C)
ro=rank(Qo)
L=size(A);
if ro==L
    str='系统可观测'
else
    str='系统不可观测'
end
Ro1=[1  -1  1;2  -3  2;0  0  1]
Ro=inv(Ro1);
A1=Ro1*A*Ro
B1=Ro1*B
C1=C*Ro
```

运行结果如下:

```
Qo =

     1     -1      1
     2     -3      2
     4     -7      4

ro =

     2

str =
   '系统不可观测'
Ro1 =

     1     -1      1
     2     -3      2
     0      0      1

A1 =

     0      1      0
    -2      3      0
    -5      3      2
```

```
B1 =

     1
     2
     1

C1 =

     1     0     0
```

例 3-45　用 MATLAB 判断例 1-6 中一阶倒立摆系统的可控性和可观测性。

解:求解程序见 MATLAB 程序 3.9-3。

MATLAB 程序 3.9-3

```
clear all;
close all;
A=[0  1  0  0;20.601  0  0  0;0  0  0  1;-0.4905  0  0  0];
B=[0;-1;0;0.5];
C=[0  0  1  0];
D=[0];
Qc=ctrb(A,B)
rc=rank(Qc)
L=size(A);
if rc==L
    str='系统可控'
else
    str='系统不可控'
end
Qo=obsv(A,C)
ro=rank(Qo)
if ro==L
    str='系统可观测'
else
    str='系统不可观测'
end
```

运行结果如下:

```
Qc =

          0    -1.0000          0   -20.6010
    -1.0000          0   -20.6010          0
          0     0.5000          0     0.4905
     0.5000          0     0.4905          0

rc =

     4

str =

    '系统可控'
```

```
Qo =

         0          0     1.0000          0
         0          0          0     1.0000
   -0.4905          0          0          0
         0    -0.4905          0          0

ro =

     4

str =

    '系统可观测'
```

例 3-46 用 MATLAB 求例 1-6 中一阶倒立摆系统的第一可控标准形(其对偶系统为第一可观测标准形,因此,这里只求系统的第一可控标准形)。

解:求解程序见 MATLAB 程序 3.9-4。

MATLAB 程序 3.9-4

```
clear all;
close all;
A=[0  1  0  0;20.601  0  0  0;0  0  0  1;-0.4905  0  0  0];
B=[0;-1;0;0.5];
C=[0  0  1  0];
D=[0];
sys=ss(A,B,C,D);
[Gtt,P]=canon(sys,'companion')
```

运行结果如下:

```
A =

            x1          x2          x3          x4
   x1        0           0           0  -4.797e-15
   x2        1           0           0           0
   x3        0           1           0        20.6
   x4        0           0           1           0

B =

            u1
   x1        1
   x2        0
   x3        0
   x4        0

C =

            x1          x2          x3          x4
   y1        0         0.5           0      0.4905
```

```
D =

                  u1
     y1            0


P =

         0         0.0500              0         2.1000
    0.0500              0         2.1000              0
         0        -0.0510              0        -0.1019
   -0.0510              0        -0.1019              0
```

例 3-47 用 MATLAB 求例 1-6 中一阶倒立摆系统的第二可控标准形(其对偶系统为第二可观测标准形,因此,这里只求系统的第二可控标准形)。

求解程序见 MATLAB 程序 3.9-5。

MATLAB 程序 3.9-5

```
clear all;
close all;
A=[0  1  0  0;20.601  0  0  0;0  0  0  1;-0.4905  0  0  0];
B=[0;-1;0;0.5];
C=[0  0  1  0];
D=[0];
Qc=ctrb(A,B);
sys=ss(A,B,C,D);
Cm=[0  0  0  1]*inv(Qc);
Cm2=inv([Cm;Cm*A;Cm*A^2;Cm*A^3]);
sysc=ss2ss(sys,inv(Cm2))
```

运行结果如下:

```
sysc =
A =

                  x1          x2          x3          x4
     x1            0           1           0   4.378e-18
     x2            0           0           1           0
     x3            0           0           0           1
     x4            0           0        20.6           0


B =

                  u1
     x1            0
     x2   -6.939e-18
     x3            0
     x4            1
```

```
C =

              x1          x2          x3          x4
   y1      -9.81           0         0.5           0


D =

              u1
   y1          0
```

例 3-48 考虑图 3-19 所示的卫星，它位于地球上方 250 nmi[①] 的赤道圆轨道上。卫星在轨道平面中运动的归一化状态方程为

$$\dot{\boldsymbol{x}}(t)=\begin{bmatrix}0 & 1 & 0 & 0\\ 3\omega^2 & 0 & 0 & 2\omega\\ 0 & 0 & 0 & 1\\ 0 & -2\omega & 0 & 0\end{bmatrix}\boldsymbol{x}(t)+\begin{bmatrix}0\\1\\0\\0\end{bmatrix}\boldsymbol{u}_r(t)+\begin{bmatrix}0\\0\\0\\1\end{bmatrix}\boldsymbol{u}_t(t)$$

式中，状态向量 $\boldsymbol{x}(t)$ 表示偏离赤道圆轨道的归一化摄动，$\boldsymbol{u}_r(t)$ 表示从径向轨控发动机获得的径向输入，$\boldsymbol{u}_t(t)$ 表示从切向轨控发动机获得的切向输入，卫星在给定高度上的轨道角速度为 $\omega=0.0011$ rad/s（绕地球一圈约需 90 min）。在没有干扰的情况下，卫星将保持在标准赤道圆轨道上。但由于存在气动力等各种干扰信号，因此卫星可能会偏离标准轨道。试判断系统的可控性。

解：本例的目的是通过判断系统的可控性，为后续设计一个合适的控制器做好准备。设计的控制器用于驱动卫星轨控发动机动作，从而将实际轨道保持在标准轨道的附近。为简化分析过程，此处只独立地分别检验径向轨控发动机和切向轨控发动机的控制能力。

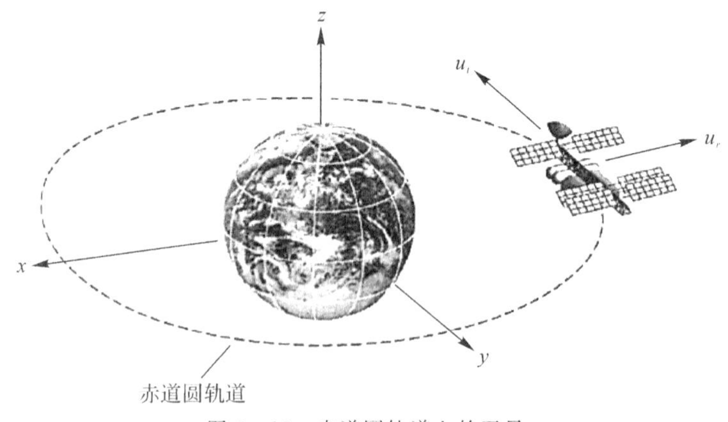

图 3-19 赤道圆轨道上的卫星

当切向轨控发动机关闭或失效，即 $u_t=0$ 时，只有径向轨控发动机投入工作。在这种情况下，卫星是否可控？此处编写一个脚本程序来验证此时卫星的可控性，见 MATLAB 程序 3.9-6。

① nmi：海里，长度单位。1 nmi≈1.852 km。

MATLAB 程序 3.9-6

```
clear all;
close all;
% This script computes the satellite controllability
% with a radial thruster only (i.e. failed tangential thruster)
w=0.0011;
A=[0  1  0  0;3*w^2  0  0  2*w;0  0  0  1;0  -2*w  0  0];
b1=[0;1;0;0];
Qc=ctrb(A,b1);
rc=rank(Qc)
n=det(Qc)
if abs(n) < eps
   disp('仅有径向轨控发动机投入工作时,卫星是不可控的!')
else
   disp('仅有径向轨控发动机投入工作时,卫星是可控的!')
end
```

运行结果如下:

```
rc =

     3
```

仅有径向轨控发动机投入工作时,卫星是不可控的!

运行结果表明,可控性判别矩阵的行列式为零(秩为 3,不满秩)。因此,当切向轨控发动机关闭或失效时,卫星不是完全可控的。

当径向轨控发动机关闭或失效,即 $u_r=0$ 时,只有切向轨控发动机投入工作。此时,卫星是否可控?为了研究这个问题,编写 MATLAB 程序 3.9-7。

MATLAB 程序 3.9-7

```
clear all;
close all;
% This script computes the satellite controllability
% with a tangential thruster only (i.e. failed radial thruster)
w=0.0011;
A=[0 1 0 0;3*w^2 0 0 2*w;0 0 0 1;0 -2*w 0 0];
b2=[0;0;0;1];
Qc=ctrb(A,b2)
rc=rank(Qc)
n=det(Qc)
if abs(n) < eps
disp('仅有切向轨控发动机投入工作时,卫星是不可控的!')
else
disp('仅有切向轨控发动机投入工作时,卫星是可控的!')
end
```

运行结果如下:0

```
Qc =

        0         0    0.0022         0
        0    0.0022         0   -0.0000
        0    1.0000         0   -0.0000
   1.0000         0   -0.0000         0


rc =
     4
n =
   -1.7569e-11
```

仅有切向轨控发动机投入工作时,卫星是可控的!

运行结果表明,可控性判别矩阵的行列式不为零。因此,当只有切向轨控发动机工作时,卫星是完全可控的 。

例 3-49 考虑图 3-20 所示的液流系统,采用电枢(电流 i_a)控制电机来调节注水阀门的大小。假定电机电感和电机摩擦可以忽略不计,电机常数为 $K_m = 10$,反电动势常数为 $K_b = 0.0706$,电机和阀门的转动惯量为 $J = 0.006\ \text{kg}\cdot\text{m}^2$,容器底面积为 50 m^2,液体的注入质量满足 $q_1 = 80\theta$,出水质量满足 $q_0 = 50h(t)$ 。再记 θ 为电机轴的转动角度(单位为 rad),$h(t)$ 为容器内的液面高度。在上述条件下,选定 $x_1 = h$,$x_2 = \theta$ 和 $x_3 = \mathrm{d}\theta/\mathrm{d}t$ 为状态变量,则该系统的状态空间模型为

$$\begin{cases} \dot{h} = \dot{x}_1 = \dfrac{1}{50}(80\theta - 50h) = -x_1 + \dfrac{8}{5}x_2 \\ \dot{\theta} = \dot{x}_2 = \omega = x_3 \\ \dot{\omega} = \dot{x}_3 = \dfrac{K_m}{J}i_a = -\dfrac{K_m K_b}{JR_a}\omega + \dfrac{K_m K_a}{JR_a}v_i = -\dfrac{353}{30}x_3 + \dfrac{25000}{3}v_i \end{cases}$$

$$\dot{\boldsymbol{x}} = \begin{bmatrix} -1 & \dfrac{8}{5} & 0 \\ 0 & 0 & 1 \\ 0 & 0 & -\dfrac{353}{30} \end{bmatrix}\boldsymbol{x} + \begin{bmatrix} 0 \\ 0 \\ \dfrac{25\ 000}{3} \end{bmatrix}v_i$$

试分析该系统是否可控?

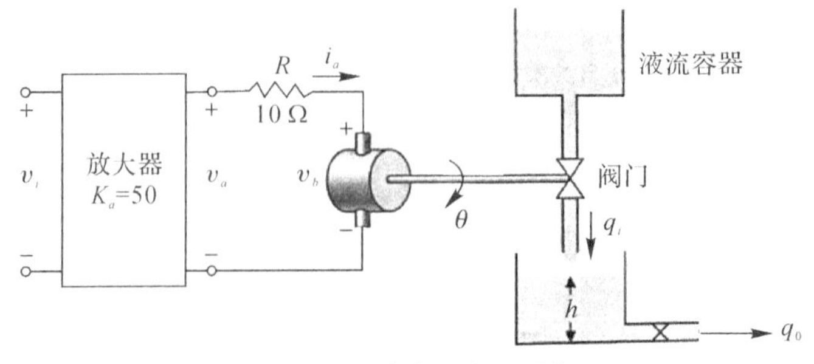

图 3-20 单容器液流系统

解：判断单容器液流系统的程序见 MATLAB 程序 3.9－8。

MATLAB 程序 3.9－8

```
clc
clear all
A=[-1  8/5  0;  0  0  1;  0  0  -353/30];
b=[0;0;25000/3];
Qc=ctrb(A,b)
rc=rank(Qc)
L=size(A);
if rc==L
   disp('系统是状态完全可控的!')
else
   disp('系统是状态不完全可控的!')
end
```

运行结果如下：

```
Qc =

   1.0e+06 *
          0           0      0.0133
          0      0.0083     -0.0981
     0.0083     -0.0981      1.1538


rc =

    3
系统是状态完全可控的!
```

这说明该系统是状态完全可控的，即可以通过状态反馈控制容器内的液面高度 h 、电机轴的转动角度 θ 和电动机的角速度 $\mathrm{d}\theta/\mathrm{d}t$ 来达到希望的值。

习　　题

3－1　判别下列系统的可控性和可观测性：

(1)
$$\begin{cases} \boldsymbol{A}=\begin{bmatrix} -1 & -2 & -2 \\ 0 & -1 & 1 \\ 1 & 0 & -1 \end{bmatrix}, \quad \boldsymbol{B}=\begin{bmatrix} 2 \\ 0 \\ 1 \end{bmatrix} \\ \boldsymbol{C}=\begin{bmatrix} 1 & 1 & 0 \end{bmatrix} \end{cases}$$

(2)
$$\begin{cases} \boldsymbol{A}=\begin{bmatrix} 2 & 0 & 0 \\ 0 & 2 & 0 \\ 0 & 3 & 1 \end{bmatrix}, \quad \boldsymbol{B}=\begin{bmatrix} 0 & 1 \\ 1 & 0 \\ 0 & 1 \end{bmatrix} \\ \boldsymbol{C}=\begin{bmatrix} 1 & 0 & 0 \\ 0 & 1 & 0 \end{bmatrix} \end{cases}$$

(3) $$\begin{cases} \boldsymbol{A}=\begin{bmatrix} -3 & 1 & 0 & 0 & 0 & 0 & 0 \\ 0 & -3 & 0 & 0 & 0 & 0 & 0 \\ 0 & 0 & -3 & 0 & 0 & 0 & 0 \\ 0 & 0 & 0 & -3 & 0 & 0 & 0 \\ 0 & 0 & 0 & 0 & -7 & 1 & 0 \\ 0 & 0 & 0 & 0 & 0 & -7 & 0 \\ 0 & 0 & 0 & 0 & 0 & 0 & -7 \end{bmatrix}, \quad \boldsymbol{B}=\begin{bmatrix} 0 & 0 & 0 \\ 2 & 1 & 1 \\ 0 & 1 & 1 \\ 3 & 0 & 1 \\ 1 & 2 & 1 \\ 1 & 0 & 1 \\ 1 & 0 & 0 \end{bmatrix} \\ \boldsymbol{C}=\begin{bmatrix} 0 & 0 & 1 & -3 & 1 & 1 & -1 \\ 1 & 0 & 0 & 2 & 0 & 0 & 0 \\ 1 & 0 & 1 & 1 & 0 & 1 & 0 \end{bmatrix} \end{cases}$$

3-2 已知系统矩阵为

$$\boldsymbol{A}=\begin{bmatrix} -4 & 1 & 0 & 0 & 0 & 0 & 0 \\ 0 & -4 & 1 & 0 & 0 & 0 & 0 \\ 0 & 0 & -4 & 0 & 0 & 0 & 0 \\ 0 & 0 & 0 & -4 & 0 & 0 & 0 \\ 0 & 0 & 0 & 0 & -7 & 1 & 0 \\ 0 & 0 & 0 & 0 & 0 & -7 & 0 \\ 0 & 0 & 0 & 0 & 0 & 0 & -7 \end{bmatrix}$$

(1)试求使系统状态完全可控且可观测的 $\boldsymbol{B}$、$\boldsymbol{C}$ 矩阵的最小维数,并说明理由;

(2)试设计矩阵 $\boldsymbol{B}$、$\boldsymbol{C}$ 使得该系统状态完全可控且可观测。

3-3 确定使下列系统为状态完全可控的待定常数 a,b:

$$\boldsymbol{A}=\begin{bmatrix} 0 & 1 \\ -1 & a \end{bmatrix}, \quad \boldsymbol{b}=\begin{bmatrix} 1 \\ b \end{bmatrix}$$

3-4 设系统传递函数为

$$G(s)=\frac{s+a}{s^3+7s^2+14s+8}$$

设状态完全可控,试求 a 。

3-5 确定使下列系统为状态完全可控且可观测时的待定常数 a、b:

$$\begin{cases} \boldsymbol{A}=\begin{bmatrix} a & 1 \\ 0 & b \end{bmatrix}, \quad \boldsymbol{b}=\begin{bmatrix} 1 \\ 1 \end{bmatrix} \\ \boldsymbol{C}=\begin{bmatrix} 1 & -1 \end{bmatrix} \end{cases}$$

3-6 已知可控系统的动态方程中的 $\boldsymbol{A}$、$\boldsymbol{b}$、$\boldsymbol{C}$ 为

$$\begin{cases} \boldsymbol{A}=\begin{bmatrix} 3 & 1 & 4 \\ 2 & 3 & 2 \\ 1 & 4 & 1 \end{bmatrix}, \quad \boldsymbol{b}=\begin{bmatrix} 1 \\ 1 \\ 1 \end{bmatrix} \\ \boldsymbol{C}=\begin{bmatrix} 1 & 0 & 0 \end{bmatrix} \end{cases}$$

试将其状态方程变换为第二可控标准形。

3-7　试将习题 3-6 所示系统化为第二可观测标准形。

3-8　试将下列系统按可控性进行结构分解：

(1)
$$\begin{cases}\boldsymbol{A}=\begin{bmatrix}1 & 0 & 0\\ 2 & 2 & 3\\ -2 & 0 & 1\end{bmatrix},\quad \boldsymbol{b}=\begin{bmatrix}0\\0\\1\end{bmatrix}\\ \boldsymbol{C}=\begin{bmatrix}1 & 0 & 1\end{bmatrix}\end{cases}$$

(2)
$$\begin{cases}\boldsymbol{A}=\begin{bmatrix}-2 & 2 & -1\\ 0 & -2 & 0\\ 1 & -4 & 0\end{bmatrix},\quad \boldsymbol{b}=\begin{bmatrix}0\\0\\1\end{bmatrix}\\ \boldsymbol{C}=\begin{bmatrix}1 & -1 & 1\end{bmatrix}\end{cases}$$

3-9　试将习题 3-8 系统按可观测性进行结构分解。

3-10　试将下列系统按可控性和可观测性进行结构分解：

(1)
$$\begin{cases}\boldsymbol{A}=\begin{bmatrix}0 & 0 & -1\\ 1 & 0 & -3\\ 0 & 1 & -3\end{bmatrix},\quad \boldsymbol{b}=\begin{bmatrix}1\\1\\0\end{bmatrix}\\ \boldsymbol{C}=\begin{bmatrix}0 & 1 & -2\end{bmatrix}\end{cases}$$

(2)
$$\begin{cases}\begin{bmatrix}x_1\\x_2\\x_3\\x_4\\x_5\\x_6\end{bmatrix}=\begin{bmatrix}-4 & 1 & & & & \\ 0 & -4 & & & & \\ & & 3 & 1 & & \\ & & 0 & 3 & & \\ & & & & -1 & 1\\ & & & & 0 & -1\end{bmatrix}\begin{bmatrix}x_1\\x_2\\x_3\\x_4\\x_5\\x_6\end{bmatrix}+\begin{bmatrix}1 & 3\\ 5 & 7\\ 4 & 3\\ 0 & 0\\ 1 & 6\\ 0 & 0\end{bmatrix}\begin{bmatrix}u_1\\u_2\end{bmatrix}\\ \begin{bmatrix}y_1\\y_2\end{bmatrix}=\begin{bmatrix}3 & 1 & 0 & 5 & 0 & 0\\ 1 & 4 & 0 & 2 & 0 & 0\end{bmatrix}\begin{bmatrix}x_1\\x_2\\x_3\\x_4\\x_5\\x_6\end{bmatrix}\end{cases}$$

3-11　已知系统的传递函数为

$$\boldsymbol{W}(s)=\frac{s^2+6s+8}{s^3+4s^2+3s+5}$$

试求其可控标准形实现、可观测标准形实现和最小实现。

3-12　如图 3-21(a)所示，1984 年 2 月 7 日，宇航员 Bruce McCandless Ⅱ 利用手持的喷气推进装置，完成了人类历史上的首次太空行走。宇航员机动控制系统的框图如图 3-21(b)所示，其中手持式喷气推进控制器可以用增益 K_2 表示，宇航员及自身装备的整体转动惯量为 25 kg · m^2。试求系统的可控标准形和可观测标准形实现。

(a)

宇航员

喷气推进装置

R(s) 预期位置

K_1

K_2

推力

$\frac{1}{Is}$

速度

$\frac{1}{s}$

航天员位置 (单位为m)

K_3

(b)

图 3-21　宇航员机动控制系统

(a)宇航员 Bruce McCandless Ⅱ 在太空中行走;(b)控制系统的框图

3-13　如图 3-22(a) 所示,卫星通常都装有定向控制系统,用于调整卫星方向。该控制系统的框图如图 3-22(b)所示。试求系统的可控标准形和可观测标准形实现。

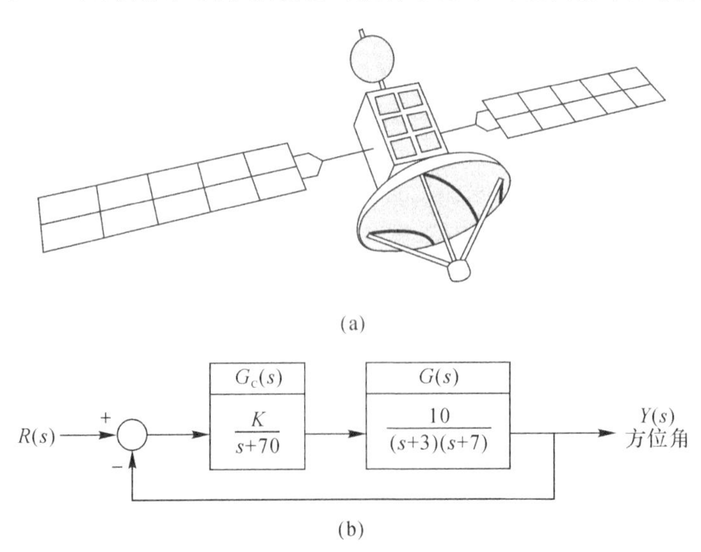

(b)

图 3-22　卫星定向控制系统

(a)卫星定向控制示意图;(b)卫星定向控制系统框图

3-14　求下列传递函数阵的最小实现。

(1)

$$G(s)=\begin{bmatrix}\dfrac{s+3}{s+1} & \dfrac{1}{s+1}\\ \dfrac{s}{s+1} & \dfrac{s+1}{s+1}\end{bmatrix}$$

(2)　$G(s)=\begin{bmatrix}\dfrac{s+3}{(s+1)(s+2)} & \dfrac{s+4}{s+1}\end{bmatrix}$

(3)

$$G(s)=\begin{bmatrix}\dfrac{s+3}{(s+1)(s+2)}\\ \dfrac{s+4}{s+1}\end{bmatrix}$$

3-15　用 MATLAB 求解习题 3-8 和习题 3-9。

第4章 控制系统的稳定性分析

稳定性是控制系统能够正常工作所必须满足的要求，它描述初始条件下，系统方程的解是否具有收敛性，而与输入作用无关，它和可控性、可观测性一样是系统的内在属性。1892年，俄国学者李雅普诺夫(Aleksandr Mikhailovich Lyapunov)发表题为"运动稳定性一般问题"的著名文章。在该文章中，李雅普诺夫在建立一系列稳定性概念的基础上，把由常微分方程组描述的动力学系统的稳定性分析方法归纳为本质上不同的两类方法：第一类方法是把非线性函数用近似级数来表示，然后通过这个近似微分方程的解分析系统的稳定性，该方法称为李雅普诺夫第一方法，也叫作间接法；第二类方法是利用能量的观点进行稳定性分析，也称为李雅普诺夫第二方法，由于该方法不用解方程，而是根据系统结构直接判断系统稳定性，所以又叫作直接法。李雅普诺夫方法适用于线性系统和非线性系统、定常系统和时变系统、连续时间系统和离散时间系统、单变量系统和多变量系统。

4.1 李雅普诺夫稳定性的定义

从经典控制理论可知，线性系统的稳定性和非线性系统的稳定性是大不一样的。一个线性系统是否稳定，和系统的初始条件以及外界扰动的大小都没有关系；非线性系统则不然。因此，在经典控制理论中没有给出稳定性的一般定义。李雅普诺夫稳定性直接法是一种普遍的方法，对于线性系统和非线性系统都适用。因此，李雅普诺夫给出了对任何系统都适用的关于稳定性的一般定义。

系统的稳定性都是相对于系统平衡状态而言的。对于线性定常系统，由于只存在唯一一个孤立平衡点，所以，只有线性定常系统才能笼统地提系统稳定性问题。对于其余系统，系统中不同平衡点有着不同稳定性，只能研究某一平衡状态的稳定性。因此，先给出平衡状态的定义。

一、平衡状态

设不受外部作用的系统(又称为自治系统)，其状态方程为

$$\dot{\boldsymbol{x}} = f(\boldsymbol{x},t) \tag{4.1-1}$$

其中，$\boldsymbol{x}$ 为 n 维状态向量，$\boldsymbol{x} = [x_1 \quad x_2 \quad \cdots \quad x_n]^{\mathrm{T}}$；$f(\boldsymbol{x},t)$ 为 n 维向量函数，$f(\boldsymbol{x},t) = [f_1(\boldsymbol{x},t) \quad f_2(\boldsymbol{x},t) \quad \cdots \quad f_n(\boldsymbol{x},t)]^{\mathrm{T}}$，可以为线性或非线性的、定常或时变的。

假定状态方程的解为 $\boldsymbol{x}(t;\boldsymbol{x}_0,t_0)$，式中，$\boldsymbol{x}_0$ 和 t_0 分别为初始状态和初始时刻。

定义 4.1 系统 $\dot{\boldsymbol{x}} = f(\boldsymbol{x},t)$ 的平衡状态是使 $\dot{\boldsymbol{x}} = \boldsymbol{0}$ 的那一类状态，并用 $\boldsymbol{x}_e$ 表示，即 $\dot{\boldsymbol{x}}_e = f(\boldsymbol{x}_e,t) = \boldsymbol{0}$ 的解。

从定义可知，平衡状态的各分量相对于时间不再发生变化。

线性定常系统 $\dot{\boldsymbol{x}} = \boldsymbol{A}\boldsymbol{x}$ 的平衡状态 $\boldsymbol{x}_e$ 满足 $\boldsymbol{A}\boldsymbol{x}_e = \boldsymbol{0}$：当 $\boldsymbol{A}$ 为非奇异矩阵时，系统有唯一的零解 $\boldsymbol{x}_e = \boldsymbol{0}$，即只存在一个位于状态空间坐标原点的平衡状态；当 $\boldsymbol{A}$ 为奇异矩阵时，系统存在无穷多个平衡状态。非线性系统 $\dot{\boldsymbol{x}} = f(\boldsymbol{x},t) = \boldsymbol{0}$，可能有一个也可能有多个平衡状态。例如：

设系统的状态方程为

$$\begin{cases}\dot{x}_1 = -3x_1 \\ \dot{x}_2 = x_1 + 4x_2 - x_2^3\end{cases}$$

其平衡状态满足：

$$\begin{cases}\dot{x}_1 = -3x_1 = 0 \\ \dot{x}_2 = x_1 + 4x_2 - x_2^3 = 0\end{cases}$$

即

$$\boldsymbol{x}_{e1} = \begin{bmatrix}0\\0\end{bmatrix},\quad \boldsymbol{x}_{e2} = \begin{bmatrix}0\\2\end{bmatrix},\quad \boldsymbol{x}_{e3} = \begin{bmatrix}0\\-2\end{bmatrix}$$

其中，$\boldsymbol{x}_{e1}$，$\boldsymbol{x}_{e2}$，$\boldsymbol{x}_{e3}$ 在状态空间中是孤立的，这样的平衡状态称为孤立平衡状态。对于孤立平衡状态，总可以经过适当的坐标变换，把它变换到状态空间的原点。为了便于分析，后面的定理及定义均假定：平衡状态取为状态空间的原点 $\boldsymbol{x}_e = \boldsymbol{0}$。

二、范数的概念

数学上，把状态向量 $\boldsymbol{x}$ 到原点的距离称为范数，用 $\|\boldsymbol{x}\|$ 表示。对于 n 维状态空间，有

$$\|\boldsymbol{x}\| = (\boldsymbol{x}^{\mathrm{T}}\boldsymbol{x})^{1/2} = \sqrt{\boldsymbol{x}_1^2 + \boldsymbol{x}_2^2 + \cdots + \boldsymbol{x}_n^2} \tag{4.1-2}$$

状态空间中向量 $\boldsymbol{x}$ 到 $\boldsymbol{x}_e$ 的距离用 $\|\boldsymbol{x} - \boldsymbol{x}_e\|$ 表示，即

$$\|\boldsymbol{x} - \boldsymbol{x}_e\| = \sqrt{(\boldsymbol{x}_1 - \boldsymbol{x}_{1e})^2 + (\boldsymbol{x}_2 - \boldsymbol{x}_{2e})^2 + \cdots + (\boldsymbol{x}_n - \boldsymbol{x}_{ne})^2} \tag{4.1-3}$$

于是从几何上看，$\|\boldsymbol{x}_0 - \boldsymbol{x}_e\| \leqslant \delta$ 表示状态空间中以 $\boldsymbol{x}_e$ 为球心，δ 为半径的一个球域，记为 $S(\delta)$；$\|\boldsymbol{x} - \boldsymbol{x}_e\| \leqslant \varepsilon$，表示状态空间中以 $\boldsymbol{x}_e$ 为球心，以 ε 为半径的一个球域，记为 $S(\varepsilon)$。

三、李雅普诺夫意义下的稳定性

当系统输入 $\boldsymbol{u}(t) = \boldsymbol{0}$ 时，由初始状态 $\boldsymbol{x}_0$ 所引起的状态的自由运动轨迹，可能出现下列情况：有界，无界，不但有界而且最终回到原来的平衡状态。李雅普诺夫把上述三种情况分别定义为稳定、不稳定和渐近稳定。下面分别给出其定义。

1. 李雅普诺夫意义下的稳定

定义 4.2　对于任意给定的每个实数 $\varepsilon > 0$，都对应存在另一实数 $\delta(\varepsilon, t_0) > 0$，使得一切满足不等式

$$\|\boldsymbol{x}_0 - \boldsymbol{x}_e\| \leqslant \delta(\varepsilon, t_0) \tag{4.1-4}$$

的任意初态 $\boldsymbol{x}_0$ 出发的系统响应 $\boldsymbol{x}(t; x_0, t_0)$，在所有时间内都满足：

$$\|\boldsymbol{x}(t; x_0, t_0) - \boldsymbol{x}_e\| \leqslant \varepsilon,\quad t \geqslant t_0 \tag{4.1-5}$$

则称系统平衡状态 $\boldsymbol{x}_e$ 在李雅普诺夫意义下是稳定的。

通常时变系统的 δ 与 t_0 有关，定常系统的 δ 与 t_0 无关。若 δ 与 t_0 选取无关，则称平衡状态 $\boldsymbol{x}_e$ 是一致稳定的。

对于定常系统，不管是线性系统还是非线性系统，连续时间系统还是离散时间系统，李雅普诺夫意义下的稳定和一致稳定必为等价。换句话说，若定常系统的平衡状态 $\boldsymbol{x}_e$ 为李雅普诺夫意义下稳定，则 $\boldsymbol{x}_e$ 必为李雅普诺夫意义下一致稳定；对于时变系统，一致稳定比稳定更有实际意义。一致稳定意味着若系统在一个初始时刻 t_0 均为李雅普诺夫意义下稳定，则系统在取自时间区间的所有初始时刻 t_0 均为李雅普诺夫意义下稳定。

这样，上述稳定性定义的几何含义就是：当给定以任意正数 ε 为半径的球域 $S(\varepsilon)$，总能找到一个相应的 $\delta>0$ 为半径的另一个球域 $S(\delta)$，当 t 无限增大时，从 $S(\delta)$ 球域内出发的状态轨迹总不越出 $S(\varepsilon)$ 球域内，这个平衡状态 $\boldsymbol{x}_e$ 就是李雅普诺夫意义下稳定的。以二维空间为例，上述几何解释如图 4-1(a)所示。

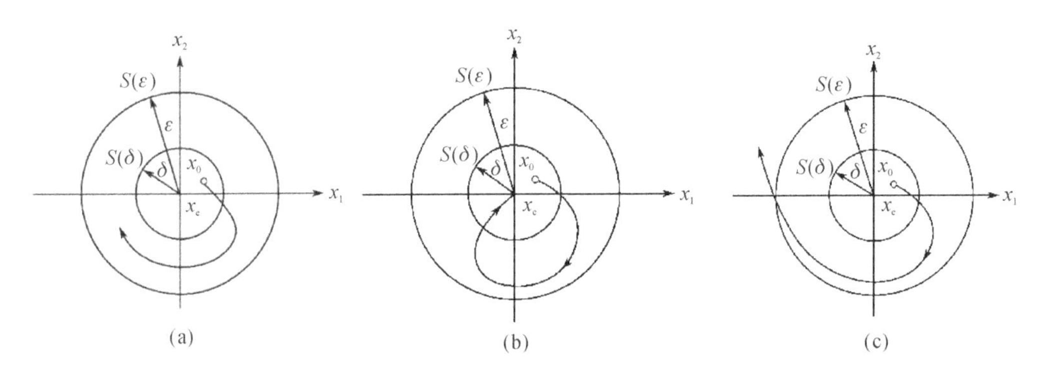

图 4-1　稳定性的平面几何解释

(a)李雅普诺夫意义下的稳定性；(b)渐近稳定；(c)不稳定

2. 渐近稳定

定义 4.3　若平衡状态 $\boldsymbol{x}_e$ 是李雅普诺夫意义下稳定的，并且当 t 趋于无穷大时，$x(t)$ 趋近于 $\boldsymbol{x}_e$，即

$$\lim_{t\to\infty}\|\boldsymbol{x}(t;\boldsymbol{x}_0,t_0)-x_e\|=0 \tag{4.1-6}$$

则平衡状态 $\boldsymbol{x}_e$ 为渐近稳定的。

二维空间渐近稳定的几何解释示意图如图 4-1(b)所示，图中从 $S(\delta)$ 出发的轨迹，当 t 无限增大时，不但不越出 $S(\varepsilon)$，而且收敛于 $\boldsymbol{x}_e$。

从工程意义上说，渐近稳定性比李雅普诺夫意义下稳定更重要。但渐近稳定是一个局部小范围的概念，只确定某个平衡状态的渐近稳定性，并不意味着整个系统能正常工作，还必须确定出渐近稳定的最大范围。因此，如何确定渐近稳定的最大范围，并尽可能扩大其范围是非常重要的。

3. 大范围渐近稳定

定义 4.4　如果平衡状态 $\boldsymbol{x}_e$ 是渐近稳定的，且其渐近稳定的最大范围是整个状态空间，则平衡状态 $\boldsymbol{x}_e$ 为大范围渐近稳定，又称为全局渐近稳定。

很明显，大范围渐近稳定的必要条件是整个状态空间只存在一个平衡状态。对于严格线性系统，由于线性系统的稳定性和初始条件的大小无关，因此，如果系统平衡状态是渐近稳定的，那么必定是大范围渐近稳定的。

在控制工程问题中，总是希望系统是大范围渐近稳定的，如果系统不是大范围渐近稳定的，那么涉及确定渐近稳定的最大范围的问题，但这常常是难以确定的。

4. 不稳定

定义 4.5　如果对于某一个实数 $\varepsilon > 0$，不论 δ 取值多么小，由 $S(\delta)$ 内出发的轨迹只要其中有一个轨迹越出 $S(\varepsilon)$，则称平衡状态 $\boldsymbol{x}_e$ 为不稳定。

二维空间中不稳定平衡状态的几何解释如图 4－1(c)所示。应该指出，不稳定平衡状态的轨迹虽然越出了 $S(\varepsilon)$，却并不意味着轨迹将趋于无穷远处，这是因为非线性系统的轨迹还可能趋于 $S(\varepsilon)$ 以外的某个极限环。对于线性系统，如果不是稳定的，那么在不稳定平衡状态出发的轨迹一定趋于无穷远。

从上面给出的定义可以看出，域 $S(\delta)$ 限制着初始状态，这反映了非线性系统的情况，而线性系统是没有这个限制的。如果 δ 任意大，系统都是渐近稳定的，就说这个系统是大范围渐近稳定的。换句话说，线性系统如果渐近稳定，一般均为大范围渐近稳定；非线性系统则不一定如此。此外，域 $S(\varepsilon)$ 表示了系统响应的边界。在经典控制理论中，只有渐近稳定的系统才会被称为稳定的，而把虽是李雅普诺夫意义下稳定，但并非渐近稳定的系统称为不稳定。其实在经典控制理论中，只有线性系统的稳定性才有明确的定义，而李雅普诺夫则概括了线性及非线性系统的一般情况。

4.2　李雅普诺夫第一方法

李雅普诺夫第一方法又称间接法，其基本思路是根据状态方程的解判别系统的稳定性。该方法适用于线性定常、线性时变及非线性系统可线性化的情况。对于线性定常系统只需求出特征值就可判别其稳定性；对于非线性系统，首先将系统的状态方程线性化，然后用线性化方程的特征值来判别系统的稳定性。

一、线性定常系统稳定性分析的特征值判据

定理 4.1　线性定常连续系统 $\dot{\boldsymbol{x}} = \boldsymbol{A}\boldsymbol{x}, \boldsymbol{x}(0) = \boldsymbol{x}_0, t \geqslant 0$，有

(1)系统的唯一平衡状态是渐近稳定的充分必要条件是：$\boldsymbol{A}$ 的所有特征值都具有负实部，即 $\mathrm{Re}(\lambda_i) < 0$。

(2)系统平衡状态是李雅普诺夫意义下稳定的充分必要条件：$\boldsymbol{A}$ 的实部为零的特征值对应的约当块为一阶约当块，其余特征值均具有负实部。

(3)系统平衡状态不稳定的充分必要条件：$\boldsymbol{A}$ 或者有正实部特征值，或者实部为零的特征值有非一阶约当块。

证明：假定 $\boldsymbol{A}$ 的特征值互异，经线性变换 $\bar{\boldsymbol{x}} = \boldsymbol{P}^{-1}\boldsymbol{x}$ 可使 $\boldsymbol{A}$ 对角化，则状态方程可表示为

$$\dot{\bar{\boldsymbol{x}}} = \boldsymbol{P}^{-1}\boldsymbol{A}\boldsymbol{P}\bar{\boldsymbol{x}} = \bar{\boldsymbol{A}}\bar{\boldsymbol{x}}$$

式中

$$\bar{\boldsymbol{A}} = \boldsymbol{P}^{-1}\boldsymbol{A}\boldsymbol{P} = \begin{bmatrix} \lambda_1 & & & \\ & \lambda_2 & & \\ & & \ddots & \\ & & & \lambda_n \end{bmatrix}$$

则有

$$e^{\bar{A}t}=\begin{bmatrix} e^{\lambda_1 t} & & & \\ & e^{\lambda_2 t} & & \\ & & \ddots & \\ & & & e^{\lambda_n t} \end{bmatrix}$$

变换后状态方程的解为

$$\bar{x}(t)=e^{\bar{A}t}\bar{x}(0)$$

则有

$$x(t)=e^{At}x(0)=Pe^{\bar{A}t}P^{-1}x(0) \tag{4.2-1}$$

展开式(4.2-1)，e^{At} 的每一元素都是 $e^{\lambda_1 t},e^{\lambda_2 t},\cdots,e^{\lambda_n t}$ 的线性组合，因此 $e^{\lambda_1 t},e^{\lambda_2 t},\cdots,e^{\lambda_n t}$ 可以写成矩阵多项式，对应矩阵记为 $R_1,R_2,\cdots,R_n$，则有

$$e^{At}=\sum_{i=1}^{n}R_i e^{\lambda_i t}$$

因此有

$$x(t)=\sum_{i=1}^{n}R_i e^{\lambda_i t}x(0)=(R_1 e^{\lambda_1 t}+R_2 e^{\lambda_2 t}+\cdots+R_n e^{\lambda_n t})x(0) \tag{4.2-2}$$

式(4.2-2)表示出了 $x(t)$ 与 λ_i 的关系。

如果 $\mathrm{Re}(\lambda_i)<0$，即所有特征值均具有负实部，式(4.2-2)中所有指数项随着 $t\to+\infty$ 而趋于零，且对任意 $x(0)$ 都成立。如果对某些 λ_i 有 $\mathrm{Re}(\lambda_i)>0$，只要 $x(0)\neq\mathbf{0}$，式(4.2-2)中的相应项将无限增大，此时系统不稳定。至于 A 有重根的情况，结论同上。

当系统有零特征值或纯虚根特征值，且该特征值对应的约当块为一阶约当块时，式(4.2-2)中含有常数项或包含 $\sin\omega t,\cos\omega t$ 的项，将使 $x(t)$ 不衰减至零，此时系统具有李雅普诺夫意义下的稳定性。

如果 $\mathrm{Re}(\lambda_i)>0$，或者实部为零的特征值有非一阶约当块，式(4.2-2)中将会含有正的指数函数 $e^{\lambda t}$，或 $t\sin\omega t,t\cos\omega t,t,t^2,t^3$ 等项，这将使 $x(t)$ 发散。当 $t\to+\infty$ 时，$x(t)\to+\infty$，此时系统是不稳定的。证毕。

以上研究的稳定性是系统平衡状态的稳定性，也称内部稳定性。现在考虑以输入输出关系表征的系统稳定性，该稳定性称为输入输出稳定性，也称为外部稳定性。

定义 4.6 假定初始条件为零，如果对任意一个有界输入 $u(t)$ 对应的输出 $y(t)$ 均有界，则称系统为有界输入-有界输出稳定，简称为 BIBO 稳定。

所谓有界，是指如果一个函数 $h(t)$，在时间区间 $[0,+\infty)$ 中，它的幅值不会增至无穷，即存在一个实常数 K，使得对于 $\forall t\in[t_0,+\infty)$ 的所有 t，恒有 $h(t)\leqslant K<+\infty$ 成立，则称 $h(t)$ 有界。

定理 4.2 初始条件为零的线性定常连续系统 $\Sigma(A,B,C)$，系统 BIBO 稳定的充分必要条件为：真或严真传递函数矩阵 $G(s)=C(sI-A)^{-1}B$ 的所有极点均具有负实部，即所有极点都在 S 平面的左半平面。

由定理 4.1 和定理 4.2 可知，渐近稳定性与输入输出稳定性之间存在如下关系：对于系统 $\Sigma(A,B,C)$，渐近稳定性由 A 的特征值确定，而输入输出稳定性由传递函数矩阵 $G(s)$ 的极点确定。由于矩阵 $G(s)$ 的所有极点都是 A 的特征值，故系统的渐近稳定性就包含着输入输出稳

定性。但是，对于 SISO 系统而言，当 $G(s)$ 的分子和分母存在公因子时，传递函数 $G(s)$ 的极点只是特征值的一部分。此时，如果系统是 BIBO 稳定的，系统不一定是渐近稳定的。当 $G(s)$ 的分子和分母存在公因子，即 $G(s)$ 存在零极点对消时，则系统是不可控或不可观测的。如果每个特征值都是 $G(s)$ 的极点，则 $\Sigma(\boldsymbol{A},\boldsymbol{b},\boldsymbol{c})$ 是 $G(s)$ 的一个最小实现，且系统 $\Sigma(\boldsymbol{A},\boldsymbol{b},\boldsymbol{c})$ 是可控且可观测的。

由上述分析可以得出下列结论：若系统 $\Sigma(\boldsymbol{A},\boldsymbol{B},\boldsymbol{C})$ 是渐近稳定的，则必为输入输出(BIBO)稳定的；若系统是输入输出(BIBO)稳定的，且又是可控且可观测的，则系统是渐近稳定的。

例 4-1　试分析下列系统的渐近稳定性及输入输出稳定性：

$$\begin{cases}\dot{\boldsymbol{x}}=\begin{bmatrix}0 & 1\\ 2 & -1\end{bmatrix}\boldsymbol{x}+\begin{bmatrix}0\\ 1\end{bmatrix}\boldsymbol{u}\\ \boldsymbol{y}=\begin{bmatrix}-1 & 1\end{bmatrix}\boldsymbol{x}\end{cases}$$

解：(1)$\boldsymbol{A}$ 矩阵的特征方程为

$$\det(\lambda\boldsymbol{I}-\boldsymbol{A})=\lambda(\lambda+1)-2=(\lambda-1)(\lambda+2)=0$$

矩阵 $\boldsymbol{A}$ 的特征值为 $\lambda_1=+1,\lambda_2=-2$。因为系统有 1 个正实根，故系统不是渐近稳定的。

(2)系统的传递函数为

$$G(s)=\boldsymbol{c}(s\boldsymbol{I}-\boldsymbol{A})^{-1}\boldsymbol{b}=\begin{bmatrix}-1 & 1\end{bmatrix}\begin{bmatrix}s & -1\\ -2 & s+1\end{bmatrix}^{-1}\begin{bmatrix}0\\ 1\end{bmatrix}=\frac{s-1}{(s-1)(s+2)}=\frac{1}{s+2}$$

由于传递函数的极点位于 S 左半平面，故系统是输入输出稳定的。这是因为具有正实部的特征值 $\lambda=+1$ 被对消掉，在零初始状态的输入输出特性中没有表现出来。

例 4-2　某系统的状态空间表达式为

$$\begin{cases}\dot{\boldsymbol{x}}=\begin{bmatrix}-1 & 0 & 0\\ 0 & 0 & 1\\ 0 & 1 & 0\end{bmatrix}\boldsymbol{x}+\begin{bmatrix}-2\\ 0\\ 1\end{bmatrix}\boldsymbol{u}\\ \boldsymbol{y}=\begin{bmatrix}0 & a & 1\end{bmatrix}\boldsymbol{x}\end{cases}$$

(1)判定系统是否为渐近稳定，说明理由；

(2)判定参数 a 取不同值时系统的 BIBO 稳定性。

解：(1)系统的特征方程为

$$\det(\lambda\boldsymbol{I}-\boldsymbol{A})=|\lambda\boldsymbol{I}-\boldsymbol{A}|=\begin{vmatrix}\lambda+1 & 0 & 0\\ 0 & \lambda & -1\\ 0 & -1 & \lambda\end{vmatrix}=(\lambda+1)^2(\lambda-1)=0$$

矩阵 $\boldsymbol{A}$ 的特征值为 $\lambda_1=1,\lambda_{2,3}=-1$。因为系统有 1 个正实根，故系统不是渐近稳定的。

(2)系统的传递函数为

$$G(s)=\boldsymbol{c}(s\boldsymbol{I}-\boldsymbol{A})^{-1}\boldsymbol{b}=\frac{(s+1)(s+a)}{(s-1)(s+1)^2}$$

欲使系统 BIBO 稳定，要求传递函数的极点全部位于 S 平面的左半平面。因此当 $a=-1$ 时，系统是 BIBO 稳定的；当 $a\neq-1$ 时，系统有 1 个右半平面的极点，则系统不是 BIBO 稳定的。

二、非线性系统稳定性分析

设系统零输入下的状态方程为 $\dot{\boldsymbol{x}} = f(\boldsymbol{x})$，$\boldsymbol{x}_e$ 是其平衡状态，$f(\boldsymbol{x})$ 是与 $\boldsymbol{x}$ 同维数的向量函数，它对于状态向量 $\boldsymbol{x}$ 是连续可微的。如欲讨论系统在平衡状态 $\boldsymbol{x}_e$ 的稳定性，必须将非线性向量函数 $f(\boldsymbol{x})$ 在平衡状态 $\boldsymbol{x}_e$ 附近展开成泰勒级数，即得

$$\dot{\boldsymbol{x}} - \dot{\boldsymbol{x}}_e = \left.\frac{\partial \boldsymbol{f}}{\partial \boldsymbol{x}^{\mathrm{T}}}\right|_{x=x_e} (\boldsymbol{x} - \boldsymbol{x}_e) + \boldsymbol{\alpha}(\boldsymbol{x}) \tag{4.2-3}$$

其中，$\boldsymbol{\alpha}(\boldsymbol{x})$ 是级数展开式中的高阶项，而

$$\frac{\partial \boldsymbol{f}}{\partial \boldsymbol{x}^{\mathrm{T}}} = \begin{bmatrix} \frac{\partial f_1}{\partial x_1} & \frac{\partial f_1}{\partial x_2} & \cdots & \frac{\partial f_1}{\partial x_n} \\ \frac{\partial f_2}{\partial x_1} & \frac{\partial f_2}{\partial x_2} & \cdots & \frac{\partial f_2}{\partial x_n} \\ \vdots & \vdots & & \vdots \\ \frac{\partial f_n}{\partial x_1} & \frac{\partial f_n}{\partial x_2} & \cdots & \frac{\partial f_n}{\partial x_n} \end{bmatrix} \tag{4.2-4}$$

称为雅可比矩阵。

引入偏差向量：

$$\Delta \boldsymbol{x} = \boldsymbol{x} - \boldsymbol{x}_e$$

则有

$$\Delta \dot{\boldsymbol{x}} = \dot{\boldsymbol{x}} - \dot{\boldsymbol{x}}_e$$

即可导出系统的线性化方程为

$$\Delta \dot{\boldsymbol{x}} = \boldsymbol{A} \Delta \boldsymbol{x} \tag{4.2-5}$$

记为

$$\dot{\boldsymbol{x}} = \boldsymbol{A}\boldsymbol{x} \tag{4.2-6}$$

式中

$$\boldsymbol{A} = \left.\frac{\partial \boldsymbol{f}}{\partial \boldsymbol{x}^{\mathrm{T}}}\right|_{x=x_e}$$

在一次近似的基础上，李雅普诺夫给出了如下结论：

(1) 如果式(4.2-6)的系数矩阵 $\boldsymbol{A}$ 的所有特征值都具有负实部，则原非线性系统 $\dot{\boldsymbol{x}} = \boldsymbol{f}(\boldsymbol{x})$ 的平衡状态 $\boldsymbol{x}_e$ 是稳定的，且系统的稳定性与高阶项无关。

(2) 如果式(4.2-6)的系数矩阵 $\boldsymbol{A}$ 的特征值中，只要有一个实部为正的特征值，那么原非线性系统的平衡状态 $\boldsymbol{x}_e$ 是不稳定的，且系统的稳定性与高阶项无关。

(3) 如果式(4.2-6)的系数矩阵 $\boldsymbol{A}$ 的特征值中，只要有一个特征值的实部为零，而其余特征值都具有负实部，那么原非线性系统 $\dot{\boldsymbol{x}} = \boldsymbol{f}(\boldsymbol{x})$ 平衡状态 $\boldsymbol{x}_e$ 的稳定性与高阶项 $\boldsymbol{\alpha}(\boldsymbol{x})$ 有关，不能由系数矩阵 $\boldsymbol{A}$ 的特征值性质判断原系统的稳定性。这种情况下，可考虑用李雅普诺夫第二方法判断系统稳定性。

例 4-3 非线性系统的状态方程为

$$\begin{cases} \dot{x}_1 = x_2 \\ \dot{x}_2 = -\sin x_1 - x_2 \end{cases}$$

试求系统的平衡状态，并对各平衡状态进行线性化，然后判断系统平衡状态的稳定性。

解:令

$$\begin{cases}\dot{x}_1 = x_2 = 0 \\ \dot{x}_2 = -\sin x_1 - x_2 = 0\end{cases}$$

得平衡状态为

$$\begin{cases}x_{2e} = 0 \\ \sin x_{1e} = 0, \text{即 } x_{1e} = k\pi \quad (k \in Z)\end{cases}$$

$$\boldsymbol{A} = \left.\frac{\partial f}{\partial \boldsymbol{x}^{\mathrm{T}}}\right|_{x=x_e} = \begin{bmatrix} 0 & 1 \\ -\cos x_1 & -1 \end{bmatrix}_{x=x_e} = \begin{bmatrix} 0 & 1 \\ -\cos x_{1e} & -1 \end{bmatrix} = \begin{bmatrix} 0 & 1 \\ -\cos k\pi & -1 \end{bmatrix}$$

对非线性方程进行线性化后得

$$\begin{cases}\dot{x}_1 = x_2 \\ \dot{x}_2 = -(\cos k\pi) x_1 - x_2\end{cases}$$

式中,x_{1e} 为 x_1 的平衡状态。

(1)当 k 为奇数时,有

$$\cos k\pi = -1$$

线性化后系统的状态方程为

$$\begin{cases}\dot{x}_1 = x_2 \\ \dot{x}_2 = x_1 - x_2\end{cases}$$

系统矩阵 $\boldsymbol{A}$ 为

$$\boldsymbol{A} = \begin{bmatrix} 0 & 1 \\ 1 & -1 \end{bmatrix}$$

其特征方程式为

$$|\lambda \boldsymbol{I} - \boldsymbol{A}| = \lambda^2 + \lambda - 1 = 0$$

可解得特征值为

$$\lambda_1 = -1.618, \quad \lambda_2 = 0.618$$

因此,系统在平衡状态

$$\begin{cases}x_{1e} = k\pi \quad (k \text{ 为奇数}) \\ x_{2e} = 0\end{cases}$$

是不稳定的。

(2)当 k 为偶数时,有

$$\cos k\pi = 1$$

线性化后系统的状态方程为

$$\begin{cases}\dot{x}_1 = x_2 \\ \dot{x}_2 = -x_1 - x_2\end{cases}$$

系统矩阵 $\boldsymbol{A}$ 为

$$\boldsymbol{A} = \begin{bmatrix} 0 & 1 \\ -1 & -1 \end{bmatrix}$$

其特征方程式为

$$|\lambda \boldsymbol{I} - \boldsymbol{A}| = \lambda^2 + \lambda + 1 = 0$$

可解得特征值为

$$\lambda_{1,2} = -0.5 \pm \mathrm{j}0.866$$

所以,系统在平衡状态

$$\begin{cases} x_{1e} = k\pi & (k\text{ 为 }0\text{ 或偶数}) \\ x_{2e} = 0 \end{cases}$$

是渐近稳定的。

4.3 李雅普诺夫第二方法

李雅普诺夫第二方法又称为直接法,建立在用能量观点分析稳定性的基础上。若系统的平衡状态是渐近稳定的,则系统激励后其储存的能量将随着时间的推移而衰减,当趋于平衡状态时,其能量达到最小值。反之,若系统的平衡状态是不稳定的,则系统将不断地从外界吸收能量,其储存的能量将越来越大。为了说明这一点,讨论一个由弹性系数为 K 的弹簧,质量为 M 的质量块和阻尼系数为 f 的阻尼器所组成系统的平衡状态稳定性,如图 4-2 所示。

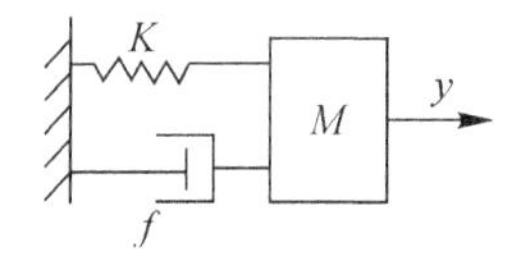

图 4-2 弹簧-质量-阻尼器系统示意图

根据牛顿定律可知,该系统的动力学方程:

$$M\ddot{y} = -Ky - f\dot{y}$$

选择位移 y 和速度 $\dot{y}$ 为状态变量:

$$\begin{cases} x_1 = y \\ x_2 = \dot{y} \end{cases}$$

则系统状态方程为

$$\begin{cases} \dot{x}_1 = x_2 \\ \dot{x}_2 = -\dfrac{K}{M}x_1 - \dfrac{f}{M}x_2 \end{cases}$$

系统的平衡状态为 $\boldsymbol{x}_e = \boldsymbol{0}$。

系统中储存的能量包括弹簧的势能 $\frac{1}{2}Kx_1^2$ 以及质量块的动能 $\frac{1}{2}Mx_2^2$。如果用标量函数 $V(\boldsymbol{x})$ 表示系统的能量,则

$$V(\boldsymbol{x}) = \frac{1}{2}Kx_1^2 + \frac{1}{2}Mx_2^2$$

显然,在非零点处,$V(\boldsymbol{x})$ 总是一个正值函数。

系统储存的能量又以热的形式耗散在阻尼器中,能量的变化率为

$$\dot{V}(\boldsymbol{x}) = \frac{\partial V}{\partial x_1}\frac{\mathrm{d}x_1}{\mathrm{d}t} + \frac{\partial V}{\partial x_2}\frac{\mathrm{d}x_2}{\mathrm{d}t} = Kx_1\dot{x}_1 + Mx_2\dot{x}_2 = Kx_1x_2 + Mx_2\left(-\frac{K}{M}x_1 - \frac{f}{M}x_2\right) = -fx_2^2 \leqslant 0$$

令 $\dot{V}(\boldsymbol{x})=-fx_2^2=0$，得 $x_2=0$，$x_1=0$ 或 x_1 任意。当 $x_1=0$ 且 $x_2=0$ 时，$\dot{V}(\boldsymbol{x})\equiv 0$；当 $x_1\neq 0$，$x_2=0$ 时，根据状态方程，$\dot{x}_2\neq 0$，也就说明 x_2 不会恒等于零，从而 $\dot{V}(\boldsymbol{x})$ 也不会恒等于零，说明储存在系统中的能量 $V(\boldsymbol{x})$ 将随着时间的推移逐渐减少并趋近于零，运动轨迹也将随着时间的推移而趋于坐标原点，故系统的平衡状态是渐近稳定的。

李雅普诺夫第二方法就是用 $V(\boldsymbol{x})$ 和 $\dot{V}(\boldsymbol{x})$ 的正负来判别其稳定性。然而对于一般系统，并不一定都能定义一个能量函数。为了克服这一困难，李雅普诺夫引出了一个虚构的广义能量函数来判别系统的稳定性。对于一个给定系统，只要能找到一个正定的标量函数 $V(\boldsymbol{x})$，而 $\dot{V}(\boldsymbol{x})$ 是负定的，这个系统就是稳定的，这个标量函数 $V(\boldsymbol{x})$ 称为李雅普诺夫函数。实际上，任何一个标量函数只要满足李雅普诺夫稳定性定理所假设的条件，均称为李雅普诺夫函数。本节介绍李雅普诺夫意义下的稳定性、渐近稳定、大范围渐近稳定和不稳定的几个定理。在介绍这些定理前先给出有关标量函数 $V(\boldsymbol{x})$ 符号性质的几个定义。

一、预备知识

1. 标量函数 $V(\boldsymbol{x})$ 符号性质的定义

如果 $V(\boldsymbol{x})$ 是对所有在域 Ω 中的向量 $\boldsymbol{x}$ 定义的一个标量函数，且在 $\boldsymbol{x}=\boldsymbol{0}$ 处有 $V(\boldsymbol{x})=0$，若对在域 Ω 中的非零向量 $\boldsymbol{x}$，有

(1) $V(\boldsymbol{x})>0$，则在域 Ω 内称标量函数 $V(\boldsymbol{x})$ 为正定的，例如 $V(\boldsymbol{x})=x_1^2+x_2^2$。

(2) $V(\boldsymbol{x})\geqslant 0$，则 $V(\boldsymbol{x})$ 称为正半定的，例如 $V(\boldsymbol{x})=(x_1+x_2)^2$。

(3) $V(\boldsymbol{x})<0$，则 $V(\boldsymbol{x})$ 称为负定的，例如 $V(\boldsymbol{x})=-(x_1^2+x_2^2)$。

(4) $V(\boldsymbol{x})\leqslant 0$，则 $V(\boldsymbol{x})$ 称为负半定的，例如 $V(\boldsymbol{x})=-(x_1+x_2)^2$。

(5)如果不论域 Ω 多么小，$V(\boldsymbol{x})$ 既可为正值，也可为负值，则标量函数 $V(x)$ 称为不定的，例如 $V(\boldsymbol{x})=x_1x_2+x_2^2$。

2. 二次型函数(标量)的符号性质

$$V(\boldsymbol{x})=\boldsymbol{x}^{\mathrm{T}}\boldsymbol{P}\boldsymbol{x}=\begin{bmatrix}x_1 & x_2 & \cdots & x_n\end{bmatrix}\begin{bmatrix}P_{11} & P_{12} & \cdots & P_{1n}\\ P_{21} & P_{22} & \cdots & P_{2n}\\ \vdots & \vdots & & \vdots\\ P_{n1} & P_{n2} & \cdots & P_{nn}\end{bmatrix}\begin{bmatrix}x_1\\ x_2\\ \vdots\\ x_n\end{bmatrix}$$

式中，$\boldsymbol{P}$ 为实对称矩阵，即 $P_{ij}=P_{ji}$，则 $V(\boldsymbol{x})$ 称为二次型函数。

对于二次型函数 $V(\boldsymbol{x})$ 的符号性质可以用塞尔维斯特(Sylvester)准则来判断。该准则叙述如下：

(1)二次型函数 $V(\boldsymbol{x})$ 为正定的充要条件是矩阵 $\boldsymbol{P}$ 的所有主子行列式为正，即

$$\Delta_1=p_{11}>0,\Delta_2=\begin{vmatrix}p_{11} & p_{12}\\ p_{21} & p_{22}\end{vmatrix}>0,\cdots,\Delta_n=|\boldsymbol{P}|=\begin{vmatrix}P_{11} & P_{12} & \cdots & P_{1n}\\ P_{21} & P_{22} & \cdots & P_{2n}\\ \vdots & \vdots & & \vdots\\ P_{n1} & P_{n2} & \cdots & P_{nn}\end{vmatrix}>0$$

(2)二次型函数 $V(\boldsymbol{x})$ 为负定的充要条件是矩阵 $\boldsymbol{P}$ 的各阶主子式满足如下条件：

$$\begin{cases}\Delta_i>0, i\ \text{为偶数}\\ \Delta_i<0, i\ \text{为奇数}\end{cases}$$

(3)二次型函数 $V(\boldsymbol{x})$ 为正半定的充要条件是矩阵 $\boldsymbol{P}$ 的前 $n-1$ 阶主子行列式非负，且矩阵 $\boldsymbol{P}$ 的行列式为零，即

$$\begin{cases}\Delta_i \geqslant 0, i=1,2,\cdots,n-1\\ \Delta_i=0, i=n\end{cases}$$

(4)二次型函数 $V(\boldsymbol{x})$ 为负半定的充要条件是矩阵 $\boldsymbol{P}$ 的行列式为零，且矩阵 $\boldsymbol{P}$ 的主子行列式满足如下条件：

$$\begin{cases}\Delta_i \geqslant 0, i \text{ 为偶数}\\ \Delta_i \leqslant 0, i \text{ 为奇数}\\ \Delta_i=0, i=n\end{cases}$$

二、李雅普诺夫第二方法的几个定理

定理 4.3 设系统的状态方程为

$$\dot{\boldsymbol{x}}=f(\boldsymbol{x})$$

$\boldsymbol{x}_e=\boldsymbol{0}$ 是其平衡状态。

如果存在一个具有连续一阶偏导数的标量函数 $V(x)$，并且满足下列条件：

(1) $V(\boldsymbol{x})$ 是正定的；

(2) $\dot{V}(\boldsymbol{x})$ 是负定的。

则系统在原点处的平衡状态是渐近稳定的。

(3)除满足条件(1)及(2)外，当 $\|\boldsymbol{x}\| \to +\infty$ 时，有 $V(\boldsymbol{x}) \to +\infty$，则系统在原点处的平衡状态是大范围渐近稳定的。

例 4-4 某定常非线性系统的状态方程为

$$\begin{cases}\dot{x}_1=-x_1+x_2-x_1(x_1^2+x_2^2)\\ \dot{x}_2=-x_1-x_2-x_2(x_1^2+x_2^2)\end{cases}$$

试判别平衡状态处的稳定性。

解：根据平衡状态的定义，有

$$\begin{cases}\dot{x}_1=-x_1+x_2-x_1(x_1^2+x_2^2)=0\\ \dot{x}_2=-x_1-x_2-x_2(x_1^2+x_2^2)=0\end{cases}$$

解得

$$\begin{cases}x_1=0\\ x_2=0\end{cases}$$

则系统有唯一的平衡状态 $\boldsymbol{x}_e=\boldsymbol{0}$。

取正定标量函数 $V(\boldsymbol{x})$ 为

$$V(\boldsymbol{x})=x_1^2+x_2^2$$

则

$$\dot{V}(\boldsymbol{x})=2x_1\dot{x}_1+2x_2\dot{x}_2=-2(x_1^2+x_2^2)(1+x_1^2+x_2^2)$$

显然，上式的 $\dot{V}(\boldsymbol{x})$ 是负定的，所选 $V(\boldsymbol{x})=x_1^2+x_2^2$ 满足定理假设条件(1)和(2)，$V(\boldsymbol{x})$ 是系统的一个李雅普诺夫函数。故系统在原点处的平衡状态是渐近稳定的。

当 $\|\boldsymbol{x}\| \to +\infty$ 时，$V(\boldsymbol{x}) \to +\infty$，所以系统在原点处的平衡状态 $\boldsymbol{x}_e=\boldsymbol{0}$ 是大范围渐近稳定的。

例 4-5　设系统状态方程为 $\dot{\boldsymbol{x}}=\begin{bmatrix}0 & 1\\ -1 & -1\end{bmatrix}\boldsymbol{x}$，试确定系统平衡状态，并判断其稳定性。

解：(1)令 $\begin{cases}\dot{x}_1=0\\ \dot{x}_2=0\end{cases}$，得 $\begin{cases}x_1=0\\ x_2=0\end{cases}$，即 $\boldsymbol{x}_e=\boldsymbol{0}$ 为系统的唯一平衡状态。

(2)取正定标量函数

$$V(\boldsymbol{x})=x_1^2+x_2^2$$

则

$$\dot{V}(\boldsymbol{x})=2x_1\dot{x}_1+2x_2\dot{x}_2=-2x_2^2$$

当 $x_1=0$，$x_2=0$ 时，$\dot{V}(\boldsymbol{x})=0$；当 $x_1\neq0$，$x_2=0$ 时，$\dot{V}(\boldsymbol{x})=0$。因此 $\dot{V}(\boldsymbol{x})$ 是负半定的。根据定理 4.3 可知，$V(\boldsymbol{x})=x_1^2+x_2^2$ 不能取为该系统的李雅普诺夫函数，必须重新选取 $V(\boldsymbol{x})$。

若取

$$V(\boldsymbol{x})=\frac{1}{2}[(x_1+x_2)^2+2x_1^2+x_2^2]$$

则有

$$\dot{V}(\boldsymbol{x})=(x_1+x_2)(\dot{x}_1+\dot{x}_2)+x_1\dot{x}_1+x_2\dot{x}_2=-(x_1^2+x_2^2)$$

显见 $\dot{V}(\boldsymbol{x})$ 是负定的，则系统在原点处的平衡状态是渐近稳定的，且 $V(\boldsymbol{x})$ 是系统的一个李雅普诺夫函数。

又因为当 $\|\boldsymbol{x}\|\to+\infty$ 时，$V(\boldsymbol{x})\to+\infty$，故系统的平衡状态是大范围渐近稳定的。

由此可见：

(1)由于该定理中的条件只是充分条件，并不是充分必要条件，因此若 $\dot{V}(\boldsymbol{x})$ 不是负定的，并不能断言该系统不是渐近稳定的，很可能是没有找到合适的 $V(\boldsymbol{x})$。

(2)寻找 $V(\boldsymbol{x})$ 的困难在于必须满足 $\dot{V}(\boldsymbol{x})$ 负定，而这个条件是非常苛刻的。

定理 4.4　设系统的状态方程为

$$\dot{\boldsymbol{x}}=f(\boldsymbol{x})$$

其中，$\boldsymbol{x}_e=\boldsymbol{0}$ 是其平衡状态。

如果存在一个具有连续一阶偏导数的标量函数 $V(\boldsymbol{x})$，并且满足下列条件：

(1) $V(\boldsymbol{x})$ 是正定的；

(2) $\dot{V}(\boldsymbol{x})$ 是负半定的。

则系统在原点处的平衡状态是李雅普诺夫意义下稳定的。

(3)除满足条件(1)及(2)外，对于任意初始时刻 t_0 时的任意状态 $\boldsymbol{x}_0\neq\boldsymbol{0}$，当 $t\geqslant t_0$ 时，除了在 $\boldsymbol{x}=\boldsymbol{0}$ 时有 $\dot{V}(\boldsymbol{x})\equiv0$ 外，在非零点处 $\dot{V}(\boldsymbol{x})$ 不恒等于零，则系统在原点处的平衡状态是渐近稳定的。

(4)除满足条件(1)(2)及(3)外，当 $\|\boldsymbol{x}\|\to+\infty$ 时，有 $V(\boldsymbol{x})\to+\infty$，则系统在原点处的平衡状态是大范围渐近稳定的。

现对条件(3)作简要的解释。由于条件(2)只要求 $\dot{V}(\boldsymbol{x})$ 是负半定的，所以在 $\boldsymbol{x}\neq\boldsymbol{0}$ 时可能出现 $\dot{V}(\boldsymbol{x})=0$。对于 $\dot{V}(\boldsymbol{x})=0$，可能存在两种情况：

1) $\dot{V}(\boldsymbol{x})\equiv0$，此时运动轨迹既不发散也不收敛，而是在某个特定的曲面 $V(\boldsymbol{x})=C$ 上，即意味着运动轨迹不会趋向原点，如图 4-4(a)所示。非线性系统中出现的极限环便属于这类情况。

2) $\dot{V}(\boldsymbol{x})$ 不恒等于零，此时运动轨迹只在某个时刻与某个特定的曲面 $V(\boldsymbol{x})=C$ 相切。然而由于条件(3)的限制，运动轨迹在切点处并未停留而继续向原点收敛，最终趋于原点，如图4-4(b)所示。因此仍然满足渐近稳定的定义，系统的平衡状态是渐近稳定的。

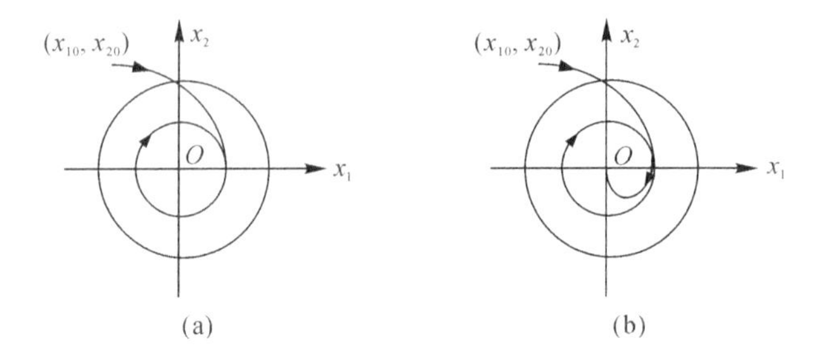

图 4-4　$\dot{V}(\boldsymbol{x}) = 0$ 时系统轨迹图

(a) $\dot{V}(\boldsymbol{x}) \equiv 0$；(b) $\dot{V}(\boldsymbol{x})$ 不恒等于零

例 4-6　在例 4-5 中系统的状态方程为

$$\begin{cases} \dot{x}_1 = x_2 \\ \dot{x}_2 = -x_1 - x_2 \end{cases}$$

试用定理 4.4 判断系统的稳定性。

解：(1)取正定标量函数

$$V(\boldsymbol{x}) = x_1^2 + x_2^2$$

则 $\dot{V}(\boldsymbol{x}) = -2x_2^2 \leqslant 0$ 是负半定的。故系统在原点处的平衡状态是李雅普诺夫意义下稳定的。

(2)现研究 $V(\boldsymbol{x}) = x_1^2 + x_2^2$ 是否满足定理 4.4 中的条件(3)，分析如下：

令 $\dot{V}(\boldsymbol{x}) = -2x_2^2 = 0$，得

$$\begin{bmatrix} x_1 \\ x_2 \end{bmatrix} = \begin{bmatrix} 0 \\ 0 \end{bmatrix} \text{和} \begin{bmatrix} x_1 \\ x_2 \end{bmatrix} = \begin{bmatrix} \text{任意值} \\ 0 \end{bmatrix}$$

由于 $\dot{x}_2 = -x_1 - x_2$，当 $x_1 = 0$ 且 $x_2 = 0$ 时，有 $\dot{V}(\boldsymbol{x}) \equiv 0$，即在原点处 $\dot{V}(\boldsymbol{x}) \equiv 0$；当 $x_1 \neq 0$，$x_2 = 0$ 时，有 $\dot{x}_2 \neq 0$。也就是说，在 $x_1 \neq 0$ 时 x_2 也不会恒等于零，即 $x_2 = 0$ 只是暂时出现在某一时刻上。既然 x_2 不会恒等于零，则 $\dot{V}(\boldsymbol{x})$ 也不恒等于零。因此所选正定标量函数 $V(\boldsymbol{x}) = x_1^2 + x_2^2$ 满足定理 4.4 的条件(3)。故条件(1)(2)(3)均满足，系统在原点处的平衡状态是渐近稳定的，且 $V(\boldsymbol{x}) = x_1^2 + x_2^2$ 是系统的一个李雅普诺夫函数。

(3)又因为当 $\|\boldsymbol{x}\| \to +\infty$ 时，$V(\boldsymbol{x}) \to +\infty$，故系统在原点处的平衡状态也是大范围渐近稳定的。

定理 4.5　设系统的状态方程为

$$\dot{\boldsymbol{x}} = f(\boldsymbol{x})$$

其中，$\boldsymbol{x}_e = \boldsymbol{0}$ 是其平衡状态。

如果存在一个具有连续一阶偏导数的标量函数 $V(\boldsymbol{x})$，并且满足下列条件：

(1) $V(\boldsymbol{x})$ 是正定的；

(2) $\dot{V}(\boldsymbol{x})$ 也是正定的。

则系统在原点处的平衡状态是不稳定的。

例 4－7　设系统的状态方程为

$$\begin{cases}\dot{x}_1 = -x_2 + kx_1^3 \\ \dot{x}_2 = x_1 + kx_2^3\end{cases}$$

试确定系统的平衡状态，并根据李雅普诺夫第二法判断系统的稳定性。

解：(1)令

$$\begin{cases}\dot{x}_1 = 0 \\ \dot{x}_2 = 0\end{cases}$$

可得

$$\begin{cases}x_1 = 0 \\ x_2 = 0\end{cases}$$

即 $\boldsymbol{x}_e = \boldsymbol{0}$ 为系统的唯一平衡状态。

(2)选正定的标量函数 $V(x) = x_1^2 + x_2^2$，得

$$\dot{V}(\boldsymbol{x}) = 2k(x_1^4 + x_2^4)$$

当 $k < 0$ 时，$\dot{V}(\boldsymbol{x}) < 0$，且当 $\|\boldsymbol{x}\| \to +\infty$ 时，$V(\boldsymbol{x}) \to +\infty$，故平衡状态是大范围渐近稳定的。

当 $k = 0$ 时，$\dot{V}(\boldsymbol{x}) \equiv 0$，故平衡状态是李雅普诺夫意义下稳定的，但不是渐近稳定的。

当 $k > 0$ 时，$\dot{V}(\boldsymbol{x}) > 0$，故平衡状态是不稳定的。

例 4－8　已知非线性系统的状态方程为

$$\begin{cases}\dot{x}_1 = x_2 - ax_1(x_1^2 + x_2^2) \\ \dot{x}_2 = -x_1 - ax_2(x_1^2 + x_2^2)\end{cases}$$

试确定系统的平衡状态，并判定 a 取不同值时系统的稳定性。

解：根据平衡状态的定义

$$\begin{cases}\dot{x}_1 = x_2 - ax_1(x_1^2 + x_2^2) = 0 \\ \dot{x}_2 = -x_1 - ax_2(x_1^2 + x_2^2) = 0\end{cases}$$

进而可得

$$\begin{cases}x_1 = 0 \\ x_2 = 0\end{cases}$$

则系统有唯一的平衡状态 $\boldsymbol{x}_e = \boldsymbol{0}$。

取 $V(\boldsymbol{x}) = x_1^2 + x_2^2 > 0$ 正定，则

$$\dot{V}(\boldsymbol{x}) = 2x_1\dot{x}_1 + 2x_2\dot{x}_2 = -2a\,(x_1^2 + x_2^2)^2$$

当 $a > 0$ 时，$\dot{V}(\boldsymbol{x}) < 0$，且当 $\|\boldsymbol{x}\| \to +\infty$ 时，$V(\boldsymbol{x}) \to +\infty$，故平衡状态是大范围渐近稳定的。

当 $a = 0$ 时，$\dot{V}(\boldsymbol{x}) \equiv 0$，故平衡状态是李雅普诺夫意义下稳定的，但不是渐近稳定的。

当 $a < 0$ 时，$\dot{V}(\boldsymbol{x}) > 0$，故平衡状态是不稳定的。

三、几点说明

应用李雅普诺夫第二方法分析系统稳定性的关键在于如何找到李雅普诺夫函数 $V(\boldsymbol{x})$，然而李雅普诺夫稳定性理论本身并没有提供构造李雅普诺夫函数的一般方法。因此，尽管第二方法在原理上是简单的，但实际应用时并不容易。下面就李雅普诺夫函数的属性作一简略的概述：

(1)李雅普诺夫函数是一个标量函数。

(2)对于给定系统，如果存在李雅普诺夫函数，那么它不是唯一的。

(3)李雅普诺夫函数最简单的形式是二次型 $V(\boldsymbol{x})=\boldsymbol{x}^{\mathrm{T}}\boldsymbol{P}\boldsymbol{x}$，其中 $\boldsymbol{P}$ 为实对称正定方阵。

对于一般情况而言，李雅普诺夫函数不一定都是简单的二次型。但对线性系统，其李雅普诺夫函数一定可以用二次型来构造。

4.4 线性定常系统的李雅普诺夫稳定性分析

一、线性定常连续时间系统的李雅普诺夫稳定性分析

对于线性定常连续时间系统，其状态方程为

$$\dot{\boldsymbol{x}}=\boldsymbol{A}\boldsymbol{x},\quad \boldsymbol{x}(0)=\boldsymbol{x}_0,\quad t\geqslant 0$$

假设所选取的李雅普诺夫函数 $V(\boldsymbol{x})$ 为下列二次型：

$$V(\boldsymbol{x})=\boldsymbol{x}^{\mathrm{T}}\boldsymbol{P}\boldsymbol{x}$$

式中，$\boldsymbol{P}$ 为 $n\times n$ 维实对称正定矩阵，则有

$$\dot{V}(\boldsymbol{x})=\dot{\boldsymbol{x}}^{\mathrm{T}}\boldsymbol{P}\boldsymbol{x}+\boldsymbol{x}^{\mathrm{T}}\boldsymbol{P}\dot{\boldsymbol{x}}=(\boldsymbol{A}\boldsymbol{x})^{\mathrm{T}}\boldsymbol{P}\boldsymbol{x}+\boldsymbol{x}^{\mathrm{T}}\boldsymbol{P}\boldsymbol{A}\boldsymbol{x}=\boldsymbol{x}^{\mathrm{T}}(\boldsymbol{A}^{\mathrm{T}}\boldsymbol{P}+\boldsymbol{P}\boldsymbol{A})\boldsymbol{x}$$

令

$$\boldsymbol{Q}=-(\boldsymbol{A}^{\mathrm{T}}\boldsymbol{P}+\boldsymbol{P}\boldsymbol{A})$$

则有

$$\dot{V}(\boldsymbol{x})=-\boldsymbol{x}^{\mathrm{T}}\boldsymbol{Q}\boldsymbol{x}$$

根据定理 4.2，欲使系统在原点是渐近稳定的，要求 $\dot{V}(\boldsymbol{x})$ 是负定的，则 $\boldsymbol{Q}$ 必须是正定的。

按照以上推导，判别线性定常连续系统稳定性的步骤是先假设一正定的实对称阵 $\boldsymbol{P}$，然后验算 $\boldsymbol{Q}=-(\boldsymbol{A}^{\mathrm{T}}\boldsymbol{P}+\boldsymbol{P}\boldsymbol{A})$ 是否为正定。如果 $\boldsymbol{Q}$ 为正定，就意味所假设的二次型 $V(\boldsymbol{x})=\boldsymbol{x}^{\mathrm{T}}\boldsymbol{P}\boldsymbol{x}$ 是该系统的一个李雅普诺夫函数。上述计算步骤在实际使用中比较麻烦，所以通常先取一个正定的实对称矩阵 $\boldsymbol{Q}$，然后根据式 $(\boldsymbol{A}^{\mathrm{T}}\boldsymbol{P}+\boldsymbol{P}\boldsymbol{A})=-\boldsymbol{Q}$，解出 $\boldsymbol{P}$。最后验算 $\boldsymbol{P}$ 是否为正定来确定系统的稳定性。在应用中，常取 $\boldsymbol{Q}=\boldsymbol{I}$，使确定 $\boldsymbol{P}$ 更为方便。

定理 4.6 线性定常连续系统 $\dot{\boldsymbol{x}}=\boldsymbol{A}\boldsymbol{x},\boldsymbol{x}(0)=\boldsymbol{x}_0,t\geqslant 0$，其平衡状态 $\boldsymbol{x}_e=\boldsymbol{0}$ 渐近稳定的充要条件是：若给定一个正定实对称矩阵 $\boldsymbol{Q}$，存在一个正定对称矩阵 $\boldsymbol{P}$，满足下列条件：

$$\boldsymbol{A}^{\mathrm{T}}\boldsymbol{P}+\boldsymbol{P}\boldsymbol{A}=-\boldsymbol{Q}$$

且标量函数 $V(\boldsymbol{x})=\boldsymbol{x}^{\mathrm{T}}\boldsymbol{P}\boldsymbol{x}$ 是系统的一个李雅普诺夫函数。

下面就为什么对于线性定常系统，该定理是充要条件作简要说明。为方便起见，设 $\boldsymbol{A}$ 为对角线标准形(若不是对角线标准形也可通过线性非奇异变换化为对角线标准形)，且特征值都是实数。

$$A=\begin{bmatrix}\lambda_1 & & & \\ & \lambda_2 & & \\ & & \ddots & \\ & & & \lambda_n\end{bmatrix}$$

选取
$$V(\boldsymbol{x})=\|\boldsymbol{x}\|^2=\boldsymbol{x}^{\mathrm{T}}\boldsymbol{x}$$
即
$$\boldsymbol{P}=\boldsymbol{I}$$
代入
$$\boldsymbol{A}^{\mathrm{T}}\boldsymbol{P}+\boldsymbol{P}\boldsymbol{A}=-\boldsymbol{Q}$$
则有
$$\boldsymbol{Q}=-(\boldsymbol{A}^{\mathrm{T}}+\boldsymbol{A})$$
又因为 $\boldsymbol{A}$ 是对角线矩阵，故有
$$\boldsymbol{Q}=-2\boldsymbol{A}$$

此处设

$$\boldsymbol{Q}=\begin{bmatrix}q_{11} & q_{12} & \cdots & q_{1n}\\ q_{21} & q_{22} & \cdots & q_{2n}\\ \vdots & \vdots & & \vdots\\ q_{n1} & q_{n2} & \cdots & q_{nn}\end{bmatrix}$$

代入

$$\boldsymbol{Q}=-2\boldsymbol{A}$$

则可得

$$\begin{bmatrix}q_{11} & q_{12} & \cdots & q_{1n}\\ q_{21} & q_{22} & \cdots & q_{2n}\\ \vdots & \vdots & & \vdots\\ q_{n1} & q_{n2} & \cdots & q_{nn}\end{bmatrix}=\begin{bmatrix}-2\lambda_1 & 0 & \cdots & 0\\ 0 & -2\lambda_2 & \cdots & 0\\ \vdots & \vdots & & \vdots\\ 0 & 0 & \cdots & -2\lambda_n\end{bmatrix}$$

很明显，只有当 $\lambda_1,\lambda_2,\cdots,\lambda_n$ 都是负实数时，$q_{11},q_{22},\cdots,q_{nn}$ 才都是正值，$\boldsymbol{Q}$ 也才是正定的；当 $\lambda_1,\lambda_2,\cdots,\lambda_n$ 是具有负实部的共轭复数根时，可得相同的结论。而根据定理 4.1，线性定常系统渐近稳定的充要条件是特征根都具有负实部，因此，在线性定常系统的情况下，定理 4.5 所述条件也就是充要条件。

若 $\dot{V}(\boldsymbol{x})$ 沿任一轨迹不恒等于零，则 $\boldsymbol{Q}$ 可取为半正定实对称矩阵。

例 4－9　设系统的状态方程为

$$\begin{bmatrix}\dot{x}_1\\ \dot{x}_2\end{bmatrix}=\begin{bmatrix}-2 & 1\\ -1 & -3\end{bmatrix}\begin{bmatrix}x_1\\ x_2\end{bmatrix}$$

试确定系统在原点处的稳定性。

解：设
$$\boldsymbol{P}=\begin{bmatrix}p_{11} & p_{12}\\ p_{21} & p_{22}\end{bmatrix}$$

令
$$\boldsymbol{Q}=\begin{bmatrix}1 & 0\\ 0 & 1\end{bmatrix}$$

则由
$$\boldsymbol{A}^{\mathrm{T}}\boldsymbol{P}+\boldsymbol{P}\boldsymbol{A}=-\boldsymbol{Q}$$

可得
$$\begin{bmatrix}-2 & -1\\ 1 & -3\end{bmatrix}\begin{bmatrix}p_{11} & p_{12}\\ p_{21} & p_{22}\end{bmatrix}+\begin{bmatrix}p_{11} & p_{12}\\ p_{21} & p_{22}\end{bmatrix}\begin{bmatrix}-2 & 1\\ -1 & -3\end{bmatrix}=\begin{bmatrix}-1 & 0\\ 0 & -1\end{bmatrix}$$

进一步解得

$$\begin{cases}-4p_{11}-2p_{12}=-1\\ p_{11}-5p_{12}-p_{22}=0\\ 2p_{12}-6p_{22}=-1\end{cases}\Rightarrow\begin{cases}p_{11}=\dfrac{17}{70}\\ p_{12}=\dfrac{1}{70}\\ p_{22}=\dfrac{6}{35}\end{cases}, \text{即 } \boldsymbol{P}=\begin{bmatrix}\dfrac{17}{70} & \dfrac{1}{70}\\ \dfrac{1}{70} & \dfrac{6}{35}\end{bmatrix}$$

$\boldsymbol{P}$ 的各阶主子行列式,有

$$\Delta_1=\frac{17}{70}>0,\quad \Delta=\begin{vmatrix}\dfrac{17}{70} & \dfrac{1}{70}\\ \dfrac{1}{70} & \dfrac{6}{35}\end{vmatrix}>0$$

根据塞尔维斯特法则,$\boldsymbol{P}$ 是正定的,系统在原点处的平衡状态是大范围渐近稳定的。李雅普诺夫函数为

$$V(\boldsymbol{x})=\boldsymbol{x}^{\mathrm{T}}\boldsymbol{P}\boldsymbol{x}=\frac{17}{70}\left[\left(x_1+\frac{1}{17}x_2\right)^2+\frac{203}{289}x_2^2\right]$$

二、线性定常离散时间系统的李雅普诺夫稳定性分析

与线性定常连续时间系统的情况类似,线性定常离散时间系统的李雅普诺夫稳定性分析有如下定理。

定理 4.7 设线性定常离散时间系统的状态方程为

$$\boldsymbol{x}(k+1)=\boldsymbol{G}\boldsymbol{x}(k),\boldsymbol{x}(0)=\boldsymbol{x}_0,\quad k=0,1,2,\cdots$$

系统在其平衡状态 $\boldsymbol{x}_e=\boldsymbol{0}$ 处渐近稳定的充要条件是:给定任一正定实对称矩阵 $\boldsymbol{Q}$,存在一个正定实对称矩阵 $\boldsymbol{P}$,使满足

$$\boldsymbol{G}^{\mathrm{T}}\boldsymbol{P}\boldsymbol{G}-\boldsymbol{P}=-\boldsymbol{Q}$$

且标量函数 $V(\boldsymbol{x}(k))=\boldsymbol{x}^{\mathrm{T}}(k)\boldsymbol{P}\boldsymbol{x}(k)$ 是系统的一个李雅普诺夫函数。$\boldsymbol{G}^{\mathrm{T}}\boldsymbol{P}\boldsymbol{G}-\boldsymbol{P}=-\boldsymbol{Q}$ 称为李雅普诺夫代数方程,通常取 $\boldsymbol{Q}=\boldsymbol{I}$。

证明:设李雅普诺夫函数为 $V(\boldsymbol{x}(k))=\boldsymbol{x}^{\mathrm{T}}(k)\boldsymbol{P}\boldsymbol{x}(k)$ 是正定的,则

$$\begin{aligned}\Delta V(\boldsymbol{x}(k))=V(\boldsymbol{x}(k+1))-V(\boldsymbol{x}(k))&=\boldsymbol{x}^{\mathrm{T}}(k+1)\boldsymbol{P}\boldsymbol{x}(k+1)-\boldsymbol{x}^{\mathrm{T}}(k)\boldsymbol{P}\boldsymbol{x}(k)=\\ &(\boldsymbol{G}\boldsymbol{x}(k))^{\mathrm{T}}\boldsymbol{P}(\boldsymbol{G}\boldsymbol{x}(k))-\boldsymbol{x}^{\mathrm{T}}(k)\boldsymbol{P}\boldsymbol{x}(k)=\boldsymbol{x}^{\mathrm{T}}(k)\boldsymbol{G}^{\mathrm{T}}\boldsymbol{P}\boldsymbol{G}\boldsymbol{x}(k)-\boldsymbol{x}^{\mathrm{T}}(k)\boldsymbol{P}\boldsymbol{x}(k)=\\ &\boldsymbol{x}^{\mathrm{T}}(k)(\boldsymbol{G}^{\mathrm{T}}\boldsymbol{P}\boldsymbol{G}-\boldsymbol{P})\boldsymbol{x}(k)=-\boldsymbol{x}^{\mathrm{T}}(k)\boldsymbol{Q}\boldsymbol{x}(k)\end{aligned}$$

根据渐近稳定的条件,要满足 $\Delta V(\boldsymbol{x}(k))$ 为负定,即要求 $\boldsymbol{Q}=-(\boldsymbol{G}^{\mathrm{T}}\boldsymbol{P}\boldsymbol{G}-\boldsymbol{P})$ 为正定。

为计算方便,一般先给定一个正定的实对称矩阵 $\boldsymbol{Q}$,然后从方程 $\boldsymbol{G}^{\mathrm{T}}\boldsymbol{P}\boldsymbol{G}-\boldsymbol{P}=-\boldsymbol{Q}$ 中解出 $\boldsymbol{P}$,最后再验算矩阵 $\boldsymbol{P}$ 是否为正定。如果 $\boldsymbol{P}$ 满足正定条件,则标量函数

$$V(\boldsymbol{x}(k))=\boldsymbol{x}^{\mathrm{T}}(k)\boldsymbol{P}\boldsymbol{x}(k)$$

就是系统的一个李雅普诺夫函数。

如果除了 $\boldsymbol{x}(k)=\boldsymbol{0}$ 外,$V(\boldsymbol{x}(k))=\boldsymbol{x}^{\mathrm{T}}(k)\boldsymbol{P}\boldsymbol{x}(k)$ 沿任一解序列不恒等于零,则 $\boldsymbol{Q}$ 可取半正定对称矩阵。

例 4-10 线性定常离散时间系统为

$$x(k+1)=\begin{bmatrix}0 & 1 & 0\\ 0 & 0 & 1\\ 0 & \frac{K}{2} & 0\end{bmatrix}x(k),\ K>0$$

试用李雅普诺夫第二方法分析平衡点 $x_e=\mathbf{0}$ 为渐近稳定的 K 值范围。

解:令 $Q=I$,设

$$P=\begin{bmatrix}p_{11} & p_{12} & p_{13}\\ p_{12} & p_{22} & p_{23}\\ p_{13} & p_{23} & p_{33}\end{bmatrix}$$

根据

$$G^{T}PG-P=-Q$$

有

$$\begin{bmatrix}0 & 0 & 0\\ 1 & 0 & K/2\\ 0 & 1 & 0\end{bmatrix}\begin{bmatrix}p_{11} & p_{12} & p_{13}\\ p_{12} & p_{22} & p_{23}\\ p_{13} & p_{23} & p_{33}\end{bmatrix}\begin{bmatrix}0 & 1 & 0\\ 0 & 0 & 1\\ 0 & K/2 & 0\end{bmatrix}-\begin{bmatrix}p_{11} & p_{12} & p_{13}\\ p_{12} & p_{22} & p_{23}\\ p_{13} & p_{23} & p_{33}\end{bmatrix}=\begin{bmatrix}-1 & 0 & 0\\ 0 & -1 & 0\\ 0 & 0 & -1\end{bmatrix}$$

整理得

$$\begin{bmatrix}-p_{11} & -p_{12} & -p_{13}\\ -p_{12} & p_{11}-p_{12}+Kp_{13}+\left(\frac{K}{2}\right)^{2}p_{33} & p_{12}-\left(1-\frac{K}{2}\right)p_{23}\\ -p_{13} & p_{12}-\left(1-\frac{K}{2}\right)p_{23} & p_{22}-p_{33}\end{bmatrix}=\begin{bmatrix}-1 & 0 & 0\\ 0 & -1 & 0\\ 0 & 0 & -1\end{bmatrix}$$

则有

$$P=\begin{bmatrix}1 & 0 & 0\\ 0 & \dfrac{2+\left(\frac{K}{2}\right)^{2}}{1-\left(\frac{K}{2}\right)^{2}} & 0\\ 0 & 0 & \dfrac{3}{1-\left(\frac{K}{2}\right)^{2}}\end{bmatrix}$$

由定理 4.7 可知,系统渐近稳定的充要条件是 P 必须正定,即 $1-\left(\frac{K}{2}\right)^{2}>0$,解得 $K<2$。

4.5　非线性系统的李雅普诺夫函数构造及稳定性分析

对于线性系统,如果平衡状态是局部渐近稳定的,那么它一定也是大范围内渐近稳定的。然而对于非线性系统,在大范围内不是渐近稳定的平衡状态有可能是局部渐近稳定的。因此,线性系统的渐近稳定性和非线性系统的渐近稳定性含义是不同的,非线性系统的稳定性要复杂得多。这是由于:第一,非线性特性具有多样性和复杂性;第二,非线性系统的平衡状态可能不止一个,而且可能有的平衡状态是稳定的,有的是不稳定的;第三,李雅普诺夫第二方法的几个定理只提供了系统稳定的充分条件,对简单的情况,李雅普诺夫函数可参照系统的能量函数来选择,而对于复杂情况,往往因找不到满足定理条件的李雅普诺夫函数,不能对系统稳定性做出判断。这就促使人们研究各种构成李雅普诺夫函数和判定系统渐近稳定性的实用方法。迄今为止，已经产生了一系列构造李雅普诺夫函数的方法，但这些方法大都分别适应一类特定的情况（还没有通用于一切情况的方法），也谈不上“最佳”方法。

本节介绍两种非线性系统求李雅普诺夫函数的方法：克拉索夫斯基（Krasovskii）方法和变量梯度法。

一、克拉索夫斯基法

克拉索夫斯基根据李雅普诺夫第二方法的定理提出了一个分析非线性系统渐近稳定性的实用方法，它不是由状态向量 $\boldsymbol{x}$ 构成，而是用其导数 $\dot{\boldsymbol{x}}$ 的范数构成的。

不受外作用的非线性系统的状态方程一般可写成

$$\dot{\boldsymbol{x}} = \boldsymbol{f}(\boldsymbol{x}) \tag{4.5-1}$$

假设系统的平衡状态是状态空间原点，即 $\boldsymbol{x}_e = \boldsymbol{0}$，且 $\boldsymbol{f}(\boldsymbol{x})$ 对 $x_i(i = 1,2,\cdots,n)$ 都可微。

为了判别式(4.5-1)所示系统在原点处的渐近稳定性，用克拉索夫斯基法来构造李雅普诺夫函数，即令

$$V(\boldsymbol{x}) = \dot{\boldsymbol{x}}^{\mathrm{T}}\boldsymbol{P}\dot{\boldsymbol{x}} = \boldsymbol{f}^{\mathrm{T}}(\boldsymbol{x})\boldsymbol{P}\boldsymbol{f}(\boldsymbol{x}) \tag{4.5-2}$$

其中，$\boldsymbol{P}$ 为对称正定矩阵。

为检验 $\dot{V}(\boldsymbol{x})$ 是否为负定，将式(4.5-2)对时间 t 求导，可得

$$\dot{V}(\boldsymbol{x}) = \dot{\boldsymbol{f}}^{\mathrm{T}}(\boldsymbol{x})\boldsymbol{P}\boldsymbol{f}(\boldsymbol{x}) + \boldsymbol{f}^{\mathrm{T}}(\boldsymbol{x})\boldsymbol{P}\dot{\boldsymbol{f}}(\boldsymbol{x}) \tag{4.5-3}$$

考虑到

$$\dot{\boldsymbol{f}}(\boldsymbol{x}) = \frac{\partial \boldsymbol{f}(\boldsymbol{x})}{\partial \boldsymbol{x}^{\mathrm{T}}}\frac{\partial \boldsymbol{x}}{\partial t} = \frac{\partial \boldsymbol{f}(\boldsymbol{x})}{\partial \boldsymbol{x}^{\mathrm{T}}}\boldsymbol{f}(\boldsymbol{x}) = \boldsymbol{J}\boldsymbol{f}(\boldsymbol{x}) \tag{4.5-4}$$

式中

$$\boldsymbol{J} = \frac{\partial \boldsymbol{f}(\boldsymbol{x})}{\partial \boldsymbol{x}^{\mathrm{T}}} = \begin{bmatrix} \frac{\partial f_1}{\partial x_1} & \frac{\partial f_1}{\partial x_2} & \cdots & \frac{\partial f_1}{\partial x_n} \\ \frac{\partial f_2}{\partial x_1} & \frac{\partial f_2}{\partial x_2} & \cdots & \frac{\partial f_2}{\partial x_n} \\ \vdots & \vdots & & \vdots \\ \frac{\partial f_n}{\partial x_1} & \frac{\partial f_n}{\partial x_2} & \cdots & \frac{\partial f_n}{\partial x_n} \end{bmatrix} \tag{4.5-5}$$

将式(4.5-4)代入式(4.5-3)，可得

$$\begin{aligned}\dot{V}(\boldsymbol{x}) &= (\boldsymbol{J}\boldsymbol{f}(\boldsymbol{x}))^{\mathrm{T}}\boldsymbol{P}\boldsymbol{f}(\boldsymbol{x}) + \boldsymbol{f}^{\mathrm{T}}(\boldsymbol{x})\boldsymbol{P}(\boldsymbol{J}\boldsymbol{f}(\boldsymbol{x})) = \boldsymbol{f}^{\mathrm{T}}(\boldsymbol{x})\boldsymbol{J}^{\mathrm{T}}\boldsymbol{P}\boldsymbol{f}(\boldsymbol{x}) + \boldsymbol{f}^{\mathrm{T}}(\boldsymbol{x})\boldsymbol{P}\boldsymbol{J}\boldsymbol{f}(\boldsymbol{x}) = \\ &\boldsymbol{f}^{\mathrm{T}}(\boldsymbol{x})(\boldsymbol{J}^{\mathrm{T}}\boldsymbol{P} + \boldsymbol{P}\boldsymbol{J})\boldsymbol{f}(\boldsymbol{x}) = \boldsymbol{f}^{\mathrm{T}}(\boldsymbol{x})\boldsymbol{Q}\boldsymbol{f}(\boldsymbol{x})\end{aligned} \tag{4.5-6}$$

式中

$$\boldsymbol{Q} = \boldsymbol{J}^{\mathrm{T}}\boldsymbol{P} + \boldsymbol{P}\boldsymbol{J} \tag{4.5-7}$$

可以证明，若 $\boldsymbol{Q}$ 是负定的，则 $\dot{V}(\boldsymbol{x})$ 也是负定的。所以可以得出如下结论：对于非线性系统 $\dot{\boldsymbol{x}} = f(\boldsymbol{x})$，若选取对称正定矩阵 $\boldsymbol{P}$，且使

$$\boldsymbol{Q} = \boldsymbol{J}^{\mathrm{T}}\boldsymbol{P} + \boldsymbol{P}\boldsymbol{J}$$

为负定的,则系统在 $\boldsymbol{x}_e = \boldsymbol{0}$ 处是渐近稳定的。如果当 $\|\boldsymbol{x}\| \to +\infty$ 时,有 $V(\boldsymbol{x}) = \boldsymbol{f}^{\mathrm{T}}(\boldsymbol{x})\boldsymbol{P}\boldsymbol{f}(\boldsymbol{x}) \to +\infty$,则系统在 $\boldsymbol{x}_e = \boldsymbol{0}$ 的渐近稳定是大范围渐近稳定的。

在实际应用中,为计算方便起见,常选取 $\boldsymbol{P} = \boldsymbol{I}$。这样,式(4.5-2),式(4.5-6)以及式(4.5-7)将为

$$V(\boldsymbol{x}) = \boldsymbol{f}^{\mathrm{T}}(\boldsymbol{x})\boldsymbol{f}(\boldsymbol{x}) \tag{4.5-8}$$

$$\dot{V}(\boldsymbol{x}) = \boldsymbol{f}^{\mathrm{T}}(\boldsymbol{x})\boldsymbol{Q}\boldsymbol{f}(\boldsymbol{x}) \tag{4.5-9}$$

式中

$$\boldsymbol{Q} = \boldsymbol{J}^{\mathrm{T}} + \boldsymbol{J} \tag{4.5-10}$$

定理 4.8　对 $\dot{\boldsymbol{x}} = \boldsymbol{f}(\boldsymbol{x})$ 不受外作用的非线性定常系统,平衡状态为 $\boldsymbol{x}_e = \boldsymbol{0}$,且 $f(\boldsymbol{x})$ 对 $x_i(i = 1,2,\cdots,n)$ 都可微。则当 $\boldsymbol{Q} = \boldsymbol{J}^{\mathrm{T}}\boldsymbol{P} + \boldsymbol{P}\boldsymbol{J}$ 为负定时,系统的平衡状态是渐近稳定的。进一步,当 $\|\boldsymbol{x}\| \to +\infty$ 时,有 $V(\boldsymbol{x}) = \boldsymbol{f}^{\mathrm{T}}(\boldsymbol{x})\boldsymbol{P}\boldsymbol{f}(\boldsymbol{x}) \to +\infty$,则系统在 $\boldsymbol{x}_e = \boldsymbol{0}$ 是大范围渐近稳定的。常选取 $\boldsymbol{P} = \boldsymbol{I}$。

例 4-11　试用克拉索夫斯基方法判别系统

$$\begin{cases} \dot{x}_1 = -3x_1 + x_2 \\ \dot{x}_2 = x_1 - x_2 - x_2^3 \end{cases}$$

在 $\boldsymbol{x}_e = \boldsymbol{0}$ 处是否为大范围渐近稳定的。

解:根据定理 4.8,选取 $\boldsymbol{P} = \boldsymbol{I}$,故有

$$\boldsymbol{Q} = \boldsymbol{J}^{\mathrm{T}} + \boldsymbol{J}$$

由于

$$\boldsymbol{f}(\boldsymbol{x}) = \begin{bmatrix} -3x_1 + x_2 \\ x_1 - x_2 - x_2^3 \end{bmatrix}$$

故有

$$\boldsymbol{J} = \frac{\partial \boldsymbol{f}(\boldsymbol{x})}{\partial \boldsymbol{x}^{\mathrm{T}}} = \begin{bmatrix} -3 & 1 \\ 1 & -1 - 3x_2^2 \end{bmatrix}$$

从而有

$$\boldsymbol{Q} = \boldsymbol{J}^{\mathrm{T}} + \boldsymbol{J} = \begin{bmatrix} -6 & 2 \\ 2 & -2 - 6x_2^2 \end{bmatrix}$$

且 $\boldsymbol{Q}$ 的各阶主子行列式分别满足

$$\Delta_1 = -6 < 0, \quad \Delta_2 = \begin{vmatrix} -6 & 2 \\ 2 & -2 - 6x_2^2 \end{vmatrix} = 36x_2^2 + 8 > 0$$

由塞尔维斯特准则知,$\boldsymbol{Q}$ 是负定的。

由式(4.5-8)可得李雅普诺夫函数:

$$V(\boldsymbol{x}) = f^{\mathrm{T}}(\boldsymbol{x})f(\boldsymbol{x}) = \begin{bmatrix} -3x_1 + x_2 & x_1 - x_2 - x_2^3 \end{bmatrix} \begin{bmatrix} -3x_1 + x_2 \\ x_1 - x_2 - x_2^3 \end{bmatrix} =$$

$$(-3x_1 + x_2)^2 + (x_1 - x_2 - x_2^3)^2$$

显然,当 $\|\boldsymbol{x}\| \to +\infty$ 时,$V(\boldsymbol{x}) \to +\infty$,所以该系统在 $\boldsymbol{x}_e = \boldsymbol{0}$ 处是大范围渐近稳定的。

从这个例子可以看出,当非线性系统能用解析式表达且系统的阶次又不太高时,用克拉索夫斯基方法分析这类非线性系统的渐近稳定性是比较方便的。不过应当注意,克拉索夫斯基所给出的只是判定渐近稳定的充分条件,而非充要条件。对于相当一部分非线性系统,可能

$\boldsymbol{Q}=\boldsymbol{J}^{\mathrm{T}}+\boldsymbol{J}$ 并不具有负定性，这时克拉索夫斯基方法对系统的稳定与否并不提供任何信息，这是这一方法的局限性。

二、变量梯度法

变量梯度法由舒尔茨(Schultz)和基布森(Gibson)在 1962 年提出，其主要思路是先假设一个旋度为零的梯度 $\mathbf{grad}\ V(\boldsymbol{x})$，然后根据它再确定 $V(\boldsymbol{x})$。

假设不受外作用的非线性定常系统

$$\dot{\boldsymbol{x}}=f(\boldsymbol{x})$$

在平衡状态 $\boldsymbol{x}_e=\boldsymbol{0}$ 处是渐近稳定的，其李雅普诺夫函数 $V(\boldsymbol{x})$ 存在，则这个李雅普诺夫函数一定具有唯一的梯度 $\mathbf{grad}\ V(\boldsymbol{x})$，即

$$\mathbf{grad}\ V(\boldsymbol{x})=\frac{\partial V(\boldsymbol{x})}{\partial \boldsymbol{x}}=\begin{bmatrix}\dfrac{\partial V}{\partial x_1}\\ \dfrac{\partial V}{\partial x_2}\\ \vdots\\ \dfrac{\partial V}{\partial x_n}\end{bmatrix} \tag{4.5-11}$$

若李雅普诺夫函数 $V(\boldsymbol{x})$ 是 $\boldsymbol{x}$ 的显函数，而不是时间 t 的显函数，则 $V(\boldsymbol{x})$ 对时间的导数 $\dot{V}(\boldsymbol{x})$ 为

$$\dot{V}(\boldsymbol{x})=\frac{\partial V}{\partial x_1}\dot{x}_1+\frac{\partial V}{\partial x_2}\dot{x}_2+\cdots+\frac{\partial V}{\partial x_n}\dot{x}_n \tag{4.5-12}$$

写成矩阵的形式，为

$$\dot{V}(\boldsymbol{x})=\begin{bmatrix}\dfrac{\partial V}{\partial x_1} & \dfrac{\partial V}{\mathrm{d}x_2} & \cdots & \dfrac{\partial V}{\partial x_n}\end{bmatrix}\begin{bmatrix}\dot{x}_1\\ \dot{x}_2\\ \vdots\\ \dot{x}_n\end{bmatrix}=(\mathbf{grad}\ V(\boldsymbol{x}))^{\mathrm{T}}\dot{\boldsymbol{x}} \tag{4.5-13}$$

因此，舒尔茨和基布森提出，先假定 $\mathbf{grad}\ V(\boldsymbol{x})$ 的形式为

$$\mathbf{grad}\ V(\boldsymbol{x})=\begin{bmatrix}a_{11}x_1+a_{12}x_2+\cdots a_{1n}x_n\\ a_{21}x_1+a_{22}x_2+\cdots a_{2n}x_n\\ \vdots\\ a_{n1}x_1+a_{n2}x_2+\cdots a_{nn}x_n\end{bmatrix} \tag{4.5-14}$$

并根据 $\dot{V}(\boldsymbol{x})$ 为负定的要求确定 $\mathbf{grad}\ V(\boldsymbol{x})$。假定形式中的待定系数 $a_{ij}(i,j=1,2,\cdots,n)$ 可以是常数，也可以是 t 的函数和(或) $x_i(i=1,2,\cdots,n)$ 的函数，然后由 $\mathbf{grad}\ V(\boldsymbol{x})$ 导出 $V(\boldsymbol{x})$：

$$V(\boldsymbol{x})=\int_0^x(\mathbf{grad}\ V(\boldsymbol{x}))^{\mathrm{T}}\mathrm{d}\boldsymbol{x} \tag{4.5-15}$$

如果导出的 $V(\boldsymbol{x})$ 是正定的，即为给定系统的李雅普诺夫函数。

从式(4.5-15)可以看出，$V(\boldsymbol{x})$ 是梯度向量 $\mathbf{grad}\ V(\boldsymbol{x})$ 的线积分，如果这个线积分与路径无关，可以采取逐点积分法：

$$V(\boldsymbol{x})=\int_0^{x_1(x_2=x_3=\cdots=x_n=0)}\frac{\partial V}{\partial x_1}\mathrm{d}x_1+\int_0^{x_2(x_1=x_1,x_3=x_4=\cdots=x_n=0)}\frac{\partial V}{\partial x_2}\mathrm{d}x_2+\cdots+\int_0^{x_n(x_1=x_1,x_2=x_2,\cdots,x_{n-1}=x_{n-1})}\frac{\partial V}{\partial x_n}\mathrm{d}x_n \tag{4.5-16}$$

从场论的概念可知，如果一个向量的曲线积分与积分路径无关，那么这个向量的旋度必然为零，反之亦然。于是，欲使梯度向量 $\mathbf{grad}\ V(\boldsymbol{x})$ 的线积分与积分路径无关，就必须要求 $\mathbf{grad}(V(\boldsymbol{x}))$ 的旋度为零，即要求 $\mathbf{grad}\ V(\boldsymbol{x})$ 满足如下方程：

$$\frac{\partial\,(\mathbf{grad}\ V(\boldsymbol{x}))_i}{\partial x_j}=\frac{\partial\,(\mathbf{grad}\ V(\boldsymbol{x}))_j}{\partial x_i}\quad(i,j=1,2,\cdots,n;\ \forall\, i\neq j) \tag{4.5-17}$$

式中

$$(\mathbf{grad}\ V(\boldsymbol{x}))_i=\frac{\partial V(\boldsymbol{x})}{\partial x_i} \tag{4.5-18}$$

对于一个 n 阶系统，应有 $\dfrac{n(n-1)}{2}$ 个旋度方程。如：当 $n=3$ 时，有下列三个旋度方程：

$$\begin{cases}\dfrac{\partial^2 V}{\partial x_1\partial x_2}=\dfrac{\partial^2 V}{\partial x_2\partial x_1}\\[2mm] \dfrac{\partial^2 V}{\partial x_2\partial x_3}=\dfrac{\partial^2 V}{\partial x_3\partial x_2}\\[2mm] \dfrac{\partial^2 V}{\partial x_3\partial x_1}=\dfrac{\partial^2 V}{\partial x_1\partial x_3}\end{cases}$$

综上所述，如果非线性系统在平衡状态 $\boldsymbol{x}_e=\mathbf{0}$ 是渐近稳定的，则可按如下步骤求李雅普诺夫函数 $V(\boldsymbol{x})$：

(1)按式(4.5-14)给出 $\mathbf{grad}\ V(\boldsymbol{x})$。

(2)由式(4.5-13)从 $\mathbf{grad}\ V(\boldsymbol{x})$ 求出 $\dot V(\boldsymbol{x})$，并限定 $\dot V(\boldsymbol{x})$ 为负定的或至少是负半定的，可以确定一部分待定系数 a_{ij}。

(3)用式(4.5-17)的旋度方程确定 $\mathbf{grad}\ V(\boldsymbol{x})$ 中的其他待定系数。

(4)重新核对 $\dot V(\boldsymbol{x})$，因为上一步计算可能使其改变。

(5)用式(4.5-15)求出 $V(\boldsymbol{x})$，并验证其正定性。若不正定，则需要重新选择各待定系数 a_{ij}，直到 $V(\boldsymbol{x})$ 正定为止。

例 4-12　试用变量梯度法确定下列非线性系统在平衡状态 $\boldsymbol{x}_e=\mathbf{0}$ 的渐近稳定性：

$$\begin{cases}\dot x_1=-x_1+2x_1^2x_2\\ \dot x_2=-x_2\end{cases}$$

解:设所求李雅普诺夫函数 $V(\boldsymbol{x})$ 的梯度为

$$\mathbf{grad}\ V(\boldsymbol{x})=\begin{bmatrix}a_{11}x_1+a_{12}x_2\\ a_{21}x_1+a_{22}x_2\end{bmatrix}$$

取 $a_{22}=2$，于是 $V(\boldsymbol{x})$ 的导数为

$$\begin{aligned}\dot V(\boldsymbol{x})&=(\mathbf{grad}\ V(\boldsymbol{x}))^{\mathrm T}\dot{\boldsymbol{x}}=(a_{11}x_1+a_{12}x_2)\dot x_1+(a_{21}x_1+2x_2)\dot x_2=\\ &-a_{11}x_1^2+2a_{11}x_1^3x_2-a_{12}x_1x_2+2a_{12}x_1^2x_2^2-a_{21}x_1x_2-2x_2^2\end{aligned}$$

(1)试探地选取

$$a_{11}=1,\quad a_{12}=a_{21}=0$$

则 $$\dot{V}(\boldsymbol{x}) = -x_1^2(1-2x_1x_2)-2x_2^2$$
如果
$$1-2x_1x_2>0$$
则 $\dot{V}(\boldsymbol{x})$ 是负定的。

将 a_{11}, a_{12}, a_{21} 代入 $\mathbf{grad}\ V(\boldsymbol{x})$ 的表达式,有
$$\mathbf{grad}\ V(\boldsymbol{x}) = \begin{bmatrix} x_1 \\ 2x_2 \end{bmatrix}$$

注意到
$$\frac{\partial(\mathbf{grad}\ V(\boldsymbol{x}))_1}{\partial x_2} = \frac{\partial(\mathbf{grad}\ V(\boldsymbol{x}))_2}{\partial x_1} = \mathbf{0}$$
满足旋度方程,因此
$$V(\boldsymbol{x}) = \int_0^{x_1(x_2=0)} x_1\,\mathrm{d}x_1 + \int_0^{x_2(x_1=x_1)} 2x_2\,\mathrm{d}x_2 = \frac{x_1^2}{2}+x_2^2$$

上面所求的李雅普诺夫函数 $V(\boldsymbol{x})$ 对于 $1-2x_1x_2>0$ 中的所有点都是正定的,因此该系统在上述范围内是渐近稳定的。

(2)为了说明确定的李雅普诺夫函数不是唯一的,可以重选 $\mathbf{grad}\ V(\boldsymbol{x})$ 中的以下值:
$$a_{11}=\frac{2}{(1-x_1x_2)^2},\quad a_{12}=\frac{-x_1^2}{(1-x_1x_2)^2},\quad a_{21}=\frac{x_1^2}{(1-x_1x_2)^2}$$
于是有
$$\dot{V}(\boldsymbol{x}) = -2x_1^2-2x_2^2$$
其中,$\dot{V}(\boldsymbol{x})$ 在整个状态空间上是负定的。

对应这种情况可得
$$\mathbf{grad}\ V(\boldsymbol{x}) = \begin{bmatrix} \dfrac{2x_1}{(1-x_1x_2)^2}-\dfrac{x_1^2x_2}{(1-x_1x_2)^2} \\ \dfrac{x_1^3}{(1-x_1x_2)^2}+2x_2 \end{bmatrix}$$

由于
$$\frac{\partial(\mathbf{grad}\ V(\boldsymbol{x}))_1}{\partial x_2} = \frac{3x_1^2-x_1^3x_2}{(1-x_1x_2)^3}$$
$$\frac{\partial(\mathbf{grad}\ V(\boldsymbol{x}))_2}{\partial x_1} = \frac{3x_1^2-x_1^3x_2}{(1-x_1x_2)^3}$$
显然,若 $x_1x_2<1$,则满足旋度方程,所以可得

$$V(\boldsymbol{x}) = \int_0^{x_1(x_2=0)}\left[\frac{2x_1}{(1-x_1x_2)^2}-\frac{x_1^2x_2}{(1-x_1x_2)^2}\right]\mathrm{d}x_1 + \int_0^{x_2(x_1=x_1)}\left[\frac{x_1^3}{(1-x_1x_2)^2}+2x_2\right]\mathrm{d}x_2 = \frac{x_1^2}{1-x_1x_2}+x_2^2$$
从这个李雅普诺夫函数可以看出,系统的原点在 $x_1x_2<1$ 范围内是渐近稳定的。

这也表明，由第一种方法确定的李雅普诺夫函数给出的渐近稳定范围比第二种方法给出的李雅普诺夫函数的范围小。因此，后者的李雅普诺夫函数优于前者选取的李雅普诺夫函数。

由以上讨论可以看出，李雅普诺夫第二方法对线性和非线性系统都适用，这是它的主要优点。但是，对非线性系统来说，只有当其非线性特性能用解析式表示时，才可能求出李雅普诺夫函数。然而，工程上很多非线性因素往往只能得到特性曲线，例如死区、间隙等。这些非线性曲线有的可以用解析式表达，但是对于继电型非线性，就很难用解析式表达。这时，用李雅普诺夫第二方法就比较困难，这也是该方法在工程应用中的一个障碍。

4.6　MATLAB在系统稳定性分析中的应用

判断第一章中例1-6单级倒立摆装置的稳定性。状态空间表达式为

$$
\begin{cases}
\begin{bmatrix}\dot{x}_1\\ \dot{x}_2\\ \dot{x}_3\\ \dot{x}_4\end{bmatrix}=\begin{bmatrix}0 & 1 & 0 & 0\\ 20.601 & 0 & 0 & 0\\ 0 & 0 & 0 & 1\\ -0.4905 & 0 & 0 & 0\end{bmatrix}\begin{bmatrix}x_1\\ x_2\\ x_3\\ x_4\end{bmatrix}+\begin{bmatrix}0\\ -1\\ 0\\ 0.5\end{bmatrix}u \\
y=\begin{bmatrix}0 & 0 & 1 & 0\end{bmatrix}\begin{bmatrix}x_1\\ x_2\\ x_3\\ x_4\end{bmatrix}
\end{cases}
$$

解：(1)根据传递函数的极点判断稳定性，编写程序(见MATLAB程序4.6-1)。

MATLAB程序4.6-1

```
clear all;
close all;
A=[0  1  0  0;20.601  0  0  0;0  0  0  1;-0.4905  0  0  0];
B=[0;-1;0;0.5];
C=[0  0  1  0];
[z,p,k]=ss2zp(A,B,C,1);
```

运行结果如下：

```
z =
    -4.5363 + 0.0000i
     4.5363 + 0.0000i
    -0.0000 + 0.6905i
    -0.0000 - 0.6905i
p =
          0
          0
```

4.5388

−4.5388

由此可知：系统有1个正实根和2个零根，因此系统不稳定。

(2)根据李雅普诺夫第一方法判断稳定性，编写程序(见MATLAB程序4.6－2)。

MATLAB程序4.6－2

```
clear all;
close all;
A=[0 1 0 0; 20.601 0 0 0; 0 0 0 1; -0.4905 0 0 0];
[x,y]=eig(A);
diag(y)
```

运行结果如下：

ans =

0

0

4.5388

−4.5388

由此可知：系统的特征值有1个正实根和2个零根，因此系统不稳定。

(3)根据李雅普诺夫第二方法判断稳定性，因为矩阵$\boldsymbol{A}$不是满秩矩阵，因此不能利用MATLAB中的lyap()函数，根据$\boldsymbol{A}^{\mathrm{T}}\boldsymbol{P}+\boldsymbol{P}\boldsymbol{A}=-\boldsymbol{Q}$，求解$\boldsymbol{P}$阵判断系统稳定性。

习　题

4－1　设系统的状态空间表达式为

$$\begin{cases}\dot{\boldsymbol{x}}=\begin{bmatrix}0 & 1 & 0\\ 0 & 0 & 1\\ -\alpha & -\beta & -2\end{bmatrix}\boldsymbol{x}+\begin{bmatrix}0\\0\\1\end{bmatrix}\boldsymbol{u}\\ \boldsymbol{y}=\begin{bmatrix}1 & -2 & 1\end{bmatrix}\boldsymbol{x}\end{cases}$$

式中，α、β为实常数。试分别写出满足下列稳定性要求时，α、β应满足的条件：

(1)系统渐近稳定；

(2)系统BIBO稳定。

4－2　系统结构图如图4－5所示，要使系统平衡状态是渐近稳定的，求参数K的取值范围。

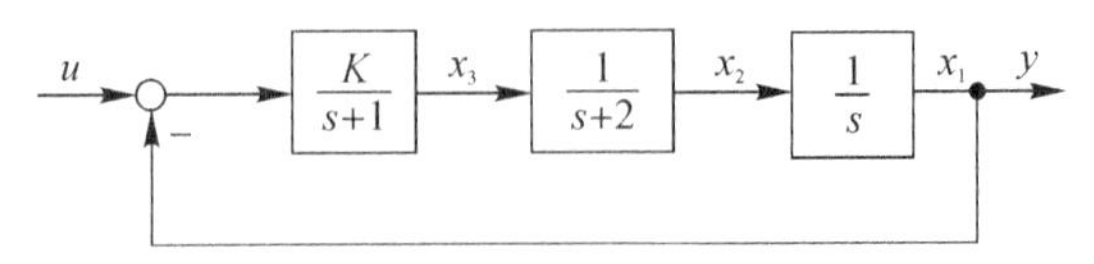

图4－5　习题4－2配图

4－3　描述振荡器电压产生的范德波尔方程为

$$\ddot{v}+u(v^2-1)\dot{v}+Kv=Q\qquad(u<0,K>0)$$

试利用李雅普诺夫第一方法，确定系统渐近稳定的范围。

4－4　某非线性定常系统的状态方程为

$$\begin{cases}\dot{x}_1 = x_2 \\ \dot{x}_2 = -ax_2(1+x_2)^2 - x_1\end{cases} \quad (a>0)$$

试求系统的平衡状态，并判别系统平衡状态的稳定性。

4－5　某非线性定常系统的状态方程为

$$\begin{cases}\dot{x}_1 = x_2 - x_1(x_1^2 + x_2^2) \\ \dot{x}_2 = -x_1 - x_2(x_1^2 + x_2^2)\end{cases}$$

试判别平衡状态的稳定性。

4－6　试用李雅普诺夫第二方法判断线性定常系统 $\dot{\boldsymbol{x}} = \begin{bmatrix} 0 & 1 \\ -2 & -3 \end{bmatrix}\boldsymbol{x}$ 平衡状态的稳定性。

4－7　设系统的状态方程为

$$\begin{bmatrix}\dot{x}_1 \\ \dot{x}_2\end{bmatrix} = \begin{bmatrix} a_{11} & a_{12} \\ a_{21} & a_{22}\end{bmatrix}\begin{bmatrix} x_1 \\ x_2\end{bmatrix}$$

试确定使系统成为渐近稳定的系统参数应满足的条件。

4－8　已知系统的状态方程为

$$\dot{\boldsymbol{x}} = \begin{bmatrix} 2 & \frac{1}{2} & -3 \\ 0 & -1 & 0 \\ 0 & \frac{1}{2} & -1 \end{bmatrix}\boldsymbol{x} + \begin{bmatrix} 0 & 1 \\ 0 & 2 \\ 1 & 1 \end{bmatrix}\boldsymbol{u}$$

试利用 $\boldsymbol{A}^{\mathrm{T}}\boldsymbol{P} + \boldsymbol{P}\boldsymbol{A} = \boldsymbol{Q}$ 求出 $\boldsymbol{P}$ 矩阵，并判断系统稳定性。其中 $\boldsymbol{Q}$ 分别取为 $\begin{bmatrix} 1 & 0 & 0 \\ 0 & 1 & 0 \\ 0 & 0 & 1 \end{bmatrix}$ 和 $\begin{bmatrix} 0 & 0 & 0 \\ 0 & 1 & 0 \\ 0 & 0 & 0 \end{bmatrix}$。

第5章 状态反馈和状态观测器

反馈控制是自动控制系统最基本的控制方式，也是系统设计的主要方式。在经典控制理论中，系统的数学模型是用传递函数来描述的，因此只能将输出量作为反馈信息构成闭环控制系统，这种反馈称为输出反馈。而在现代控制理论中，系统的数学模型是用状态空间表达式来描述的，因此可以运用描述系统内部的状态变量作为反馈信息来构成闭环控制系统，这种反馈称为状态反馈。而为了利用状态进行反馈，需要对所有状态变量进行测量，但并不是所有的状态变量都能用传感器测量出来，因此，提出了运用状态观测器重构状态的问题。

本章以线性连续定常系统为研究对象，首先介绍状态反馈和输出反馈的定义，接着介绍闭环系统极点配置方法以及两种反馈对系统性能的影响；由于有的状态变量不易或不能直接测量，因此将介绍如何设计全维、降维状态观测器来重构状态；最后介绍状态反馈下闭环系统的稳态特性以及带观测器的调节器系统的设计。

5.1 两种反馈形式下闭环系统的状态空间表达式

一、状态反馈

所谓状态反馈就是将系统的每一个状态变量乘以相应的反馈系数馈送到输入端与参考输入相加，其和作为受控系统的控制输入。

设 n 维受控对象 Σ_p 的状态空间模型为

$$\dot{\boldsymbol{x}} = \boldsymbol{A}\boldsymbol{x} + \boldsymbol{B}\boldsymbol{u} \tag{5.1-1}$$

$$\boldsymbol{y} = \boldsymbol{C}\boldsymbol{x} \tag{5.1-2}$$

若控制作用取为状态变量的线性组合

$$\boldsymbol{u} = \boldsymbol{v} - \boldsymbol{K}\boldsymbol{x} \tag{5.1-3}$$

则称之为线性直接状态反馈，简称为状态反馈。其中，$\boldsymbol{v}$ 为 p 维参考输入向量，$\boldsymbol{K}$ 为 $p \times n$ 维实反馈增益矩阵，即

$$\boldsymbol{K} = \begin{bmatrix} k_{11} & k_{12} & \cdots & k_{1n} \\ k_{21} & k_{22} & \cdots & k_{2n} \\ \vdots & \vdots & & \vdots \\ k_{p1} & k_{p2} & \cdots & k_{pn} \end{bmatrix} \tag{5.1-4}$$

加入状态反馈后，系统结构图如图 5-1 所示。在研究状态反馈时，假定所有的状态变量都是可以用来反馈的。

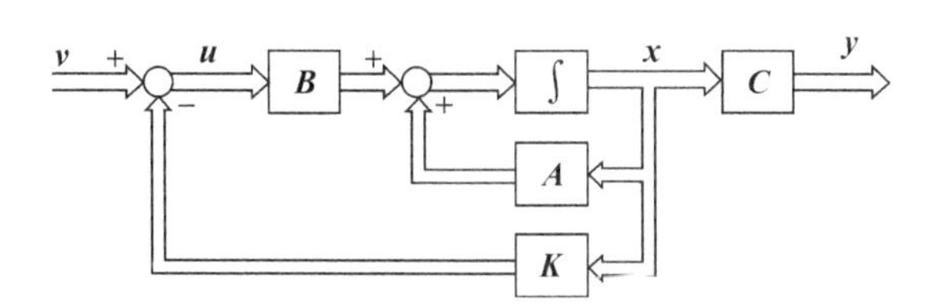

图5-1　状态反馈系统结构图

把式(5.1-3)代入式(5.1-1),整理后便得到状态反馈闭环系统的状态方程为

$$\dot{\boldsymbol{x}} = (\boldsymbol{A} - \boldsymbol{BK})\boldsymbol{x} + \boldsymbol{Bv} \tag{5.1-5}$$

输出方程不变,仍为式(5.1-2)。

对于式(5.1-5)和式(5.1-2)的状态反馈系统可简单地使用$\Sigma_K[(\boldsymbol{A}-\boldsymbol{BK}),\boldsymbol{B},\boldsymbol{C}]$表示,其传递函数矩阵$\boldsymbol{G}_K(s)$为

$$\boldsymbol{G}_K(s) = \boldsymbol{C}(s\boldsymbol{I} - \boldsymbol{A} + \boldsymbol{BK})^{-1}\boldsymbol{B} \tag{5.1-6}$$

二、输出反馈

输出反馈包含两种形式:一种是将输出量反馈至参考输入处,另一种是将输出量反馈至状态微分处。

1. 输出至参考输入处

将输出量反馈至参考输入处的系统结构图如图5-2所示,它是将系统的每一个输出量乘以相应的反馈系数馈送到输入端与参考输入相加,其和作为受控系统的控制输入。

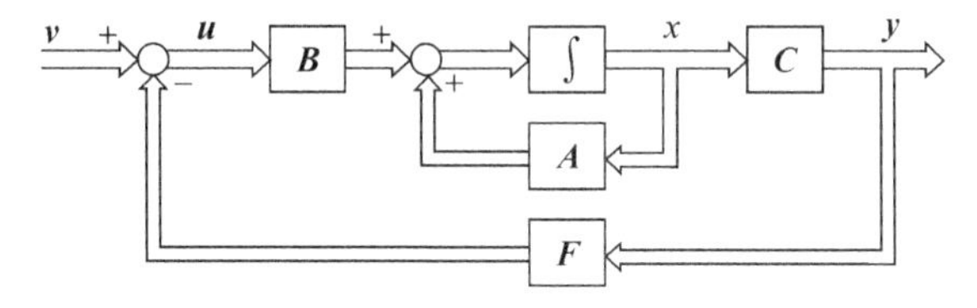

图5-2　输出反馈至参考输入系统结构图

图5-2中受控系统的状态空间模型如式(5.1-1)和式(5.1-2)所示。

受控系统的控制输入$\boldsymbol{u}$为

$$\boldsymbol{u} = \boldsymbol{v} - \boldsymbol{Fy} \tag{5.1-7}$$

式中,$\boldsymbol{v}$为p维参考输入向量;$\boldsymbol{F}$为输出反馈增益矩阵,对于p维输入q维输出的多变量系统,是一个$p\times q$维矩阵,即

$$\boldsymbol{F} = \begin{bmatrix} f_{11} & f_{12} & \cdots & f_{1q} \\ f_{21} & f_{22} & \cdots & f_{2q} \\ \vdots & \vdots & & \vdots \\ f_{p1} & f_{p2} & \cdots & f_{pq} \end{bmatrix} \tag{5.1-8}$$

将式(5.1-2)代入式(5.1-7),得

$$\boldsymbol{u} = \boldsymbol{v} - \boldsymbol{FCx} \tag{5.1-9}$$

再将式(5.1-9)代入式(5.1-1),得闭环系统的状态方程为

$$\dot{\boldsymbol{x}} = \boldsymbol{Ax} + \boldsymbol{B}(\boldsymbol{v} - \boldsymbol{FCx}) = (\boldsymbol{A} - \boldsymbol{BFC})\boldsymbol{x} + \boldsymbol{Bv} \tag{5.1-10}$$

输出方程不变,仍为式(5.1-2)所示。

对于式(5.1-10)和式(5.1-2)的输出反馈系统可简单使用$\Sigma_F[(\boldsymbol{A}-\boldsymbol{BFC}),\boldsymbol{B},\boldsymbol{C}]$表示,其传递函数矩阵$\boldsymbol{G}_F(s)$为

$$\boldsymbol{G}_F(s)=\boldsymbol{C}(s\boldsymbol{I}-\boldsymbol{A}+\boldsymbol{BFC})^{-1}\boldsymbol{B} \tag{5.1-11}$$

若令受控系统的传递函数矩阵为

$$\boldsymbol{G}_p(s)=\boldsymbol{C}(s\boldsymbol{I}-\boldsymbol{A})^{-1}\boldsymbol{B} \tag{5.1-12}$$

则

$$\boldsymbol{G}_F(s)=\boldsymbol{G}_p(s)[\boldsymbol{I}+\boldsymbol{F}\boldsymbol{G}_P(s)]^{-1} \tag{5.1-13}$$

2. 输出量反馈至状态微分处

输出量反馈至状态微分处的系统结构图如图5-3所示,它是将系统的每一个输出量乘以相应的反馈系数馈送到状态微分处。图中受控系统的状态空间表达式见式(5.1-1)和式(5.1-2)。

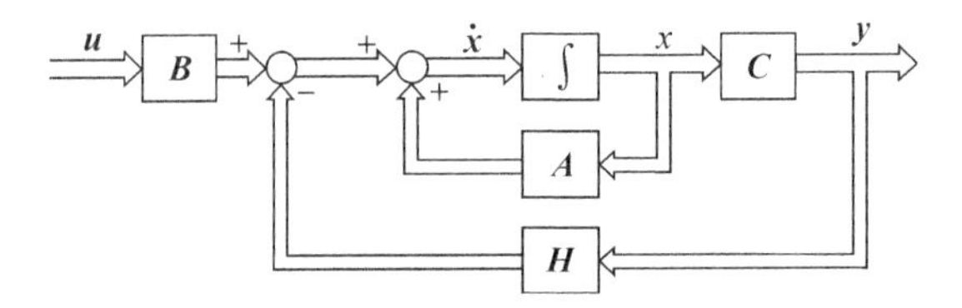

图5-3　输出反馈至状态微分系统结构图

引入图5-3所示的输出反馈后系统的状态方程为

$$\dot{\boldsymbol{x}}=\boldsymbol{Ax}+\boldsymbol{Bu}-\boldsymbol{Hy}=(\boldsymbol{A}-\boldsymbol{HC})\boldsymbol{x}+\boldsymbol{Bu} \tag{5.1-14}$$

输出方程不变,仍为式(5.1-2)所示。

对于式(5.1-14)和式(5.1-2)的输出反馈系统可简单使用$\Sigma_H[(\boldsymbol{A}-\boldsymbol{HC}),\boldsymbol{B},\boldsymbol{C}]$表示,其传递函数矩阵$\boldsymbol{G}_H(s)$为

$$\boldsymbol{G}_H(s)=\boldsymbol{C}(s\boldsymbol{I}-\boldsymbol{A}+\boldsymbol{HC})^{-1}\boldsymbol{B} \tag{5.1-15}$$

三、状态反馈和输出反馈的比较

(1)状态反馈和输出反馈,都可以改变受控系统的系数矩阵,但这并不表明二者具有等同的功能。比较式(5.1-5)和式(5.1-10)可以发现,若令式(5.1-10)中的$\boldsymbol{FC}=\boldsymbol{K}$便可得到式(5.1-5),也就是说对于一个给定的输出反馈一定有一个状态反馈与之对应,但对于一个给定的状态反馈不一定有一个输出反馈与之对应,这是因为对给定的$\boldsymbol{K}$求解矩阵$\boldsymbol{F}$不一定存在。

(2)由于状态能完整地表征系统的动态行为,因而利用状态反馈时,其信息量大而完整,而输出反馈仅利用了状态变量的线性组合进行反馈,其信息量较小。由于系统输出中所包含的信息不是系统的全部状态信息,因此输出反馈只能看成是一种部分状态反馈。在不增添附加补偿器的条件下,输出反馈的效果显然没有状态反馈的效果好。

(3)由于系统输出的可测量属性,输出反馈是在物理上可实现的;而不是所有的状态变量都可测量,则状态反馈在物理上不一定可实现。因此,就反馈的物理实现而言,输出反馈要优于状态反馈。

(4)对于状态完全可观测系统,使状态反馈物理上可实现的一个途径是引入附加的状态观测器,基于状态$\boldsymbol{x}$重构状态$\hat{\boldsymbol{x}}$构成状态反馈。有关状态观测器的设计问题,将在本章5.4节介绍。

5.2　闭环系统的极点配置

由于系统的闭环极点在复平面上的分布情况在很大程度上决定了控制系统的性能。因此，在对系统进行综合时，通常是给出一组期望的极点，或者根据时域指标要求提出一组期望的极点。所谓极点配置(或称为特征值配置)问题就是通过对反馈增益矩阵的设计，使闭环系统的极点恰好处于复平面上所期望的位置，以获得期望的动态特性。

一、状态反馈的极点可配置条件

考虑 n 维线性定常可控系统的状态方程为

$$\dot{\boldsymbol{x}} = \boldsymbol{A}\boldsymbol{x} + \boldsymbol{B}\boldsymbol{u} \tag{5.2-1}$$

选取控制输入为状态反馈，即

$$\boldsymbol{u} = \boldsymbol{v} - \boldsymbol{K}\boldsymbol{x} \tag{5.2-2}$$

将式(5.2-2)代入式(5.2-1)，得到

$$\dot{\boldsymbol{x}} = (\boldsymbol{A} - \boldsymbol{B}\boldsymbol{K})\boldsymbol{x} + \boldsymbol{B}\boldsymbol{v} \tag{5.2-3}$$

式(5.2-3)所示系统的特征多项式为

$$f(\lambda) = \det[\lambda\boldsymbol{I} - (\boldsymbol{A} - \boldsymbol{B}\boldsymbol{K})] \tag{5.2-4}$$

由式(5.2-4)可见，通过对状态反馈增益矩阵 $\boldsymbol{K}$ 的选取，可以实现式(5.2-3)所示系统的闭环极点(或特征值)的任意配置。下面给出状态反馈配置极点的条件。

定理 5.1　对于 n 维线性定常系统 $\Sigma_p(\boldsymbol{A},\boldsymbol{B},\boldsymbol{C})$：

$$\left.\begin{aligned}\dot{\boldsymbol{x}} &= \boldsymbol{A}\boldsymbol{x} + \boldsymbol{B}\boldsymbol{u}\\ \boldsymbol{y} &= \boldsymbol{C}\boldsymbol{x}\end{aligned}\right\} \tag{5.2-5}$$

采用状态反馈可以使闭环系统

$$\dot{\boldsymbol{x}} = (\boldsymbol{A} - \boldsymbol{B}\boldsymbol{K})\boldsymbol{x} + \boldsymbol{B}\boldsymbol{v} \tag{5.2-6}$$

的极点得到任意配置的充要条件是系统 $\Sigma_p(\boldsymbol{A},\boldsymbol{B},\boldsymbol{C})$ 状态完全可控(当然，由于 $\boldsymbol{A}$、$\boldsymbol{B}$、$\boldsymbol{K}$ 均是实系数矩阵，故复极点应为共轭复数对)。

证明：以单输入多输出系统来证明该定理。此时，被控系统 $\Sigma_p(\boldsymbol{A},\boldsymbol{B},\boldsymbol{C})$ 中的 $\boldsymbol{B}$ 为一列向量，记为 $\boldsymbol{b}$。

(1)先证充分性。如果 $\Sigma_p(\boldsymbol{A},\boldsymbol{b})$ 是可控的，可以通过线性非奇异变换

$$\bar{\boldsymbol{x}} = \boldsymbol{P}^{-1}\boldsymbol{x} \tag{5.2-7}$$

将系统 $\Sigma_p(\boldsymbol{A},\boldsymbol{b})$ 化为第二可控标准形：

$$\left.\begin{aligned}\dot{\bar{\boldsymbol{x}}} &= \bar{\boldsymbol{A}}\bar{\boldsymbol{x}} + \bar{\boldsymbol{b}}\boldsymbol{u}\\ \boldsymbol{y} &= \bar{\boldsymbol{C}}\bar{\boldsymbol{x}}\end{aligned}\right\} \tag{5.2-8}$$

式中

$$\bar{\boldsymbol{A}}=\boldsymbol{P}^{-1}\boldsymbol{AP}=\begin{bmatrix}0&1&0&\cdots&0\\0&0&1&\cdots&0\\\vdots&\vdots&\vdots&&\vdots\\0&0&0&\cdots&1\\-\alpha_0&-\alpha_1&-\alpha_2&\cdots&-\alpha_{n-1}\end{bmatrix}\tag{5.2-9}$$

$$\bar{\boldsymbol{b}}=\boldsymbol{P}^{-1}\boldsymbol{b}=\begin{bmatrix}0\\0\\\vdots\\0\\1\end{bmatrix}\tag{5.2-10}$$

$$\bar{\boldsymbol{C}}=\boldsymbol{CP}=[\boldsymbol{\beta}_0\quad\boldsymbol{\beta}_1\quad\cdots\quad\boldsymbol{\beta}_{n-1}]\tag{5.2-11}$$

设对应状态 $\bar{\boldsymbol{x}}$ 的状态反馈增益矩阵 $\bar{\boldsymbol{K}}$ 为

$$\bar{\boldsymbol{K}}=[\bar{k}_0\quad\bar{k}_1\quad\cdots\quad\bar{k}_{n-1}]\tag{5.2-12}$$

则对于状态为 $\bar{\boldsymbol{x}}$ 的闭环系统的系数矩阵 $\bar{\boldsymbol{A}}-\bar{\boldsymbol{b}}\bar{\boldsymbol{K}}$ 为

$$\bar{\boldsymbol{A}}-\bar{\boldsymbol{b}}\bar{\boldsymbol{K}}=\begin{bmatrix}0&1&0&\cdots&0\\0&0&1&\cdots&0\\\vdots&\vdots&\vdots&&\vdots\\0&0&0&\cdots&1\\-\alpha_0-\bar{k}_0&-\alpha_1-\bar{k}_1&-\alpha_2-\bar{k}_2&\cdots&-\alpha_{n-1}-\bar{k}_{n-1}\end{bmatrix}\tag{5.2-13}$$

闭环系统的特征多项式为

$$f(\lambda)=\det[\lambda\boldsymbol{I}-(\bar{\boldsymbol{A}}-\bar{\boldsymbol{b}}\bar{\boldsymbol{K}})]=\lambda^n+(\alpha_{n-1}+\bar{k}_{n-1})\lambda^{n-1}+\cdots+(\alpha_1+\bar{k}_1)\lambda+(\alpha_0+\bar{k}_0)\tag{5.2-14}$$

通过选择反馈增益矩阵的 $\bar{k}_0,\bar{k}_1,\cdots,\bar{k}_{n-1}$，特征多项式的系数可为任意值，即系统的极点可以任意配置。

(2)再证必要性。先从证明下面的命题开始：如果系统不是状态完全可控的，则系统的极点不可能由状态反馈来任意配置。

假设系统 $\Sigma_p(\boldsymbol{A},\boldsymbol{b})$ 不是状态完全可控的，则其可控判别矩阵的秩小于 n，即

$$\text{rank}[\boldsymbol{b}\quad\boldsymbol{Ab}\quad\boldsymbol{A}^2\boldsymbol{b}\quad\cdots\quad\boldsymbol{A}^{n-1}\boldsymbol{b}]=q<n$$

对系统进行可控性结构分解，使之为

$$\bar{\boldsymbol{A}}=\boldsymbol{P}^{-1}\boldsymbol{AP}=\begin{bmatrix}\bar{\boldsymbol{A}}_{11}&\bar{\boldsymbol{A}}_{12}\\\boldsymbol{O}&\bar{\boldsymbol{A}}_{22}\end{bmatrix}$$

$$\bar{\boldsymbol{b}}=\boldsymbol{P}^{-1}\boldsymbol{b}=\begin{bmatrix}\bar{\boldsymbol{b}}_1\\\boldsymbol{O}\end{bmatrix}$$

定义
$$\boldsymbol{K}=\boldsymbol{KP}=[\bar{\boldsymbol{K}}_1\quad\bar{\boldsymbol{K}}_2]$$

则闭环系统的系数矩阵 $\bar{\boldsymbol{A}}-\bar{\boldsymbol{b}}\,\bar{\boldsymbol{K}}$ 为

$$\bar{\boldsymbol{A}}-\bar{\boldsymbol{b}}\,\bar{\boldsymbol{K}}=\begin{bmatrix}\bar{\boldsymbol{A}}_{11}&\bar{\boldsymbol{A}}_{12}\\\boldsymbol{O}&\bar{\boldsymbol{A}}_{22}\end{bmatrix}-\begin{bmatrix}\bar{\boldsymbol{b}}_1\\\boldsymbol{O}\end{bmatrix}[\bar{\boldsymbol{K}}_1\quad\bar{\boldsymbol{K}}_2]=$$

$$\begin{bmatrix}\bar{\boldsymbol{A}}_{11}-\bar{\boldsymbol{b}}_1\,\bar{\boldsymbol{K}}_1&\bar{\boldsymbol{A}}_{12}-\bar{\boldsymbol{b}}_1\,\bar{\boldsymbol{K}}_2\\\boldsymbol{O}&\bar{\boldsymbol{A}}_{22}\end{bmatrix}\tag{5.2-15}$$

闭环系统的特征多项式为

$$\det[\lambda \boldsymbol{I}-(\bar{\boldsymbol{A}}-\bar{\boldsymbol{b}}\bar{\boldsymbol{K}})]=\det[\lambda \boldsymbol{I}_1-(\bar{\boldsymbol{A}}_{11}-\bar{\boldsymbol{b}}_1\bar{\boldsymbol{K}}_1)]\cdot\det(\lambda \boldsymbol{I}_2-\bar{\boldsymbol{A}}_{22})$$

由上式可见，$\bar{\boldsymbol{A}}_{22}$ 的极点不依赖于 $\boldsymbol{K}$。因此，如果一个系统不是状态完全可控的，则系统的极点就不能任意配置。所以，为了任意配置系统的极点，系统必须是状态完全可控的。

二、状态反馈增益矩阵的计算

1. 利用变换阵 $\boldsymbol{P}$ 确定状态反馈增益矩阵 $\boldsymbol{K}$

利用变换阵 $\boldsymbol{P}$ 确定状态反馈增益矩阵 $\boldsymbol{K}$ 的步骤如下：

(1)判断系统可控性，如果状态完全可控，按以下步骤继续。

(2)确定将原系统化为式(5.2-9)至式(5.2-11)所示的第二可控标准形的变换阵 $\boldsymbol{P}$。

设原系统 $\Sigma_p(\boldsymbol{A},\boldsymbol{b},\boldsymbol{C})$ 的特征方程为

$$f(\lambda)=\det(\lambda\boldsymbol{I}-\boldsymbol{A})=\lambda^n+\alpha_{n-1}\lambda^{n-1}+\cdots+\alpha_1\lambda+\alpha_0 \tag{5.2-16}$$

则，变换阵 $\boldsymbol{P}$ 为

$$\boldsymbol{P}=[\boldsymbol{A}^{n-1}\boldsymbol{b}\quad \boldsymbol{A}^{n-2}\boldsymbol{b}\quad\cdots\quad\boldsymbol{b}]\begin{bmatrix}1 & & & & \\ \alpha_{n-1} & 1 & & & \\ \alpha_{n-2} & \alpha_{n-1} & & & \\ \vdots & \vdots & \ddots & & \\ \alpha_2 & \alpha_3 & \cdots & 1 & \\ \alpha_1 & \alpha_2 & \cdots & \alpha_{n-1} & 1\end{bmatrix} \tag{5.2-17}$$

在可控标准型下，加入状态反馈后，系统矩阵为式(5.2-13)所示。则第二可控标准形下，状态反馈后闭环系统特征多项式为式(5.2-14)。

(3)根据给定期望闭环极点，写出期望的特征多项式。

设闭环系统的期望极点为 $\lambda_1,\lambda_2,\cdots,\lambda_n$，则系统的期望特征多项式为

$$f^*(\lambda)=(\lambda-\lambda_1)(\lambda-\lambda_2)\cdots(\lambda-\lambda_n)=\lambda^n+\alpha_{n-1}^*\lambda^{n-1}+\cdots+\alpha_1^*\lambda+\alpha_0^* \tag{5.2-18}$$

(4)令 $f(\lambda)=f^*(\lambda)$ 即可求得可控标准形下的反馈增益矩阵 $\bar{\boldsymbol{K}}$：

$$\bar{\boldsymbol{K}}=[\bar{k}_0\quad\bar{k}_1\quad\cdots\quad\bar{k}_{n-1}]=[\alpha_0^*-\alpha_0\quad\alpha_1^*-\alpha_1\quad\cdots\quad\alpha_{n-1}^*-\alpha_{n-1}]$$

(5)求对应原状态 $\boldsymbol{x}$ 的状态反馈增益矩阵 $\boldsymbol{K}$：

$$\boldsymbol{K}=\bar{\boldsymbol{K}}\boldsymbol{P}^{-1}$$

式中，$\boldsymbol{P}$ 是式(5.2-7)中把原系统的状态空间方程化为第二可控标准形的变换阵。推导如下：

由式 $u=v-\boldsymbol{K}\boldsymbol{x}$ 可以写出对于状态为 $\bar{\boldsymbol{x}}$ 下的控制输入 $\boldsymbol{u}$：

$$\boldsymbol{u}=\boldsymbol{v}-\bar{\boldsymbol{K}}\bar{\boldsymbol{x}} \tag{5.2-19}$$

由式(5.2-7)知

$$\bar{\boldsymbol{x}}=\boldsymbol{P}^{-1}\boldsymbol{x} \tag{5.2-20}$$

将式(5.2-20)代入式(5.2-19)，则得到对于状态为 $\boldsymbol{x}$ 下的控制输入 u：

$$\boldsymbol{u}=\boldsymbol{v}-\bar{\boldsymbol{K}}\boldsymbol{P}^{-1}\boldsymbol{x} \tag{5.2-21}$$

即

$$\boldsymbol{u}=\boldsymbol{v}-\boldsymbol{K}\boldsymbol{x} \tag{5.2-22}$$

于是可得

$$\boldsymbol{K}=\bar{\boldsymbol{K}}\boldsymbol{P}^{-1} \tag{5.2-23}$$

2.用直接代入法确定状态反馈增益矩阵 $\boldsymbol{K}$

用直接代入法确定状态反馈增益矩阵 $\boldsymbol{K}$ 的步骤如下：

(1)判断系统可控性。如果状态完全可控,按下列步骤继续。

(2)求状态反馈后闭环系统的特征多项式：

$$f(\lambda)=\det[\lambda\boldsymbol{I}-(\boldsymbol{A}-\boldsymbol{bK})]$$

(3)根据给定期望闭环极点,写出期望的特征多项式：

$$f^*(\lambda)=(\lambda-\lambda_1)(\lambda-\lambda_2)\cdots(\lambda-\lambda_n)=\lambda^n+\alpha_{n-1}^*\lambda^{n-1}+\cdots+\alpha_1^*\lambda+\alpha_0^*$$

(4)由 $f(\lambda)=f^*(\lambda)$ 确定状态反馈增益矩阵 $\boldsymbol{K}$:

$$\boldsymbol{K}=[k_0 \quad k_1 \quad \cdots \quad k_{n-1}]$$

如果系统的阶次较低($n\leqslant 3$),用直接代入法确定状态反馈增益矩阵 $\boldsymbol{K}$ 可能更为简单。

例 5-1 已知系统的传递函数为

$$\frac{Y(s)}{U(s)}=\frac{1}{s(s+2)(s+3)}$$

试设计状态反馈增益矩阵 $\boldsymbol{K}$,使闭环系统的极点为 -10, $-2\pm \mathrm{j}2$。

解:(1)由于传递函数 $G(s)$ 没有零极点对消现象,所以对应于该传递函数的实现是可控且可观测的。故可以直接写出可控标准形实现为

$$\begin{cases}\begin{bmatrix}\dot{x}_1\\\dot{x}_2\\\dot{x}_3\end{bmatrix}=\begin{bmatrix}0&1&0\\0&0&1\\0&-6&-5\end{bmatrix}\begin{bmatrix}x_1\\x_2\\x_3\end{bmatrix}+\begin{bmatrix}0\\0\\1\end{bmatrix}u\\ y=[1 \quad 0 \quad 0]\begin{bmatrix}x_1\\x_2\\x_3\end{bmatrix}\end{cases}$$

(2)设状态反馈增益矩阵 $\boldsymbol{K}$ 为

$$\boldsymbol{K}=[k_0 \quad k_1 \quad k_2]$$

则闭环系统的特征多项式为

$$f(\lambda)=\det[\lambda\boldsymbol{I}-(\boldsymbol{A}-\boldsymbol{bK})]=\lambda^3+(5+k_2)\lambda^2+(6+k_1)\lambda+k_0$$

(3)系统的期望特征多项式为

$$f^*(\lambda)=(\lambda+2+\mathrm{j}2)(\lambda+2-\mathrm{j}2)(\lambda+10)=\lambda^3+14\lambda^2+48\lambda+80$$

(4)令 $f(\lambda)=f^*(\lambda)$,得

$$k_0=80, \quad k_1=42, \quad k_2=9$$

于是得到状态反馈增益矩阵 $\boldsymbol{K}$ 为

$$\boldsymbol{K}=[80 \quad 42 \quad 9]$$

该闭环系统的结构图如图 5-4 所示。

例 5-2 已知单输入线性定常系统的状态方程为

$$\dot{\boldsymbol{x}}=\begin{bmatrix}0&0&0\\1&-6&0\\0&1&-12\end{bmatrix}\boldsymbol{x}+\begin{bmatrix}1\\0\\0\end{bmatrix}u$$

试求状态反馈增益矩阵 $\boldsymbol{K}$,使系统的闭环特征值为

$$\lambda_1=-2, \quad \lambda_2=-1+\mathrm{j}, \quad \lambda_3=-1-\mathrm{j}$$

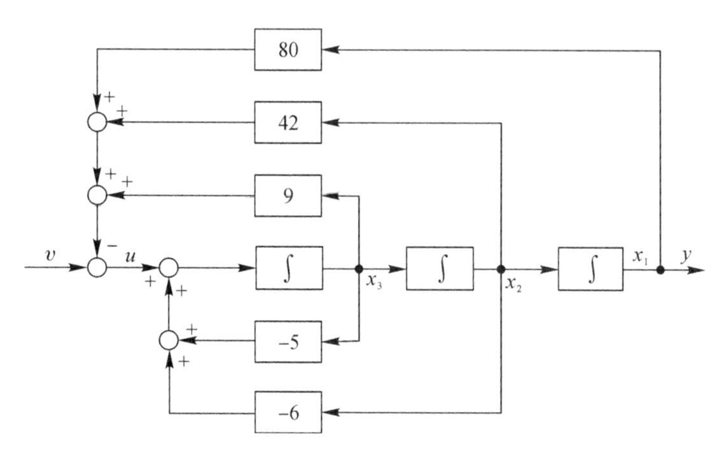

图 5-4　闭环系统的结构图

解:由已知条件可得系统的可控性判别矩阵为

$$\boldsymbol{Q}_{\mathrm{C}}=[\boldsymbol{b}\quad \boldsymbol{A}\boldsymbol{b}\quad \boldsymbol{A}^2\boldsymbol{b}]=\begin{bmatrix}1&0&0\\0&1&-6\\0&0&1\end{bmatrix}$$

则可得

$$\mathrm{rank}\boldsymbol{Q}_{\mathrm{C}}=3=n$$

因此系统可控,满足极点可任意配置条件。系统的期望特征多项式为

$$f^*(\lambda)=(\lambda-\lambda_1)(\lambda-\lambda_2)(\lambda-\lambda_3)=(\lambda+2)(\lambda+1-\mathrm{j})(\lambda+1+\mathrm{j})=\lambda^3+4\lambda^2+6\lambda+4$$

(1)方法一:利用变换阵 $\boldsymbol{P}$ 确定状态反馈增益矩阵 $\boldsymbol{K}$。

系统的特征多项式为

$$\det(\lambda\boldsymbol{I}-\boldsymbol{A})=\det\begin{bmatrix}\lambda&0&0\\-1&\lambda+6&0\\0&-1&\lambda+12\end{bmatrix}=\lambda^3+18\lambda^2+72\lambda$$

故有 $\alpha_0=0$,$\alpha_1=72$,$\alpha_2=18$,则变换矩阵为

$$\boldsymbol{P}=[\boldsymbol{A}^2\boldsymbol{b}\quad \boldsymbol{A}\boldsymbol{b}\quad \boldsymbol{b}]\begin{bmatrix}1&0&0\\\alpha_2&1&0\\\alpha_1&\alpha_2&1\end{bmatrix}=\begin{bmatrix}0&0&1\\-6&1&0\\1&0&0\end{bmatrix}\begin{bmatrix}1&0&0\\18&1&0\\72&18&1\end{bmatrix}=\begin{bmatrix}72&18&1\\12&1&0\\1&0&0\end{bmatrix}$$

$$\boldsymbol{P}^{-1}=\begin{bmatrix}0&0&1\\0&1&-12\\1&-18&144\end{bmatrix}$$

可求得

$$\bar{\boldsymbol{A}}=\boldsymbol{P}^{-1}\boldsymbol{A}\boldsymbol{P}=\begin{bmatrix}0&1&0\\0&0&1\\0&-72&-18\end{bmatrix}$$

$$\bar{\boldsymbol{b}}=\boldsymbol{P}^{-1}\boldsymbol{b}=\begin{bmatrix}0\\0\\1\end{bmatrix}$$

设

$$\bar{\boldsymbol{K}} = [\bar{k}_0 \quad \bar{k}_1 \quad \bar{k}_2]$$

则含有状态反馈的特征多项式为

$$f(\lambda) = \det(\lambda \boldsymbol{I} - \bar{\boldsymbol{A}} + \bar{\boldsymbol{b}}\bar{\boldsymbol{K}}) = \lambda^3 + (18 + \bar{k}_2)\lambda^2 + (72 + \bar{k}_1)\lambda + \bar{k}_0$$

将上式与期望特征多项式进行比较,可得

$$\bar{\boldsymbol{K}} = [4 \quad -66 \quad -14]$$

则反馈状态增益矩阵为

$$\boldsymbol{K} = \bar{\boldsymbol{K}}\boldsymbol{P}^{-1} = [4 \quad -66 \quad -14]\begin{bmatrix} 0 & 0 & 1 \\ 0 & 1 & -12 \\ 1 & -18 & 144 \end{bmatrix} = [-14 \quad 186 \quad -1220]$$

(2)方法二:用直接代入法确定状态反馈增益矩阵 $\boldsymbol{K}$。

设状态反馈增益矩阵为

$$\boldsymbol{K} = [k_0 \quad k_1 \quad k_2]$$

则含有状态反馈的特征多项式为

$$f(\lambda) = \det(\lambda \boldsymbol{I} - \boldsymbol{A} + \boldsymbol{b}\boldsymbol{K}) = \begin{vmatrix} \lambda + k_0 & k_1 & k_2 \\ -1 & \lambda + 6 & 0 \\ 0 & -1 & \lambda + 12 \end{vmatrix} =$$

$$\lambda^3 + (k_0 + 18)\lambda^2 + (18k_0 + k_1 + 72)\lambda + (72k_0 + 12k_1 + k_2)$$

于是有

$$\begin{cases} k_0 + 18 = 4 \\ 18k_0 + k_1 + 72 = 6 \\ 72k_0 + 12k_1 + k_2 = 4 \end{cases}$$

可解得

$$k_0 = -14, \quad k_1 = 186, \quad k_2 = -1220$$

故状态反馈增益矩阵为

$$\boldsymbol{K} = [k_0 \quad k_1 \quad k_2] = [-14 \quad 186 \quad -1220]$$

例 5-3 已知单输入线性定常系统的动态方程为

$$\begin{cases} \dot{\boldsymbol{x}} = \begin{bmatrix} 0 & 1 \\ 20.6 & 0 \end{bmatrix}\boldsymbol{x} + \begin{bmatrix} 0 \\ 1 \end{bmatrix}u \\ y = [1 \quad 0]\boldsymbol{x} \end{cases}$$

试求状态反馈增益矩阵 $\boldsymbol{K}$,使系统的闭环特征值为 $-1.8 \pm \mathrm{j}2.4$。

解:(1)判断系统的可控性。由已知可得

$$\boldsymbol{Q}_C = [\boldsymbol{b} \quad \boldsymbol{A}\boldsymbol{b}] = \begin{bmatrix} 0 & 1 \\ 1 & 0 \end{bmatrix}$$

计算得

$$\operatorname{rank} \boldsymbol{Q}_C = 2$$

可知系统可控。

(2)计算状态反馈增益矩阵 $\boldsymbol{K}$。引入状态反馈后系统的特征多项式为

$$f(\lambda) = \det(\lambda \boldsymbol{I} - \boldsymbol{A} + \boldsymbol{b}\boldsymbol{K}) = \lambda^2 + k_1\lambda - 20.6 + k_0$$

闭环系统希望的特征多项式为

$$f^*(\lambda)=(\lambda+1.8-j2.4)(\lambda+1.8+j2.4)=\lambda^2+3.6\lambda+9$$

令 $f(\lambda)=f^*(\lambda)$，可得状态反馈增益矩阵 $\boldsymbol{K}$ 为

$$\boldsymbol{K}=[29.6\quad 3.6]$$

三、利用输出反馈的极点可配置条件

定理 5.2　用输出至状态微分的反馈任意配置闭环极点的充要条件是系统是可观测的。

证明:用对偶定理来证明。若 $\Sigma_p(\boldsymbol{A},\boldsymbol{B},\boldsymbol{C})$ 可观测,则其对偶系统 $\Sigma_p(\boldsymbol{A}^{\mathrm{T}},\boldsymbol{C}^{\mathrm{T}},\boldsymbol{B}^{\mathrm{T}})$ 可控,由定理 5.1 可知,$\boldsymbol{A}^{\mathrm{T}}-\boldsymbol{C}^{\mathrm{T}}\boldsymbol{H}^{\mathrm{T}}$ 的特征值可任意配置,而 $\boldsymbol{A}^{\mathrm{T}}-\boldsymbol{C}^{\mathrm{T}}\boldsymbol{H}^{\mathrm{T}}$ 的特征值与 $(\boldsymbol{A}^{\mathrm{T}}-\boldsymbol{C}^{\mathrm{T}}\boldsymbol{H}^{\mathrm{T}})^{\mathrm{T}}=\boldsymbol{A}-\boldsymbol{HC}$ 的特征值是相同的,故当且仅当 $\Sigma_p(\boldsymbol{A},\boldsymbol{B},\boldsymbol{C})$ 可观测时,可以任意配置 $\boldsymbol{A}-\boldsymbol{HC}$ 的特征值。证毕。

为根据期望闭环极点的位置来设计输出反馈矩阵 $\boldsymbol{H}$ 的参数,只需要将期望系统的特征多项式与该输出反馈系统特征多项式 $|\lambda\boldsymbol{I}-(\boldsymbol{A}-\boldsymbol{HC})|$ 相比即可求得。

定理 5.3　输出至参考输入的反馈一般不能任意配置系统的极点。

证明:对于线性定常可控系统 $\Sigma_p(\boldsymbol{A},\boldsymbol{B},\boldsymbol{C})$

$$\begin{cases}\dot{\boldsymbol{x}}=\boldsymbol{Ax}+\boldsymbol{Bu}\\ \boldsymbol{y}=\boldsymbol{Cx}\end{cases}$$

必存在 $p\times n$ 维状态反馈矩阵 $\boldsymbol{K}$，可任意配置系统的全部极点。而输出反馈是状态反馈的一种特例,输出反馈增益矩阵和状态反馈增益矩阵之间的关系为

$$\boldsymbol{K}=\boldsymbol{FC}$$

输出反馈要达到与状态反馈相同的目的,必须可以从方程 $\boldsymbol{K}=\boldsymbol{FC}$ 中解出输出反馈矩阵 $\boldsymbol{F}$，其中 $\boldsymbol{F}\in R_{p\times q}$ 共有 $p\times q$ 个待定量,而 $\boldsymbol{K}\in R_{p\times n}$。一般 $n>q$，要从 $p\times n$ 个方程中解出 $p\times q$ 个待定量,方程的个数大于待定变量的个数,不一定有解。以单输入单输出系统为例,调整输出反馈增益的大小,相当于改变系统的开环放大倍数,只能使闭环极点配置在根轨迹上,而不能使闭环极点配置在根轨迹以外的区域。

定理 5.4　对于 n 维单输入单输出线性定常可控系统 $\Sigma_p(\boldsymbol{A},\boldsymbol{b},\boldsymbol{c})$

$$\left.\begin{aligned}\dot{\boldsymbol{x}}&=\boldsymbol{Ax}+\boldsymbol{b}u\\ y&=\boldsymbol{cx}\end{aligned}\right\}\tag{5.2-24}$$

采用输出至参考输入的反馈:

$$u=v-fy=v-f\boldsymbol{cx}\tag{5.2-25}$$

只能使闭环系统极点配置到根轨迹上,而不能配置到根轨迹以外的位置上。

证明:将式(5.2-25)所示的输出反馈代入式(5.2-24)所示的受控系统,可以导出闭环系统的传递函数为

$$G_o(s)=\boldsymbol{c}(s\boldsymbol{I}-\boldsymbol{A}+\boldsymbol{b}f\boldsymbol{c})^{-1}\boldsymbol{b}\tag{5.2-26}$$

而闭环系统的特征多项式为

$$\alpha_o(s)=\det(s\boldsymbol{I}-\boldsymbol{A}+\boldsymbol{b}f\boldsymbol{c})\tag{5.2-27}$$

又因为

$$(s\boldsymbol{I}-\boldsymbol{A}+\boldsymbol{b}f\boldsymbol{c})=(s\boldsymbol{I}-\boldsymbol{A})[\boldsymbol{I}+(s\boldsymbol{I}-\boldsymbol{A})^{-1}\boldsymbol{b}f\boldsymbol{c}]\tag{5.2-28}$$

利用输出反馈系统一般关系式

$$\det(\boldsymbol{I}+\boldsymbol{G}_2(s)\boldsymbol{G}_1(s))=\det(\boldsymbol{I}+\boldsymbol{G}_1(s)\boldsymbol{G}_2(s)) \tag{5.2-29}$$

可得到

$$\alpha_o(s)=\det(s\boldsymbol{I}-\boldsymbol{A})\det[\boldsymbol{I}+(s\boldsymbol{I}-\boldsymbol{A})^{-1}\boldsymbol{bfc}]=\det(s\boldsymbol{I}-\boldsymbol{A})\det[\boldsymbol{I}+\boldsymbol{fc}(s\boldsymbol{I}-\boldsymbol{A})^{-1}\boldsymbol{b}] \tag{5.2-30}$$

记原系统的特征多项式为

$$\det(s\boldsymbol{I}-\boldsymbol{A})=\alpha(s)$$

记原系统的传递函数为

$$\boldsymbol{c}(s\boldsymbol{I}-\boldsymbol{A})^{-1}\boldsymbol{b}=\frac{\beta(s)}{\alpha(s)}$$

那么,可把式(5.2-30)改写为

$$\alpha_o(s)=\alpha(s)+f\beta(s) \tag{5.2-31}$$

这表明,输出反馈系统极点即闭环极点为下述方程的根:

$$\alpha(s)+f\beta(s)=0 \tag{5.2-32}$$

而 $\alpha(s)=0$ 和 $\beta(s)=0$ 的根就是原受控系统的极点和零点,即开环极点和开环零点。

将式(5.2-32)两边同除以多项式 $\alpha(s)$ 可得

$$1+f\frac{\beta(s)}{\alpha(s)}=0 \tag{5.2-33}$$

式(5.2-33)即为经典控制理论中的根轨迹方程,根据根轨迹法可知,对输出反馈系统 f 由 $-\infty\to+\infty$ 变化时,闭环极点只能分布在以开环极点为“起点”和以开环零点或无穷远零点为“终点”,位于复平面上的一组根轨迹上,而不能位于根轨迹以外位置上。证毕。

四、闭环系统期望极点的选取

期望极点的选取是一个复杂的问题,因为系统的动态品质不完全取决于极点的分布情况,它还与零点的分布情况以及零点和极点之间的分布关系有关。另外,期望极点的选取还必须考虑抗干扰和参数低灵敏度方面的要求。但为使问题简化,在此只认为系统的性能主要由主导极点来决定,非主导极点的影响比较微弱。

以欠阻尼二阶系统为例,设其极点为 λ_1 和 λ_2,其阻尼系数 ζ、自然振荡频率 ω_n 和极点之间的关系如下(见图 5-5):

$$\omega_n=|\lambda_1|=|\lambda_2| \tag{5.2-34}$$

$$\zeta=\cos\theta \tag{5.2-35}$$

其性能指标与 ζ、ω_n 的关系式为

$$\sigma\%=e^{-\zeta\pi/\sqrt{1-\zeta^2}}\times100\% \tag{5.2-36}$$

$$t_s=\begin{cases}\dfrac{3.5}{\zeta\omega_n},|\Delta|\leqslant5\%\\[2ex]\dfrac{4.4}{\zeta\omega_n},|\Delta|\leqslant2\%\end{cases} \tag{5.2-37}$$

式中,$\sigma\%$ 为超调量,t_s 为调节时间。于是利用式(5.2-36)和式(5.2-37)便可根据所要求的动态品质指标 σ、t_s,确定期望极点的位置。

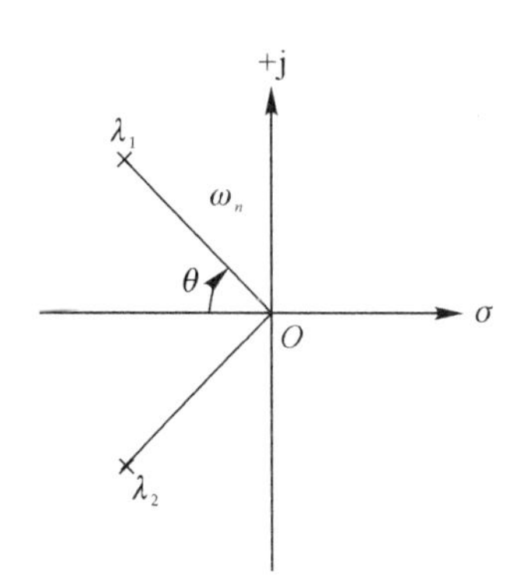

图 5-5　二阶系统的极点和参数之间的关系

例 5-4　设被控对象的状态空间描述为

$$\begin{cases}\dot{\boldsymbol{x}} = \begin{bmatrix}0 & 1 & 0\\0 & -12 & 1\\0 & 0 & -6\end{bmatrix}\boldsymbol{x} + \begin{bmatrix}0\\0\\1\end{bmatrix}u\\ y = \begin{bmatrix}1 & 0 & 0\end{bmatrix}\boldsymbol{x}\end{cases}$$

试设计状态反馈矩阵 $\boldsymbol{K}$ 使闭环系统满足下列动态指标：

(1)输出超调量 $\sigma\% \leqslant 5\%$；

(2)调节时间 $t_s \leqslant 1$ s。

解:(1)判断系统的可控性。计算

$$\boldsymbol{Q}_C = \begin{bmatrix}\boldsymbol{b} & \boldsymbol{Ab} & \boldsymbol{A}^2\boldsymbol{b}\end{bmatrix} = \begin{bmatrix}0 & 0 & 1\\0 & 1 & -18\\1 & -6 & 36\end{bmatrix}$$

可得 $\text{rank}\,\boldsymbol{Q}_C = 3$，故系统可控，将其化为可控标准形 $\bar{\Sigma}_C(\bar{\boldsymbol{A}}, \bar{\boldsymbol{b}}, \bar{\boldsymbol{c}})$。

$$\bar{\boldsymbol{A}} = \begin{bmatrix}0 & 1 & 0\\0 & 0 & 1\\0 & -72 & -18\end{bmatrix},\quad \bar{\boldsymbol{b}} = \begin{bmatrix}0\\0\\1\end{bmatrix},\quad \bar{\boldsymbol{c}} = \begin{bmatrix}1 & 0 & 0\end{bmatrix}$$

(2)设在可控标准形下的状态 $\bar{\boldsymbol{x}}$ 的状态反馈增益矩阵 $\bar{\boldsymbol{K}}$ 为

$$\bar{\boldsymbol{K}} = \begin{bmatrix}\bar{k}_0 & \bar{k}_1 & \bar{k}_2\end{bmatrix}$$

则其闭环特征多项式为

$$f(\lambda) = \lambda^3 + (18 + \bar{k}_2)\lambda^2 + (72 + \bar{k}_1)\lambda + \bar{k}_0$$

(3)确定闭环系统的期望极点 λ_1, λ_2。

将 $\sigma \leqslant 5\%$，$t_s \leqslant 1$ s 代入式(5.2-36)和式(5.2-37)，得

$$\zeta \leqslant 0.707,\ \zeta\omega_n \geqslant 3.5$$

为计算方便，取 $\zeta = 0.707$，$\zeta\omega_n = 3.5$，即

$$\lambda_{1,2} = -\zeta\omega_n \pm \mathrm{j}\sqrt{1-\zeta^2}\,\omega_n = -3.5 \pm \mathrm{j}3.5$$

而非主导极点应选择使得其和原点的距离大于 $4Re[\lambda_1]$，现取 $\lambda_3 = -14$，从而期望特征多项式为

$$f^*(\lambda) = (\lambda + 14)(\lambda + 3.5 + \mathrm{j}3.5)(\lambda + 3.5 - \mathrm{j}3.5) = \lambda^3 + 21\lambda^2 + 122.5\lambda + 343$$

(4)确定对于可控标准形状态 $\bar{x}$ 的反馈增益矩阵 $\bar{K}$：

$$\bar{K}=[343 \quad (122.5-72) \quad (21-18)]=[343 \quad 50.5 \quad 3]$$

(5)求变换矩阵 P^{-1}：

$$P=[A^2b \quad Ab \quad b]\begin{bmatrix}1 & 0 & 0\\ \alpha_2 & 1 & 0\\ \alpha_1 & \alpha_2 & 1\end{bmatrix}=\begin{bmatrix}1 & 0 & 0\\ -18 & 1 & 0\\ 36 & -6 & 1\end{bmatrix}\begin{bmatrix}1 & 0 & 0\\ 18 & 1 & 0\\ 72 & 18 & 1\end{bmatrix}=\begin{bmatrix}1 & 0 & 0\\ 0 & 1 & 0\\ 0 & 12 & 1\end{bmatrix}$$

$$P^{-1}=\begin{bmatrix}1 & 0 & 0\\ 0 & 1 & 0\\ 0 & -12 & 1\end{bmatrix}$$

(6)把 $\bar{K}$ 化成对于给定状态 x 的 K：

$$K=\bar{K}P^{-1}=[343 \quad 50.5 \quad 3]\begin{bmatrix}1 & 0 & 0\\ 0 & 1 & 0\\ 0 & -12 & 1\end{bmatrix}=[343 \quad 14.5 \quad 3]$$

五、利用 MATLAB 计算状态反馈增益矩阵 K

运用 MATLAB 中的 place 命令可以方便地计算状态反馈增益矩阵 K。其调用格式为

K=place(A,B,P)

其中,A,B 为系统的系数矩阵,P 为配置极点,K 为状态反馈增益矩阵。

例 5-5 已知单输入线性定常系统的状态方程为

$$\dot{x}=\begin{bmatrix}0 & 0 & 0\\ 1 & -6 & 0\\ 0 & 1 & -12\end{bmatrix}x+\begin{bmatrix}1\\ 0\\ 0\end{bmatrix}u$$

试求状态反馈增益矩阵 K,使系统的闭环特征值为 $\lambda_1=-2,\lambda_2=-1+j,\lambda_3=-1-j$。

解:利用 MATLAB 求解状态反馈增益矩阵 K 的程序见 MATLAB 程序 5.2-1。

MATLAB 程序 5.2-1

```
A=[0  0  0;1  -6  0;0  1  -12];
B=[1  0  0]';
P=[-2  -1+j  -1-j];
K=place(A,B,P)
```

运行结果为

```
K =
   1.0e+03 *
   -0.0140     0.1860     -1.2200
```

5.3 两种反馈形式对系统性能的影响

由于引入反馈,系数矩阵发生了变化,因此对系统的可控性、可观测性、稳定性、响应特性等均有影响。

一、状态反馈对系统可控性和可观测性的影响

定理 5.5　状态反馈的引入不改变系统的可控性，但可能改变系统的可观测性。

证明：设被控系统 Σ_p 的状态空间模型为

$$\begin{cases}\dot{\boldsymbol{x}} = \boldsymbol{Ax} + \boldsymbol{Bu} \\ \boldsymbol{y} = \boldsymbol{Cx}\end{cases}$$

加入状态反馈后，系统 Σ_K 的状态空间模型为

$$\begin{cases}\dot{\boldsymbol{x}} = (\boldsymbol{A} - \boldsymbol{BK})\boldsymbol{x} + \boldsymbol{Bv} \\ \boldsymbol{y} = \boldsymbol{Cx}\end{cases}$$

首先证明状态反馈系统 Σ_K 可控的充分必要条件是被控系统 Σ_p 可控。系统 Σ_p 的可控性矩阵为

$$\boldsymbol{Q}_C = [\boldsymbol{B} \quad \boldsymbol{AB} \quad \cdots \quad \boldsymbol{A}^{n-1}\boldsymbol{B}]$$

系统 Σ_K 的可控性矩阵为

$$\boldsymbol{Q}_{CK} = [\boldsymbol{B} \quad (\boldsymbol{A} - \boldsymbol{BK})\boldsymbol{B} \quad \cdots \quad (\boldsymbol{A} - \boldsymbol{BK})^{n-1}\boldsymbol{B}]$$

由于

$$\boldsymbol{B} = [\boldsymbol{b}_1 \quad \boldsymbol{b}_2 \quad \cdots \quad \boldsymbol{b}_p],\quad \boldsymbol{AB} = [\boldsymbol{A}\boldsymbol{b}_1 \quad \boldsymbol{A}\boldsymbol{b}_2 \quad \cdots \quad \boldsymbol{A}\boldsymbol{b}_p]$$

则有

$$(\boldsymbol{A} - \boldsymbol{BK})\boldsymbol{B} = [(\boldsymbol{A} - \boldsymbol{BK})\boldsymbol{b}_1 \quad (\boldsymbol{A} - \boldsymbol{BK})\boldsymbol{b}_2 \quad \cdots \quad (\boldsymbol{A} - \boldsymbol{BK})\boldsymbol{b}_p]$$

式中，$\boldsymbol{b}_i(i = 1,2,\cdots,p)$ 为列向量。将 $\boldsymbol{K}$ 表示为行向量组：

$$\boldsymbol{K} = \begin{bmatrix}\boldsymbol{k}_1 \\ \boldsymbol{k}_2 \\ \vdots \\ \boldsymbol{k}_p\end{bmatrix}$$

则

$$(\boldsymbol{A} - \boldsymbol{BK})\boldsymbol{b}_i = \boldsymbol{A}\boldsymbol{b}_i - [\boldsymbol{b}_1 \quad \boldsymbol{b}_2 \quad \cdots \quad \boldsymbol{b}_p]\begin{bmatrix}\boldsymbol{k}_1\boldsymbol{b}_i \\ \boldsymbol{k}_2\boldsymbol{b}_i \\ \vdots \\ \boldsymbol{k}_p\boldsymbol{b}_i\end{bmatrix}$$

式中，$\boldsymbol{k}_i(i = 1,2,\cdots,p)$ 为 n 维行向量，$\boldsymbol{b}_i$ 为 n 维列向量，故 $\boldsymbol{k}_i\boldsymbol{b}_i$ 为标量。

令 $c_{1i} = \boldsymbol{k}_1\boldsymbol{b}_i, c_{2i} = \boldsymbol{k}_2\boldsymbol{b}_i, \cdots, c_{pi} = \boldsymbol{k}_p\boldsymbol{b}_i$，其中，$c_{ji}(j = 1,2,\cdots,p)$ 均为标量。故可得

$$(\boldsymbol{A} - \boldsymbol{BK})\boldsymbol{b}_i = \boldsymbol{A}\boldsymbol{b}_i - (c_{1i}\boldsymbol{b}_1 + c_{2i}\boldsymbol{b}_2 + \cdots + c_{pi}\boldsymbol{b}_p)$$

这说明 $(\boldsymbol{A} - \boldsymbol{BK})\boldsymbol{B}$ 的列是 $[\boldsymbol{B} \quad \boldsymbol{AB}]$ 列的线性组合。同理有 $(\boldsymbol{A} - \boldsymbol{BK})^2\boldsymbol{B}$ 的列是 $[\boldsymbol{B} \quad \boldsymbol{AB} \quad \boldsymbol{A}^2\boldsymbol{B}]$ 列的线性组合，如此等等。故 $\boldsymbol{Q}_{CK}$ 的每一列均可表为 $\boldsymbol{Q}_C$ 的列的线性组合。因此，$\boldsymbol{Q}_{CK}$ 可看作 $\boldsymbol{Q}_C$ 经初等变换得到，而初等变换不改变矩阵的秩，故

$$\text{rank}\boldsymbol{Q}_{CK} = \text{rank}\boldsymbol{Q}_C \tag{5.3-1}$$

从而，当且仅当 Σ_p 可控时，Σ_K 可控。

再来证明状态反馈系统不一定能保持可观测性，对此只须举一反例说明。例如，考查如下系统：

$$\begin{cases}\dot{\boldsymbol{x}} = \begin{bmatrix}1 & 2\\0 & 3\end{bmatrix}\boldsymbol{x} + \begin{bmatrix}0\\1\end{bmatrix}u\\ y = \begin{bmatrix}1 & 1\end{bmatrix}\boldsymbol{x}\end{cases}$$

其可观测性判别阵为

$$\boldsymbol{Q}_{\mathrm{O}} = \begin{bmatrix}\boldsymbol{c}\\ \boldsymbol{cA}\end{bmatrix} = \begin{bmatrix}1 & 1\\1 & 5\end{bmatrix}$$

解得

$$\operatorname{rank}\boldsymbol{Q}_{\mathrm{O}} = n = 2$$

故该系统可观测。

现引入状态反馈，取 $\boldsymbol{K} = [0 \quad 4]$，则状态反馈系统 Σ_{K} 为

$$\begin{cases}\dot{\boldsymbol{x}} = (\boldsymbol{A} - \boldsymbol{bK})\boldsymbol{x} + \boldsymbol{b}v = \begin{bmatrix}1 & 2\\0 & -1\end{bmatrix}\boldsymbol{x} + \begin{bmatrix}0\\1\end{bmatrix}v\\ y = \begin{bmatrix}1 & 1\end{bmatrix}\boldsymbol{x}\end{cases}$$

其可观测性判别阵为

$$\boldsymbol{Q}_{\mathrm{OK}} = \begin{bmatrix}\boldsymbol{c}\\ \boldsymbol{c}(\boldsymbol{A} - \boldsymbol{bK})\end{bmatrix} = \begin{bmatrix}1 & 1\\1 & 1\end{bmatrix}$$

解得

$$\operatorname{rank}\boldsymbol{Q}_{\mathrm{OK}} = 1 < n = 2$$

故该状态反馈系统为不可观测。

若取 $\boldsymbol{K} = [0 \quad 5]$，则通过计算可知，此时它成为可观测的，这表明状态反馈可能改变系统的可观测性。

二、输出反馈对系统可控性和可观测性的影响

定理 5.6 输出至状态微分处的反馈不改变系统的可观测性，但可能改变系统的可控性。

证明：用对偶定理证明。设被控对象 Σ_p 为 $(\boldsymbol{A},\boldsymbol{B},\boldsymbol{C})$，将输出反馈至状态微分处的系统 Σ_{H} 为 $((\boldsymbol{A}-\boldsymbol{HC}),\boldsymbol{B},\boldsymbol{C})$，若 $(\boldsymbol{A},\boldsymbol{B},\boldsymbol{C})$ 可观测，则对偶系统 $(\boldsymbol{A}^{\mathrm{T}},\boldsymbol{C}^{\mathrm{T}},\boldsymbol{B}^{\mathrm{T}})$ 可控。由定理 5.5 可知，系统 $(\boldsymbol{A}^{\mathrm{T}},\boldsymbol{C}^{\mathrm{T}},\boldsymbol{B}^{\mathrm{T}})$ 加入状态反馈后的系统 $((\boldsymbol{A}^{\mathrm{T}}-\boldsymbol{C}^{\mathrm{T}}\boldsymbol{H}^{\mathrm{T}}),\boldsymbol{C}^{\mathrm{T}},\boldsymbol{B}^{\mathrm{T}})$ 的可控性不变，但可能改变其可观测性。因而有

$$\begin{aligned}&\operatorname{rank}[\boldsymbol{C}^{\mathrm{T}} \quad \boldsymbol{A}^{\mathrm{T}}\boldsymbol{C}^{\mathrm{T}} \quad \cdots \quad (\boldsymbol{A}^{\mathrm{T}})^{n-1}\boldsymbol{C}^{\mathrm{T}}] =\\ &\quad \operatorname{rank}[\boldsymbol{C}^{\mathrm{T}} \quad (\boldsymbol{A}^{\mathrm{T}}-\boldsymbol{C}^{\mathrm{T}}\boldsymbol{H}^{\mathrm{T}})\boldsymbol{C}^{\mathrm{T}} \quad \cdots \quad (\boldsymbol{A}^{\mathrm{T}}-\boldsymbol{C}^{\mathrm{T}}\boldsymbol{H}^{\mathrm{T}})^{n-1}\boldsymbol{C}^{\mathrm{T}}] =\\ &\quad \operatorname{rank}[\boldsymbol{C}^{\mathrm{T}} \quad (\boldsymbol{A}-\boldsymbol{HC})^{\mathrm{T}}\boldsymbol{C}^{\mathrm{T}} \quad \cdots \quad [(\boldsymbol{A}-\boldsymbol{HC})^{\mathrm{T}}]^{n-1}\boldsymbol{C}^{\mathrm{T}}]\end{aligned}$$

上式表明，系统 Σ_p 与系统 Σ_{H} 的可观测性判别阵的秩相等，这意味着若 Σ_p 可观测，则 Σ_{H} 也是可观测的，输出至状态微分处反馈的引入不改变系统的可观测性。

由于系统 $(\boldsymbol{A}^{\mathrm{T}},\boldsymbol{C}^{\mathrm{T}},\boldsymbol{B}^{\mathrm{T}})$ 的可观测性判别阵为

$$\bar{\boldsymbol{Q}}_{\mathrm{O}} = [(\boldsymbol{B}^{\mathrm{T}})^{\mathrm{T}} \quad (\boldsymbol{A}^{\mathrm{T}})^{\mathrm{T}}(\boldsymbol{B}^{\mathrm{T}})^{\mathrm{T}} \quad \cdots \quad [(\boldsymbol{A}^{\mathrm{T}})^{\mathrm{T}}]^{n-1}(\boldsymbol{B}^{\mathrm{T}})^{\mathrm{T}}] = [\boldsymbol{B} \quad \boldsymbol{AB} \quad \cdots \quad \boldsymbol{A}^{n-1}\boldsymbol{B}]$$

系统 $((\boldsymbol{A}^{\mathrm{T}}-\boldsymbol{C}^{\mathrm{T}}\boldsymbol{H}^{\mathrm{T}}),\boldsymbol{C}^{\mathrm{T}},\boldsymbol{B}^{\mathrm{T}})$ 的可观测性判别阵为

$$\begin{aligned}\bar{\boldsymbol{Q}}_{\mathrm{OH}} &= [(\boldsymbol{B}^{\mathrm{T}})^{\mathrm{T}} \quad (\boldsymbol{A}^{\mathrm{T}}-\boldsymbol{C}^{\mathrm{T}}\boldsymbol{H}^{\mathrm{T}})^{\mathrm{T}}(\boldsymbol{B}^{\mathrm{T}})^{\mathrm{T}} \quad \cdots \quad [(\boldsymbol{A}^{\mathrm{T}}-\boldsymbol{C}^{\mathrm{T}}\boldsymbol{H}^{\mathrm{T}})^{\mathrm{T}}]^{n-1}(\boldsymbol{B}^{\mathrm{T}})^{\mathrm{T}}] =\\ &\quad [\boldsymbol{B} \quad (\boldsymbol{A}-\boldsymbol{HC})\boldsymbol{B} \quad \cdots \quad (\boldsymbol{A}-\boldsymbol{HC})^{n-1}\boldsymbol{B}]\end{aligned}$$

系统加入状态反馈后可能改变其可观测性意味着有可能使得

$$\text{rank}\bar{\boldsymbol{Q}}_{\text{O}} \neq \text{rank}\bar{\boldsymbol{Q}}_{\text{OH}} \tag{5.3-2}$$

因为 $\bar{\boldsymbol{Q}}_{\text{O}}$ 也是系统 Σ_p 的可控性判别阵，$\bar{\boldsymbol{Q}}_{\text{OH}}$ 又是系统 Σ_{H} 的可控性判别阵，式(5.3-2)表明，输出至状态微分处的反馈可能改变系统的可控性。证毕。

定理 5.7　输出至参考输入的反馈不改变系统的可控性和可观测性。

证明：首先，由于对任一输出至参考输入的反馈系统都能找到一个等价的状态反馈系统，由定理 5.5 知状态反馈可保持可控性，因而输出至参考输入处的反馈不改变系统的可控性。

由于 Σ_p 和 Σ_{F} 的可观测性判别阵分别为

$$\boldsymbol{Q}_{\text{O}} = \begin{bmatrix} \boldsymbol{C} \\ \boldsymbol{CA} \\ \vdots \\ \boldsymbol{CA}^{n-1} \end{bmatrix}, \quad \boldsymbol{Q}_{\text{OF}} = \begin{bmatrix} \boldsymbol{C} \\ \boldsymbol{C}(\boldsymbol{A}-\boldsymbol{BFC}) \\ \vdots \\ \boldsymbol{C}(\boldsymbol{A}-\boldsymbol{BFC})^{n-1} \end{bmatrix}$$

并且

$$\boldsymbol{C} = \begin{bmatrix} \boldsymbol{c}_1 \\ \boldsymbol{c}_2 \\ \vdots \\ \boldsymbol{c}_q \end{bmatrix}, \quad \boldsymbol{CA} = \begin{bmatrix} \boldsymbol{c}_1\boldsymbol{A} \\ \boldsymbol{c}_2\boldsymbol{A} \\ \vdots \\ \boldsymbol{c}_q\boldsymbol{A} \end{bmatrix}, \quad \boldsymbol{C}(\boldsymbol{A}-\boldsymbol{BFC}) = \begin{bmatrix} \boldsymbol{c}_1(\boldsymbol{A}-\boldsymbol{BFC}) \\ \boldsymbol{c}_2(\boldsymbol{A}-\boldsymbol{BFC}) \\ \vdots \\ \boldsymbol{c}_q(\boldsymbol{A}-\boldsymbol{BFC}) \end{bmatrix}$$

式中，$\boldsymbol{c}_i(i=1,2,\cdots,q)$ 为行向量，将 $\boldsymbol{F}$ 表为列向量组 $\{\boldsymbol{f}_j\}$，即 $\boldsymbol{F} = [\boldsymbol{f}_1 \quad \boldsymbol{f}_2 \quad \cdots \quad \boldsymbol{f}_q]$，则

$$\begin{aligned} \boldsymbol{c}_i(\boldsymbol{A}-\boldsymbol{BFC}) &= \boldsymbol{c}_i\boldsymbol{A} - \boldsymbol{c}_i\boldsymbol{B}(\boldsymbol{f}_1\boldsymbol{c}_1 + \boldsymbol{f}_2\boldsymbol{c}_2 + \cdots + \boldsymbol{f}_q\boldsymbol{c}_q) = \\ &\boldsymbol{c}_i\boldsymbol{A} - [(\boldsymbol{c}_i\boldsymbol{B}\boldsymbol{f}_1)\boldsymbol{c}_1 + (\boldsymbol{c}_i\boldsymbol{B}\boldsymbol{f}_2)\boldsymbol{c}_2 + \cdots + (\boldsymbol{c}_i\boldsymbol{B}\boldsymbol{f}_q)\boldsymbol{c}_q] \end{aligned}$$

式中，$\boldsymbol{c}_i$ 为 n 维行向量，$\boldsymbol{B}$ 为 $n \times p$ 维矩阵，$\boldsymbol{f}_j$ 为 p 维列向量，因此 $\boldsymbol{c}_i\boldsymbol{B}\boldsymbol{f}_j$ 为标量。

令 $\boldsymbol{c}_i\boldsymbol{B}\boldsymbol{f}_j = \alpha_j, \alpha_j$ 为标量，$j = 1,2,\cdots,q$，则有

$$\boldsymbol{c}_i(\boldsymbol{A}-\boldsymbol{BFC}) = \boldsymbol{c}_i\boldsymbol{A} - (\alpha_1\boldsymbol{c}_1 + \alpha_2\boldsymbol{c}_2 + \cdots + \alpha_q\boldsymbol{c}_q)$$

该式表明 $\boldsymbol{C}(\boldsymbol{A}-\boldsymbol{BFC})$ 的行是 $[\boldsymbol{C}^{\text{T}} \quad \boldsymbol{A}^{\text{T}}\boldsymbol{C}^{\text{T}}]^{\text{T}}$ 的行的线性组合。同理有 $\boldsymbol{C}(\boldsymbol{A}-\boldsymbol{BFC})^2$ 的行是 $[\boldsymbol{C}^{\text{T}} \quad \boldsymbol{A}^{\text{T}}\boldsymbol{C}^{\text{T}} \quad (\boldsymbol{A}^{\text{T}})^2\boldsymbol{C}^{\text{T}}]^{\text{T}}$ 的行的线性组合，如此等等。故 $\boldsymbol{Q}_{\text{OF}}$ 的每一行均可表为 $\boldsymbol{Q}_{\text{O}}$ 的行的线性组合，因此，$\boldsymbol{Q}_{\text{OF}}$ 可看作 $\boldsymbol{Q}_{\text{O}}$ 经初等变换得到，而初等变换不改变矩阵的秩，故

$$\text{rank}\,\boldsymbol{Q}_{\text{O}} = \text{rank}\,\boldsymbol{Q}_{\text{OF}} \tag{5.3-3}$$

这表明输出至参考输入的反馈可保持系统的可观测性。证毕。

三、状态反馈镇定

状态反馈和输出反馈都能影响系统的稳定性。若加入反馈，使得通过反馈构成的闭环系统成为稳定系统，则称之为镇定。由于状态反馈具有许多优越性，且输出反馈系统总可以找到与之性能等同的状态反馈系统，故在此只讨论状态反馈的镇定问题。

所谓镇定问题是指对受控系统 $\Sigma_p(\boldsymbol{A},\boldsymbol{B},\boldsymbol{C})$ 通过状态反馈，使闭环系统的极点具有负实部，以实现其为渐近稳定的。显然，镇定问题是极点配置问题的一种特殊情况，其设计的目标是使闭环极点分布在 S 平面的左侧，而不是严格位于指定的位置。

定义 5.1　对于线性定常系统 $\Sigma_p(\boldsymbol{A},\boldsymbol{B},\boldsymbol{C})$，如果存在状态反馈增益矩阵 $\boldsymbol{K}$，使得闭环系统 $\Sigma_{\text{K}}[(\boldsymbol{A}-\boldsymbol{BK}),\boldsymbol{B},\boldsymbol{C}]$ 是渐近稳定的，则称此系统是状态能镇定的。

根据这个定义可以看出，如果 $\Sigma_p(\boldsymbol{A},\boldsymbol{B},\boldsymbol{C})$ 是完全可控的，则它必然是能镇定的，但是一个能镇定的系统未必都是完全可控的，为了判别系统是否是能镇定的，有如下定理。

定理 5.8 线性定常系统 $\Sigma_p(\boldsymbol{A},\boldsymbol{B},\boldsymbol{C})$ 是状态能镇定的充分必要条件是其不可控子系统是渐近稳定的。

证明：(1)若系统是不完全可控的，可将它按可控性进行结构分解，使之为

$$\bar{\boldsymbol{A}}=\boldsymbol{P}^{-1}\boldsymbol{A}\boldsymbol{P}=\begin{bmatrix}\bar{\boldsymbol{A}}_{11} & \bar{\boldsymbol{A}}_{12}\\ \boldsymbol{O} & \bar{\boldsymbol{A}}_{22}\end{bmatrix},\quad \bar{\boldsymbol{B}}=\boldsymbol{P}^{-1}\boldsymbol{B}=\begin{bmatrix}\bar{\boldsymbol{B}}_1\\ \boldsymbol{O}\end{bmatrix},\quad \bar{\boldsymbol{C}}=\boldsymbol{C}\boldsymbol{P}=[\bar{\boldsymbol{C}}_1\quad \bar{\boldsymbol{C}}_2]$$

其中：$\Sigma_{PC}(\bar{\boldsymbol{A}}_{11},\bar{\boldsymbol{B}}_1,\bar{\boldsymbol{C}}_1)$ 为可控子系统；$\Sigma_{PC}(\bar{\boldsymbol{A}}_{22},\boldsymbol{O},\bar{\boldsymbol{C}}_2)$ 为不可控子系统。并且有

$$\det(s\boldsymbol{I}-\boldsymbol{A})=\det(s\boldsymbol{I}-\bar{\boldsymbol{A}})=\det\begin{bmatrix}s\boldsymbol{I}_1-\bar{\boldsymbol{A}}_{11} & -\bar{\boldsymbol{A}}_{12}\\ \boldsymbol{O} & s\boldsymbol{I}_2-\bar{\boldsymbol{A}}_{22}\end{bmatrix}=$$

$$\det(s\boldsymbol{I}_1-\bar{\boldsymbol{A}}_{11})\det(s\boldsymbol{I}_2-\bar{\boldsymbol{A}}_{22})$$

(2)若引入状态反馈：

$$\bar{\boldsymbol{K}}=[\bar{\boldsymbol{K}}_1\quad \bar{\boldsymbol{K}}_2]$$

则闭环系统的系数矩阵 $\bar{\boldsymbol{A}}-\bar{\boldsymbol{B}}\bar{\boldsymbol{K}}$ 为

$$\bar{\boldsymbol{A}}-\bar{\boldsymbol{B}}\bar{\boldsymbol{K}}=\begin{bmatrix}\bar{\boldsymbol{A}}_{11} & \bar{\boldsymbol{A}}_{12}\\ \boldsymbol{O} & \bar{\boldsymbol{A}}_{22}\end{bmatrix}-\begin{bmatrix}\bar{\boldsymbol{B}}_1\\ \boldsymbol{O}\end{bmatrix}[\bar{\boldsymbol{K}}_1\quad \bar{\boldsymbol{K}}_2]=$$

$$\begin{bmatrix}\bar{\boldsymbol{A}}_{11}-\bar{\boldsymbol{B}}_1\bar{\boldsymbol{K}}_1 & \bar{\boldsymbol{A}}_{12}-\bar{\boldsymbol{B}}_1\bar{\boldsymbol{K}}_2\\ \boldsymbol{O} & \bar{\boldsymbol{A}}_{22}\end{bmatrix}$$

闭环系统的特征多项式为

$$\det[s\boldsymbol{I}-(\bar{\boldsymbol{A}}-\bar{\boldsymbol{B}}\bar{\boldsymbol{K}})]=\det[s\boldsymbol{I}_1-(\bar{\boldsymbol{A}}_{11}-\bar{\boldsymbol{B}}_1\bar{\boldsymbol{K}}_1)]\det(s\boldsymbol{I}_2-\bar{\boldsymbol{A}}_{22})$$

因为 $\Sigma_{PC}(\bar{\boldsymbol{A}}_{11},\bar{\boldsymbol{B}}_1,\bar{\boldsymbol{C}}_1)$ 是完全可控的，必可选择 $\bar{\boldsymbol{K}}_1$ 使 $(\bar{\boldsymbol{A}}_{11}-\bar{\boldsymbol{B}}_1\bar{\boldsymbol{K}}_1)$ 的极点均具有负实部而不影响闭环系统另一子系统 $\bar{\boldsymbol{A}}_{22}$ 的极点。欲使闭环系统的极点全部具有负实部，就要求不可控子系统 $\bar{\boldsymbol{A}}_{22}$ 的极点具有负实部。由此即证明了当且仅当 Σ_p 的不可控子系统为渐近稳定时，Σ_p 是状态反馈可镇定的。

对于给定的 n 维线性定常能镇定系统 $\Sigma_p(\boldsymbol{A},\boldsymbol{B},\boldsymbol{C})$，进行状态反馈镇定的步骤如下：

(1)判断系统 $\Sigma_p(\boldsymbol{A},\boldsymbol{B},\boldsymbol{C})$ 的可控性，若完全可控，则对系统 $\Sigma_p(\boldsymbol{A},\boldsymbol{B},\boldsymbol{C})$ 进行极点配置，计算状态反馈增益矩阵 $\boldsymbol{K}$，使其极点全都位于 S 平面的左半平面；否则，进入下一步。

(2)对系统 $\Sigma_p(\boldsymbol{A},\boldsymbol{B},\boldsymbol{C})$ 进行可控性分解，使之为

$$\bar{\boldsymbol{A}}=\boldsymbol{P}^{-1}\boldsymbol{A}\boldsymbol{P}=\begin{bmatrix}\bar{\boldsymbol{A}}_{11} & \bar{\boldsymbol{A}}_{12}\\ \boldsymbol{O} & \bar{\boldsymbol{A}}_{22}\end{bmatrix},\bar{\boldsymbol{B}}=\boldsymbol{P}^{-1}\boldsymbol{B}=\begin{bmatrix}\bar{\boldsymbol{B}}_1\\ \boldsymbol{O}\end{bmatrix},\bar{\boldsymbol{C}}=\boldsymbol{C}\boldsymbol{P}=[\bar{\boldsymbol{C}}_1\quad \bar{\boldsymbol{C}}_2]$$

式中：$\Sigma_{PC}(\bar{\boldsymbol{A}}_{11},\bar{\boldsymbol{B}}_1,\bar{\boldsymbol{C}}_1)$ 为可控子系统；$\Sigma_{PC}(\bar{\boldsymbol{A}}_{22},\boldsymbol{O},\bar{\boldsymbol{C}}_2)$ 为不可控子系统。

(3)对可控子系统进行极点配置，计算状态反馈增益矩阵 $\bar{\boldsymbol{K}}_1$，使其极点全都位于 S 平面的左半平面。

(4)计算原系统状态反馈增益矩阵 $\boldsymbol{K}=\bar{\boldsymbol{K}}\boldsymbol{P}^{-1}=[\bar{\boldsymbol{K}}_1\quad \boldsymbol{O}]\boldsymbol{P}^{-1}$。

例 5-6 已知系统的动态方程为

$$\begin{cases}\dot{\boldsymbol{x}}=\begin{bmatrix}0 & 0 & -1\\ 1 & 0 & -3\\ 0 & 1 & -3\end{bmatrix}\boldsymbol{x}+\begin{bmatrix}1\\ 1\\ 0\end{bmatrix}\boldsymbol{u}\\ y=[0\quad 1\quad -2]\boldsymbol{x}\end{cases}$$

试判别其是否为能镇定的，若是能镇定的，试求一状态反馈 $\boldsymbol{u}=-\boldsymbol{K}\boldsymbol{x}$，使闭环系统为渐近稳定。

解：(1)判别系统是否可控。由已知可得系统可控性判别矩阵为

$$Q_C = [\boldsymbol{b} \quad \boldsymbol{Ab} \quad \boldsymbol{A}^2\boldsymbol{b}] = \begin{bmatrix} 1 & 0 & -1 \\ 1 & 1 & -3 \\ 0 & 1 & -2 \end{bmatrix}$$

解得

$$\text{rank}\boldsymbol{Q}_C = 2 < 3$$

所以，系统不可控，对其按可控性进行结构分解。

(2)取变换阵为

$$\boldsymbol{R}_C = [\boldsymbol{r}_1 \quad \boldsymbol{r}_2 \quad \boldsymbol{r}_3] = \begin{bmatrix} 1 & 0 & 0 \\ 1 & 1 & 0 \\ 0 & 1 & 1 \end{bmatrix}$$

则

$$\boldsymbol{R}_C^{-1} = \begin{bmatrix} 1 & 0 & 0 \\ -1 & 1 & 0 \\ 1 & -1 & 1 \end{bmatrix}$$

对系统进行可控性结构分解可得

$$\hat{\boldsymbol{A}} = \boldsymbol{R}_C^{-1}\boldsymbol{A}\boldsymbol{R}_C = \begin{bmatrix} 1 & 0 & 0 \\ -1 & 1 & 0 \\ 1 & -1 & 1 \end{bmatrix}\begin{bmatrix} 0 & 0 & -1 \\ 1 & 0 & -3 \\ 0 & 1 & -3 \end{bmatrix}\begin{bmatrix} 1 & 0 & 0 \\ 1 & 1 & 0 \\ 0 & 1 & 1 \end{bmatrix} = \begin{bmatrix} 0 & -1 & -1 \\ 1 & -2 & -2 \\ 0 & 0 & -1 \end{bmatrix}$$

$$\hat{\boldsymbol{b}} = \boldsymbol{R}_C^{-1}\boldsymbol{b} = \begin{bmatrix} 1 & 0 & 0 \\ -1 & 1 & 0 \\ 1 & -1 & 1 \end{bmatrix}\begin{bmatrix} 1 \\ 1 \\ 0 \end{bmatrix} = \begin{bmatrix} 1 \\ 0 \\ 0 \end{bmatrix}$$

即

$$\begin{bmatrix} \dot{\hat{\boldsymbol{x}}}_C \\ \dot{\hat{\boldsymbol{x}}}_{\bar{C}} \end{bmatrix} = \begin{bmatrix} \hat{\boldsymbol{A}}_{11} & \hat{\boldsymbol{A}}_{12} \\ \boldsymbol{O} & \hat{\boldsymbol{A}}_{22} \end{bmatrix}\begin{bmatrix} \hat{\boldsymbol{x}}_C \\ \hat{\boldsymbol{x}}_{\bar{C}} \end{bmatrix} + \begin{bmatrix} \hat{\boldsymbol{b}}_1 \\ \boldsymbol{O} \end{bmatrix}u = \begin{bmatrix} 0 & -1 & -1 \\ 1 & -2 & -2 \\ 0 & 0 & -1 \end{bmatrix}\begin{bmatrix} \hat{x}_1 \\ \hat{x}_2 \\ \hat{x}_3 \end{bmatrix} + \begin{bmatrix} 1 \\ 0 \\ 0 \end{bmatrix}u$$

不可控子系统的状态方程为

$$\dot{\hat{x}}_3 = -\hat{x}_3$$

其不可控部分的特征值是-1，位于 S 左半平面，可知此部分是渐近稳定的。因此该系统是状态反馈能镇定的。

(3)对于可控子系统作状态反馈，使系统成为稳定的。设反馈增益矩阵 $\hat{\boldsymbol{K}}$ 为

$$\hat{\boldsymbol{K}} = [\hat{k}_0 \quad \hat{k}_1]$$

则可控子系统的闭环特征多项式为

$$f(\lambda) = \det[\lambda\boldsymbol{I} - (\hat{\boldsymbol{A}}_{11} - \hat{\boldsymbol{b}}_1\hat{\boldsymbol{K}})] = \begin{vmatrix} \lambda + \hat{k}_0 & 1 + \hat{k}_1 \\ -1 & \lambda + 2 \end{vmatrix} =$$

$$\lambda^2 + (2 + \hat{k}_0)\lambda + 2\hat{k}_0 + 1 + \hat{k}_1$$

欲使系统成为稳定的，根据劳斯稳定判据，应有

$$\begin{cases} 2 + \hat{k}_0 > 0 \\ 2\hat{k}_0 + 1 + \hat{k}_1 > 0 \end{cases}$$

求出

$$\hat{k}_0 > -2,\quad \hat{k}_1 > -2k_0 - 1$$

(4)对于系统的原状态 $\boldsymbol{x}$ 下的状态反馈增益矩阵为

$$\boldsymbol{K} = \hat{\boldsymbol{K}}\boldsymbol{R}_C^{-1} = [\hat{k}_0 \quad \hat{k}_1 \quad 0]\begin{bmatrix} 1 & 0 & 0 \\ -1 & 1 & 0 \\ 1 & -1 & 1 \end{bmatrix} = [\hat{k}_0 - \hat{k}_1 \quad k_1 \quad 0]$$

显然,对于上述系统,其状态反馈应从 x_1 和 x_2 取出。

例 5-7 已知系统的状态方程为

$$\begin{bmatrix} \dot{x}_1 \\ \dot{x}_2 \\ \dot{x}_3 \end{bmatrix} = \begin{bmatrix} 2 & 1 & 0 \\ 0 & 2 & 0 \\ 0 & 0 & -5 \end{bmatrix}\begin{bmatrix} x_1 \\ x_2 \\ x_3 \end{bmatrix} + \begin{bmatrix} 1 \\ 1 \\ 0 \end{bmatrix} u$$

试问能否利用状态反馈 $u = -\boldsymbol{Kx}$,将闭环系统极点配置在以下极点:

(1)$-1,-2,-5$;

(2)$-1,-2,-3$;

若能,请求出状态反馈增益矩阵 $\boldsymbol{K}$;若不能,请说明理由。

解:系统矩阵 $\boldsymbol{A}$ 为约当标准型,由 $\boldsymbol{A}$ 可知,系统的特征值为 $2,2,-5$。由约当标准型的可控性判别准则可知,该系统不是状态完全可控的,其可控子空间为

$$\begin{bmatrix} \dot{x}_1 \\ \dot{x}_2 \end{bmatrix} = \begin{bmatrix} 2 & 1 \\ 0 & 2 \end{bmatrix}\begin{bmatrix} x_1 \\ x_2 \end{bmatrix} + \begin{bmatrix} 1 \\ 1 \end{bmatrix} u$$

不可控子空间为

$$\dot{x}_3 = -5x_3$$

不可控子空间的特征值为-5。

(1)由于希望的闭环极点$-1,-2,-5$中包含不可控子空间的特征值-5,对可控子空间进行极点配置,可将其闭环极点配置在$-1,-2$;因此,利用状态反馈 $u = -\boldsymbol{Kx}$,能将闭环系统极点配置在$-1,-2,-5$。具体如下:

设反馈增益矩阵 $\boldsymbol{K}$ 为

$$\boldsymbol{K} = [k_0 \quad k_1]$$

则可控子系统的闭环特征多项式为

$$f(\lambda) = \det[\lambda \boldsymbol{I} - (\boldsymbol{A} - \boldsymbol{bK})] = \begin{vmatrix} \lambda - 2 + k_0 & -1 + k_1 \\ k_0 & \lambda - 2 + k_1 \end{vmatrix} = \lambda^2 + (-4 + k_1 + k_0)\lambda + 4 - 2k_1 - k_0$$

又 $$f^*(\lambda) = (\lambda + 1)(\lambda + 2) = \lambda^2 + 3\lambda + 2$$

令 $f(\lambda) = f^*(\lambda)$ 可得

$$\begin{cases} k_0 + k_1 - 4 = 3 \\ 4 - k_0 - 2k_1 = 2 \end{cases}$$

求出

$$\begin{cases} k_0 = 12 \\ k_1 = -5 \end{cases}$$

所以，状态反馈增益矩阵为

$$\boldsymbol{K} = [12 \quad -5]$$

(2)由于希望的闭环极点$-1,-2,-3$中不包含不可控子空间的特征值-5，而不可控子系统不能进行极点配置，因此，不能利用状态反馈 $u=-\boldsymbol{Kx}$，将闭环系统极点配置在$-1,-2,-3$。

四、状态反馈对系统零点的影响

状态反馈在改变系统闭环极点的同时，是否会对系统的零点产生影响？下面来分析这一问题。

已知完全可控的单输入单输出线性定常系统经过适当的线性非奇异变换可化为可控标准型：

$$\begin{cases}\dot{\bar{\boldsymbol{x}}} = \bar{\boldsymbol{A}}\bar{\boldsymbol{x}} + \bar{\boldsymbol{b}}u \\ \boldsymbol{y} = \bar{\boldsymbol{c}}\bar{\boldsymbol{x}}\end{cases}$$

其传递函数为

$$G(s) = \boldsymbol{c}(s\boldsymbol{I}-\boldsymbol{A})^{-1}\boldsymbol{b} = \bar{\boldsymbol{c}}(s\boldsymbol{I}-\bar{\boldsymbol{A}})^{-1}\bar{\boldsymbol{b}} =$$

$$[\beta_0 \quad \beta_1 \quad \cdots \quad \beta_{n-1}] \frac{\begin{bmatrix}\times & \cdots & \times & 1 \\ \times & \cdots & \times & s \\ \vdots & & \vdots & \vdots \\ \times & \cdots & \times & s^{n-1}\end{bmatrix}}{s^n + \alpha_{n-1}s^{n-1} + \cdots + \alpha_1 s + \alpha_0} \begin{bmatrix}0 \\ 0 \\ \vdots \\ 1\end{bmatrix} =$$

$$\frac{\beta_{n-1}s^{n-1} + \beta_{n-2}s^{n-2} + \cdots + \beta_1 s + \beta_0}{s^n + \alpha_{n-1}s^{n-1} + \cdots + \alpha_1 s + \alpha_0} \tag{5.3-4}$$

引入状态反馈后闭环系统的传递函数为

$$G_k(s) = \frac{Y(s)}{U(s)} = \boldsymbol{c}(s\boldsymbol{I}-\boldsymbol{A}+\boldsymbol{bK})^{-1}\boldsymbol{b} = \bar{\boldsymbol{c}}(s\boldsymbol{I}-\bar{\boldsymbol{A}}+\bar{\boldsymbol{b}}\bar{\boldsymbol{K}})^{-1}\bar{\boldsymbol{b}} =$$

$$[\beta_0 \quad \beta_1 \quad \cdots \quad \beta_{n-1}] \frac{\begin{bmatrix}\times & \cdots & \times & 1 \\ \times & \cdots & \times & s \\ \vdots & & \vdots & \vdots \\ \times & \cdots & \times & s^{n-1}\end{bmatrix}}{s^n + (\alpha_{n-1}+k_{n-1})s^{n-1} + \cdots + (\alpha_1+k_1)s + (\alpha_0+k_0)} \begin{bmatrix}0 \\ 0 \\ \vdots \\ 1\end{bmatrix} =$$

$$\frac{\beta_{n-1}s^{n-1} + \cdots + \beta_1 s + \beta_0}{s^n + (\alpha_{n-1}+k_{n-1})s^{n-1} + \cdots + (\alpha_1+k_1)s + (\alpha_0+k_0)} \tag{5.3-5}$$

比较式(5.3-4)和式(5.3-5)，可以看出，引入状态反馈后传递函数的分子多项式不改变，即零点保持不变；而分母多项式的每一项的系数均可通过状态反馈系数得到改变，即极点可以任意配置，这样为零极点的对消提供了条件。若引入状态反馈后使某些极点与零点处于同一位置从而构成零极点对消，这样就既失去了一个系统零点，又失去了一个系统极点，并且被对消掉的那些极点可能不可观测。这也是对状态反馈可能使系统失去可观测性的一个直观解释。

例 5-8 若系统的传递函数为

$$G_0(s)=\frac{(s+2)(s+3)}{(s+1)(s-2)(s+4)} \tag{5.3-6}$$

试求使闭环系统的传递函数为

$$G(s)=\frac{s+3}{(s+2)(s+4)} \tag{5.3-7}$$

的状态反馈增益矩阵 $\boldsymbol{K}$。

解：对比式(5.3-6)和式(5.3-7)可知，欲消去 $s=-2$ 的零点，其闭环系统传递函数中必有 $s=-2$ 的极点，再根据上述状态反馈不改变零点的结论，状态反馈闭环系统的传递函数应为

$$G(s)=\frac{(s+2)(s+3)}{(s+2)^2(s+4)}$$

因此，实际上本题的题意是求状态反馈增益矩阵 $\boldsymbol{K}=[k_0\quad k_1\quad k_2]$ 使式(5.3-6)所示系统的闭环极点配置在 $\lambda=-2,-2,-4$。这样便可按照 5.2 节中极点配置的计算步骤来设计状态反馈增益矩阵 $\boldsymbol{K}$。

闭环系统的特征多项式为

$$f(\lambda)=\det[\lambda\boldsymbol{I}-(\boldsymbol{A}-\boldsymbol{bK})]=\lambda^3+(3+k_2)\lambda^2+(-6+k_1)\lambda+(-8+k_0)$$

闭环系统的期望特征多项式为

$$f^*(\lambda)=(\lambda+2)(\lambda+2)(\lambda+4)=\lambda^3+8\lambda^2+20\lambda+16$$

使 $f(\lambda)$ 和 $f^*(\lambda)$ 的对应项系数相等，从而求得

$$\begin{cases}k_0=24\\k_1=26\\k_2=5\end{cases}$$

故状态反馈增益矩阵 $\boldsymbol{K}$ 为

$$\boldsymbol{K}=[24\quad 26\quad 5]$$

五、状态反馈在实际系统中的应用举例

本节提供一个实例，说明状态反馈在实际系统中的应用以及如何设计状态反馈控制器。

例 5-9 （自动检测系统）开关面板上有各种开关、继电器和指示灯，若采用手工方式检测会降低产量并造成较大的检验误差，而采用自动检测系统则能够提高检测精度，提高生产率。图 5-6 所示为一个自动检测系统示意图，该系统通过直流电机驱动一组测试探针，将探针穿过零件的引线，以便检验零件的导通性能、电阻及其他功能参数。如图 5-7 所示，该自动检测系统利用直流电机上的编码盘来测量并记录电压和探针的位置。检测系统的结构图如图 5-8 所示，其中 K 为所需的功率放大系数。

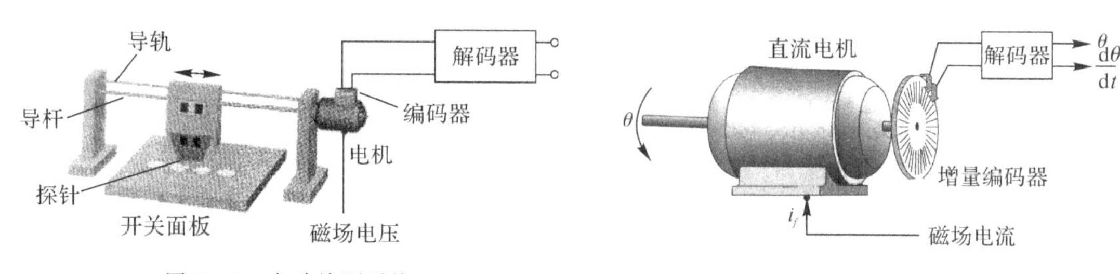

图 5－6　自动检测系统　　　　图 5－7　配置了编码盘的直流电机

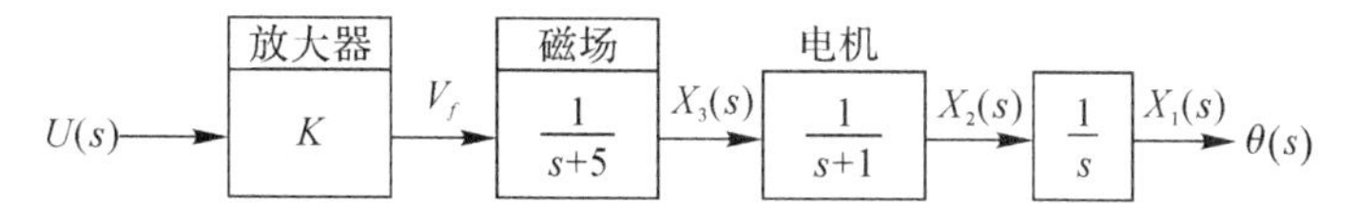

图 5－8　直流电机的开环系统结构图

设状态变量选择为 $x_1=\theta, x_2=\frac{\mathrm{d}\theta}{\mathrm{d}t}, x_3=i_f$。假定这些状态变量均可观测，且能用于反馈，可得其闭环系统如图 5－9 所示，其中控制律如下：

$$u=-k_1x_1-k_2x_2-k_3x_3+r$$

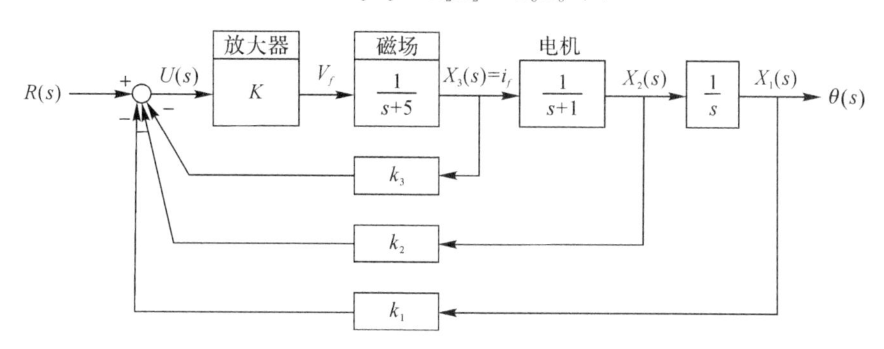

图 5－9　直流电机闭环控制系统结构图

本例的设计目标：合理选择放大器增益 K 和状态反馈增益 k_1、k_2 和 k_3，使系统单位阶跃响应的调节时间小于 2 s（$\Delta=2\%$），超调量小于 4%。

解：首先列写系统的状态方程。由图 5－8 可见，当系统状态反馈未接入时，有

$$\dot{\boldsymbol{x}}=\boldsymbol{A}\boldsymbol{x}+\boldsymbol{b}u=\begin{bmatrix}0 & 1 & 0\\ 0 & -1 & 1\\ 0 & 0 & -5\end{bmatrix}\boldsymbol{x}+\begin{bmatrix}0\\ 0\\ K\end{bmatrix}u$$

为了使系统产生精确的位置输出，取 $k_1=1$，得闭环系统状态方程为

$$\dot{\boldsymbol{x}}=\begin{bmatrix}0 & 1 & 0\\ 0 & -1 & 1\\ -K & -Kk_2 & -(5+Kk_3)\end{bmatrix}\boldsymbol{x}+\begin{bmatrix}0\\ 0\\ K\end{bmatrix}r=\bar{\boldsymbol{A}}\boldsymbol{x}+\boldsymbol{b}r$$

令 $\det(s\boldsymbol{I}-\bar{\boldsymbol{A}})=0$，得闭环系统特征方程：

$$s^3+(6+Kk_3)s^2+(5+Kk_3+Kk_2)s+K=0$$

上式可写为

$$(s^3+6s^2+5s)+Kk_3\left(s^2+\frac{k_3+k_2}{k_3}s+\frac{1}{k_3}\right)=0$$

其等效闭环特征方程为

$$1+Kk_3\frac{\left(s^2+\frac{k_3+k_2}{k_3}s+\frac{1}{k_3}\right)}{s(s+1)(s+5)}=0$$

以 Kk_3 为可变参数，绘制等效系统的根轨迹图，如图 5－10 所示。并适当选择待定参数，使系统性能满足设计指标。根据给定的性能指标要求，应有

$$\sigma\%=\mathrm{e}^{-\pi\zeta/\sqrt{1-\zeta^2}}\times 100\%<4\%$$

$$t_s=\frac{4.4}{\zeta\omega_n}<2\quad(\Delta=2\%)$$

故可求得

$$\zeta>0.72,\quad \omega_n>3.1$$

则系统希望主导极点在复平面上的有效取值区域为图 5－10 中虚线所包围的区域。

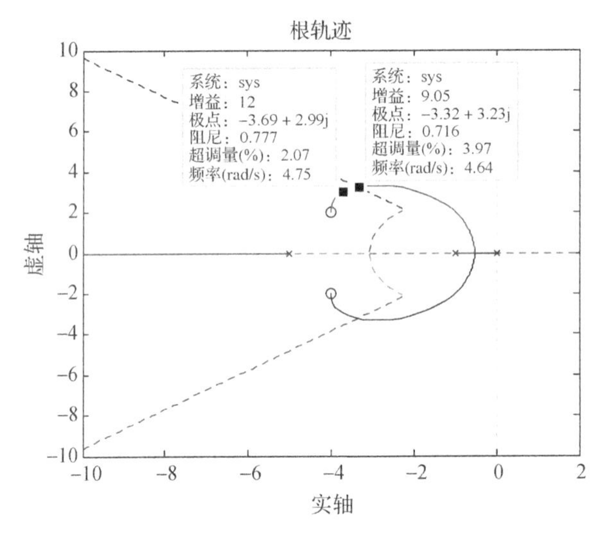

图 5－10　自动检测系统的根轨迹

为了把根轨迹拉向虚线所包围的区域，将等效系统的开环零点取为 $s=-4\pm \mathrm{j}2$（位于虚线所包围的区域），且令

$$s^2+\frac{k_3+k_2}{k_3}s+\frac{1}{k_3}=(s+4+\mathrm{j}2)(s+4-\mathrm{j}2)=s^2+8s+20$$

即有

$$\frac{k_3+k_2}{k_3}=8,\ \frac{1}{k_3}=20$$

解得

$$k_2=0.35,\ k_3=0.05$$

由图 5-10 可见，当取根轨迹增益 $Kk_3=12$ 时，闭环极点位于有效值区域之内。从而满足设计指标要求。本例最终设计结果为 $K=240, k_1=1, k_2=0.35, k_3=0.05$。

应用 MATLAB 程序 5.3-1 可求出校正后系统的单位阶跃响应曲线，如图 5-11 所示。由图得设计后系统的 $\sigma\%=2\%$，$t_s=0.88$ s（$\Delta=2\%$），系统确实满足了设计要求。

MATLAB 程序 5.3-1

```
K=240;k1=1;k2=0.35;k3=0.05;
A=[0  1  0;  0  -1  1;  -K  -K*k2  -5-K*k3];
b=[0 0 K]';
c=[1 0 0];
d=0;
sys=ss(A,b,c,d);
t=0:0.01:2.5;
step(sys,t);
grid
```

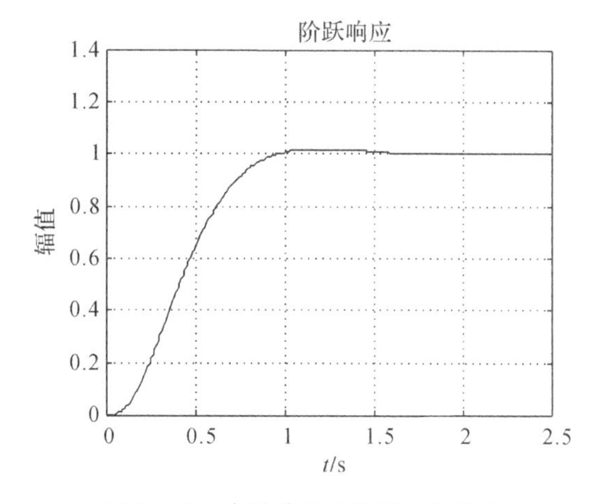

图 5-11　自动检测系统的阶跃响应

例 5-10　（柴电动力机车控制）柴电动力机车的基本架构示意图如图 5-12(a)所示。机车的每个轮轴上都装配有一个直流电机，以此来驱动机车运转，并带动列车前进。机车油门的位置通过输入电位计的移动加以调节，系统的控制目标是在存在外加负载干扰的前提下，将电机转轴的转速 ω_0 调节到指定转速 ω_r。系统的结构图如图 5-12(b)所示，其中参数 L_t 和 R_t 分别为

$$L_t=L_a+L_g,\quad R_t=R_a+R_g$$

柴电动力机车有关参数的典型值见表 5-1。要求系统在单位阶跃信号作用下：

(1)输出的电机转轴的转速 $\omega_0(t)$ 的稳态跟踪误差小于 2%；

(2)超调量小于 10%；

(3)调节时间小于 1 s；

设计状态反馈控制器参数。

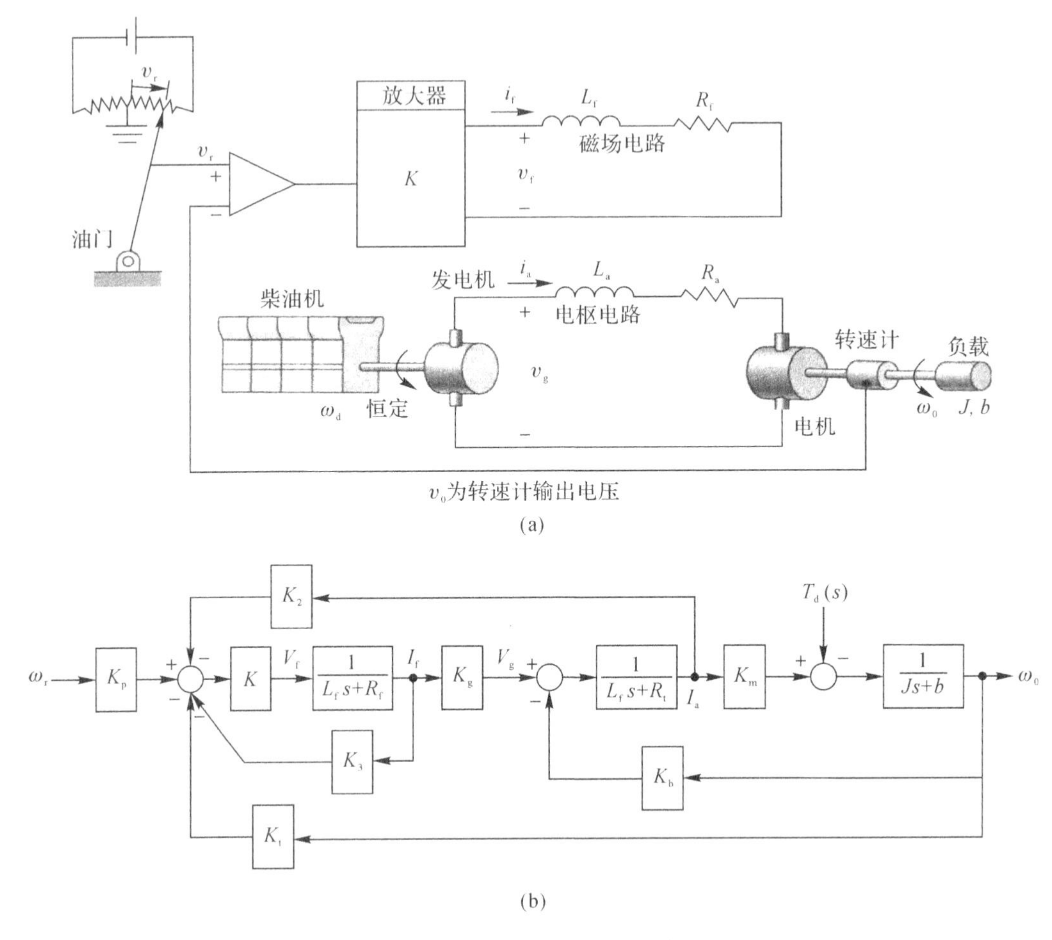

图 5-12 柴电动力机车系统

(a)系统示意图;(b)结构图(含反馈回路)

表 5-1 柴电动力机车有关参数的典型值

K_m	K_g	K_b	J	b	L_a	R_a	R_f	L_f	K_t	K	L_g	R_g
10	100	0.62	1	1	0.2	1	1	0.1	1	1	0.1	1

解:由于系统中采用转速计测量电机的转速,并将转速转换成反馈电压信号 v_0,因此系统本身带有一个反馈回路。假设反馈系数 $K_t=1$,若不考虑状态反馈回路,则放大器增益 K 就是唯一的可调参数。

选取状态变量 $x_1=\omega_0$,$x_2=i_a$,$x_3=i_f$,则可以得到系统的状态变量微分方程为

$$
\begin{cases}
\dot{x}_1=-\dfrac{b}{J}x_1+\dfrac{K_m}{J}x_2-\dfrac{1}{J}T_d \\
\dot{x}_2=-\dfrac{K_b}{L_t}x_1-\dfrac{R_t}{L_t}x_2+\dfrac{K_g}{L_t}x_3 \\
\dot{x}_3=-\dfrac{R_f}{L_f}x_3+\dfrac{1}{L_f}u
\end{cases}
$$

其中，$u=KK_{p}\omega_{r}$。

状态空间表达式为

$$\begin{cases}\dot{x}=Ax+bu=\begin{bmatrix}-\dfrac{b}{J} & \dfrac{K_m}{J} & 0\\ -\dfrac{K_b}{L_t} & -\dfrac{R_t}{L_t} & \dfrac{K_g}{L_t}\\ 0 & 0 & -\dfrac{R_f}{L_f}\end{bmatrix}x+\begin{bmatrix}0\\0\\ \dfrac{1}{L_f}\end{bmatrix}u\\ y=Cx=\begin{bmatrix}1 & 0 & 0\end{bmatrix}x\end{cases}$$

将表 5－1 的参数代入得

$$\begin{cases}\dot{x}=\begin{bmatrix}-1 & 10 & 0\\ -\dfrac{0.62}{0.3} & -\dfrac{2}{0.3} & \dfrac{100}{0.3}\\ 0 & 0 & -10\end{bmatrix}x+\begin{bmatrix}0\\0\\10\end{bmatrix}u\\ y=\begin{bmatrix}1 & 0 & 0\end{bmatrix}x\end{cases}$$

机车系统自身的开环传递函数为

$$G(s)=C(sI-A)^{-1}B=\frac{K_gK_m}{(R_f+L_fs)[(R_t+L_ts)(Js+b)+K_mK_b]}=$$

$$\frac{1000}{(1+0.1s)[(2+0.3s)(s+1)+6.2]}$$

下面分析一下只有转速反馈回路，没有状态变量反馈回路时，仅通过调整增益 K，能否使系统满足性能指标的设计要求。当 $K_p=K_t=1$ 时，从输入输出的角度来看，此时的系统可以简化为一个单位负反馈系统，如图 5－13 所示。

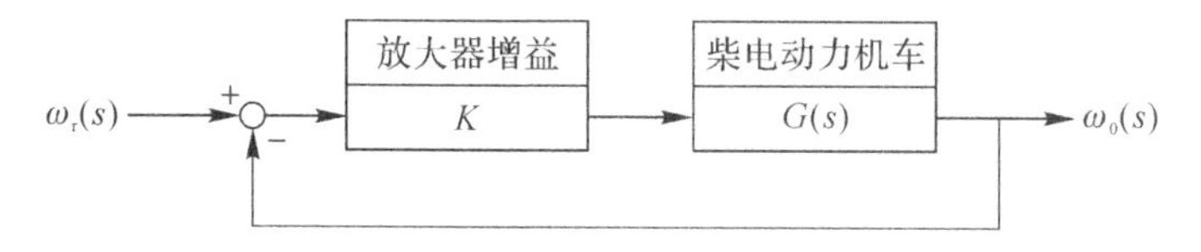

图 5－13　柴电动力机车的简化框图模型

将表 5－1 中的参数代入开环传递函数 $G(s)$，可以得到系统单位阶跃响应的稳态跟踪误差：

$$e_{ss}=\frac{1}{1+\dfrac{KK_gK_m}{R_f(R_tb+K_mK_b)}}=\frac{1}{1+121.95K}$$

利用劳斯稳定性判据可以得到，能够保证闭环系统稳定的 K 的取值范围为

$$-0.008<K<0.046\ 8$$

因此，系统的稳态误差大于 15%，无法满足稳态跟踪误差小于 2% 的要求。此外，K 越大，系统响应的振荡越强烈，这是不能接受的。由此可见，如果只有转速计反馈回路，将无法使系统性能指标满足设计要求。

下面为系统设计全状态反馈控制器。首先，判断系统的可控性。可控性矩阵 Q_C 为

$$Q_C=\begin{bmatrix}b & Ab & A^2b\end{bmatrix}$$

求得 Q_C 的行列式的值为

$$\det Q_C = \frac{K_g^2 K_m}{J L_f^3 L_t^2} \neq 0$$

可知系统可控，可以进行极点配置，使系统性能满足指标设计要求②③。反馈回路如图 5-12(b) 所示，将 3 个状态变量 ω_0，i_a，i_f 作为反馈变量。不失一般性地，令 $K=1$，而在理论上，K 可以取任何正数。

此时，状态变量反馈控制信号为

$$u(t) = k_p\omega_r - k_t x_1 - k_2 x_2 - k_3 x_3$$

设状态反馈增益矩阵 $\boldsymbol{K}$ 为

$$\boldsymbol{K} = [k_t \quad k_2 \quad k_3]$$

则，反馈控制信号为

$$u(t) = k_p\omega_r - \boldsymbol{Kx} = v - \boldsymbol{Kx}$$

其中

$$v = k_p\omega_r$$

经过状态反馈之后，闭环系统的状态空间模型为

$$\begin{cases} \dot{\boldsymbol{x}} = (\boldsymbol{A} - \boldsymbol{bK})\boldsymbol{x} + \boldsymbol{b}v \\ \boldsymbol{y} = \boldsymbol{cx} \end{cases}$$

希望反馈后系统矩阵 $\boldsymbol{A}-\boldsymbol{bK}$ 的特征值在 S 平面上的可行配置区域如图 5-14 所示。进一步指定系统的 3 个闭环特征根为

$$s_1 = -50, \quad s_2 = -4 + 3\mathrm{j}, \quad s_3 = -4 - 3\mathrm{j}$$

选择 $s_1 = -50$，是为了让共轭复根 s_2 和 s_3 主导的二阶系统成为闭环系统很好的近似。

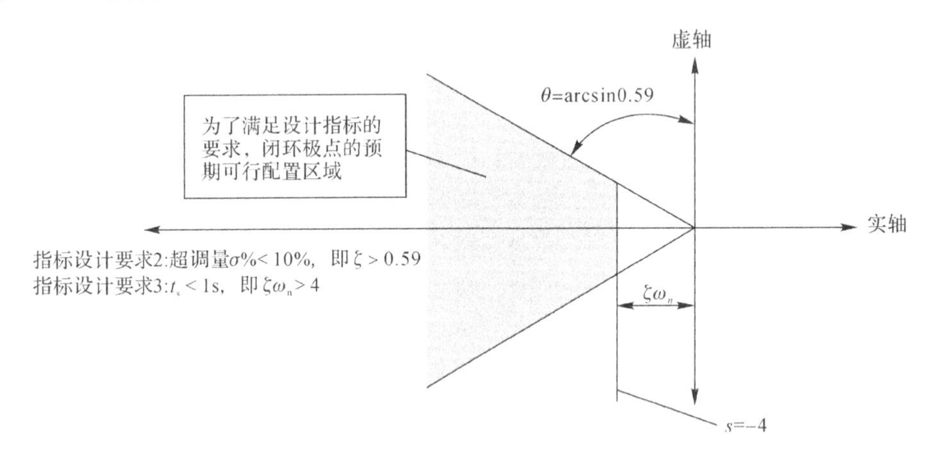

图 5-14 闭环特征根(即 $\boldsymbol{A}-\boldsymbol{bK}$ 的特征值)的可行配置区域

应用 MATLAB 程序 5.3-2 可求出状态反馈增益矩阵：

$$\boldsymbol{K} = [-0.00462 \quad 0.00343 \quad 4.0333]$$

MATLAB 程序 5.3-2

```
A=[-1  10  0;  -0.63/0.3  -2/0.3  100/0.3;  0  0  -10];
B=[0  0  10]';
P=[-50  -4+3j  -4-3j];
K=place(A,B,P)
```

应用 MATLAB 程序 5.3-3 可求出经状态反馈后闭环系统的单位阶跃响应曲线，如图 5-15 所示。

MATLAB 程序 5.3-3

```
A=[-1  10  0;-0.63/0.3  -2/0.3  100/0.3;0  0  -10];
B=[0  0  10]';
C=[1  0  0];
D=[0];
P=[-50  -4+3j  -4-3j];
K=place(A,B,P)
t=0:0.01:4;
[y,x,t]=step(A-B*K,B,C,D,1,t);
x1=[1  0  0]*x';
x2=[0  1  0]*x';
x3=[0  0  1]*x';
subplot(2,2,1);plot(t,x1);grid
title('x1 - t')
xlabel('t/s');
ylabel('x1')
subplot(2,2,2);plot(t,x2);grid
title('x2 - t')
xlabel('t/s');
ylabel('x2')
subplot(2,2,3);plot(t,x3);grid
title('x3 - t')
xlabel('t/s');
ylabel('x3')
```

此时，输出角速度的终值为 27.06 rad/s，不是 1，这是由闭环传递函数 $\Phi(s)$ 的直流增益引起的，可以通过参数 K_p 来进行调节。

为了确定增益 K_p，需要计算闭环传递函数 $\Phi(s)$ 的直流增益。引入状态变量反馈之后，系统的闭环传递函数为

$$\Phi(s)=\boldsymbol{C}(s\boldsymbol{I}-\boldsymbol{A}+\boldsymbol{bK})^{-1}\boldsymbol{b}$$

而且有

$$K_p=\frac{1}{\Phi(0)}$$

通过调整增益 K_p，可以使闭环传递函数的直流增益等于 1，此时系统的单位阶跃响应曲线如图 5-16 所示。

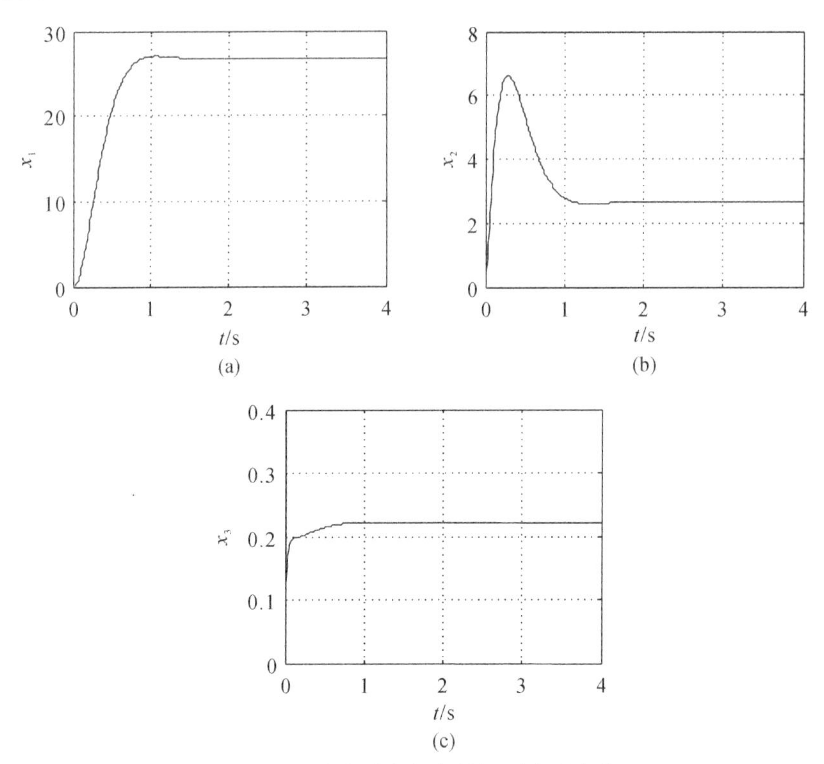

图 5－15　柴电动力机车的闭环阶跃响应

(a)x_1-t 曲线；(b)x_2-t 曲线；(c)x_3-t 曲线

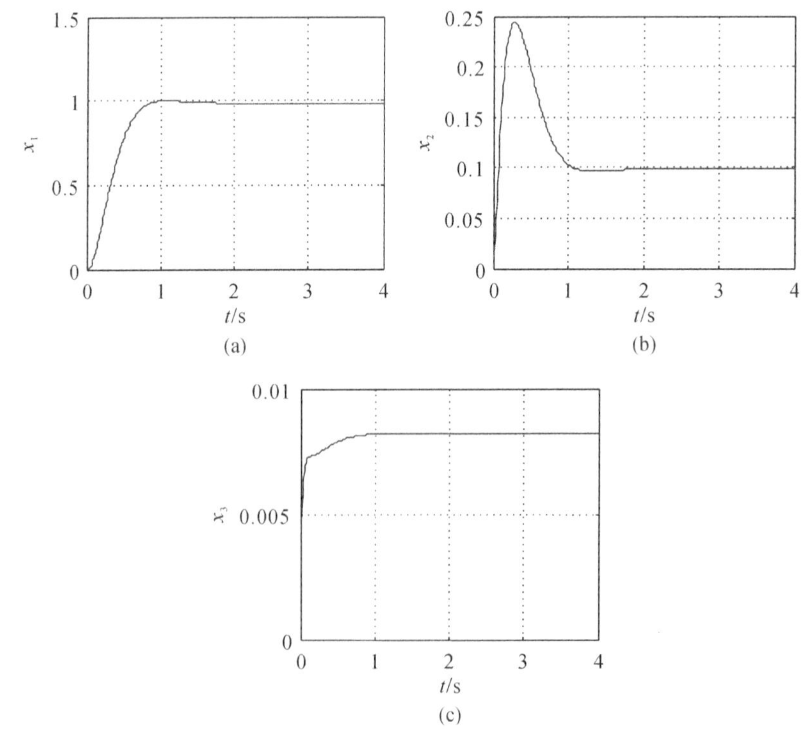

图 5－16　调整增益 K_p 后柴电动力机车的闭环阶跃响应

(a)x_1-t 曲线；(b)x_2-t 曲线；(c)x_3-t 曲线

这就意味着,当改变转速的指令为单位阶跃信号时,输出的稳态转速能够跟踪上改变之后的转速,即当改变转速的指令为 1 rad/s 时,输出稳态转速的变化也是 1 rad/s。这说明经过校正之后系统满足了所有的指标设计要求。

5.4　全维状态观测器的设计

尽管利用状态反馈能够任意配置可控系统的闭环极点并有效地改善系统的性能,但是并不是所有的状态变量都能够用传感器测量出来,有些甚至根本无法测量到,这时就需要估计不可测的状态变量。对不可测状态变量的估计通常称为观测,估计或观测状态变量的装置称为状态观测器,这是一个在物理上可以实现的动力学系统,它在待观测系统的输入和输出的驱动下(这总是可以量测得到的)产生一组逼近于待观测系统状态变量的输出。该动力学系统装置所输出的一组状态变量便可作为该待观测系统的状态的估计值。从这个意义上看,状态观测器又称为状态估计器,或称状态重构器。

状态观测器在结构上可分为全维状态观测器和降维状态观测器。维数等于被观测系统维数的状态观测器称为全维状态观测器,维数小于被观测系统维数的状态观测器称为降维状态观测器。降维状态观测器在结构上较全维状态观测器简单,全维状态观测器在抗噪声影响上较降维状态观测器优越。本节介绍全维状态观测器的原理和设计步骤。

一、开环状态观测器

设线性定常系统的状态空间模型为

$$\dot{\boldsymbol{x}}=\boldsymbol{A}\boldsymbol{x}+\boldsymbol{B}\boldsymbol{u} \tag{5.4-1}$$

$$\boldsymbol{y}=\boldsymbol{C}\boldsymbol{x} \tag{5.4-2}$$

如果系统的状态变量不能够被完全测量到,一个直观的想法是采用仿真技术构造一个和受控系统具有同样动力学方程的物理装置,如图 5-17 所示。当状态观测器的初始状态与系统的初始状态完全相等,即 $\hat{\boldsymbol{x}}(t_0)=\boldsymbol{x}(t_0)$ 时,理论上可以实现对所有 $t\geqslant t_0$ 有 $\hat{\boldsymbol{x}}(t)=\boldsymbol{x}(t)$,即实现完全状态重构。但是,这种开环状态观测器在实际应用中存在几个基本问题:

(1)当系统矩阵 $\boldsymbol{A}$ 包含不稳定特征值时,只要初始状态 $\boldsymbol{x}(t_0)$ 和 $\hat{\boldsymbol{x}}(t_0)$ 存在很小的偏差,系统状态 $\boldsymbol{x}(t)$ 和重构状态 $\hat{\boldsymbol{x}}(t)$ 的偏差就会随时间增加而扩散或振荡,不可能满足渐近等价目标。

(2)即使系统矩阵 $\boldsymbol{A}$ 不包含不稳定特征值时,尽管系统状态 $\boldsymbol{x}(t)$ 和重构状态 $\hat{\boldsymbol{x}}(t)$ 最终趋于渐近等价,但收敛速度不能由设计者按期望要求来综合,从控制工程角度这是不能允许的。

(3)当系统矩阵 $\boldsymbol{A}$ 出现摄动情形时,开环状态观测器由于系统矩阵不能相应调整,从而使系统状态 $\boldsymbol{x}(t)$ 和重构状态 $\hat{\boldsymbol{x}}(t)$ 的偏差情况变坏。

(4)要保证每次使用时系统的初始状态和观测器的初始状态都完全一致,实际上是不可能的。

所以这种观测器在实际工程中的应用价值是不大的。

二、全维状态观测器

图 5-17 所示的开环状态观测器中只利用了系统的输入 $\boldsymbol{u}(t)$,而没有利用输出 $\boldsymbol{y}(t)$。如果系统状态 $\boldsymbol{x}(t)$ 和重构状态 $\hat{\boldsymbol{x}}(t)$ 之间有偏差,那么,受控系统的输出 $\boldsymbol{y}(t)=\boldsymbol{C}\boldsymbol{x}(t)$ 与观测器

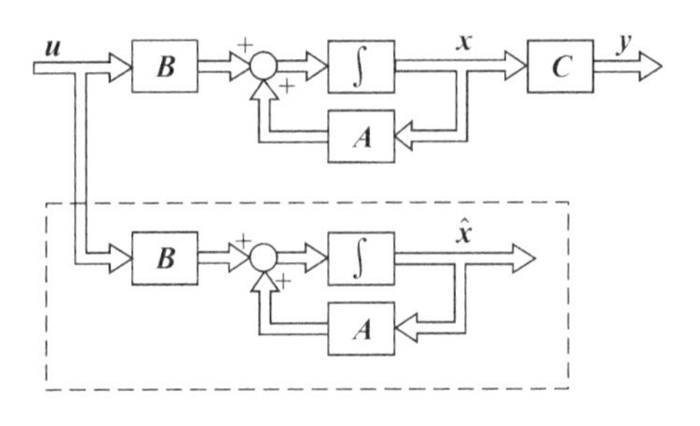

图 5－17　开环状态观测器示意图

的输出 $\hat{\boldsymbol{y}}(t)=\boldsymbol{C}\hat{\boldsymbol{x}}(t)$ 之间也会有偏差，将其差值作为校正信号，可构成图 5－18 所示的观测器。图中，$\boldsymbol{H}$ 为 $n\times q$ 维状态观测器的输出误差反馈矩阵。当观测器的状态 $\hat{\boldsymbol{x}}(t)$ 与实际系统的状态 $\boldsymbol{x}(t)$ 不相等时，将产生一个误差信号，并通过反馈矩阵 $\boldsymbol{H}$ 馈送到观测器的积分器的输入端，使观测器的状态 $\hat{\boldsymbol{x}}(t)$ 经过一定的时间以一定的精度逼近被控系统的真实状态 $\boldsymbol{x}(t)$。这里有必要指出，状态观测器中的反馈矩阵 $\boldsymbol{H}$ 和状态反馈增益矩阵 $\boldsymbol{K}$ 的维数是不相同的。在状态反馈中 $\boldsymbol{K}$ 是一个 $p\times n$ 维矩阵，它将 n 个状态乘以相应的反馈系数，形成 p 个组合信号送到系统的输入端，而状态观测器中的反馈矩阵是一个 $n\times q$ 维的矩阵，它将输出误差信号乘以不同的反馈系数分别送到每个积分器的输入端。为了表示这种反馈联结方式的特点，在图5－18(b)上列举一个单输入单输出二阶系统的状态观测器的结构图。

从图 5－18(a)，可以写出状态观测器的状态方程：

$$\dot{\hat{\boldsymbol{x}}}(t)=\boldsymbol{A}\hat{\boldsymbol{x}}(t)+\boldsymbol{H}(\boldsymbol{y}(t)-\hat{\boldsymbol{y}}(t))+\boldsymbol{B}\boldsymbol{u}(t)=\boldsymbol{A}\hat{\boldsymbol{x}}(t)+\boldsymbol{H}(\boldsymbol{y}(t)-\boldsymbol{C}\hat{\boldsymbol{x}}(t))+\boldsymbol{B}\boldsymbol{u}(t) \tag{5.4-3}$$

或者

$$\dot{\hat{\boldsymbol{x}}}(t)=(\boldsymbol{A}-\boldsymbol{H}\boldsymbol{C})\hat{\boldsymbol{x}}(t)+\boldsymbol{H}\boldsymbol{y}(t)+\boldsymbol{B}\boldsymbol{u}(t) \tag{5.4-4}$$

式中，$\hat{\boldsymbol{x}}(t)$ 为状态观测器的状态；$\hat{\boldsymbol{y}}(t)$ 为状态观测器的输出；$\boldsymbol{H}$ 为状态观测器的输出误差反馈矩阵：

$$\boldsymbol{H}=\begin{bmatrix} h_{11} & h_{12} & \cdots & h_{1q} \\ h_{21} & h_{22} & \cdots & h_{2q} \\ \vdots & \vdots & & \vdots \\ h_{n1} & h_{n2} & \cdots & h_{nq} \end{bmatrix}$$

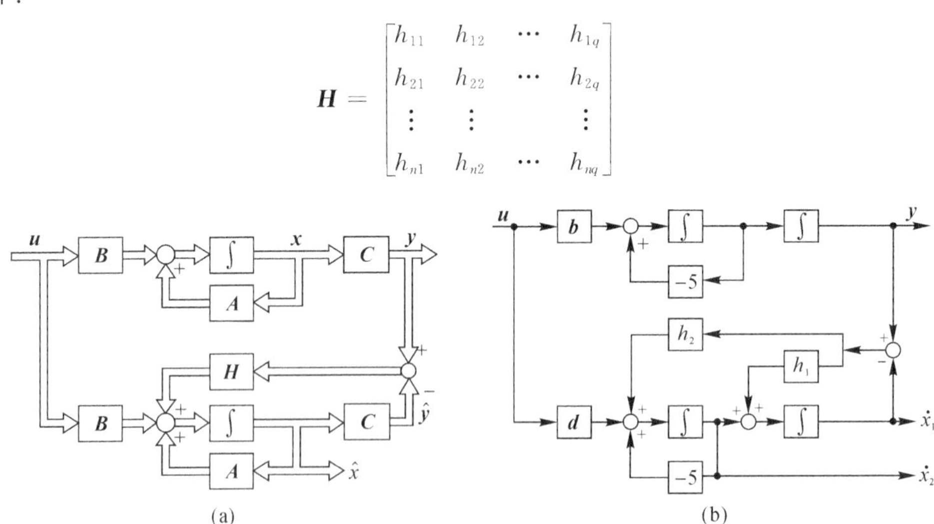

图 5－18　渐近状态观测器的原理图

根据式(5.4－4)的状态观测器的结果，图 5－18(a)又可表示成如图 5－19 所示的形式。

用式(5.4－1)的系统状态方程减去式(5.4－4)的观测器状态方程，可得

$$\begin{aligned}\dot{\boldsymbol{x}}(t)-\dot{\hat{\boldsymbol{x}}}(t)&=\boldsymbol{A}\boldsymbol{x}(t)+\boldsymbol{B}\boldsymbol{u}(t)-(\boldsymbol{A}-\boldsymbol{H}\boldsymbol{C})\hat{\boldsymbol{x}}(t)-\boldsymbol{H}\boldsymbol{y}(t)-\boldsymbol{B}\boldsymbol{u}(t)= \\ &\boldsymbol{A}\boldsymbol{x}(t)-(\boldsymbol{A}-\boldsymbol{H}\boldsymbol{C})\hat{\boldsymbol{x}}(t)-\boldsymbol{H}\boldsymbol{C}\boldsymbol{x}(t)=(\boldsymbol{A}-\boldsymbol{H}\boldsymbol{C})(\boldsymbol{x}(t)-\hat{\boldsymbol{x}}(t))\end{aligned} \tag{5.4-5}$$

令

$$\tilde{\boldsymbol{x}}(t) \triangleq \boldsymbol{x}(t) - \hat{\boldsymbol{x}}(t) \tag{5.4-6}$$

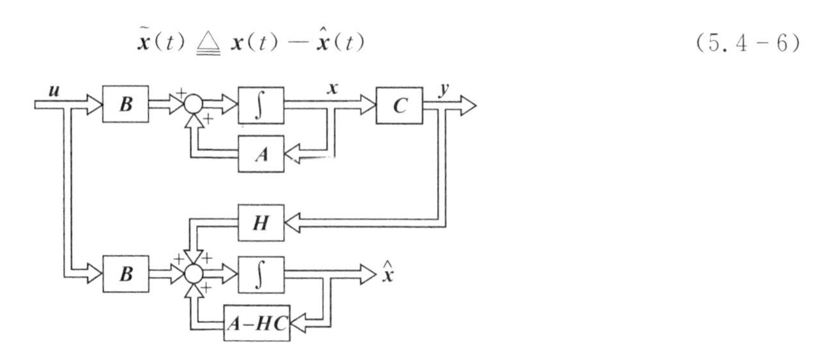

图 5-19　状态观测器结构图的另一种形式

于是式(5.4-5)可写成

$$\dot{\tilde{\boldsymbol{x}}} = (\boldsymbol{A} - \boldsymbol{HC})\tilde{\boldsymbol{x}}(t) \tag{5.4-7}$$

式(5.4-7)是一个关于 $\tilde{\boldsymbol{x}}(t)$ 的齐次微分方程，其解为

$$\tilde{\boldsymbol{x}}(t) = \mathrm{e}^{(\boldsymbol{A}-\boldsymbol{HC})(t-t_0)}\tilde{\boldsymbol{x}}(t_0) \tag{5.4-8}$$

由式(5.4-8)可以看出，若 $\tilde{\boldsymbol{x}}(t_0) = \boldsymbol{0}$，即实际的初始状态 $\boldsymbol{x}(t_0)$ 与观测器的初始状态 $\hat{\boldsymbol{x}}(t_0)$ 相等，则在 $t \geqslant t_0$ 的所有时间内 $\tilde{\boldsymbol{x}}(t) = \boldsymbol{0}$，即观测器的状态与系统实际状态相等，这便相当于图 5-17 所示的开环观测器。若 $\tilde{\boldsymbol{x}}(t_0) \neq \boldsymbol{0}$，即实际的初始状态 $\boldsymbol{x}(t_0)$ 与观测器的初始状态 $\hat{\boldsymbol{x}}(t_0)$ 不相等，且 $\boldsymbol{A}-\boldsymbol{HC}$ 的特征值位于 S 左半平面，则 $\tilde{\boldsymbol{x}}(t)$ 将以指数函数渐近地趋近于零，也就是观测器的状态以指数函数渐近地逼近实际状态，即

$$\lim_{x\to+\infty}(\boldsymbol{x}(t) - \hat{\boldsymbol{x}}(t)) = \boldsymbol{0} \quad \text{或} \quad \lim_{t\to+\infty}\hat{\boldsymbol{x}}(t) = \lim_{t\to+\infty}\boldsymbol{x}(t)$$

所以有下面的定理。

定理 5.9　对图 5-19 所示 n 维全维状态观测器，存在 $n \times q$ 维反馈矩阵 $\boldsymbol{H}$ 使

$$\lim_{t\to+\infty}\hat{\boldsymbol{x}}(t) = \lim_{t\to+\infty}\boldsymbol{x}(t)$$

成立的充分必要条件是被观测系统 $\Sigma_p(\boldsymbol{A},\boldsymbol{B},\boldsymbol{C})$ 不可观测部分为渐近稳定。

证明：基于对偶原理，$\Sigma_p(\boldsymbol{A},\boldsymbol{B},\boldsymbol{C})$ 可观测等价于 $\Sigma_p(\boldsymbol{A}^{\mathrm{T}},\boldsymbol{C}^{\mathrm{T}},\boldsymbol{B}^{\mathrm{T}})$ 可控。由此，利用线性定常系统镇定问题的对应结论，即可证得 $\lim\limits_{t\to+\infty}\tilde{\boldsymbol{x}}(t) = \boldsymbol{0}$。等价地这又意味着

$$\lim_{t\to+\infty}\hat{\boldsymbol{x}}(t) = \lim_{t\to+\infty}\boldsymbol{x}(t)$$

证毕。

显然，观测器的观测状态逼近系统的真实状态的速度取决于 $\boldsymbol{A} - \boldsymbol{HC}$ 的特征值，如果 $\boldsymbol{A} - \boldsymbol{HC}$ 的所有特征值的实部均小于某一负值 $(-\sigma)$，那么 $\tilde{\boldsymbol{x}}(t)$ 的所有分量将以不小于 $\mathrm{e}^{-\sigma t}$ 的速度趋近于零。因此，对于这种观测器的设计又涉及 $\boldsymbol{A}-\boldsymbol{HC}$ 的特征值的选择和配置。由前面的输出反馈定理 5.2 可知，若被控对象可观测，则 $\boldsymbol{A} - \boldsymbol{HC}$ 的极点可以任意配置，以满足 $\hat{\boldsymbol{x}}(t)$ 逼近 $\boldsymbol{x}(t)$ 的速率要求，从而保证了状态观测器的存在性，因而有下面的定理。

定理 5.10　若线性定常系统 $\Sigma_p(\boldsymbol{A},\boldsymbol{B},\boldsymbol{C})$ 是可观测的，则所构成的状态观测器

$$\dot{\hat{\boldsymbol{x}}}(t) = (\boldsymbol{A} - \boldsymbol{HC})\hat{\boldsymbol{x}}(t) + \boldsymbol{Hy}(t) + \boldsymbol{Bu}(t) \tag{5.4-9}$$

的极点是可以任意配置的。

三、状态观测器增益矩阵 $\boldsymbol{H}$ 的求法

1. 利用变换阵 $\boldsymbol{P}$ 确定状态观测器增益矩阵 $\boldsymbol{H}$

采用求状态反馈增益矩阵 $\boldsymbol{K}$ 相类似的方法。对于单输入单输出线性定常系统

$$\dot{\boldsymbol{x}} = \boldsymbol{A}\boldsymbol{x} + \boldsymbol{b}u \tag{5.4-10}$$

$$\boldsymbol{y} = \boldsymbol{c}\boldsymbol{x} \tag{5.4-11}$$

$\boldsymbol{H}$ 的设计步骤按如下：

(1)判断系统的可观测性，如果状态完全可观测，则按下列步骤继续。

(2)求变换阵 $\boldsymbol{P}^{-1}$，将受控系统 $\Sigma_p(\boldsymbol{A},\boldsymbol{b},\boldsymbol{c})$ 化为第二可观测标准形。

设原系统 $\Sigma_p(\boldsymbol{A},\boldsymbol{b},\boldsymbol{c})$ 的特征多项式为

$$f(\lambda) = \det(\lambda\boldsymbol{I} - \boldsymbol{A}) = \lambda^n + \alpha_{n-1}\lambda^{n-1} + \cdots + \alpha_1\lambda + \alpha_0$$

则，变换阵 $\boldsymbol{P}^{-1}$ 可按下式构造：

$$\boldsymbol{P}^{-1} = \begin{bmatrix} 1 & \alpha_{n-1} & \alpha_{n-2} & \cdots & \alpha_2 & \alpha_1 \\ 0 & 1 & \alpha_{n-1} & \cdots & \alpha_3 & \alpha_2 \\ 0 & 0 & 1 & \cdots & \alpha_4 & \alpha_3 \\ \vdots & \vdots & \vdots & & \vdots & \vdots \\ 0 & 0 & 0 & \cdots & 1 & \alpha_{n-1} \\ 0 & 0 & 0 & \cdots & 0 & 1 \end{bmatrix} \begin{bmatrix} \boldsymbol{c}\boldsymbol{A}^{n-1} \\ \boldsymbol{c}\boldsymbol{A}^{n-2} \\ \boldsymbol{c}\boldsymbol{A}^{n-3} \\ \vdots \\ \boldsymbol{c}\boldsymbol{A} \\ \boldsymbol{c} \end{bmatrix} \tag{5.4-12}$$

令

$$\bar{\boldsymbol{x}} = \boldsymbol{P}^{-1}\boldsymbol{x} \tag{5.4-13}$$

则

$$\dot{\bar{\boldsymbol{x}}} = \boldsymbol{P}^{-1}\boldsymbol{A}\boldsymbol{P}\bar{\boldsymbol{x}} + \boldsymbol{P}^{-1}\boldsymbol{b}u = \bar{\boldsymbol{A}}\bar{\boldsymbol{x}} + \bar{\boldsymbol{b}}u \tag{5.4-14}$$

$$y = \boldsymbol{c}\boldsymbol{P}\bar{\boldsymbol{x}} = \bar{\boldsymbol{c}}\bar{\boldsymbol{x}} \tag{5.4-15}$$

式中

$$\bar{\boldsymbol{A}} = \begin{bmatrix} 0 & 0 & \cdots & 0 & -\alpha_0 \\ 1 & 0 & \cdots & 0 & -\alpha_1 \\ \vdots & \vdots & & \vdots & \vdots \\ 0 & 0 & \cdots & 1 & -\alpha_{n-1} \end{bmatrix} \tag{5.4-16}$$

$$\bar{\boldsymbol{b}} = \begin{bmatrix} \beta_0 \\ \beta_1 \\ \vdots \\ \beta_{n-1} \end{bmatrix} \tag{5.4-17}$$

$$\bar{\boldsymbol{c}} = \begin{bmatrix} 0 & 0 & \cdots & 0 & 1 \end{bmatrix} \tag{5.4-18}$$

于是得到对于状态 $\bar{\boldsymbol{x}}$ 下的状态观测器的状态方程为

$$\dot{\hat{\bar{\boldsymbol{x}}}} = (\bar{\boldsymbol{A}} - \bar{\boldsymbol{H}}\bar{\boldsymbol{c}})\hat{\bar{\boldsymbol{x}}} + \bar{\boldsymbol{H}}\bar{\boldsymbol{c}}\bar{\boldsymbol{x}} + \bar{\boldsymbol{b}}u \tag{5.4-19}$$

式中，$\hat{\bar{\boldsymbol{x}}}$ 为对于系统状态为 $\bar{\boldsymbol{x}}$ 下的状态观测器的状态；$\bar{\boldsymbol{H}}$ 为对于系统状态为 $\bar{\boldsymbol{x}}$ 下的状态观测器的反馈增益矩阵，有

$$\bar{\boldsymbol{H}}=\begin{bmatrix}\bar{h}_1\\\bar{h}_2\\\vdots\\\bar{h}_n\end{bmatrix}\tag{5.4-20}$$

对应于式(5.4-7)的状态差值方程为

$$\dot{\tilde{\bar{\boldsymbol{x}}}}=(\bar{\boldsymbol{A}}-\bar{\boldsymbol{H}}\bar{\boldsymbol{c}})\tilde{\bar{\boldsymbol{x}}}\tag{5.4-21}$$

式中，$\tilde{\bar{\boldsymbol{x}}}$ 为系统方程为第二可观测标准形下系统状态的真实值和观测器的观测值的差值，即

$$\tilde{\bar{\boldsymbol{x}}}=\bar{\boldsymbol{x}}-\hat{\bar{\boldsymbol{x}}}\tag{5.4-22}$$

(3)求状态观测器的特征多项式。

由式(5.4-16)，式(5.4-18)和式(5.4-20)得

$$\bar{\boldsymbol{A}}-\bar{\boldsymbol{H}}\bar{\boldsymbol{c}}=\begin{bmatrix}0&0&\cdots&0&-(\alpha_0+\bar{h}_1)\\1&0&\cdots&0&-(\alpha_1+\bar{h}_2)\\0&1&\cdots&0&-(\alpha_2+\bar{h}_3)\\\vdots&\vdots&&\vdots&\vdots\\0&0&\cdots&1&-(\alpha_{n-1}+\bar{h}_n)\end{bmatrix}\tag{5.4-23}$$

状态观测器的特征多项式为

$$\begin{aligned}f(\lambda)&=\det[\lambda\boldsymbol{I}-(\bar{\boldsymbol{A}}-\bar{\boldsymbol{H}}\bar{\boldsymbol{c}})]=\\&\lambda^n+(\alpha_{n-1}+\bar{h}_n)\lambda^{n-1}+\cdots+(\alpha_0+\bar{h}_1)\end{aligned}\tag{5.4-24}$$

(4)若指定状态观测器的特征值为 $\lambda_1,\lambda_2,\cdots,\lambda_n$，可求得期望的特征多项式为

$$f^*(\lambda)=(\lambda-\lambda_1)(\lambda-\lambda_2)\cdots(\lambda-\lambda_n)\tag{5.4-25}$$

(5)令 $f(\lambda)=f^*(\lambda)$ 即可求得可观测标准形下的 $\bar{\boldsymbol{H}}$。

比较等式两边各次幂的系数，可以很方便地解出 $\bar{h}_1,\bar{h}_2,\cdots,\bar{h}_n$，从而求得

$$\bar{\boldsymbol{H}}=[\bar{h}_1\quad\bar{h}_2\quad\cdots\quad\bar{h}_n]^{\mathrm{T}}$$

(6)求对应原状态 $\boldsymbol{x}$ 的状态观测器的反馈增益矩阵 $\boldsymbol{H}$：

$$\boldsymbol{H}=\boldsymbol{P}\bar{\boldsymbol{H}}\tag{5.4-26}$$

式中，$\boldsymbol{P}$ 是式(5.4-13)中把原系统的状态空间表达式化为第二可观测标准形的变换阵。现推导如下：

将式(5.4-21)的状态 $\tilde{\bar{\boldsymbol{x}}}$ 进行状态变换，即

$$\tilde{\bar{\boldsymbol{x}}}=\boldsymbol{P}^{-1}\tilde{\boldsymbol{x}}$$

则式(5.4-21)变为

$$\boldsymbol{P}^{-1}\dot{\tilde{\boldsymbol{x}}}=(\bar{\boldsymbol{A}}-\bar{\boldsymbol{H}}\bar{\boldsymbol{c}})\boldsymbol{P}^{-1}\tilde{\boldsymbol{x}}$$

即

$$\dot{\tilde{\boldsymbol{x}}}=\boldsymbol{P}(\bar{\boldsymbol{A}}-\bar{\boldsymbol{H}}\bar{\boldsymbol{c}})\boldsymbol{P}^{-1}\tilde{\boldsymbol{x}}=(\boldsymbol{P}\bar{\boldsymbol{A}}\boldsymbol{P}^{-1}-\boldsymbol{P}\bar{\boldsymbol{H}}\bar{\boldsymbol{c}}\boldsymbol{P}^{-1})\tilde{\boldsymbol{x}}$$

因为

$$\boldsymbol{P}\bar{\boldsymbol{A}}\boldsymbol{P}^{-1}=\boldsymbol{A},\quad\bar{\boldsymbol{c}}\boldsymbol{P}^{-1}=\boldsymbol{c}$$

于是

$$\dot{\tilde{\boldsymbol{x}}}=(\boldsymbol{A}-\boldsymbol{P}\bar{\boldsymbol{H}}\boldsymbol{c})\tilde{\boldsymbol{x}}=(\boldsymbol{A}-\boldsymbol{H}\boldsymbol{c})\tilde{\boldsymbol{x}}$$

即

$$\boldsymbol{H}=\boldsymbol{P}\bar{\boldsymbol{H}}$$

2. 用直接代入法确定状态观测器增益矩阵 $\boldsymbol{H}$

用直接代入法确定状态观测器增益矩阵 $\boldsymbol{H}$ 的步骤如下：

(1)判断系统可观测性。如果状态完全可观测，按下列步骤继续。

(2)求观测器的特征多项式：

$$f(\lambda)=\det[\lambda\boldsymbol{I}-(\boldsymbol{A}-\boldsymbol{Hc})]$$

(3)写出状态观测器的期望特征多项式：

$$f^*(\lambda)=(\lambda-\lambda_1)(\lambda-\lambda_2)\cdots(\lambda-\lambda_n)=\lambda^n+\alpha_{n-1}^*\lambda^{n-1}+\cdots+\alpha_1^*\lambda+\alpha_0^*$$

(4)由 $f(\lambda)=f^*(\lambda)$ 确定状态观测器的状态观测器增益矩阵 $\boldsymbol{H}=[h_1\quad h_2\quad\cdots\quad h_n]^{\mathrm{T}}$。

如果系统的阶次较低($n\leqslant 3$)，用直接代入法确定状态观测器增益矩阵 $\boldsymbol{H}$ 可能更为简单。

例 5-11 设单输入单输出系统的状态空间表达式为

$$\begin{cases}\begin{bmatrix}\dot{x}_1\\ \dot{x}_2\\ \dot{x}_3\end{bmatrix}=\begin{bmatrix}0&0&0\\1&-1&0\\0&1&-1\end{bmatrix}\begin{bmatrix}x_1\\x_2\\x_3\end{bmatrix}+\begin{bmatrix}1\\0\\0\end{bmatrix}u\\ y=[0\quad 1\quad 1]\begin{bmatrix}x_1\\x_2\\x_3\end{bmatrix}\end{cases}$$

试设计一个全维状态观测器，并使观测器的极点配置为 -5，$-4\pm \mathrm{j}4$。

解：(1)判断系统的可观测性。由已知可得系统可观测性判别矩阵：

$$\boldsymbol{Q}_{\mathrm{O}}=\begin{bmatrix}\boldsymbol{c}\\ \boldsymbol{cA}\\ \boldsymbol{cA}^2\end{bmatrix}=\begin{bmatrix}0&1&1\\1&0&-1\\0&-1&1\end{bmatrix}$$

解得

$$\operatorname{rank}\boldsymbol{Q}_{\mathrm{C}}=3$$

所以系统可观测，能任意配置观测器的极点。

(2)设计反馈增益矩阵 $\boldsymbol{H}$。

1)方法一：先将原状态空间表达式化为第二可观测标准形，然后根据第二可观测标准形来设计状态观测器的反馈增益矩阵 $\bar{\boldsymbol{H}}$，最后再把 $\bar{\boldsymbol{H}}$ 化为对于原来状态空间表达式下的 $\boldsymbol{H}$。

第一步：求系统的特征多项式。

$$f(\lambda)=\det(\lambda\boldsymbol{I}-\boldsymbol{A})=\det\begin{bmatrix}\lambda&0&0\\-1&\lambda+1&0\\0&-1&\lambda+1\end{bmatrix}=\lambda^3+2\lambda^2+\lambda$$

构造变换阵 $\boldsymbol{P}$ 将原状态空间表达式化为第二可观测标准形：

$$\boldsymbol{P}^{-1}=\begin{bmatrix}1&\alpha_2&\alpha_1\\0&1&\alpha_2\\0&0&1\end{bmatrix}\begin{bmatrix}\boldsymbol{cA}^2\\ \boldsymbol{cA}\\ \boldsymbol{c}\end{bmatrix}=\begin{bmatrix}1&2&1\\0&1&2\\0&0&1\end{bmatrix}\begin{bmatrix}0&-1&1\\1&0&-1\\0&1&1\end{bmatrix}=\begin{bmatrix}2&0&0\\1&2&1\\0&1&1\end{bmatrix}$$

$$\bar{\boldsymbol{A}}=\boldsymbol{P}^{-1}\boldsymbol{AP}=\begin{bmatrix}0&0&0\\1&0&-1\\0&1&-2\end{bmatrix},\quad \bar{\boldsymbol{c}}=[0\quad 0\quad 1]$$

第二步：求可观测标准形下状态观测器的反馈增益矩阵 $\bar{\boldsymbol{H}}$。设 $\bar{\boldsymbol{H}}$ 为

$$\bar{\boldsymbol{H}}=\begin{bmatrix}\bar{h}_1\\ \bar{h}_2\\ \bar{h}_3\end{bmatrix}$$

则引入观测器后系统的特征多项式：

$$f(\lambda)=\det[\lambda\boldsymbol{I}-(\bar{\boldsymbol{A}}-\bar{\boldsymbol{H}}\bar{\boldsymbol{c}})]=\lambda^3+(2+\bar{h}_3)\lambda^2+(1+\bar{h}_2)\lambda+\bar{h}_1$$

观测器的期望特征多项式为

$$f^*(\lambda)=(\lambda+5)(\lambda+4+\mathrm{j}4)(\lambda+4-\mathrm{j}4)=\lambda^3+13\lambda^2+72\lambda+160$$

令 $f(\lambda)=f^*(\lambda)$，可求得

$$\bar{\boldsymbol{H}}=\begin{bmatrix}160\\ 71\\ 11\end{bmatrix}$$

第三步：求状态观测器反馈增益矩阵 $\boldsymbol{H}$。

$$\boldsymbol{H}=\boldsymbol{P}\bar{\boldsymbol{H}}=(\boldsymbol{P}^{-1})^{-1}\bar{\boldsymbol{H}}=\begin{bmatrix}\frac{1}{2} & 0 & 0\\ -\frac{1}{2} & 1 & -1\\ \frac{1}{2} & -1 & 2\end{bmatrix}\begin{bmatrix}160\\ 71\\ 11\end{bmatrix}=\begin{bmatrix}80\\ -20\\ 31\end{bmatrix}$$

2）方法二：用直接法求状态观测器的反馈增益矩阵 $\boldsymbol{H}$。

第一步：设状态观测器的反馈增益矩阵 $\boldsymbol{H}$ 为

$$\boldsymbol{H}=\begin{bmatrix}h_1\\ h_2\\ h_3\end{bmatrix}$$

则引入观测器后系统的特征多项式为

$$f(\lambda)=\det[\lambda\boldsymbol{I}-(\boldsymbol{A}-\boldsymbol{H}\boldsymbol{c})]=\lambda^3+(2+h_2+h_3)\lambda^2+(1+2h_2+h_3+h_1)\lambda+2h_1$$

观测器的希望特征多项式为

$$f^*(\lambda)=(\lambda+5)(\lambda+4+\mathrm{j}4)(\lambda+4-\mathrm{j}4)=\lambda^3+13\lambda^2+72\lambda+160$$

令 $f(\lambda)=f^*(\lambda)$，求得

$$\boldsymbol{H}=\begin{bmatrix}80\\ -20\\ 31\end{bmatrix}$$

于是，全维状态观测器的状态方程为

$$\dot{\hat{\boldsymbol{x}}}(t)=(\boldsymbol{A}-\boldsymbol{H}\boldsymbol{C})\hat{\boldsymbol{x}}(t)+\boldsymbol{H}\boldsymbol{y}(t)+\boldsymbol{B}\boldsymbol{u}(t)=$$

$$\begin{bmatrix}0 & -80 & -80\\ 1 & 19 & 20\\ 0 & -30 & -32\end{bmatrix}\hat{\boldsymbol{x}}(t)+\begin{bmatrix}80\\ -20\\ 31\end{bmatrix}\boldsymbol{y}(t)+\begin{bmatrix}1\\ 0\\ 0\end{bmatrix}\boldsymbol{u}(t)$$

例 5-12　已知单输入线性定常系统的状态方程为

$$\begin{cases}\dot{\boldsymbol{x}}=\begin{bmatrix}0 & 1\\ 20.6 & 0\end{bmatrix}\boldsymbol{x}+\begin{bmatrix}0\\ 1\end{bmatrix}u\\ y=\begin{bmatrix}1 & 0\end{bmatrix}\boldsymbol{x}\end{cases}$$

试设计一个全维状态观测器，并使观测器的极点配置为-8，-8。

解：(1)判断系统的可观测性。由已知可得

$$\boldsymbol{Q}_{O}=\begin{bmatrix}\boldsymbol{c}\\ \boldsymbol{cA}\end{bmatrix}=\begin{bmatrix}1 & 0\\ 0 & 1\end{bmatrix}$$

解得

$$\operatorname{rank}\boldsymbol{Q}_{O}=2$$

则系统可观测。

(2)计算状态观测器的反馈增益矩阵 $\boldsymbol{H}$。设状态观测器的反馈增益矩阵为

$$\boldsymbol{H}=\begin{bmatrix}h_1\\ h_2\end{bmatrix}$$

观测器的特征多项式为

$$f(\lambda)=\det[\lambda\boldsymbol{I}-(\boldsymbol{A}-\boldsymbol{Hc})]=\lambda^2+h_1\lambda-20.6+h_2$$

该观测器所期望的特征方程为

$$f^*(\lambda)=(\lambda+8)^2=\lambda^2+16\lambda+64$$

令 $f(\lambda)=f^*(\lambda)$，可得观测器的反馈增益矩阵 $\boldsymbol{H}$ 为

$$\boldsymbol{H}=\begin{bmatrix}16\\ 84.6\end{bmatrix}$$

观测器方程为

$$\dot{\hat{\boldsymbol{x}}}=(\boldsymbol{A}-\boldsymbol{HC})\hat{\boldsymbol{x}}+\boldsymbol{H}y+\boldsymbol{B}u=\begin{bmatrix}-16 & 1\\ -64 & 0\end{bmatrix}\hat{\boldsymbol{x}}+\begin{bmatrix}16\\ 84.6\end{bmatrix}y+\begin{bmatrix}1\\ 0\end{bmatrix}u$$

最后还应指出，从理论上讲，设计者可以通过选择反馈矩阵 $\boldsymbol{H}$ 使观测器的极点任意配置，从而使状态观测器的状态尽可能快地逼近系统的真实状态 $\boldsymbol{x}(t)$，然而在实际中要使观测器的逼近速度显著地比系统本身快得多是困难的。因为要做到这一点，其状态反馈增益矩阵 $\boldsymbol{H}$ 必须有很大的增益，这首先要受到元件非线性饱和特性的限制，另外由于在实际系统的输出 $y(t)$ 中，不可避免地含有少量的测量噪声，这种测量噪声通常频率较高。如果观测器的反应太快，这类噪声就有被增大的趋势。鉴于以上两个原因，观测器逼近系统真实状态的速度不能太快。

四、利用 MATLAB 设计全维状态观测器

由于极点配置与观测器设计的对偶性，同一方法即可用于极点配置，也可用于观测器的设计。因此，place 命令可用来求解观测器增益矩阵。

观测器的闭环极点是矩阵 $\boldsymbol{A}-\boldsymbol{HC}$ 的特征值，极点配置的闭环极点是矩阵 $\boldsymbol{A}-\boldsymbol{BK}$ 的特征值。因为极点配置问题与观测器设计问题的对偶性，可以通过对偶系统的极点配置来求取 $\boldsymbol{H}$，即通过将 $\boldsymbol{A}^*-\boldsymbol{C}^*\boldsymbol{K}^*$ 的特征值配置到期望位置来求取。因为 $\boldsymbol{H}=(\boldsymbol{K}^*)^{\mathrm{T}}$，对于全维状态观测器，可以使用如下命令：

H=place(A′,C′,P)′

其中，P 是观测器的希望特征值向量，符号“′”表示转置。

例 5-13　设单输入单输出系统的状态空间表达式为

$$\begin{cases}\begin{bmatrix}\dot{x}_1\\ \dot{x}_2\\ \dot{x}_3\end{bmatrix}=\begin{bmatrix}0 & 0 & 0\\ 1 & -1 & 0\\ 0 & 1 & -1\end{bmatrix}\begin{bmatrix}x_1\\ x_2\\ x_3\end{bmatrix}+\begin{bmatrix}1\\ 0\\ 0\end{bmatrix}u\\ y=\begin{bmatrix}0 & 1 & 1\end{bmatrix}\begin{bmatrix}x_1\\ x_2\\ x_3\end{bmatrix}\end{cases}$$

(1)试判断其可观测性；

(2)若系统可观测，设计全维状态观测器，使得闭环系统的极点为-5，$-4\pm j4$。

解：(1)MATLAB 程序 5.4-1 给出了判断系统的可观测性的程序。

MATLAB 程序 5.4-1

```
A=[0  0  0;  1  -1  0;  0  1  -1];
B=[1;0;0];
C=[0  1  1];
n=3;
ob=obsv(A,C);
r=rank(ob);
if r==n
    disp('系统是可观测的')
else
    disp('系统是不可观测的')
end
```

运行结果如下：

系统是可观测的

(2)MATLAB 程序 5.4-2 给出了设计全维状态观测器的程序。

MATLAB 程序 5.4-2

```
A=[0  0  0;  1  -1  0;  0  1  -1];
B=[1;0;0];
C=[0  1  1];
p1=[-5  -4+4i  -4-4i];
AA=A';
BB=C';
CC=B';
K=place(AA,BB,p1);
H=K'
AHC=A-H*C
```

运行结果如下：

H =

```
    80.0000
   -20.0000
    31.0000
AHC =
    0          -80.0000      -80.0000
    1.0000      19.0000       20.0000
    0          -30.0000      -32.0000
```

即全维状态观测器为

$$\dot{\hat{x}}(t)=(A-HC)\hat{x}(t)+Hy(t)+Bu(t)=\begin{bmatrix}0 & -80 & -80\\ 1 & 19 & 20\\ 0 & -30 & -32\end{bmatrix}\hat{x}(t)+\begin{bmatrix}80\\ -20\\ 31\end{bmatrix}y(t)+\begin{bmatrix}1\\ 0\\ 0\end{bmatrix}u(t)$$

五、状态观测器在实际系统中的应用举例

本节提供一个实例，说明状态观测器在实际系统中的应用以及如何设计状态观测器。

例 5-14 已知电枢控制的直流伺服电机的数学模型可用以下微分方程组表示：

$$\left.\begin{aligned}u_a&=R_a i_a+L_a\frac{\mathrm{d}i_a}{\mathrm{d}t}+E_b\\ E_b&=C_e\frac{\mathrm{d}\theta_m}{\mathrm{d}t}\\ M_m&=C_m i_a\\ M_m&=J_m\frac{\mathrm{d}^2\theta_m}{\mathrm{d}t^2}+f_m\frac{\mathrm{d}\theta_m}{\mathrm{d}t}\end{aligned}\right\}$$

若设状态变量 $x_1=\theta_m, x_2=\dot{\theta}_m, x_3=\ddot{\theta}_m$，输出量 $y=\theta_m$，可得其状态空间表达式为

$$\begin{cases}\begin{bmatrix}\dot{x}_1\\ \dot{x}_2\\ \dot{x}_3\end{bmatrix}=\begin{bmatrix}0 & 1 & 0\\ 0 & 0 & 1\\ 0 & -\dfrac{R_a f_m+C_e C_m}{L_a J_m} & -\left(\dfrac{f_m}{J_m}+\dfrac{R_a}{L_a}\right)\end{bmatrix}\begin{bmatrix}x_1\\ x_2\\ x_3\end{bmatrix}+\begin{bmatrix}0\\ 0\\ \dfrac{C_m}{L_a J_m}\end{bmatrix}u_a\\ y=\begin{bmatrix}1 & 0 & 0\end{bmatrix}\begin{bmatrix}x_1\\ x_2\\ x_3\end{bmatrix}\end{cases}$$

假设某电机的相关参数如下：$C_e=0.196\ \mathrm{V\cdot min/r}$，$R_a=0.1\ \Omega$，$L_a=0.01\ \mathrm{H}$，$C_m=1.87\ \mathrm{V\cdot min/r}$，$J_m=4.2\ \mathrm{kg\cdot m^2}$，$f_m=0.06\ \mathrm{N\cdot m\cdot s}$。试设计全维状态观测器对该电机的角位移、角速度以及角加速度进行观测，并将观测器的极点配置在 $-5\pm5\mathrm{j}$，-10。

解：(1)将各参数代入状态方程可得

$$\begin{bmatrix}\dot{x}_1\\ \dot{x}_2\\ \dot{x}_3\end{bmatrix}=\begin{bmatrix}0 & 1 & 0\\ 0 & 0 & 1\\ 0 & -8.87 & -10.01\end{bmatrix}\begin{bmatrix}x_1\\ x_2\\ x_3\end{bmatrix}+\begin{bmatrix}0\\ 0\\ 44.52\end{bmatrix}u_a$$

(2)利用 MATLAB 程序 5.4-3 可设计出电机全维状态观测器。

MATLAB 程序 5.4-3

```
A=[0  1  0;  0  0  1;  0  -8.871  -10.01];
B=[0;0;44.52];
C=[1  0  0];
p1=[-10  -5+5i  -5-5i];
AA=A';
BB=C';
CC=B';
K=place(AA,BB,p1);
H=K'
AHC=A-H*C
```

运行结果为

```
H=
   9.9900
  41.1291
  -0.3236

AHC=
   -9.9900     1.0000          0
  -41.1291          0     1.0000
    0.3236    -8.8710   -10.0100
```

于是，全维状态观测器的状态方程为

$$\dot{\hat{x}}(t)=(\boldsymbol{A}-\boldsymbol{HC})\hat{\boldsymbol{x}}(t)+\boldsymbol{Hy}(t)+\boldsymbol{Bu}(t)=$$

$$\begin{bmatrix} -9.99 & 1 & 0 \\ -41.1291 & 0 & 1 \\ 0.3236 & -8.8710 & -10.01 \end{bmatrix}\hat{\boldsymbol{x}}(t)+\begin{bmatrix} 9.99 \\ 41.1291 \\ -0.3236 \end{bmatrix}\boldsymbol{y}(t)+\begin{bmatrix} 0 \\ 0 \\ 44.52 \end{bmatrix}\boldsymbol{u}(t)$$

例 5-15　已知交流电机在 $\alpha\beta$ 坐标系中的状态方程为

$$\dot{\boldsymbol{x}}(t)=(\boldsymbol{A}+\omega_{\mathrm{r}}\boldsymbol{A}_{\mathrm{m}})\boldsymbol{x}(t)+\boldsymbol{Bu}(t) \tag{5.4-27}$$

$$\boldsymbol{y}(t)=\boldsymbol{Cx}(t) \tag{5.4-28}$$

式中

$$\boldsymbol{x}(t)=[\psi_{\mathrm{r}\alpha}\quad \psi_{\mathrm{r}\beta}\quad i_{\mathrm{s}\alpha}\quad i_{\mathrm{s}\beta}]^{\mathrm{T}},\quad \boldsymbol{u}(t)=[u_{\mathrm{s}\alpha}\quad u_{\mathrm{s}\beta}]^{\mathrm{T}},\quad \boldsymbol{y}(t)=[\psi_{\mathrm{s}\alpha}\quad \psi_{\mathrm{s}\beta}]^{\mathrm{T}}$$

$$\boldsymbol{A}=\begin{bmatrix} \boldsymbol{A}_{11} & \boldsymbol{A}_{12} \\ \boldsymbol{A}_{21} & \boldsymbol{A}_{22} \end{bmatrix},\quad \boldsymbol{A}_{\mathrm{m}}=\begin{bmatrix} \boldsymbol{A}_{\mathrm{m1}} & \boldsymbol{0} \\ \boldsymbol{A}_{\mathrm{m2}} & \boldsymbol{0} \end{bmatrix},\quad \boldsymbol{B}=\begin{bmatrix} 0 & 0 \\ 0 & 0 \\ \dfrac{1}{\sigma L_{\mathrm{s}}} & 0 \\ 0 & \dfrac{1}{\sigma L_{\mathrm{s}}} \end{bmatrix},\quad \boldsymbol{C}=\begin{bmatrix} 1 & 0 & 0 & 0 \\ 0 & 1 & 0 & 0 \end{bmatrix}$$

其中

$$\boldsymbol{A}_{11}=-\frac{1}{T_{\mathrm{r}}}\boldsymbol{I},\quad \boldsymbol{A}_{12}=\frac{L_{\mathrm{m}}}{T_{\mathrm{r}}}\boldsymbol{I},\quad \boldsymbol{A}_{21}=\frac{L_{\mathrm{m}}}{\sigma L_{\mathrm{s}}L_{\mathrm{r}}T_{\mathrm{r}}}\boldsymbol{I},\quad \boldsymbol{A}_{22}=-\frac{R_{\mathrm{s}}L_{\mathrm{r}}^2+R_{\mathrm{r}}L_{\mathrm{m}}^2}{\sigma L_{\mathrm{s}}L_{\mathrm{r}}}\boldsymbol{I}$$

$$\boldsymbol{A}_{\mathrm{m1}}=\begin{bmatrix}0 & -1\\ 1 & 0\end{bmatrix},\quad \boldsymbol{A}_{\mathrm{m2}}=\begin{bmatrix}0 & \dfrac{L_{\mathrm{m}}}{\sigma L_{\mathrm{s}}L_{\mathrm{r}}}\\ -\dfrac{L_{\mathrm{m}}}{\sigma L_{\mathrm{s}}L_{\mathrm{r}}} & 0\end{bmatrix}$$

其中：$i_{s\alpha}$，$i_{s\beta}$ 为定子电流；$\psi_{r\alpha}$，$\psi_{r\beta}$ 为转子磁链；ω_{r} 为电机角速度；R_{s} 为定子电阻；R_{r} 为转子电阻；L_{s} 为定子电感；L_{r} 为转子电感；L_{m} 为互感；L_{s} 为定子电感；$\sigma=1-L_{\mathrm{m}}^2/(L_{\mathrm{s}}L_{\mathrm{r}})$ 为漏感系数；$T_{\mathrm{r}}=L_{\mathrm{r}}/R_{\mathrm{r}}$ 为转子时间常数；$u_{s\alpha}$，$u_{s\beta}$ 为定子电压。

在交流电机中，转子的角速度 ω_{r} 和转子磁链 $\psi_{r\alpha}$，$\psi_{r\beta}$ 通常不能直接测量，只有定子电流 $i_{s\alpha}$，$i_{s\beta}$ 是可以直接测量的。因此，可以通过设计状态观测器估计出转子磁链 $\psi_{r\alpha}$，$\psi_{r\beta}$，从而进一步估计出转子的角速度。

解： 记定子电流 $\boldsymbol{i}_{\mathrm{s}}=[i_{s\alpha}\quad i_{s\beta}]^{\mathrm{T}}$，由于定子电流可以直接测量，所以可以用定子电流的测量值 $\boldsymbol{i}_{\mathrm{s}}$ 和观测值 $\hat{\boldsymbol{i}}_{\mathrm{s}}$ 之间的偏差来修正磁链，从而对估算的转子速度进行修正。因此，根据式(5.4-27)建立全维状态观测器：

$$\dot{\hat{\boldsymbol{x}}}(t)=(\boldsymbol{A}+\hat{\omega}_{\mathrm{r}}\boldsymbol{A}_{\mathrm{m}})\hat{\boldsymbol{x}}(t)+\boldsymbol{H}(\hat{\boldsymbol{i}}_{\mathrm{s}}-\boldsymbol{i}_{\mathrm{s}})+\boldsymbol{Bu}(t)\tag{5.4-29}$$

用式(5.4-27)减去式(5.4-29)得

$$\dot{\boldsymbol{x}}(t)-\dot{\hat{\boldsymbol{x}}}(t)=(\boldsymbol{A}+\boldsymbol{HC}+\omega_{\mathrm{r}}\boldsymbol{A}_{\mathrm{m}})(\boldsymbol{x}(t)-\hat{\boldsymbol{x}}(t))+(\omega_{\mathrm{r}}-\hat{\omega}_{\mathrm{r}})\boldsymbol{A}_{\mathrm{m}}\hat{\boldsymbol{x}}(t)$$

令 $\boldsymbol{e}(t)=\boldsymbol{x}(t)-\hat{\boldsymbol{x}}(t)$，$\Delta\omega_{\mathrm{r}}=\omega_{\mathrm{r}}-\hat{\omega}_{\mathrm{r}}$，则有

$$\dot{\boldsymbol{e}}(t)=(\boldsymbol{A}+\boldsymbol{HC}+\omega_{\mathrm{r}}\boldsymbol{A}_{\mathrm{m}})\boldsymbol{e}(t)+\Delta\omega_{\mathrm{r}}\boldsymbol{A}_{\mathrm{m}}\hat{\boldsymbol{x}}(t)\tag{5.4-30}$$

定义李雅普诺夫函数为

$$V(\boldsymbol{e},\hat{\omega}_{\mathrm{r}}-\omega_{\mathrm{r}})=\boldsymbol{e}^{\mathrm{T}}\boldsymbol{Pe}+(\hat{\omega}_{\mathrm{r}}-\omega_{\mathrm{r}})^2/\lambda$$

式中，$\boldsymbol{P}$ 为 4×4 阶的正定对称矩阵；λ 为正常数。

对 $V(\boldsymbol{e},\hat{\omega}_{\mathrm{r}}-\omega_{\mathrm{r}})$ 求导可得

$$\frac{\mathrm{d}V(\boldsymbol{e},\hat{\omega}_{\mathrm{r}}-\omega_{\mathrm{r}})}{\mathrm{d}t}=\boldsymbol{e}^{\mathrm{T}}[(\boldsymbol{A}+\boldsymbol{HC})^{\mathrm{T}}\boldsymbol{P}+\boldsymbol{P}(\boldsymbol{A}+\boldsymbol{HC})+\omega_{\mathrm{r}}(\boldsymbol{A}_{\mathrm{m}}^{\mathrm{T}}\boldsymbol{P}+\boldsymbol{PA}_{\mathrm{m}})]\boldsymbol{e}+$$
$$\Delta\omega_{\mathrm{r}}[\hat{\boldsymbol{x}}^{\mathrm{T}}\boldsymbol{A}_{\mathrm{m}}^{\mathrm{T}}\boldsymbol{Pe}+\boldsymbol{e}^{\mathrm{T}}\boldsymbol{PA}_{\mathrm{m}}\hat{\boldsymbol{x}}]+\frac{2}{\lambda}\Delta\omega_{\mathrm{r}}\frac{\mathrm{d}\Delta\omega_{\mathrm{r}}}{\mathrm{d}t}$$

令

$$\frac{2}{\lambda}\Delta\omega_{\mathrm{r}}\frac{\mathrm{d}\Delta\omega_{\mathrm{r}}}{\mathrm{d}t}=-\Delta\omega_{\mathrm{r}}(\hat{\boldsymbol{x}}^{\mathrm{T}}\boldsymbol{A}_{\mathrm{m}}^{\mathrm{T}}\boldsymbol{Pe}+\boldsymbol{e}^{\mathrm{T}}\boldsymbol{PA}_{\mathrm{m}}\hat{\boldsymbol{x}})\tag{5.4-31}$$

则通过选择合适的状态观测器增益矩阵 $\boldsymbol{H}$，使 $(\boldsymbol{A}+\boldsymbol{HC})^{\mathrm{T}}\boldsymbol{P}+\boldsymbol{P}(\boldsymbol{A}+\boldsymbol{HC})+\omega_{\mathrm{r}}(\boldsymbol{A}_{\mathrm{m}}^{\mathrm{T}}\boldsymbol{P}+\boldsymbol{PA}_{\mathrm{m}})$ 负定，就可以保证式(5.4-30)渐近稳定。则可得电机转子角速度的估计表达式为

$$\frac{\mathrm{d}\hat{\omega}_{\mathrm{r}}}{\mathrm{d}t}=-\frac{\lambda}{2}(\hat{\boldsymbol{x}}^{\mathrm{T}}\boldsymbol{A}_{\mathrm{m}}^{\mathrm{T}}\boldsymbol{Pe}+\boldsymbol{e}^{\mathrm{T}}\boldsymbol{PA}_{\mathrm{m}}\hat{\boldsymbol{x}})\tag{5.4-32}$$

从而得到转子的角速度。

5.5　降维状态观测器的设计

5-4节所讨论的状态观测器维数和被控系统的维数是相同的，故称为全维状态观测器。实际上，有一些状态变量是可以准确测量的，对这些可以准确测量的状态变量就不必估计了。若多变量系统可观测输出矩阵$\boldsymbol{C}$的秩为q，则系统的q个状态变量可用系统的q个输出变量直接代替或线性表达而不必重构，只需建立$n-q$维的降维观测器，对其余的$n-q$个状态变量进行重构，这就是本节要介绍的降维状态观测器的设计。

一、降维状态观测器的设计

降维状态观测器的设计是通过两大步实现的。首先，通过状态转换$\bar{\boldsymbol{x}}=\boldsymbol{P}^{-1}\boldsymbol{x}$把状态$\boldsymbol{x}$分解成$\bar{\boldsymbol{x}}_1$和$\bar{\boldsymbol{x}}_2$，其中$\bar{\boldsymbol{x}}_1$是需要重新进行重构的，而$\bar{\boldsymbol{x}}_2$是直接可以测量的。变换后的状态空间表达式为

$$\begin{bmatrix}\dot{\bar{\boldsymbol{x}}}_1\\ \dot{\bar{\boldsymbol{x}}}_2\end{bmatrix}=\begin{bmatrix}\bar{\boldsymbol{A}}_{11} & \bar{\boldsymbol{A}}_{12}\\ \bar{\boldsymbol{A}}_{21} & \bar{\boldsymbol{A}}_{22}\end{bmatrix}\begin{bmatrix}\bar{\boldsymbol{x}}_1\\ \bar{\boldsymbol{x}}_2\end{bmatrix}+\begin{bmatrix}\bar{\boldsymbol{B}}_1\\ \bar{\boldsymbol{B}}_2\end{bmatrix}\boldsymbol{u} \tag{5.5-1}$$

$$\boldsymbol{y}=\begin{bmatrix}\boldsymbol{O}_{n-q} & \boldsymbol{I}_q\end{bmatrix}\begin{bmatrix}\bar{x}_1\\ \bar{x}_2\end{bmatrix} \tag{5.5-2}$$

对于上式的系统方框图如图5-20所示。

然后，对不能量测的状态$\bar{\boldsymbol{x}}_1$构造同维观测器，显然它是$n-q$维的。其设计步骤如下：

第一步，将式(5.5-1)改写成

$$\dot{\bar{\boldsymbol{x}}}_1=\bar{\boldsymbol{A}}_{11}\bar{\boldsymbol{x}}_1+\bar{\boldsymbol{A}}_{12}\bar{\boldsymbol{x}}_2+\bar{\boldsymbol{B}}_1\boldsymbol{u} \tag{5.5-3}$$

$$\dot{\bar{\boldsymbol{x}}}_2=\bar{\boldsymbol{A}}_{21}\bar{\boldsymbol{x}}_1+\bar{\boldsymbol{A}}_{22}\bar{\boldsymbol{x}}_2+\bar{\boldsymbol{B}}_2\boldsymbol{u} \tag{5.5-4}$$

第二步，将$\boldsymbol{y}=\bar{\boldsymbol{x}}_2$代入式(5.5-3)和式(5.5-4)，可将其化为

$$\dot{\bar{\boldsymbol{x}}}_1=\bar{\boldsymbol{A}}_{11}\bar{\boldsymbol{x}}_1+\bar{\boldsymbol{A}}_{12}\boldsymbol{y}+\bar{\boldsymbol{B}}_1\boldsymbol{u} \tag{5.5-5}$$

$$\dot{\bar{\boldsymbol{x}}}_2=\bar{\boldsymbol{A}}_{21}\bar{\boldsymbol{x}}_1+\bar{\boldsymbol{A}}_{22}\boldsymbol{y}+\bar{\boldsymbol{B}}_2\boldsymbol{u} \tag{5.5-6}$$

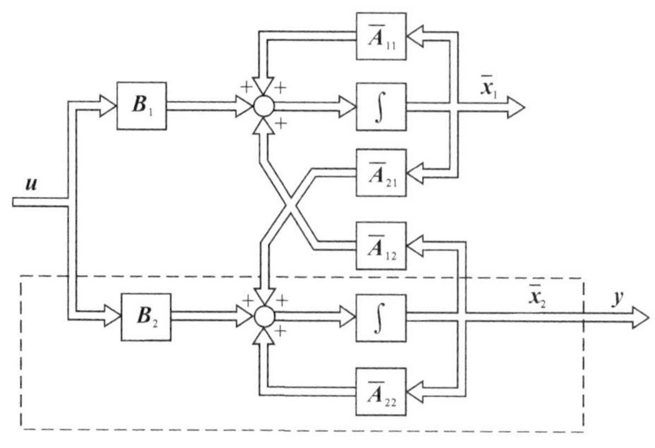

图5-20　对应于式(5.5-1)的系统结构图

对于状态为 $\bar{x}_1$ 的子系统 Σ_1 构造同维观测器。仿照 5.4 节所介绍构造同维观测器的办法，其观测器的方程为

$$\dot{z}=Fz+Gy+Hu \tag{5.5-7}$$

$$\hat{x}_1=z+Ly \tag{5.5-8}$$

式中：z 是降维观测器的状态；$\hat{x}_1$ 是降维观测器对系统中 $\bar{x}_1$ 的估计值。图 5-21 所示是降维观测器的结构图。

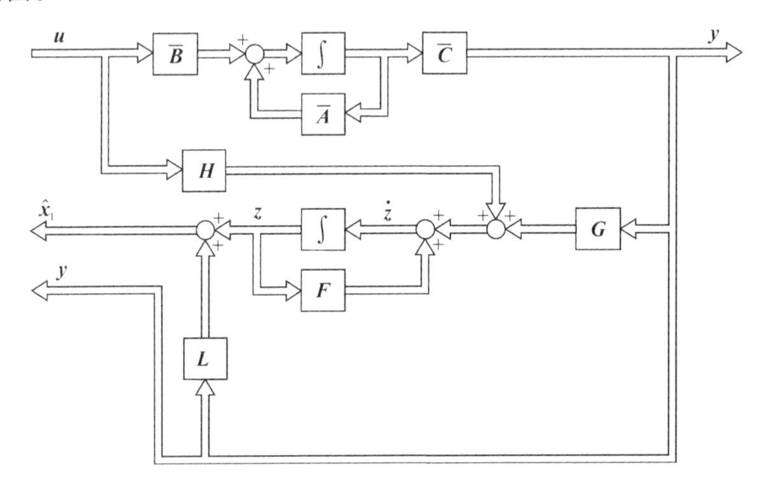

图 5-21　降维观测器的结构图

对式(5.5-8)求导，并将式(5.5-7)代入求导后的结果，得

$$\dot{\hat{x}}_1=\dot{z}+L\dot{y}=Fz+Gy+Hu+L\dot{y} \tag{5.5-9}$$

由式(5.5-8)可知

$$z=\hat{x}_1-Ly \tag{5.5-10}$$

将式(5.5-10)及 $\bar{x}_2=y$ 代入式(5.5-9)，得

$$\dot{\hat{x}}_1=F(\hat{x}_1-Ly)+Gy+Hu+L\dot{y}=F(\hat{x}_1-Ly)+Gy+Hu+L\dot{\bar{x}}_2 \tag{5.5-11}$$

将式(5.5-6)代入上式，可得

$$\begin{aligned}\dot{\hat{x}}_1&=F(\hat{x}_1-Ly)+Gy+Hu+L(\bar{A}_{21}\bar{x}_1+\bar{A}_{22}y+\bar{B}_2u)=\\&F\hat{x}_1+L\bar{A}_{21}\bar{x}_1+(G+L\bar{A}_{22}-FL)y+(H+L\bar{B}_2)u\end{aligned} \tag{5.5-12}$$

将式(5.5-5)和式(5.5-12)相减，得

$$\dot{\bar{x}}_1-\dot{\hat{x}}_1=-F\hat{x}_1+(\bar{A}_{11}-L\bar{A}_{21})\bar{x}_1+(\bar{A}_{12}+FL-L\bar{A}_{22}-G)y+(\bar{B}_1-L\bar{B}_2-H)u \tag{5.5-13}$$

若取

$$F=\bar{A}_{11}-L\bar{A}_{21} \tag{5.5-14}$$

$$G=\bar{A}_{12}+FL-L\bar{A}_{22} \tag{5.5-15}$$

$$H=\bar{B}_1-L\bar{B}_2 \tag{5.5-16}$$

则式(5.5-13)变为

$$\dot{\bar{x}}_1-\dot{\hat{x}}_1=F(\bar{x}_1-\hat{x}_1) \tag{5.5-17}$$

由式(5.5-17)可以看出，欲使 $\hat{x}_1$ 渐近重构 $\bar{x}_1$，其充分必要条件是矩阵 F 的全部特征值都具有负实部。从式(5.5-14)可以看出，L 是使 F 为渐近稳定的任意矩阵，适当选择 L，可以使 F 的特征值得到任意配置。于是式(5.5-14)～式(5.5-16)是设计降维观测器的基本公式。

对于如下系统：

$$\left.\begin{aligned}\dot{x}&=Ax+Bu\\ y&=Cx\end{aligned}\right\} \tag{5.5-18}$$

设计降维观测器的步骤如下：

(1)求出一个变换矩阵 P^{-1}，使系统经过状态变换 $\bar{x}=P^{-1}x$ 使其状态空间表达式成为式(5.5-1)和(5.5-2)的形式。

首先，构造 $n\times n$ 维非奇异变换阵 P^{-1}：

$$P^{-1}=\begin{bmatrix}P_{n-q}\\ C\end{bmatrix} \tag{5.5-19}$$

式中，P_{n-q} 是使矩阵 P^{-1} 非奇异而任意选取的 $n-q$ 个行向量组成的 $(n-q)\times n$ 维矩阵。P 以分块矩阵的形式表示为

$$P=[Q_{n-q}\quad Q_q] \tag{5.5-20}$$

式中：Q_{n-q} 为 $n\times(n-q)$ 维矩阵；Q_q 为 $n\times q$ 维矩阵。从而有

$$P^{-1}P=\begin{bmatrix}P_{n-q}\\ C\end{bmatrix}[Q_{n-q}\quad Q_q]=\begin{bmatrix}P_{n-q}Q_{n-q} & P_{n-q}Q_q\\ CQ_{n-q} & CQ_q\end{bmatrix}=I_n=\begin{bmatrix}I_{n-q} & O\\ O & I_q\end{bmatrix} \tag{5.5-21}$$

然后，对式(5.5-18)的矩阵 A,B,C 作线性非奇异变换，可得

$$\bar{A}=P^{-1}AP=\begin{bmatrix}\bar{A}_{11} & \bar{A}_{12}\\ \bar{A}_{21} & \bar{A}_{22}\end{bmatrix} \tag{5.5-22}$$

$$\bar{B}=P^{-1}B=\begin{bmatrix}\bar{B}_1\\ \bar{B}_2\end{bmatrix} \tag{5.5-23}$$

$$\bar{C}=CP=[O\quad I_q] \tag{5.5-24}$$

显然，上述 $\bar{A}$,$\bar{B}$,$\bar{C}$ 就是式(5.5-1)和(5.5-2)的标准形式。

(2)根据降维观测器的 $n-q$ 个极点的期望值 $\lambda_1,\lambda_2,\cdots,\lambda_{n-q}$，求得期望特征多项式：

$$f^*(\lambda)=(\lambda-\lambda_1)(\lambda-\lambda_2)\cdots(\lambda-\lambda_{n-q}) \tag{5.5-25}$$

(3)计算降维观测器的特征多项式：

$$f(\lambda)=\det(\lambda I-F)=\det[\lambda I-(\bar{A}_{11}-L\bar{A}_{21})] \tag{5.5-26}$$

(4)使 $f(\lambda)$ 和 $f^*(\lambda)$ 的对应项相等，从而算出 L。

(5)按照式(5.5-14)～式(5.5-16)计算 F,G,H。于是所设计的降维观测器为

$$\dot{z}=Fz+Gy+Hu \tag{5.5-27}$$

$$\hat{x}=\begin{bmatrix}z+Ly\\ y\end{bmatrix} \tag{5.5-28}$$

(6)作变换 $\hat{x} = P\hat{\bar{x}}$，得到原状态空间的观测状态。

例 5-16 设单输入单输出系统的状态空间表达式为

$$\begin{cases}\begin{bmatrix}\dot{x}_1\\ \dot{x}_2\\ \dot{x}_3\end{bmatrix} = \begin{bmatrix}0 & 0 & 0\\ 1 & -1 & 0\\ 0 & 1 & -1\end{bmatrix}\begin{bmatrix}x_1\\ x_2\\ x_3\end{bmatrix} + \begin{bmatrix}1\\ 0\\ 0\end{bmatrix}u \\ y = \begin{bmatrix}0 & 1 & 1\end{bmatrix}\begin{bmatrix}x_1\\ x_2\\ x_3\end{bmatrix}\end{cases}$$

试设计一降维状态观测器,并使观测器的特征值为$-4\pm \mathrm{j}4$。

解:(1)按照式(5.5-19)构造变换矩阵 P^{-1},则有

$$P^{-1} = \begin{bmatrix}1 & 0 & 0\\ 0 & 1 & 0\\ \hdashline 0 & 1 & 1\end{bmatrix}$$

计算得

$$P = \begin{bmatrix}1 & 0 & 0\\ 0 & 1 & 0\\ 0 & -1 & 1\end{bmatrix}$$

(2)计算 $\bar{A},\bar{b},\bar{c}$:

$$\bar{A} = P^{-1}AP = \begin{bmatrix}0 & 0 & 0\\ 1 & -1 & 0\\ \hdashline 1 & 1 & -1\end{bmatrix} = \begin{bmatrix}\bar{A}_{11} & \bar{A}_{12}\\ \bar{A}_{21} & \bar{A}_{22}\end{bmatrix}$$

$$\bar{b} = P^{-1}b = \begin{bmatrix}1\\ 0\\ \hdashline 0\end{bmatrix}$$

$$\bar{c} = cP = \begin{bmatrix}0 & 0 & \vdots & 1\end{bmatrix}$$

(3)根据式(5.5-26)计算 F 的特征多项式。

$$f(\lambda) = \det(\lambda I - F) = \det[\lambda I - (\bar{A}_{11} - L\bar{A}_{21})] =$$

$$\det\left(\begin{bmatrix}\lambda & 0\\ 0 & \lambda\end{bmatrix} - \begin{bmatrix}0 & 0\\ 1 & -1\end{bmatrix} + \begin{bmatrix}L_1\\ L_2\end{bmatrix}\begin{bmatrix}1 & 1\end{bmatrix}\right) =$$

$$\det\begin{bmatrix}\lambda + L_1 & L_1\\ -1 + L_2 & \lambda + 1 + L_2\end{bmatrix} = \lambda^2 + (1 + L_1 + L_2)\lambda + 2L_1$$

由给定的期望特征值得到期望特征多项式:

$$f^*(\lambda) = (\lambda + 4 + \mathrm{j}4)(\lambda + 4 - \mathrm{j}4) = \lambda^2 + 8\lambda + 32$$

使得 $f(\lambda)$ 和 $f^*(\lambda)$ 的对应项数相等,得

$$L_1 + L_2 = 7,\quad L_1 = 16$$

解得

$$L = \begin{bmatrix}L_1\\ L_2\end{bmatrix} = \begin{bmatrix}16\\ -9\end{bmatrix}$$

(4)按照式(5.5-14)～式(5.5-16)算出 $\boldsymbol{F}$,$\boldsymbol{G}$,$\boldsymbol{H}$:

$$\boldsymbol{F}=\bar{\boldsymbol{A}}_{11}-\boldsymbol{L}\bar{\boldsymbol{A}}_{21}=\begin{bmatrix}0 & 0\\1 & -1\end{bmatrix}-\begin{bmatrix}16\\-9\end{bmatrix}\begin{bmatrix}1 & 1\end{bmatrix}=\begin{bmatrix}-16 & -16\\10 & 8\end{bmatrix}$$

$$\boldsymbol{G}=\bar{\boldsymbol{A}}_{12}+\boldsymbol{FL}-\boldsymbol{L}\bar{\boldsymbol{A}}_{22}=\begin{bmatrix}0\\0\end{bmatrix}+\begin{bmatrix}-16 & -16\\10 & 8\end{bmatrix}\begin{bmatrix}16\\-9\end{bmatrix}-\begin{bmatrix}16\\-9\end{bmatrix}\times(-1)=\begin{bmatrix}-96\\79\end{bmatrix}$$

$$\boldsymbol{H}=\bar{\boldsymbol{b}}_1-\boldsymbol{L}\bar{\boldsymbol{b}}_2=\begin{bmatrix}1\\0\end{bmatrix}-\begin{bmatrix}16\\-9\end{bmatrix}\times\boldsymbol{0}=\begin{bmatrix}1\\0\end{bmatrix}$$

于是所得降维状态观测器 Σ_G 为

$$\begin{bmatrix}\dot{z}_1\\\dot{z}_2\end{bmatrix}=\begin{bmatrix}-16 & -16\\10 & 8\end{bmatrix}\begin{bmatrix}z_1\\z_2\end{bmatrix}+\begin{bmatrix}-96\\79\end{bmatrix}\boldsymbol{y}+\begin{bmatrix}1\\0\end{bmatrix}\boldsymbol{u}$$

$$\hat{\bar{\boldsymbol{x}}}=\begin{bmatrix}\boldsymbol{z}+\boldsymbol{L}\boldsymbol{y}\\\boldsymbol{y}\end{bmatrix}=\begin{bmatrix}1 & 0\\0 & 1\\0 & 0\end{bmatrix}\begin{bmatrix}z_1\\z_2\end{bmatrix}+\begin{bmatrix}16\\-9\\1\end{bmatrix}\boldsymbol{y}=\begin{bmatrix}1 & 0 & 16\\0 & 1 & -9\\0 & 0 & 1\end{bmatrix}\begin{bmatrix}\boldsymbol{z}\\\cdots\\\boldsymbol{y}\end{bmatrix}$$

(5)为了得到对原状态空间的观测状态,还需要作如下变换:

$$\hat{\boldsymbol{x}}=\boldsymbol{P}\hat{\bar{\boldsymbol{x}}}=\begin{bmatrix}1 & 0 & 16\\0 & 1 & -9\\0 & -1 & 10\end{bmatrix}\begin{bmatrix}\boldsymbol{z}\\\cdots\\\boldsymbol{y}\end{bmatrix}$$

二、利用 MATLAB 设计降维状态观测器

与全维状态观测器的设计类似,降维状态观测器也可用命令

H=place(A′,C′,P)′

来求取降维观测器增益矩阵。

例 5-17　设单输入单输出系统的状态空间表达式为

$$\begin{cases}\begin{bmatrix}\dot{x}_1\\\dot{x}_2\\\dot{x}_3\end{bmatrix}=\begin{bmatrix}0 & 0 & 0\\1 & -1 & 0\\0 & 1 & -1\end{bmatrix}\begin{bmatrix}x_1\\x_2\\x_3\end{bmatrix}+\begin{bmatrix}1\\0\\0\end{bmatrix}u\\ y=\begin{bmatrix}0 & 1 & 1\end{bmatrix}\begin{bmatrix}x_1\\x_2\\x_3\end{bmatrix}\end{cases}$$

试设计一降维状态观测器,并使观测器的特征值为 $-4\pm j4$。

解:MATLAB 程序 5.5-1 给出了设计降维状态观测器的求解程序。

MATLAB 程序 5.5-1

```
A=[0  0  0;  1  -1  0;  0  1  -1];
B=[1;  0;  0];
C=[0  1  1];
P=[1  0  0;  0  1  0;  0  1  1];
AA=P*A*inv(P);
BB=P*B;
```

```
CC=C * inv(P);
AA11=[AA(1:2,1:2)];AA12=[AA(1:2,3)];
AA21=[AA(3,1:2)];AA22=[AA(3,3)];
BB1=BB(1:2,1);BB2=BB(3,1);
CC1=CC(1,1:2);CC2=CC(1,3);
AX=(AA11)';BX=(AA21)';
P=[-4+4i  -4-4i];
K=place(AX,BX,P);
H=K'
F=(AA11-H * AA21)
HH=BB1-H * BB2
G=(AA11-H * AA21) * H+AA12-H * AA22
```

运行结果如下：

```
H =
    16.0000
    -9.0000
F =
   -16.0000   -16.0000
    10.0000     8.0000
HH=
     1
     0
G=
   -96.0000
    79.0000
```

即降维状态观测器为

$$\begin{bmatrix}\dot{z}_1\\ \dot{z}_2\end{bmatrix}=\begin{bmatrix}-16 & -16\\ 10 & 8\end{bmatrix}\begin{bmatrix}\bar{z}_1\\ \bar{z}_2\end{bmatrix}+\begin{bmatrix}-96\\ 79\end{bmatrix}\boldsymbol{y}+\begin{bmatrix}1\\ 0\end{bmatrix}\boldsymbol{u}$$

$$\hat{\bar{\boldsymbol{x}}}=\begin{bmatrix}\boldsymbol{z}+\boldsymbol{L}\boldsymbol{y}\\ \boldsymbol{y}\end{bmatrix}=\begin{bmatrix}1 & 0\\ 0 & 1\\ 0 & 0\end{bmatrix}\begin{bmatrix}z_1\\ z_2\end{bmatrix}+\begin{bmatrix}16\\ -9\\ 1\end{bmatrix}\boldsymbol{y}=\left[\begin{array}{cc:c}1 & 0 & 16\\ 0 & 1 & -9\\ 0 & 0 & 1\end{array}\right]\begin{bmatrix}\boldsymbol{z}\\ \hdashline \boldsymbol{y}\end{bmatrix}$$

原状态空间的观测状态为

$$\hat{\boldsymbol{x}}=\boldsymbol{P}\hat{\bar{\boldsymbol{x}}}=\begin{bmatrix}1 & 0 & 16\\ 0 & 1 & -9\\ 0 & -1 & 10\end{bmatrix}\begin{bmatrix}\boldsymbol{z}\\ \hdashline \boldsymbol{y}\end{bmatrix}$$

5.6　带有状态观测器的状态反馈系统

状态观测器的建立为那些状态变量不能直接测量得到的系统实现状态反馈创造了条件。然而，这种运用状态观测器重构的状态来构成状态反馈系统与直接进行状态反馈的系统毕竟是不同的，也就是说，当用状态观测器提供的状态估计值 $\hat{\boldsymbol{x}}(t)$ 代替真实状态 $\boldsymbol{x}(t)$ 来实现状态反馈时，为保持系统的期望特征值不变，$\boldsymbol{K}$ 是否需要重新设计？当观测器引入系统后，状态反馈部分会不会影响已经设计好的状态观测器？$\boldsymbol{H}$ 是否需要重新设计？本节将首先讨论这些问题。

一、K 和 H 的设计

图 5-22 所示是一个带有全维状态观测器的状态反馈系统。设受控系统 $\Sigma_p(\boldsymbol{A},\boldsymbol{B},\boldsymbol{C})$ 是可控且可观测的：

$$\left.\begin{aligned}\dot{\boldsymbol{x}}&=\boldsymbol{A}\boldsymbol{x}+\boldsymbol{B}\boldsymbol{u}\\ \boldsymbol{y}&=\boldsymbol{C}\boldsymbol{x}\end{aligned}\right\} \tag{5.6-1}$$

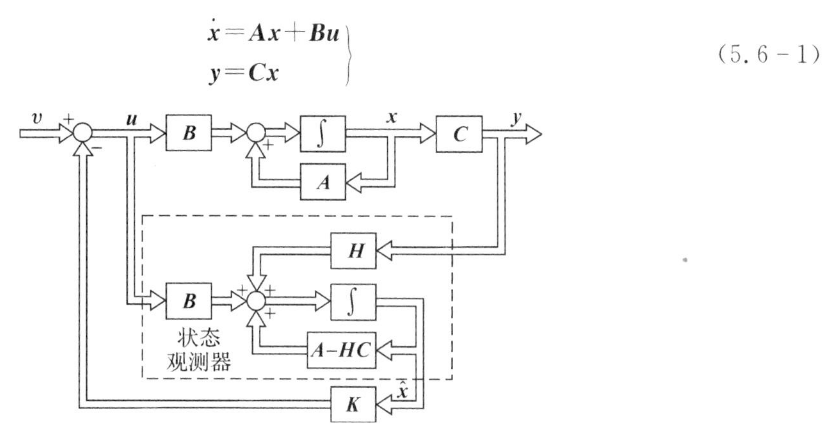

图 5-22　带有全维状态观测器的状态反馈系统

状态观测器 Σ_G 的状态空间表达式为

$$\left.\begin{aligned}\dot{\hat{\boldsymbol{x}}}&=(\boldsymbol{A}-\boldsymbol{H}\boldsymbol{C})\hat{\boldsymbol{x}}+\boldsymbol{H}\boldsymbol{y}+\boldsymbol{B}\boldsymbol{u}\\ \hat{\boldsymbol{y}}&=\boldsymbol{C}\hat{\boldsymbol{x}}\end{aligned}\right\} \tag{5.6-2}$$

反馈控制规律为

$$\boldsymbol{u}=\boldsymbol{v}-\boldsymbol{K}\hat{\boldsymbol{x}} \tag{5.6-3}$$

将式(5.6-3)和式(5.6-2)代入式(5.6-1)，便得到整个闭环系统的状态空间方程：

$$\left.\begin{aligned}\begin{bmatrix}\dot{\boldsymbol{x}}\\ \cdots\\ \dot{\hat{\boldsymbol{x}}}\end{bmatrix}&=\begin{bmatrix}\boldsymbol{A} & -\boldsymbol{B}\boldsymbol{K}\\ \boldsymbol{H}\boldsymbol{C} & \boldsymbol{A}-\boldsymbol{H}\boldsymbol{C}-\boldsymbol{B}\boldsymbol{K}\end{bmatrix}\begin{bmatrix}\boldsymbol{x}\\ \cdots\\ \hat{\boldsymbol{x}}\end{bmatrix}+\begin{bmatrix}\boldsymbol{B}\\ \cdots\\ \boldsymbol{B}\end{bmatrix}\boldsymbol{v}\\ \boldsymbol{y}&=[\boldsymbol{C}\quad \boldsymbol{O}]\begin{bmatrix}\boldsymbol{x}\\ \cdots\\ \hat{\boldsymbol{x}}\end{bmatrix}\end{aligned}\right\} \tag{5.6-4}$$

定义 $\tilde{\boldsymbol{x}}\overset{\text{def}}{=}\boldsymbol{x}-\hat{\boldsymbol{x}}$，则由(5.6-1)和式(5.6-2)得

$$\dot{\boldsymbol{x}}-\dot{\hat{\boldsymbol{x}}}=(\boldsymbol{A}-\boldsymbol{H}\boldsymbol{C})(\boldsymbol{x}-\hat{\boldsymbol{x}}) \tag{5.6-5}$$

式(5.6-5)与 $\boldsymbol{u},\boldsymbol{v}$ 无关，即 $(\boldsymbol{x}-\hat{\boldsymbol{x}})$ 是不可控的。不管施加什么控制信号，只要 $(\boldsymbol{A}-\boldsymbol{H}\boldsymbol{C})$ 全部

特征值具有负实部,状态误差总会衰减到零,这正是所希望的,是状态观测器所具有的重要性质。对式(5.6-4)引入如下等价变换:

$$\begin{bmatrix} x \\ \tilde{x} \end{bmatrix} = \begin{bmatrix} I_n & O \\ I_n & -I_n \end{bmatrix} \begin{bmatrix} x \\ \hat{x} \end{bmatrix}$$

即

$$\begin{bmatrix} x \\ \hat{x} \end{bmatrix} = \begin{bmatrix} I_n & O \\ I_n & -I_n \end{bmatrix}^{-1} \begin{bmatrix} x \\ \tilde{x} \end{bmatrix} = \begin{bmatrix} I_n & O \\ I_n & -I_n \end{bmatrix} \begin{bmatrix} x \\ \tilde{x} \end{bmatrix} \tag{5.6-6}$$

将(5.6-6)代入式(5.6-4),得

$$\begin{bmatrix} I_n & O \\ I_n & -I_n \end{bmatrix} \begin{bmatrix} \dot{x} \\ \dot{\tilde{x}} \end{bmatrix} = \begin{bmatrix} A & -BK \\ HC & A-HC-BK \end{bmatrix} \begin{bmatrix} I_n & O \\ I_n & -I_n \end{bmatrix} \begin{bmatrix} x \\ \tilde{x} \end{bmatrix} + \begin{bmatrix} B \\ B \end{bmatrix} v$$

两边同时左乘 $\begin{bmatrix} I_n & O \\ I_n & -I_n \end{bmatrix}^{-1}$ 得

$$\begin{bmatrix} \dot{x} \\ \dot{\tilde{x}} \end{bmatrix} = \begin{bmatrix} I_n & O \\ I_n & -I_n \end{bmatrix}^{-1} \begin{bmatrix} A & -BK \\ HC & A-HC-BK \end{bmatrix} \begin{bmatrix} I_n & O \\ I_n & -I_n \end{bmatrix} \begin{bmatrix} x \\ \tilde{x} \end{bmatrix} + \begin{bmatrix} I_n & O \\ I_n & -I_n \end{bmatrix}^{-1} \begin{bmatrix} B \\ B \end{bmatrix} v =$$

$$\begin{bmatrix} A-BK & BK \\ O & A-HC \end{bmatrix} \begin{bmatrix} x \\ \tilde{x} \end{bmatrix} + \begin{bmatrix} B \\ O \end{bmatrix} v$$

$$y = \begin{bmatrix} C & O \end{bmatrix} \begin{bmatrix} I_n & O \\ I_n & -I_n \end{bmatrix} \begin{bmatrix} x \\ \tilde{x} \end{bmatrix} = \begin{bmatrix} C & O \end{bmatrix} \begin{bmatrix} x \\ \tilde{x} \end{bmatrix}$$

故式(5.6-4)经非奇异变换后的状态空间表达式为

$$\left.\begin{aligned} \begin{bmatrix} \dot{x} \\ \cdots \\ \dot{\tilde{x}} \end{bmatrix} &= \left[\begin{array}{c:c} A-BK & BK \\ \hdashline O & A-HC \end{array}\right] \begin{bmatrix} x \\ \cdots \\ \tilde{x} \end{bmatrix} + \begin{bmatrix} B \\ \cdots \\ O \end{bmatrix} v \\ y &= \begin{bmatrix} C & O \end{bmatrix} \begin{bmatrix} x \\ \cdots \\ \tilde{x} \end{bmatrix} \end{aligned}\right\} \tag{5.6-7}$$

对于式(5.6-7)可以做如下几点讨论:

(1)闭环系统的维数为 $2n$。

(2)整个闭环系统的特征多项式等于 $A-BK$ 的特征多项式和 $A-HC$ 的特征多项式的乘积。这表明在状态反馈的闭环系统中倘若加入观测器,其闭环系统的极点只是添加了观测器 $A-HC$ 的极点,而状态反馈下闭环系统 $A-BK$ 的极点保留不变。于是状态反馈增益矩阵 K 的设计和状态观测器的反馈矩阵 H 的设计可以独立地进行,两者互不牵扯。因此,有下述分离定理。

定理 5.8 若 $\Sigma_p(A,B,C)$ 可控且可观测,用状态观测器估值形成状态反馈时,其系统的极点配置和观测器设计可分别独立进行,即 K 和 H 矩阵的设计可分别独立进行。

(3) $\tilde{x}$ 是状态观测器的观测状态和系统的真实状态之间的误差,当系统的初始状态 $x(0)$ 与观测器的初始观测状态 $\hat{x}(0)$ 相等时,则

$$\tilde{x}(t) = 0, \quad t \geqslant 0 \tag{5.6-8}$$

这时式(5.6-7)蜕化为

$$\dot{x} = (A-BK)x + Bv \tag{5.6-9}$$

即带有状态观测器的闭环系统与直接状态反馈的闭环系统一样。当 $\tilde{\boldsymbol{x}}(0)\neq\boldsymbol{0}$ 时，$\tilde{\boldsymbol{x}}(t)$ 将以某一衰减速度衰减至零，其衰减速度由 $\boldsymbol{A}-\boldsymbol{HC}$ 的特征值的负实部决定。

(4) $\tilde{\boldsymbol{x}}$ 是不可控且不可观测的，不过闭环系统这种不完全可控性和不完全可观测性并不影响系统的正常工作。当然，如果这个带状态观测器的闭环系统又是另一个系统的子系统，那么上述不完全可控性和不完全可观测性将会给设计带来困难。

下面我们来研究一个带有状态观测器的闭环系统的设计。

例 5－18　设系统的传递函数为

$$G(s)=\frac{1}{s(s+6)} \tag{5.6-10}$$

若状态不能直接测量到，试采用状态观测器实现状态反馈控制，使闭环系统的特征值配置在 $\lambda=-4\pm \mathrm{j}6$。

解：(1)首先写出受控系统的状态空间表达式。传递函数没有零极点对消，系统是可控并且可观测的，为便于极点配置，写出其可控标准形：

$$\left.\begin{aligned}\dot{\boldsymbol{x}}&=\boldsymbol{A}\boldsymbol{x}+\boldsymbol{b}u\\ \boldsymbol{y}&=\boldsymbol{c}\boldsymbol{x}\end{aligned}\right\} \tag{5.6-11}$$

其中
$$\boldsymbol{A}=\begin{bmatrix}0 & 1\\ 0 & -6\end{bmatrix},\quad \boldsymbol{b}=\begin{bmatrix}0\\ 1\end{bmatrix},\quad \boldsymbol{c}=\begin{bmatrix}1 & 0\end{bmatrix}$$

(2)根据分离特性先按指定的闭环系统特征值设计状态反馈增益矩阵 $\boldsymbol{K}$，设

$$\boldsymbol{K}=\begin{bmatrix}k_1 & k_2\end{bmatrix} \tag{5.6-12}$$

直接状态反馈闭环系统的特征多项式为

$$f(\lambda)=\det[\lambda\boldsymbol{I}-(\boldsymbol{A}-\boldsymbol{bK})]=\lambda^2+(6+k_2)\lambda+k_1 \tag{5.6-13}$$

闭环系统的期望特征多项式为

$$f^*(\lambda)=(\lambda+4-\mathrm{j}6)(\lambda+4+\mathrm{j}6)=\lambda^2+8\lambda+52 \tag{5.6-14}$$

比较 $f(\lambda)$ 和 $f^*(\lambda)$ 的对应项系数，得

$$k_1=52,\quad k_2=2 \tag{5.6-15}$$

(3)设计状态观测器的状态反馈增益矩阵 $\boldsymbol{H}$，选择观测器的特征值 $\lambda=-10,-10$。

设
$$\boldsymbol{H}=\begin{bmatrix}h_1\\ h_2\end{bmatrix}$$

则状态观测器的特征多项式为

$$f(\lambda)=\det[\lambda\boldsymbol{I}-(\boldsymbol{A}-\boldsymbol{HC})]=\lambda^2+(6+h_1)\lambda+6h_1+h_2$$

状态观测器的期望特征多项式为

$$f^*(\lambda)=(\lambda+10)(\lambda+10)=\lambda^2+20\lambda+100$$

比较 $f(\lambda)$ 和 $f^*(\lambda)$ 的对应项系数，得

$$h_1=14,\quad h_2=16 \tag{5.6-16}$$

二、控制器-观测器的传递函数

考虑由式(5.6－1)定义的系统，假设该系统状态完全可观测，但 $\boldsymbol{x}$ 不可直接被测量。又假设系统输入 $v=0$，采用观测-状态反馈控制(即采用观测器估计的状态构成状态反馈控制)：

$$u = -K\hat{x} \tag{5.6-17}$$

由于观测器的状态方程为

$$\dot{\hat{x}} = (A - HC)\hat{x} + Hy + Bu \tag{5.6-18}$$

将式(5.6-17)代入式(5.6-18),并取拉氏变换,设初始观测状态为零,即 $\hat{x}(0) = \mathbf{0}$。对 $\hat{X}(s)$ 求解,可得

$$\hat{X}(s) = (sI - A + HC + BK)^{-1}HY(s) \tag{5.6-19}$$

将式(5.6-19)代入式(5.6-17)的拉氏变换式,可得

$$\left.\begin{aligned} U(s) &= -K(sI - A + HC + BK)^{-1}HY(s) \\ \frac{U(s)}{Y(s)} &= -K(sI - A + HC + BK)^{-1}H \end{aligned}\right\} \tag{5.6-20}$$

图 5-23 所示为这个系统的方框图。

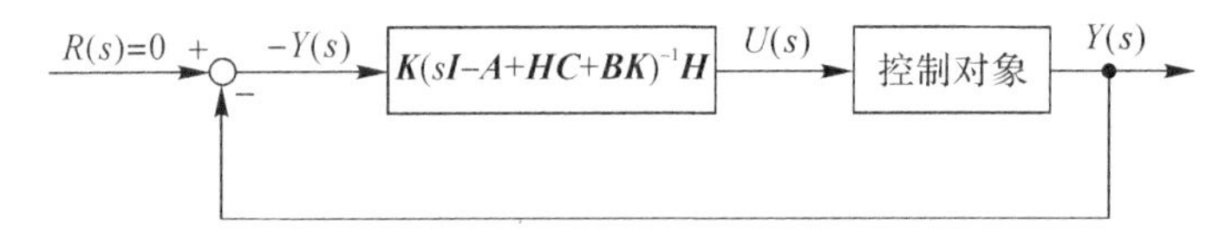

图 5-23　具有控制器-观测器的系统方框图

应当指出,传递函数 $K(sI - A + HC + BK)^{-1}H$ 被用来作为系统的控制器。因此,我们称下列传递函数为控制器-观测器传递函数:

$$\frac{U(s)}{-Y(s)} = K(sI - A + HC + BK)^{-1}H \tag{5.6-21}$$

注意到控制器-观测器矩阵 $A - HC - BK$ 可能稳定也可能不稳定,虽然 $A - BK$ 和 $A - HC$ 被选定为稳定矩阵。事实上,在某些情况下,矩阵 $A - HC - BK$ 可能是稳定性很差的甚至是不稳定的。

例 5-19　试为如下控制对象设计控制器:

$$\begin{cases} \dot{x} = \begin{bmatrix} 0 & 1 \\ 20.6 & 0 \end{bmatrix} x + \begin{bmatrix} 0 \\ 1 \end{bmatrix} u \\ y = \begin{bmatrix} 1 & 0 \end{bmatrix} x \end{cases}$$

假设:

(1)使用极点配置方法来设计该系统,而且该系统希望的闭环极点为 $-1.8 \pm j2.4$;

(2)实际状态不能测量,需采用基于观测器的状态反馈控制,并且观测器的期望极点为 $-8, -8$。

解:在例 5-3 已求出状态反馈增益矩阵 K 为

$$K = \begin{bmatrix} 29.6 & 3.6 \end{bmatrix}$$

在例 5-12 已求出观测器增益矩阵 H 为

$$H = \begin{bmatrix} 16 \\ 84.6 \end{bmatrix}$$

将 $u=-\boldsymbol{K}\hat{\boldsymbol{x}}$ 代入状态观测器方程得

$$\dot{\hat{\boldsymbol{x}}}=(\boldsymbol{A}-\boldsymbol{HC})\hat{\boldsymbol{x}}+\boldsymbol{H}y-\boldsymbol{BK}\hat{\boldsymbol{x}}=(\boldsymbol{A}-\boldsymbol{HC}-\boldsymbol{BK})\hat{\boldsymbol{x}}+\boldsymbol{H}y$$

即

$$\begin{bmatrix}\dot{\hat{x}}_1\\ \dot{\hat{x}}_2\end{bmatrix}=\left\{\begin{bmatrix}0 & 1\\ 20.6 & 0\end{bmatrix}-\begin{bmatrix}16\\ 84.6\end{bmatrix}\begin{bmatrix}1 & 0\end{bmatrix}-\begin{bmatrix}0\\ 1\end{bmatrix}\begin{bmatrix}29.6 & 3.6\end{bmatrix}\right\}\begin{bmatrix}\hat{x}_1\\ \hat{x}_2\end{bmatrix}+\begin{bmatrix}16\\ 84.6\end{bmatrix}y=$$

$$\begin{bmatrix}-16 & 1\\ -93.6 & -3.6\end{bmatrix}\begin{bmatrix}\hat{x}_1\\ \hat{x}_2\end{bmatrix}+\begin{bmatrix}16\\ 84.6\end{bmatrix}y$$

具有观测-状态反馈的系统方框图如图 5-24(a)所示。

参考方程式(5.6-21),可以得到控制器-观测器的传递函数为

$$\frac{U(s)}{-Y(s)}=\boldsymbol{K}(s\boldsymbol{I}-\boldsymbol{A}+\boldsymbol{HC}+\boldsymbol{BK})^{-1}\boldsymbol{H}=$$

$$\begin{bmatrix}29.6 & 3.6\end{bmatrix}\begin{bmatrix}s+16 & -1\\ 93.6 & s+3.6\end{bmatrix}^{-1}\begin{bmatrix}16\\ 84.6\end{bmatrix}=$$

$$\frac{778.16s+3\,690.72}{s^2+19.6s+151.2} \tag{5.6-22}$$

应用 MATLAB 程序 5.6-1 可以求得式(5.6-22)所示的传递函数。图 5-24(b)所示为系统的方框图。

MATLAB 程序 5.6-1

```
A=[0  1;  20.6  0];
B=[0;1];
C=[1  0];
K=[29.6  3.6];
H=[16;84.6];
AA=A-H*C-B*K;
BB=H;
CC=K;
DD=0;
[num,den]=ss2tf(AA,BB,CC,DD)
```

运行结果如下：

```
num =
            1.0e+03 *
    0       0.7782        3.6907
den =
    1.0000  19.6000       151.2000
```

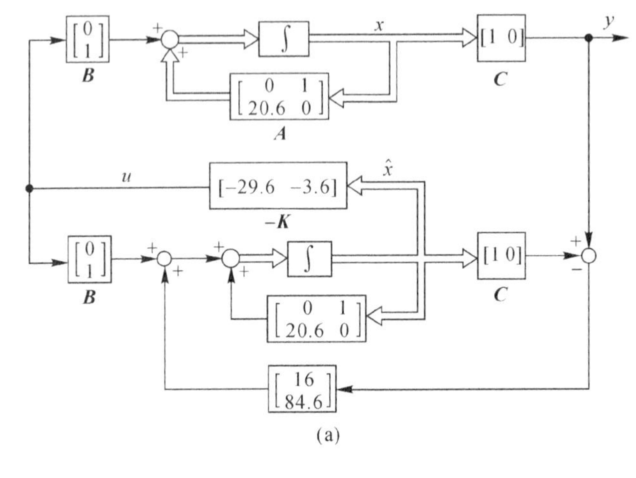

(a)

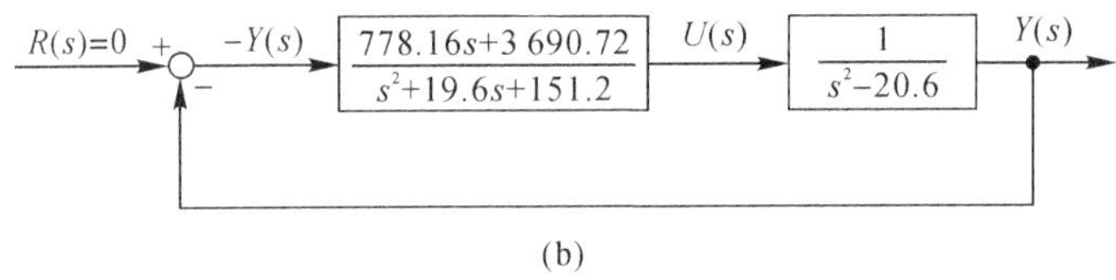

(b)

图 5-24

(a) 具有观测-状态反馈的的系统方框图;(b)传递函数系统的方框图

前面设计出的观测-状态反馈控制系统的动态特性,可以用下面的方程描述:对于控制对象,有

$$\left.\begin{aligned}\begin{bmatrix}\dot{x}_1\\ \dot{x}_2\end{bmatrix}&=\begin{bmatrix}0 & 1\\ 20.6 & 0\end{bmatrix}\begin{bmatrix}x_1\\ x_2\end{bmatrix}+\begin{bmatrix}0\\ 1\end{bmatrix}u\\ y&=\begin{bmatrix}1 & 0\end{bmatrix}\begin{bmatrix}x_1\\ x_2\end{bmatrix}\end{aligned}\right\}\tag{5.6-23}$$

对于观测器,有

$$\left.\begin{aligned}\begin{bmatrix}\dot{\hat{x}}_1\\ \dot{\hat{x}}_2\end{bmatrix}&=\begin{bmatrix}-16 & 1\\ -93.6 & -3.6\end{bmatrix}\begin{bmatrix}\hat{x}_1\\ \hat{x}_2\end{bmatrix}+\begin{bmatrix}16\\ 84.6\end{bmatrix}y\\ u&=-\begin{bmatrix}29.6 & 3.6\end{bmatrix}\begin{bmatrix}\hat{x}_1\\ \hat{x}_2\end{bmatrix}\end{aligned}\right\}\tag{5.6-24}$$

作为整体而言,该系统是四阶的,其系统特征方程为

$$\begin{aligned}|\lambda\boldsymbol{I}-\boldsymbol{A}+\boldsymbol{BK}|\,|\lambda\boldsymbol{I}-\boldsymbol{A}+\boldsymbol{HC}|&=(\lambda^2+3.6\lambda+9)(\lambda^2+16\lambda+64)=\\ &\lambda^4+19.6\lambda^3+130.6\lambda^2+374.4\lambda+576=0\end{aligned}\tag{5.6-25}$$

该特征方程也可由图 5-24(b)所示的系统的方框图得到。由于闭环传递函数为

$$\frac{Y(s)}{U(s)}=\frac{778.16s+3\ 690.72}{(s^2+19.6s+151.2)(s^2-20.6)+778.16s+3\ 690.72}\tag{5.6-26}$$

则特征方程为

$$(\lambda^2+19.6\lambda+151.2)(\lambda^2-20.6)+778.16\lambda+3\,690.72=\\ \lambda^4+19.6\lambda^3+130.6\lambda^2+374.4\lambda+576=0 \tag{5.6-27}$$

当然,不论是用状态空间表达式描述系统,还是用传递函数表达式描述系统,其特征方程是相同的。

最后,我们来求对下列初始条件的响应:

$$\boldsymbol{x}(0)=\begin{bmatrix}1\\0\end{bmatrix},\quad \boldsymbol{e}(0)=\begin{bmatrix}0.5\\0\end{bmatrix} \tag{5.6-28}$$

系统对初始条件的响应可由下式确定:

$$\begin{bmatrix}\dot{\boldsymbol{x}}\\ \dot{\boldsymbol{e}}\end{bmatrix}=\begin{bmatrix}\boldsymbol{A}-\boldsymbol{BK} & -\boldsymbol{BK}\\ \boldsymbol{O} & \boldsymbol{A}-\boldsymbol{HC}\end{bmatrix}\begin{bmatrix}\boldsymbol{x}\\ \boldsymbol{e}\end{bmatrix},\quad \begin{bmatrix}\boldsymbol{x}(0)\\ \boldsymbol{e}(0)\end{bmatrix}=\begin{bmatrix}1\\0\\0.5\\0\end{bmatrix} \tag{5.6-29}$$

MATLAB 程序 5.6-2 表示了一种求系统响应的 MATLAB 程序,求得的响应曲线如图 5-14 所示。

MATLAB 程序 5.6-2

```
A=[0 1;20.6 0];
B=[0;1];
C=[1 0];
K=[29.6 3.6];
H=[16;84.6];
sys=ss([A-B*K B*K;zeros(2,2) A-H*C],eye(4),eye(4),eye(4));
t=0:0.01:4;
z=initial(sys,[1;0;0.5;0],t);
x1=[1 0 0 0]*z';
x2=[0 1 0 0]*z';
e1=[0 0 1 0]*z';
e2=[0 0 0 1]*z';
subplot(2,2,1);plot(t,x1),grid
title('给定初始条件下的响应')
ylabel('状态变量 x1')
xlabel('t/s')
subplot(2,2,2);plot(t,x2),grid
title('给定初始条件下的响应')
ylabel('状态变量 x2')
xlabel('t/s')
subplot(2,2,3);plot(t,e1),grid
xlabel('t/s'),ylabel('状态变量 x1 的观测误差 e1')
subplot(2,2,4);plot(t,e2),grid
xlabel('t/s'),ylabel('状态变量 x2 的观测误差 e2')
```

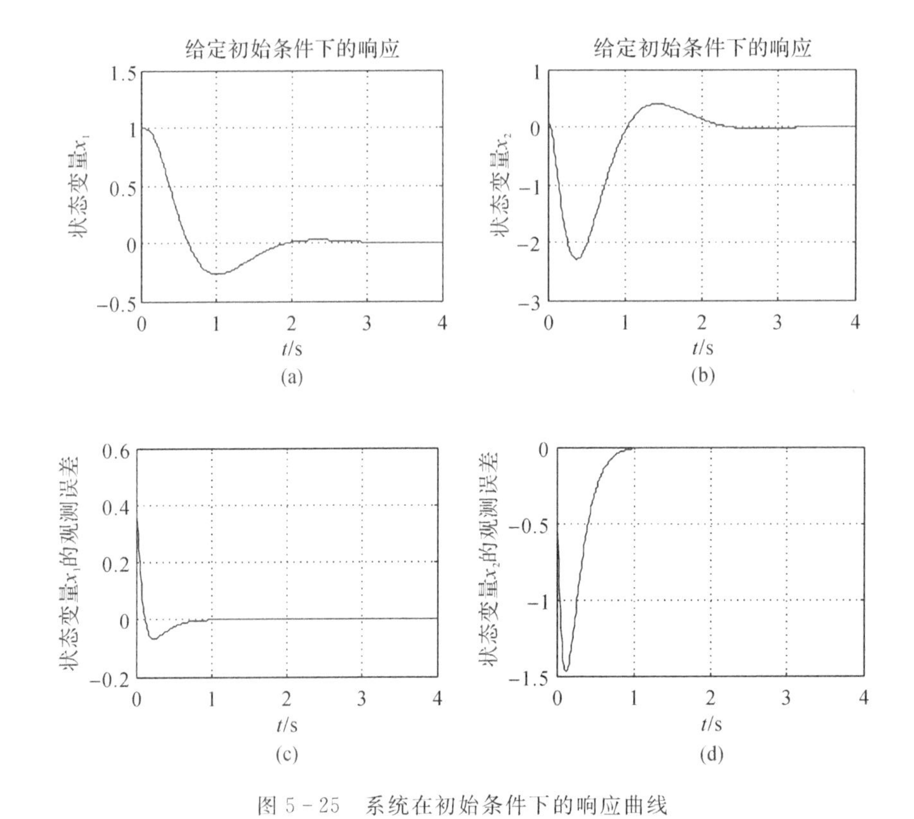

图 5-25 系统在初始条件下的响应曲线

5.7 状态反馈下闭环系统的稳态特性

在 5.2 节已经讲过采用状态反馈可以使闭环系统的极点得到任意配置,因而使系统获得满意的动态性能。本节将讨论系统设计中的另一个问题——稳态特性。下面分析讨论系统工作于伺服状态下的稳态特性,也就是对Ⅰ型伺服系统设计的极点配置法进行讨论。这里我们将限制所讨论的每一个系统均为单输入单输出系统。

一、当控制对象含有一个积分器时的Ⅰ型伺服系统设计

假设控制对象为

$$\dot{\boldsymbol{x}} = \boldsymbol{A}\boldsymbol{x} + \boldsymbol{b}u \tag{5.7-1}$$

$$y = \boldsymbol{c}\boldsymbol{x} \tag{5.7-2}$$

由于是单输入单输出系统,故通过适当地选择一组状态变量,可以使输出量等于一个状态变量。

当控制对象具有一个积分器(Ⅰ型系统)时,Ⅰ型伺服系统的一般结构如图 5-26 所示。这里假设 $y = x_1$。在当前的分析中,假设参考输入 v 为阶跃函数。在该系统中,采用下列状态反馈控制方案:

$$u = -\begin{bmatrix} 0 & k_2 & k_3 & \cdots & k_n \end{bmatrix}\begin{bmatrix} x_1 \\ x_2 \\ \vdots \\ x_n \end{bmatrix} + k_1(v - x_1) = -\boldsymbol{Kx} + k_1 v \qquad (5.7-3)$$

式中

$$\boldsymbol{K} = \begin{bmatrix} k_1 & k_2 & \cdots & k_n \end{bmatrix}$$

假设参考输入(阶跃函数)在 $t=0$ 时作用于系统。于是当 $t>0$ 时，系统的动态特性可以用式(5.7-1)和式(5.7-3)来描述，即

$$\dot{\boldsymbol{x}} = \boldsymbol{Ax} + \boldsymbol{b}u = (\boldsymbol{A} - \boldsymbol{bK})\boldsymbol{x} + \boldsymbol{b}k_1 v \qquad (5.7-4)$$

所设计的Ⅰ型伺服系统使闭环极点位于希望的位置上，并且该系统将是一个渐近稳定系统，$y(\infty)$ 将趋近于常值 v，而 $u(\infty)$ 将趋近于零(v 为阶跃输入)。

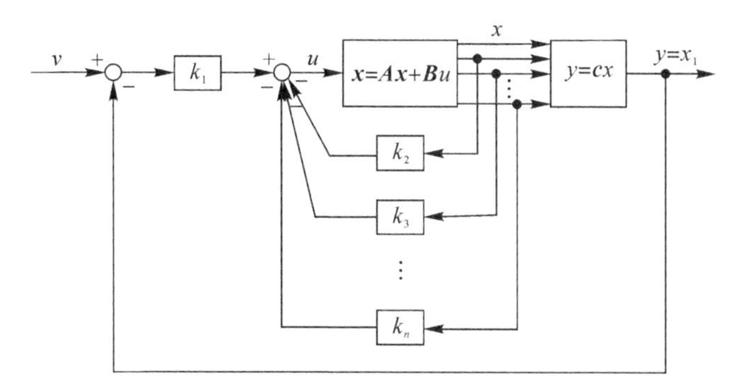

图 5-26　当控制对象具有一个积分器时的Ⅰ型伺服系统

在稳态时，可得

$$\dot{\boldsymbol{x}}(\infty) = (\boldsymbol{A} - \boldsymbol{bK})\boldsymbol{x}(\infty) + \boldsymbol{b}k_1 v(\infty) \qquad (5.7-5)$$

$v(t)$ 是一个阶跃输入，因此当 $t>0$ 时，得到 $v(\infty) = v(t) = v$(常量)。用式(5.7-4)减去式(5.7-5)得到

$$\dot{\boldsymbol{x}}(t) - \dot{\boldsymbol{x}}(\infty) = (\boldsymbol{A} - \boldsymbol{bK})(\boldsymbol{x}(t) - \boldsymbol{x}(\infty)) \qquad (5.7-6)$$

定义

$$\boldsymbol{x}(t) - \boldsymbol{x}(\infty) = \boldsymbol{e}(t)$$

于是式(5.7-6)变成

$$\dot{\boldsymbol{e}}(t) = (\boldsymbol{A} - \boldsymbol{bK})\boldsymbol{e}(t) \qquad (5.7-7)$$

式(5.7-7)描述了误差动态特性。

这里Ⅰ型伺服系统的设计转换成了在给定任意初始条件 $\boldsymbol{e}(0)$ 时，使 $\boldsymbol{e}(t)$ 趋近于零的渐近稳定调节器系统的设计。如果由式(5.7-1)定义的系统是状态完全可控的，那么当给定了矩阵 $\boldsymbol{A}-\boldsymbol{bK}$ 的期望特征值 $\lambda_1, \lambda_2, \cdots, \lambda_n$ 时，利用 5.2 节介绍的极点配置方法，就可以确定矩阵 $\boldsymbol{K}$。

$\boldsymbol{x}(t)$ 和 $u(t)$ 的稳态值可以确定如下：根据式(5.7-4)，在稳态时($t=\infty$)，得到

$$\dot{\boldsymbol{x}}(\infty) = (\boldsymbol{A} - \boldsymbol{bK})\boldsymbol{x}(\infty) + \boldsymbol{b}k_1 v = \boldsymbol{0}$$

因为 $\boldsymbol{A}-\boldsymbol{bK}$ 的期望特征值全都位于 S 左半平面内，所以 $\boldsymbol{A}-\boldsymbol{bK}$ 的逆存在。因此，$\boldsymbol{x}(\infty)$ 可以确定为

$$\boldsymbol{x}(\infty) = -(\boldsymbol{A} - \boldsymbol{bK})^{-1}\boldsymbol{b}k_1 v$$

另外，$u(\infty)$ 可以求得为

$$u(\infty) = -\boldsymbol{Kx}(\infty) + k_1 v = 0$$

例 5-20 当控制对象的传递函数具有一个积分器时，试设计一个Ⅰ型伺服系统。设控制对象的传递函数为

$$\frac{Y(s)}{U(s)} = \frac{1}{s(s+2)(s+3)}$$

期望的闭环极点为

$$s = -2 \pm \mathrm{j}2, \quad s = -10$$

假设系统的结构与图 5-26 中表示的相同，并且参考输入 v 为阶跃函数，试求期望的系统的单位阶跃响应。

解：选择输出量及其各阶导数作为状态变量，即

$$\begin{cases} x_1 = y \\ x_2 = \dot{y} = \dot{x}_1 \\ x_3 = \ddot{y} = \dot{x}_2 \end{cases}$$

于是系统的状态空间表达式变为

$$\begin{cases} \dot{\boldsymbol{x}} = \begin{bmatrix} 0 & 1 & 0 \\ 0 & 0 & 1 \\ 0 & -6 & -5 \end{bmatrix}\boldsymbol{x} + \begin{bmatrix} 0 \\ 0 \\ 1 \end{bmatrix} u \\ y = \begin{bmatrix} 1 & 0 & 0 \end{bmatrix}\boldsymbol{x} \end{cases}$$

参考图 5-26，并且注意到 $n=3$，被控信号 u 可以由下式给出：

$$u = -(k_2 x_2 + k_3 x_3) + k_1(v - x_1) = -\boldsymbol{Kx} + k_1 v$$

式中

$$\boldsymbol{K} = \begin{bmatrix} k_1 & k_2 & k_3 \end{bmatrix}$$

由例 5-1 可知，根据希望的闭环极点所设计的状态反馈增益矩阵 $\boldsymbol{K}$ 为

$$\boldsymbol{K} = \begin{bmatrix} 80 & 42 & 9 \end{bmatrix}$$

设计出系统的单位阶跃响应可以按如下方式求解。

因为

$$\boldsymbol{A} - \boldsymbol{bK} = \begin{bmatrix} 0 & 1 & 0 \\ 0 & 0 & 1 \\ 0 & -6 & -5 \end{bmatrix} - \begin{bmatrix} 0 \\ 0 \\ 1 \end{bmatrix}\begin{bmatrix} 80 & 42 & 9 \end{bmatrix} = \begin{bmatrix} 0 & 1 & 0 \\ 0 & 0 & 1 \\ -80 & -48 & -14 \end{bmatrix}$$

所以根据式(5.7-4)，已设计出系统的状态方程为

$$\begin{bmatrix} \dot{x}_1 \\ \dot{x}_2 \\ \dot{x}_3 \end{bmatrix} = \begin{bmatrix} 0 & 1 & 0 \\ 0 & 0 & 1 \\ -80 & -48 & -14 \end{bmatrix}\begin{bmatrix} x_1 \\ x_2 \\ x_3 \end{bmatrix} + \begin{bmatrix} 0 \\ 0 \\ 80 \end{bmatrix} v$$

并且输出方程为

$$y = \begin{bmatrix} 1 & 0 & 0 \end{bmatrix}\begin{bmatrix} x_1 \\ x_2 \\ x_3 \end{bmatrix}$$

当 v 为单位阶跃函数时，从上述两个方程中求解 $y(t)$，即可以得到系统的单位阶跃响应。

MATLAB 程序 5.7－1 给出了单位阶跃响应程序。单位阶跃响应曲线如图 5－27 所示。

MATLAB 程序 5.7－1

```
AA=[0  1  0;  0  0  1;  -80  -48  -14];
BB=[0;0;80];
CC=[1  0  0];
DD=[0];
t=0:0.01:5;
y=step(AA,BB,CC,DD,1,t);
plot(t,y)
grid
title('单位阶跃响应')
xlabel('t Sec')
ylabel('输出 y')
```

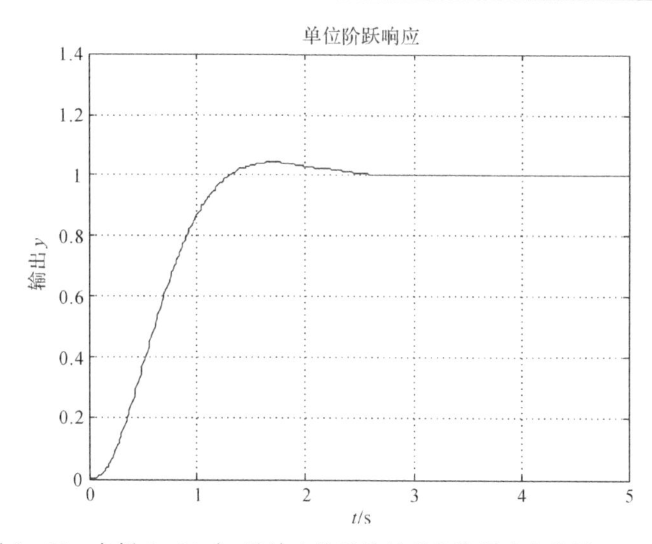

图 5－27　在例 5－20 中，设计出的系统的单位阶跃响应曲线 $y(t)-t$

因为

$$u(\infty)=-\boldsymbol{Kx}(\infty)+k_1 v(\infty)=-\boldsymbol{Kx}(\infty)+k_1 v$$

所以得到

$$u(\infty)=-\begin{bmatrix}80 & 42 & 9\end{bmatrix}\begin{bmatrix}x_1(\infty)\\x_2(\infty)\\x_3(\infty)\end{bmatrix}+80v=-\begin{bmatrix}80 & 42 & 9\end{bmatrix}\begin{bmatrix}v\\0\\0\end{bmatrix}+80v=0$$

稳态时，控制信号 u 变为 0。

二、当控制对象无积分器时的 Ⅰ 型伺服系统设计

如果控制对象无积分器（即为 0 型系统），Ⅰ 型伺服系统的基本设计原则是，在控制对象与误差比较器之间的前向通路中插入一个积分器，如图 5－28 所示（图 5－28 表示的方框图，是控制对象无积分器的 Ⅰ 型伺服系统的基本形式），由该图可以得到

$$\dot{\boldsymbol{x}}=\boldsymbol{A}\boldsymbol{x}+\boldsymbol{b}u \tag{5.7-8}$$

$$y=\boldsymbol{c}\boldsymbol{x} \tag{5.7-9}$$

$$u=-\boldsymbol{K}\boldsymbol{x}+k_1\zeta \tag{5.7-10}$$

$$\dot{\zeta}=v-y=v-\boldsymbol{c}\boldsymbol{x} \tag{5.7-11}$$

式中，ζ 为积分器的输出（系统的状态向量，标量）；v 为参考输入信号（阶跃函数，标量）。

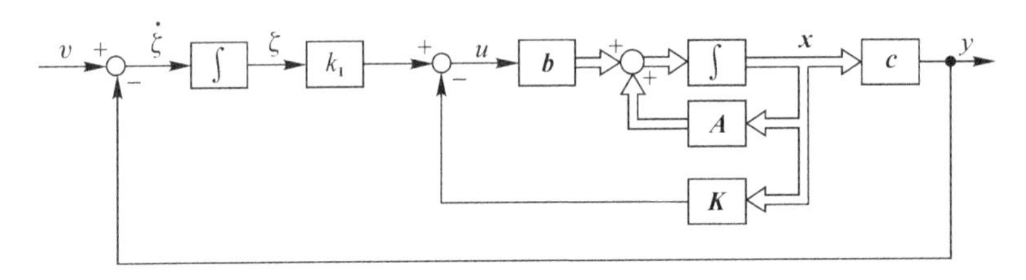

图 5-28　当被控对象无积分器时的 I 型伺服系统

假设由式(5.7-8)给出的控制对象是状态完全可控的。控制对象的传递函数可以由下式给出：

$$G_{\mathrm{p}}(s)=\boldsymbol{c}(s\boldsymbol{I}-\boldsymbol{A})^{-1}\boldsymbol{b}$$

为了避免插入的积分器被位于原点的控制对象的零点相抵消，假设 $G_{\mathrm{p}}(s)$ 在原点处没有零点。设参考输入信号（阶跃函数）在 $t=0$ 时作用于系统，于是，当 $t>0$ 时，系统的动态特性可以用式(5.7-8)和式(5.7-11)的组合方程来描述：

$$\begin{bmatrix}\dot{\boldsymbol{x}}(t)\\ \dot{\zeta}(t)\end{bmatrix}=\begin{bmatrix}\boldsymbol{A} & \boldsymbol{O}\\ -\boldsymbol{c} & \boldsymbol{O}\end{bmatrix}\begin{bmatrix}\boldsymbol{x}(t)\\ \zeta(t)\end{bmatrix}+\begin{bmatrix}\boldsymbol{b}\\ \boldsymbol{O}\end{bmatrix}u(t)+\begin{bmatrix}0\\ 1\end{bmatrix}v(t) \tag{5.7-12}$$

我们将设计一个渐近稳定系统，使得 $v(\infty)$，$\zeta(\infty)$ 和 $u(\infty)$ 分别趋近于定常值。因此，在稳态时，$\dot{\zeta}(t)=0$，并且得到 $y(\infty)=v$。

在稳态时有

$$\begin{bmatrix}\dot{\boldsymbol{x}}(\infty)\\ \dot{\zeta}(\infty)\end{bmatrix}=\begin{bmatrix}\boldsymbol{A} & \boldsymbol{O}\\ -\boldsymbol{c} & \boldsymbol{O}\end{bmatrix}\begin{bmatrix}\boldsymbol{x}(\infty)\\ \zeta(\infty)\end{bmatrix}+\begin{bmatrix}\boldsymbol{b}\\ \boldsymbol{O}\end{bmatrix}u(\infty)+\begin{bmatrix}0\\ 1\end{bmatrix}v(\infty) \tag{5.7-13}$$

式中，$v(t)$ 是一个阶跃输入，因此当 $t>0$ 时，得到 $v(\infty)=v(t)=v$（常量），从式(5.7-12)减去从式(5.7-13)，得到

$$\begin{bmatrix}\dot{\boldsymbol{x}}(t)-\dot{\boldsymbol{x}}(\infty)\\ \dot{\zeta}(t)-\dot{\zeta}(\infty)\end{bmatrix}=\begin{bmatrix}\boldsymbol{A} & \boldsymbol{O}\\ -\boldsymbol{c} & \boldsymbol{O}\end{bmatrix}\begin{bmatrix}\boldsymbol{x}(t)-\boldsymbol{x}(\infty)\\ \zeta(t)-\zeta(\infty)\end{bmatrix}+\begin{bmatrix}\boldsymbol{b}\\ \boldsymbol{O}\end{bmatrix}(u(t)-u(\infty)) \tag{5.7-14}$$

定义

$$\boldsymbol{x}(t)-\boldsymbol{x}(\infty)=\boldsymbol{x}_{\mathrm{e}}(t)$$

$$\zeta(t)-\zeta(\infty)=\zeta_{\mathrm{e}}(t)$$

$$u(t)-u(\infty)=u_{\mathrm{e}}(t)$$

则式(5.7-14)可以写成

$$\begin{bmatrix}\dot{\boldsymbol{x}}_{\mathrm{e}}(t)\\ \dot{\zeta}_{\mathrm{e}}(t)\end{bmatrix}=\begin{bmatrix}\boldsymbol{A} & \boldsymbol{O}\\ -\boldsymbol{c} & \boldsymbol{O}\end{bmatrix}\begin{bmatrix}\boldsymbol{x}_{\mathrm{e}}(t)\\ \zeta_{\mathrm{e}}(t)\end{bmatrix}+\begin{bmatrix}\boldsymbol{b}\\ \boldsymbol{O}\end{bmatrix}u_{\mathrm{e}}(t) \tag{5.7-15}$$

式中

$$u_e(t)=-\boldsymbol{K}\boldsymbol{x}_e(t)+k_1\zeta_e(t) \tag{5.7-16}$$

定义一个新的 $n+1$ 维误差向量 $\boldsymbol{e}(t)$ 为

$$e(t)=\begin{bmatrix}x_e(t)\\ \zeta_e(t)\end{bmatrix}$$

于是式(5.7－15)变为

$$\dot{e}(t)=\hat{A}e(t)+\hat{b}u_c(t) \tag{5.7-17}$$

式中

$$\hat{A}=\begin{bmatrix}A & O\\ -c & O\end{bmatrix},\quad \hat{b}=\begin{bmatrix}b\\ O\end{bmatrix}$$

而式(5.7－16)变为

$$u_c(t)=-\hat{K}e(t) \tag{5.7-18}$$

式中

$$\hat{K}=[K \quad -k_1]$$

将式(5.7－18)代入式(5.7－17)后得到状态误差方程：

$$\dot{e}(t)=(\hat{A}-\hat{b}\hat{K})e(t) \tag{5.7-19}$$

如果希望矩阵 $\hat{A}-\hat{b}\hat{K}$ 的特征值(即期望的闭环极点)为指定的 $\lambda_1,\lambda_2,\cdots,\lambda_{n+1}$，那么状态反馈增益矩阵 K 和积分增益常数 k_1，在式(5.7－17)定义的系统是状态完全可控的条件下，可以用 5.2 节中介绍的极点配置法确定。

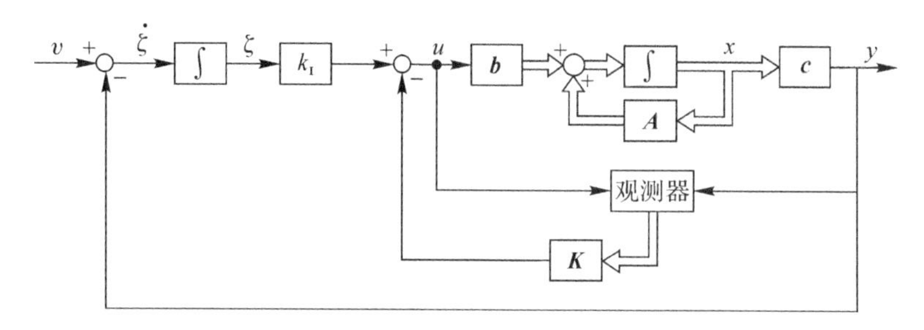

图 5－29　带状态观测器的 Ⅰ 型伺服系统

然而并不是所有的状态变量都可以直接测量。如果发生这种情况，就需要采用状态观测器。图 5－29 表示了一种带状态观测器的 Ⅰ 型伺服系统的方框图。在这个方框图中，每个带有积分符号的方框，表示一个积分器(1/s)。

例 5－21　已知控制对象的传递函数为

$$\frac{Y(s)}{U(s)}=\frac{1}{(s+2)(s+3)}$$

试设计一个 Ⅰ 型伺服系统。

解：定义输出量及其各阶导数作为状态变量，即

$$\begin{cases}x_1=y\\ x_2=\dot{y}=\dot{x}_1\end{cases}$$

于是系统的状态空间表达式变为

$$\begin{cases}\dot{x}=Ax+bu\\ y=cx\end{cases}$$

式中

$$\boldsymbol{A}=\begin{bmatrix}0 & 1\\ -6 & -5\end{bmatrix},\quad \boldsymbol{b}=\begin{bmatrix}0\\1\end{bmatrix},\quad \boldsymbol{c}=\begin{bmatrix}1 & 0\end{bmatrix}$$

参考图 5-28，被控信号 u 可以由下式给出：

$$u=-\boldsymbol{Kx}+k_1\zeta$$

式中

$$\boldsymbol{K}=\begin{bmatrix}k_1 & k_2\end{bmatrix}$$

$$\dot{\zeta}=v-y=v-\boldsymbol{cx}$$

根据式(5.7-17)得到状态误差方程，即

$$\dot{\boldsymbol{e}}=\hat{\boldsymbol{A}}\boldsymbol{e}+\hat{\boldsymbol{b}}u_{\mathrm{e}}=\begin{bmatrix}\boldsymbol{A} & \boldsymbol{O}\\ -\boldsymbol{c} & \boldsymbol{O}\end{bmatrix}\boldsymbol{e}+\begin{bmatrix}\boldsymbol{b}\\ \boldsymbol{O}\end{bmatrix}u_{\mathrm{e}}=\begin{bmatrix}0 & 1 & 0\\ -6 & -5 & 0\\ -1 & 0 & 0\end{bmatrix}\boldsymbol{e}+\begin{bmatrix}0\\1\\0\end{bmatrix}u_{\mathrm{e}}$$

$$u_{\mathrm{e}}=-\hat{\boldsymbol{k}}\boldsymbol{e}=\begin{bmatrix}k_1 & k_2 & -k_1\end{bmatrix}\begin{bmatrix}x_{1\mathrm{e}}\\ x_{2\mathrm{e}}\\ \zeta_{\mathrm{e}}\end{bmatrix}$$

选择期望的闭环极点为

$$s=-2\pm \mathrm{j}2,\ -10$$

利用 MATLAB 程序 5.7-2 可计算出状态反馈增益矩阵 $\hat{\boldsymbol{K}}=\begin{bmatrix}42 & 9 & -80\end{bmatrix}$。

MATLAB 程序 5.7-2

```
A=[0  1  0;  -6  -5  0;  -1  0  0];
B=[0;1;0];
P=[-2+2j  -2-2j  -10];
K=place(A,B,P)
```

运行结果如下：

K=

    42.0000   9.0000   -80.0000

控制系统的输入为

$$u=-\boldsymbol{Kx}+k_1\zeta=-\begin{bmatrix}42 & 9\end{bmatrix}\begin{bmatrix}x_1\\x_2\end{bmatrix}+80\zeta$$

为求解系统的单位阶跃响应，先求出组合系统的状态方程。将式(5.7-10)代入式(5.7-12)得到

$$\begin{bmatrix}\dot{\boldsymbol{x}}(t)\\ \dot{\zeta}(t)\end{bmatrix}=\begin{bmatrix}\boldsymbol{A}-\boldsymbol{bK} & \boldsymbol{b}k_1\\ -\boldsymbol{c} & \boldsymbol{O}\end{bmatrix}\begin{bmatrix}\boldsymbol{x}(t)\\ \zeta(t)\end{bmatrix}+\begin{bmatrix}\boldsymbol{0}\\1\end{bmatrix}v(t)$$

因为

$$\begin{bmatrix}\boldsymbol{A}-\boldsymbol{bK} & \boldsymbol{b}k_1\\ -\boldsymbol{c} & \boldsymbol{O}\end{bmatrix}=\begin{bmatrix}0 & 1 & 0\\ -48 & -14 & 80\\ -1 & 0 & 0\end{bmatrix}$$

所以，已设计出系统的状态方程为

$$\begin{bmatrix}\dot{x}_1\\ \dot{x}_2\\ \dot{\zeta}\end{bmatrix}=\begin{bmatrix}0 & 1 & 0\\ -48 & -14 & 80\\ -1 & 0 & 0\end{bmatrix}\begin{bmatrix}x_1\\ x_2\\ \zeta\end{bmatrix}+\begin{bmatrix}0\\ 0\\ 1\end{bmatrix}v$$

并且输出方程为

$$y=\begin{bmatrix}1 & 0 & 0\end{bmatrix}\begin{bmatrix}x_1\\ x_2\\ \zeta\end{bmatrix}$$

当 v 为单位阶跃函数时，从上述两个方程中求解 $y(t)$，即可以得到系统的单位阶跃响应。MATLAB 程序 5.7－3 给出了单位阶跃响应程序。单位阶跃响应曲线如图 5－30 所示。

MATLAB 程序 5.7－3

```
A=[0  1  0;  -48  -14  80;  -1  0  0];
B=[0;0;1];
C=[1  0  0];
D=[0];
t=0:0.01:4;
[y,x,t]=step(A,B,C,D,1,t);
x1=[1  0  0]*x';
x2=[0  1  0]*x';
x3=[0  0  1]*x';
subplot(2,2,1);plot(t,x1);grid
title('x1-t'曲线)
xlabel('t/s')
ylabel('x1')
subplot(2,2,2);plot(t,x2);grid
title('x2-t'曲线)
xlabel('t/s')
ylabel('x2')
subplot(2,2,3);plot(t,x3);grid
title('x3-t'曲线)
xlabel('t/s')
ylabel('x3')
```

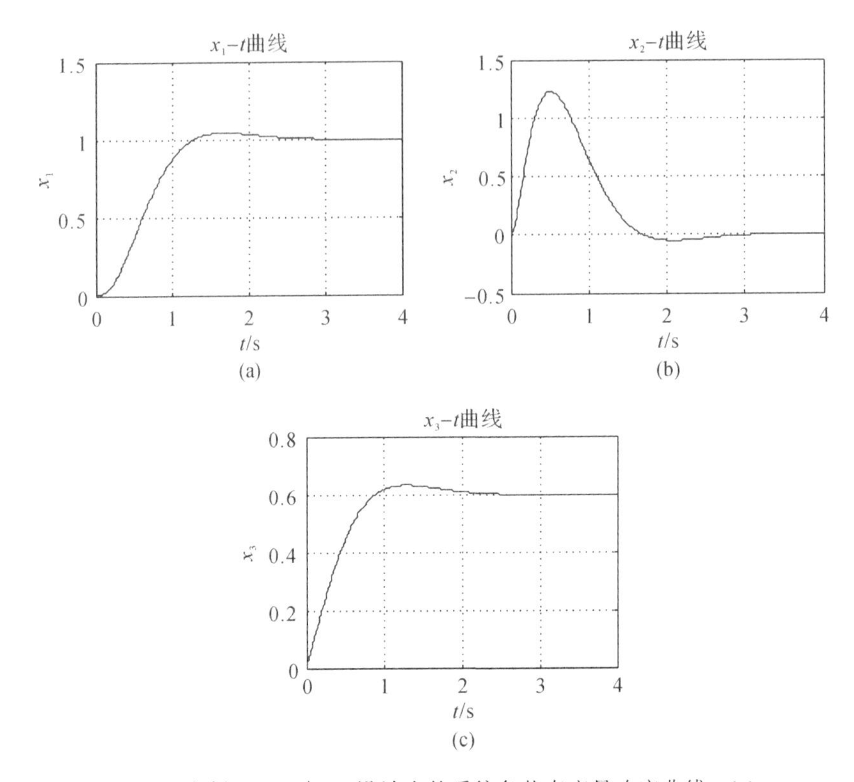

图 5－30　在例 5－18 中，已设计出的系统各状态变量响应曲线 $x(t)-t$

(a)x_1-t 曲线；(b)x_2-t 曲线；(c)x_3-t 曲线

图 5－30(a)即为系统的单位阶跃响应曲线。从图 5－30 可见，$\zeta(t)$（即 $x_3(t)$）趋近于 0.6，这个结果推导如下：

因为

$$\dot{\boldsymbol{x}}(\infty)=0=\boldsymbol{A}\boldsymbol{x}(\infty)+\boldsymbol{b}u(\infty)$$

即

$$\begin{bmatrix}0\\0\end{bmatrix}=\begin{bmatrix}0 & 1\\-6 & -5\end{bmatrix}\begin{bmatrix}v\\0\end{bmatrix}+\begin{bmatrix}0\\1\end{bmatrix}u(\infty)$$

所以得到

$$u(\infty)=6v$$

因此由式(5.7－10)可以得到

$$u(\infty)=6v=-\boldsymbol{K}\boldsymbol{x}(\infty)+k_1\zeta(\infty)$$

于是

$$\zeta(\infty)=\frac{1}{k_1}(\boldsymbol{K}\boldsymbol{x}(\infty)+6v)=\frac{1}{k_1}(k_1x_1(\infty)+6v)=\frac{48}{80}v=0.6v$$

因此，对于 $v=1$，得到

$$\zeta(\infty)=0.6$$

应当指出，在任何一种设计中，如果响应速度和阻尼不够令人满意，那么就必须修改期望的特征方程，并确定一个新的矩阵 $\hat{\boldsymbol{K}}$。计算机仿真必须不断反复地进行，直到获得满意的结果为止。

5.8 带观测器的调节器系统设计

本节将利用极点配置与观测器方法，讨论调节器的系统设计问题。

带观测器的调节器系统设计步骤如下：

(1)推导控制对象的状态空间模型。

(2)选择希望的闭环极点进行极点配置，同时选择希望的观测器极点。

(3)确定状态反馈增益矩阵 $\boldsymbol{K}$ 和观测器增益矩阵 $\boldsymbol{H}$。

(4)利用在第(3)步中求出的增益矩阵 $\boldsymbol{K}$ 和 $\boldsymbol{H}$，推导观测器控制器的传递函数。如果控制器是稳定的，检验其对给定初始条件的响应。如果响应不能令人满意，则应调整闭环极点的位置和(或)观测器极点的位置，直到获得满意的响应为止。

例 5-22 考虑图1-8表示的倒立摆控制系统，希望尽可能地把倒立摆保持在垂直的位置上，为此，试对小车的位移进行控制，希望小车在阶跃响应中的调节时间约为4～5 s，最大超调量为15%～16%。

解：前面已建立出倒立摆的数学模型为

$$\begin{cases}\begin{bmatrix}\dot{x}_1\\\dot{x}_2\\\dot{x}_3\\\dot{x}_4\end{bmatrix}=\begin{bmatrix}0&1&0&0\\20.601&0&0&0\\0&0&0&1\\-0.4905&0&0&0\end{bmatrix}\begin{bmatrix}x_1\\x_2\\x_3\\x_4\end{bmatrix}+\begin{bmatrix}0\\-1\\0\\0.5\end{bmatrix}u\\ y=\begin{bmatrix}0&0&1&0\end{bmatrix}\begin{bmatrix}x_1\\x_2\\x_3\\x_4\end{bmatrix}\end{cases}$$

根据调节时间和超调量的要求，选择希望的闭环极点为 $-1\pm \mathrm{j}\sqrt{3}$，-5，-5。利用程序5.8-1可以求出状态反馈增益矩阵。

MATLAB 程序 5.8-1

```
A=[0  1  0  0;  20.601  0  0  0;  0  0  0  1;  -0.4905  0  0  0];
B=[0;-1;0;0.5];
C=[0  0  1  0];
P=[-1+sqrt(3)*j -1-sqrt(3)*j -5 -5];
K=acker(A,B,P)
```

运行结果如下：

```
K =
    -74.6978   -16.5872   -10.1937    -9.1743
```

故状态反馈增益矩阵为

$$\boldsymbol{K}=[-74.6978 \quad -16.5872 \quad -10.1937 \quad -9.1743]$$

假设观测器极点取为－10，－10，－10，－10，设计全维状态观测器，利用 MATLAB 程序 5.8－2 可以求出全维状态观测器增益矩阵为

$$\boldsymbol{H}=\begin{bmatrix}-9835\\-46453\\40\\621\end{bmatrix}$$

因此，观测器的状态方程为

$$\dot{\hat{\boldsymbol{x}}}(t)=(\boldsymbol{A}-\boldsymbol{HC})\hat{\boldsymbol{x}}(t)+\boldsymbol{H}\boldsymbol{y}(t)+\boldsymbol{B}\boldsymbol{u}(t)=$$

$$\begin{bmatrix}0&1&9835&0\\21&0&46453&0\\0&0&-40&1\\0&0&-621&0\end{bmatrix}\hat{\boldsymbol{x}}(t)+\begin{bmatrix}-9835\\-46453\\40\\621\end{bmatrix}\boldsymbol{y}(t)+\begin{bmatrix}0\\-1\\0\\0.5\end{bmatrix}\boldsymbol{u}(t)$$

MATLAB 程序 5.8－2

```
clear all;
A=[0  1  0  0;  20.601  0  0  0;  0  0  0  1;  -0.4905  0  0  0];
B=[0;-1;0;0.5];
C=[0  0  1  0];
P1=[-10  -10  -10  -10];
A1=A';
B1=C';
C1=B';
h=acker(A1,B1,P1);
H=h'
```

运行结果如下：

```
H =
    1.0e+04 *
    -0.9835
    -4.6453
      0.0040
      0.0621
```

利用 MATLAB 程序 5.8－3 可以求出观测器控制器传递函数。

MATLAB 程序 5.8-3

```
clear all;
A=[0  1  0  0;  20.601  0  0  0;  0  0  0  1;  -0.4905  0  0  0];
B=[0;-1;0;0.5];
C=[0  0  1  0];
K=[-74.6978  -16.5872  -10.1937  -9.1743];
H=[-9835;-46453;40;621];
AA=A-H*C-B*K;
BB=H;
CC=K;
DD=0;
[num,den]=ss2tf(AA,BB,CC,DD)
[z,p,k]=tf2zp(num,den)
```

运行结果如下：

```
num =
    1.0e+06 *
    0   1.499073076300001   6.780095615546769   -0.132444461156490
     -0.101855200654632
den =
    1.0e+06 *
      0.000001000000000     0.000052000050000   0.001150001950000
    -0.735210441717000   -3.275244595602996
z =
    -4.539025487508691
      0.130698732172419
    -0.114531884938523
p =
    -60.869911404033445 +79.142387193932009i
    -60.869911404033445 -79.142387193932009i
    74.169543000375995 + 0.000000000000000i
    -4.429770192309206 + 0.000000000000000i
k =
    1.499073076300001e+06
```

所求出的观测器控制器传递函数为

$$G_C(s)=\frac{1\,499073s^3+6780096s^2-132444s-101855}{s^4+52s^3+1150s^2-735210s-3275245}=$$

$$\frac{1499073(s+4.539)(s-0.1308)(s+0.1145)}{(s+60.8699+79.1424j)(s+60.8699-79.1424j)(s-74.1695)(s+4.4298)}$$

利用程序 5.8－4 可以求出系统在给定初始条件 $x(0)=[1\quad 0\quad 0\quad 0]^{\mathrm{T}}$，$h(0)=[0.5\quad 0\quad 0\quad 0]^{\mathrm{T}}$ 的响应。响应曲线如图 5－31 所示。

MATLAB 程序 5.8－4

```
A=[0  1  0  0;  20.601  0  0  0;  0  0  0  1;  -0.4905  0  0  0];
B=[0;-1;0;0.5];
C=[0  0  1  0];
K=[-74.6978  -16.5872  -10.1937  -9.1743];
H=[-9835;  -46453;  40;621];
AA=[A  -B*K;  H*C  A-B*K-H*C];
BB=[B;B];
CC=[0 0 1 0 0 0 0 0];
DD=[0];
sys=ss(AA,BB,CC,DD);
t=0:0.01:4;
[y,t,z]=initial(sys,[1;0;0;0;0.5;0;0;0],t);
x1=[1 0 0 0 0 0 0 0]*z';
x2=[0 1 0 0 0 0 0 0]*z';
x3=[0 0 1 0 0 0 0 0]*z';
x4=[0 0 0 1 0 0 0 0]*z';
h1=[0 0 0 0 1 0 0 0]*z';
h2=[0 0 0 0 0 1 0 0]*z';
h3=[0 0 0 0 0 0 1 0]*z';
h4=[0 0 0 0 0 0 0 1]*z';

subplot(2,2,1);plot(t,x1,'r',t,h1,'b'),grid
title('初始条件下的响应')
ylabel('状态变量 x1,h1')
legend('x1','h1')
subplot(2,2,2);plot(t,x2,'r',t,h2,'b'),grid
title('初始条件下的响应')
ylabel('状态变量 x2,h2')
legend('x2','h2')
subplot(2,2,3);plot(t,x3,'r',t,h3,'b'),grid
title('初始条件下的响应')
ylabel('状态变量 x3,h3')
legend('x3','h3')
subplot(2,2,4);plot(t,x4,'r',t,h4,'b'),grid
title('初始条件下的响应')
ylabel('状态变量 x4,h4')
legend('x4','h4')
```

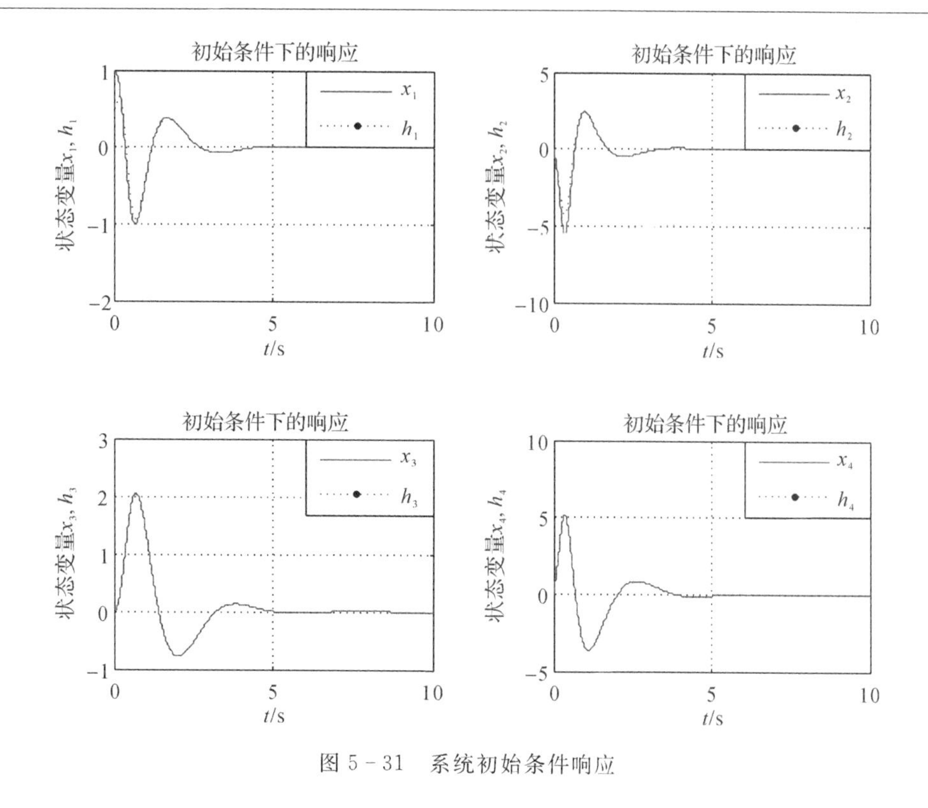

图 5-31　系统初始条件响应

以上各图中，实线表示各状态变量的响应曲线，虚线表示观测器对各状态变量的重构值对应的曲线。

用 Simulink 搭建图 5-32 所示仿真图，在单位阶跃信号作用下，仿真结果如图 5-33 所示。其中图 5-33(a)所示为系统单位阶跃响应的输出，图 5-33(b)所示为观测器控制器的输出信号。

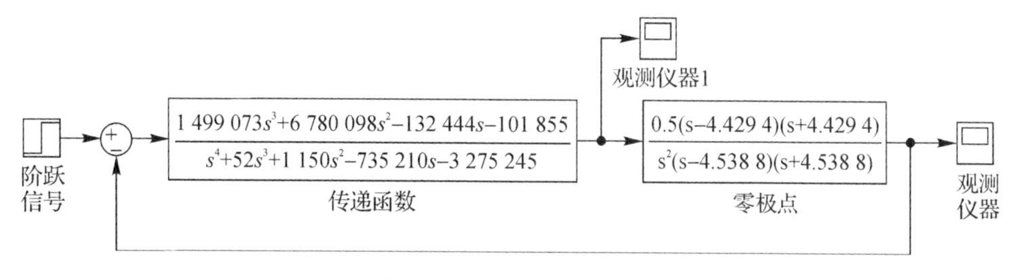

图 5-32　Simulink 仿真图

由于小车位移可以直接测量，故可设计降维状态观测器，假设降维状态观测器的希望极点为 −10，−10，−10，利用程序 5.8-5 可以求出降维状态观测器增益矩阵及观测器控制器传递函数。所求出的降维状态观测器的增益矩阵为

$$\boldsymbol{H}=\begin{bmatrix}-653.6\\-3298.7\\30\end{bmatrix}$$

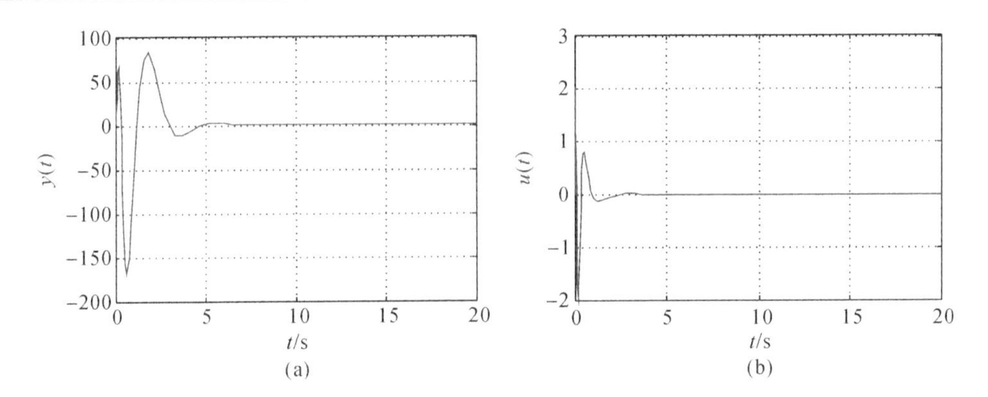

图 5-33　系统单位阶跃响应曲线

(a)系统输出;(b)观测器控制器的输出

因此,降维状态观测器为:

$$\dot{\boldsymbol{Z}}=\begin{bmatrix}0 & 1 & 653.6\\ 20.6 & 0 & 3298.7\\ -0.5 & 0 & -30\end{bmatrix}\boldsymbol{Z}+\begin{bmatrix}16310\\ 85497\\ -579\end{bmatrix}y+\begin{bmatrix}0\\ -1\\ 0.5\end{bmatrix}u$$

$$\hat{\bar{\boldsymbol{x}}}=\begin{bmatrix}z+\boldsymbol{L}y\\ y\end{bmatrix}=\begin{bmatrix}1 & 0 & 0\\ 0 & 1 & 0\\ 0 & 0 & 1\\ 0 & 0 & 0\end{bmatrix}\begin{bmatrix}z_1\\ z_2\\ z_3\end{bmatrix}+\begin{bmatrix}-653.6\\ -3298.7\\ 30\\ 1\end{bmatrix}y=\begin{bmatrix}1 & 0 & 0 & -653.6\\ 0 & 1 & 0 & -3298.7\\ 0 & 0 & 1 & 30\\ 0 & 0 & 0 & 1\end{bmatrix}\begin{bmatrix}\boldsymbol{z}\\ \cdots\\ y\end{bmatrix}$$

原状态空间的观测状态为

$$\hat{\boldsymbol{x}}=\boldsymbol{P}\hat{\bar{\boldsymbol{x}}}=\begin{bmatrix}1 & 0 & 0 & -653.6\\ 0 & 1 & 0 & -3298.7\\ 0 & 0 & 0 & 1\\ 0 & 0 & 1 & 30\end{bmatrix}\begin{bmatrix}\boldsymbol{z}\\ \cdots\\ y\end{bmatrix}$$

MATLAB 程序 5.8-5

```
A=[0  1  0  0;  20.601  0  0  0;  0  0  0  1;  -0.4905  0  0  0];
B=[0;-1;0;0.5];
C=[0  0  1  0];
P=[1  0  0  0;  0  1  0  0;  0  0  0  1;  0  0  1  0];
AA=P*A*inv(P);
BB=P*B;
CC=C*inv(P);
P0=[-1+sqrt(3)*j  -1-sqrt(3)*j  -5  -5];
K=acker(AA,BB,P0);
AA11=[AA(1:3,1:3)];
AA12=[AA(1:3,4)];
AA21=[AA(4,1:3)];
AA22=[AA(4,4)];
```

```
BB1=BB(1:3,1);BB2=BB(4,1);
CC1=CC(1,1:3);CC2=CC(1,4);
AX=(AA11)';BX=(AA21)';
J=[-10  -10  -10];
KK=acker(AX,BX,J);
H=KK'
F=(AA11-H*AA21);
BHBU=BB1-H*BB2;
G=(AA11-H*AA21)*H+AA12-H*AA22;
Ka=K(1,1:3);
Kb=K(1,4);
Atilde=F-BHBU*Ka;
Btilde=G-BHBU*(Kb+Ka*H);
Ctilde=-Ka;
Dtilde=-(Kb+Ka*H);
[num,den]=ss2tf(Atilde,Btilde,-Ctilde,-Dtilde)
[z,P,k]=tf2zp(num,den)
```

运行结果如下：

```
H=
    1.0e+03 *
    -0.653620795107034
    -3.298735983690112
     0.030000000000000
num=
    1.0e+05 *
     1.032552867524370    4.665114177394992    -0.122324159029199
    -0.101936799223945
den=
    1.0e+05 *
     0.000010000000000    0.000420000000000    -0.508980423762185
    -2.262304668697517
z =
    -4.539345950852688
     0.158510816882229
    -0.137203916736926
P=
    1.0e+02 *
    -2.455388140514429
     2.079691036682122
```

    -0.044302896167694

k=

    1.032552867524370e+05

求出观测器控制器传递函数为

$$G_c(s)=\frac{103\ 255s^3+466\ 511s^2-12\ 232s-10\ 194}{s^3+42s^2-50\ 898s-226\ 230}=$$

$$\frac{10^5(s+4.539\ 3)(s-0.158\ 5)(s+0.137\ 2)}{(s+245.538\ 8)(s-207.969\ 1)(s+4.430\ 3)}$$

在降维状态观测器作用下，系统的初始条件响应及单位阶跃响应，读者可自行仿真验证。

状态空间设计法小结：

(1)基于极点配置与观测器组合的状态空间设计方法是一种时域法，如果控制对象是状态完全可控的，就可以对闭环极点进行任意配置。

(2)如果状态变量不是完全可测量的，那么就需要在系统中加入状态观测器对不可测量的状态变量进行估计和重构。

(3)对于一个给定的系统，状态反馈增益矩阵 $\boldsymbol{K}$ 不是唯一的，而是依赖于所选择的期望闭环极点的位置。因此，在利用极点配置法设计系统时，需要考虑多组不同的期望闭环极点，并对它们的特性进行比较，选择其中最好的一组。

(4)一般要求观测器的响应速度应比状态反馈的响应速度快一些，通常会使观测器的极点位于远离虚轴的S左半平面的位置，因此观测器控制器的带宽通常比较大，系统抗高频干扰的能力将会受到影响。

习　　题

5-1　已知系统的状态方程为

$$\dot{\boldsymbol{x}}=\begin{bmatrix}0 & 1\\ -8 & -6\end{bmatrix}\boldsymbol{x}+\begin{bmatrix}0\\ 1\end{bmatrix}u$$

试设计状态反馈矩阵，使系统的闭环极点为 $-4\pm j2$ 。

5-2　已知系统的状态方程为

$$\dot{\boldsymbol{x}}=\begin{bmatrix}1 & -1 & 1\\ 0 & 1 & 1\\ 1 & 0 & 1\end{bmatrix}\boldsymbol{x}+\begin{bmatrix}0\\ 0\\ 1\end{bmatrix}u$$

试设计状态反馈矩阵，使系统的闭环极点为 -5，$-1\pm j1$。

5-3　已知线性定常系统的传递函数为

$$G(s)=\frac{s+5}{s^3+7s^2+14s+8}$$

试设计状态反馈矩阵，使系统的闭环极点为 -10，$-2\pm j2$ 。

5-4　给定线性定常系统

$$\dot{x}=\begin{bmatrix}-1 & 1\\ 0 & 2\end{bmatrix}x+\begin{bmatrix}1\\ 0\end{bmatrix}u$$

试证明无论采用什么样的状态反馈增益矩阵 $\boldsymbol{K}$，该系统均不能采用状态反馈来稳定。

5-5　设有不稳定线性定常系统

$$\begin{cases}\dot{\boldsymbol{x}}=\begin{bmatrix}1&2&0\\3&-1&1\\0&2&0\end{bmatrix}\boldsymbol{x}+\begin{bmatrix}0\\0\\1\end{bmatrix}u\\ y=\begin{bmatrix}-1&1&1\end{bmatrix}\boldsymbol{x}\end{cases}$$

能否通过状态反馈使其镇定？若能，试设计出相应的状态反馈增益矩阵；若不能，请说明理由。

5-6　若系统的传递函数为

$$G_0(s)=\frac{(s+1)(s+2)}{(s-1)(s-2)(s+3)}$$

(1)试写出其状态空间模型，判定系统的可控性、可观测性和稳定性；

(2)求使闭环系统的传递函数为 $G(s)=\dfrac{s+1}{(s+3)(s+4)}$ 的状态反馈增益阵 $\boldsymbol{K}$。

5-7　已知系统的传递函数为

$$G(s)=\frac{s^2+3s+2}{s^3+2s^2+3s+4}$$

(1)试给出系统的可控标准形实现；

(2)若系统引入状态反馈后，系统是否可控？

(3)若希望系统引入 $u=v-\boldsymbol{Kx}$ 后，使系统的闭环传递函数为 $\Phi(s)=\dfrac{1}{s+1}$，试求反馈矩阵 $\boldsymbol{K}$，并说明系统的可观测性。

5-8　试证明：n 维单输入单输出系统采用输出至参考输入的反馈进行极点配置，其极点只能配置在根轨迹上。

5-9　给定线性定常系统：

$$\begin{cases}\dot{\boldsymbol{x}}=\begin{bmatrix}-1&1\\1&-2\end{bmatrix}\boldsymbol{x}\\ y=\begin{bmatrix}1&0\end{bmatrix}\boldsymbol{x}\end{cases}$$

试设计全维状态观测器，假设希望的观测器的极点为 -5，-5。

5-10　给定线性定常系统：

$$\begin{cases}\dot{\boldsymbol{x}}=\begin{bmatrix}0&1\\2&-1\end{bmatrix}\boldsymbol{x}+\begin{bmatrix}0\\1\end{bmatrix}u\\ y=\begin{bmatrix}1&0\end{bmatrix}\boldsymbol{x}\end{cases}$$

(1)试设计状态反馈矩阵，使系统的闭环极点为 $-1\pm \mathrm{j}2$；

(2)若系统的状态不可测，试设计一个全维状态观测器，并使观测器的极点为 -4，-5。

5-11　给定线性定常系统：

$$\begin{cases}\dot{\boldsymbol{x}}=\begin{bmatrix}0&1&0\\0&0&1\\-5&-6&0\end{bmatrix}\boldsymbol{x}+\begin{bmatrix}0\\0\\1\end{bmatrix}u\\ y=\begin{bmatrix}1&0&0\end{bmatrix}\boldsymbol{x}\end{cases}$$

试设计全维状态观测器，假设希望的观测器的极点为 -10，-10，-15。

5-12　给定线性定常系统：

$$\begin{cases}\dot{\boldsymbol{x}}=\begin{bmatrix}0&1&0\\0&0&1\\-5&-6&0\end{bmatrix}\boldsymbol{x}+\begin{bmatrix}0\\0\\1\end{bmatrix}u\\ y=\begin{bmatrix}1&0&0\end{bmatrix}\boldsymbol{x}\end{cases}$$

试设计降维状态观测器，假设希望的观测器的极点为 $-10,-10$ 。

5-13　如图 5-34 所示的Ⅰ型伺服系统，图中矩阵 $\boldsymbol{A},\boldsymbol{b},\boldsymbol{c}$ 分别为

$$\boldsymbol{A}=\begin{bmatrix}0&1&0\\0&0&1\\0&-5&-6\end{bmatrix},\quad \boldsymbol{b}=\begin{bmatrix}0\\0\\1\end{bmatrix},\quad \boldsymbol{c}=\begin{bmatrix}1&0&0\end{bmatrix}$$

试确定状态反馈增益矩阵 $\boldsymbol{K}$，使得闭环极点为 $-2\pm \mathrm{j}4,-10$。

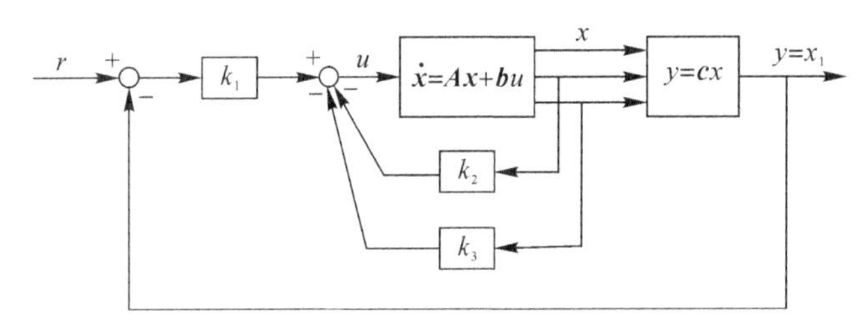

图 5-34　Ⅰ型伺服系统

5-14　给定如下线性定常系统：

$$\begin{cases}\dot{\boldsymbol{x}}=\begin{bmatrix}0&1&0\\0&0&1\\-6&-11&-6\end{bmatrix}\boldsymbol{x}+\begin{bmatrix}0\\0\\1\end{bmatrix}u\\ y=\begin{bmatrix}1&0&0\end{bmatrix}\boldsymbol{x}\end{cases}$$

(1)试利用极点配置-观测器方法设计一个调节器系统，假设希望的闭环极点配置为 $-1\pm \mathrm{j}$，-5，期望的观测器极点位于 $-6,-6,-6$；

(2)试求观测器控制器的传递函数。

5-15　试利用极点配置-观测器方法，为如图 5-35 所示系统设计两个观测器控制器(一个为全维状态观测器，另一个为降维状态观测器)。极点部分的希望闭环极点为 $-1\pm \mathrm{j}2,-5$。全维状态观测器的希望极点为 $-10,-10,-10$；降维状态观测器的希望极点为 $-10,-10$。试比较所设计系统的单位阶跃响应，并比较两个系统的带宽。

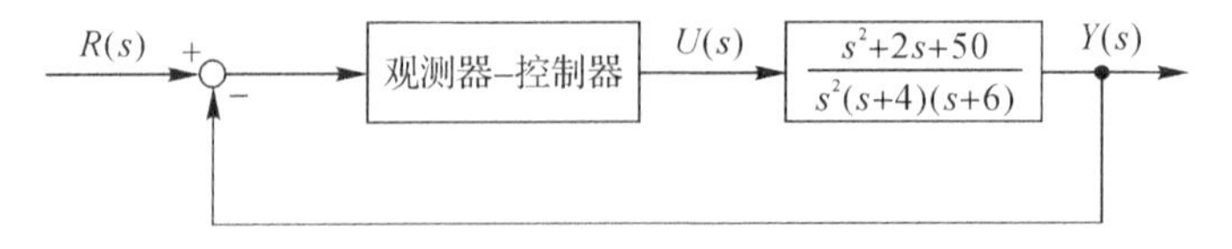

图 5-35　在前向通路中具有观测器控制器的控制系统

5-16　图 5-36 所示的“勇气”号火星探测器是美国宇航局研制的系列火星探测器中的一个，于 2004 年 1 月 4 日在火星南半球的古谢夫陨石坑着陆。“勇气”号长 1.6 m，宽 2.3 m，高 1.5 m，重 174 kg，它依靠餐桌大小的太阳能电池板获得能源，在火星上漫步距离超过了 7 km。该探测器由地球上发出的路径控制信号 $r(t)$ 进行控制。其简化模型为

$$G(s)=\frac{1}{(s+1)(s+3)}$$

为使系统能够更好地工作，试设计状态反馈增益矩阵 $\boldsymbol{K}$，将其极点配置在 $-2\pm \mathrm{j}$。

图 5-36　“勇气”号火星探测器

5-17　如图 5-37(a)所示的机械系统，它由球和横杆构成。其中，横杆是完全刚性的，可以在平面上绕中心轴自由旋转，小球可以沿着横杆上面的凹槽来回滚动。该系统要解决的控制问题是将转轴上的转矩作为横杆的输入控制信号，使球停放在横杆上的指定位置。该系统的开环框图模型如图 5-37(b)所示。假定角度 φ 和角速度 $\mathrm{d}\varphi/\mathrm{d}t=\omega$ 都是可以测量的状态变量。试给出开环系统的状态变量模型，并设计一种反馈控制方案，使闭环系统阶跃响应的超调量为 4%，调节时间为 1 s(按 2%准则)。

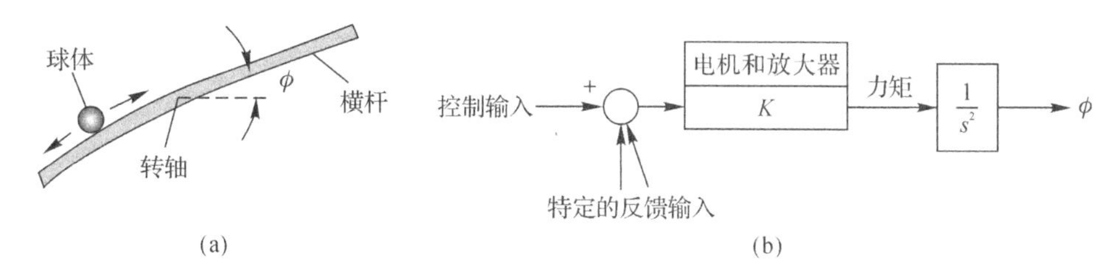

图 5-37　某机械系统图示

(a)习题 5-17 机械系统；(b)系统开环框图模型

5-18　某磁场控制式直流电机控制系统如图 5-38 所示，其中，系统的 3 个状态变量都是可测量的，其输出为位置变量 $x_1(t)$。当所有的状态变量都可以用于反馈时，试确定合适的反馈增益，使系统对阶跃输入的稳态跟踪误差为零，超调量小于 3%。

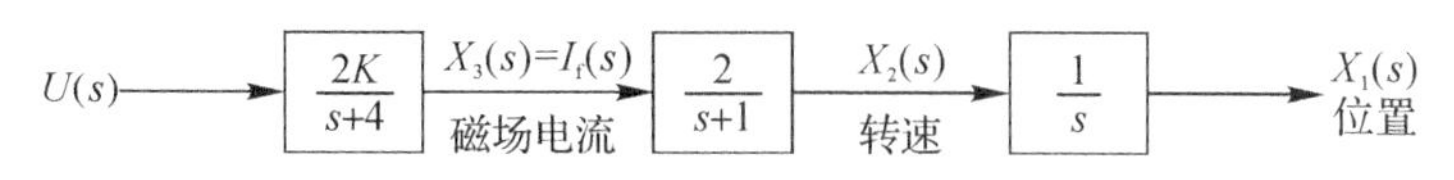

图 5-38　磁场控制式直流电机

5-19　汽车悬挂系统有 3 个物理状态变量，如图 5-39 所示。此外，图中还给出了状态变量反馈控制信号的结构，而且有 $K_1=1$。

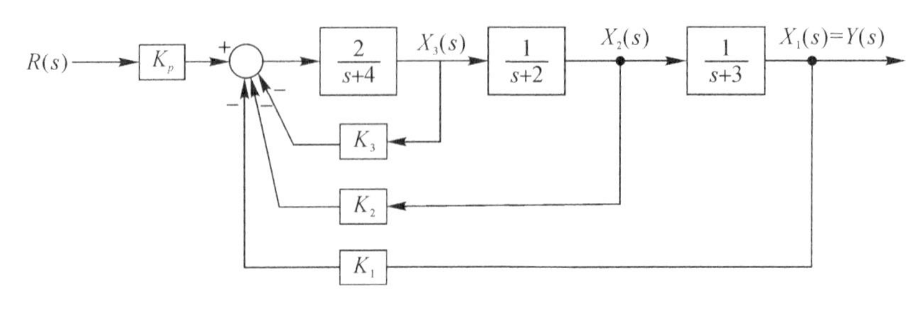

图 5－39　汽车悬挂系统

(1) 在上述条件下，试确定 K_2 和 K_3 的合适取值，将闭环系统的 3 个特征根配置到 $s=-3$ 和 $s=-6$ 之间。

(2) 试求 K_p 的值，使系统对阶跃输入的稳态跟踪误差为零。

5－20　考虑某个装配在电机上的倒立摆系统，如图 5－40 所示。假定电机和负载之间没有摩擦，待平衡的倒立摆安装在伺服电机的水平轴上。伺服电机配置有转速传感器，因此可以测量速度信号，但无法直接测量位置信号。在开环工作时，若电机停止运行，倒立摆就会自然下垂；若受到轻微的扰动，倒立摆就会开始摆动；若把倒立摆提到弧的顶端，它将处于不稳定的状态。如果仅仅采用速度信号作为反馈变量，试设计合适的反馈控制器 $G_C(s)$，以便保证倒立摆稳定。

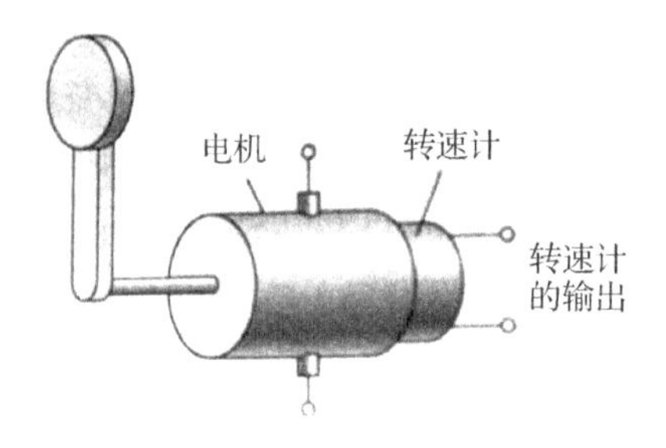

图 5－40　电机和倒立摆系统

5－21　考虑图 5－41(a)和图 5－41(b)给出的磁悬浮钢球装置。假设 y 和 dy/dt 都是可以测量的变量，试设计一个状态反馈控制器使系统稳定，而且能使钢球的位置保持在预期位置的±10％范围内。

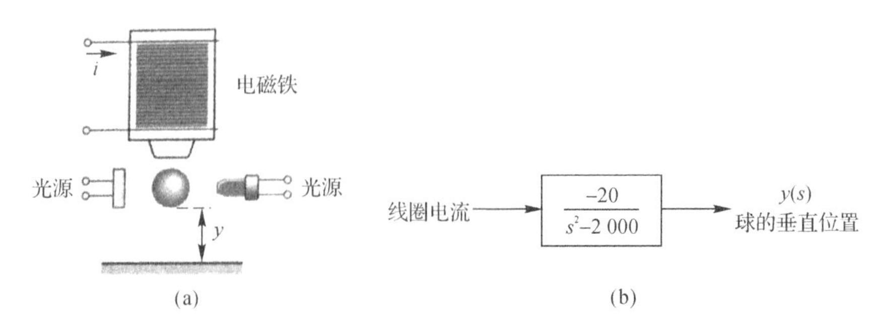

图 5－41

(a)磁悬浮钢球装置；(b)磁悬浮钢球系统模型

5-22　某高性能直升机的俯仰角控制系统模型如图5-42所示，其目标是通过调整螺旋桨的倾角δ来控制直升机的俯仰角θ。直升飞机的运动方程为

$$\begin{cases}\dfrac{d^2\theta}{dt^2}=-\sigma_1\dfrac{d\theta}{dt}-\alpha_1\dfrac{dx}{dt}+n\delta\\[2ex]\dfrac{d^2x}{dt^2}=g\theta-\alpha_2\dfrac{d\theta}{dt}-\sigma_2\dfrac{dx}{dt}+g\delta\end{cases}$$

式中，x为水平方向的位移。就军用直升机而言，有

$$\sigma_1=0.415,\quad \sigma_2=0.0198,\quad \alpha_1=0.0111,\quad \alpha_2=1.43,$$
$$n=6.72,\quad g=9.8$$

其中，所有参数的值都采用国际标准单位。

在上述条件下：

(1)试建立该系统的状态变量模型。

(2)试求传递函数$\theta(s)/\delta(s)$。

(3)试设计合适的状态变量反馈控制器，使闭环系统的性能满足如下设计要求：

1)对预期俯仰角(阶跃输入$\theta_d(s)$)的稳态跟踪误差小于20%；

2)阶跃响应的超调量小于20%；

3)阶跃响应的调节时间小于1.5 s(按2%准则)。

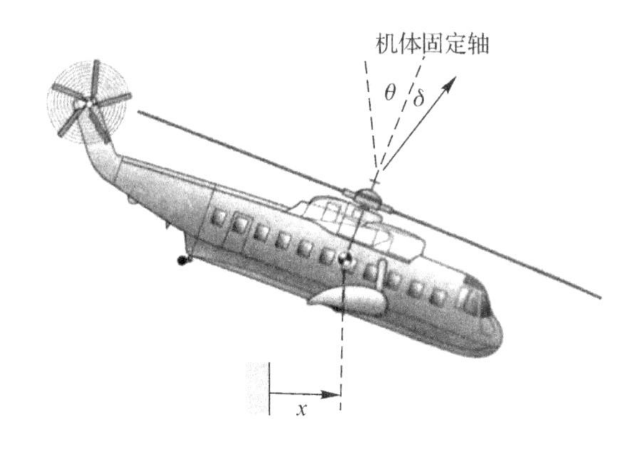

图5-42　直升机俯仰角的控制系统

5-23　某组合驱动装置如图5-43所示。该装置由两个工作滑轮组成，通过弹性皮带将它们连在一起。挂在弹簧上的第三个滑轮可以将皮带拉紧，以便实现欠阻尼运动。在该装置中，主滑轮A由直流电机驱动，滑轮A和滑轮B都装有测速计，测速计的输出电压与滑轮的旋转速度成正比。在装置的工作过程中，如果施加电压来激励直流电机，则滑轮A将以取决于系统全部惯量的加速度加速旋转，其转速受制于系统原有的惯性；在弹性皮带的另一端，滑轮B也会在电压或力矩的作用下加速旋转，但由于惯性皮带的影响，滑轮B的加速运动有较大的滞后效应。此外，利用测得的速度信号，还可以估计每个滑轮的角度。组合驱动装置的二阶模型为

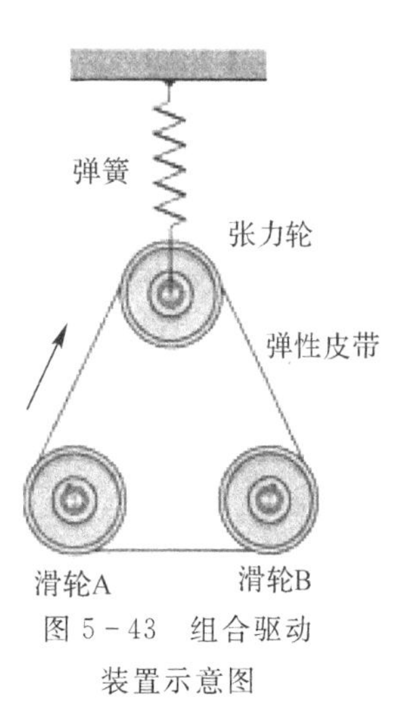

图5-43　组合驱动装置示意图

$$\begin{cases} \dot{\boldsymbol{x}} = \begin{bmatrix} 0 & 1 \\ -36 & -12 \end{bmatrix}\boldsymbol{x} + \begin{bmatrix} 0 \\ 1 \end{bmatrix}u \\ y = \begin{bmatrix} 1 & 0 \end{bmatrix}\boldsymbol{x} \end{cases}$$

(1)试设计合适的状态变量反馈控制器，使系统具有最小节拍响应，且调节时间小于0.5 s（按2%准则）；

(2)试设计全维状态观测器，并将观测器的极点配置在S左半平面；

(3)基于观测器，试设计状态变量反馈控制器，并绘制整个系统框图；

(4)令状态变量的初始值为$\boldsymbol{x}(0)=[1\quad 0]^{\mathrm{T}}$，观测器的初始值为$\hat{\boldsymbol{x}}(0)=[0\quad 0]^{\mathrm{T}}$，试仿真求解系统的响应。

5-24　在造纸流程中，投料箱应该把纸浆流变成2 cm的射流，并均匀喷撒在网状传送带上。为此，要精确控制喷射速度和传送速度之间的比例关系。投料箱内的压力是主要的受控变量，它随后又决定了纸浆的喷射速度。投料箱内的总压力是纸浆液压和外部灌注的气压之和，投料箱由气压进行控制，是高度动态的耦合系统，因此很难用手工方法保证纸张的质量。在特定的工作点上，将典型的投料箱系统线性化，可以得到下面的状态空间模型：

$$\begin{cases} \dot{\boldsymbol{x}} = \begin{bmatrix} -0.8 & 0.02 \\ -0.022 & 0 \end{bmatrix}\boldsymbol{x} + \begin{bmatrix} 0.05 \\ 0.001 \end{bmatrix}u \\ y = \begin{bmatrix} 1 & 0 \end{bmatrix}\boldsymbol{x} \end{cases}$$

其中，状态变量x_1为液面高度，x_2为压力，控制输入变量u为纸浆流量。

(1)试设计状态变量反馈控制律，使系统的闭环特征根为实数，且幅值大于5。

(2)试设计全维状态观测器，观测器的极点全部配置在S平面左半平面，其实部的幅值至少是系统闭环特征根幅值的10倍。

(3)利用(1)和(2)的结果，基于观测器，集成设计全状态反馈控制器，并绘制整个系统的框图。

5-25　医用轻型推车的运动控制系统可以简化成由两个质量块组成的系统，如图5-44所示，其中$m_1=m_2=1$，$k_1=k_2=1$。

(1)试确定系统的状态方程。

(2)求出系统的特征值。

(3)若希望通过引入状态反馈信号$u=-kx_i$以保证系统稳定，其中，u为作用在下方质量块上的外力，x_i为某个状态变量，试确定应该采用哪个状态变量用于反馈。

(4)以k为参数，绘制闭环系统的根轨迹，并确定增益k的值。

5-26　为了开发利用月球背面(远离地球的一面)，科学家付出了不懈努力。例如，人们希望能够在地球-太阳-月球系统的星级平衡点附近运行通信卫星，并为此开展了广泛的可行性论证研究工作。图5-45给出了预期卫星轨道的示意图，从地球看上去，卫星轨道的光影恰似不受月球遮挡地环绕月球的外层光晕，因此，这种轨道又称为光晕轨道。轨道控制的目的是，使通信卫星在地球可见的光晕轨道上运行，从而始终保证通信链路的畅通，所需的通信链路包括从地球到卫星和从卫星到月球背面两段线路。卫星围绕星际平衡点运动时，经过线性化处理的(标准化)运动方程为

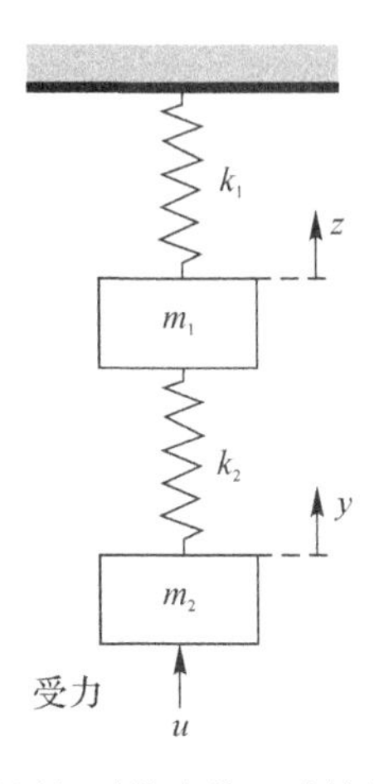

图 5-44　医用轻型推车的运动控制系统示意图

$$\dot{\boldsymbol{x}}=\begin{bmatrix}0&0&0&1&0&0\\0&0&0&0&1&0\\0&0&0&0&0&1\\7.3809&0&0&0&2&0\\0&-2.1904&0&-2&0&0\\0&0&-3.1904&0&0&0\end{bmatrix}\boldsymbol{x}+\begin{bmatrix}0\\0\\0\\1\\0\\0\end{bmatrix}u_1+\begin{bmatrix}0\\0\\0\\0\\1\\0\end{bmatrix}u_2+\begin{bmatrix}0\\0\\0\\0\\0\\1\end{bmatrix}u_3$$

其中,状态向量 $\boldsymbol{x}$ 是卫星在 3 个方向上的位置和漂移速度,输入 $u_i(i=1,2,3)$ 分别是轨控发动机在 ξ,η 和 ζ 方向上产生的加速度。试回答以下问题:

(1)卫星围绕星际平衡点的运动是否稳定?

(2)如果只有 u_1 发挥作用,卫星是否可控?

(3)如果只有 u_2 发挥作用,卫星是否可控?

(4)如果只有 u_3 发挥作用,卫星是否可控?

(5)如果能够测得 η 方向的位置漂移,确定从 u_2 到该位置漂移量之间的传递函数。提示:取系统输出为 $y=[0\quad 1\quad 0\quad 0\quad 0\quad 0]\boldsymbol{x}$。

(6)利用 MATLAB 函数 ss 构建(5)中得到的传递函数的状态变量模型,并验证该轨控子系统是否可控。

(7)以(6)得到的状态模型为基础,设计状态反馈控制器,状态反馈控制信号为 $u_2=-k\boldsymbol{x}$,试确定合适的反馈增益矩阵 $\boldsymbol{K}$,将系统的闭环极点配置为 $s_{1,2}=-1\pm \mathrm{j}$ 和 $s_{3,4}=-10$。

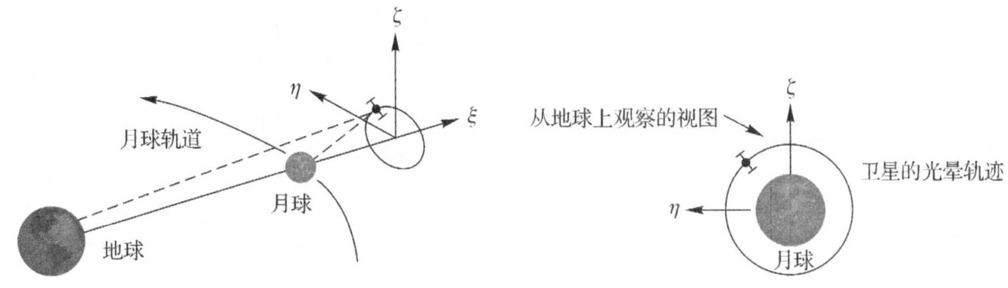

图 5-45　不受月球遮挡的卫星光晕轨道

附录　部分现代控制理论相关术语

asymptotic stability	渐近稳定
canonical form	标准形
characteristic dquation	特征方程
characteristic polynomial	特征多项式
controllability	可控性
controllability matrix	可控性矩阵
controllable canonical form	可控标准形
controllable system	可控系统
control system	控制系统
diagonal canonical form	对角线标准形
duality	对偶
eigenvalue	特征值
eigenvalue criterion	特征值判据
equilibrium state	平衡状态
first method of Lyapunov	李雅普诺夫第一法
full-order observer	全阶(维)状态观测器
globally stability	全局稳定性
homogeneous state equations	齐次状态方程
invariance of eigenvalue	特征值的不变性
instability	不稳定
Jordan canonical form	约当标准型
linear time-invariant system	线性定常系统
linear time-variant system	线性时变系统
Lyapunov stability analysis	李雅普诺夫稳定性分析
matrix exponential function	矩阵指数函数
minimum-order observer	最小阶状态观测器
modern control theory	现代控制理论
nonhomogeneous state equations	非齐次状态方程
nonuniqueness of a set of state variables	状态变量组的非唯一性
observability	可观测性
observability matrix	可观测性矩阵

observable canonical form	可观测标准形
observable system	可观测系统
output equation	输出方程
output controllability	输出可控性
pole placement	极点配置
quadratic form function	二次型函数
regulator system	调节器系统
scalar function	标量函数
second method of Lyapunov	李雅普诺夫第二法
separation principle	分离原理
stability	稳定性
stability in the sense of Lyapunov	李雅普诺夫意义下的稳定性
stabilizability	可镇定性
stabilizable system	可镇定系统
state feedback	状态反馈
state variable	状态变量
state vector	状态向量
state equation	状态方程
state observer	状态观测器
state-space	状态空间
state-space formulation	状态空间表达式
state-space representation	状态空间描述
state-transition matrix	状态转移矩阵
structural decomposition	结构分解
Sylvester theorem	塞尔维斯特定理
transfer function	传递函数
uncontrollable system	不可控系统

参考文献

[1] 郑大钟.线性系统理论[M].2版.北京:清华大学出版社,2012.

[2] 胡寿松.自动控制原理[M].7版.北京:科学出版社,2019.

[3] 赵光宙.现代控制理论[M].北京:机械工业出版社,2010.

[4] 袁德成,樊立萍,李凌,等.现代控制理论[M].北京:清华大学出版社,2007.

[5] 张莲,胡晓倩,王士彬,等.现代控制理论[M].北京:清华大学出版社,2008.

[6] 阮毅,陈伯时.电力拖动自动控制系统:运动控制系统[M].4版.北京:机械工业出版社,2010.

[7] OGATA K.现代控制工程:第5版[M].卢伯英,佟明安,译.北京:电子工业出版社,2017.

[8] DORF R C, BISHOP R H.现代控制系统:第12版[M].谢红卫,孙志强,宫二玲,等译.北京:电子工业出版社,2015.

[9] 刘豹,唐万生.现代控制理论[M].3版.北京:机械工业出版社,2019.

[10] 尤昌德.线性系统理论基础[M].北京:电子工业出版社,1985.

[11] 吴麒,王诗宓.自动控制原理[M].北京:清华大学出版社,2006.

[12] 王孝武.现代控制理论基础[M].北京:机械工业出版社,2013.

[13] 张嗣瀛,高立群.现代控制理论[M].2版.北京:清华大学出版社,2017.

[14] 宋永端,马铁东,黄建明,等.自动控制原理[M].北京:机械工业出版社,2020.

[15] 符曦.自动控制理论习题集[M].北京:机械工业出版社,1983.

[16] 尤昌德.现代控制理论基础例题与习题[M].成都:电子科技大学出版社,1991.

[17] 侯媛彬,嵇启春,张建军,等.现代控制理论基础[M].北京:北京大学出版社, 2006.

[18] 刘永信,陈志梅,方健,等.现代控制理论[M].北京:北京大学出版社,2006.

[19] 王翼.现代控制理论[M].北京:机械工业出版社,2005.

[20] 闫茂德,高昂,胡延苏.现代控制理论[M].北京:机械工业出版社, 2016.

[21] 胡健,刘丽娜.现代控制理论:英文版[M].北京:国防工业出版社, 2012.

[22] 王孝武.现代控制理论基础[M].3版.北京:机械工业出版社, 2013.